开源.NET 生态软件开发

Visual Studio 2017

高级编程

(第7版)

[美] 布鲁斯·约翰逊 (Bruce Johnson)　著

李立新　译

U0283845

清华大学出版社

北 京

Bruce Johnson
Professional Visual Studio 2017
EISBN：978-1-119-40458-3

Copyright © 2018 by John Wiley & Sons, Inc., Indianapolis, Indiana
All Rights Reserved. This translation published under license.

Trademarks: Wiley, the Wiley logo, Wrox, the Wrox logo, Programmer to Programmer, and related trade dress are trademarks or registered trademarks of John Wiley & Sons, Inc. and/or its affiliates, in the United States and other countries, and may not be used without written permission. Visual Studio is a registered trademark of Microsoft Corporation. All other trademarks are the property of their respective owners. John Wiley & Sons, Inc., is not associated with any product or vendor mentioned in this book.

本书中文简体字版由 Wiley Publishing, Inc. 授权清华大学出版社出版。未经出版者书面许可，不得以任何方式复制或抄袭本书内容。

北京市版权局著作权合同登记号 图字：01-2018-1001

Copies of this book sold without a Wiley sticker on the cover are unauthorized and illegal.

本书封面贴有 Wiley 公司防伪标签，无标签者不得销售。
版权所有，侵权必究。举报：010-62782989，beiqinquan@tup.tsinghua.edu.cn。

图书在版编目(CIP)数据

Visual Studio 2017 高级编程(第 7 版) / (美)布鲁斯·约翰逊(Bruce Johnson)著；李立新 译. —北京：清华大学出版社，2018 (2022.1重印)
(开源.NET 生态软件开发)
书名原文：Professional Visual Studio 2017
ISBN 978-7-302-50633-1

Ⅰ．①V… Ⅱ．①布… ②李… Ⅲ．①程序语言－程序设计 Ⅳ．①TP312

中国版本图书馆 CIP 数据核字(2018)第 158340 号

责任编辑：王　军　韩宏志
装帧设计：孔祥峰
责任校对：成凤进
责任印制：曹婉颖

出版发行：清华大学出版社
　　　　网　　　址：http://www.tup.com.cn，http://www.wqbook.com
　　　　地　　　址：北京清华大学学研大厦 A 座　　邮　　编：100084
　　　　社 总 机：010-62770175　　邮　　购：010-62786544
　　　　投稿与读者服务：010-62776969，c-service@tup.tsinghua.edu.cn
　　　　质量反馈：010-62772015，zhiliang@tup.tsinghua.edu.cn
印 装 者：三河市君旺印务有限公司
经　　销：全国新华书店
开　　本：190mm×260mm　　印　　张：33.75　　字　　数：1217 千字
版　　次：2018 年 8 月第 1 版　　印　　次：2022 年 1 月第 3 次印刷
定　　价：128.00元

产品编号：078953-02

译 者 序

Microsoft Visual Studio 是一个综合性产品，适用于希望升级和创建精彩应用程序的组织、团队和开发人员。Microsoft Visual Studio 包含大量有助于提高编程效率的新功能以及专用于跨平台开发的新工具，如 UML、代码管控、IDE 等。Visual Studio 是目前最流行的程序集成开发环境之一，最新版本 Visual Studio 2017 基于.NET Framework 4.5.2。

Visual Studio 2017 的特点如下：

- **Code Snippet Editor**：这是一个第三方工具，用于在 Visual Basic 中创建代码片段。Code Snippet Editor 工具参见第 8 章。
- **灵活性**：生成面向所有平台的应用。
- **高效**：将设计器、编辑器、调试器和探查器集于一身。
- **完整的生态系统**：可访问数千个扩展，还可利用合作伙伴和社区提供的工具、控件和模板，对 Visual Studio 进行自定义和扩展。
- **兼容各种语言**：采用 C#、Visual Basic、F#、C++、HTML、JavaScript、TypeScript、Python 等进行编码。
- **轻型模块化安装**：全新安装程序可优化，确保只选择自己所需的模块。
- **功能强大的编码工具**：用各种语言轻松自如地编码，快速查找和修复代码问题，并轻松进行重构。
- **高级调试**：进行调试，快速找到并修复 bug。用分析工具找到和诊断性能问题。
- **设备应用**：适用于 Apache Cordova、Xamarin 和 Unity 的工具。
- **Web 工具**：可使用 ASP.NET、Node.js、Python 和 JavaScript 进行 Web 开发。可使用 AngularJS、jQuery、Bootstrap、Django 和 Backbone.js 等功能强大的 Web 框架。
- **Git 集成**：在 GitHub 等提供商托管的 Git 存储库中管理源代码。也可使用 Visual Studio Team Services 管理整个项目的代码、bug 和工作项。

登录到 Visual Studio Community，即可访问丰富的免费开发工具和资源。

本书内容丰富、概念清晰，采用以 IDE 为中心的新颖方法揭示 Visual Studio 2017 的诸多秘密，详细介绍 Visual Studio 2017 的基础知识、编程方法及技巧，力求将最新、最全面、最实用的技术展现给读者，是开发新手和从早期版本升级的开发人员必备的参考资料。

本书用通俗易懂的语言向读者介绍 Visual Studio 的功能，书中所涉及的代码及用例都是作者精心挑选的。每段代码既有良好的可读性，又能很好地传达作者意图，使读者能轻松地理解每项功能，掌握 Visual Studio 的使用和开发秘诀！

本书分为集成开发环境、入门、进阶、桌面应用程序、Web 应用程序、移动应用程序、云服务、数据、调试、构建和部署、Visual Studio 版本共 11 部分，列举大量实例论述如何将最现代的软件工程思想应用于软件开发生命周期的各个阶段(需求、项目管理、架构设计、开发和测试等)。本书大部分实例程序都可直接用于用户开发的应用程序中。

最后，祝各位开发者在学习过程中一帆风顺，能熟练掌握使用 Visual Studio 开发的技巧，实现自己的编程梦想。

这里要感谢清华大学出版社的编辑，他们为本书的翻译付出了很多心血。没有他们的帮助和鼓励，本书不可能顺利付梓。本书全部章节由李立新翻译，参与翻译的还有陈妍、何美英、陈宏波、熊晓磊、管兆昶、潘洪荣、曹汉鸣、高娟妮、王燕、谢李君、李珍珍、王璐、王华健、柳松洋、曹晓松、陈彬、洪妍、刘芸、邱培强、高维杰、张素英、颜灵佳、方峻、顾永湘、孔祥亮。

对于这本经典之作，译者本着"诚惶诚恐"的态度，在翻译过程中力求"信、达、雅"，但鉴于译者水平有限，错误和失误在所难免，如有任何意见和建议，请不吝指正。

译者

作者简介

    Bruce Johnson 是 ObjectSharp 咨询公司的一位合作伙伴，在计算机界具有 30 年的工作经验。他的前三个职业是从事"具体工作"，即在 UNIX 上编程。但他在 20 年的时间内处理的项目所使用的都是 Windows 前沿技术，从 C++、Visual Basic、C#、胖客户端应用程序、Web 应用程序、API 乃至各种数据库和前端开发。

    除了喜欢建立系统之外，Bruce 还在北美会议上和用户组中发言数百次。他是 Microsoft Certified Trainer(MCT)，是.NET User Group Metro Toronto 的副组长。他还为许多杂志撰写专栏和文章。由于所有这些成就，Bruce 在过去 10 年中一直是 Microsoft MVP。目前他在撰写新书。

技术编辑简介

    John Mueller 是一名自由撰稿人和技术编辑。他醉心于写作,至今已经出版了 104 本书,发表了 600 多篇文章。主题包括网络、人工智能、数据库管理、编程(入门到精通)等。他目前的作品包括一本关于机器学习的书籍,几本 Python 书籍,还有一本关于 MATLAB 的书籍。他还编写了 *AWS for Admins for Dummies* 和 *AWS for Developers for Dummies*,前者为管理员提供了开始使用 AWS 的入门书籍,后者适用于开发人员。他凭借技术编辑技巧帮助 70 多位作者修改手稿。John 一直对开发很感兴趣,他编写过介绍多种语言的图书,包括一本非常成功的 C++书籍。读者可在 http://blog.johnmuellerbooks.com 上访问 John 的博客,也可通过 John@JohnMuellerBooks.com 联系 John。

致　谢

在外行看来，写书似乎是个人的事。其实不然，甚至根本不是这样。没有多位人士为此付出的努力、提供的帮助，本书就不可能出版。参与编写和编辑过程的其他人从来都没有得到足够的感谢。本书清晰、准确、有效，是因为编辑、技术审核人员和责任编辑都付出了努力，还有负责出版、封面的人士，以及这里未提及的书中其他人士。非常感谢这些人提供的帮助，也很高兴能与这些人一起工作。

由衷地感谢 Wrox 公司帮我完成本书的所有人，特别是 Kelly Talbot，如果我没记错的话，这是我与 Kelly 合作的第三本或第四本书。一如既往，他对细节的关注使本书避免了大量错误。不仅如此，他的耐心和勤奋确保我能按时完成任务。也感谢 John Mueller，他不仅确保我在第一稿中犯的技术错误在出版前都更正过来，而且提供了一些很好的建议，帮助我理顺了内容。最后，多亏 Nancy Bell，她阅读了我撰写的内容，保证其语法上的正确性。所有这些人的努力终于促成了本书成功出版。

前　　言

Visual Studio 作为开发工具，一直都在竞争中处于领先地位。负责开发 Visual Studio 的团队一直把编码效率列在优先级列表的顶部。这个版本延续了这个传统。Visual Studio 总是融合了 Microsoft 主要编程语言(Visual Basic 和 C#)的最新改进，还添加了一些小功能，这对程序员来说是件好事。但在更高层次上，Visual Studio 2017 将以多种方式拥抱开源、移动开发和云计算。Azure 不断推出新的功能和产品，Visual Studio 2017 将与它们无缝集成。理论上，使用记事本和命令行窗口这样的简单工具也可以创建任意.NET 应用程序，但开发人员一般不会这么做。Visual Studio 2017 包含了许多改进功能和新功能，以简化开发工作。

无论从哪方面看，Visual Studio 2017 都是一款庞大的产品，所以初学者和经验丰富的.NET 开发人员要找到需要的功能比较困难。本书介绍这个开发工具的所有主要方面，阐述如何使用每项功能，给出如何高效使用各种组件的建议，还说明 Visual Studio 2017 的组成部分，并把用户界面分解为容易管理的块以便于理解。此后详细描述这些组件，包括它们各自的作用以及相互之间如何协调工作，并介绍未包含在该产品中的一些工具，使开发工作更高效。

本书读者对象

本书面向所有 Visual Studio 开发新手以及想学习一些新特性的有经验的编程人员。

熟悉 Visual Studio 编程环境的读者可跳过本书的第 I 部分，该部分介绍用户界面的基本构造。安装过程变化最大，粒度更细了，意味着你可以只安装所需的内容；如果不首先安装组件，安装过程只需要单击一两次即可完成。增加的功能不多，因此可以不阅读第 I 部分，但 Visual Studio 2017 中的一些变化可以使开发更高效；毕竟，这是读者阅读本书的目的。

初次使用 Visual Studio 的读者，应该先阅读本书的第 I 部分，该部分介绍了一些最基本的概念，为读者展示用户界面，并讲解如何定制自己的编程环境。

本书主要内容

Visual Studio 2017 无疑是目前可供开发人员使用的最佳集成开发环境(IDE)。它基于成熟的编程语言和接口，受到开发环境许多不同方面的影响。

Visual Studio 2017 不是一个革命性版本。然而，无论创建什么类型的应用程序，都要做一些调整——很小的调整(例如.NET Core)。熟悉这些变化可以帮助我们更好地完成工作。出于这个原因，以及为了更好地帮助 Visual Studio 新手，本书涵盖了该产品的所有内容。这样，读者会更熟悉界面，更得心应手。

Visual Studio 2017 有几个版本：社区版、专业版和企业版。本书主要介绍 Visual Studio 2017 的专业版，但有些功能只在企业版中才有。如果之前没用过这些版本，请参阅第 38 章和第 39 章的相关内容。

本书组织结构

本书分为以下 11 个部分：

- **集成开发环境**：本书前 5 章旨在帮助你熟悉 Visual Studio 2017 的核心部分。从 IDE 结构和布局到各种选项和设置，包含使用户界面匹配自己的工作方式所需的所有内容。
- **入门**：该部分介绍如何控制项目，以及如何组织它们，以符合自己的风格。
- **进阶**：虽然 Visual Studio 的许多图形组件使程序员的工作更容易完成，但程序员在编码时经常需要其他一些帮助。因此，本部分介绍支持应用程序编码的功能，如 IntelliSense、代码重构以及单元测试的创建和运行。
- **桌面应用程序**：在.NET Framework 中，富客户端应用程序已经有了很大的变化，从 Windows Form 应用程序到 Windows Presentation Foundation (WPF)，再到通用 Windows 平台应用程序，每个应用程序都用单独的一章来探讨。

- **Web 应用程序**：Web 应用程序比桌面应用程序有更多的变化。就像桌面应用程序一样，三种不同的开发风格(ASP.NET Web 窗体、ASP.NET MVC 和.NET Core)都用单独的一章来探讨。几个新功能：块、Node.js 和 Python 也包括在这一部分。

- **移动应用程序**：Visual Studio 2017 支持用两种不同的风格来开发移动应用程序。通过 Xamarin，可以使用熟悉的.NET 组件创建移动应用程序。通过 Apache Cordova(以前的 PhoneGap)，可以针对移动设备使用 HTML、CSS 和 JavaScript。

- **云服务**：Visual Studio 2017 以各种方式支持云。Windows Azure 这一章着眼于 Azure 的一些新特性如何集成到 Visual Studio 中。此外，还研究如何使用同步服务作为数据存储平台，以及如何为 SharePoint 创建应用程序。

- **数据**：大多数应用程序都使用某种数据存储形式。Visual Studio 2017 和.NET Framework 都包含处理数据库和其他数据源的强大支持。本部分讲述如何使用 Visual Database Tools 和 ADO.NET Entity Framework 构建处理数据的应用程序，还讨论如何使用 Azure 中的几个新功能支持数据仓库的构建和数据分析。

- **调试**：应用程序调试是开发人员必须完成的一项较难任务，但正确使用 Visual Studio 2017 的调试功能有助于分析应用程序的状态，并确定出错的原因。该部分介绍 IDE 提供的调试支持功能。

- **构建和部署**：除讨论如何构建有效的解决方案和向最终用户交付应用程序外，该部分还涉及如何升级以前版本的项目。

- **Visual Studio 版本**：本书最后一部分介绍只能在 Visual Studio 2017 的企业版中使用的功能，另外探讨 Visual Studio Team Services 为管理软件项目提供的基本工具。

尽管对 Visual Studio 功能进行了上述分解，并提供了逻辑性最强、易于理解的主题，但读者仍需要查找特定的功能来帮助自己完成某个活动。为了满足这个需求，只要在本书的其他地方详细介绍某个功能，本书就会提供对应章节的参考。

随着 Visual Studio 的发展，本书的早期版本已经发展到了难以控制的地步。Visual Studio 2017 还有更多功能，为避免本书的篇幅超过 2000 页，我们从早期版本的 Visual Studio 中选取了一些章节，将它们放到一个在线档案中；这些章节包含了 Visual Studio 2017 中没有更改或增强的特性。因此，一般来说，如果想在 Visual Studio 2017 中使用这些指令，其中的说明将会适用。可以在 www.wrox.com 上找到这个在线档案。

本书使用前提

为高效地使用本书，需要安装 Visual Studio 2017 专业版，结合本书的内容安装软件并实际操作，会在极短时间内掌握高效使用 Visual Studio 2017 的方法。为了跟随本书中的所有示例，应确保在 Visual Studio 2017 安装期间安装以下工作负载(如第 1 章所述)：

- Universal Windows Platform
- .NET desktop development
- ASP.NET and web development
- Azure development
- Node.js development
- Data storage and processing
- Data science and analytical applications
- Mobile development with .NET
- Mobile development with Javascript
- .NET code cross-platform development

本书假设读者已经熟悉传统的编程模型，将使用 C#和 Visual Basic(VB)语言演示 Visual Studio 2017 的功能。此外，还假设读者能理解代码清单，因此不解释这两种语言的基本编程概念。如果读者刚开始编程，希望学习 Visual Basic，可以阅读 Bryan Newsome 编著的《Visual Basic 2015 入门经典(第 8 版)》。同样，如果希望有一本关于 C#的好书，可以阅读 Benjamin Perkins、Jacob Vibe Hammer 和 Jon D. Reid 编著的《C#入门经典(第 7 版)》。

一些章节讨论了与 Visual Studio 一起使用的其他产品和工具，可以从网站下载免费版本或试用版本。

- **Code Snippet Editor**：这是一个第三方工具，用于在 Visual Basic 中创建代码片段。Code Snippet Editor 工具的详情请参见第 8 章。
- **SQL Server 2016**：Visual Studio 2017 的安装包包含 SQL Server 2016 Express，可构建使用数据库文件的应用程序。但对于比较全面的企业解决方案而言，可使用 SQL Server 2016。
- **Visual Studio 2017 企业版**：一个更强大的 Visual Studio 版本，针对开发过程中的其他阶段(如测试和设计)引入了工具。有关内容请参见第 38 章和第 39 章。
- **Team Foundation Server 或 Team Foundation Service**：这个服务器产品(或基于云的产品)提供了 Visual Studio 2017 中的应用程序生命周期管理功能，参见第 40 章。
- **Windows 7、Windows 8 或 Windows 10**：Visual Studio 2017 与 Windows 7 SP1、Windows 8.1 或 Windows 10 兼容，可以生成在 Windows XP、Windows Vista、Windows 7、Windows 8 和 Windows 10 上运行的应用程序。

勘误表

尽管我们已经尽了各种努力来保证书中不出现错误，但错误总是难免的，如果你在本书中找到了错误，例如拼写错误或代码错误，请告诉我们，我们将非常感激。通过勘误表，可以让其他读者避免被误导，当然，这还有助于提供更高质量的信息。

请给 wkservice@vip.163.com 发电子邮件，我们就会检查你的信息，如果是正确的，我们将在本书的后续版本中采用。

要在网站上找到本书的勘误表，可以登录 http://www.wrox.com，通过 Search 工具或书名列表查找本书，然后在本书的细目页面上，单击 Book Errata 链接。在这个页面上可以查看到 Wrox 编辑已提交和粘贴的所有勘误项。完整的图书列表还包括每本书的勘误表，网址是 www.wrox.com/misc-pages/booklist.shtml。

p2p.wrox.com

要与作者和同行讨论，请加入 p2p.wrox.com 上的 P2P 论坛。这个论坛是一个基于 Web 的系统，便于你张贴与 Wrox 图书相关的消息和相关技术，与其他读者和技术用户交流心得。该论坛提供了订阅功能，当论坛上有新的消息时，它可以给你传送感兴趣的论题。Wrox 作者、编辑和其他业界专家和读者都会到这个论坛上来探讨问题。

在 http://p2p.wrox.com 上，有许多不同的论坛，它们不仅有助于阅读本书，还有助于开发自己的应用程序。要加入论坛，可以遵循下面的步骤：

(1) 进入 p2p.wrox.com，单击 Register 链接。
(2) 阅读使用协议，并单击 Agree 按钮。
(3) 填写加入该论坛所需的信息和自己希望提供的其他信息，单击 Submit 按钮。
(4) 你会收到一封电子邮件，其中的信息描述了如何验证账户，完成加入过程。

 不加入 P2P 也可以阅读论坛上的消息，但要张贴自己的消息，就必须加入该论坛。

加入论坛后，就可以张贴新消息，响应其他用户张贴的消息。可以随时在 Web 上阅读消息。如果要让该网站给自己发送特定论坛中的消息，可以单击论坛列表中该论坛名旁边的 Subscribe to this Forum 图标。

关于使用 Wrox P2P 的更多信息，可阅读 P2P FAQ，了解论坛软件的工作情况以及 P2P 和 Wrox 图书的许多常见问题。要阅读 FAQ，可以在任意 P2P 页面上单击 FAQ 链接。

源代码

读者在学习本书中的示例时，可以手动输入所有的代码，也可以使用本书附带的源代码文件。本书使用的所有源代码都可以从本书合作站点 http://www.wrox.com/ 或 www.tupwk.com.cn/downpage 下载。登录到站点 http://www.wrox.com/,使用 Search 工具或使用书名列表就可以找到本书。接着单击本书细目页面上的 Download Code 链接,就可以获得所有源代码。另外,也可扫描封底的二维码下载资料。

> 由于许多图书的书名都很类似,因此按 ISBN 搜索是最简单的,本书英文版的 ISBN 是 978-1-119-40458-3。

下载了代码后,只需要用自己喜欢的解压缩软件对它进行解压缩即可。另外,也可以进入 http://www.wrox.com/dynamic/books/download.aspx 上的 Wrox 代码下载主页,查看本书和其他 Wrox 图书的所有代码。

目　　录

第 II 部分　入门

第XI部分 Visual Studio 版本

第 I 部分
集成开发环境

第 1 章

快速入门

本章内容

- 安装并开始使用 Visual Studio 2017
- 创建并运行你的第一个应用程序
- 调试并部署应用程序

自从开始开发软件以来，就需要使用工具来帮助我们编写、编译、调试和部署应用程序。Visual Studio 2017 是最佳组合的集成开发环境(Integrated Development Environment，IDE)继续演化的下一个版本。

本章介绍 Visual Studio 2017 的用户体验，并学习使用各种菜单、工具栏和窗口。作为 IDE 的快速入门，本章不会详细列举每一个可以更改的设置，也不会介绍如何自定义 IDE 的布局，因为这些主题会在后续章节中讨论。

1.1 入门

Visual Studio 近来的一些版本在安装体验上已逐渐改进，不过 Visual Studio 2017 已经完全更新了安装选项和工作流。这样设计不仅旨在快速进入 Visual Studio 并运行，而且可以让你轻松选择安装自己需要的选项。本节介绍安装过程，并开始使用 IDE。

1.1.1 安装 Visual Studio 2017

Microsoft 将 Visual Studio 2017 的安装程序称为"低影响的安装程序(low-impact installer)"。在比较了 Visual Studio 2015 占用的空间与用户请求的体验和正在使用的体验之后，Microsoft 团队产生了创建一个"低影响的安装程序"的想法。可能令人惊讶的是，并不是每个开发人员都需要 Visual Studio 对 Windows Forms、ASP.NET、WPF、Universal Apps 以及 C++的支持。

Microsoft 对 Visual Studio 2015 及其早期的版本都进行了优化，按F5键就可以立即运行程序。要运行大多数.NET应用程序并不需要安装其他任何组件。虽然这只是有关易用性的一次显著增强，但确实是 Visual Studio 的一次具有纪念意义的重大转变(有些人可能会说这是在鼓吹)。

Visual Studio 2017 的安装过程具有一些不同的方面。将自动安装"所有一切"改为可以根据安装的需要选取不同的组件。确实，这一过程相对于过去有所不同，但现在可以选择安装的组件选项增加了很多。不过，更多的选项并不意味着能得到更好的安装体验。实际上，当你试图从一百个不同的选项中挑选出项目所需的选项时，体验可能会很糟糕。为了解决这个问题，Visual Studio 2017 安装程序使用了工作负载(workload)的概念。

当启动 Visual Studio 2017 安装程序(该程序仅有 2MB 大小)时，会快速显示如图 1-1 所示的对话框。自然，该对话框的出现是在阅读(当然要详细阅读)并接受许可信息和隐私声明之后。

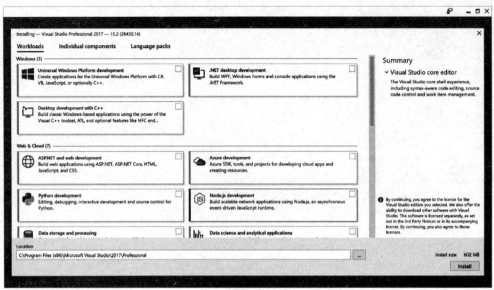

图 1-1

该对话框是安装程序的主要界面，可以在其中指定所期望组件的安装位置。组件的指定存在两种模式。图 1-1 中的工作负载被分成 5 个不同的类别。为在安装过程中包含工作负载，只需要单击该对话框，就会在右上角显示一个蓝色的复选框。可以在安装过程中添加任意数量的工作负载。其中常用的工作负载如下。

- **Universal Windows Platform development**：如果要为 Universal Windows Platform 创建应用程序，而不考虑语言的选择，就可以使用该工作负载。
- **.NET desktop development**：允许使用 WPF 或 Windows Forms 创建应用程序。Console 应用程序模板也包含在该工作负载中。
- **Desktop development with C++**：用于构建经典的基于 Windows 的应用程序。如果期望使用 Visual C++、Active Template Library(ATL)或 Microsoft Foundation Classes(MFC)，该选项就非常合适。
- **ASP.NET and web development**：添加用于构建 Web 应用程序的组件，包括 ASP.NET、ASP.NET Core 和简单的旧式 HTML/JavaScript/CSS。
- **Azure development**：包含 Azure SDK、一些工具和项目模板，允许创建基于 Azure 的云应用程序。
- **Python development**：包含对 cookiecutter、Python 3，以及用于与 Azure 交互的工具的支持。另外，也可以可选地包含 Python 的其他发布版本，如 Anaconda。
- **Node.js development**：Visual Studio 2017 支持的新工具之一，其中包含的组件允许使用 Node.js 平台创建网络应用程序。
- **Data storage and processing**：Azure 平台近来一些新增的组件，包括 Azure Data Lake、Hadoop 和 Azure ML(Machine Learning，机器学习)。该工作负载包括一些用于为 Azure 平台和 Azure SQL Server 数据库开发应用程序的模板和工具。
- **Data science and analytical applications**：可以将 R、Python 和 F#这三种语言一起带入其他工作负载。可以使用这些工具构建各种基于分析的应用程序。
- **Office/SharePoint development**：用于构建各种 Office 和 SharePoint 应用程序，包括 Office 加载项、SharePoint 解决方案和 Visual Studio Tools for Office(VSTO)加载项。
- **Mobile development with .NET**：Visual Studio 2017 所支持的三种移动开发技术之一，允许使用 Xamarin 创建 iOS、Android 或 Windows 应用程序。
- **Mobile development with JavaScript**：与 Mobile development with .NET 类似，但该工作负载不使用 Xamarin，而是使用 Tools for Apache Cordova 和 JavaScript 来开发应用程序。
- **Mobile development with C++**：三种移动开发环境之一，允许使用 C++创建 iOS、Android 或 Windows 应用程序。

- **Game development with Unity**：Unity 是一个使用广泛且具有极灵活跨平台功能的游戏开发环境。该工作负载允许使用 Unity 框架创建 2D 和 3D 游戏。
- **Game development with C++**：支持使用 C++和 DirectX、Unreal 或 Cocos2d 等库创建游戏。
- **Visual Studio extension development**：允许创建可在 Visual Studio 中使用的增件和扩展。其中包括代码分析器和工具窗口，它们利用了 Roslyn 编译器功能。
- **Linux development with C++**：Windows 10 包含了一个安装基于 Ubuntu 的 Linux Bash shell 的选项。该工作负载包含的一组工具和库用于创建在 Linux 中使用 Visual Studio 运行的应用程序。
- **.NET Core cross-platform development**：.NET Core 是进行跨平台开发的一种流行方法。该工作负载允许创建.NET Core 应用程序，包括 Web 应用程序。

本书中使用的工作负载

要运行本书中的示例，需要安装一些工作负载。特别是：

- Universal Windows Platform
- .NET desktop development
- ASP.NET and web development
- Azure development
- Node.js development
- Data storage and processing
- Data science and analytical applications
- Mobile development with .NET
- Mobile development with JavaScript
- .NET Core cross-platform development

用于选择组件的第二种模式则是更细粒度的。如果在安装屏幕的顶部选择了 Individual components 链接，就会出现图 1-2 所示的组件列表。可以从该列表中选择希望安装在机器上的任意组件。

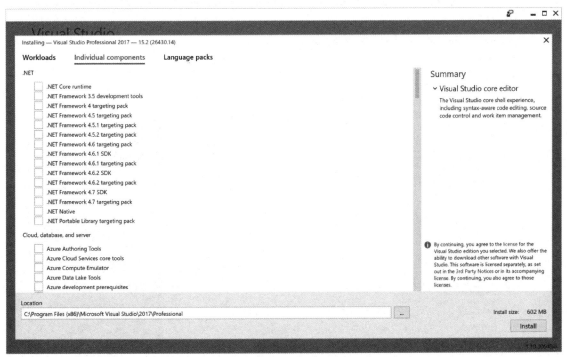

图 1-2

5

要弄清楚工作负载和所包含的更细粒度组件之间的关系，只需要选择一个工作负载即可。包含在其中的组件列表出现在图 1-2 右侧的窗格中。

Visual Studio 的第三个安装选项包含一个或多个所支持的语言包。单击 Language packs 链接会显示可用的语言包列表，如图 1-3 所示。

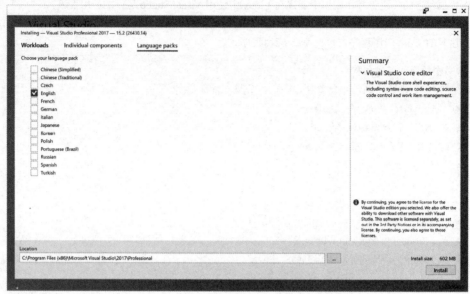

图 1-3

一旦选择了组件(单个组件或工作负载中的组件)，就可以选择安装位置并单击 Install 按钮。之后将进入长时间的安装过程。所出现的安装进度对话框如图 1-4 所示。根据已安装到计算机上的组件，在安装过程中或结束时可能会提示用户重启计算机。成功安装好所有组件后，原来的对话框会有少许变化，如图 1-5 所示。若将来要为 Visual Studio 添加新功能，则可以通过这个对话框逐渐添加。

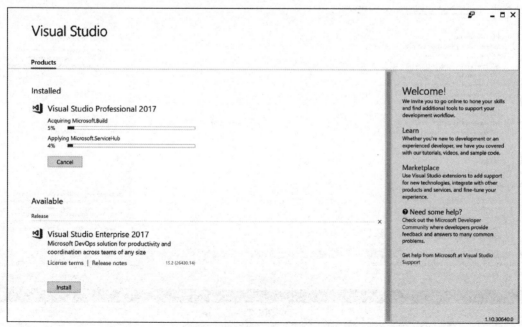

图 1-4

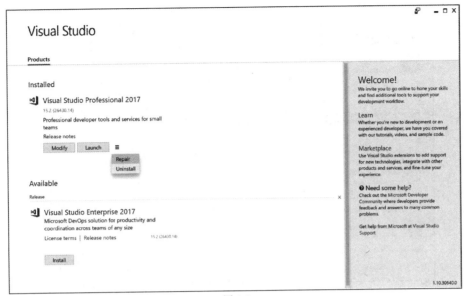

图 1-5

1.1.2 运行 Visual Studio 2017

第一次运行 Visual Studio 2017 时，就有机会登录，如图 1-6 所示。如果已经在 Visual Studio 2017 中登录，系统则不会提示你登录，因为版本之间会记住登录凭据。但如果你之前没有登录过 Visual Studio，则会被要求提供 Microsoft Live 账户。

这种行为是 Visual Studio 支持云的努力的一部分——把 Visual Studio 设置和功能连接到互联网上可用的资产上。这不需要登录。登录页面中包含了 Not Now, Maybe Later 链接。

单击该链接，跳过一些步骤，可很快进入 Visual Studio。但登录也有一些优点。

1.1.3 Visual Studio 真的支持云吗？

简洁的回答是"支持"。更准确的回答是"支持，如果需要的话"。在创建这个功能时，Microsoft 研究工作的一部分涉及理解开发人员如何识别各种在线功能。一般来说，大多数开发人员都有两个或多个在开发时使用的 Microsoft 账户。他们有一个主要的身份，一般映射到工作时使用的凭据。他们还有其他身份，用于访问外部功能，比如 Team Foundation Server，或者把应用程序发布到不同的 Microsoft stores。

为了模仿开发人员如何使用多个在线身份，Microsoft 在 Visual Studio 中给这些身份之间引入了一个层次关系。登录时，指定的账户是用于 Visual Studio IDE 的主要身份。从理论上来说，它应该代表开发人员。用同一个凭据登录到 Visual Studio 的任何地方，首选设置都不变，包括主题和键盘绑定等自定义设置。对一个设备的改变会自动反映到已登录的其他设备。

为处理二级凭据，Visual Studio 2017 包含了一个安全凭据库。这允许记录并使用到外部服务的连接，而不必每次都提供身份验证。当然，可以从特定的连接中手动注销，并删除凭据。

作为云支持的一部分，用户名会显示在 IDE 的右上角(假设已登录)。如果单击下拉箭头(如图 1-6 所示)，就会看到 Account settings 链接。单击该链接，会打开一个对话框(如图 1-7 所示)，在这里可以管理账户的细节，包括将 Visual Studio 与不同的账户关联起来。

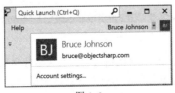

图 1-6

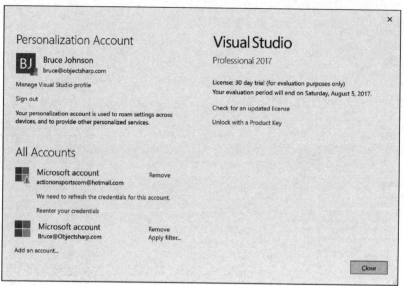

图 1-7

除提供一种机制来编辑配置文件的基本联系信息外，该对话框还包含一个已被当前机器"记住"的 Microsoft Live
账户列表。

1.2　Visual Studio IDE

第一次启动 Visual Studio 2017 时，会显示一个对话框，指示 Visual Studio 正在配置开发环境。当该过程完成时，
将打开 Visual Studio 2017，此时就可以开始工作了，如图 1-8 所示。

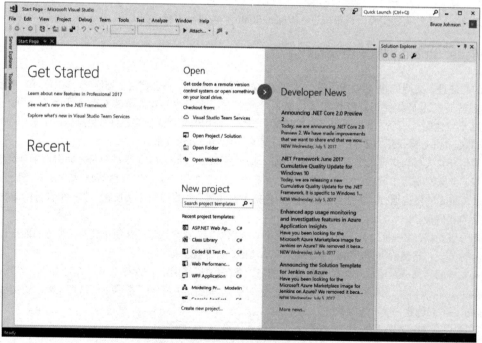

图 1-8

在屏幕的中心会显示 Start 页面。该页面包含的链接可执行大多数常见的功能。例如，其中包含一个 Recent 项
目列表以及一些允许打开现有项目或创建新项目的链接。这些链接显示了一些最常用的模板。之前版本的 Start 页
面包括了开发人员感兴趣的新闻反馈(news feed)，新版的 Visual Studio 2017 仍然保留了这一部分。在该页面左上角

的 Get Started 部分，其中包含的链接则提供了一些有益于 Visual Studio 新用户的信息。

在开始生成你的第一个应用程序之前，应先回过头来看看组成 Visual Studio 2017 IDE 的组件。菜单和工具栏位于 IDE 的顶部，一系列子窗口或窗格显示在主窗口区域的左侧、右侧和底部。在其中心是主编辑区域。只要打开代码文件、XML 文档、窗体或其他文件，它们都会显示在这个区域中以供编辑。每打开一个文件都会创建一个新的选项卡，以便在这些打开的文件之间进行切换。

在编辑区域的两侧是一组工具窗口：这些区域提供了额外的上下文信息和功能。对于一般的开发人员设置，默认的布局包括：右侧有 Solution Explorer 和 Properties，左侧有 Server Explorer 和 Toolbox。左侧的工具窗口处于折叠(或取消固定)状态。如果单击某个工具窗口的标题，该窗口就会展开，当它不再是焦点或把光标移到屏幕的另一个区域时，该窗口会再次折叠起来。工具窗口展开时，在其右上角会显示 3 个图标，如图 1-9 的右上角所示。

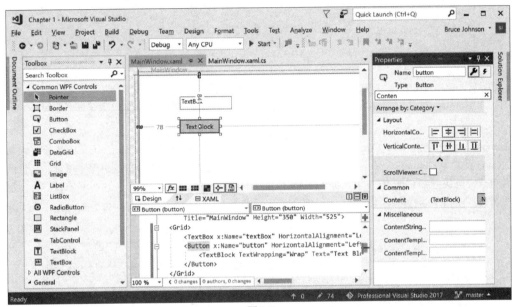

图 1-9

如果希望工具窗口保持展开(或固定)状态，可以单击中间的图标，它看起来像一个图钉。当这个图钉旋转 90°时，表示该窗口现在被固定了。单击第 3 个图标"×"，就会关闭窗口。如果以后想要再次打开这个窗口或另一个工具窗口，可从 View 菜单中选择。

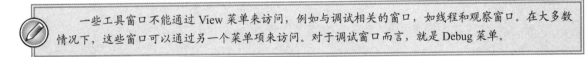

> 一些工具窗口不能通过 View 菜单来访问，例如与调试相关的窗口，如线程和观察窗口。在大多数情况下，这些窗口可以通过另一个菜单项来访问。对于调试窗口而言，就是 Debug 菜单。

单击第一个图标(向下箭头)时，会显示一个上下文菜单。这个列表中的每一项都表示工具窗口的一种不同的排列方式。如你所想，Float 选项可以把工具窗口放在屏幕的任意位置，独立于主 IDE 窗口。如果有多个屏幕，Float 选项就比较有效，因为可以把各个工具窗口移到其他屏幕上，让编辑区域使用最大的屏幕空间。选择 Dock as Tabbed Document 选项会把工具窗口变成编辑区域的一个附加选项卡。第 4 章将介绍如何通过停靠工具窗口来高效地管理工作区。

开发、生成、调试和部署第一个应用程序

概览了 Visual Studio 2017 IDE 之后，本节介绍如何逐步创建一个简单的应用程序来演示如何使用其中的一些组件。当然，这是每个开发人员都必须掌握的 Hello World 示例，根据用户的习惯，可以用 Visual Basic .NET 或 C#来完成。

(1) 首先选择 File | New | Project 命令，打开 New Project 对话框，如图 1-10 所示。对话框的左侧有一个树状结构，用于根据语言和技术分组模板。右上角还有一个搜索框。这个对话框的右窗格显示了所选项目模板的其他信息。最后，通过对话框顶部的下拉列表，可以选择应用程序所面向的.NET Framework 版本。

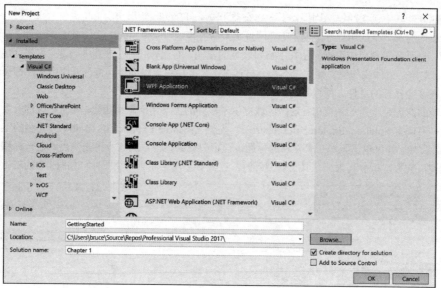

图 1-10

从 Templates 区域选择 WPF Application(这一项在根节点 Visual Basic 和 Visual C#下，或在子节点 Windows 下)，将 Name 设置为 GettingStarted，之后单击 OK 按钮。这将创建一个新的 WPF 应用程序项目，它包括一个开始窗口并包含在解决方案 Chapter 1 中，如图 1-11 的 Solution Explorer 窗口中所示。这个开始窗口自动在可视化设计器中打开，给出了运行应用程序时窗口大致的图形化外观。Properties 工具窗口会折叠，并位于工具窗口的右侧。

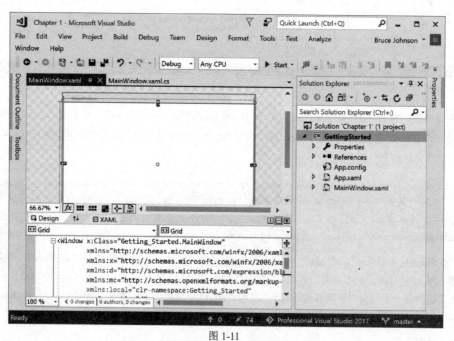

图 1-11

(2) 单击折叠的 Toolbox 窗口，其显示在屏幕的左侧。这会展开 Toolbox 窗口。然后单击图钉图标，固定该工具窗口。要在 GettingStarted 项目的窗口中添加控件，可以从 Toolbox 中选择相应的项并拖放到窗口上。还可以双击该项，Visual Studio 会自动把它们添加到窗体上。

(3) 在窗体上添加一个按钮和一个文本框，布局应如图 1-12 所示。选择文本框，再选择 Properties 工具窗口(按下 F4 键会自动打开 Properties 工具窗口)。把该控件的名称设置为 txtSayHello(显示在 Properties 工具窗口的顶部)。对 Button 控件重复这个操作，把它命名为 btnSayHello，将其 Content 属性设置为“Say Hello!”。

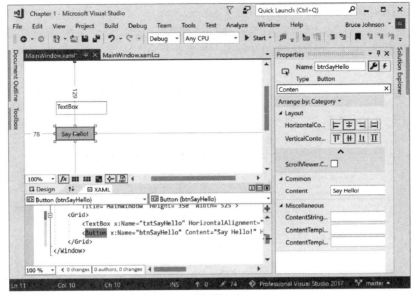

图 1-12

在 Name 字段下面的搜索字段中输入一个属性名，就可以快速定位该属性。在图 1-12 中输入 Conten，以缩短 Properties 列表，更容易找到 Content 属性。

在窗口上添加控件后，选项卡的文本后面就会加上星号(*)，表示这个选项卡有未保存的修改。如果试图在修改内容处于挂起状态时关闭这个选项卡，Visual Studio 会询问是否要保存这些修改。生成应用程序时，任何未保存的文件都会自动保存为生成过程的一部分。

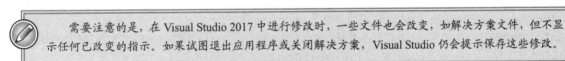

需要注意的是，在 Visual Studio 2017 中进行修改时，一些文件也会改变，如解决方案文件，但不显示任何已改变的指示。如果试图退出应用程序或关闭解决方案，Visual Studio 仍会提示保存这些修改。

(4) 取消对所有控件的选择(单击屏幕上的空白区域即可)，再双击按钮。这不仅会在代码编辑器中打开这个窗体的代码隐藏文件，还会给按钮创建 Click 事件的处理程序。添加一行代码，给用户回应一条消息后，代码窗口如图 1-13 所示。

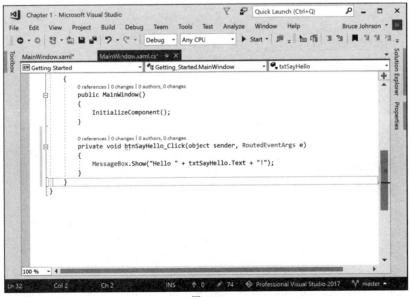

图 1-13

(5) 在生成并执行应用程序之前，把光标放在包含 MessageBox.Show 的代码行上，按下 F9 键。这将设置一个断点——按下 F5 键运行应用程序，然后单击"Say Hello！"按钮后，会在这一行上暂停应用程序的执行。图 1-14 显示程序的执行正到达这个断点。把鼠标指针悬停在这一断点行上，就会出现一个数据提示，显示 txtSayHello.Text 属性的内容。

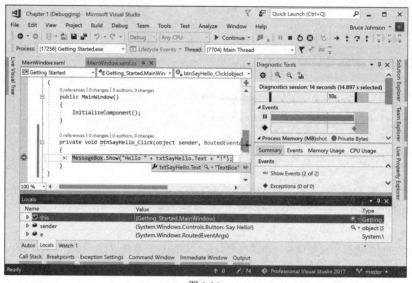

图 1-14

在图 1-14 中，Visual Studio 的布局与前面的屏幕截图完全不同，因为这个屏幕的下半部分显示了许多工具窗口，顶部显示了一些命令栏。另外，IDE 底部的状态栏是橙色的，而当处于设计模式时，显示为蓝色。当停止运行或调试应用程序时，Visual Studio 会返回到以前的布局。Visual Studio 2017 维护着两个分开的布局：设计时布局和运行时布局。当编辑项目时，菜单、工具栏和各个窗口使用默认布局；而执行和调试项目时，它们都定义了不同的设置。可以修改这些布局，以适应自己的风格，并且 Visual Studio 2017 会记住这些修改。

(6) 需要部署你的应用程序。无论是使用 Windows Forms 或 WPF 生成富客户端应用程序，还是使用 IIS(Internet Information Services)、Azure、Node.js 或任何其他的技术生成 Web 应用程序，Visual Studio 2017 都可以发布该应用程序。在 Solution Explorer 中双击 Properties 节点，选择 Publish 节点，就会显示发布应用程序的选项，如图 1-15 所示。

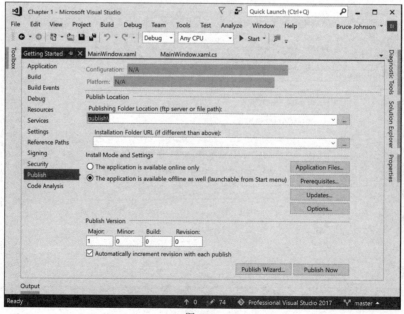

图 1-15

在图 1-15 中，发布文件夹被设置为本地路径(默认情况下，该路径相对于项目所在的目录)，但可以指定网络文件夹、IIS 文件夹或 FTP 站点。一旦指定了要发布的位置，单击 Publish Now 按钮就会把应用程序发布到该位置。

1.3 小结

本章介绍了 Visual Studio 2017 的各个组件如何协调工作以生成应用程序。下面列出创建解决方案的一般过程：

(1) 用 File 菜单创建解决方案。

(2) 用 Solution Explorer 定位需要编辑的窗口，双击该项，在主工作区显示它。

(3) 把需要的组件从 Toolbox 拖放到窗口上。

(4) 依次选择窗口和各个组件，在 Properties 窗口中编辑属性。

(5) 双击窗口或控件，访问组件的图形化界面背后的代码。

(6) 用主工作区编写代码，并设计图形化界面，在该区域的顶部通过选项卡切换它们。

(7) 用工具栏启动程序。

(8) 如果出错，就在 Error List 和 Output 窗口中复查。

(9) 用工具栏或菜单命令保存项目，并退出 Visual Studio 2017。

后续章节将介绍如何定制 IDE，使其更符合自己的工作风格，还将说明 Visual Studio 2017 如何完成应用程序开发过程的大量工作。本书还会介绍作为开发人员使用 Visual Studio 2017 时可重用的许多最佳实践。

第 2 章

Solution Explorer、Toolbox 和 Properties 窗口

本章内容
- 使用 Solution Explorer 排列文件
- 给解决方案添加项目、项和引用
- 使用 Properties 工具窗口
- 在 Properties 工具窗口中包含自己的属性

本章源代码下载

通过在 www.wrox.com 网站搜索本书的 EISBN 号(978-1-119-40458-3)，可下载本章的源代码。相关源代码和支持文件都在本章对应的文件夹中。

第 1 章简要介绍了组成 Visual Studio 2017 IDE 的许多组件。现在要使用其中 3 个最常用的工具窗口：Solution Explorer、Toolbox 和 Properties。

本章和后面的章节会提及一些键盘快捷键，如 Ctrl+S 组合键。在这种情况下，本书假定使用一般开发设置，如第 1 章所述。其他配置可能有不同的按键组合。此外，在随后的章节中会看到，无论使用何种开发设置，都可以使用 Quick Launch 区域访问相应的命令。

2.1 Solution Explorer 窗口

大多数情况下，只要创建或打开应用程序，或者仅打开一个文件，Visual Studio 2017 就会使用解决方案的概念将所有内容关联在一起。对于大多数情况(确切而言是大部分现有的项目)，解决方案是项目的根元素。

一般情况下，解决方案由一个或多个项目组成，而每个项目可以包含与之相关的多个项。过去，这些项一般是文件，但越来越多的项目包含的项有时是由多个文件组成的，有时根本就不是文件。第 6 章将详细介绍项目、解决方案的结构以及这些项之间的相互关系。

Solution Explorer 工具窗口(Ctrl+Alt+L 组合键)提供了解决方案、项目和各个项的可视化表示，如图 2-1 所示。在该图中，3 个项目显示为树状结构：C# WPF 应用程序、C# WCF 服务库和 VB 类库。

每个项目都有一个相关的图标，它一般表示项目的类型和编写它所用的语言。这条规则有一些例外，如 SQL Server 或 Modeling 项目就没有指定语言。

有一个节点要特别注意，因为其字体为粗体。这表示这个项目是启动项目——换言之，选择 Debug | Start Debugging 或按下 F5 键时，就会启动这个项目。要更改启动项目，可右击要设置的项目，并选择 Set as StartUp Project

命令。要将多个项目设置为启动项目，可从解决方案节点的右击菜单中选择 Properties 命令，再打开 Solution Properties 对话框进行设置。

 　　在一些环境设置下，当解决方案中只有一个项目时，解决方案节点是不可见的。这样就不能打开 Solution Properties 窗口。为显示解决方案节点，可在解决方案中添加另一个项目，或者选择 Tools | Options，在打开的 Options 对话框中选择 Projects and Solutions 节点中的 Always Show Solution 项。

　　Solution Explorer 顶部的工具栏提供了与该解决方案相关的许多不同功能，从折叠树状结构中的所有文件到创建 Solution Explorer 的新实例。例如，Show All Files 图标会展开解决方案列表来显示其他文件和文件夹，如图 2-2 所示。

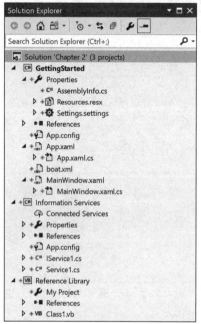

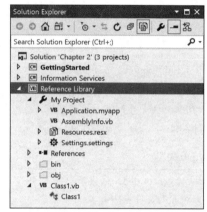

图 2-1　　　　　　　　　　　　　　　　　　　　　　图 2-2

　　在这个展开的视图中，可以看到项目结构下面的所有文件和文件夹。但如果文件系统发生了变化，那么 Solution Explorer 不会自动更新以反映这些变化。使用 Refresh 按钮(Show All Files 按钮左侧的两个按钮)可以确保显示文件和文件夹的当前列表。

　　Solution Explorer 工具栏与上下文相关，根据所选节点的类型显示不同的按钮。如图 2-3 所示，图 2-3(a)显示了选择.XAML 文件时的工具栏，其中包含了一个 View Code 图标。但当选择不同的文件时，如图 2-3(b)所示，View Code 图标就不可见了。

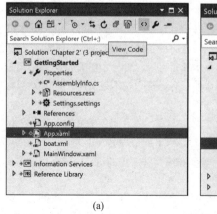
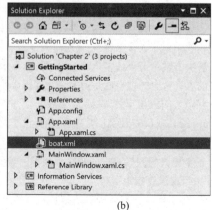

(a)　　　　　　　　　　　　　　　　　　　　(b)

图 2-3

还有另一个相对不常用的机制，该机制用于在解决方案的项目和文件间导航。在树状结构中，每一项的左侧有一个图标，单击该图标会显示不同的上下文菜单。在上下文菜单中包含一个名为 Scope to This 的选项。当单击 Scope to This 选项时，Solution Explorer 中的内容会改变，从而解决方案中的所选节点成为树状视图的最顶层。图 2-4 显示了针对 GettingStarted 项目单击 Scope to This 选项后的视图。

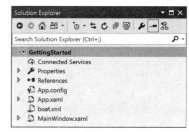

图 2-4

除了使用 Scope to This 选项向下导航解决方案之外，Solution Explorer 还允许通过导航前后移动。在 Solution Explorer 工具栏的左上角有一个左箭头，可使用该箭头在层次结构中向上导航。因此，如果单击该箭头，就会显示完整的解决方案，如图 2-2 所示。还有一个朝向右侧的箭头，单击该箭头可以向前导航到作用域视图中。

在 Visual Studio 2017 中可以打开文件夹而不是文件。虽然这对于任何项目类型都是可行的，但主要还是针对 Web 应用程序，在这类应用程序中，没必要将单个项目中除现有元素外的元素捆绑在一起。虽然在 Visual Studio 的早期版本中也包含了这个理念(Web Sites)，并且在 Visual Studio 2017 中仍然支持该理念，但对构建工具(如 Grunt 和 Bower)的不断增长的支持将该功能推到了风口浪尖。

首先，对于一个解决方案，在任何时间都可以在 Solution 视图和 Folder 视图之间进行切换。图 2-5 显示了两个视图之间的区别。两个视图左边的第四个按钮就是用于切换视图的按钮。

图 2-5(a)是 Solution 视图，它看起来类似于 Visual Studio 旧版本中的普通用户(regular user)。图 2-5(b)是 Folder 视图，在以前它是一个项目，而现在是一个文件夹(假定这是你在文件系统中组织解决方案的方式)。现在，一起组合到 Solution 视图的文件(如 App.xaml 和 App.xaml.cs)在 Folder 视图中作为一些单独文件存在；类似于.sln 文件的 artifacts 在 Solution Explorer 中是可见的。并且上下文菜单发生了明显的变化，Folder 视图中包含很少的选项。

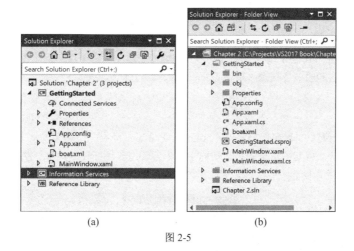

(a)　　　　　　　　　　　　(b)

图 2-5

如果你已使用 Visual Studio 一段时间了，自然会想知道 Folder 视图的作用。对于大多数项目而言，答案是“作用不大”。虽然这听起来有些奇怪，但 Solution Explorer 的传统视图中显示的文件夹结构实际上是一个虚拟结构。也就是说，文件系统中的文件并不需要遵循 Solution Explorer 中所示的文件夹结构。可以将文件放置在文件系统的单个文件夹中，并且可以呈现在项目的文件夹结构中。

对于大多数项目而言，这都不是问题。实际上，这与应用程序的运行无关。编译过程可以找到文件所在的位置并将文件编译成相应的程序集，并且应用程序会运行。不过对于某些类型的项目(以及 Web 应用程序，包括.NET Core)，物理文件夹结构还是有关系的。Folder 视图允许快速且容易地查看文件物理放置的方式。

本章剩余的内容将关注 Solution 视图中可用的选项。

在 Visual Studio 2017 的 Solution 视图中，展开任何源代码节点都可以发现所给类的一些属性和方法。节点的上下文菜单中包含了针对所选项的一些选项。当右击某个类(不是代码文件，而是实际的类)时，对应的上下文菜单包括 Base Types、Derived Types 和 Is Used By 选项。这些选项分别将 Solution Explorer 的作用域改为基类、派生类和所选类使用的其他类。

当继续导航到属性和方法中时，对应的上下文菜单就包括 Calls、Is Called By 和 Is Used By。这些选项分别将

Solution Explorer 的作用域改为调用该类的其他类、被该类调用的其他类以及该类使用的其他类。

2.1.1　预览文件

Visual Studio 2017 最令人瞩目的功能之一是 Solution Explorer 的文件预览功能。Solution Explorer 的顶部有一个按钮，名为 Preview Selected Items(如图 2-6 所示)。单击该按钮后，在 Solution Explorer 的文件中导航时(为进行导航，必须使用鼠标或光标选择文件)，文件会显示在 Preview 选项卡中，如图 2-6 所示。

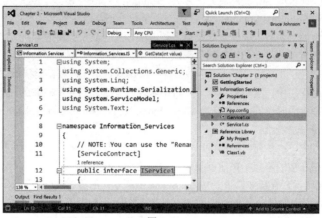

图 2-6

此时，文件还没有修改，只是打开以供查看。可以像处理其他任何文件一样自由地在该文件中导航。然而，当导航到 Solution Explorer 中的另一个文件时，Preview 选项卡就会改为显示新文件。换句话说，不再需要采用多个选项卡来查看解决方案中各种文件的内容。

如果决定停止预览文件，Preview 选项卡会自动移到编辑器窗口左侧的选项卡组。通过直接编辑文件(例如输入代码)或从 Preview 选项卡右侧的下拉列表中选择 Open 选项，即可停止预览。

2.1.2　常见任务

除为管理项目和各个项提供一种简便方式外，Solution Explorer 还有一个动态的上下文菜单，它能快速完成一些最常见的任务，如生成解决方案或单个项目、访问生成配置管理器、打开文件等。图 2-7 显示该上下文菜单随Solution Explorer 中所选项的不同而改变。

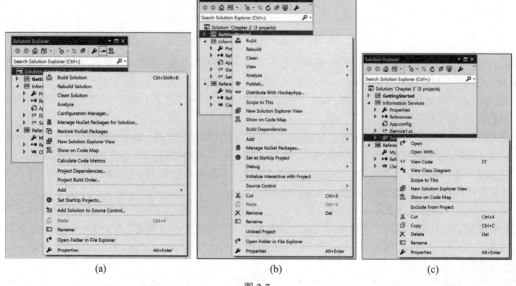

(a)　　　　　　　　　　(b)　　　　　　　　　　(c)

图 2-7

图 2-7(a)和图 2-7(b)菜单上的第一项用于生成整个解决方案或选中的项目。在大多数情况下，Build 菜单项是最高效的选项，因为它生成的项目中，仅有一个或多个包含的文件发生变化。但是，在一些情况下，无论所有依赖项目的状态如何，都需要重建所有的相关项目。如果只希望删除生成过程中创建的所有其他文件，可调用 Clean 菜单项。如果希望将解决方案打包，并通过电子邮件把它传送给其他人，该选项就非常有用——这种方式不会包含生成过程创建的所有临时文件或输出文件。

对于 Solution Explorer 中的大多数项，上下文菜单的第一部分如图 2-7 中的菜单所示。其中有默认的 Open 菜单项和 Open With 菜单项，它们可以确定项的打开方式。在处理带有自定义编辑器的文件时，这些菜单项是很有用的，一个常见的例子是 RESX 文件。Visual Studio 2017 默认使用内置的资源编辑器打开这种文件类型，但这会禁止进行某些修改，也不支持我们可能要包含的所有数据类型(配书网站中的第 56 章会讨论如何在资源文件中使用自己的数据类型)。使用 Open With 菜单项时可以改用 XML Editor。

> Solution、Project 和 Folder 节点的上下文菜单包含 Open Folder in File Explorer 项。使用该项可以打开 File Explorer(Windows Explorer)，快速定位所选项的位置，而无须导航到解决方案所在的位置，再查找对应的子文件夹。

1. 添加项目和项

在 Solution Explorer 中，最常执行的操作是添加、删除和重命名项目和项。要在已有的解决方案中添加新项目，应从 Solution 节点的上下文菜单中选择 Add | New Project 命令，打开如图 2-8 所示的对话框，通过这个对话框可以对项目模板排序、搜索项目模板。右边的窗格显示了所选项目的信息，如项目的类型及其描述信息。另外，轻量级的安装程序意味着正在查找的模板所在的工作负载可能还没有安装。要重启安装程序并添加所期望的工作负载，可以通过 Open Visual Studio Installer 链接来实现。第 11 章将介绍如何创建自己的项目模板和项模板，包括设置这些属性。

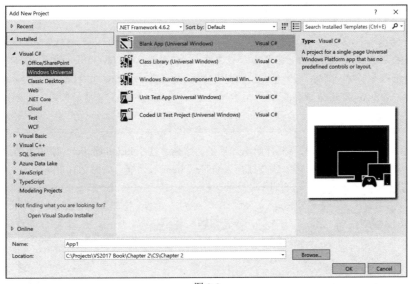

图 2-8

在 Add New Project 对话框左侧的 Installed 模板层次结构中，模板先按语言排列(Azure Date Lake 是个例外)，再按技术排列。还有 Recent 模板和 Online 模板的一些节点。Online 模板的排序和搜索方式与 Installed 模板类似。

在 Add New Project 对话框中还要注意，可以通过该对话框顶部中间的下拉列表来选择不同的 Framework 版本。对于大多数项目类型，Visual Studio 2017 并不需要迁移。所以如果已有的项目不希望迁移到.NET Framework 的新版本，那么仍可以直接使用 Visual Studio 2017 中的当前功能。Framework 版本选择也包含在搜索条件中，把可用的项目模板列表限制为与所选的.NET Framework 版本兼容的项目模板。

在 Visual Studio 2017 中打开已有的 Visual Studio 2012、2013 或 2015 解决方案或项目时,它们将不需要由升级向导升级(更多信息请参见第 34 章)。确切地说,在 Visual Studio 2017 中打开项目的操作可能会修改该项目,使其可以在 Visual Studio 的早期版本(有时甚至是 Visual Studio 2010)中打开。这一点非常重要,有必要额外指出其不同之处。这对开发人员的意义是,他们能够使用 Visual Studio 2017 修改旧项目(从而获得使用 IDE 最新版本的优势)。与此同时,已经在 Visual Studio 2017 中打开的项目仍然会在 Visual Studio 2015、Visual Studio 2013 或 2012 中打开。对于来自 Visual Studio 2012 之前版本的项目,将会触发升级向导。第 34 章将进一步讨论这些问题。

在 Visual Studio 中,一个最难理解的功能是 Web Site 项目的概念。这有别于 Web Application 项目,Web Application 项目可以通过之前提到的 Add New Project 对话框添加。要添加 Web Site 项目,需要从 Solution 节点的上下文菜单中选择 Add | New Web Site 命令,这将显示如图 2-9 所示的对话框,在其中可以选择要创建的 Web 项目的类型。大多数情况下,这仅确定在项目中要创建的默认项的类型。

图 2-9

一定要注意,图 2-9 列出的一些 Web 项目类型也可以通过 Add New Project 对话框中的 ASP.NET Web Application 选项创建。但是,它们不会生成相同的结果,因为 Web Site 项目(通过 Add New Web Site 对话框创建)和 Web Application 项目(通过 Add New Project 对话框创建)有重要的区别,这两个项目类型的区别详见第 16 章。

解决方案中有了一两个项目后,就需要开始添加项了。这是通过 Solution Explorer 中项目节点下面的 Add 上下文菜单项完成的。第一个 New Item 子菜单项会打开 Add New Item 对话框,如图 2-10 所示。

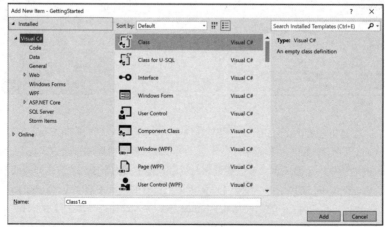

图 2-10

除列出与所选项目相关的项模板外，通过 Add New Item 对话框还可以搜索已安装的模板，以及在线查找由第三方生成的模板。

返回到 Add 上下文菜单，注意其中有许多预定义的快捷键，如 User Control 和 Class，具体显示的快捷键取决于在其中添加项的项目的类型。这些快捷键只是绕过了在 Add New Item 对话框中定位对应模板的步骤。Add New Item 对话框仍会显示，因为需要给要创建的项指定名称。

一定要分清是给项目而不是给文件添加项。许多模板都只包含一个文件，但一些模板会在项目中添加多个文件，如 Window 或 User Control。

2. 添加引用

每个即将发布的新软件开发技术都承诺有较好的重用性，但很少能兑现这个承诺。Visual Studio 2017 支持可重用组件的一种方式是通过对项目的引用来实现。如果展开任意一个项目的 Reference 节点，就会发现其中有许多.NET Framework 库，如 System 和 System.Core，编译器必须包含它们才能成功生成项目。实际上，引用允许编译器解析类型、属性、字段和方法名，并返回给定义它们的程序集。如果要重用某个第三方库中的类，甚至重用自己的.NET 程序集中的类，就需要通过 Solution Explorer 中项目节点的 Add Reference 上下文菜单项，添加对该程序集的引用。

启动 Reference Manager 对话框，如图 2-11 所示，Visual Studio 2017 就会查询本地计算机、全局程序集缓存(Global Assembly Cache，GAC)和解决方案，以显示可以引用的已知库的列表，这包括放在不同列表中的.NET 和 COM 引用，以及项目和最近使用的引用。

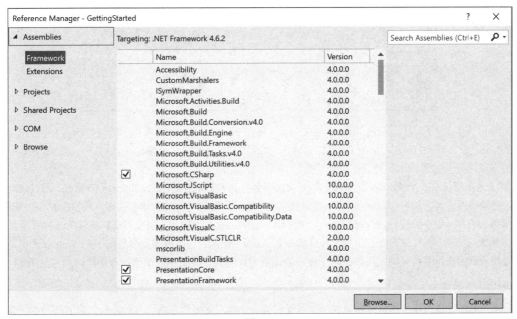

图 2-11

在其他基于项目的开发环境中，如 Visual Basic 的第 1 版，可以把对项目的引用添加到解决方案中，而不是添加已编译的二进制组件。这个模型的优点是很容易调试所引用的组件，帮助确保运行所有组件的最新版本，但对于大型解决方案而言，这又不太实用。

如果解决方案包含大量项目("大型"解决方案是相对计算机而言的，但项目的数量一般超过 20)，就应考虑生成多个引用项目子集的解决方案。加载和生成操作实际上是并行完成的，这有助于提高速度。当然，尽量减少解决方案中的项目数量可以确保在生成整个应用程序期间方便地进行调试。但要注意的是，将项目分离到不同的解决方案中并不像最初想象的那样容易。这并不是因为很难进行项目分离(实际上很容易分离)，而是因为根据自己的目标，会发现有许多可能是"最佳的"不同分离方法。例如，可以创建不同的解决方案来支持生成配置(参见第 33 章)，用于生成一个项目子集。

3. 添加服务引用

Solution Explorer 提供的另一类引用是服务引用。这些引用一度称为 Web 引用，但随着 Windows Communication Foundation(WCF)的推出，现在有更一般的 Add Service Reference 菜单项。通过该菜单项可打开 Add Service Reference 对话框，如图 2-12 所示。在这个例子中，Discover 按钮的下拉列表用于在 Solution 中查找 Services。

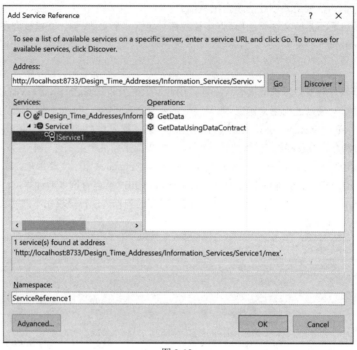

图 2-12

如果 Visual Studio 2017 在试图访问服务信息时出错，该对话框会提供一个超链接，以打开 Add Service Reference Error 对话框。它一般会给出解决问题的足够信息。

图 2-12 的左下角有一个 Advanced 按钮。单击该按钮会打开 Service Reference Settings 对话框，通过该对话框可以定制把哪些类型定义为服务引用的一部分。默认情况下，服务使用的所有类型都会在客户端应用程序中重新创建，除非在服务和应用程序同时引用的程序集中实现它们。该对话框的 Data Type 区域用于改变这种行为。Service Reference Settings 对话框的左下角还有一个 Add Web Reference 按钮，它可添加更传统的.NET Web 服务引用。如果有一些限制或试图支持系统之间的操作，这个按钮就很重要。有关在应用程序中添加服务的内容详见第 51 章。

4. 添加连接的服务

目前，应用程序更依赖外部服务来提供一些常见功能。虽然总是可以自由浏览服务提供商的网站，下载客户端程序集(或阅读 API 的文档)，实现应用程序要求的功能，但 Visual Studio 2017 提供了一个工具来简化该过程，降低复杂性。调用该工具，需要使用 Add 上下文菜单中的 Add Connected Services 选项。

> 如果 Add 上下文的菜单中没有 Connected Services 选项，则是因为所创建的项目并不支持任何可用的服务。

选择 Add Connected Services 选项，会显示如图 2-13 所示的对话框。

其中有两个选项可以立即使用，还可以使用一种相对简单的方法来找到更多选项。这两个选项是 Cloud Storage with Azure Storage 和 Office 365 APIs。

一旦选择了一个服务，就会激活 Configure 按钮。单击 Configure 按钮，执行必要的步骤，给项目添加程序集、配置和支持文件。因为需要提供的细节因服务的类型而异，所以它们超出了本书的讨论范围。但总的来说，需要为可以访问服务的账户提供一个凭据(如访问 Azure 功能的 Microsoft Live 账户)。

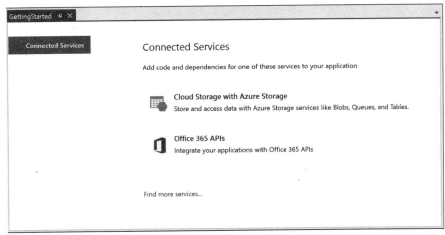

图 2-13

在图 2-13 所示对话框的底部，有一个 Find more services 链接。单击这个链接，会显示 Extensions and Updates 对话框，如图 2-14 所示。

可以使用 Extensions and Updates 对话框安装许多不同的工具，在这个特定实例中，目前位于 Connected Services 部分(见列表左侧)。如果想使用其他服务，可以选择适当的服务，单击显示的 Download 或 Install 按钮。

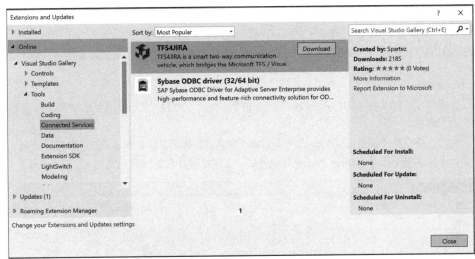

图 2-14

5. 添加分析器

Visual Studio 2017 使用的编译器已经进行了重写，可以用于 Visual Studio 2013 及后续的所有版本，为 Visual Studio 用户提供了大量的特性和功能。最重要的是，这种创新的源泉不再受限于 Microsoft。第三方和开源组可以将他们的想法贡献给大的用户社区。

无论是否知道这一点，.NET 的编译都是 Visual Studio 多年来一直在做的一个主要工作。我们得到的 IntelliSense 就是不断在后台运行的编译过程和更新语法树的结果，这样，例如给项目添加类时，IntelliSense 可以在解决方案的其他地方显示这个类的属性和方法。

这种改写的一个优点是，第三方软件现在可以访问编译过程产生的语法树。

编译器支持的这些工具称为代码分析器，可与代码密切合作，识别问题并提供解决方案。

如果要在一个项目中添加分析器，有很多选择。在 Solution Explorer 中，右击项目，并从上下文菜单中选择 Add | Analyzer 选项，显示如图 2-15 所示的对话框。

该对话框的功能并不是特别引人注目。如果最近已给项目添加了一个分析器程序集，它就会出现在默认显示的最近添加的分析器列表中。也可以浏览到已经安装到计算机上的分析器程序集的位置，把它包括在项目中。

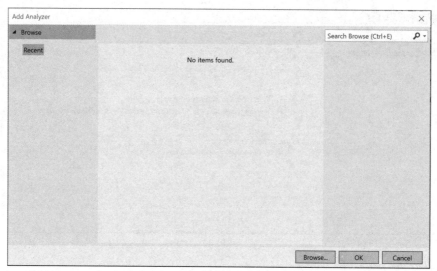

图 2-15

　　不要对图 2-15 中没有显示分析器感到惊讶。要在列表中显示分析器，必须事先在计算机上安装它们。通常是通过 NuGet 为项目添加分析器，但在这种情况下，实际不会本地安装它们，因此它们不会显示在该对话框中。

6. 添加 NuGet 包

NuGet 已经成为可以在应用程序中使用的包的首选位置。通过不同的扩展，给项目添加 NuGet 包的方式已经演变成两个独立的工作流。

最方便访问的工作流涉及使用已在 Visual Studio 2017 中集成的图形界面。在 Solution Explorer 中，右击要添加包的项目，从上下文菜单中选择 Manage NuGet Packages，这将显示如图 2-16 所示的页面。

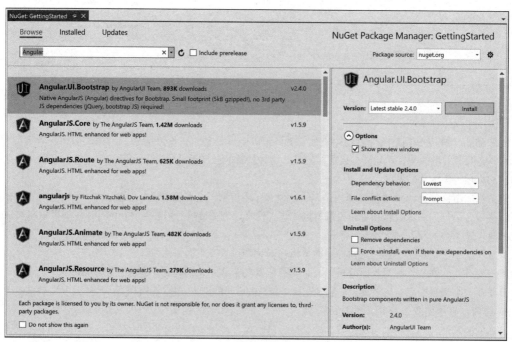

图 2-16

该对话框的作用是允许搜索所需的包。页面的顶部是一些控件，它们会影响返回的包的细节。左上方的下拉框 Package source 用于选择要搜索的 NuGet 存储库。可以根据以前已经安装的包、是否有可用的更新包，或者是否想在列表中包括预发行的版本(例如测试版本)来过滤包。最后，右边的文本框用来指定正在寻找的包。如图 2-16 所示，标题或描述中包含 Angular 这个词的所有包都显示出来了。

一旦识别出所需的包，就在页面的左边单击它，在右边显示具体的细节。要安装包，可以单击 Install 按钮。默认情况下，这会安装最新版本。如果所选的包有很多不同的版本，就可以从 Version 下拉框中选择一个特定的版本。

单击 Install 按钮时，会显示一个要添加或更新到项目中的文件列表。该列表显示在一个如图 2-17 所示的对话框中。单击 OK 按钮继续安装，而单击 Cancel 按钮将终止安装。

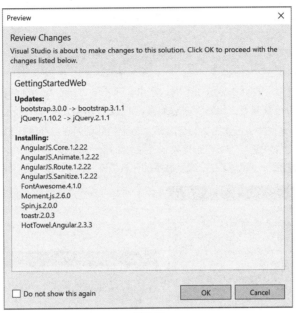

图 2-17

图 2-16 中的 Dependency behavior 下拉框控制是否加载依赖项，以及加载哪个依赖项。在图 2-17 中，需要安装 9 个依赖项以及两个更新。为理解依赖性行为的基础知识，考虑一个更新：jQuery 2.1.1。这是所安装组件需要的最低的 jQuery 版本。这个安装将使用这个版本，因为 Dependency behavior 选中了 Lowest。其他选项包括 Highest(需要最高的主要版本)、Highest Minor(需要最高的主要和次要版本)和 Highest Patch(需要最新版本的补丁)。还可以简单地忽略依赖项。

有一个选项用于处理文件冲突。它给出的选择是提示要安装同一个文件的不同版本、自动用新文件覆盖现有的文件，以及自动忽略任何已有的文件。

安装 NuGet 包必须指定的第二个选项是进入一个命令窗口。要启动如图 2-18 所示的窗口，可以选择 Tools | NuGet Package Manager | Package Manager Console 菜单项。

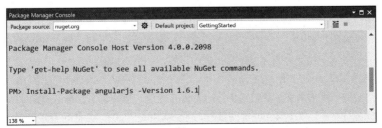

图 2-18

一旦准备好命令窗口，就可以输入具体的 NuGet 命令来安装所需的包。在图 2-18 中，安装了 angularjs 包的 1.6.1 版本。通过命令行，很容易安装、更新或卸载任何需要的包，但有关各种命令的详细信息超出了本书讨论的范围。

2.2 Toolbox 窗口

与 Microsoft 公司为开发人员提供的许多其他 IDE 相比,Visual Studio 2017 IDE 的一个主要优势是可以在 Web 和富客户端应用程序的设计过程中拖放元素。这些元素都在 Toolbox(Ctrl+Alt+X 组合键)工具窗口中,该窗口可通过 View 菜单来访问。

Toolbox 窗口包含了所有可用于主工作区中显示的当前活动文档的组件。这些组件有些是可视化的,如按钮和文本框;另外一些则是非可视化的、面向服务的对象,如计时器和系统事件日志文件;甚至包括设计器元素,如在 Class Designer 视图中使用的类和接口对象。

 Toolbox 的一个有趣功能是选择一个代码区域,把它拖放到 Toolbox 上,就可以把代码片段复制到 Toolbox 中。可以对代码片段重命名或重新排序,使之可用于显示或存储常用的代码块。

Visual Studio 2017 把各种可用的组件显示在不同的组中,而不是显示一堆混乱的控件。这个默认的分组功能更便于定位需要的控件,例如,与数据相关的组件在它们自己的 Data 组中。

默认情况下,组显示在 List 视图中,如图 2-19(a)所示。每个组件都用自己的图标和名称来表示。如果用户需要猜测某些意义不是特别明确的组件的用途,也可将组件显示为一组图标,如图 2-19(b)中的 All WPF Controls 组所示。用户可以单独改变每个控件组的视图——只需要右击组区域中的任意位置,在上下文菜单中取消对 List View 选项的选择。

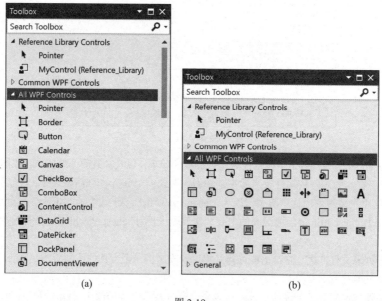

(a)   (b)

图 2-19

无论组件如何显示,在程序中使用它们的方式通常都是一样的:单击并拖放需要的组件到活动文档的设计界面上,或者双击组件对应的条目,这样 Visual Studio 会自动添加一个实例。可视化组件(如按钮和文本框)显示在设计区域中,它们可以在该区域中重新定位、重置大小,或者通过属性网格来调整。非可视化的组件(如 Timer 控件)在设计区域下面的非可视化区域中显示为图标,带有相关的标签,如图 2-20 所示。

在图 2-19(a)的上方是 Reference Library Controls 组,它只有一个 MyControl 组件。Reference_Library 实际上是在同一个解决方案中定义的类库的名称,且它包含 MyControl 控件。当开始生成自己的组件或控件时,不需要手动创建新的选项卡来完成将每一项添加到 Toolbox 的过程,Visual Studio 2017 会自动查询解决方案中的所有项目。如果标识了组件或控件(其实是实现了 System.ComponentModel.IComponent 或用于 WPF 和 Silverlight 的 System.Windows.Framework Element 的任何类,Visual Studio 2017 会为该项目创建一个新选项卡,并添加相应的项、默认的图标和类名(这里是 MyControl),如图 2-19(a)所示。使用组件时,该图标会出现在设计区域的非可视化部分。

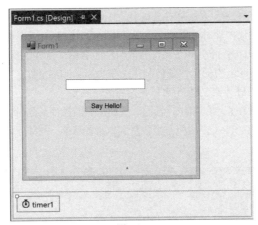

图 2-20

　　　　Visual Studio 2017 会在开始和生成活动之后查询解决方案中的所有项目。如果有大量的项目，就需要大量的时间。此时，应考虑在 Options 对话框(Tools | Options)的 Windows Forms Designer 节点下，把 AutoToolboxPopulate 属性设置为 false，从而禁用这个功能。

要定制项在 Toolbox 中的显示方式，需要像组件或控件那样给项目添加一个 16 像素×16 像素的位图。接着，在 Solution Explorer 中选择新添加的位图，并导航到 Properties 窗口。确保将位图的 Build 属性设置为 Embedded Resource。最后，需要给控件添加 ToolboxBitmap 特性：

VB

```
<ToolboxBitmap(GetType(MyControl), "MyControlIcon.bmp")>
Public Class MyControl
```

C#

```
[ToolboxBitmap(typeof(MyControl), "MyControlIcon.bmp")]
public class MyControl
```

这个特性使用对 MyControl 的类型引用来定位对应的程序集，以提取嵌入资源 MyControlIcon.bmp。它还有另一种重载方式，即把文件路径用作唯一的参数。此时，甚至不需要在项目中添加位图。

遗憾的是，不能定制自动生成的项在 Toolbox 中的显示方式，但如果在 Toolbox 中手动添加项，再选择组件(不是让 Visual Studio 自动填充它)，就会看到定制的图标。另外，不管在 Toolbox 中添加项时采用的是何种方式，如果把一个组件拖放到窗体上，图标都会显示在设计器上的非可视化部分。

2.2.1　排列组件

按字母排序可以定位 Toolbox 中不熟悉的元素，这是一种非常好的默认方式。但如果只使用一小部分组件，不断地上下滚动列表就会很麻烦。要解决这个问题，可以自己创建控件组并移动现有的对象类型。

重新放置一个组件非常容易。在 Toolbox 中找到要移动的组件，选中并把它拖动到新的位置。如果对新位置感到满意，就放开鼠标按钮，这样就可以把组件移到列表中的新位置。也可以采取相同的方式把它移到另一个组中——只要将组件在 Toolbox 列表中上下拖动，在合适的组中放开鼠标按钮即可。这些操作可应用到 List 视图和 Icon 视图中。

如果希望把一个组中的组件复制到另一个组中而并非移动它，在拖动时只要按下 Ctrl 键即可。该过程将复制控件，使它同时出现在两个组中。

有时用户希望在自己创建的组中存放最常用的控件和组件。要在 Toolbox 中创建一个新组，可以右击 Toolbox 区域中的任意位置，然后选择 Add Tab 命令。一个新的空白选项卡会被添加到 Toolbox 底部，并提示输入选项卡名称。对选项卡的命名完成后，可使用本节描述的下述步骤为其添加组件。

第一次启动 Visual Studio 2017 时，每个组中的项都按字母顺序排列。但是，在多次移动项之后，组件可能会处于混乱状态，此时可以对它们重新排序。方法是右击组中的任意位置，然后选择 Sort Items Alphabetically 命令。

默认情况下，在 Toolbox 中添加控件时使用的是它们的类名称。这就意味着某些名称可能很难理解，特别是在 Toolbox 中添加 COM 控件时。Visual Studio 2017 允许修改组件的名称，使其更易于理解。

要更改组件的名称，右击 Toolbox 中的组件条目，并选择 Rename Item 命令。此时，原标题处将显示一个可编辑字段，允许用户按照自己的喜好进行命名(甚至可以使用特殊字符)。

更混乱的情况是组件没有包含在正常的组中，且无法找到需要的控件。此时，可以在相同的右击上下文菜单中选择 Reset Toolbox。该操作会把 Toolbox 中的所有组恢复到原来的状态——每一个组件都位于初始组中，并按照字母顺序排列。

记住，执行 Reset Toolbox 操作会永久删除所有自定义的命令组，所以使用该功能时请谨慎！

Visual Studio 2017 中的 Toolbox 包含搜索功能。Toolbox 的顶部有一个 Search 区域。在此区域中输入字符时，系统会过滤 Toolbox 中的组件以进行匹配。该搜索功能会查找所输入的字符是否出现在控件名称中。因为是在所有组中执行搜索，所以这是定位控件的便捷方式，前提是要知道该控件的完整名称或部分名称。图 2-21 显示了在 Search 区域中输入 tex 之后 Toolbox 的外观。

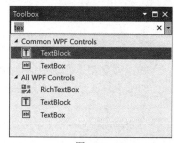

图 2-21

2.2.2　添加组件

有时，需要使用的组件并没有显示在 Toolbox 列表中。大多数.NET 主要组件(或 WPF 组件，如果是使用 XAML 构建应用程序)都位于 Toolbox 中，但仍有一部分不在其中。例如，WebClient 类组件默认情况下没有显示在 Toolbox 中。托管的应用程序也可能在其设计中使用 COM 组件。一旦在 Toolbox 中添加，COM 对象的使用方式就与常规的.NET 或 WPF 组件基本一样。如果编码正确，就可以使用完全相同的方式对它们进行操作——使用 Properties 窗口以及在代码中引用它们的方法、属性和事件。

要在 Toolbox 布局中添加一个组件，右击希望添加组件的组中的任意位置，然后选择 Choose Items 命令。过一会儿(在比较慢的计算机上可能需要几秒钟的时间，因为它需要查询.NET 缓存来确定所有可以选择的组件)，就会根据项目的类型弹出如图 2-22 所示的.NET 或 WPF 组件列表。加载这个窗体的过程可能比较慢，令开发人员感到庆幸的是，Visual Studio 2017 在此使用了一个进度条，指示加载程序集的当前进度。

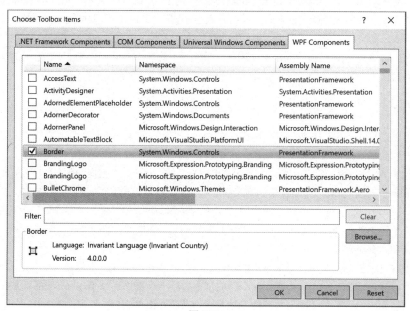

图 2-22

滚动列表以定位到希望在 Toolbox 中添加的项，然后选中相应的复选框。在单击 OK 按钮应用更改之前，可以选中并添加多个项。同时，也可以在列表中通过取消选择相应的项来删除它们。注意，这将从原来包含该元素的每个组中删除该项，而不仅仅是当前编辑的组。

如果发现所需项的定位非常困难，可以使用 Filter 框，它可以根据名称、名称空间和程序集名称过滤列表。某些情况下希望使用的项根本就没有出现在列表中，如那些自己生成且没有注册到全局程序集缓存(GAC)中的非标准组件。要添加这种组件，可使用 Browse 按钮在计算机上定位物理文件。选中和取消选中需要的项以后，单击 OK 按钮把它们保存到 Toolbox 布局上。

COM 组件和 Universal Windows 组件的添加方式与此相同。只要在对话框中切换到对应的选项卡，就能看到已经成功注册并可以添加使用的 COM 组件列表。同样，可以使用 Browse 按钮来定位那些没有出现在列表中的控件。

2.3　Properties 窗口

在 Visual Studio 2017 中，一个最常用的工具窗口是 Properties 窗口(快捷键为 F4 键)，如图 2-23 所示。Properties 窗口由一个属性网格组成并与上下文相关，仅显示与当前选中项相关的属性，该项可以是 Solution Explorer 中的一个节点，或是窗体设计区域中的一个元素。每一行都表示一个属性，且在两列中显示了属性名和对应的值。图 2-23(c)显示了 WPF 应用程序的已更新属性网格，其中包括一个预览图标和一些搜索功能。

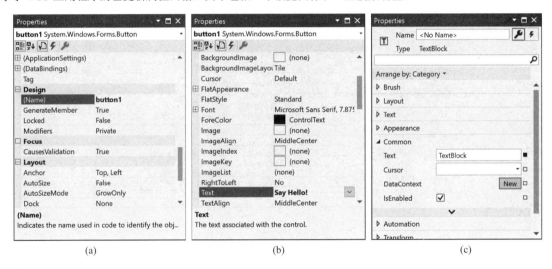

图 2-23

Properties 窗口可以对属性进行分组或按字母排序属性——使用 Properties 窗口顶部的前两个按钮可以切换这个布局。还有一组内置的编辑器，用于各种系统类型，如颜色、字体、锚定和停靠，在单击要修改的属性值列时，就会调用这些编辑器。选择一个属性后，如图 2-23(b)所示，该属性名会突出显示，并在属性网格的下方区域显示描述。

在 Properties 窗口中，只读属性用灰色表示，其值不能修改。图 2-23(b)中的 Text 属性值 Say Hello! 显示为粗体，表示它不是这个属性的默认值。同样，图 2-23(c)中 Text 属性值的右侧有一个实心黑方块，表示指定了该属性值。如果查看设计器生成的如下代码，应注意到属性网格中每个显示为黑体的属性都有一行代码——给控件中的每个属性添加一行代码会显著增加显示窗体的时间。

VB
```
Me.btnSayHello.Location = New System.Drawing.Point(12, 12)
Me.btnSayHello.Name = "btnSayHello"
Me.btnSayHello.Size = New System.Drawing.Size(100, 23)
Me.btnSayHello.TabIndex = 0
Me.btnSayHello.Text = "Say Hello!"
Me.btnSayHello.UseVisualStyleBackColor = True
```

C#

```
this.btnSayHello.Location = new System.Drawing.Point(12, 12);
this.btnSayHello.Name = "btnSayHello";
this.btnSayHello.Size = new System.Drawing.Size(100, 23);
this.btnSayHello.TabIndex = 0;
this.btnSayHello.Text = "Say Hello!";
this.btnSayHello.UseVisualStyleBackColor = true;
```

 　对于 Web 和 WPF 应用程序，Properties 窗口中的属性集分别保存为.aspx 或.xaml 文件中的标记。与 Windows 窗体设计器一样，只有在 Properties 窗口中设置的值才保存到标记中。

除显示所选项的属性外，Properties 窗口还为关联事件处理程序提供了一种设计方式。图 2-24(a)显示了通过 Properties 窗口顶部的第 4 个按钮(闪电图标)打开的事件视图。这里包含了单击事件的处理程序。要关联另一个事件，可以在值列的下拉列表中从已有的方法中选择，也可以双击值列，这会创建一个新的事件处理方法，并把它关联到事件上。如果使用第一种方法，就只列出匹配事件签名的方法。

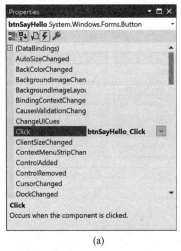

|(a)|(b)|

图 2-24

某些组件(如 DataGridView)有许多命令或快捷键可通过 Properties 窗口来执行。图 2-24(b)中的 DataGridView 有两个命令：Edit Columns 和 Add Column。单击这两个命令链接，就会显示一个执行该操作的对话框。如果命令没有立即显示，则右击 Properties 窗口并从上下文菜单中选择 Commands 命令。

如果 Properties 窗口仅占用屏幕的一小部分空间，就很难滚动属性列表。如果右击属性网格，就可以取消对 Commands 和 Description 复选框的选择，以隐藏 Properties 窗口的这些部分。

扩展 Properties 窗口

Visual Studio 2017 使属性值显示为黑体来突出已改变的属性。问题是 Visual Studio 2017 如何知道默认值是什么？答案是 Properties 窗口查询一个对象以确定在属性网格中显示什么属性时，它会查找许多设计特性。这些特性可以用来控制要显示的属性、编辑其值的编辑器以及属性的默认值。为了说明如何在自己的组件中使用这些特性，先给组件添加一个简单的自动属性。

VB

```
Public Property Description As String
```

C#

```
public string Description { get; set; }
```

1. Browsable 特性

所有的公共属性都默认显示在属性网格中。但通过添加 Browsable 特性，可以显式地控制这个行为。如果把该特性设置为 false，就不会在属性网格中显示属性。

VB

```
<System.ComponentModel.Browsable(False)>
Public Property Description As String
```

C#

```
[System.ComponentModel.Browsable(false)]
public string Description { get; set; }
```

2. DisplayName 特性

DisplayName 特性很容易理解，它允许修改属性的显示名称。在下面的例子中，可以修改 Description 属性的名称，使该属性在属性网格中显示为 VS2017 Description。

VB

```
<System.ComponentModel.DisplayName("VS2017 Description")>
Public Property Description As String
```

C#

```
[System.ComponentModel.DisplayName("VS2017 Description")]
public string Description { get; set; }
```

3. Description 特性

除定义属性的友好名称或显示名称外，还应提供描述。在选择属性时，该描述显示在 Properties 窗口的底部区域，确保组件的用户了解属性的用途。

VB

```
<System.ComponentModel.Description("My first custom property")>
Public Property Description As String
```

C#

```
[System.ComponentModel.Description("My first custom property")]
public string Description { get; set; }
```

4. Category 特性

Properties 窗口处于分组视图中时，用户提供的所有属性都默认放在 Misc 组中。使用 Category 特性可以把这些属性放在任何一个已有的组中，例如 Appearance 或 Data 组中；如果指定了一个不存在的组名，还可以把属性放在一个新组中。

VB

```
<System.ComponentModel.Category("Appearance")>
Public Property Description As String
```

C#

```
[System.ComponentModel.Category("Appearance")]
public string Description { get; set; }
```

5. DefaultValue 特性

前面提到过，Visual Studio 2017 突出显示修改了初始值或默认值的属性。实际上，Visual Studio 2017 会查找 DefaultValue 特性来确定属性的默认值。

VB

```
Private Const cDefaultDescription As String = "<enter description>"
<System.ComponentModel.DefaultValue(cDefaultDescription)>
```

```
Public Property Description As String = cDefaultDescription
```

C#

```csharp
private const string cDefaultDescription = "<enter description>";
private string mDescription = cDefaultDescription;
[System.ComponentModel.DefaultValue(cDefaultDescription)]
public string Description
{
    get
    {
        return mDescription;
    }
    set
    {
        mDescription = value;
    }
}
```

在这个例子中，如果 Description 属性的值设置为 "< enter description >"，Visual Studio 2017 就删除设置该属性的代码行。如果修改了一个属性并希望返回其默认值，就可以在 Properties 窗口中右击该属性，并从上下文菜单中选择 Reset 命令。

 　　注意，DefaultValue 特性不会设置属性的初始值。如果指定了 DefaultValue 特性，建议也把属性的初始值设置为相同的值，如上面的代码所示。

6. AmbientValue 特性

我们自认为已经理解但实际并未真正理解的一个功能是周围属性(ambient properties)的概念。典型的例子是背景色、前景色和字体：除非通过 Properties 窗口显式设置，否则这些属性不是继承自它们的基类，而是继承自它们的父控件。周围属性的较宽泛的定义是从另一个数据源中获得其值的属性。

与 DefaultValue 特性一样，AmbientValue 特性用于告诉 Visual Studio 2017 何时不应该给设计器文件添加代码。但是使用周围属性，就不能硬编码设计器的值来比较当前值，因为它要视属性的源值而定。因此，在定义 AmbientValue 特性时，这会告诉设计器查找函数 ShouldSerializePropertyName。在下例中，这个函数是 ShouldSerializeDescription，调用它可确定属性的当前值是否应保存到设计器代码文件中。

VB

```vb
Private mDescription As String = cDefaultDescription
<System.ComponentModel.AmbientValue(cDefaultDescription)>
Public Property Description As String
    Get
        If Me.mDescription = cDefaultDescription AndAlso
                        Me.Parent IsNot Nothing Then
            Return Parent.Text
        End If
        Return mDescription
    End Get
    Set(ByVal value As String)
        mDescription = value
    End Set
End Property

Private Function ShouldSerializeDescription() As Boolean
    If Me.Parent IsNot Nothing Then
        Return Not Me.Description = Me.Parent.Text
    Else
        Return Not Me.Description = cDefaultDescription
    End If
End function
```

C#

```
private string mDescription = cDefaultDescription;
[System.ComponentModel.AmbientValue(cDefaultDescription)]
public string Description{
    get{
        if (this.mDescription == cDefaultDescription &&
            this.Parent != null){
            return Parent.Text;
        }
        return mDescription;
    }
    set{
        mDescription = value;
    }
}

private bool ShouldSerializeDescription(){
    if (this.Parent != null){
        return this.Description != this.Parent.Text;
    }
    else{
        return this.Description != cDefaultDescription;
    }
}
```

在创建带这个属性的控件时，其初始值被设置为 DefaultDescription 常量的值，但在设计器中，有一个值对应于 Parent.Text 值。在设计器代码文件中，没有代码显式地设置这个属性，因为在 Properties 窗口中，该值没有显示为黑体。如果把这个属性的值改为不是 DefaultDescription 常量的值，该值就会显示为粗体，并在设计器代码文件中添加一行代码。如果重置这个属性，底层的值就被设置回 AmbientValue 定义的值，但我们只会看到它恢复为显示 Parent.Text 值。

2.4　小结

本章介绍了 3 个最常用的工具窗口，知道使用这些窗口可以在开发过程中节省大量时间。但是，只有开始将设计器的使用经验运用到自己的组件中，Visual Studio 2017 的强大之处才会真正体现出来。即使自己的组件不在公司之外使用，这样做也是有用的。高效地使用设计器不仅可以提高控件的使用效率，还可以提高生成的应用程序的性能。

第 3 章

选项和定制

本章内容

- 定制 Visual Studio 2017 Start Page
- 调整选项
- 控制窗口布局

本章源代码下载

通过在 www.wrox.com 网站上搜索本书的 EISBN 号(978-1-119-40458-3)，可以下载本章的源代码。相关源代码和支持文件都在本章对应的文件夹中。

本章学习如何定制 IDE 以适应自己的工作风格。还将介绍如何操作工具窗口，如何优化代码窗口以使视图空间最大化，以及如何修改字体和颜色以减轻开发人员的疲乏感。

随着 Visual Studio 的日渐成熟，有太多的设置可以调整来优化我们的开发环境。但除非定期花些时间查看 Options 对话框(Tools | Options)，否则就可能忽略一两个重要的、简化开发的设置。本章将介绍许多设置的推荐值，用户可能要进一步研究这些设置。

能够自定义设置并不是 Visual Studio 2017 的新功能。导入和导出设置也不是新功能。然而，Microsoft 对云计算的推动影响了 Visual Studio。可以在云和登录到的 Visual Studio 实例之间自动地同步设置。

许多 Visual Studio 扩展会在 Options 对话框中添加它们的节点，因为这会为在 Visual Studio 中配置设置而提供一站式服务。还要注意，一些开发设置配置文件(如第 1 章所述)仅显示了选项的一个删节列表。此时，选中 Advanced 复选框就会显示可用选项的完整列表。

3.1 Start Page

默认情况下，打开 Visual Studio 2017 的一个新实例时，会看到 Start Page(起始页面)。在 Options 对话框的 Environment | Startup 节点上可以调整这个行为。其他选项可以显示 Home Page(主页面，可以通过 Environment | Web Browser 节点设置)、上次加载的解决方案、已打开的或新的项目对话框，或者什么也不做。

大多数开发人员都坚持使用 Start Page 的原因是它提供了一个有用的起点，可以跳转到许多其他操作。在图 3-1 的中间列，有一些链接可以创建或打开项目，连接到 Visual Studio Team Services。在图 3-1 的左侧，还有一个以前打开项目的列表，可以快速打开最近使用的项目。把鼠标指针停放在项目的右边，会显示一个水平图钉，单击该图钉，把它从水平改为垂直，就表示项目已固定在 Recent Projects 列表中。另外，还可以右击项目，通过弹出的上下文菜单从列表中删除项目。如果由于某种原因关闭了 Start Page，希望再次打开它，可以通过选择 File | Start Page 菜单项来实现。

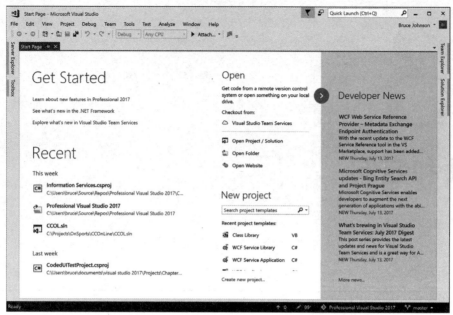

图 3-1

在 Start Page 的右侧是 Developer News 部分。通常，该部分中介绍的故事内容都与 Visual Studio 开发人员可能感兴趣的各种产品和工具相关。

定制 Start Page

在 Visual Studio 2017 中，Start Page 是驻留在 IDE 外壳中的一个 WPF 控件。可以调整 Start Page，提供与自己相关的信息或操作。Visual Studio 不会修改默认的 Start Page，而是支持用户特定的 Start Page 或定制的 Start Page。可通过创建 Visual Studio Extension(VSIX)包来启用此功能。在线的第 62 章将详细介绍如何创建和部署 VSIX 包。

3.2 窗口布局

如果不熟悉 Visual Studio，就会觉得大量工具窗口的行为难以捉摸，因为它们似乎位于随机的位置，在编写代码(设计时)和运行代码(运行时)之间来回切换时，这些工具窗口也在移动。实际上，Visual Studio 2017 会记住这些工具窗口在每个模式下的位置。这样，就可以优化编写和调试代码的方式了。

在 Visual Studio 的最近几个版本中，默认显示的工具栏数量要少很多(显示的按钮数量也少很多)。Microsoft 根据许多用户的反馈(通过调查问卷和统计收集这些反馈)对界面进行了简化：标识以前工具栏中最常用的按钮并将其显示在界面上。无论出于何种原因，未出现在界面上的按钮总是可以手工添加进来，它们只是不在默认集合中。界面上当前显示的图标绝大部分都是最常用的图标。

在 Solution Explorer 中打开不同的项时，屏幕顶部的工具栏数量会随着所打开文件的类型而变化。每个工具栏(实际上是每个按钮)都有一个内置的关联来指定文件扩展名，这样 Visual Studio 就知道在打开指定扩展名的文件时显示哪些工具栏(或启用/禁用按钮)。如果在打开扩展名匹配的文件时关闭了工具栏，那么当以后再打开带有该扩展名的文件时，Visual Studio 会记住这个操作。

  在 Customize 对话框(Tools | Customize)的 Commands 选项卡中选择相应的工具栏，并单击 Reset All 按钮，可以重置工具栏和文件扩展名之间的关联。

3.2.1 查看窗口和工具栏

关闭工具窗口或工具栏后，就很难再次定位它。但大多数最常用的工具窗口都可以通过 View 菜单来访问。其

他工具窗口(主要与调试相关)都位于 Debug|Windows 菜单下。

Visual Studio 2017 中的所有工具栏都列在 View | Toolbars 菜单项下，这包括已安装的第三方扩展的工具栏。当前可见的每个工具栏都在对应的菜单项旁边用一个对勾来标记。还可以在 Visual Studio 窗口顶部右击工具栏区域的任意空白位置来访问工具栏列表。

工具栏可见后，可通过 View 工具栏上的 Customize 或 Tool | Customize 选项来定制显示哪些按钮。另外，如图 3-2 所示，如果选择工具栏末端的向下箭头，就会显示该工具栏的所有按钮，从中可以选择要显示在工具栏上的按钮。

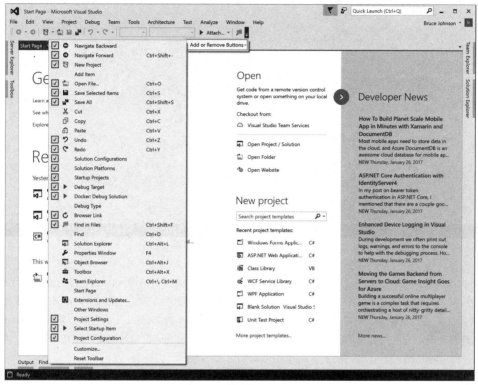

图 3-2

3.2.2　停靠

每个工具窗口都有一个默认位置，从 View 菜单中打开时，它就会恢复到这个默认位置。例如，默认情况下，选择 View | Toolbox 会使 Toolbox 停靠在 Visual Studio 的左边界上。一旦打开工具窗口，并使之停靠在一条边上，它就有两个状态：固定和取消固定。如第 1 章所述，在这两个状态之间切换时，可以单击垂直的图钉图标，使工具窗口处于浮动状态，还可以单击水平的图钉图标来固定工具窗口。

工具窗口处于浮动状态时，它可以滑动回 IDE 的边界，并在工具窗口的标题上显示一个标记。要重新显示该工具窗口，默认的方法是单击对应的可见标记。如果更希望采用将鼠标悬停在此标记上的方式使窗口重新显示，则可进入 Options 对话框，定位到 Environments | Tabs and Windows 节点。其底部有一个名为 Show Auto-Hidden Windows on Mouse Over 的复选框。如果选中此复选框，则在将鼠标移动到选项卡上方时，隐藏的窗口就会显示出来。大多数开发人员都接受工具窗口的默认位置，但有时你可能希望调整工具窗口的显示位置。Visual Studio 2017 有一个高级的系统来控制工具窗口的布局。第 1 章介绍了如何使用工具窗口顶部的 Pin 和 Close 按钮旁边的下拉列表，使工具窗口处于浮动状态、可停靠状态，甚至占据主编辑区域的一部分(使用 Tabbed Document 选项)。

当工具窗口可以停靠时，可对它的位置进行控制。图 3-3 中显示了 Properties 窗口，它被拖离其默认位置——IDE 的右侧。开始拖动时，需要单击工具窗口顶部的标题区域或者工具窗口底部的选项卡，沿着希望窗口移动的方向拖动鼠标。如果单击标题区域，那么位于 IDE 的该部分中的所有工具窗口都会移动，而单击选项卡仅移动相应的工具窗口。

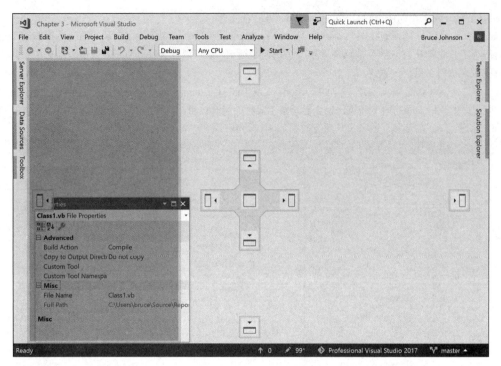

图 3-3

在 Visual Studio 2017 中拖动工具窗口时，IDE 中会出现不同方向的半透明图标。这些图标是很有用的向导，有助于确定工具窗口的确切位置。在图 3-4 中，Toolbox 工具窗口被固定在左侧。现在 Properties 窗口根据中心图像的左图标来定位，蓝色的阴影显示在现有工具窗口的内部。这表示 Properties 工具窗口固定在 Toolbox 窗口的右侧，如果选择其布局，它就是可见的。如果选择最靠左的图标，Properties 窗口就固定在 IDE 的左侧，但这一次固定在 Toolbox 窗口的左侧。

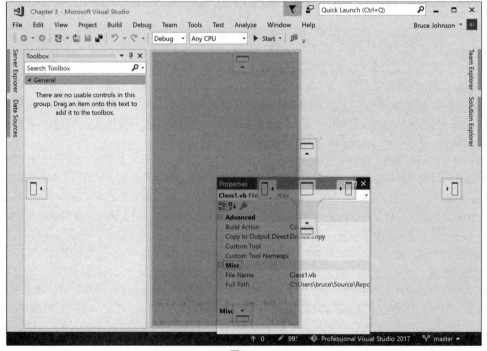

图 3-4

另外，如果在 Toolbox 窗口上拖动 Properties 窗口，如图 3-5 所示，中心图像就会移到现有的工具窗口上，这表示 Properties 窗口会定位在现有工具窗口区域内部。在不同区域拖动窗口时，蓝色阴影再次表示释放鼠标时工具窗口的位置。在图 3-5 中，它表示 Properties 窗口显示在 Toolbox 窗口的下面。

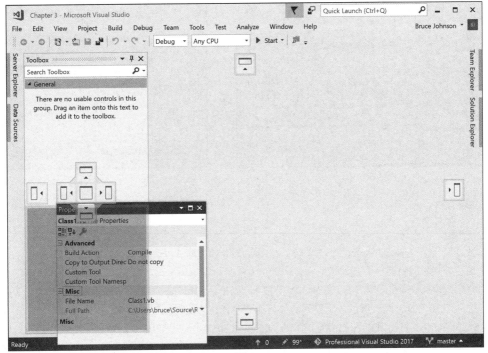

图 3-5

　　如果屏幕较大，或者有多个屏幕，就应花点时间来布置常用的工具窗口。有多个屏幕时，使用浮动的工具窗口表示可以使它们远离主编辑区域，从而最大化屏幕区域。如果屏幕较小，就总是需要调整可见的工具窗口，所以熟悉停靠和布局选项是很重要的。

3.2.3　保存窗口布局

使用笔记本电脑时，Visual Studio 会发生一些更令人沮丧的用户体验：偶尔会连接到多显示器的环境。在多显示器模式下，可以定位工具窗口是很棒的。然而，如果从笔记本电脑中移除外部监视器，再启动 Visual Studio，所有工具窗口就会重新定位，使它们在一个屏幕上显示出来。返回多显示器模式时，需要重新定位窗口。

Visual Studio 2017 可以保存和召回窗口布局，准确地说，是保存和召回多个窗口布局。这样就更容易在多显示器和单显示器之间来回切换。

首先，使工具窗口按自己喜欢的方式布局。然后使用 Window | Save Window Layout 菜单项保存布局。此时会提示输入布局名。现在，不管工具窗口重新排列的方式是什么，都可以使用 Window | Apply Window Layout 菜单项把窗口布局重置为已保存的布局。这个选项的弹出菜单显示了一组可以从中选择的已保存布局，如图 3-6 所示。

如果想管理已保存的窗口布局，可以选择 Window | Manage Window Layouts 菜单项，启动 Manage Window Layouts 对话框(如图 3-7 所示)，其中包含一个已保存的布局列表，允许删除或重命名已保存的布局。

最后，如果想把工具窗口重置为默认位置，可使用 Window | Reset Window Layout 菜单项帮助完成这个任务。

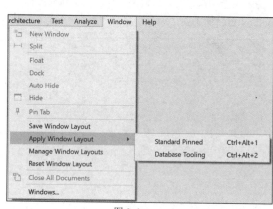

图 3-6

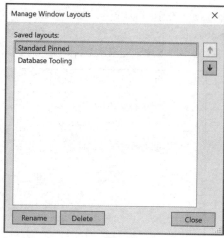

图 3-7

3.3　编辑区域

与大多数 IDE 一样，Visual Studio 2017 也建立在中心代码编辑窗口的基础上。该编辑窗口不断演化，现在已经不再是一个简单的文本编辑器。大多数开发人员都花费大量时间在编辑区域编写代码，同时有越来越多的设计人员在该区域执行生成窗体、调整项目设置、编辑资源等任务。无论是编写代码还是进行窗体设计，都要在 Visual Studio 2017 的编辑区域花费大量时间。所以一定要了解如何调整设置，才能提高工作效率。

Visual Studio 2017 支持给 IDE 应用主题。在 Visual Studio 2017 中可以使用三个主要的主题：Dark、Light 和 Blue。对于 Light 主题，可选的颜色是灰色与黑色。对于 Dark 主题，可选的颜色是黑色与白色。基本上看不到渐变的存在。只有在工具栏和各种工具窗口中使用的图标才有一些颜色。Blue 主题是为了模仿 Visual Studio 2012 和以前版本中的颜色。

默认的主题是 Light，本书中的大多数截图都是在此主题下截取的。图 3-8(a)显示了 Dark 主题，图 3-8(b)显示了 Blue 主题。

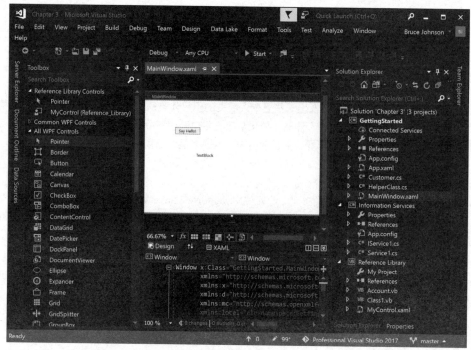

(a)

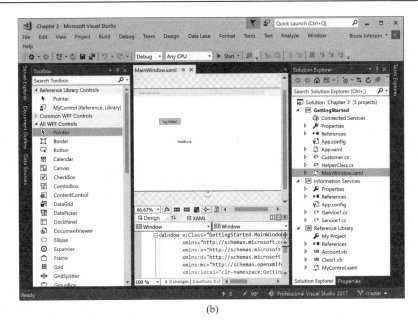

(b)

图 3-8

可以通过 Tools 菜单中的 Options 选项更改主题。此外,可以通过 Environment 节点中的下拉列表选择颜色主题。

3.3.1 浏览打开的项

打开多个项后,可能会用尽编辑区域顶部的所有空间,也不能看到已打开的所有项的选项卡。当然,可以返回 Solution Explorer 窗口,选择某个项。如果该项已打开,它就会显示出来,而无须恢复到其保存时的状态。但是,还必须在 Solution Explorer 中查找该项,所以不是很方便。

Visual Studio 2017 为访问已打开项的列表提供了许多快捷方式。与大多数基于文档的应用程序一样,Visual Studio 也有一个 Windows 菜单。打开一个项时,就会在这个菜单的底部区域添加它的标题。要显示一个打开的项,只需要从 Windows 菜单中选择它,或者单击通用的 Windows 项,就会显示一个模态对话框,从中可以选择需要的项。

另一个方法是使用编辑区域的选项卡区域末端的下拉菜单。图 3-9 显示了已打开项的下拉列表,从中可以选择要访问的项。

除了下拉图标之外,图 3-9(b)与图 3-9(a)相同。这个菜单还显示了一个向下箭头,但这个箭头的顶部有一条横线,它表示在编辑区域的顶部还有更多没有显示出来的选项卡。

浏览已打开的项还有另一种方式:按下 Ctrl+Tab 组合键,这会显示一个临时窗口,如图 3-10 所示。释放 Ctrl 键时,该窗口就会消失。但是,在该窗口打开时,可使用箭头键或按下 Tab 键在打开的窗口之间移动。

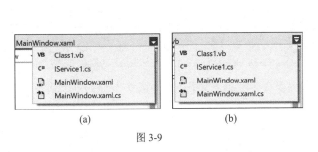

(a)　　　　　　　　　(b)

图 3-9

图 3-10

Ctrl+Tab 窗口分为两部分:Active Tool Windows 和 Active Files(实际上这应是活动的项,因为它包含一些不对应单一文件的项)。随着活动文件或活动工具窗口数量的增加,窗口会垂直扩展,直到有 15 个项为止,此时会出现一个额外的列。

　　如果有多个列的活动文件，就应关闭部分或全部未使用的文件。Visual Studio 2017 打开的文件越多，使用的内存就越多，执行速度也就越慢。甚至发展到 2017 版本，Visual Studio 也仍是一个 32 位应用程序。

　　如果右击某个已打开项的选项卡，就会显示一个隐藏的上下文菜单，通过它可以快速执行常见的任务，如保存或关闭与该选项卡关联的文件。几个特别有用的操作是 Close All Documents、Close All but This、Copy File Path 和 Open Containing Folder。这几个操作很容易理解，第一个操作关闭所有打开的文档，第二个操作关闭除当前单击的选项卡外的其他所有选项卡以获得上下文菜单，第三个操作将所选文件的路径复制到剪贴板上，第四个操作在 Windows Explorer 中打开包含文件的文件夹。因为现在所有窗口都可以停靠，所以也可执行 Float 或 Dock as Tabbed Document 操作，这两个操作根据选项卡所处的状态来启用。

3.3.2　字体和颜色

　　在 Visual Studio 中，首先推荐修改编辑区域使用的字体和颜色，从而使代码更容易理解。但不应仅调整这些设置。选择容易阅读且不伤眼睛的字体和颜色，可提高工作效率，且长时间编码也不会觉得疲乏。图 3-11 显示了 Options 对话框的 Fonts and Colors 节点，在其中可以调整字体、字号、颜色和不同显示项的风格。

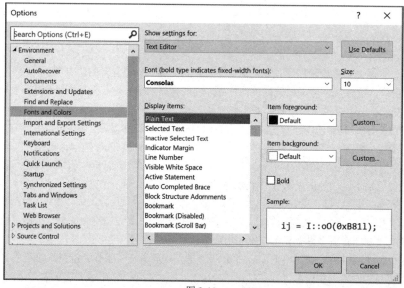

图 3-11

　　为在 Visual Studio 2017 中调整某个特定文本项的外观，首先需要选择要应用这些外观的 IDE 区域。在图 3-11 中，选择 Text Editor 项，并确定应出现在 Display Items 列表中的项。在该列表中找到相关的项后，就可以调整字体和颜色了。

　　Display Items 列表中的一些项(如 Plain Text)由 Visual Studio 2017 中的多个区域重用，所以在调整字体和颜色时，可能会出现某些意想不到的变化。

　　选择字体时应意识到，编写代码时，均衡字体通常没有非均衡(等宽字体)字体高效。列表中固定宽度的字体与可变宽度的字体的类型被区分显示，因此很容易识别。

3.3.3　可视化指南

　　编辑文件时，Visual Studio 2017 会根据文件的类型自动给代码添加颜色。例如，VB 代码文件用蓝色突出显示关键字，而变量名和类引用显示为黑色，字符串字面量显示为红色。在图 3-12 中，可以看到代码左侧有一条线，用于指示代码块的位置。单击减号可以折叠 btnSayHello_Click 方法或整个 Form1 代码块。

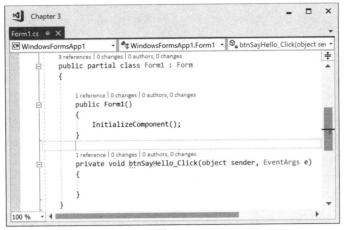

图 3-12

可视化指南的各个要点如图 3-13 和图 3-14 所示。在图 3-13 中,通过 Options 对话框启用换行功能(参见 Text Editor| All Languages | General 节点)。

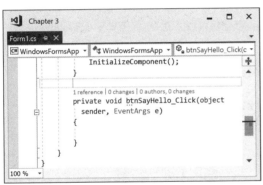

图 3-13

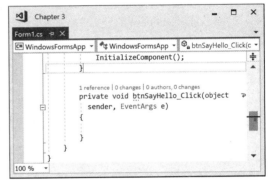

图 3-14

但启用换行功能就很难看出哪些代码行是换过行的。Visual Studio 2017 为此提供了一个选项(在 Options 对话框的 enable word wrapping 复选框下面),它可以在每个换过行的代码行末尾显示可视化的图示符,如图 3-14 所示。在该图中,还可以看到另外两个可用的可视化指南。在左边,代码块标记的外部是行号。它们可以通过 Word Wrap 和 Visual Glyphs 复选框下面的 Line Numbers 复选框来启用。另一个可视化指南是代码中表示空格的点。与其他可视化指南不同,该指南需要在代码编辑区域获得焦点时通过 Edit | Advanced | View White Space 菜单项启用。

3.3.4　全屏模式

如果许多工具窗口和多个工具栏可见,就会很快用尽实际用于编写代码的空间。因此,Visual Studio 2017 提供了全屏模式,可以通过 View | Full Screen 菜单项来访问该模式。另外,按下 Shift+Alt+Enter 组合键也可以进入和退出全屏模式。图 3-15 显示了 Visual Studio 2017 全屏模式的顶部。可以看出,该图没有显示任何工具栏和工具窗口,并且窗口完全最大化,甚至没有显示通常的 Minimize、Restore 和 Close 按钮。菜单栏中显示了文本 Full Screen。单击该文本,就可以退出全屏模式。

图 3-15

如果使用多个屏幕，全屏模式就非常有用。取消工具窗口的停靠，把它们放在第二台显示器上。这样，当编辑窗口处于全屏模式时，仍可以访问工具窗口，而不必来回切换。如果取消代码窗口的停靠，它就不会出现在全屏模式下。

3.3.5　跟踪变化

　　为增强编辑体验，Visual Studio 2017 使用行级跟踪功能来指出在编辑会话中修改了哪些代码行。当打开一个文件开始编辑时，并没有启用彩色编码功能。但在开始编辑时，修改的代码行的旁边会显示一个黄色标记(在 Dark 主题中是浅灰色标记)。在图 3-16 中可以看出，自从上一次保存这个文件后，Console.WriteLine 代码行已修改过了。

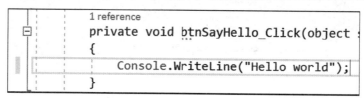

图 3-16

　　保存文件时，修改后的代码行会在旁边显示一个绿色标记(在 Dark 主题中也是绿色标记)。在图 3-17 中，第一个 Console.WriteLine 代码行自从打开文件后改变了，但这些改变已保存到磁盘上。而第二个 Console.WriteLine 代码行还没有保存。

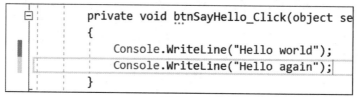

图 3-17

　　如果觉得跟踪变化不是很有用，可在 Options 对话框中取消对 Text Editor | General | Track Changes 项的选择，禁用这个功能。

3.4　其他选项

　　我们还没有接触过的许多选项也可以用来改变 Visual Studio 的操作方式。本章的剩余部分介绍其中一些较有用的选项，以帮助你提高工作效率。

3.4.1　快捷键

　　Visual Studio 2017 对同一个操作提供了多种不同的执行方式。菜单、工具栏以及各个工具窗口都提供对很多命令的直接访问，由于可以进行的操作数量过于庞大，因此还有很多命令无法通过图形界面来访问。但可以通过快捷键访问这些命令(以及大部分菜单和工具栏中的命令)。

　　有各种快捷方式——从保存所有变更的 Ctrl+Shift+S 快捷键到意义不那么明确的用于显示 Exceptions 对话窗口的 Ctrl+Alt+E 快捷键。我们可以设置自己的快捷键，甚至可修改现有的快捷键。更棒的是还可以对快捷键进行过滤，使它们只能在特定环境中使用。这就意味着同一个快捷键可用于不同的工作环境。

　　图 3-18 显示的是 Options 对话框中 Environment 区域的 Keyboard 节点，并选择了 Visual C# 2005 键盘映射方案。如果要改用另一个键盘映射方案，只需要从下拉列表中选择它，再单击 Reset 按钮。

键盘映射方案在 C:\Program Files\Microsoft Visual Studio 15.0\Common7\IDE(如果使用 64 位系统，则是 C:\Program Files(x86)\Microsoft Visual Studio 15.0\Common7\ IDE)下存储为 VSK 文件。这是在 Visual Studio 2005 以后的 Visual Studio 版本中使用的键盘映射文件格式。要导入 Visual Studio 2005 中的键盘映射，可以使用 Import and Export Settings 向导(参见本章 3.5 节)。对于更早的版本，可以把对应的 VSK 文件复制到上述文件夹中。下次打开 Options 对话框时，就可以从映射方案下拉列表中选择它了。

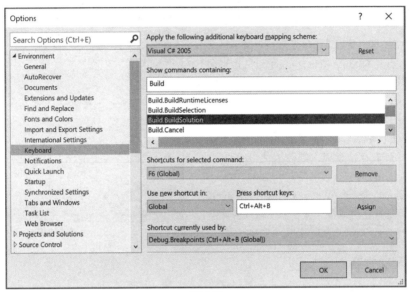

图 3-18

图 3-18 中间的列表框列出了 Visual Studio 2017 中的所有命令。但这个列表很长，而 Options 对话框不能调整大小，所以浏览这个列表有些困难。为便于搜索命令，可以使用 Show commands containing 文本框过滤命令列表。在图 3-18 中，用 Build 单词过滤列表，获得以该单词开头或包含该单词的所有命令。在这个列表中，选择了 Build.BuildSolution 命令。由于已经给这个命令指定了快捷键，因此 Shortcuts for selected command 下拉列表和 Remove 按钮都是可用的。同一个命令还可能有多个快捷键，所以下拉列表允许删除已指定的单个快捷键。

 如果既想保持默认的快捷方式，又想添加自己的快捷方式，采用多个快捷键则是很有用的方式，这样其他开发人员使用自己的设置时会觉得很舒服。

这个对话框的剩余部分允许给所选的命令指定新的快捷键。只需要移动到 Press shortcut keys 文本框，根据标签的建议按下对应的键即可。在图 3-18 中，输入了 Ctrl+Alt+B 组合键，但这个快捷键已被另一个命令占用了，如该对话框的底部所示。如果单击 Assign 按钮，这个键盘快捷键就会再次映射给 Build.BuildSolution 命令。

为了限制把一个快捷键仅用于 Visual Studio 2017 的一个相关区域，可以从 Use new shortcut in 下拉列表中选择环境。当前选中的 Global 选项表示将快捷键应用于整个环境，但下拉框中的元素列表包含 Visual Studio 中非常长的设计器和编辑器列表。

3.4.2 快速启动

随着 Visual Studio 中可用命令的持续增加，我们已经无法通过对键盘快捷键进行编程来完全解决命令过多的问题。此外，还有可能用尽合理的键盘组合键。

为缓解此问题，Visual Studio 2017 包括了名为快速启动(Quick Launch)的新功能。从工具栏的左上角可开启该功能(或使用 Ctrl+Q 快捷键开启)，如图 3-19 所示，其外观类似于其他搜索文本框。不同之处在于，搜索的范围是 Visual Studio 中存在的每条命令。因此，无论特定的命令是否在工具栏中、某个菜单上或与这两者都不关联，该搜索框都可以找到它。

该搜索框也在不断发展变化。当输入字符时，该搜索框中会显示可能的匹配项的列表。这些匹配项最多可以分为 5 类：Most Recently Used、Menus、Options、NuGet Packages 和 Open Documents。每种类别中并不会显示所有的匹配项(在某些情况下会搜索出大量的匹配项)。如果要查看特定类别中的更多结果，可以使用 Ctrl+Q 或 Ctrl+Shift+Q 组合键在类别中前后导航，根据情况显示该类别中的更多匹配项。

在该文本框中，还可将搜索范围限定为特定类别中的项。例如，输入文本@mru font 将显示包括检索词"font"的最近使用的项。对于其他类别，用于限定范围的关键字分别是@menu、@opt 和@doc。

快速启动功能的默认设置是不持久保存检索词。将光标移出 Quick Launch 区域后，文本框就会被清空。如果要修改此行为，以持久保存检索词，则可以使用 Tools | Options 中的 Quick Launch 节点。确保选中 Show Search Results from Previous Search When Quick Launch Is Activated 复选框，这样就可以持久保存前面输入的检索词，以供下一次访问快速启动功能时使用。

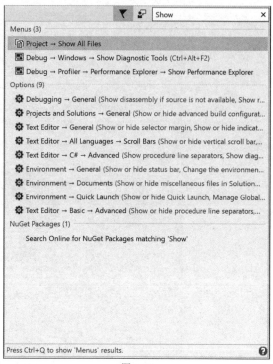

图 3-19

3.4.3 项目和解决方案

有几个选项与项目和解决方案相关。第一个选项可能是最有用的——项目的默认位置。默认情况下，Visual Studio 2017 使用标准的 Document and Settings 路径，就像很多其他的应用程序一样(如图 3-20 所示)，但这通常不是我们希望保存开发工作的地方。

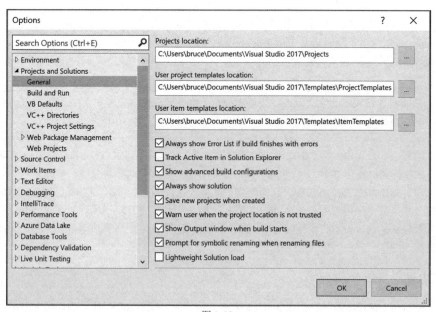

图 3-20

我们也可以在这里更改模板文件的位置，如果公司使用普通的网络位置来存储自己的项目模板，则可以更改 Visual Studio 2017 中的默认位置，使其指向远程地址而不是映射网络驱动器。

我们可以调整许多其他选项来改变在 Visual Studio 2017 中管理项目和解决方案的方式。一个比较有趣的选项是

Solution Explorer 中的 Track Active Item。启用这个选项后，当在各个项之间切换时，Solution Explorer 的布局就会变化，以确保当前项显示出来。这包括展开项目和文件夹(但不会再次折叠)，但在大型解决方案中，这个选项会带来麻烦，因为用户总要折叠项目，才能继续浏览。

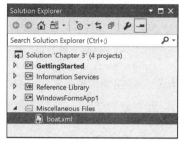

图 3-21

与解决方案相关的另一个选项用于在 Solution Explorer 中列出杂项文件，但该选项没有显示在图 3-20 中。假定处理一个解决方案，要查找一个未包含在该解决方案中的 XML 文档。Visual Studio 2017 会顺利地打开这个文件，但每次打开这个解决方案时，都必须重新打开该文档。另一种方法是，如果通过 Options 对话框启用 Solution Explorer 中的 Environment | Documents | Show Miscellaneous Files 命令，该文件就会被临时添加到解决方案中。添加这个文件的杂项文件夹如图 3-21 所示。

     Visual Studio 2017 会自动管理杂项文件列表，根据 Options 对话框中定义的文件数，仅保留最近的文件。可以让 Visual Studio 在这个列表中至多保存 256 个文件，而这些文件根据它们的最后一次访问时间被删除。

3.4.4　Build and Run 界面

Projects and Solutions | Build and Run 节点(如图 3-22 所示)可用于控制 Visual Studio 2017 的生成行为。

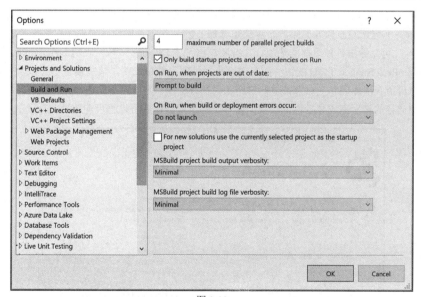

图 3-22

为缩短生成解决方案的时间，可以增加所执行的并行生成的最大数量。只有项目不相互关联，Visual Studio 2017 才能并行生成项目；但如果有非常多的独立项目，并行生成就会产生显著的效益。注意在单核或单处理器的计算机上，这会增加生成解决方案的时间。

图 3-22 显示了项目在过期时会"提示生成(Prompt to Build)"，如果有生成错误，解决方案就不会启动。这两个选项可以提高工作效率，但要注意它们不会启动向用户显示当前执行任务的对话框。

     图 3-22 中最后一个要注意的选项是 MSBuild project build output verbosity。大多数情况下，Visual Studio 2017 生成输出足以调试生成错误。但在一些情况下，尤其是生成 ASP.NET 项目时，就需要增加详细程度以诊断生成错误。Visual Studio 2017 可以独立于输出的方式来控制日志文件的详细程度。

3.4.5　VB 选项

VB 程序员可在项目级或文件级配置 4 个编译器选项，还可在 Options 对话框的 Projects and Solutions | VB Defaults 节点上设置其默认值。

Option Strict 通过强制开发人员显式地将变量转换为正确的类型，进一步强制使用较好的编程方式，而不是让编译器猜测正确的转换方法，这样运行时问题较少，并且性能更好。

　　强烈建议使用 Option Strict 以确保代码不隐式地转换变量的类型。如果不使用 Option Strict 以及.NET Framework 包含的所有语言特性，或许就不能高效地利用该语言。

3.5　导入和导出设置

一旦将 IDE 设置为自己满意的配置，就可以备份设置以供将来使用。这需要把 IDE 设置导出到文件中，以后可以使用该文件来还原设置，甚至可以把设置传输到一系列 Visual Studio 2017 安装包中，这样就可以共享相同的 IDE 设置。

　　Options 对话框中的 Environment | Import and Export Settings 节点可以指定团队设置文件。它可以放在网络共享上，如果该文件有变化，Visual Studio 2017 就会自动应用新设置。

要导出当前的配置信息，选择 Tools | Import and Export Settings，启动 Import and Export Settings Wizard(导入和导出设置向导)。导入和导出设置向导的第一个步骤是选择 Export 选项，然后为导出过程选择需要备份的设置。

如图 3-23 所示，可以导出各种组别的选项。在此图中展开了 Options 区域，表明 Debugging 和 Projects 设置会与 Test Execution 和 Performance Tools 配置一起备份。小的惊叹号图标表明，某些设置不会包含在默认导出中，因为它们包含的信息可能会泄露隐私。如果希望把它们包含在备份中，则需要手动选择这些区域。选择了希望导出的设置后，可以按照向导的指示完成导出过程。根据要导出的设置数，备份过程可能需要几分钟的时间。

图 3-23

导入一个设置文件也非常简单。使用同一个向导,但在第一个界面上选择 Import 选项。向导允许先备份当前的配置,而不是简单地重写当前的配置。

然后需要在一个预置的配置文件列表中选择(与第一次启动 Visual Studio 2017 时所选择的文件组相同),或者找到以前创建的一个设置文件。选择设置文件后,可以选择仅导入配置的某些区域或导入全部内容。

向导并没有默认包含所有的区域,如并不包含 External Tools 或 Command Aliases,这可以避免无意间重写自定义的设置。如果希望进行完整还原,就确保选中这些区域。

 如果想将 Visual Studio 2017 的配置还原为默认的预设,可在向导的起始屏幕中选择 Reset All Settings 选项,而不是执行一遍导入操作。

Visual Studio 为团队成员提供了共享设置的功能。这个功能非常有效的原因之一是看似无害的设置的结果,如制表符设置、标签是否转换为空白。当不同的团队成员有不同的设置时,只是编辑文件可能导致非功能性代码的更改(例如,添加或删除一行开头的空白,不会影响代码的功能)。然而,当这些代码文件根据源代码存储库进行检查时,这些变更就可能演变成冲突。

如果与一个团队的开发人员一起处理同一个代码库,则从一个公共设置文件开始是比较好的主意。在 Tools │ Options 菜单的 Environment │ Import and Export Settings 选项中,有一个 Use team settings file 复选框,如图 3-24 所示。

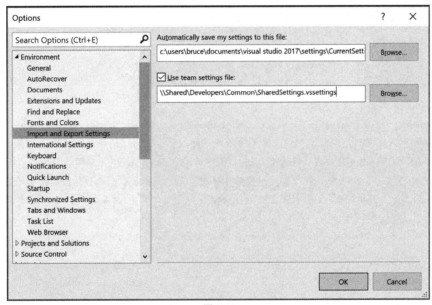

图 3-24

选中这个复选框时,必须指定 Visual Studio 设置文件的路径。如果担心失去与定制 Visual Studio 相关的任何个性化设置,就只应用在共享设置文件中找到的设置。可以创建自己的个性化设置,只要它们不与共享设置冲突即可。

同步设置

与许多 Microsoft 产品一样,Visual Studio 2017 也增加了对云的支持。可以用 Microsoft 账号登录 Visual Studio,然后 Visual Studio 设置就会在所有的机器中同步。这种同步过程虽然默认为打开(假设已登录),但并不适用于 Visual Studio 中的每个设置。要同步的设置如下:

- 开发设置(即第一次启动 Visual Studio 时选择的选项组和键盘绑定)
- Environment │ General 选项页面上的 Theme 设置
- Environment │ Fonts and Colors 选项页面上的所有设置
- Environment │ Keyboard 选项页面上的所有键盘快捷键
- Environment │ Startup 选项页面上的所有设置

- Text Editor 选项页面上的所有设置
- 所有用户定义的命令别名

通过 Environment | Synchronized Settings 选项页面(参见图 3-25)，可以完全关闭同步功能。要完全关闭同步功能，确保不要选中 Synchronize settings across devices when signed into Visual Studio 复选框。也可将设置的同步隔离开来，这样仅当登录到 Azure Active Directory 时才可以共享它们，而在登录到预置的 Active Directory 域时不能共享它们。

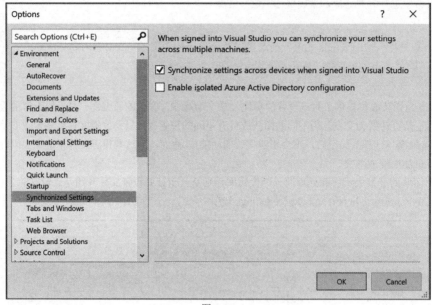

图 3-25

　　如果升级到 Visual Studio 2017，配置同步设置时，可能会接收一条稍微不同的消息。具体而言，在 Options 对话框中可能出现一条警告消息："这台机器上的同步设置被禁用，因为在线设置集是不同的。"可以通过一个链接来解决冲突。如果选择解决冲突，就会显示一个对话框，给出了三个选择：把设置从云复制到环境中(覆盖本地设置)，将设置从环境复制到云中(覆盖云设置)，不支持同步。使用前两个选择，会启用同步功能。

3.6　小结

本章介绍了一组有效的核心选项，利用这些选项可以开始改变 Visual Studio 界面以适应自己的编程风格；还有其他许多选项可供使用。通过这些选项可以调整编辑代码的方式、在窗体中添加控件甚至选择调试代码时使用的方法。

Visual Studio 2017 Options 页面中的设置还可以控制应用程序的创建方法和创建位置，甚至定制自己使用的键盘快捷键。而且，在一个 Visual Studio 实例上修改的选项可以自动、无缝地同步到自己使用的所有不同 Visual Studio 实例。

本书的其他地方还会根据特定的功能介绍 Options 对话框，如编译、调试和编写宏。

第 4 章

Visual Studio 工作区

本章内容

- 使用代码编辑器
- 探讨核心的 Visual Studio 工具窗口
- 浏览代码

本章源代码下载

通过在 www.wrox.com 网站上搜索本书的 EISBN 号(978-1-119-40458-3)，可以下载本章的源代码。相关源代码和支持文件都在本章对应的文件夹中。

前面介绍了如何开始使用 Visual Studio 2017，以及如何定制 IDE 以适应自己的工作方式。本章介绍如何利用一些内置的命令、快捷键、手势和支持的工具窗口，以帮助编写代码和设计窗体。

4.1　代码编辑器

开发人员会花费大量时间编写代码，所以知道如何改变代码的布局并高效地导航它们是非常重要的。基于 WPF 的代码编辑器提供了许多功能，包括浏览代码、格式化、使用多台显示器、创建选项卡组、搜索等。

4.1.1　代码编辑器窗口的布局

当打开代码文件进行编辑时，我们就是在代码编辑器窗口中工作，如图 4-1 所示。代码编辑器窗口的核心是显示代码的代码窗格。

代码窗格的上方有三个下拉列表，用于导航代码文件，称为 Navigation Bar(导航栏)。使用 Options 对话框(Tools| Options)的 Text Editor | All Language | General 节点可以打开和关闭它。也可为某种语言打开和关闭它。

第一个下拉列表列出了文件所在的项目。这个功能用于支持 Visual Studio 提供的共享文件功能。第二个下拉列表列出了代码文件中定义的类，第三个下拉列表列出了在第二个下拉列表中选择的类的成员。这些元素都按字母顺序排列，以便在文件中查找方法或成员定义。

> 下拉列表并非适用于 Visual Studio 中的每个代码编辑器窗口。编辑器窗口的外观因当前编辑的文件类型而异。例如，XML 文件没有下拉列表，C#、Visual Basic 和 JavaScript 有下拉列表。另外，如果使用第三方插件，如 ReSharper 或 CodeRush，就可能有不同的行为和选项。

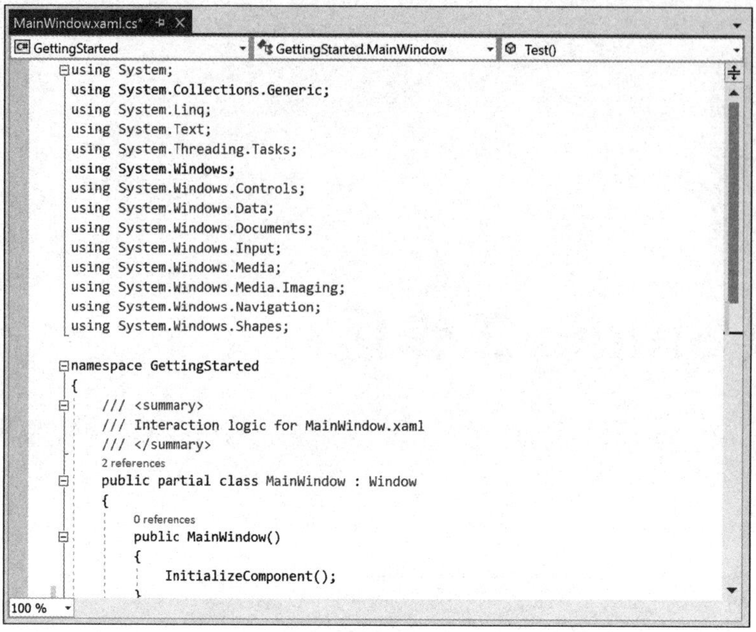

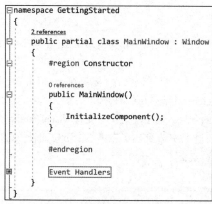

图 4-1

在代码编辑器窗口中修改代码时，自打开文件以来修改的代码行会在左页边距加上标记，黄色表示未保存的修改，绿色表示已保存的修改。

4.1.2　区域

有效的类设计通常会使类只有单一的用途，而且不会很复杂或很长。但有时必须实现非常多的接口，这样代码文件就变得比较混乱。此时有许多选项可以解决这个问题，如把代码划分到多个文件中，或者使用区域来折叠代码，以方便浏览。

部分类(类的定义可以放在两个或多个文件中)的引入，意味着在设计时可以把代码放在单个逻辑类的不同物理文件中。使用多个文件的好处是可以高效地组合相关的所有方法，例如，实现某个接口的方法。该方法的缺点是浏览代码时需要连续不断地在代码文件之间切换。

另一种方式是使用指定的代码区域来折叠当前不使用的代码部分。在图 4-2 中，定义了两个区域：Constructor 和 Event Handlers。单击#region 旁的减号会把该区域折叠为一行，单击加号会再次展开该区域。

图 4-2

不展开区域也可以查看其中的代码。只要把鼠标指针停放在区域上，其中的代码就会显示在一个工具提示中。

4.1.3 大纲

除了前面定义的区域外，Visual Studio 2017 还可以自动给代码添加
大纲，以便折叠方法、注释和类定义。自动化大纲默认情况下是启用的，
但如果没有启用，则可以使用 Edit | Outlining | Start Automatic Outlining
菜单项启用它。如果启用了自动化大纲，将不会看到该菜单，而看到的
是 Stop Outlining 菜单项。

图 4-3 显示了 4 个可折叠区域，一个是已定义的区域 Constructor，
其他 3 个可自动添加大纲的区域分别包含了类、XML 注释和构造函数
方法(已折叠)。自动化大纲的折叠和展开方式与手动定义的区域相同。

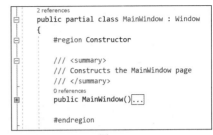

图 4-3

Edit | Outlining 菜单提供了许多命令，可以帮助折叠和展开大纲，例如折叠整个文件，只显示方法/属性定义(Edit
| Outlining | Collapse to Definitions)，再次展开它以显示所有折叠的代码(Edit | Outlining | Toggle All Outlining)。另一
种折叠和展开区域的方式是通过键盘快捷键 Ctrl+M、Ctrl+M，在两个布局之间切换。

    C#开发人员可以利用的一个技巧是，使用 Ctrl+]快捷键可以方便地从区域、大纲或代码块的开头
浏览到末尾，再返回。

4.1.4 代码的格式化

Visual Studio 2017 默认通过自动缩进和对齐代码来帮助编写出可读性好的代码。但是，这也是可以配置的，以
便控制代码的排列方式。所有语言都可以控制创建新代码行时发生的操作。在图 4-4 中，Options 对话框的 Text Editor
| All Languages 节点下有一个 Tabs 节点。这里，设置值为所有语言定义了默认值，以后可以使用 Basic | Tabs 节点(用
于 VB.NET)、C# | Tabs 或其他语言节点，为某种语言重写该默认值。

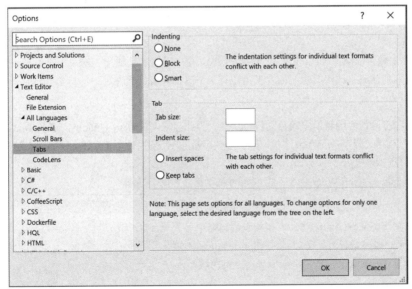

图 4-4

C#和 VB.NET 的默认缩进操作是智能的，在打开和关闭代码块时会自动缩进代码。但智能缩进功能并不是所有
语言都具备的，没有该功能的语言要使用块缩进功能。

    如果在较小屏幕上工作，就应减少 Tab 和缩进量以优化屏幕的使用。保持 Tab 和缩进量相同，更
便于通过按一次 Tab 键来缩进代码。

在代码编辑器中编写或粘贴代码时，Visual Studio 的 Smart Indenting 功能可以自动缩进代码，但偶尔会遇到没有正确格式化的代码，这些代码很难阅读。为了让 Visual Studio 重新格式化整个文档，并设置括号的位置和行缩进，可以选择 Edit | Advanced | Format Document 命令或按下 Ctrl+K、Ctrl+D 快捷键。要仅格式化选中的代码块，可以选择 Edit | Advanced | Format Selection 命令，或按下 Ctrl+K、Ctrl+F 快捷键。

编写代码时，要把整个代码块都缩进一级，而不是单独修改每一行，只需要选择该代码块，按下 Tab 键。每一行代码都会在开头插入一个制表符。要取消代码块的一个缩进级别，只需要选择该代码块，按下 Shift+Tab 快捷键。

 注意 Edit | Advanced 菜单下的 Tabify/Untabify Selected Lines 命令，它们与 Format Selection 命令有什么区别？这些命令仅把代码行开头的空格转换为制表符，或把制表符转换为空格，而不像 Format Selection 命令那样重新计算缩进量。

4.1.5 向前/向后浏览

在项内或项之间进行切换时，Visual Studio 2017 会跟踪用户的访问记录，其方式类似于 Web 浏览器跟踪用户访问的站点。使用 View 菜单下的 Navigate Forward 和 Navigate Backward 菜单项，可以很方便地在项目中已修改的位置之间切换。向后切换的键盘快捷键是 Ctrl+ - ，而向前切换的键盘快捷键是 Ctrl+Shift+ - 。

4.1.6 其他代码编辑器功能

Visual Studio 代码编辑器具有非常丰富的功能，本章不可能深入讨论它们，只介绍几个有用的功能。

1. 引用的突出显示

一个优秀的功能是引用的突出显示，也称为 Code Lens。所有符号(如方法或属性)只要在其作用域内，它的所有引用会突出显示(如图 4-5 所示)，这便于确定在代码的哪些地方使用了该符号。使用 Ctrl+Shift+Up/Down 很容易在各个引用之间切换。

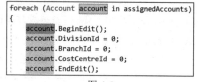

图 4-5

2. 代码的缩放

使用 Ctrl+鼠标滚轮可以缩放代码(使文本变大或变小)。这个功能尤其适用于给一个小组显示代码，使离得最远的人也能看到所演示的代码。代码编辑器的左下角还有一个下拉列表，允许用户选择某些预定义的缩放级别。

3. 自动换行

可通过一些选项打开代码编辑器中的自动换行功能。为此应进入 Tools | Options，展开 Text Editor 节点，选择 All Languages 子节点，再选择 Word Wrap 选项。还可以选择 Word Wrap 选项下面的 Show Visual Glyphs for Word Wrap 选项以显示文本换行符。

选择 Edit | Advanced | Word Wrap 命令，也可为当前项目打开这个功能。

4. 行号

为了跟踪用户在代码文件中的位置，可在代码编辑器中显示行号，如图 4-6 所示。要显示行号，可以进入 Tools | Options，展开 Text Editor 节点，选择 All Languages 子节点，再选择 Line Numbers 选项。

Visual Studio 2017 包含一个名为 Heads Up Display 的代码编辑器功能。在图 4-6 中，请注意关于类声明和方法签名的小段文本(分别是 2 references 和 0 references，以及执行了多少未提交的更改等信息)。这些文本表明类或方法在项目的其他地方被引用的次数。

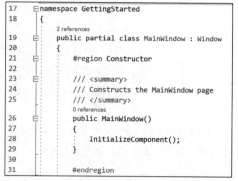

图 4-6

如果单击文本，将显示一个弹出窗口(如图 4-7 所示)，其中包括一些有关引用的有用细节。这包括引用所在的文件名和行号。

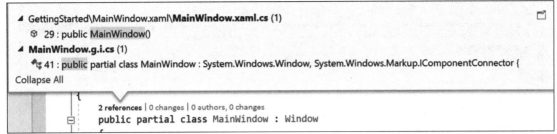

图 4-7

5. 自动补全括号

Auto Brace Complete 是一项流行的功能，当在编辑器中输入代码时，该功能会自动补全右边的圆括号、引号、中括号和大括号。该功能可识别语言，例如，C++中的注释会自动补全，而如果在 C#编辑器中输入同样的内容，则不会自动补全。

4.1.7 拆分视图

有时希望同时显示同一代码文件的两个不同部分。拆分视图就可以实现这个功能，它将活动的代码编辑器窗口拆分为两个水平窗格，用一个拆分栏隔开。可以分别滚动这些窗格，以同时显示同一个文件的不同部分，如图 4-8 所示。

```
MainWindow.xaml.cs
C# GettingStarted          GettingStarted.MainWindow      MainWindow()
        2 references
        public partial class MainWindow : Window
        {
            #region Constructor

            /// <summary>
            /// Constructs the MainWindow page
            /// </summary>
            0 references
            public MainWindow()
            {
                InitializeComponent();
100 %
                var assignedAccounts = new List<Account>();

                foreach (Account account in assignedAccounts)
                {
                    account.BeginEdit();
                    account.DivisionId = 0;
                    account.BranchId = 0;
                    account.CostCentreId = 0;
                    account.EndEdit();
                }
100 %
```

图 4-8

要拆分代码编辑器窗口，应从 Window 菜单中选择 Split 命令，或者向下拖动垂直滚动条上的句柄来定位拆分栏。上下拖动拆分栏，可以调整每个窗格的大小。要删除拆分栏，只需要双击拆分栏，或者从 Window 菜单中选择 Remove Split 命令。

4.1.8 代码窗口的分离(浮动)

如果有多个显示器，一项优异的功能是把代码编辑器窗口(和工具窗口)分离出来，或使该窗口变成浮动的，把它们移到主 Visual Studio IDE 窗口的外部，如图 4-9 所示，包括移到另一个显示器上。这样就可以使多个代码编辑器窗口同时显示在不同的显示器上，以使用多台显示器提供的额外屏幕空间。还可将这些分离的窗口放在一个"漂浮"区域上，从而可以同时移动它们，如图 4-10 所示。要分离一个窗口，应确保该窗口获得焦点，再从 Window 菜单中选择 Float 命令；或右击窗口的标题栏，从下拉菜单中选择 Float 命令；又或者单击并拖动该窗口的标签(把它从停靠的位置拉开)，再定位到需要的位置。

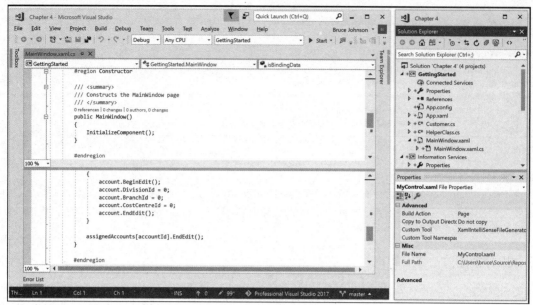

图 4-9

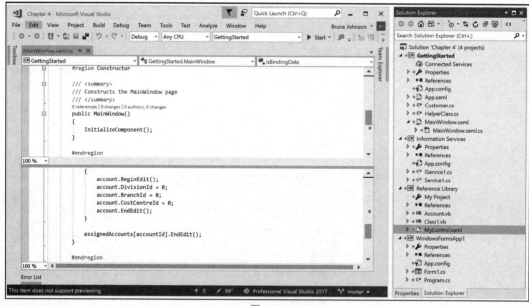

图 4-10

把代码编辑器窗口显示在 Split 视图中(参见 4.1.7 节)，以同时显示同一个文件的不同部分时，代码视图可能过小。此时可以改用代码窗口浮动功能，为同一个文件打开另一个代码编辑器窗口，并可将其放在另一个屏幕上(假定设置了多个显示器)。在 Solution Explorer 窗口中再次双击文件，只会为该文件激活已有的代码编辑器窗口实例；因此不要采用双击方法，而应从 Window 菜单中选择 New Window 命令，这会在另一个窗口中打开当前查看的文件，之后就可以根据需要分离该窗口，并定位到另一个地方。

4.1.9　复制 Solution Explorer

在多显示器环境中工作时，会注意到 Visual Studio 以前版本中的一个限制：一次只可以使用 Solution Explorer 的一个副本。在 Visual Studio 2017 中，已经取消了这一限制。右击 Solution Explorer 中的某个元素并选择 New Solution Explorer View 命令，就会创建一个新的浮动 Solution Explorer 窗口。现在可以四处移动该窗口，如同移动前面描述的窗口一样。图 4-11 显示了一个新创建的 Solution Explorer。

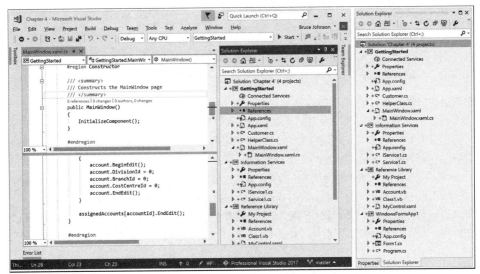

图 4-11

4.1.10　创建选项卡组

即使没有多个显示器，也仍可以同时显示多个代码编辑器窗口。为此，需要创建选项卡组，并将这些选项卡组平铺显示。顾名思义，选项卡组是一组代码编辑器窗口选项卡，每个选项卡组都单独平铺显示。可以创建多个选项卡组，唯一的限制是它们占用的屏幕空间。可以水平或垂直平铺选项卡组，但不能同时水平和垂直平铺。

要开始这个过程，需要把选项卡拖到已有选项卡的下面或旁边，使之停靠在已有选项卡上，也能获得相同的效果。这会启动一个新的选项卡组，并为它创建一个面板，如图 4-12 所示。

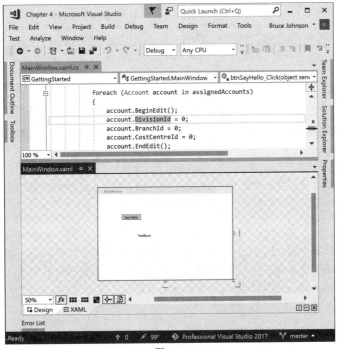

图 4-12

使用 Window | Move to Next Tab Group 命令和 Window | Move to Previous Tab Group 命令，可以在选项卡组之间拖动选项卡，或者在选项卡组之间移动选项卡。也可以右击一个选项卡，从下拉菜单中选择这些选项。

要把用户界面还原为只有一个选项卡组，应把选项卡从新的选项卡组移回到最初的选项卡组，并删除平铺效果。

4.1.11　高级功能

要成为真正高效率的开发人员，知道代码编辑器中各种隐藏的高级功能将有助于节省大量的时间。下面介绍代码编辑器中隐藏的一些最有效的命令。

1. 注释/取消注释代码块

用户常需要注释/取消注释代码块，并且不希望在每行代码的开头添加/删除注释符号，尤其是在代码块中有许多行代码时。当然，在C#中可以把代码块包装在/*和*/中以注释，但不能在Visual Basic中使用这类注释。在C#中注释已包含注释的代码块时，使用这种方式也会出现问题。

Visual Studio提供了一种注释/取消注释代码块的简单方法：选择代码块，再选择Edit | Advanced | Comment Selection命令就可以注释代码块，或者选择Edit | Advanced | Uncomment Selection命令可以取消注释。

访问这些命令的最简单方式(可能经常使用它们)是使用其快捷键。按下Ctrl+K、Ctrl+C快捷键可以注释一个代码块，按下Ctrl+K、Ctrl+U快捷键可以取消注释。Text Editor工具栏是访问这些命令的另一种简单方式。

2. 块选择

块选择也称为框选择、列选择、矩形选择或垂直文本选择，它可以选择一个文本块(如图4-13所示)，而不是像通常的行为那样选择文本行(流选择)。要选择文本块，可以在用鼠标选择文本的同时按住Alt键，或者使用键盘上的Shift + Alt + Arrow快捷键。例如，对齐代码后，希望删除该代码中的一个垂直部分(如变量声明中的前缀)时，就可以使用这个功能。

3. 多行编辑

多行编辑扩展了块选择的功能。使用块选择时，在选择了一个垂直的文本块后，只能删除、剪切或复制该块，而使用多行编辑，就可以在选择了一个垂直的文本块后输入代码，替代所选的文本，如图4-14所示。

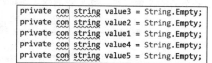

| 图 4-13 | 图 4-14 |

> 还可以创建一个宽度为0的块，之后开始输入代码，把该块插入多行代码中。

4. 剪贴板循环

Visual Studio会跟踪复制或剪切到剪贴板上的最近20个代码段。要粘贴以前复制到剪贴板上的文本，应使用Ctrl + Shift + V快捷键，而不是普通的Ctrl + V快捷键。按住Ctrl + Shift快捷键的同时按下V键，会遍历剪贴板上的条目。

5. 全屏视图

选择View | Full Screen命令或使用Shift + Alt + Enter快捷键，可以最大化编辑代码的视图，这可以有效地最大化代码编辑器窗口，隐藏其他工具窗口和工具栏。要返回普通视图，可以再次按下Shift + Alt + Enter快捷键，或单击添加到菜单栏最后的Full Screen切换按钮。

6. 查找定义

为了快速导航到光标所指的类、方法或成员的定义，可以右击该对象并选择Go To Definition命令，或者按下F12键。

7. 查找所有引用

要确定在哪里调用了某方法或属性，可以右击它的定义，再从下拉菜单中选择Find All References命令，或者把光标放在方法定义上，按下Shift + F12快捷键，这会激活Find All References工具窗口，如图4-15所示，并显示解决方案中引用该方法或属性的位置。

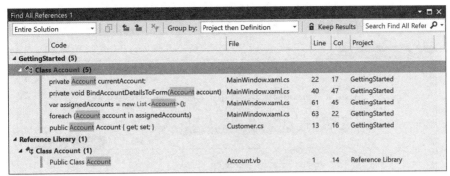

图 4-15

Visual Studio 2017 中的 Find All References 窗口存在明显的变化。其中所使用的引用显示在一个扁平的列表中，现在用户可以水平浏览它们，并且在该窗口顶部中间的 Group by 组合框中，可以通过选择其中的选项来替换默认选项 Project then Definition。或者可以右击结果窗口并选择上下文菜单中的 Grouping 选项来创建自己的分组。

接着就可以双击结果窗口中的一个引用，把代码编辑器窗口导航到该引用上。如果只是需要快速浏览该引用的上下文，可将鼠标悬停在该引用上，其周围的代码都会显示为工具提示。

4.2　代码导航

Microsoft 认为，Visual Studio 是一个供开发人员使用的高效工具，而不只是编辑代码的地方。因此，有大量的特性来帮助开发人员更快地完成常见任务。Visual Studio 2017 的重点是帮助开发人员更有效地理解和发现代码。本节介绍了这些特性，以及使用它们的最佳方式。

4.2.1　Peek Definition

在研究代码时，经常需要迅速检查所调用的方法。当右击方法，并从上下文菜单中选择 Go to Definition 时，会打开包含该方法的文件，并在代码编辑器中显示该方法本身。然而，当前编辑的文件不再是焦点。虽然这并非无法克服的问题，但会带来不便。

Peek Definition 命令允许开发人员查看方法的定义，而不必退出当前的编辑环境。和之前一样右击方法，但从上下文菜单中选择 Peek Definition 选项。如图 4-16 所示，方法定义是可见的，并且左侧的蓝条表示方法在可见代码中的位置。

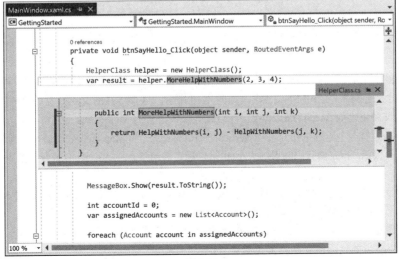

图 4-16

除了允许查看代码外，Peek Definition 还允许在查看代码的同时编辑它。在 peek 窗口中，把鼠标悬停在一个方法上时，可以右击它，并选择 Peek Definition，向下钻取到该方法。当有多个层次时，会显示一个蓝圈和白圈集合(见图 4-17)。单击这些圆圈，很容易在调用层次结构之间来回导航。

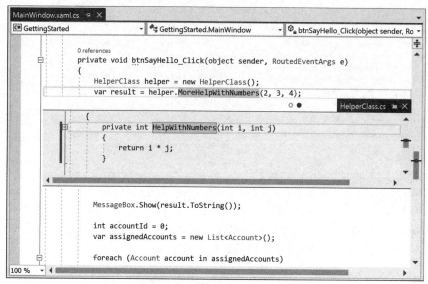

图 4-17

最后，如果想把所查看的文件放到主编辑器窗口中，可以选择 Peek Window 选项卡的文件名右侧的 Promote to Document 图标。

4.2.2　增强的滚动条

增强的滚动条是一个比较流行的工具，该滚动条上的可视线索提供了当前编辑的文件的信息，包括错误的位置和警告、断点、书签和搜索结果。图 4-18 说明了增强的滚动条上一些不同的标记。

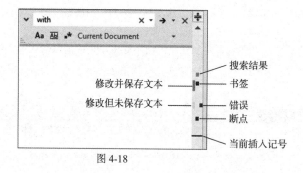

图 4-18

Visual Studio 2017 中的滚动条包含了默认关闭的 Map 模式功能。要启用它，应在 Tools | Options 对话框中选择 Text Editor | All Languages | Scroll Bars 节点，如图 4-19 所示。这个特殊的节点控制了每种语言的 Map 模式。然而，可通过进入某种语言的 Scroll Bars 节点，开启或关闭该语言的 Map 模式。

在 Behavior 部分，有一个单选按钮允许在 Vertical Scrollbar 模式和 Map 模式之间切换。当启用 Map 模式时，还可以配置预览工具提示，指定源代码映射的大小(也可以确定滚动条有多宽)。图 4-20 显示启用了所有这些功能的工具栏。

源代码映射的目的是为正在编辑的代码提供高层次的可视化表示。用户不需要辨认出代码本身，只要能识别代码的样子即可。这样做的目的是在用户浏览文件时提供帮助。

也可以看到预览提示。在滚动条上下移动鼠标(不是单击拖动鼠标，只是悬停)时，会显示一个工具提示窗口，其中显示了鼠标所在位置的代码预览效果(参见图 4-21)。

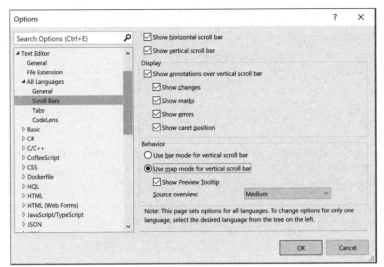

图 4-19

图 4-20

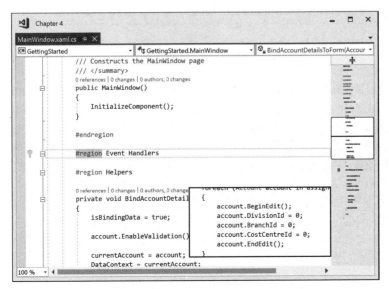

图 4-21

预览功能的目标是允许快速识别所查找的代码,而不必滚动整个代码窗口。在体验层面,这非常适用于确定鼠标是否悬停在接下来要编辑的代码部分。如果正在查找的是特定的变量或函数,它就没有什么用(也不适合使用它)。要查找特定的变量或函数,可采用更好的方式来浏览代码文件。

单击滚动的能力内置于预览窗口。鼠标悬停在代码文件的不同部分时,可以通过单击改变整个代码窗口的视图,例如,不是上下移动滚动条,而是可以在文件中单击要移到的位置。

Structure Visualizer

与代码编辑器功能相对的是 Structure Visualizer。这是 Productivity Power Tools(Visual Studio 的扩展集,旨在提高开发人员的效率)中的一个令人喜爱的功能。该功能现在已被添加到 Visual Studio 2017 中。从图 4-22 中可以看出,在代码的左边和区域扩展器的右边有两行垂直的虚线。对于代码中上下文层次结构的每一级而言,都有一条这样的垂直线与之对应。例如,在本示例中,最左边的那条垂直线表示名称空间,第二条表示类,第三条表示方法。当把鼠标悬停在这些垂直线上时,层次结构(包括任何区域)中的所有元素的定义都会显示为工具提示。Structure Visualizer 的目的是让用户能够快速准确地定位代码在名称空间/类/方法层次结构中的位置。

图 4-22

Navigate To

Navigate To 的界面设计旨在让界面更流畅,避免把手从键盘上移开。按下适当的键盘键时(Ctrl +是默认的,但如果该键无效,也可以使用 Edit | Navigate 菜单项),在编辑器窗口的右上角会出现一个小窗口,如图 4-23 所示。

开始输入时,Visual Studio 使用语义搜索功能来显示一个匹配的列表(换句话说,Visual Studio 不是直接搜索文本,而是利用其对代码项目中类和方法的理解,作为相关的指导)。根据之前的推测,第一项是以前最常查找的项,所以会自动选择该项,并把相应的文件显示为预览。如果选择另一个文件(使用光标或鼠标来选择),该文件就显示在预览选项卡中。按 Escape 键会关闭导航窗口,并返回最初的位置。

Navigate To 对话框顶部的工具栏允许用户对结果执行基本的过滤操作。例如,可以限制所显示的项为 Files、Symbols、Members 或 Types。另外,可以修改搜索范围,仅对当前文档进行搜索或者搜索范围不包括当前解决方案和外部依赖。可以利用对话框中的齿轮图标来修改 Navigate To 功能的一些设置。例如,可以让窗口显示在对话框顶部的中间而不显示在右上方。当单击某个项时,可以触发是否使用 Preview 窗口。

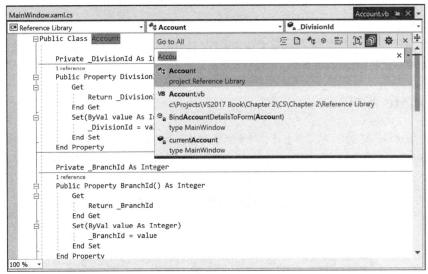

图 4-23

4.3　命令窗口

熟悉 Visual Studio 2017 后,查找功能所花费的时间会较少,而在 IDE 中用快捷键导航和执行操作的时间会较多。
一个常被忽视的工具窗口是 Command 窗口,可以通过 View|
Other Windows | Command Window 命令(Ctrl+Alt+A 快捷键)
来访问该窗口。在这个窗口中,可以执行任何现有的 Visual
Studio 命令或宏,以及已录制或编写的任何其他宏。图 4-24 使
用 IntelliSense 显示了可以在 Command 窗口中执行的命令列表。
这个列表包含了在当前解决方案中定义的所有宏。

可通过 Options 对话框(Tools | Options)的 Environment |
Keyboard 节点获得 Visual Studio 命令的完整列表。这些命令根

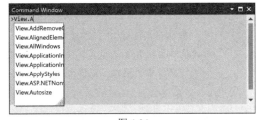

图 4-24

据它们派生自 IDE 的区域,使用类似的语法。例如,在 Command 窗口中输入 Debug.Output,就可以打开调试输出
窗口(Debug | Windows | Output)。

这些命令大致分为 3 类。许多命令都是工具窗口或对话框(如果工具窗口或对话框未打开,这些命令就会打开
它们)的快捷键。例如,File.NewFile 会打开一个新的文件对话框。其他命令会查询当前解决方案或调试器的信息。
使用 Debug.ListThreads 可以列出当前的线程,而使用 Debug.Threads 可以打开 Threads 工具窗口。第 3 种类型的命
令可以执行操作,而不必显示对话框,这包括大多数宏和许多接受参数的命令(这些命令的完整列表及其接受的参
数在 MSDN 帮助文档中给出)。这几类命令有一些重叠的部分:例如,Edit.Find 命令执行时可以有参数,也可以没
有参数。如果这个命令执行时没有参数,就会显示 Find and Replace 对话框。而下面的命令会在当前文档中查找
MyVariable 字符串的所有实例(/d),并在代码窗口的对应代码行的旁边加上一个标记(/m)。

```
>Edit.Find MyVariable /m /d
```

尽管在 Command 窗口中激活了 IntelliSense 功能,但输入一个常用命令有时很麻烦。为此,Visual Studio 2017 允许
给某个命令指定别名。例如,alias 命令可以为上面使用的查找命令指定别名 e?:

```
>alias e? Edit.Find MyVariable /m /d
```

定义了这个别名后,就很容易在 IDE 的任何地方执行这个命令:按下 Ctrl+Alt+A 快捷键会使 Command 窗口获
得焦点,接着输入 e?,执行查找并标记(find-and-mark)命令。

许多默认的别名都属于环境设置,这些环境设置是在开始使用 Visual Studio 2017 时导入的。用不带参数的 alias
命令可以列出这些别名。另外,如果要确定某个别名表示的命令,可以执行带这个别名的命令。例如,查询前面定
义的别名 e?,如下所示:

```
>alias e?
alias e? Edit.Find SumVals /m /doc
```

alias 命令还可以使用另外两个参数。/delete 参数与别名一起使用会删除前面定义的别名。如果要删除已定义的所有别名，并且撤消对预定义别名的所有修改，可以使用参数/reset。

4.4　Immediate 窗口

在编写代码或调试应用程序时，经常需要计算某个简单的表达式来测试某项功能，或者确定代码是如何工作的。此时使用 Immediate 窗口就很方便。这个窗口允许在输入表达式的同时计算它。图 4-25 显示了许多语句，包括基本的赋值和打印操作语句、较高级对象的创建和操作语句等。

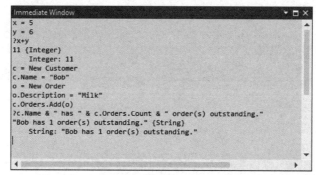

图 4-25

在 Visual Basic 中，尽管不能在 Immediate 窗口中显式地声明变量(例如，Dim x as Integer)，但可以通过赋值运算符来隐式声明变量。在图 4-25 的例子中，创建了一个新的客户并赋予变量 c，然后在一系列操作中使用它。而在 C#中，Immediate 窗口中的新变量只有显式声明后，才能给它们赋值。

Immediate 窗口支持有限形式的 IntelliSense 功能，可以使用箭头键浏览以前执行的命令。变量值可以利用 Debug.Print 语句来显示。也可以使用?别名。这些操作在 C#中都是不必要的，只需要在窗口中输入变量名，按下 Enter 键，窗口就会显示其值。

在 Design 模式下，在 Immediate 窗口中执行命令时，Visual Studio 将在生成解决方案后，再执行命令。如果解决方案没有编译，表达式就不会被计算，直到更正了编译错误为止。如果命令执行有活动断点的代码，该命令就会在断点处暂停。如果处理的是一个要测试的方法，但不希望运行整个应用程序，这就很有用。

通过 Debug | Windows | Immediate 菜单或 Ctrl+Alt+I 快捷键可以访问 Immediate 窗口，但如果在 Command 和 Immediate 窗口之间工作，就可能想要分别使用预定义的别名 cmd 和 immed。

注意，为在 Immediate 窗口中执行命令，需要添加>作为前缀(例如，>cmd 会进入 Command 窗口)，否则 Visual Studio 就试图执行命令。另外，应注意在 Immediate 窗口中使用的语言应与活动项目的语言相同。图 4-25 中的例子仅在当前活动的项目是 Visual Basic 项目时才有效。

4.5　Class View 工具窗口

Solution Explorer 是浏览解决方案的最有用的工具窗口，但有时它很难定位某些类和方法。Class View 工具窗口给解决方案提供了另一个视图，其中列出了名称空间、类和方法，因此很容易浏览。图 4-26 显示了一个简单的 Windows 应用程序，它包含一个窗体 MainWindow，在类层次结构中选择了该窗体。注意有两个 GettingStarted 节点。第一个节点是项目的名称(不是程序集的名称)，第二个节点是 MainWindow 所属的名称空间。如果展开 Project

References 节点，就会看到这个项目引用的程序集列表。进一步查看每个程序集，会看到一个名称空间列表，其后是包含在程序集中的类。

图 4-26 的下半部分列出了 MainWindow 类的可用成员列表。使用右击后弹出的快捷菜单，可以根据可访问性过滤这个列表、排序和分组该列表，或用它导航到选中的成员。例如，在 InitializeComponent()上单击 Go to Definition 命令会进入 MainWindow.xaml.cs 文件。

Class View 工具窗口可用于浏览所生成的成员，这些成员一般位于隐藏在 Solution Explorer 默认视图的文件(如上例中的设计器文件)中。也可以通过该窗口浏览已添加到已有文件中的类(这会在同一个文件中包含多个类，最好不要这么做)。因为文件名不一定与类名匹配，所以很难使用 Solution Explorer 导航到该类，而 Class View 就是一个很好的替代窗口。

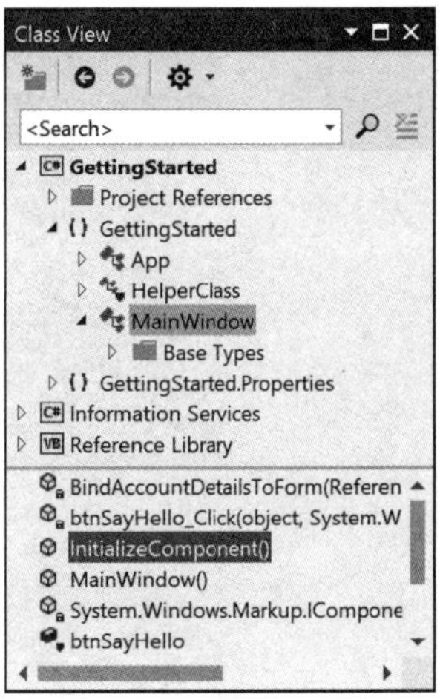

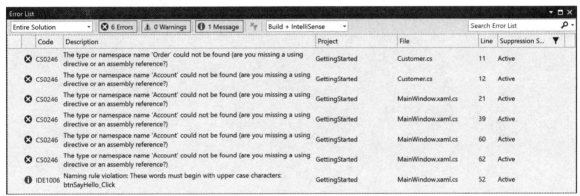

图 4-26

4.6　Error List 窗口

Error List 窗口显示了解决方案的编译错误、警告和消息，如图 4-27 所示。要打开 Error List 窗口，可以选择 View | Error List，或者使用 Ctrl+\、Ctrl+E 快捷键。在编辑代码和编译项目时，错误都会显示在列表中。双击列表中的一个错误，会打开文件，并突出显示有错误的代码行。

图 4-27

单击列表上方的按钮，选择要显示的错误类型(Errors、Warnings 和 Messages)，就可以过滤列表中的项。也可以根据生成错误或警告的过程来过滤列表。更确切地讲，就是指一些错误由 IntelliSense 生成，而其他错误则是在构建项目时生成。可以对 Error List 窗口进行配置，以显示这些错误类型。

4.7　Object Browser 窗口

查看组成应用程序的类的另一种方式是使用 Object Browser。大多数其他工具窗口都默认停靠在 Visual Studio 2017 的一条边上，而 Object Browser 则显示在编辑器区域。要查看 Object Browser 窗口，可以选择 View | Object Browser，或者使用 Ctrl+Alt+J 快捷键(或 F2 键，这取决于键盘设置)。如图 4-28 所示，在 Object Browser 窗口的顶部是一个下拉列表框，它定义了对象浏览范围。这包括一组预定义的值，如 All Components、.NET Framework 的不同版本、My Solution 以及 Custom Component Set。这里选择了 My Solution，并输入了一个搜索字符串 Started。主窗口的内容就是匹配这个搜索字符串的所有名称空间、类和成员。

图 4-28 的右上角列出了所选类 MainWindow 的成员。该窗口的下半部分列出了完整的类定义，其中包含该类的基类和名称空间信息。Browse 下拉列表中有一个选项为 Custom Component Set。要定义在这个组中包含的程序集，可以单击该下拉列表旁边的省略号或从下拉列表中选择 Edit Custom Component Set 选项。

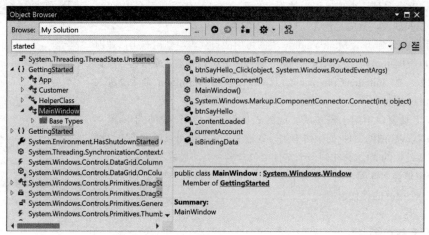

图 4-28

4.8　小结

本章介绍了许多工具窗口，它们不仅有助于编写代码，还可以确定原型并试用。高效地使用这些窗口可以显著减少运行应用程序和测试代码的次数，从而提高整体效率，并消除等待应用程序运行的空闲时间。

第 **5** 章

查找和替换以及帮助

本章内容

- 使用 Visual Studio 的各种查找和替换工具
- 浏览 Visual Studio 的本地帮助系统

要成为高效率的开发人员，需要能浏览代码库、快速找到需要的代码。Visual Studio 2017 提供了许多搜索功能，分别适用于特定的搜索任务。本章的第一部分介绍这些搜索功能及其使用场合。

Visual Studio 2017 是一个异常复杂的开发环境，它包含基于一个类库和组件的可扩展框架的多种编程语言。因此，开发人员几乎不可能弄清楚 IDE 中的所有内容，更不要说掌握每一种编程语言甚至整个.NET Framework。随着.NET Framework 和 Visual Studio 的不断演变，要理解所有的变化变得越来越难了，不过我们只需要掌握其中的一部分知识。当然，我们需要不断地获取关于某一具体主题的详细信息。为此，Visual Studio 2017 以 MSDN Library 的形式提供了完整且详明的文档，可在线、离线(可下载的电子书)或通过 DVD 来访问。本章的第二部分将介绍几种搜索方法，用于获取与开发 Visual Studio 2017 项目相关的文档。

5.1 Quick Find 与 Quick Replace

Visual Studio 2017 中最简单的搜索方式是使用 Quick Find 对话框。

Visual Studio 2017 中的查找和替换功能分为两个具有共享对话框和相似功能的广泛层次：Quick Find(快速查找)及关联的 Quick Replace(快速替换)，用于对集成开发环境当前打开的文档或项目执行快速搜索。这两种工具在过滤和扩展搜索方面只有有限的选项，但是这些选项提供了一个超越大多数应用程序中相关功能的强大搜索引擎。

 需要执行基于文本的简单搜索/替换任务(而不是搜索符号)时，这个搜索工具最适合。

5.1.1 Quick Find

在 Visual Studio 2017 中，Quick Find 这个术语指的是最基本的搜索功能。默认情况下，这个功能可以搜索当前文档中的一个简单的单词或短语，Quick Find 也有一些其他选项，可以把搜索扩展到活动的模块外，甚至可以在搜索条件中使用正则表达式。

 虽然在 Quick Find 中可以选择利用正则表达式，但并未提供从常用模式列表中进行选择的功能。这是因为开发人员认为(基于Microsoft收集的衡量标准)大多数快速查找都不会使用正则表达式。相反，在 Find In Files 功能中提供了从常用模式列表中进行选择的能力，本章后面将介绍该功能。

为启动 Find 操作，可按下标准快捷键 Ctrl+F 或选择 Edit | Find and Replace | Quick Find。Visual Studio 将显示基本的 Find 窗口，并默认选择 Quick Find 操作(见图 5-1)。

在 Find 文本框中输入搜索条件，或者单击下拉箭头并滚动以前使用的搜索条件列表来选择以前的搜索条件。默认情况下，搜索范围限制为当前正在编辑的文档或窗口，除非选择了一些代码行，此时这些代码行就是默认的搜索范围。

在搜索框中输入每个字符时，编辑器会移到所输入文本的下一个匹配项。例如，输入 f 将查找第一个字母 f，而不考虑其是在某个单词(例如 offer)中还是独立存在。继续输入 o 则会将光标移到 fo 的第一个实例，例如 form 等。

可改变搜索的作用范围。对话框底部有一个 Scope 字段。该下拉列表基于搜索自身的上下文提供了额外选项，包括 Current Block、Selection、Current Document、Current Project、Entire Solution 和 All Open Documents，如图 5-2 所示。

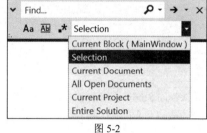

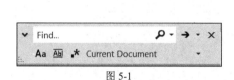

图 5-1　　　　　　　　　　　　　　　　　　图 5-2

查找和替换操作在选择范围内由始至终循环寻找搜索条件，当查找过程回到起始点时结束。Visual Studio 找到每个结果时，都将突出显示匹配的结果，并滚动代码窗口以便查看。如果匹配结果在代码窗口中已经是可见的，Visual Studio 就不滚动窗口，只是突出显示新的匹配结果。尽管如此，但如果需要滚动窗口，系统将试图定位程序清单，使匹配结果显示在代码编辑窗口的中心。

　　执行了第一个 Quick Find 搜索后，就不再需要显示这个对话框。按 F3 键就可以重复前面的搜索。

如果习惯使用位于 Standard 工具栏中的 Quick Find 搜索框，那么需要知道它不再是默认配置的一部分。仍然可以将该搜索框添加到工具栏，但需要手动执行该操作。

5.1.2　Quick Replace

Quick Replace 操作与 Quick Find 操作的执行方式类似。单击搜索文本框左侧的脱字号即可切换 Quick Find 和 Quick Replace 这两种功能。如果希望直接进入 Quick Replace 功能，就可以按快捷键 Ctrl+H 或选择菜单命令 Edit | Find and Replace | Quick Replace。Quick Replace 选项(见图 5-2)与 Quick Find 选项相同，但多出一个字段，可指定用于替换的文本。

　　删除同一个值的多个实例的简单方式是在使用替换功能时，在 Replacement Term 文本区域不指定任何内容，这可以查找搜索文本的所有实例，并确定是否该删除。

Replacement Term 字段与 Find 字段的工作方式一样——既可以输入一个新的替换字符串，也可以从提供的下拉列表中选择以前输入的替换字符串。

5.1.3　查找选项

有时需要用不同方式指定搜索条件并对搜索结果进行过滤，此时可以单击搜索文本旁边的三角形图标。这会弹出一个下拉展开列表，用于显示最近使用的搜索值，如图 5-3 所示。

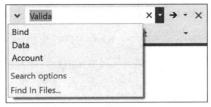

图 5-3

此外，在搜索文本的下面有 3 个按钮(见图 5-1)。这些按钮实际上是切换按钮，用于改进搜索以区分大小写(左边的按钮)或者必须完全匹配(中间的按钮)；还可以指定正在执行更高级的搜索，也就是使用正则表达式(右边的按钮)。Quick Find 对话框中并不包含常用正则表达式的列表。但在本章后面会看到，这些正则表达式可以在 Find All Files 对话框中找到。如果要在 Quick Find 中使用正则表达式，需要从头开始编写它们。

5.1.4　Find and Replace 选项

可在 Tools | Options 对话框中利用各个选项进一步定制查找和替换功能。Find and Replace 选项位于 Environment 组，它可以启用/禁用显示信息和警告消息，还可以确定 Find What 字段是否应该自动填入编辑窗口中的当前选项。

5.2　文件中查找/替换

Find in Files(文件中查找)和 Replace in Files(文件中替换)命令可以将搜索从目前的解决方案拓宽到整个文件夹和文件夹结构，甚至实现按给定条件和过滤方式搜索到的所有匹配项的大规模替换。使用这些命令可以获得更多选项，并且搜索结果可以置于两种工具窗口的其中一个窗口中，这样便于定位它们。

　　当需要在文件中执行基于文本的简单搜索/替换任务，且该文件不一定在当前解决方案中时，这个搜索工具最适合。

5.2.1　文件中查找

在 Visual Studio 内生成的搜索引擎中，真正强大的部分是 Find in Files 命令。该命令不局限于当前解决方案中的文件搜索，而可以搜索整个文件夹(及其所有子文件夹)，查找符合搜索条件的文件。

通过菜单命令 Edit | Find 可以启动 Find in Files 对话框，如图 5-4 所示。如果打开了 Quick Find 对话框，要切换到 Find in Files 模式，应单击 Quick Find 旁的向下小箭头，并选择 Find in Files 项。也可以使用快捷键 Ctrl+Shift+F 打开这个对话框。

大多数 Quick Find 选项仍然可以使用，包括正则表达式搜索，但需要使用 Look in 字段指定搜索的范围，而不是从项目或解决方案中选择搜索范围。可以在编辑框中输入要搜索的位置，或单击省略号按钮，以显示 Choose Search Folders 对话框，如图 5-5 所示。

如此便可以浏览整个文件系统，包括网络驱动器，还可以在搜索范围中添加文件夹。可以将不同的文件夹层次添加到单个搜索操作中。首先用左边的 Available folders 列表选择要搜索的文件夹，单击向右箭头，把它们添加到 Selected Folders 列表中。在这个列表中可以使用上下箭头调整搜索的顺序。添加了要搜索的文件夹后，就可以单击 OK 按钮以返回一个用分号隔开的文件夹列表。如果要保

图 5-4

存这组文件夹供将来使用，可以在 Folder set 下拉列表中输入名称，并单击 Apply 按钮。

 保存搜索文件夹的过程不太直观，但如果把 Apply 按钮看成 Save 按钮，就容易理解该对话框了。

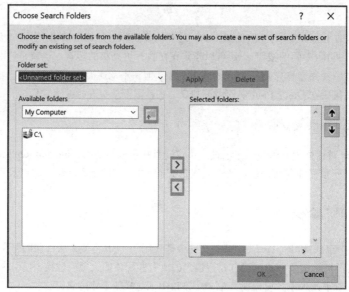

图 5-5

5.2.2 查找对话框选项

Find in Files 对话框中的选项与 Quick Find 对话框中的类似。因为搜索要在 IDE 中没有正常打开的文件上进行，甚至在代码文件上进行，所以没有显示 Search Up 选项。但有一个额外的过滤器用于搜索特定的文件类型。

Look at these file types 下拉列表中包含一些扩展名集合，每个集合对应一种语言，便于轻松搜索 Visual Basic、C#、J#以及其他语言的代码。也可以输入自己的扩展名，这样，如果在某个非 Microsoft 语言环境下工作，或者希望把文件中的查找功能用于非开发目的，就可以将搜索结果限制为对应的文件类型。

除了 Find 选项外，还有一些指定结果显示方式的配置选项。在搜索时，可以从两个不同的结果窗口中选择一个，保证在不丢失以前操作结果的情况下实现后续搜索。如果显示搜索的完整输出，结果就会非常冗长；但是，如果只需要找出包含所需信息的文件，可以选中 Display Filenames Only 选项，此时结果窗口将仅为每个文件列出一行。

5.2.3 正则表达式

正则表达式使搜索技术到达一个全新的高度，它基于.NET Framework 中内置的完整 RegEx 引擎，能够完成复杂的文本匹配。本书不会详细讨论正则表达式的高级匹配功能，但是如果在搜索条件中选择使用正则表达式，可以参考查找和替换对话框提供的一些补充帮助信息。

图 5-6 显示了用于生成正则表达式的表达式生成器。使用其中的菜单可以轻松地生成正则表达式，该菜单中显示了最常用的正则表达式短语和符号，以及每一项的英文说明。

在反转赋值语句时，使用正则表达式就会非常方便。例如，如果有如下代码：

VB
```
Description = product.Description
Quantity = product.Quantity
SellPrice = product.SellPrice
```

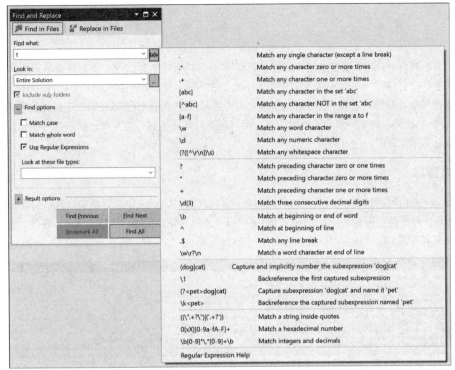

图 5-6

C#

```
Description = product.Description;
Quantity = product.Quantity;
SellPrice = product.SellPrice;
```

反转赋值语句的代码如下：

VB

```
product.Description = Description
product.Quantity = Quantity
product.SellPrice = SellPrice
```

C#

```
product.Description = Description;
product.Quantity = Quantity;
product.SellPrice = SellPrice;
```

这是使用正则表达式执行 Quick Replace 操作，而不是手动修改每行代码的一个好例子。确保在 Find options 中选择了 Use Regular Expressions，再把如下代码作为要查找的文本输入：

VB

```
{<.*} = {.*}
```

C#

```
{<.*} = {.*};
```

把如下所示的代码作为要替换的文本输入：

VB

```
\2 = \1
```

C#

```
\2 = \1;
```

下面进行简单的解释：我们要搜索两个用等号隔开的组(用花括号定义)。第一个组搜索单词的第一个字符(<)，再搜索其后的字符(.*)。第二个组在任意字符中搜索，直到在 VB 示例中找到行末字符，或者在 C#示例中找到分号为止。接着进行替换，即插入第二个组找到的字符、一个等号(两边都有空格)以及第一个组找到的字符(在 C#示例中，还要插入一个分号)。如果不熟悉正则表达式，可以花点时间研究它，但与普通的手动过程相比，执行这样的查找替换任务是非常便捷的。

5.2.4　结果窗口

执行 Find in Files 操作时，结果显示在两个 Find Results 窗口的其中一个内。这些窗口显示为停靠在 IDE 工作区底部的工具窗口。对于符合搜索条件的每一行，结果窗口会显示一整行信息，包括文件名和路径、包含匹配结果的行号以及匹配文本所在的行，从而可以快速看到上下文(见图 5-7)。

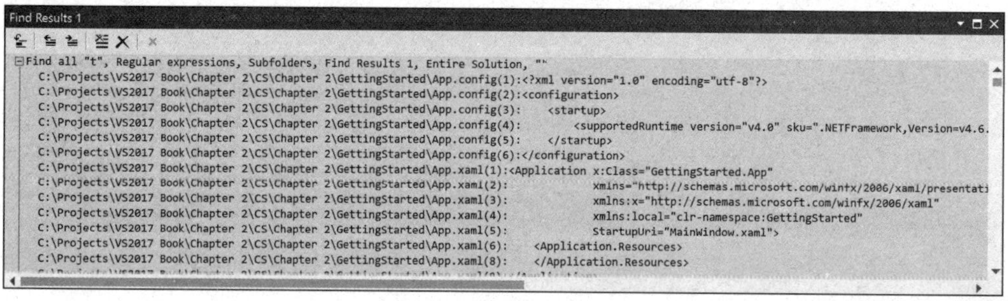

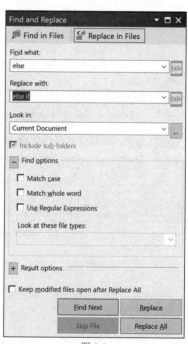

图 5-7

每个结果窗口左上角都有一个小工具栏(见图 5-7，图 5-8 对其进行了放大)，用于查看结果。也可以通过上下文菜单访问这些命令。

只需要双击某个匹配结果，就可以查看该匹配结果。

图 5-8

5.2.5　文件中替换

虽然搜索大量文件来找到符合搜索条件的大量匹配结果很有用，但更有用的是 Replace in Files 操作。按下快捷键 Ctrl+Shift+H 或单击 Quick Replace 旁的向下箭头，即可访问这个操作，Replace in Files 操作的实现方式与 Find in Files 相同，所有的选项也相同。

主要的区别是在替换文件时，可以使用一个附加的 Result options。在实现类似的大量替换操作时，这个功能可在提交产生的更改前轻松地做出最后的确认。为使这个检查确认功能可用，选中 Keep modified files open after Replace All 复选框，见图 5-9 所示对话框的底部。

注意，这个功能只能在使用 Replace All 时起作用；如果只是单击 Replace 按钮，Visual Studio 将打开包含下一个匹配结果的文件，并使该文件在 IDE 中处于打开状态。

　　如果没有选中 Keep modified files open after Replace All 复选框，但要对大量文件实现大量替换操作，那么这些文件将被永久更改，不能撤消。此时一定要知道自己在执行什么操作。

无论是否选中该复选框，在实现 Replace All 操作后，Visual Studio 会将文件中发生的更改数目反馈给用户。如果不想看到这个对话框，可在将

图 5-9

来的搜索中隐藏它。

5.3　访问帮助

目前提供给开发人员的技术非常广泛，不仅这些技术在快速演变，而且新技术还在不断涌现，开发人员必须快速熟悉它们。即使开发人员一直学习，也不可能了解这些技术的所有方面。知道如何找到使用这些技术的信息常常与能够实际实现它们一样重要。幸好，这些技术都有大量的信息源可供利用。十余年来，虽然将 IntelliSense 包含到 IDE 中，它已成为帮助开发人员编写代码的最有效的工具之一，但它很少能替代内容全面的帮助系统来提供技术的所有细节。Visual Studio 的帮助系统就为开发人员提供了这个支持。

在 Visual Studio 2017 中，获取帮助的最简单方法是使用与所创建的几乎每个 Windows 应用程序都相同的方法——按下通用的帮助快捷键 F1。Visual Studio 2017 的帮助系统使用 Microsoft Help Viewer 2。该帮助系统不使用特定的“外壳”来容纳帮助，允许用户浏览和搜索帮助，而是运行在一个浏览器窗口中。为支持帮助系统的一些较复杂功能，如搜索功能(当使用脱机帮助时)，现在有一个帮助侦听器应用程序运行在系统上，为这些请求提供服务。还要注意，浏览器地址栏中的地址指向计算机的一个本地 Web 服务器。联机和脱机帮助模式的外观和操作方式非常类似，但本章仅介绍脱机帮助。

 使用帮助系统时，可能会收到一个 Service Unavailable 消息。导致这个错误的可能原因是帮助侦听器不再在系统托盘上运行。只需要在 Visual Studio 中打开帮助系统，帮助侦听器就会再次自动启动。

Visual Studio 中的帮助系统是基于上下文的。这意味着，如果光标当前位于 Windows Store 项目的一个 XAML 标签上，用户按下 F1 键时，帮助窗口就会立即打开，并显示一个微型教程，说明该类是什么以及如何使用它，如图 5-10 所示。

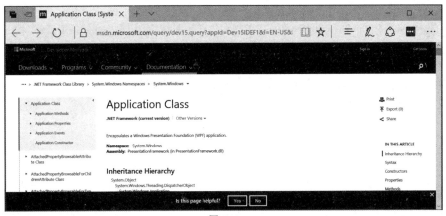

图 5-10

这是非常有用的，因为如果仅按下 F1 键，帮助系统就会直接导航到处理当前研究的问题的帮助主题上。

但在一些情况下，用户希望直接进入帮助系统的目录表。Visual Studio 2017 通过其 Help 主菜单中的 View Help 菜单项提供了这个功能，如图 5-11 所示。

除了几个帮助链接外，还有进入 MSDN 论坛和报告错误的快捷键。

5.3.1　浏览和搜索帮助系统

读者应对帮助系统的浏览方式非常熟悉，它基本上与浏览 Web 上的 MSDN 文档相同。在浏览器窗口的左边是帮助系统的页面链接

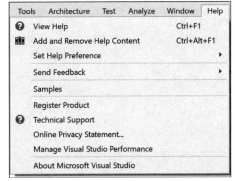

图 5-11

以及与当前页面相关的链接。

浏览器窗口的左上部有一个搜索文本框。在此输入搜索查询，其方式与使用搜索引擎(如 Google 或 Bing)相同。这会对帮助系统的页面进行全文搜索，而且查询的内容不一定出现在页面的标题中。搜索结果会显示出来，其提供方式类似于搜索引擎的结果。从每个结果页面上提取一行并显示出来，帮助确定该页面是不是用户需要的，单击该行就可以查看相应的页面。

5.3.2　配置帮助系统

第一次使用帮助系统时，最好配置它，以满足自己的需要。为此，需要选择 Help | Set Help Preferences 菜单，该菜单提供了两个选项：Use Online Help 和 Use Local Help。

第一个选项 Use Online Help 设置帮助系统以使用 Web 上的 MSDN 文档。现在按下 F1 键或从 Help 菜单中打开帮助，就会自动导航到 MSDN 联机文档的对应页面上(对应 Visual Studio 中的当前上下文)。选择 Use Local Help 选项会导航到本地安装的文档的对应页面上(假定文档已实际安装在计算机上)。

与脱机帮助相比，联机帮助的优点是帮助总是最新的，并且不占用硬盘空间(假定没有安装帮助内容)。缺点是必须总是有活动的 Internet 连接，并且有时(取决于带宽)比脱机帮助慢。实际上这有一个折中，用户必须选择最适合自己工作环境的选项。

选择 Use Local Help 选项时，使用 F1 键或从 Help 菜单中打开帮助会启动 Help Viewer。该查看器(如图 5-10 所示)提供与 Web 文档基本相同的用户体验(导航位于左侧，内容正文位于右侧)。

Help 菜单中最后一个需要介绍的选项是 Add and Remove Local Help Content，它允许从本地磁盘中删除产品文档集，释放一些磁盘空间。其屏幕会显示当前安装的文档集，单击文档名旁边的 Remove 超链接按钮，就可以卸载该文档。

5.4　小结

如本章所述，Visual Studio 2017 拥有一套优秀的搜索和替换工具，适用于不同的搜索任务，并能让你便捷地浏览和修改代码。

帮助系统是 Visual Studio 2017 附带的文档的一个强大接口。联机帮助文档和本地帮助文档间的快速切换能力，可以在脱机搜索的速度与网络上最新的信息之间找到平衡。每一个搜索结果，无论它们的位置如何，都会显示摘要章节，从而减少了选择错误主题的次数。

第II部分
入　门

第 6 章

6

第　　章

解决方案、项目和项

本章内容

- 创建、配置解决方案和项目
- 控制应用程序的编译、调试和部署方式
- 配置许多与项目相关的属性
- 在应用程序中包含资源和设置
- 通过 Code Analysis Tools 强制使用良好的编码实践
- 给 Web 应用程序修改配置、打包和部署选项

除了如 Hello World 等最简单的应用程序外，大多数应用程序都需要多个源文件。这会带来很多问题，例如，如何给文件命名、将文件放在哪里，以及文件是否可以重用。在 Visual Studio 2017 中，解决方案由一系列项目组成，而项目由一系列项组成，开发人员可以通过它们来跟踪、管理和使用源文件。IDE 提供的大量内置功能可以简化该过程，并允许开发人员对应用程序进行全面的管理。本章将讨论解决方案和项目的结构，介绍可用的项目类型和项目的配置方式。

6.1　解决方案的结构

只要在 Visual Studio 中工作，就会打开一个解决方案。如果仅编辑一个临时文件，该文件就在一个临时的解决方案中，在工作完成后，可以选择删除该解决方案。但是，由于使用解决方案可以管理当前正在使用的文件，因此在大多数情况下，保存解决方案意味着可以在以后返回到前面的工作，而不需要再定位和重新打开原来使用的文件。

> 　　解决方案应被看成是相关项目的容器。解决方案中的项目不需要使用相同的语言或具备相同的项目类型。例如，一个解决方案可以包含用 Visual Basic 编写的 ASP.NET Web 应用程序、F#库和一个 C# WPF 应用程序。使用解决方案可以在 IDE 中一起打开所有这些项目，管理它们的生成和部署配置。

在 Visual Studio 中，最常见的应用程序组织方式是一个解决方案包含多个项目。每个项目都由一系列代码文件和文件夹组成。处理解决方案和项目的主窗口是 Solution Explorer，如图 6-1 所示。

在项目中，文件夹用于组织源代码，它们本身并不具有应用程序的含义(Web 应用程序除外，它们的部分文件夹名称在 Web 应用程序环境中有具体的含义)。某些开发人员使用的文件夹名称与文件夹中类所属的名称空间相对应。例如，如果 FirstProject 项目的 DataClasses 文件夹中有一个 Person 类，该类的完全限定名称就是 FirstProject.DataClasses.Person。

图 6-1

解决方案文件夹是在大型解决方案中组织项目的一种有效方式。它们仅在 Solution Explorer 中可见——这个物理文件夹不在文件系统中创建。生成或卸载等操作很容易对解决方案文件夹中的所有项目执行。也可以折叠或隐藏这些项目文件夹，以便在 Solution Explorer 中操作它们。在生成解决方案时，隐藏的项目仍会生成。因为解决方案文件夹不映射为物理文件夹，所以可以随时添加、重命名或删除它们，而不会导致无效的文件引用或源代码控制问题。

   Miscellaneous Files 是一个特殊的解决方案文件夹，可用于跟踪已在 Visual Studio 中已打开但不属于解决方案中任何项目的其他文件。Miscellaneous Files 解决方案文件夹默认为不可见。启用它的设置位于 Tools | Options | Environment | Documents 下。

解决方案文件的格式自 Visual Studio 2012 以来就没有大的变化，所以可以用之后的所有版本打开相同的解决方案文件。可以使用 Visual Studio 2017 打开最初使用 Visual Studio 2013 创建的解决方案文件。更妙的是，可以使用 Visual Studio 2013 打开最初使用 Visual Studio 2017 创建的解决方案文件。

除了跟踪应用程序中包含的文件以外，解决方案和项目文件还可以记录其他信息(如某个文件的编译方式、项目设置和资源等)。Visual Studio 2017 包含一种编辑项目属性的非模态对话框，但解决方案的属性仍在独立的窗口中打开。项目属性指仅与所关注项目相关的属性，如程序集信息和引用，而解决方案属性则用于确定应用程序的整体生成配置。

6.2 解决方案文件的格式

Visual Studio 2017 实际上为解决方案创建了两个文件，其扩展名分别为.suo 和.sln(解决方案文件)。第一个文件是难以编辑的二进制文件，它包含了与用户相关的信息。例如，解决方案在上一次关闭时打开的文件和断点的位置。该文件被标记为隐藏，因此在使用 Windows Explorer 时，它不会在解决方案文件夹中显示，除非启用了显示所有隐藏文件的选项。

   警告：.suo 文件偶尔会被破坏，从而在生成和编辑应用程序时出现意想不到的结果。如果 Visual Studio 对于某个解决方案不稳定，就应退出并删除.suo 文件。下次打开解决方案时，Visual Studio 就会重新创建它。

.sln 解决方案文件包含了与解决方案相关的信息，如项目列表、生成配置和其他非项目相关的设置。与 Visual Studio 2017 使用的一些文件不同，解决方案文件不是 XML 文档，因为它把信息存储在块中，如下面的示例解决方案文件所示：

```
Microsoft Visual Studio Solution File, Format Version 12.00
# Visual Studio 15
VisualStudioVersion = 15.0.26014.0
MinimumVisualStudioVersion = 10.0.40219.1
Project("{FAE04EC0-301F-11D3-BF4B-00C04F79EFBC}") = "SampleWPFApp",
    "SampleWPFApp\SampleWPFApp.csproj",
    "{F745050D-7E66-46E5-BAE2-9477ECAADCAA}"
EndProject
Global
    GlobalSection(SolutionConfigurationPlatforms) = preSolution
        Debug|Any CPU = Debug|Any CPU
        Release|Any CPU = Release|Any CPU
    EndGlobalSection
    GlobalSection(ProjectConfigurationPlatforms) = postSolution
        {68F55325-0737-40A4-9695-B953F613E2B6}.Debug|Any CPU.ActiveCfg =
        Debug|Any CPU
        {68F55325-0737-40A4-9695-B953F613E2B6}.Debug|Any CPU.Build.0 =
        Debug|Any CPU
        {68F55325-0737-40A4-9695-B953F613E2B6}.Release|Any CPU.ActiveCfg =
        Release|Any CPU
        {68F55325-0737-40A4-9695-B953F613E2B6}.Release|Any CPU.Build.0 =
        Release|Any CPU
    EndGlobalSection
    GlobalSection(SolutionProperties) = preSolution
        HideSolutionNode = FALSE
    EndGlobalSection
EndGlobal
```

上面的示例解决方案由一个 SampleWPFApp 项目和一个用于概述解决方案设置的 Global 部分组成。例如，HideSolutionNode 被设置为 FALSE，因此该解决方案在 Solution Explorer 中可见。如果要将这个值改为 TRUE，就不会在 Visual Studio 中显示该解决方案名。

注意前面代码中的版本号是 12.00，在 Visual Studio 2012、2013、2015 和 2017 中都使用它。这与如下事实一致：同一个解决方案文件可以使用以前的 Visual Studio 版本打开。

6.3　解决方案的属性

要打开解决方案的 Properties 对话框，可以在 Solution Explorer 中右击 Solution 节点并选择 Properties 命令。该对话框中包含两个节点——Common Properties 和 Configuration Properties，如图 6-2 所示。

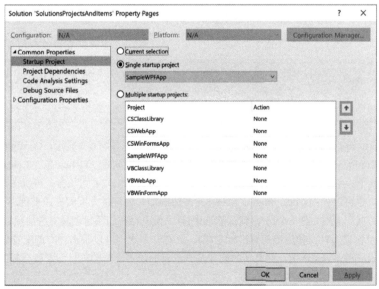

图 6-2

下面将详细介绍 Common Properties(常规属性)节点和 Configuration Properties(配置属性)节点。

6.3.1 常规属性

有 3 个为应用程序定义启动项目的选项,它们的含义不言自明。选择 Current Selection 选项会启动 Solution Explorer 中当前选中的项目。Single Startup 选项可以确保每次启动的是同一个项目,这也是默认选择,因为大多数应用程序都只有一个启动项目。可以使用下拉列表指定需要启动的单个项目。最后一个选项 Multiple Startup Projects 允许按照特定的顺序启动多个项目,如果一个解决方案包含客户端/服务器应用程序,并且希望同时运行它们,就可以使用该选项。在运行多个项目时,必须控制它们的启动顺序。使用项目列表旁边的上下箭头可以控制项目的启动顺序。

Project Dependencies 部分用于指定某个项目依赖的其他项目。大多数情况下,在为给定的项目添加或删除项目引用时,Visual Studio 会自动进行管理。尽管如此,有时仍需要在项目之间创建依赖关系,从而确保它们按照正确的顺序生成。Visual Studio 使用解决方案的依赖关系列表来判断项目的生成顺序。该窗口还可以避免无意间添加环形引用,或者删除必需的项目依赖关系。

在 Debug Source Files 部分可以提供一个目录列表。当调试时,Visual Studio 会在这些目录中搜索源文件。IDE 会在显示 Find Source 对话框之前搜索该默认列表。这里也可以列出 Visual Studio 不应该定位的源文件。如果在提示定位源文件时单击 Cancel 按钮,文件就会被添加到这个列表中。

Code Analysis Settings 部分仅在 Visual Studio Enterprises 版中可用,它允许选择为每个项目运行的静态代码分析规则集。Code Analysis 的相关讨论详见本章后面的内容。

> 如果从未指定在 Visual Studio 中运行代码分析,则 Solution Properties 窗口可能不包含 Code Analysis Settings 部分,即使运行的是某个适当的版本也是如此。为了修正此问题,直接从菜单中运行 Code Analysis。当分析结束时,该部分将出现在解决方案属性中。

6.3.2 配置属性

项目和解决方案都有相关的生成配置,用于确定要生成的项和生成方式。令人困惑的是项目配置(决定生成的方式)和解决方案配置(决定生成哪些项目,除非它们同名)无关。新的解决方案会定义 Debug 和 Release(解决方案)配置,对应于在 Debug 或 Release(项目)配置中生成所有的项目。

例如,可创建一个名为 Test 的解决方案配置,该解决方案由两个项目组成:MyClassLibrary 和 MyClassLibraryTest。当在 Test 配置中生成应用程序时,希望在 Release 模式下生成 MyClassLibrary 项目,以便测试尽可能接近发布的产品。但是,为了单步运行测试代码,需要在 Debug 模式下生成 MyClassLibraryTest 项目。

当在 Release 模式下生成项目时,如果不希望 Test 解决方案和应用程序一起生成或部署,则可以在 Test 解决方案配置中指定:在 Release 模式中生成 MyClassLibrary 项目,而不生成 MyClassLibraryTest 项目。

> 通过 Standard 工具栏,可以很方便地切换不同的配置和平台。有一个下拉列表,可用于在需要时快速切换到不同的配置和平台。

在 Solution Properties 对话框中选中 Configuration Properties 节点,如图 6-3 所示,Configuration 和 Platform 下拉菜单就变为可用。Configuration 下拉菜单包含了所有可用的解决方案配置:Debug and Release(默认)、Active 和 All。类似地,Platform 下拉菜单包含所有可用的平台。在这些下拉菜单出现并可用时,可以在该页面上为每个配置或每个平台指定设置。也可以使用 Configuration Manager 按钮添加其他解决方案配置或平台。

在添加其他解决方案配置时,有一个选项(默认被选中)可以为已存在的项目创建对应的项目配置(对于这个新的解决方案配置,该项目设置为默认使用该配置进行生成)。还有一个选项可以根据已有的配置创建新的配置。如果选中 Create Project Configurations 选项,并且新的配置基于已有的配置,新的项目配置就会复制为已有配置指定的项目配置。

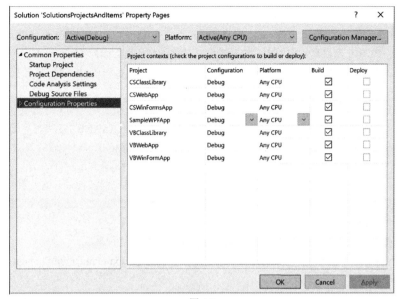

图 6-3

在解决方案配置文件中还可以指定要为哪一种类型的 CPU 生成项目。如果希望部署到 64 位体系结构的计算机上，这就显得非常重要。可用于创建新平台配置的选项受 CPU 类型(x86 和 x64)的限制。

在 Solution Explorer 窗口中右击 Solution 节点，就可以在弹出的上下文菜单中直接访问所有的解决方案设置。Set Startup Projects 菜单项可以打开 Solution Configuration 窗口，而 Configuration Manager、Project Dependencies 和 Project Build Order 菜单项可以打开 Configuration Manager 和 Project Dependencies 窗口。只有在解决方案包含多个项目时，Project Dependencies 和 Project Build Order 菜单项才可见。

选中 Project Build Order 菜单项会打开 Project Dependencies 窗口，列出生成的顺序，如图 6-4 所示。这个选项卡可以根据依赖关系颠倒生成项目的顺序。如果维护的是项目二进制程序集的引用，而不是项目引用，就可以使用这个选项。还可以用它再次检查项目是否按照正确的顺序生成。

图 6-4

6.4 项目类型

在 Visual Studio 中，Visual Basic 和 C#的项目大致分为不同的类别。除了本章后面单独讨论的 Web Site 项目外，其他项目都包含一个遵循 MSBuild 模式的项目文件(.vbproj 或.csproj)。选中一个项目模板就可以创建该项目类型的新项目，并使用初始的类和设置填充它。最常见的项目类型(在 Visual Studio 下分组这些项目类型)如下所示：

- **Classic Desktop**：Windows 项目类别是内涵最广的一种类别，包括运行在最终用户操作系统上的大多数常见项目类型，包括 Windows Forms 可执行项目、Console 应用程序项目和 WPF 应用程序。这些项目类型会创建一个可执行的(.exe)程序集，由最终用户直接执行。Windows 类别还包括几个库程序集类型，其他项目很容易引用这几个类型。例如，用于 Windows Forms 和 WPF 应用程序的类库和控件库。类库重用我们熟悉的.dll 扩展名。Windows Service 项目类型也在这个类别中。

- **Web**：Web 类别包含运行 ASP.NET 的项目类型，有 ASP.NET Web 应用程序(包括 MVC 和 Web API)、ASP.NET Core Web 应用程序(.NET Core 和.NET Framework)。添加 ASP.NET Web 应用程序，会启动一个向导会话，允许创建各种类型的 Web 项目。

- **Office/SharePoint**：顾名思义，Office/SharePoint 类别包含的模板用于为 Microsoft Office 产品创建托管代码插件，例如 Outlook、Word 或 Excel。这些项目类型使用 Visual Studio Tools for Office (VSTO)。可以为 Office 2013 和 2016 产品套件中的大多数产品创建插件。它还包含面向 SharePoint 的项目，如 SharePoint Workflows 或 Web Parts。Visual Studio 2017 包括用于 Office 和 SharePoint Add-Ins 的模板，这些模板创建的应用程序能够工作在这些产品的 2013 版本所引入的 App Model 中。

- **.NET Core**：.NET Core 类别包含基于.NET Core 库的项目。该.NET 版本可以运行在 Windows、Linux 和 MacOS 上。该类别包含控制台应用程序、类库、单元测试项目和 ASP.NET 应用程序的模板。

- **.NET Standard**：.NET Standard 模板用于创建遵循.NET 官方规范的库。或许理解.NET Standard 项目最简单的方式就是把它看成是可在各种平台上执行的最新版 Portable Class Library(PCL)。

- **Cloud**：这部分包含与云开发相关的模板。虽然可以自动假定该类别意指 Azure(该类别中包含 Azure 模板)，但它也可以包含 ASP.NET 模板。在 Azure 组中，有几个模板可用于创建 Azure 组件，如 WebJobs、Mobile Apps 和 Resource Groups。

- **Test**：这个类别包含的项目类型可以使用 MSTest 单元测试框架进行测试。

- **WCF**：这个类别包含的许多项目类型都用于创建提供 Windows Communication Foundation (WCF)服务的应用程序。

- **Windows UAP**：Windows Universal App Platform(UAP)是 Visual Studio 2017 中新增的一个类别，尽管从内容上来看，它非常类似于 Visual Studio 2015 中的 Windows Store 类别。当创建 Windows UAP 应用程序时，需要运行 Windows 8.1 或更高版本。如果在不升级的情况下创建项目，就会被重定向到一个页面上，其中包括一个链接，用于开始升级过程。当运行 Windows 8.1 时，Windows Store 应用程序的模板就会出现在这个标题下。

- **Workflow**：这个类别包含的许多项目类型用于顺序和状态机工作流库和应用程序。

Add New Project 对话框(如图 6-5 所示)允许浏览和创建这些项目类型。目标.NET Framework 版本列在这个对话框右上角的下拉选择器中。如果选中的.NET Framework 版本不支持某个项目类型，如.NET Framework 2.0 不支持 WPF 应用程序，就不显示该项目类型。另外，要注意的是所看到的类别的列表会因为所安装的工作流而异。如果想要看到的某个项目模板并没有出现在列表中，很可能是因为没有安装相关的工作流。在类别列表的底部有一个标签为 Open Visual Studio Installer 的链接，通过该链接可以启动 Visual Studio Installer，从而添加所希望的工作流。

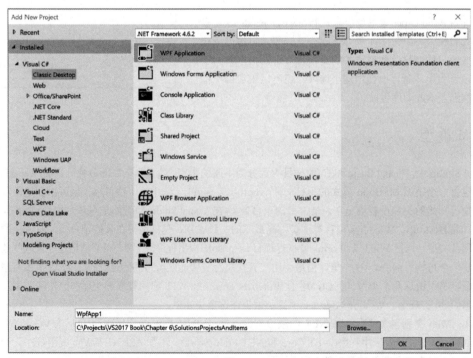

图 6-5

6.5 项目文件格式

项目文件(.csproj、.vbproj 或.fsproj)是遵循 MSBuild 模式的 XML 文档。MSBuild 最新版本的 XML 模式文件随.NET Framework 一起安装，默认位于 C:\WINDOWS\Microsoft.NET\Framework\v4.0.30319\ MSBuild\Microsoft.Build. Core.xsd。

> 要查看 XML 格式的项目文件，可以右击项目，并选择 Unload Project 命令，然后再次右击项目，并选择 Edit<*project name*>，这会在 XML 编辑器中显示项目文件，并提供 IntelliSense 功能。

项目文件存储了为该项目指定的生成和配置设置，这些文件的细节也包含在项目中。在一些情况下，还会创建用户特定的项目文件(.csproj.user 或.vbproj.user)，它存储了用户参数首选项，如启动和调试选项。.user 文件也是遵循 MSBuild 模式的 XML 文件。

6.6 项目属性

右击 Solution Explorer 中的 Project 节点，并选择 Properties 命令，或者双击 Project 节点下面的 My Project(C# 中的 Properties)，都可以访问项目的属性。与解决方案属性不同，项目属性并不显示在模态对话框中，而是显示在与代码文件并排的选项卡中。这样更便于在代码文件和项目属性之间切换，还可以同时打开多个项目的属性。图 6-6 显示了一个 Visual Basic Windows Forms 项目的设置。本节介绍 Visual Basic 和 C#项目的编辑器上的垂直选项卡。

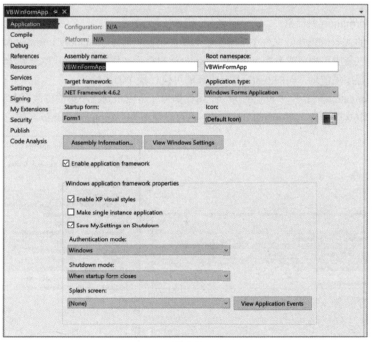

图 6-6

项目属性编辑器的一系列垂直选项卡将属性划分为不同的组。在选项卡中对属性进行更改时，相应的垂直选项卡上会显示一个星号。但这个功能非常有限，因为它不能指出选项卡中的哪些字段已经被修改。

6.6.1 Application 选项卡

Visual Basic Windows Forms 项目的 Application 选项卡如图 6-6 所示，它允许开发人员设置编译项目时所创建的程序集的信息。这包括输出类型(即 Windows Application、Console Application、Class Library、Windows Service 或

Web Control Library)、应用程序图标、启动对象和目标.NET Framework 版本等属性。C#应用程序的 Application 选项卡(如图 6-7 所示)有不同的格式，并且提供了稍有不同的(减少的)一组选项，例如能够直接配置应用程序清单。

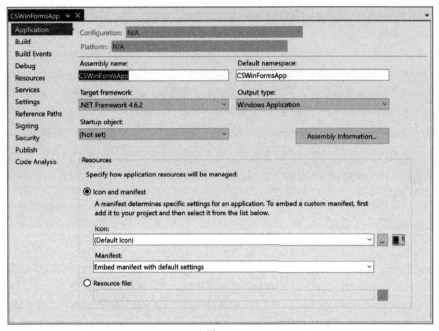

图 6-7

1. Assembly Information 对话框

以前必须在项目的 AssemblyInfo 文件中手动配置的属性现在可通过 Assembly Information 按钮来设置。这些信息非常重要，因为在安装应用程序或者在 Windows Explorer 中查看文件的属性时，就会显示这些信息。图 6-8(a)是一个示例应用程序的程序集信息，而图 6-8(b)是已编译的可执行程序的属性。

在 Assembly Information 对话框中设置的每一个属性都由一个应用到程序集的特性来表示。这意味着可以在代码中查询程序集，获取这些信息。在 Visual Basic 中，也可以使用 My.Application.Info 名称空间来获取这些信息。

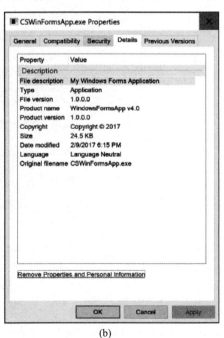

(a)　　　　　　　　　　　　　　　(b)

图 6-8

2. User Account Control 设置

Visual Studio 2017 支持开发使用 User Account Control (UAC)的应用程序。这涉及生成程序集清单文件，它是一个 XML 文件，用于通知操作系统应用程序在启动时是否需要管理员权限。在 Visual Basic 应用程序中，Application 选项卡上的 View Windows Settings 按钮可用于给应用程序的 UAC 生成和添加程序集清单文件。下面的代码是 Visual Studio 生成的默认清单文件：

```xml
<?xml version="1.0" encoding="utf-8"?>
<asmv1:assembly manifestVersion="1.0" xmlns="urn:schemas-microsoft-com:asm.v1"
     xmlns:asmv1="urn:schemas-microsoft-com:asm.v1"
     xmlns:asmv2="urn:schemas-microsoft-com:asm.v2"
     xmlns:xsi="http://www.w3.org/2001/XMLSchema-instance">
  <assemblyIdentity version="1.0.0.0" name="MyApplication.app" />
  <trustInfo xmlns="urn:schemas-microsoft-com:asm.v2">
    <security>
      <requestedPrivileges xmlns="urn:schemas-microsoft-com:asm.v3">
        <!-- UAC Manifest Options
          If you want to change the Windows User Account Control level replace the
          requestedExecutionLevel node with one of the following.

        <requestedExecutionLevel  level="asInvoker" />
        <requestedExecutionLevel  level="requireAdministrator" />
        <requestedExecutionLevel  level="highestAvailable" />

          If you want to utilize File and Registry Virtualization for backward
          compatibility then delete the requestedExecutionLevel node.
        -->
        <requestedExecutionLevel level="asInvoker" />
      </requestedPrivileges>
      <applicationRequestMinimum>
        <defaultAssemblyRequest permissionSetReference="Custom" />
        <PermissionSet ID="Custom" SameSite="site" />
      </applicationRequestMinimum>
    </security>
  </trustInfo>
</asmv1:assembly>
```

如果 UAC 请求的执行级别从默认的 asInvoker 改为 require Administrator，Windows 就会在启动应用程序时显示 UAC 提示。启用了 UAC 后，如果在 Debug 模式下启动需要管理员权限的应用程序，Visual Studio 2017 还会提示在 Administrator 模式下重启。图 6-9 显示了 Windows 中的这些提示，允许在 Administrator 模式下重启 Visual Studio。

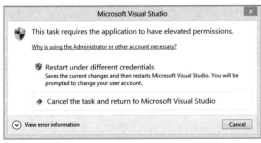

图 6-9

如果同意重启，Visual Studio 就会用管理员权限重启，并重新打开解决方案及其中的所有文件。它甚至会记住光标的上一个位置。

3. Application Framework 对话框(仅限于 Visual Basic)

Visual Basic Windows Forms 项目还可以使用其他应用程序设置，因为它们使用了 Visual Basic 独有的 Application Framework(应用程序框架)。该框架扩展了标准的事件模型，提供了一系列控制应用程序行为的应用程序事件和设置。要启用 Application Framework，可以选中 Enable Application Framework 复选框。下面的 3 个复选框控制 Application Framework 的行为：

- **Enable XP Visual Styles**：XP 可视化风格可以显著改进在 Windows XP 或后续版本上运行的应用程序的外观和操作方式，它使用光标停放在其上时可以动态改变颜色的圆角按钮和控件，提供更加柔和的界面。默认情况下，Visual Basic 应用程序将启用 XP 风格。在 Project Settings 对话框中可以禁用该效果，或者在代码中通过 Application 类的 EnableVisualStyles 方法控制它。

- **Make Single Instance Application**：大多数应用程序都支持多个实例的并发运行。但是，一个打开两三次或更多次的应用程序只能运行一次，后续的执行仅是调用原来的应用程序。文档编辑器就是这类应用程序，以后对它的执行仅是打开不同的文档。只需要将应用程序标记为单一实例，就可以添加该功能。

- **Save My Settings on Shutdown**：这个选项将确保保存对用户作用域设置的全部更改，在关闭应用程序之前会保存所有设置。

这里也允许为应用程序选择身份验证模式，该模式默认设置为使用当前登录用户的 Windows 身份验证模式。选择 Application-defined 可以使用定制的身份验证模式。

还可以在应用程序第一次启动时标识用作闪屏的窗体，以及指定应用程序的关闭行为。

6.6.2 Compile 选项卡(仅用于 Visual Basic)

项目设置的 Compile 区域(如图 6-10 所示)允许开发人员控制项目的生成方式和位置。例如，可以更改输出路径，使其指向另一个位置。如果生成过程的其他地方需要使用输出，就可以在这里设置。

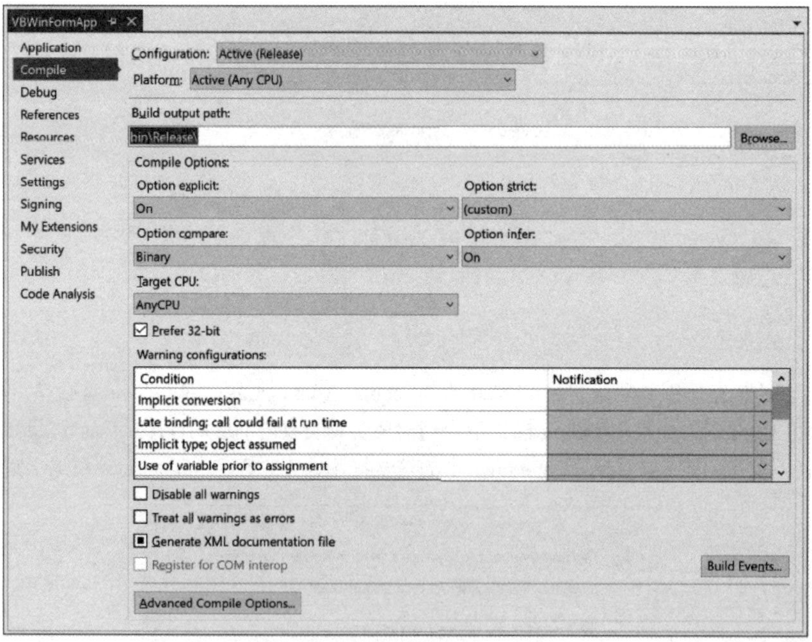

图 6-10

选项卡顶部的 Configuration 下拉选择器可以为 Debug 和 Release 生成配置选择不同的生成设置。

如果对话框中没有 Configuration 下拉选择器，就需要在 Options 窗口(通过 Tools 菜单访问)的 Projects and Solutions 节点下选择 Show Advanced Build Configurations 属性。但在一些内置的设置配置文件(如 Visual Basic Developer 配置文件)中没有选择这个属性。

也可在 Compile 窗格中配置 Visual Basic 特有的一些属性。Option explicit 规定了代码中使用的变量必须显式定义。Option strict 要求必须定义变量的类型，而不能后期绑定。Option compare 用于决定字符串比较是使用二元比较运算符还是文本比较运算符。Option infer 指定是允许在变量声明中进行本地类型引用，还是必须显式地声明类型。

 所有这些编译器选项都可以在项目级或文件级上控制。文件级编译器选项会覆盖项目级编译器选项。

Compile 窗格还定义了很多不同的编译器选项，可以调整它们以改进代码的可靠性。例如，未使用的变量只产生一条警告，而某个没有返回值的路径的问题更加严重，应产生错误。可以禁用所有这些警告，或者将它们全部作为错误处理。

Visual Basic 开发人员可以生成 XML 文档。当然，由于生成 XML 文档需要时间，因此建议为调试生成禁用该选项。这可以缩短调试的周期。但关闭这个选项，也不会为缺少 XML 文档而发出警告。

Compile 窗格的最后一个元素是 Build Events 按钮。单击该按钮可以看到在生成前后执行的命令。由于并不是所有的生成都能成功，因此生成后事件的执行依赖于成功的生成。在 C#项目的项目属性页面中，Build Events 是一个单独的垂直选项卡，用于配置生成前后的事件。

6.6.3　Build 选项卡(仅用于 C#和 F#)

C#中的 Build 选项卡(如图 6-11 所示)等价于 Visual Basic 的 Compile 选项卡，它允许开发人员指定项目的生成配置设置。例如，可以启用 Optimize code 设置使输出的程序集更小、更快、更高效。但这些优化功能一般会增加生成时间，所以不建议用于 Debug 生成。

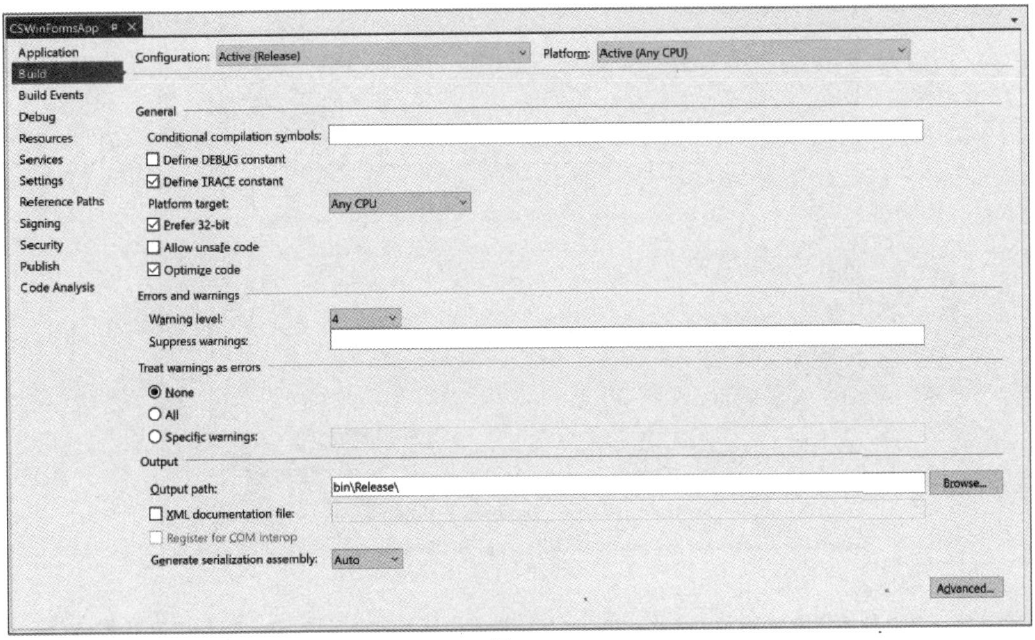

图 6-11

在 Build 选项卡上，可以启用 DEBUG 和 TRACE 编译常量。另外，在 Conditional compilation symbols 文本框中也很容易定义自己的常量。在编译期间，这些常量的值可以在代码中查询。例如，DEBUG 常量的查询如下所示：

C#
```
#if(DEBUG)
    MessageBox.Show("The debug constant is defined");
#endif
```

VB
```
#If DEBUG Then
    MessageBox.Show("The debug constant is defined")
#End If
```

在 Advanced Build Settings 对话框中定义编译常量，单击右下方 Build 选项卡中的 Advanced 按钮，就可以打开这个对话框。

选项卡顶部的 Configuration 下拉选择器可以为 Debug 和 Release 生成配置指定不同的生成设置。有关 Build 选项的更多信息可参见第 33 章。

6.6.4 Build Events 选项卡(仅用于 C#和 F#)

Build Events 选项卡允许你在生成过程之前或之后执行其他操作。在图 6-12 中，有一个生成后事件，在每个成功的生成过程后，将生成输出到 Solution 文件夹中的一个不同位置。

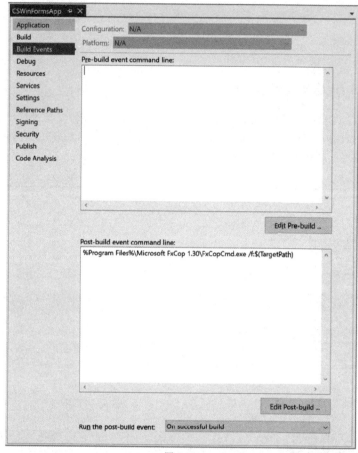

图 6-12

在命令行上可以使用环境变量(如 ProgramFiles)，环境变量应括在百分号中。还可以使用许多宏，如 ProjectName 和 SolutionDir。当单击 Edit Pre-build 和 Edit Post-build 对话框中的 Macros 按钮时就会列出这些宏，可以根据需要将这些宏插入命令中。

6.6.5 Debug 选项卡

Debug 选项卡(如图 6-13 所示)用于决定在 Visual Studio 2017 中如何执行应用程序。对于 Web 应用程序，这个选项卡不可见，它使用 Web 选项卡配置类似的选项。

1. Start action

当一个项目设置为启动时，这组单选按钮可以控制应用程序在 Visual Studio 中运行时要处理的工作。默认值为 Start projects，表示调用在 Application 选项卡中指定的 Startup 对象。其他的选项包括运行可执行文件或启动某个特定的网站。

2. Start options

在运行应用程序时，可以指定其他命令行参数(通常与可执行文件的启动操作一起使用)和初始工作目录。也可以指定在远程计算机上启动应用程序。当然，这要求在远程计算机上启用调试功能。

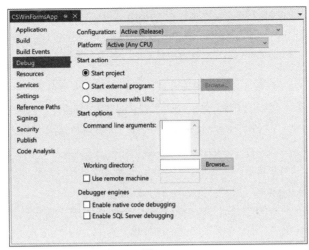

图 6-13

3. Debugger engines

可以扩展调试功能以包含非托管代码和 SQL Server。通过这些选项，可以启用调试进程中的非托管代码和 SQL Server 存储过程。例如，可以通过 Server Explorer 打开一个存储过程并设置断点，同时通过 Visual Studio 调试应用程序，并在应用程序调用该存储过程时到达断点处并停止程序的执行。

6.6.6　References 选项卡(仅用于 Visual Basic)

References 选项卡允许开发人员引用其他.NET 程序集、项目和本地 DLL 中的类。在引用列表中添加项目或 DLL 后，就可以通过类的全名(包含名称空间)访问类。也可以将名称空间导入代码文件，这样仅通过类名就可以访问类。图 6-14 显示了一个项目的 References 选项卡，它引用了大量的框架程序集。

图 6-14

　　在项目中存在未使用的引用通常并不是问题。一些人并不喜欢存在这样的引用，因为它会使解决方案"杂乱无章"，但从性能角度看，未使用的引用并不会带来影响。未使用的程序集不会被复制到输出目录中。

一旦在引用列表中添加了程序集，就可以在项目中引用该程序集包含的所有公共类。如果类嵌入在一个名称空间(可能是一个嵌套的层次结构)中，引用类时就必须使用完整的类名。Visual Basic 和 C#都提供了导入名称空间的机制，所以可以直接引用类。References 部分允许为项目中的所有类全局导入名称空间，而不需要在类文件中显式导入。

对外部程序集的引用也可以通过文件引用或项目引用来实现。文件引用是直接引用某个程序集。使用 Add Reference 对话框的 Browse 选项卡就可以创建文件引用。项目引用是对解决方案内部的项目的引用。该项目输出的所有程序集都动态添加为引用。使用 Reference Manager 对话框的 Solution 选项卡可以创建项目引用。

 警告： 不要在项目中添加同一个解决方案中已有的文件引用。如果项目需要引用该解决方案中的另一个项目，就应该总是使用项目引用。

项目引用的优点是它会在生成系统中创建项目之间的依赖关系。如果自从上次生成引用项目以来改变了依赖项目，就会生成该依赖项目。文件引用不会创建生成依赖关系，所以在生成引用项目时无须生成依赖项目。但在引用项目时希望输出中包含依赖项目的另一个版本时，这就会出问题。

6.6.7　Resources 选项卡

通过 Resources 选项卡可以直接添加和删除项目资源，如图 6-15 所示。在图中，给应用程序添加了 4 个图标。资源可以是图像、文本、图标、文件或其他可以序列化的类。

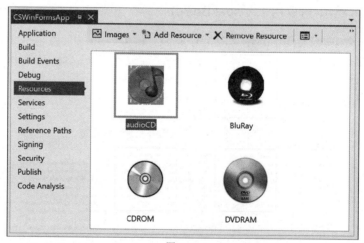

图 6-15

这个界面便于在设计时处理资源文件。第 56 章将详细讲述如何使用资源文件来存储应用程序常量，以及如何生成国际化的应用程序。

6.6.8　Services 选项卡

客户端应用程序服务允许基于 Windows 的应用程序使用 Microsoft ASP.NET 2.0 中引入的身份验证、角色和配置文件服务。客户端服务允许在多个基于 Web 和基于 Windows 的应用程序集中使用用户配置文件和用户管理功能。

图 6-16 显示了 Services 选项卡，它用于给 Windows 应用程序配置客户端应用程序服务。启用服务时，必须为每个服务指定 ASP.NET 服务主机的 URL。它将存储在 app.config 文件中，支持下列客户端服务：

- **Authentication：** 允许通过内部的 Windows 验证方式验证用户的身份，或者使用应用程序提供的基于窗体的定制身份验证模式来验证。
- **Roles：** 获取为通过身份验证的用户指定的角色，以允许某些用户访问应用程序的不同部分。例如，管理员用户可以访问其他管理功能。
- **Web Settings：** 在服务器上存储每个用户的应用程序设置，允许它们在多台计算机和应用程序之间共享。

客户端应用程序服务使用提供程序模型来扩展 Web 服务。这个服务提供程序可以脱机工作，它使用本地缓存以确保在不能使用网络连接时仍可以工作。

有关客户端应用程序服务的详情请参见第 47 章。

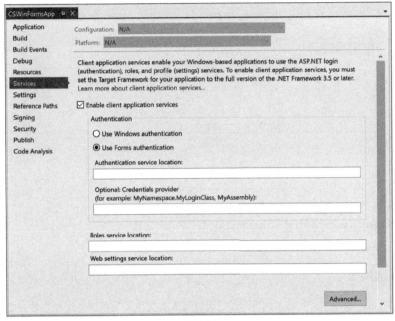

图 6-16

6.6.9　Settings 选项卡

项目设置可以是任意类型，它仅是一个名/值对，其中的值在运行时获得。设置可以用于整个应用程序或单个用户，如图 6-17 所示。设置存储在 Settings.settings 文件和 app.config 文件中。编译应用程序时，依据生成的可执行文件重命名这些文件——例如，SampleApplication.exe.config。

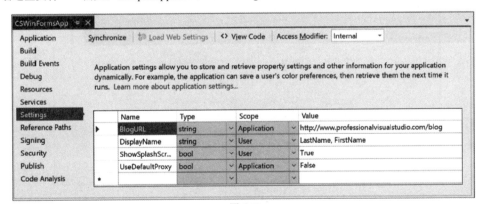

图 6-17

应用程序级的设置在运行时是只读的，只能通过手动编辑 config 文件来改变它们。用户设置可在运行时动态修改，可为每个运行应用程序的用户保存不同的值。用户设置的默认值存储在 app.config 文件中，每个用户的设置存储在该用户私有数据路径下的 user.config 文件中。

有关应用程序设置和用户设置的内容详见第 54 章。

6.6.10　Reference Paths 选项卡(仅用于 C#和 F#)

Reference Paths 选项卡如图 6-18 所示，用于指定其他目录，以搜索引用的程序集。

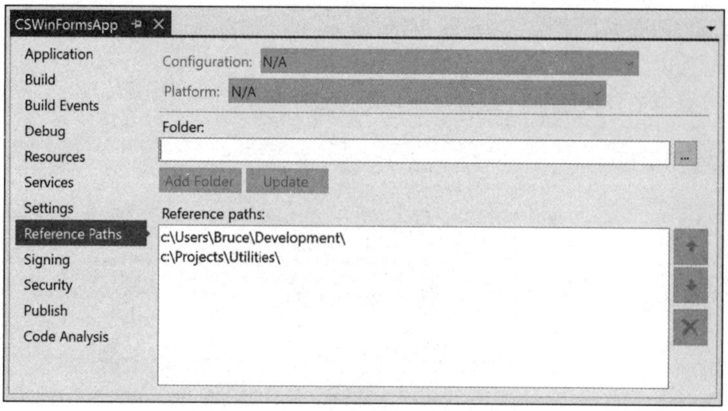

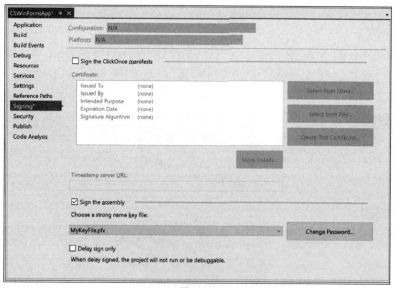

图 6-18

添加程序集引用后，Visual Studio 会按顺序搜索如下目录来解析该引用：

(1) 项目目录。

(2) 在这个 Reference Paths 列表中指定的目录。

(3) 在 Reference Manager 对话框中显示文件的目录。

(4) 项目的 obj 目录，它一般只与 COM 交互操作程序集相关。

6.6.11 Signing 选项卡

图 6-19 显示了 Signing 选项卡，在准备部署时，它为开发人员提供了为程序集选择签名方式的功能。可通过选择密钥文件为程序集提供签名。要创建新的密钥文件，可在文件选择器下拉列表中选择<New …>。

图 6-19

应用程序的 ClickOnce 部署模型会创建一个要发布到网站的应用程序。用户只需要单击一次，就可以下载和安装应用程序。由于该模型支持 Internet 上的部署，因此公司必须能为部署包提供签名。在 Signing 选项卡界面中可以指定用于签署 ClickOnce 清单的证书。

第 48 章将详细介绍程序集签名，而第 35 章将讨论 ClickOnce 部署。

6.6.12 My Extensions 选项卡(仅用于 Visual Basic)

通过 My Extensions 选项卡(如图 6-20 所示)可以添加对程序集的引用，使用扩展方法特性，以扩展 Visual Basic 的 My 名称空间。最初引入扩展方法是为了支持 LINQ，并且无须对基类库进行大的修改。它们允许开发人员在已有的类中添加新方法，而无须使用继承来创建子类，或重新编译最初的类型。

My 名称空间用于提供对通用库方法的简化访问。例如，My.Application.Log 提供的方法可以使用一行代码在日志文件中写入条目或异常。另外，这个名称空间还适用于添加提供了实用功能的定制类和方法、全局状态或配置信息，或者添加供多个应用程序使用的服务。

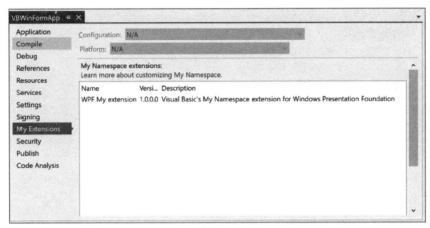

图 6-20

6.6.13 Security 选项卡

使用 ClickOnce 部署模型部署的应用程序必须运行在受限或部分信任模式下。例如，如果一个低等级权限的用户通过 Internet 从网站上选择了一个 ClickOnce 应用程序，该应用程序就只能在 Internet 区域定义的部分信任模式下运行。这通常意味着应用程序不能访问本地的文件系统，拥有受限的联网能力，以及不能访问其他本地设备，如打印机、数据库和计算机端口。

Security 选项卡如图 6-21 所示，用于定义应用程序正确运行所需的信任级别。

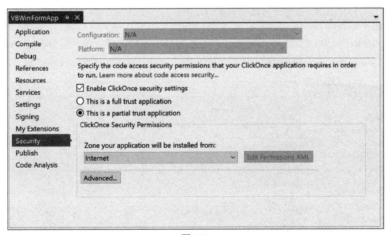

图 6-21

修改 ClickOnce 应用程序所需的权限集，可以限制哪些人能够下载、安装和操作应用程序。对大部分人来说，应指定应用程序在部分信任模式下运行，并将安全性设置为 Internet 区域的默认值。或者，指定应用程序需要在完全信任模式下运行，可以确保应用程序能访问所有本地资源，但只有本地管理员有这个权限。

6.6.14 Publish 选项卡

ClickOnce 部署模型分为两个阶段：应用程序的初次发布和后续更新，以及下载和安装原来的应用程序和后续的修订版本。可以在 Publish 选项卡中使用 ClickOnce 模型部署现有的应用程序，如图 6-22 所示。

如果 ClickOnce 应用程序的安装模式被设置为从网站下载后可脱机使用，该应用程序就会在本地计算机上安装。这会将应用程序放置在 Start 菜单和 Add/Remove Programs 列表中。在原来的网络连接可用的情况下运行应用程序，该应用程序将判断是否有可用的更新版本。如果存在更新版本，系统就会询问用户以确定是否需要安装更新版本。

ClickOnce 部署模型的相关内容详见第 35 章。

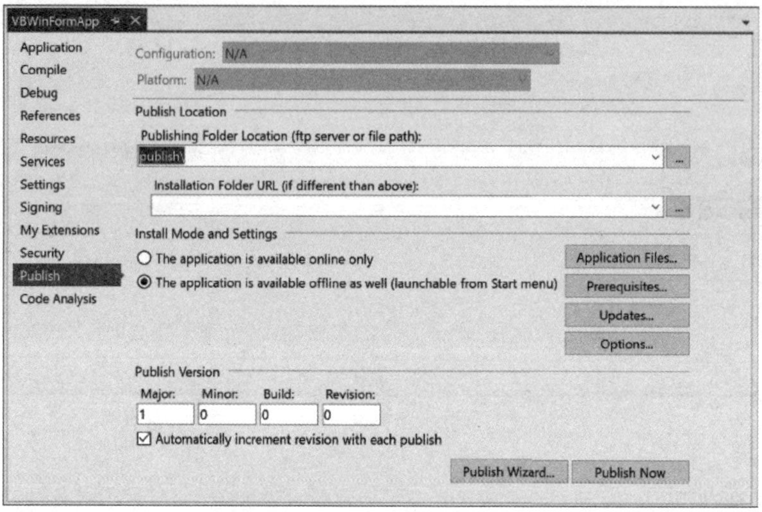

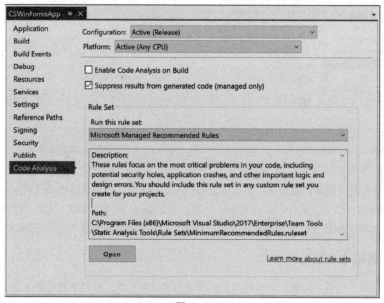

图 6-22

6.6.15 Code Analysis 选项卡

大多数曾在团队中工作的开发人员都必须遵守一系列约定的编码标准。组织一般使用已有的标准，或者创建自己的标准。但标准只有切实执行才是有效的，而执行标准唯一有效的方式是使用工具。过去需要使用外部实用工具。Visual Studio 2017(包括 Community 版的所有版本)现在可以在 IDE 内部进行静态代码分析。

Code Analysis 选项卡如图 6-23 所示，可用于启用代码分析功能，作为生成过程的一部分。

当选中 Enable Code Analysis on Build 复选框时，会自动为每次生成过程执行代码分析。为此，还可以右击项目并选中 Analyze | Run Code Analysis on Solution 或者在当前项目上选择 Analyze | Run Code Analysis。

图 6-23

在代码分析中定义的基本单位是规则。规则由需要满足的特定标准组成。例如，规则可以类似于"变量已声明但从来不使用"或者"表达式的结果总是为 null"。将这些规则组合成一个集合，称为规则集(ruleset)。

在 Code Analysis 选项卡中，在进行代码分析时，可以指定要应用于代码的规则集。Microsoft 提供的 200 多个内置的规则方便地被组织为 11 个规则集。如果这些规则集不能满足你的需求，甚至可以创建自己的规则集(Add New Item | Code Analysis Rule Set)。此外，如有必要，还可以添加定制的规则。

根据项目的需求，你可能不希望包含某些特定规则。要查看某个规则集的详细情况，可以单击 Open 按钮，所显示的窗格如图 6-24 所示。

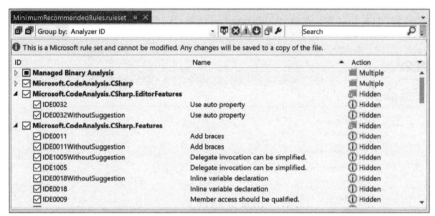

图 6-24

取消选中某个规则左侧的复选框，就可以禁用该规则。右侧的下拉列表框控制不满足规则时所发生的情况，如产生警告还是生成错误。

当生成应用程序时，与代码分析相关的错误和警告会出现在 Error List 中。在这个窗格中若右击警告并选择 Show Error Help，就可以看到有关规则描述、导致问题的原因、解决该问题的步骤和挂起警告时的建议。警告的挂起操作是通过 System.Diagnostics.CodeAnalysis.SuppressMessageAttribute 实现的，该特性可应用于 offending 成员或程序集中。从 Errors 窗口的右击菜单中选择一个 Suppress Message 菜单选项，可以快捷生成这些特性。

首次使用 Code Analysis 工具时，应该打开所有规则，并根据需要排出或挂起警告。这是学习最佳实际的一种极好方式。经过几次这样的迭代后，所编写的新代码将会错误更少。如果启动一个新项目，你可能希望添加一个检入(check in)策略，阻止带有 Analysis 警告的代码被检入。

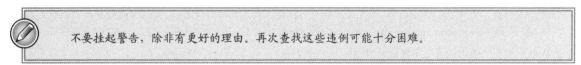

不要挂起警告，除非有更好的理由。再次查找这些违例可能十分困难。

并不是 Code Analysis 窗格中定义的所有规则都适合所有的组织或应用程序。这个窗格允许开发人员控制要应用的规则，它们是产生警告还是生成错误。在 Rules 列中取消对某规则的选择，就会禁用该规则。双击 Status 列中的一个单元格，就会在不符合规则时产生警告或生成错误。

第 55 章将介绍内置的 Visual Studio Code Analysis 工具。

6.7　C/C++ Code Analysis 工具

该工具与 Managed Code Analysis Tool 类似，但它用于处理非托管代码。要激活该工具，只需要在 C++项目的属性窗口中，找到 Configuration Properties 内的 Code Analysis 节点，并选择 Yes for Enable Code Analysis for C/C++ on Build。每次编译项目时，该工具都会拦截该过程并试图分析每条执行路径。

该工具有助于检测到因耗时而导致的崩溃和其他技术(如调试技术)难以发现的崩溃。可以检测到内存泄漏、未初始化的变量、指针管理问题以及缓冲区溢出/欠载。

6.8 Web 应用程序项目属性

由于 Web 应用程序的独特需求,ASP.NET Web Application 项目可以使用另外 4 个项目属性选项卡。这些选项卡控制着 Web 应用程序如何从 Visual Studio 中运行,以及打包和部署选项。

6.8.1 Web 选项卡

Web 选项卡(如图 6-25 所示)可以控制 Web 应用程序项目在 Visual Studio 中执行时的启动方式。Visual Studio 带有一个用于开发的内置 Web 服务器。通过 Web 选项卡可以配置这个服务器的端口和虚拟路径。还可以选择启用 NTLM 身份验证。

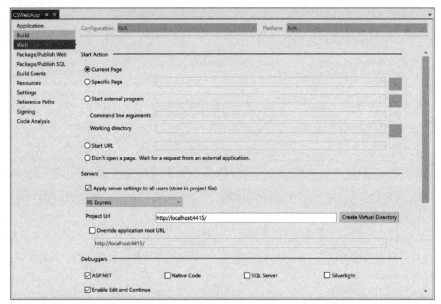

图 6-25

 Enable Edit and Continue 选项允许在调试会话中编辑代码隐藏文件和独立的类文件。无论这个设置是什么,都可以编辑.aspx 或.ascx 页面中的 HTML,但不允许编辑.aspx 或.ascx 文件中的内联代码。

Web 应用程序的调试选项请参见第 58 章。

6.8.2 Package/Publish Web 选项卡

应用程序的部署一直都是一项艰难的挑战,尤其是对于复杂的 Web 应用程序。典型的 Web 应用程序不仅包含大量源文件和程序集,还包含图像、样式表和 JavaScript 文件。更复杂的是 Web 应用程序还可能依赖 IIS Web 服务器的某个特定配置。

Visual Studio 2017 简化了这个过程,允许把 Web 应用程序项目、所有需要的文件和设置打包到一个压缩(.zip)文件中。图 6-26 显示了可用于 ASP.NET Web 应用程序的打包和部署选项。

有关 Web 应用程序部署的更多内容请参见第 36 章。

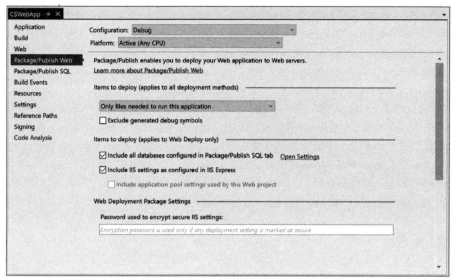

图 6-26

6.8.3 Package/Publish SQL 选项卡

哪怕最简单的 Web 应用程序都由某种数据库支持。对于 ASP.NET Web 应用程序而言，这个数据库一般是 SQL Server 数据库。Visual Studio 2017 支持打包一个或多个 SQL Server 数据库。尽管项目属性仍包含 Package/Publish SQL 表格，但该页面默认情况下是不可用的。相反，用于 SQL 部署的配置显示为 Publish Web Wizard 的一部分。

如图 6-27 所示，当创建一个包时，可为源数据库指定连接字符串，允许 Visual Studio 只为数据库模式或者同时为数据库模式和数据创建 SQL 脚本。还可以提供在自动生成的脚本前后执行的定制 SQL 脚本。

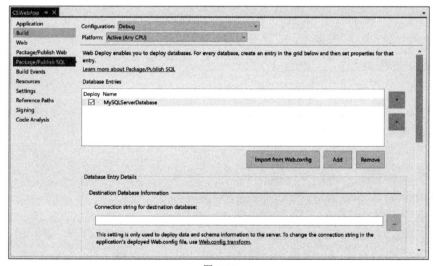

图 6-27

第 36 章将详细讨论 Web 应用程序的部署选项。

6.9 Web Site 项目

Web Site 项目的功能与其他项目类型大相径庭。Web Site 项目不包含.csproj 或.vbproj 文件，所以在生成选项、项目资源和引用管理上有许多限制。但 Web Site 项目使用文件夹结构来定义项目的内容，文件夹结构中的所有文件都是项目的一部分。

Web Site 项目的优点是动态编译，编辑页面后无须重建整个站点，文件可以在浏览器中保存并简单重载，因此其编码和调试周期非常短。Microsoft 在 Visual Studio 2005 中首次引入了 Web Site 项目，但很快收到大量的用户反馈，从而再次引入了 Application Project 模型，提供该模型作为额外的下载包。发布 Service Pack 1 时，Web Application 项目又变成 Visual Studio 的一个本地项目类型。

自 Visual Studio 2005 以来，一直存在一个争论：Web Site 项目和 Web Application 项目哪个更好。但这个争论不会有简单的答案。每个项目都有自己的优缺点，选择哪个项目取决于具体的要求和开发人员喜欢的开发工作流。大多数 Web 项目都使用 Web Application 模板。除非有合理的理由使用 Web Site 项目，否则建议把 Web Application 项目作为默认选择。

对 Web Site 项目和 Web Application 项目的进一步讨论请参见第 16 章。

6.10 NuGet 包

一个慢慢融入.NET 的变化是把 NuGet 作为部署组件的平台。NuGet 是一个开源平台，允许.NET 组件以及用 C++编写的本地组件，方便、自动地分发到开发平台。在 Visual Studio 2017 中，这种对 NuGet 的依赖已经变成使用 NuGet 处理所有的部署工作，包括.NET Framework。幸运的是，可通过 Visual Studio 2017 中的一些机制来访问 NuGet。

组件的开发人员应把安装软件需要的所有信息打成为一个包(保存在一个.nupkg 文件中)。包含在包中的组件是需要部署的程序集和一个清单文件，该清单文件描述了包的内容，以及需要在项目中进行什么修改来支持组件(修改配置文件、添加引用等)。

6.10.1 NuGet 包管理器

把一个包从 NuGet 带入项目有两种主要方法。尽管用户的偏好可能取决于自己偏爱的命令行或图形界面，但最常见的方法涉及集成到 Solution Explorer 中的 NuGet 包管理器。在 Solution Explorer 中，右击项目，并选择 Manage NuGet Packages 选项，就会显示如图 6-28 所示的页面。通过 Solution 菜单选项中的 Tools | NuGet Package Manager | Manage NuGet Packages，可以显示类似的页面。

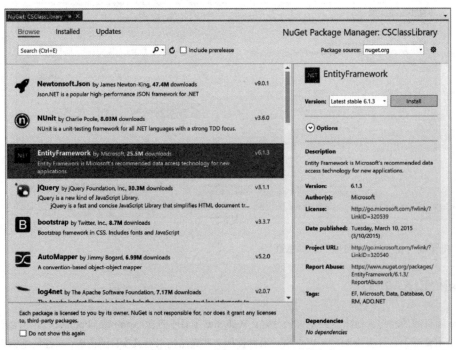

图 6-28

页面的元素用于帮助找到需要添加到项目中的包。右边的搜索框可以搜索 NuGet 存储库。左边的控件可以选择存储库源。可用的选项是 nuget.org、preview.nuget.org(包含组件的预览版本)和 Microsoft。另外，可过滤搜索的结果，只显示已安装的包和带有更新的包。

选择要包含在项目中的包。包的细节出现在页面右侧的面板中。单击 Install 按钮可以安装包。如果希望看到因为安装包而进行的修改，可以单击 Preview 按钮。

这个页面上最后一个可用的功能可以通过搜索框右边的齿轮图标来启用。单击齿轮图标，会启动 Options 对话框，并显示 NuGet Package Manager 窗格，如图 6-29 所示。

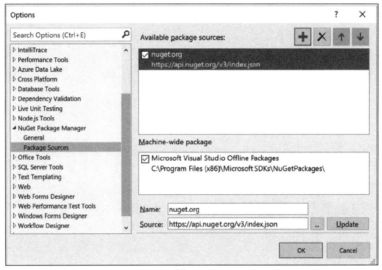

图 6-29

如图 6-29 所示的屏幕的主要功能是允许配置由 Package Manager 搜索到的 NuGet 存储库。要添加新的存储库，可以单击对话框右上角的加号按钮，然后更新页面底部的 Name 和 Source 字段。

6.10.2　Package Manager Console

通过 Tools | NuGet Package Manager | Package Manager Console 菜单项，可以访问用于管理 NuGet 包的命令行界面。该界面如图 6-30 所示。

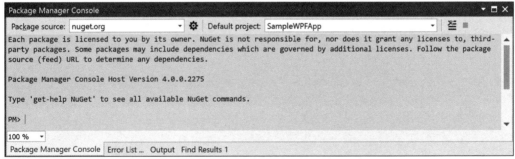

图 6-30

这里的挑战是了解可用来帮助管理包的各种命令。最基本的命令是 install-package 安装包，它将包的名称作为一个参数。命令的完整列表超出了本书的讨论范围。如图 6-30 的描述所示，get-help NuGet 提供的列表是一个不错的开始。

6.11　小结

本章讨论了如何使用 Visual Studio 2017 提供的用户界面来配置解决方案和项目。具体来说，本章包含以下内容：

- 创建、配置解决方案和项目。
- 控制应用程序的编译、调试和部署。
- 配置许多与项目相关的属性。
- 在应用程序中包含资源和设置。
- 使用 Code Analysis Tools 实施良好的编程实践。
- 修改 Web 应用程序的配置、打包和部署选项。

后续几章将详细介绍项目的生成和部署、资源文件的使用等主题。

第 7 章

IntelliSense 和书签

本章内容

- 使用上下文帮助提高效率
- 检测、修改简单的错误
- 减少键盘输入
- 生成代码
- 使用书签浏览源代码

本章源代码下载

通过在 www.wrox.com 网站上搜索本书的 EISBN 号(978-1-119-40458-3)，可以下载本章的源代码。相关源代码和支持文件都在本章对应的文件夹中。

Visual Studio 的设计目标之一始终是提高开发人员的工作效率。IntelliSense 就是为实现此目标而开发的功能之一。该功能已经面世十多年了，编码人员已经将其视为日常工作中必不可少的部分。当然，Microsoft 仍然在发布新版本时不断改进该功能，使其更有用。本章阐述 IntelliSense 帮助编写代码的多种方式，内容覆盖检测和修改语法错误、显示上下文信息，以及变量名自动完成。你还要学习如何在代码中设置和使用书签，以便于导航。

7.1 对 IntelliSense 的解释

IntelliSense 是在 Microsoft 应用程序中自动获得帮助和操作的概括性词语。最常见的 IntelliSense 是 Microsoft Word 中拼写错误单词下的波浪线，或者在 Microsoft Excel 电子表格中表示某个单元格的内容与期望的不一致的可视化指示器。

即使是这些基本的指示器也能使你快速执行相关操作。在 Word 中右击带红色波浪线的单词，会显示一个所建议替代单词的列表。其他应用程序也有类似的特性。

好消息是 Visual Studio 一直具有类似的功能。事实上，最简单的 IntelliSense 特性要追溯到 Visual Basic 6。在 Visual Studio 的每个版本中，Microsoft 都改进了 IntelliSense 特性，使之更能自动感知上下文，并将它放在更多的地方，所以用户应总是能及时获得需要的信息。

在 Visual Studio 2017 中，有许多不同的特性都划归到 IntelliSense 的名下。从对错误代码的可视化反馈，到设计窗体时的智能标签，再到使用快捷键插入一整块代码，这些特性极大地提升了创建应用程序的效率和控制代码的能力。Visual Studio 中的一些特性，如 Suggestion 模式和 Generate From Usage，支持应用程序开发的另一种风格——测试驱动开发(Test-Driven Development，TDD)。

7.1.1 通用的 IntelliSense

IntelliSense 最简单的特性是对代码清单中的代码错误给出即时反馈。图 7-1 显示了这样一个例子，在这个例子中使用未知的数据类型来实例化一个对象。由于数据类型在这段代码中是未知的，因此 Visual Studio 给它添加红色 (C#或 C++)或蓝色(VB)的波浪线来表示有错误。

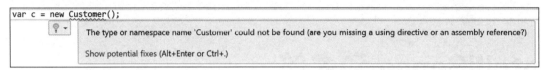

图 7-1

 这种彩色反馈的格式可在 Options 对话框的 Fonts and Colors 组里调整。

把鼠标指针悬停在出错的代码上，将显示一个工具提示，解释出了什么问题。在这个例子中，将鼠标指针悬停在数据类型上时，出现的工具提示是"The type or namespace name 'Customer' could not be found"(类型或名称空间 Customer 未找到)。

Visual Studio 可在后台不断地编译用户编写的代码并查找任何会导致编译错误的代码来查找这类错误。如果给项目添加了 Customer 类，Visual Studio 会自动处理，并删除 IntelliSense 的标记。

与错误相关的智能标签并非新功能。但是，Visual Studio 引入了许多革新来改善其实用工具。图 7-1 显示了一个灯泡。这是智能标签指示器，在许多不同的情形下都可见(也是有用的)。当遇到错误时，会显示灯泡，Visual Studio 可以提供一个或多个更正动作过程。单击灯泡右边的箭头，会显示可用的选项，如图 7-2 所示。

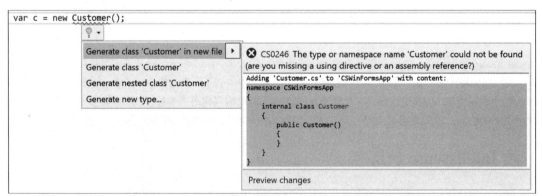

图 7-2

可以看出，Visual Studio 能想出不同的方式纠正缺失类型的问题。这些是"创建 Customer 类型的类"的变体，区别是类的位置和作用域。把鼠标移到不同的选项上，右边的方框就会提供一个修正示例。甚至可以更进一步，点击 Preview Changes 链接，查看有关变更的更详细描述，包括受影响的文件。图 7-3 提供了一个示例。

 Microsoft 应用程序用于激活智能标记的传统快捷键是 Shift+Alt+F10，Visual Studio 2017 还为相同的操作提供了更友好的 Ctrl+. 快捷键。

Visual Studio 中的智能标签技术不只存在于代码窗口中，也不总是涉及灯泡。事实上，当在 Design 视图(见图 7-4)中编辑窗体或用户控件时，Visual Studio 2017 也会在可视化组件上提供智能标签。

选择一个有智能标签的控件时，这个控件的右上角会出现一个小三角形按钮。单击这个按钮会显示智能标签任务列表。图 7-4 显示了标准 TextBox 控件的任务列表。

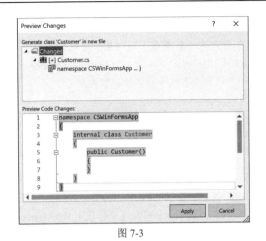

图 7-3

图 7-4

 打开智能标记的快捷键也可用于可视化控件。

7.1.2　IntelliSense 和 C++

Visual Studio 2017 为 C++/CLI(Common Language Infrastructure)提供了完整的 IntelliSense 支持。C++本身包含了大量的 IntelliSense 支持，令 C++开发人员感到欣喜的是，在 Visual Studio 2017 中的自动完成、Parameter Help 以及浏览工作等功能已经得到完善。

下面介绍的所有主题都是 C++开发人员感兴趣的内容。底层的基础结构提供了健壮的 IntelliSense 性能，现在还包含许多 IntelliSense 特性。因此，C++开发人员重新开始关注 IntelliSense。

7.1.3　单词和短语的自动完成

只要一开始编写代码，Visual Studio 2017 的 IntelliSense 的强大功能就会显现出来。在输入代码时，IntelliSense 会显示各种下拉列表，以帮助选择有效的成员、函数以及参数类型，甚至在编写完代码之前，就可以减少可能的编译错误。熟悉了 IntelliSense 行为后，可以显著减少实际的编码量。这对于使用比较繁杂的 Visual Basic 语言的开发人员而言，节省了许多时间。

1. IntelliSense 环境

在 Visual Studio 2017 中，只要一开始在代码窗口中输入代码，就会显示 IntelliSense。图 7-5 展示了在 Visual Basic 中创建 For 循环时显示的 IntelliSense。如图 7-5(a)所示，只要输入 f，就会显示 IntelliSense。在输入后面的每个字母时，可用单词的列表会逐渐缩短。可以看出，该列表包含了匹配所输入字母的所有选项(这里是匹配以前缀 For 开头的所有选项)，如语句、类、方法或属性。

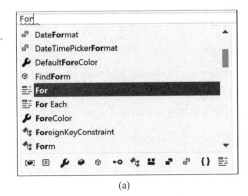

(a)

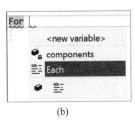

(b)

图 7-5

该列表的底部是一个图标集合，用于缩短可供选择的项的列表。这些图标对应于列表中不同类型的项并且所匹配的图标会出现在每个供选择项的左边。单击某个图标，可以在列表中包含或不包含某个可供选择的项。

在单词 For 的后面输入了一个空格。现在 IntelliSense 列表缩短为只显示下一个可能的单词(components 和 Each)。最后，在 IntelliSense 列表的上方有一个<new variable>项，这表示可以在这个位置指定新变量。

> < new variable >项仅在 Visual Basic 中显示。

根据输入的字母缩短 IntelliSense 列表是很有用的，但这个功能是把双刃剑。当要查找一个变量或成员，但不记得它的名称时，就可以输入自己猜测的前几个字母，再使用滚动条定位正确的选项。显然，如果这个选项不以输入的字母开头，这种方法就无效。为了打开选项的完整列表，可以在 IntelliSense 列表可见时按下 Backspace 键。或者，如果 IntelliSense 列表不可见，则使用 Ctrl+Space 键列出所有选项。

IntelliSense 并不局限于帮助用户找到以用户输入的字符开头的成员。IntelliSense 把输入的字符看做一个单词。于是，在查找匹配时，IntelliSense 会考虑成员名中间的单词。为此，IntelliSense 会根据 Pascal 命名规则在成员名中查找单词边界。图 7-6 显示了一个 C#例子，当输入 Console.in 时，IntelliSense 会找到 In、InputEncoding、IsInputRedirected、OpenStandardInput、SetIn 和 TreatControlCAsInput，但找不到 LargestWindowHeight，尽管它也包含子字符串"in"。

> 如果确切地知道自己要查找什么，以大写形式输入每个单词的第一个字符，可以减少更多的输入。例如，如果输入 System.Console.OSI，IntelliSense 就会选择 OpenStandardInput。

如果发现 IntelliSense 信息遮挡了其他代码行，或者只是希望隐藏该列表，就可以按下 Esc 键。或者，如果要查看隐藏在 IntelliSense 列表后面的内容，但不想完全关闭 IntelliSense，就可以按住 Ctrl 键，这会使 IntelliSense 列表变成半透明，此时就可以读取 IntelliSense 后面的代码，如图 7-7 所示。

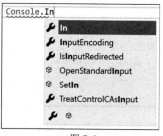

图 7-6

图 7-7

IntelliSense 列表不只是用于显示信息。在这个列表中选择某一项，Visual Studio 就会自动在编辑器窗口中插入完整的文本。从该列表中选择某项有许多方式。可以用鼠标双击需要的项；也可以使用箭头键改变突出显示的项，再按下 Enter 键或 Tab 键来插入文本。最后，列表中的某项突出显示时，如果输入提交字符(commit character)，就会自动选择该项。提交字符是不允许在成员名中出现的字符，包括圆括号、方括号、数学符号和分号等。

2. 成员列表

因为 IntelliSense 已经存在了很长时间，所以大多数开发人员都很熟悉成员列表。当输入一个对象的名称，之后输入一个句点(.)，表示要引用该对象的某个成员时，Visual Studio 就会自动显示这个对象的可用成员列表。如果这是第一次访问这个对象的成员列表，Visual Studio 就会以字母顺序显示成员列表，并使列表最前面的选项可见。但如果已经使用过该成员列表，Visual Studio 就会突出显示上次访问的成员来减轻重复输入代码的任务。

3. 建议模式

默认情况下，当 Visual Studio 2017 显示 IntelliSense 成员列表时会选中一个成员，在用户输入的过程中，选中项会移到列表中最匹配所输入字符的项。如果按下 Enter 键、Space 键或输入一个提交字符(如左括号)，当前选中的成员就会被插入编辑器窗口。这个默认行为称为"完成模式(completion mode)"。

大多数情况下,完成模式提供了用户需要的行为,可以减少很多输入。但在一些活动中,完成模式可能有问题。一个这样的活动是测试驱动开发,这种开发要频繁引用尚未定义的成员。这会使 IntelliSense 选择用户不希望的成员,插入用户不需要的文本。

为避免这种情况,可以使用 IntelliSense 的建议模式(suggestion mode)。当 IntelliSense 在建议模式下时,列表的一个成员会获得焦点,但默认不会选中。在用户输入过程中,IntelliSense 会把焦点指示器移到与用户输入字符最匹配的项,但不会自动选择它,而是把用户输入的字符添加到 IntelliSense 列表的顶部。如果用户输入一个提交字符或按下 Space 键或 Enter 键,就把用户输入的字符串插入编辑器窗口。

图 7-8 显示了一个可以用建议模式解决的问题。如图 7-8(a)所示,用户可以编写一个测试程序,用来测试 CustomerData 类上的新方法 Load。CustomerData 类还没有 Load 方法,但有 LoadAll 方法。

如图 7-8(b)所示,用户输入 Load,后跟左圆括号字符,IntelliSense 就会不正确地假定用户需要 LoadAll 方法,于是把它插入编辑器。

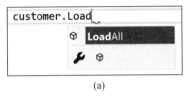　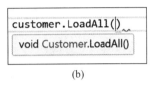

(a)　　　　　　　　　　　　　　　　　(b)

图 7-8

为避免这种情况,可按下 Ctrl+Alt+Space 快捷键,打开建议模式。现在输入 Load 时,它会显示在 IntelliSense 列表的顶部。输入左圆括号字符后,编辑器窗口就添加了 Load,如图 7-9 所示。

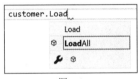

图 7-9

　仍可以使用箭头键从 IntelliSense 列表中进行选择。也可以按下 Tab 键在成员列表中选择有焦点的项。

　IntelliSense 将一直处于建议模式下,除非再次按下 Ctrl+Alt+Space 快捷键,才能回到完成模式。

4. 代码存根的自动完成

除了单词和短语的自动完成功能外,IntelliSense 引擎还有一个特性:代码存根(stub)的自动完成。在 VB 中创建一个函数时,当编写完该函数的声明后按下 Enter 键,就可以看到这个特性。Visual Studio 会自动重新格式化该行代码,为没有显式定义上下文的参数添加相应的 ByVal 关键字,并添加一行 End Function 来完成函数代码。编辑 XML 文档时也可以看到这个特性。输入一个新元素的开始标记时,Visual Studio 会自动添加结束标记。

Visual Studio 2017 使这个代码存根的自动完成特性更进一步,允许对接口和方法重载执行相同的操作。当添加特定的代码结构,如在 C#类定义中添加接口时,Visual Studio 会自动生成实现接口所需的代码。为展示这个过程,下面的步骤使用 IntelliSense 引擎为一个简单的类生成接口的实现代码。

(1) 启动 Visual Studio 2017,创建一个 C# Windows Forms Application 项目。IDE 生成初始代码后,在代码编辑器中打开 Form1.cs。

(2) 在文件的顶部,添加 using 语句,为 System.Collections 名称空间提供快捷方式。

```
using System.Collections;
```

(3) 添加下面的代码行,开始新类的定义:

```
public class MyCollection:IEnumerable
```

输入 IEnumerable 关键字后，Visual Studio 会在下方添加红色的波浪线，表示存在一个错误。

(4) 将鼠标指针悬停在 IEnumerable 关键字上，稍后会显示一个灯泡指示器和一条消息(如图 7-10 所示)。

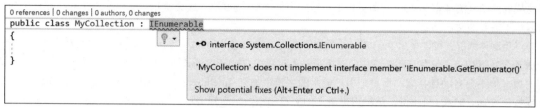

图 7-10

灯泡右边的信息区域描述了 Visual Studio 检测到的错误。这个文本的细节在很大程度上依赖于错误。对于这个错误，它基本上是说，声明一个类来实现接口(IEnumerable)，却没有实现这个接口需要的所有元素。

(5) 单击灯泡右边的下拉箭头，或点击文本区域中的 Show Potential Fixes 链接，会显示一个列表(参见图 7-11)，说明 Visual Studio 如何更正错误。如果将光标悬停在选项上，右边的文本区域中就会显示选择更正方式所带来的变化的详细信息。此外，可以预览更改，或使更改应用于文档、项目或整个解决方案。

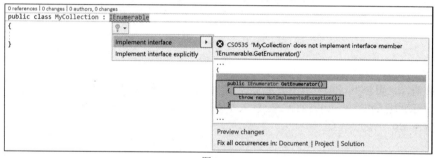

图 7-11

(6) 选择 Implement Interface 选项，Visual Studio 2017 将自动生成实现该接口所需的最少代码。

灯泡不只会在光鼠标悬停于错误源上时显示出来。如果把光标放在有错误的代码行上，灯泡就会出现在代码行的左边，如图 7-12 所示。点击灯泡，会启动与步骤(5)相同的更正过程。

图 7-12

　　　虽然生成的属性和类可原样使用，但是当生成方法存根时，若执行方法体，则会抛出 NotImplementedException 异常。

事件处理程序也可以由 Visual Studio 2017 自动生成。为此，IDE 使用类似于实现接口的方式。编写语句的第一部分(如 myBase.OnClick +=)时，Visual Studio 会提供一个建议式的完成方案，按 Tab 键就可以选择它。

5. 从用例中生成

除了从已有的定义中生成代码外，有时通过用户使用代码元素的方式来生成该代码元素的定义更方便。如果进行测试驱动开发，为还没有定义的类编写测试程序，这种方式尤为有效。从测试程序中生成类非常方便，这就是 C#和 Visual Basic "从用例中生成(Generate From Usage)" 特性的功能所在。

为理解如何实际使用这个功能，下面的步骤创建了一个非常简单的 Customer 类，我们将编写一些客户端代码，使用该功能从用例中生成 Customer 类：

(1) 启动 Visual Studio 2017，创建一个 C# Console Application 项目，用 IDE 打开 Program.cs 文件。

(2) 用如下代码更新 Main 方法：

C#
```
Customer c = new Customer
{
  FirstName = "Joe",
  LastName = "Smith"
};

Console.WriteLine(c.FullName);
c.Save();
```

(3) 类名 Customer 的两个实例下方会出现红色的波浪线。右击其中一个实例,从上下文菜单中选择 Quick Actions and Refactoring, 会显示如图 7-10 所示的一组数据。但在这个例子中, 单击下拉箭头, 选项就更适于创建缺失的 Customer 类。在 YourAppName 的 Customer 中选择 Generate class(在新文件中),就会在项目中创建一个新类 Customer。如果打开 Customer.cs 文件, 就会看到一个类声明, 其中包含 FirstName 和 LastName 自动属性。Visual Studio 会发现 FullName 和 Save 都不是这个类的成员。

(4) 对于不存在的 FullName 成员, 使用灯泡功能, 给 Customer 类添加该成员。现在再次查看 Customer.cs 文件,注意 Visual Studio 提供了该成员的实现代码。

(5) 对 Save 方法重复这个操作,为此,右击它,并从 Quick Actions and Refactoring 列表中选择 Generate 'Customer.Save'选项。

 以这种方式生成方法存根时,该方法始终标记为内部方法,其原因与 Microsoft 代码生成器采用的"最佳实践"方法有关。特别是,对于将要从调用站点调用的方法,它提供了最低限度的访问。可以从程序集调用内部方法,但是不能从程序集的外部访问内部方法。这就满足了"最小特权"的安全最佳实践。

如果希望生成的未定义代码是一个类型,就可以选择 Generate Class 或 Generate New Type。如果选择 Generate New Type,就会打开 Generate Type 对话框,如图 7-13 所示。这个对话框提供了配置新类型的更多选项,包括是要生成类、枚举、接口还是结构,新类型是公共、私有还是内部的,以及新类型应该放在什么地方。

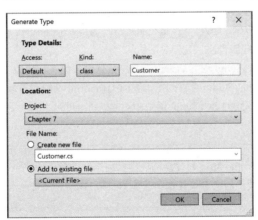

图 7-13

7.1.4　参数信息

创建函数调用时,IntelliSense 会显示参数信息。问题是参数信息仅在修改函数调用时才会显示。因此,在创建或修改函数调用时,可以看到这个有用的工具提示,但在阅读代码时就看不到了。程序员有时为了查看函数调用的参数信息而会有意地修改函数调用,这可能在无意中修改代码。虽然这些修改可能是无意义的,但可能会导致一些冲突。

Visual Studio 2017 避免了这个问题,它提供了一个很容易访问的命令,不修改代码就可以显示这个信息。按下

Ctrl+Shift+Space 快捷键就会显示函数调用的信息，如图 7-14 所示。也可以通过 Edit | IntelliSense | Parameter Info 菜单命令访问这个信息。

图 7-14

 在图 7-14 中，PrintGreeting 方法带两个参数。第二个参数是可选的，方括号中的赋值语句显示了其默认值，表示如果没有给它提供参数值，就使用其默认值。VB 程序员很熟悉这个语法，但它是 C# 4.0 新增的功能。

7.1.5　快速信息

同样，有时希望不修改代码就可以查看某个对象或接口的信息。按下 Ctrl+K、Ctrl+I 快捷键或将鼠标悬停在对象名称上就会显示简要的工具提示，解释对象及其声明方式(如图 7-15 所示)。

图 7-15

也可以通过 Edit | IntelliSense | Quick Info 菜单命令显示这个工具提示。

7.2　JavaScript IntelliSense

如果构建 Web 应用程序，就会使用 JavaScript 为用户提供更丰富的客户端体验。C#和 Visual Basic 是编译型语言，而 JavaScript 是解释型语言，这意味着在传统上，JavaScript 程序的语法要在加载到浏览器之后才验证。尽管这在运行期间会提供很大的灵活性，但需要训练、技巧和对测试的特别强调，才能避免许多常见错误。

此外，在开发用于浏览器的 JavaScript 组件时，必须跟踪大量离散的元素。这可能包括 JavaScript 语言特性本身、HTML DOM 元素、手工建立的库和第三方库。幸好，Visual Studio 2017 为 JavaScript 提供了一个全面的 IntelliSense，有助于跟踪所有这些元素，并对语法错误发出警告。

在代码编辑器窗口中输入 JavaScript 时，Visual Studio 会列出关键字、函数、参数、变量、对象和属性，就像使用 C#或 Visual Basic 一样。Visual Studio 可以列出内置的 JavaScript 函数和对象、在定制脚本中定义的 JavaScript 函数和对象，以及在第三方库中找到的 JavaScript 函数和对象。Visual Studio 还可以检测并突出显示 JavaScript 代码中的语法错误。

 每个已安装 Visual Studio 2017 的键盘快捷键取决于所选的设置(即 Visual Basic Developer、Visual C# Developer 等)。本章中使用的所有快捷键都基于 General Developer Profile 设置。

Microsoft 公司自从 Internet Explorer 3.0 以来就有自己的 JavaScript 版本，名为 JScript。从技术角度看，Visual Studio 2017 中的 JavaScript 工具用于处理 JScript，所以有时菜单项和窗口标题包含这个名称。实际上，这两种语言的差别非常小，工具使用任意一种语言都能很好地工作。

7.2.1　JavaScript IntelliSense 上下文

为防止不小心引用不可用的 JavaScript 元素，Visual Studio 2017 根据当前编辑的 JavaScript 块所在的位置生成了一个 IntelliSense 上下文。这个上下文由以下一些项构成：

- 当前的脚本块，这包括.aspx、.ascx、.master、.html 和.htm 文件的内联脚本块。
- 通过< script />元素或 ScriptManager 控件导入当前页面的脚本文件。这里，导入的脚本文件必须有.js 扩展名。
- 通过引用指令引用的脚本文件(参见下一节)。
- 对 XML Web Services 的引用。
- Microsoft AJAX Library 中的项(假定在支持 AJAX 的 ASP.NET Web 应用程序中工作)。

7.2.2　引用另一个 JavaScript 文件

有时一个 JavaScript 文件依赖于另一个 JavaScript 文件的基本功能。此时，使用它们的页面常引用这两个文件，但没有显式地定义引用。因为没有显式引用，所以 Visual Studio 2017 不能把带有基本功能的文件添加到 JavaScript IntelliSense 上下文中，用户就得不到全面的 IntelliSense 支持。例外情况是在创建基于 JavaScript 的 Windows Store 应用程序时，会遍历所有的引用来提供全面的 IntelliSense 上下文。

　　　　Visual Studio 会在上下文中跟踪文件，在其中一个文件改变时，更新 JavaScript IntelliSense。有时这种更新可能是待定的，JavaScript IntelliSense 数据就会过时。选择 Edit | IntelliSense | Update JScript IntelliSense 命令，可以强制 Visual Studio 更新 JavaScript IntelliSense 数据。

为了让 Visual Studio 找到带有基本功能的文件，并添加到上下文中，可以使用一个 reference 指令，提供对该文件的引用。reference 指令是一种特殊注释，提供了另一个文件的位置信息。使用 reference 指令可以引用如下项：

- **其他 JavaScript 文件**：这包括.js 文件和嵌入到程序集的 JavaScript。它不包括绝对路径，所以引用的文件必须是当前项目的一部分。
- **Web Service(.asmx)文件**：这些也必须是当前项目的一部分，不支持 Web Application 项目中的 Web Service 文件。
- **包含 JavaScript 的页面**：可以用这种方式引用一个页面。如果引用了页面，就不能引用其他项。

下面是 reference 指令的一些例子，它们必须放在 JavaScript 文件中其他代码的前面。

JavaScript

```
// JavaScript file in current folder
/// <reference path="Toolbox.js" />

// JavaScript file in parent folder
/// <reference path="../Toolbox.js" />

// JavaScript file in a path relative to the root folder of the site
/// <reference path="~/Scripts/Toolbox.js" />

// JavaScript file embedded in Assembly
/// <reference name="Ajax.js" path="System.Web.Extensions, …" />

// Web Service file
/// <reference path="MyService.asmx" />

// Standard Page
/// <reference path="Default.aspx" />
```

　　　　reference 指令的工作方式存在几个限制：第一，引用当前项目外部的路径的 reference 指令会被忽略；第二，reference 指令不能递归使用，所以，只有当前编辑的文件中的引用才有助于构建上下文。不能使用上下文的其他文件中的 reference 指令。

7.3 XAML IntelliSense

自 XAML 问世以来，就在编辑器窗口中支持 IntelliSense。从结构上看，XAML 是格式良好的 XML，因此，XAML 文件具备的能力与 Visual Studio 在 XML 文件中支持模式的能力相同。因此，开发人员很容易手工输入 XAML。不同的元素很容易获得，与每个元素相关联的属性也很容易获得。

在 XAML IntelliSense 中存在的问题是在数据绑定领域。XAML 提供的数据绑定语法非常丰富，但 IntelliSense 从未提供开发人员期待的提示。原因不难理解——数据绑定依赖的数据上下文是一个运行时的值。因为编辑的并不是运行时的值，所以很难确定在数据上下文中显示的属性。

在 Visual Studio 2017 中，IntelliSense 的数据绑定是可用的，但有一些要注意的地方。XAML 文档的数据上下文必须在文档内部定义。如果在 XAML 文件的外部设置数据上下文——这是使用 Model-View-ViewModel(MVVM) 模式的常见方式，就需要在文档内部设置设计时期的数据上下文。这对 XAML 页面的运行时功能没有影响，且仍然允许 IntelliSense 获得必要的信息。

另一个问题是 IntelliSense 如何处理资源中的数据绑定，如数据模板。这些数据模板可以在外部资源字典中定义，所以 IntelliSense 不可能确定活跃的数据上下文是什么。为了解决这个问题，可以直接为外部资源字典中的模板设置设计时的数据上下文。或者，在 XAML 页面中定义了设计时期的数据上下文后，就可以使用 Go to Definition 命令(F12 是调用该命令的默认键)，Visual Studio 会自动完成复制数据上下文的工作。

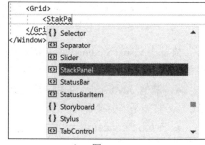

IntelliSense 用于 XAML 的匹配选项大多与编程语言一样。换句话说，它们支持基于 Pascal casing (每个单词的首字母大写)或基于单词的子字符串(输入的字符匹配一个单词)的匹配。然而，XAML 还包括模糊匹配的概念。如图 7-16 所示，即使输入的字符 StakPa 仅接近正确的元素，也会选择 StackPanel 元素。

图 7-16

7.4 IntelliSense 选项

Visual Studio 2017 为使用 IntelliSense 设置了许多默认选项，但如果它们不适合自己，也能通过 Options 对话框来改变大多数设置。其中一些项与特定的语言相关。

7.4.1 通用选项

第一个选项在 Keyboard 组下的 Environment 部分。Visual Studio 中的每个命令在键盘映射表里都有特定的项，如图 7-17 中的 Options 对话框(Tools | Options)所示。

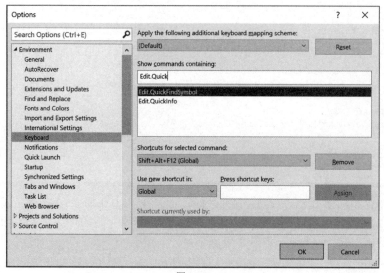

图 7-17

可以改变预定义的快捷键，或添加其他快捷键。IntelliSense 命令的快捷键如表 7-1 所示。

表 7-1　IntelliSense 命令

命 令 名	默认快捷键	命 令 描 述
Edit.QuickInfo	Ctrl+K、Ctrl+I	显示当前选中项的 Quick Info 信息
Edit.CompleteWord	Ctrl+Space	只有一项匹配时，尝试补全一个单词；有多项匹配时，显示一个选择列表
Edit.ToggleCompletionMode	Ctrl+Alt+Space	在建议模式和完成模式之间切换 IntelliSense
Edit.ParameterInfo	Ctrl+Shift+Space	显示函数调用中的参数列表信息
Edit.InsertSnippet	Ctrl+K、Ctrl+X	调用 Code Snippet Picker，从中可选择自动插入代码的代码片段
Edit.GenerateMethod	Ctrl+K、Ctrl+M	从模板中生成完整的方法存根
Edit.ImplementAbstractClassStubs	无	从存根生成抽象类定义
Edit.ImplementInterfaceStubsExplicitly	无	为类定义生成接口的显式实现
Edit.ImplementInterfaceStubsImplicitly	无	为类定义生成接口的隐式实现
View.QuickActions	Ctrl+.	显示当前上下文的Quick Actions(灯泡)信息

使用第 3 章中讨论的技术能为这些命令添加其他快捷键。

语句的自动完成

可控制 IntelliSense 在所有语言(如图 7-18 所示)或单门语言中的行为。在 Options 对话框的语言组的 General 选项卡上，可以通过改变 Statement completion 选项来控制成员列表的显示方式。

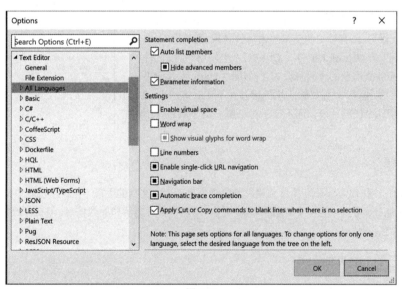

图 7-18

7.4.2　C#的特定选项

除了 IntelliSense 的通用 IDE 和语言选项外，一些语言(如 C#)还在自己的选项集里提供了其他 IntelliSense 选项卡。如图 7-19 所示，可以进一步定制 C#的 IntelliSense，微调调用和使用 IntelliSense 特性的方式。

首先，可以关闭自动完成列表，使它们不自动显示。一些程序员喜欢这样做，因为成员列表会遮挡代码清单。如果自动完成列表不是自动显示，而是仅在手动调用它时显示，就可以定制列表包含的内容。例如，除了通常的选项外，还可以包含关键字和代码片段快捷键。

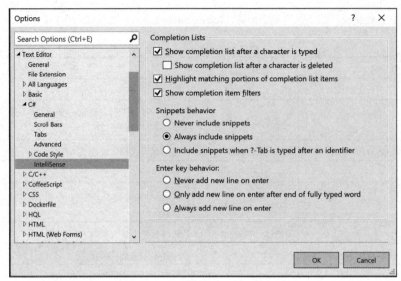

图 7-19

7.5 扩展 IntelliSense

除了 IntelliSense 的这些基本特性外，Visual Studio 2017 还实现了扩展的 IDE 功能，它也属于 IntelliSense 的特性。第 8 章和第 42 章将详细讨论这些特性，而本节只概述 IntelliSense 中包含的内容。

7.5.1 代码片段

代码片段是可以自动生成并粘贴到自己的代码中的代码段，包含相关的引用和 using 语句，还有标记的变量短语以便替换。要打开 Code Snippets 对话框，可按下快捷键 Ctrl+K、Ctrl+X。浏览代码片段文件夹的层次结构，直至找到需要的代码片段为止(如图 7-20 所示)。如果知道这个代码片段的快捷键，只需要输入快捷键并按下 Tab 键，Visual Studio 就会直接调用这个代码片段，而不显示对话框。第 8 章将介绍代码片段的功能。

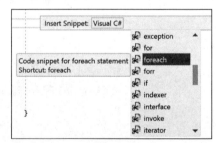

图 7-20

7.5.2 XML 注释

第 42 章将 XML 注释作为一种为项目和解决方案提供自动生成文档的手段。在程序代码中使用 XML 注释的另一个好处是 Visual Studio 可以将它用于 IntelliSense 引擎，以显示工具提示和参数信息，但在一般的用户自定义类中，只显示简单的可变类型的信息。

7.5.3 添加自己的 IntelliSense

Visual Studio 2017 对多种语言的不同级别的 IntelliSense 都提供支持。包括对语法着色(即语言中的关键字和运算符以不同的颜色显示)的支持，对 Navigate To 功能的语法和上下文的支持。在本书撰写期间，对于如下语言仅支持语法着色和自动完成功能：Bat、Clojure、CoffeeScript、CSS、Docker、INI、Jade、Javadoc、JSON、LESS、LUA、Make、Markdown++、Objective-C、PowerShell、Python、Rust、ShaderLab、SQL 和 YAML。如果不能识别这些语言，也不必担心。

IntelliSense 支持的下一个级别是可以创建代码片段(如第 8 章所述)。本书撰写期间，所支持的语言包括：CMake、Go、Groovy、HTML、Java、Javadoc、JavaScript、Lua、Perl、PHP、R、Ruby、Shellscript、Swift 和 XML。记住对 Code Snippets 的支持也包括对语法着色和自动完成功能的支持。支持 Navigate To 功能的语言略少一些，包括 C++、C#、Go、Java、JavaScript、PHP、TypeScript 和 Visual Basic。

也可以添加自己的 IntelliSense 模式。这通常用于 XML 和 HTML 编辑，具体方法是创建一个格式正确的 XML 文件，并把它安装到 Visual Studio 安装目录(默认的位置是 C:\Program Files\Microsoft Visual Studio 15.0)下的 Common7\Packages\schemas\xml 子目录里。例如，扩展对 XML 编辑器的 IntelliSense 支持，包含你自己的模式定义。有关模式文件的创建超出了本书的讨论范围，但搜索 "IntelliSense Schema in Visual Studio" 可在 Internet 上找到这种模式文件。

7.6 书签和 Bookmarks 窗口

Visual Studio 2017 中的书签功能可以标记代码模块中的某个位置，以后用户可以快速返回到这个位置。它们用代码的左边界上的指示器来表示，如图 7-21 所示。

图 7-21

要打开或关闭某一行上的书签功能，可以使用 Ctrl+K、Ctrl+K 快捷键，也可以使用 Edit | Bookmarks | Toggle Bookmark 菜单命令。

> 如果在已设置书签的行上使用这个命令，就会删除该书签。

图 7-21 中的代码编辑器窗口有两个书签。上方的书签代表了常规状态，用暗色方块表示。下面的第二个书签被禁用，用一个实心的灰色方块表示。禁用书签可以把它从常规的书签导航功能中排除，供以后使用。

要启用或禁用一个书签，可以选择 Edit | Bookmarks | Enable Bookmark 菜单命令。使用该命令也可以重新启用书签。这似乎有点不对，因为是要禁用活动的书签，但由于某种原因，菜单项没有根据光标所处的上下文来更新。

除了添加和删除书签外，Visual Studio 还提供了 Bookmarks 工具窗口，如图 7-22 所示。要显示这个工具窗口，可以按下 Ctrl+K、Ctrl+W 快捷键，或选择 View Bookmark Window 菜单项。默认情况下，该窗口停靠在 IDE 的底部，与其他工具窗口(如 Task List 和 Find Results)占据同一块空间。

> 如果在代码管理中需要经常使用书签，就可以为启用和禁用书签设置快捷方式。为此，打开 Options 中的 Environment 组，访问 Keyboard Option 页面并查找 Edit.EnableBookmark。

图 7-22 展示了 Visual Studio 2017 的一些有用的书签功能。首先，可以创建文件夹，对书签进行逻辑分组。在上面的示例列表中，注意文件夹 Old Bookmarks 中包含一个名为 Bookmark3 的书签。

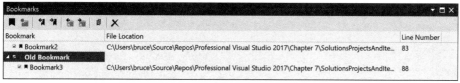

图 7-22

要创建书签文件夹，可单击 Bookmarks 窗口顶部工具栏中的 New Folder 图标(左起第二个按钮)。这会创建一个空文件夹(默认名称为 Folder1、Folder2，以此类推)。该文件夹名拥有焦点，以便操作它。要将书签移到某个文件夹中，可在列表中选择要移动的条目，并把它拖放到相应的文件夹中。注意无法创建文件夹层次结构，也没这个必要。书签的重命名方式与文件夹一样。应重命名永久的书签，而不是使用默认的 Bookmark1、Bookmark2 名称等。文件夹不仅是分组书签的一种简便方式，还可以使用文件夹名旁边的复选框，一次启用或禁用许多书签。

为直接定位一个书签，可在 Bookmarks 工具窗口中双击对应的条目。如果希望遍历项目中定义的所有可用书签，可使用 Previous Bookmark 命令(Ctrl+K、Ctrl+P 快捷键)和 Next Bookmark 命令(Ctrl+K、Ctrl+N 快捷键)。要将遍历操作限制为一个文件夹中的书签，首先要选中该文件夹中的一个书签，然后使用 Previous Bookmark in Folder 命令(Ctrl+Shift+K、Ctrl+Shift+P 快捷键)和 Next Bookmark in Folder(Ctrl+Shift+K、Ctrl+ Shift+N 快捷键)命令。

Bookmarks 窗口中还有两个图标：一个是 Toggle All Bookmarks 图标，可以禁用(或者重新启用)项目中定义的所有书签；另一个是 Delete 图标，可从列表中删除一个文件夹或一个书签。

 删除文件夹时，也会删除文件夹中的所有书签。为防止意外删除书签，Visual Studio 提供了一个确认对话框。删除书签和禁用书签的效果一样。

也可通过 Edit 主菜单下的 Bookmarks 子菜单来控制书签。Visual Studio 2017 中的书签在会话结束时可以保存下来，所以永久书签是组织管理代码的一种更可行的选项。

任务列表是一个定制版本的书签，但它们显示在自己的工具窗口中。任务列表和书签的唯一联系是 Bookmarks 菜单中有一个 Add Task List Shortcut 命令。这会将快捷方式添加到 Task List 窗口的 Shortcuts 列表中，而不是 Bookmarks 窗口中。

7.7　小结

IntelliSense 的功能不只是用于主代码窗口。各种其他窗口，如 Command 和 Immediate 工具窗口，也可以利用 IntelliSense 的功能来自动完成语句和参数。在调试会话期间，任何关键字，甚至在当前环境中已知的变量和对象，都可以通过 IntelliSense 的成员列表来访问。

各种形式的 IntelliSense 在提升 Visual Studio 的体验方面超越了大多数其他工具。IntelliSense 可以持续地监视用户的按键，提供可视化的反馈或自动完成和生成代码，使开发人员在第一时间快速正确地编写代码。第 8 章将深入探讨代码片段，它是 IntelliSense 的强大补充。

本章还介绍了如何在代码中设置和浏览书签。熟练使用相关的快捷键有助于提高编码效率。

代码片段和重构

本章内容
- 使用代码片段
- 创建自己的代码片段
- 重构代码

本章源代码下载

通过在 www.wrox.com 网站上搜索本书的 EISBN 号(978-1-119-40458-3)，可以下载本章的源代码。相关源代码和支持文件都在本章对应的文件夹中。

与纯文本编辑器相比，使用 IDE 的一个优点是可以更快地编写代码，提高工作效率。Visual Studio 2017 中能提高工作效率的两个强大功能是代码片段和重构工具。

代码片段是一小段可以插入到应用程序代码库的代码，可以对代码片段进行定制，使其满足应用程序的特定需求。代码片段无法生成完整的应用程序或整个文件，这与项目模板和项模板不同。相反，代码片段通过自动插入常用的代码结构或者晦涩难记的程序代码块，可以简化程序的开发过程。本章的第一部分介绍如何使用代码片段显著提高编码效率。

本章还将重点介绍 Visual Studio 2017 的重构工具。重构指的是重新组织代码，对其进行改进而不改变其功能。具体操作包括简化方法，提取通用的代码模式，甚至优化一段代码使其更有效。

在 Visual Studio 2017 中，C#和 VB 所支持的重构工具基本相同。因为本章中将讨论内置的重构功能，所以一般仅限于讨论为 C#开发人员提供的重构支持。

8.1 代码片段概述

Visual Studio 2017 提供了全面的代码片段支持，不仅包含代码块，还可以预定义要插入到文件的替代变量，便于定制插入的代码，以满足任务的需要。

8.1.1 在 Toolbox 中存储代码块

在介绍代码片段之前，本节先介绍 Visual Studio 把预定义的文本块插入文件的最简单方式。Toolbox 可以包含要插入窗体的控件，也可以包含要插入文件的文本块(如代码)。要在 Toolbox 中添加代码块(或者其他文本)，只需要在编辑器中选择它并拖放到 Toolbox 中，这会在 Toolbox 中创建一个相应的条目，它使用代码段的第一行作为名称。可以像处理 Toolbox 中的其他元素一样重命名、排列和分组这些条目。要插入代码片段，只要把它从 Toolbox 拖到文件中的合适位置即可(如图 8-1

图 8-1

所示)。另外双击 Toolbox 条目，也可以把它插入活动文件上光标所在的位置。

 很多演讲者(presenter)使用这种简单的技术，在演讲中编码时快速插入大量的代码块。

这是 Visual Studio 2017 中使用代码片段的最简单方式，但因为过于简单，所以功能也有限，如无法共享和修改代码片段。尽管如此，在需要维护一系列短期使用的代码块时，这种保存小段代码的方法是有效的。

8.1.2　代码片段

代码片段是把代码块插入文件的更有效方式。代码片段在单独的 XML 文件中定义，这些文件包含程序员要插入代码的代码块，还可以包含可替换的参数，以便为当前的任务定制插入的代码片段。它们被集成到 Visual Studio 的 IntelliSense 中，查找起来非常方便，也很容易插入到代码文件。

 VB 代码片段还允许你添加程序集引用，并插入 Imports 语句。

Visual Studio 2017 为两种主要的编程语言—— Visual Basic 和 C#——提供了很多预定义的代码片段，还为 JavaScript、HTML、XML、CSS、Testing、Office Development、C++和 SQL Server 提供了代码片段。这些片段以逻辑的方式组织为层次结构，以便找到需要的片段。除了定位 Toolbox 中的片段以外，也可以使用菜单命令或快捷键来打开代码片段列表。

除了预定义的代码片段外，还可以创建自己的代码片段，然后将它们存储到代码片段库中。由于每个片段都存储在一个特殊的 XML 文件中，因此可以与其他的开发人员共享。

可插入代码片段的区域分为以下 3 类：

- **Class Declaration**：这种代码片段实际会生成一个完整的类。
- **Member Declaration**：这种代码片段包含了定义成员的代码，如方法、属性和事件处理程序例程，因此不能把它插入到已有成员的外部。
- **Member Body**：这种片段被插入到已定义的成员中，如方法。

8.1.3　使用 C#中的代码片段

Insert Snippet 对话框是一种特殊的 IntelliSense，它被内联到代码编辑器中。最初，它会显示 Insert Snippet 以及一个代码片段分组的下拉列表以供选择。选中需要的片段分组(使用上、下箭头键，再使用 Tab 键)后，就会显示一个片段列表，开发人员只要双击需要的代码片段即可，也可以在选中的片段上按下 Tab 或 Enter 键达到同样的目的。

要在 C#中插入代码片段，应确定所生成代码片段的插入位置，再展开 Insert Snippet 列表，最简单的方式是使用键盘快捷键 Ctrl+K、Ctrl+X。还有两种方法可以启动代码片段的插入过程。第一种是在代码窗口中右击要插入的位置，然后从弹出的上下文菜单中选择 Insert Snippet 命令。另一种方法是使用菜单命令 Edit | IntelliSense | Insert Snippet。

这样，Visual Studio 就会展开 Insert Snippet 列表，如图 8-2 所示。滚动列表，并将鼠标指针停放在各个条目上，就会显示工具提示，说明此片段的功能以及用于插入该片段的快捷键。

要对代码片段使用快捷键，只需要在代码编辑器中输入该快捷键(注意它显示在 IntelliSense 列表中)，并按两次 Tab 键，在该位置插入代码片段。

图 8-3 显示了选择 Automatically Implemented Property 代码片段后的结果。为了帮助开发人员修改代码以满足自己的需要，需要改动的地方(替换变量)会突出显示，并且会选中第一个要修改的地方。

在修改所生成代码片段的变量部分时，Visual Studio 2017 还会提供进一步的帮助。按下 Tab 键会移到下一个突出显示的值，此时可以用自己的值进行替换。按下 Shift+Tab 快捷键可以向后移动。这样，就可以很方便地访问需要修改的代码，而不需要手动选择要修改的内容。某些代码片段在代码片段逻辑的多个部分使用同一个变量，这就意味着改变一个地方的值将会改变所有其他实例的值。

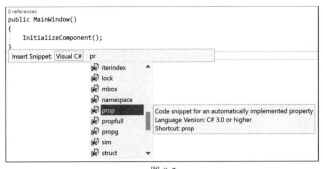

图 8-2　　　　　　　　　　　　　　　　　　　　　图 8-3

完成后当不再突出显示这些代码片段的变量时，可以继续编码，或者按下 Enter 键或 Esc 键。

8.1.4　VB 中的代码片段

VB 中的代码片段比 C#中的代码片段有更多的可用功能，可以自动在项目中添加对程序集的引用，把代码需要的 Imports 语句插入文件中，以编译代码。

要使用代码片段，首先在程序代码清单中定位到要插入自动生成代码的位置，将光标置于此处。不需要考虑相关引用和 Imports 语句，它们会插入到正确的位置。接着像 C#代码片段一样，可以使用下列方法之一显示 Insert Snippet 列表：

- 使用键盘快捷键 Ctrl+K、Ctrl+X。
- 右击并从上下文菜单中选择 Insert Snippet 命令。
- 运行菜单命令 Edit | IntelliSense | Insert Snippet。

VB 还有一种显示 Insert Snippet 列表的方式：仅输入?并按下 Tab 键。

现在浏览代码片段的层次结构，插入 Draw a Pie Chart 片段。图 8-4 演示了如何浏览代码片段的层次结构，找到该片段并插入项目中。

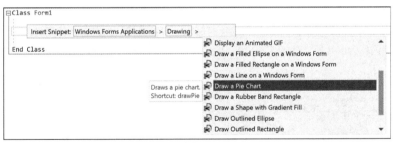

图 8-4

注意，图 8-4 中的工具提示文本包含了 Shortcut:drawPie 字样。这表明该代码片段有一个文本快捷方式，可用来自动调用该代码片段，而不需要浏览代码片段的层次结构。与 C#一样，只需要在代码编辑器中输入快捷方式并按下 Tab 键。在 Visual Basic 中，这种快捷方式是不区分大小写的，因此输入 drawpie 并按下 Tab 键也可以插入代码片段。注意在 VB 中，不在 IntelliSense 中显示快捷键，这与 C#不同。

插入代码片段后，如果它包含替换变量，就可以输入它们的值，按下 Tab 键来遍历它们，这与 C#一样。要在完成后不再突出显示这些片段变量，可以继续编码，或者右击并选择 Hide Snippet Highlighting 命令。由于文件已经打开，因此如果希望突出显示插入的代码片段中的所有替换变量，可以右击并选择 Show Snippet Highlighting 命令。

8.1.5　用代码片段进行封装

C#支持的一个操作是可以将已有的代码块包含在一个代码片段中。例如，要在条件 try-catch 块中包装一个已有的块，可以右击该代码块，并选择 Surround With 命令，或选择代码块并按下 Ctrl+K、Ctrl+S 快捷键,这会显示 Surround With 下拉框，其中列出了可包装所选代码行的封装片段，如图 8-5 所示。

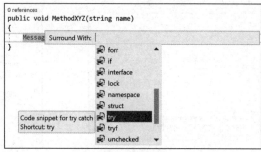

图 8-5

选择 try 代码片段，生成如下代码：

C#

```
public void MethodXYZ(string name)
{
    try
    {
        MessageBox.Show(name);
    }
    catch (Exception)
    {
        throw;
    }
}
```

8.1.6　Code Snippets Manager

Code Snippets Manager(代码片段管理器)是 Visual Studio 2017 管理代码片段的核心库。可通过 Tools | Code Snippet Manager 菜单命令或者键盘快捷键 Ctrl+K、Ctrl+B 打开它。

首次打开 Code Snippets Manager 时，它会显示可用的 HTML 片段，但通过 Language 下拉列表可以改为显示当前使用的编程语言的代码片段。图 8-6 是编辑 C#项目时显示的界面。默认情况下，分层文件夹的结构与 PC 上的文件夹相同，但当把不同位置的片段文件插入不同的分组时，新的代码片段会进入相应的文件夹中。

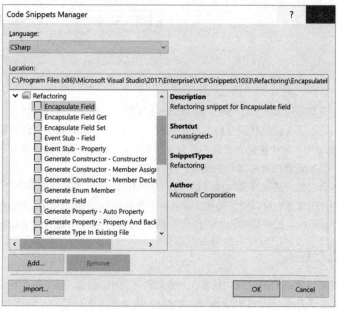

图 8-6

如果需要将某个文件夹中的所有代码片段添加到库中，例如需要导入公司内部开发的所有代码片段，就可以单击 Add 按钮。在弹出的对话框中，选择需要添加的文件夹。以这种方式添加的文件夹会出现在树型视图的根部——和包含默认片段的主分组位于同一个层次。此外，还可以添加一个包含子文件夹的文件夹，子文件夹在树型视图中显示为子节点。

删除文件夹也非常简单——事实上也很危险。选中要删除的根节点，然后单击 Remove 按钮即可。选中的节点以及它所有的子节点和代码片段会立即从 Code Snippets Manager 中删除，连确认窗口都没有。如果不小心执行了这个操作，那么最好单击 Cancel 按钮，再次打开该对话框。尽管可以使用前面的方法重新添加删除的代码片段，但如果是无意删除，就很难确定到底删除了哪个默认的片段文件夹。

> 文件夹的删除是永久性的。不能使用撤消功能来防止意外发生的错误。

随 Visual Studio 2017 一起安装的代码片段位于安装文件夹的深处。在 32 位 Windows 上，VB 代码片段库默认安装在%programfiles%\Microsoft Visual Studio 15.0\VB\Snippets\1033 下，C#代码片段库默认安装在%programfiles%\Microsoft Visual Studio 15.0\VC#\Snippets\1033 下（对于 64 位 Windows，应使用 %programfiles(x86)% 替换 %programfiles%）。使用 Import 按钮可将单个代码片段文件导入库中。与 Add 按钮相比，这种方法的好处是可为每个代码片段文件指定它在库结构中的位置。

8.1.7　创建代码片段

Visual Studio 2017 没有提供代码片段创建器或编辑器。但 Bill McCarthy 的 Snippet Editor 允许创建、修改和管理代码片段(支持 VB、C#、HTML、JavaScript 和 XML 代码片段)。这个 Snippet Editor 是 CodePlex 上的一个开源项目。在其他 MVP 的帮助下，这个编辑器现在可以用于多种不同的语言。你可以从 Wrox 下载源代码的网站下载该编辑器的源代码。这些源代码与 CodePlex 上的一样，只是这部分源代码现在位于 app.config 文件中以支持 Visual Studio 2017。

通过手动编辑.snippet XML 文件来创建代码片段是很麻烦的，并且容易导致错误，所以建议尽可能使用 Snippet Editor。启动 Snippet Editor 时，左上角会显示一个下拉列表。如果从该列表中选择 SnippetEditor.Product.Utility，则会显示包含所有已知片段的树状结构。展开某个节点，就可以看到类似于代码片段库中的一组文件夹。

8.1.8　查看已有的代码片段

Snippet Editor 的一个卓越功能是为系统中所有片段文件的结构提供了视图。因此可以查看 Visual Studio 提供的默认代码片段，以学习如何更好地生成自己的代码片段。

定位到感兴趣的代码片段，双击相应的条目，就可以在 Editor 窗口中显示它。图 8-7 显示了一个简单的 Display a Windows Form 代码片段。有 4 个主窗格包含代码片段的所有相关信息。这些窗格自上而下如表 8-1 所示。

表 8-1　代码片段的信息窗格

窗　　格	功　　能
Properties	代码片段的主要属性，包括标题、快捷方式和描述
Code	定义了代码片段的代码，包括所有 Literal 和 Object 替换区域
References	如果代码片段需要程序集引用，可以在该选项卡中定义
Imports	与 References 选项卡类似，此选项卡允许定义使代码片段正常工作所需的 Imports 语句

浏览这些窗格，可以分析已有的代码片段，以了解它的属性和替换变量。在图 8-7 的例子中有一个替换区域，其 ID 为 formName，默认值为 Form。

为了说明使用 Snippet Editor 如何更容易地创建代码片段，下面创建一个代码片段，其中包括三个子例程(有一个是帮助子例程)：

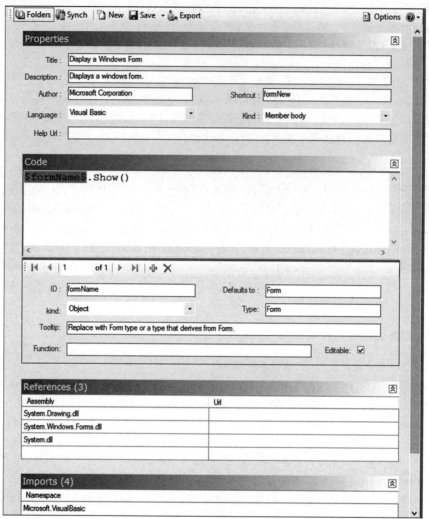

图 8-7

(1) 启动 Snippet Editor，创建一个新的代码片段。为此，在树状视图中选择一个目标文件夹，右击并从弹出的上下文菜单中选择 Add New Snippet 命令。

(2) 显示提示时，将代码片段命名为 Create A Button Sample，单击 OK 按钮。双击新条目，使其在 Editor 窗格中打开。

　　　创建代码片段时，Editor 不会自动打开新的片段——千万不要因此而错误地覆盖另一个代码片段的属性。

(3) 首先需要编辑 Title、Description 和 Shortcut 字段，如图 8-8 所示。

- **Title**：Create A Button Sample。
- **Description**：这个代码片段添加代码，以创建按钮控件，并给它关联一个事件。
- **Shortcut**：CreateAButton。

(4) 因为这个代码片段包含了成员定义，所以将 Type 设置为 Member Declaration。

(5) 在 Editor 窗口中，插入代码，以创建 3 个子例程。

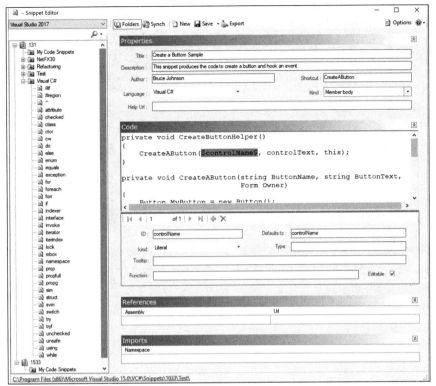

图 8-8

VB

```vb
Private Sub CreateButtonHelper
    CreateAButton(controlName, controlText, Me)
End Sub
Private Sub CreateAButton(ByVal ButtonName As String, _
                ByVal ButtonText As String, _
                ByVal Owner As Form)
    Dim MyButton As New Button

    MyButton.Name = ButtonName
    MyButton.Text = ButtonName
    Owner.Controls.Add(MyButton)

    MyButton.Top = 0
    MyButton.Left = 0
    MyButton.Text = ButtonText
    MyButton.Visible = True

    AddHandler MyButton.Click, AddressOf ButtonClickHandler
End Sub

Private Sub ButtonClickHandler(ByVal sender As System.Object, _
                    ByVal e As System.EventArgs)
    MessageBox.Show("The " & sender.Name & " button was clicked")
End Sub
```

C#

```csharp
{
    CreateAButton(controlName, controlText, this);
}

private void CreateAButton(string ButtonName, string ButtonText,
                Form Owner)
{
```

```
        Button MyButton = new Button();

        MyButton.Name = ButtonName;
        MyButton.Text = ButtonName;
        Owner.Controls.Add(MyButton);

        MyButton.Top = 0;
        MyButton.Left = 0;
        MyButton.Text = ButtonText;
        MyButton.Visible = true;

        MyButton.Click += MyButton_Click;
    }

    private void MyButton_Click(object sender, EventArgs e)
    {
        MessageBox.Show("The " + sender.Name + " button was clicked");
    }
```

(6) 注意，这些代码与图 8-8 中的代码稍有区别，因为单词 controlName 没有突出显示。在图 8-8 中，这个参数是一个替换区域。为此，需要选择整个单词，右击并选择 Add Replacement 命令(或者在代码窗口下面的区域单击 Add 按钮)。

(7) 修改替换属性，如下所示：

- ID：controlName。
- Defaults to："MyButton"。
- Tooltip：按钮的名称。

(8) 对 controlText 重复这个过程：

- ID：controlText。
- Defaults to："Click Me!"。
- Tooltip：按钮的文本属性。

这样，代码片段就可以使用了。可以使用 Visual Studio 2017 将该代码片段插入代码窗口中。

8.1.9 分布代码段

如果已经创建了许多代码片段，并且想与朋友和同事分享，最简单的方法就是发送.snippet 文件，让他们使用 Code Snippet Manager 中的 Import 功能。然而，如果试图使这一过程更简单(或者你有不少朋友)，就可以把代码片段打包到 Visual Studio 安装程序(.vsi)文件中，让它们自动安装到 Visual Studio 实例中。

对于下面的示例，考虑以下放在 SayHello.snippet 文件中的代码片段。

```xml
<?xml version="1.0" encoding="utf-8"?>
<CodeSnippet Format="1.0.0"
    xmlns="http://schemas.microsoft.com/VisualStudio/2005/CodeSnippet">
  <Header>
    <Title>Say Hello</Title>
    <Author>Bruce Johnson</Author>
    <Description>C# snippet for being polite...because I'm Canadian,
after all</Description>
    <HelpUrl>
    </HelpUrl>
    <Shortcut>sayh</Shortcut>
  </Header>
  <Snippet>
    <Code Language="C#">
      <![CDATA[Console.WriteLine("Hello World");]]>
    </Code>
  </Snippet>
</CodeSnippet>
```

代码片段很容易使用.vsi 文件来分发。.vsi 文件的简单结构使这个过程非常简单。首先，文件本身只是一个.zip 文件，只是扩展名改为.vsi。其次，在文件中有一个清单(其扩展名是.vscontent)，它描述了.vsi 文件的组件。

所以，要分发上面所示的代码片段，应创建一个文件 SayHello.vscontent。该文件的内容(格式良好的 XML)如下所示：

```
<VSContent xmlns="http://schemas.microsoft.com/developer/vscontent/2005">
    <Content>
        <FileName>SayHello.snippet</FileName>
        <DisplayName>Polite C# Code</DisplayName>
        <Description>C# snippet for being polite </Description>
        <FileContentType>Code Snippet</FileContentType>
        <ContentVersion>2.0</ContentVersion>
        <Attributes>
            <Attribute name="lang" value="c#"/>
        </Attributes>
    </Content>
</VSContent>
```

保存了代码片段后，把.vscontent 和 SayHello.snippet 文件添加到.zip 文件中。然后把该文件的扩展名.zip 改为.vsi。这样，该文件就准备好了，可以分发给朋友和同事；双击它，代码片段就安装到了 Visual Studio 中。

8.2　访问重构支持

在 Visual Studio 2017 中调用重构工具有许多方式，包括使用右击弹出的上下文菜单、灯泡和 Edit | Refactor 菜单项。不管入口点如何，重构的用户体验包括增强上下文支持，使操作过程流畅。

具体而言，上下文菜单只显示了要应用到当前所选代码和光标位置的项。此外，灯泡经常是任何重构操作的起点，只有将重构应用于当前上下文，才显示灯泡。Visual Studio 2017 中包含的重构操作的完整列表有 Rename、Extract Method、Encapsulate Field、Extract Interface、Promote Local Variable to Parameter、Remove Parameters 和 Reorder Parameters。你还可以使用 Generate Method Stub 和 Remove and Sort Usings，它们可以大致归类为重构。还添加了两个新的重构操作：Inline Temporary Variable 和 Inline Local。

对于 VB 开发人员来说，好消息是，Visual Studio 2017 支持所有这些重构。这可以归因于 Roslyn 编译器的发展。

8.3　重构操作

下面将介绍每个重构操作，并通过例子说明如何使用 C#和 VB 提供的内置支持。

8.3.1　Extract Method 重构操作

重构一个长方法的最简单方式是把它分解成一些小方法。要进行 Extract Method 重构操作，应在原方法中选择要提取的代码区域，然后从快速操作选项中选择 Extract Method，或者从 Refactor 上下文菜单中选择 Extract Method 命令。

命名新方法的机制利用了与代码片段相同的接口。选择 Extract Method 时，该方法会立即从它的当前位置移除，并填充到新方法中。方法名设置为 NewMethod，对新方法的调用替换了从原始调用站点提取的代码块。方法名会突出显示，如果改变它，调用站点的方法名也会改变。如果要提取的代码块中的变量在原方法的前面用过，它们会自动在方法签名中显示为变量。

例如，在下面的代码片段中，如果希望将条件逻辑提取到一个单独的方法中，可以选中这些代码(显示为粗体)，然后右击并从上下文菜单中选择 Refactor | Extract Method 命令。

C#
```csharp
private void button1_Click(object sender, EventArgs e)
{
    string connectionString = Properties.Settings.Default.ConnectionString;
    if (connectionString == null)
    {
        connectionString = "DefaultConnectionString";
    }
    MessageBox.Show(connectionString);
    /* ... Much longer method ... */
}
```

此重构操作的结果如图 8-9 所示。

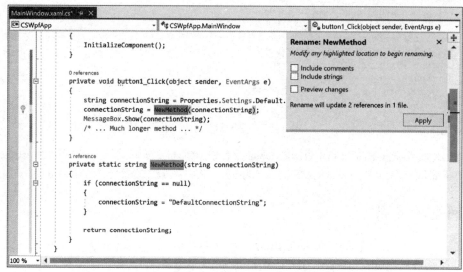

图 8-9

现在，Extract Method 重构就完成了，接着就进入 Rename 重构操作。这里，Rename 与刚才提取的方法名称相关。将光标放在这个新方法的名称上。当改变名称时，这个变化会立即反映到两个地方。注意一下图 8-9 的右上角，这个区域控制 Rename 重构。它包含的两个选项在稍后的 8.3.6 一节中描述。但更重要的是，它包括一个 Apply 按钮，必须单击该按钮，确认把方法名从 NewMethod 重命名为所输入的名称。

8.3.2　Encapsulate Field 重构操作

另一个常用的重构操作是用属性封装现有的类变量。Encapsulate field 重构操作就用于实现该功能。要执行该操作，应选中要封装的变量，然后从上下文菜单中选择 Quick Actions and Refactorings。这会显示重构选项列表，如图 8-10 所示。

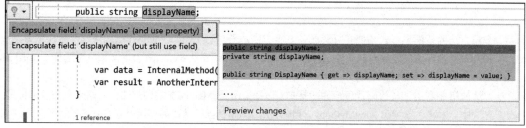

图 8-10

选择要使用的封装类型。如 and use property 和 but still use field 文本所示，区别是对公有字段的现有引用是继续使用私有字段，还是使用公有属性。从选定的变量名称中生成所创建属性的名称。

8.3.3　Extract Interface 重构操作

当项目从原型或者早期开发阶段进展到完整的实现或者成长阶段时，通常需要把类的核心方法提取到接口中，以启用其他实现方案，或者在不连接的系统间定义边界。过去，只能将整个方法复制到一个新的文件中，然后删除方法内容，只剩下接口存根。Extract Interface 重构操作可以根据类中的任意多个方法来提取接口。对类进行重构操作时会显示如图 8-11 所示的用户界面。

选择 Extract Interface 选项，显示如图 8-12 所示的对话框。可以在这里选择要包含在接口中的方法。选中后，会在新接口中添加这些方法。在原来的类中也会添加新接口。

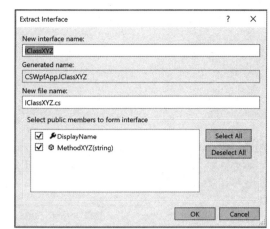

图 8-12

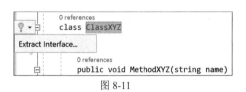

图 8-11

8.3.4　Change Signature 重构操作

有时有必要在方法签名中完全重新排列参数或删除参数。这通常是为了美观，但也可以改进代码的可读性，保证接口的实现。也许底层的功能不再需要参数。

修改方法签名时，使用重构函数会大大减少必要的搜索量，避免可能出现的编译错误。当方法有多个重载版本时，这个函数也特别有用，改变签名可能不会产生编译错误；这种情况下，可能由于语义错误(而不是语法错误)而发生运行时错误。

要访问 Change Signature 功能，应选择要修改的方法，再从上下文菜单中选择 Quick Actions and Refactorings，这会显示如图 8-13 所示的界面。

图 8-13

选择 Change Signature 选项，打开 Change Signature 对话框，如图 8-14 所示。通过此对话框，可以根据需要在列表中上下移动参数，让它们按照希望的顺序出现，也可以完全删除它们。完成后，单击 OK 按钮，完成重构。

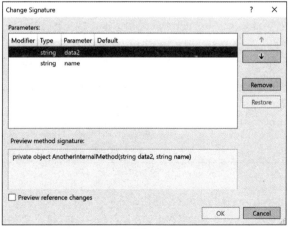

图 8-14

8.3.5　Inline 和 Explaining Variables 重构操作

这两个重构操作提供了一个常见场景的两个方面。该场景围绕着方法中临时变量与局部变量的用户。

Inline Temporary Variables 重构操作的目的最好通过代码来展示。考虑下面的方法：

C#

```
public void MethodXYZ(string name)
{
    var data = InternalMethod(2.0);
    var result = AnotherInternalMethod(name, data);
}
```

内联临时变量 data 会得到 AnotherInternalMethod 的参数行，其中包含对 InternalMethod 的调用，而不是使用 data 变量。选择变量后，在右击的上下文菜单中通过 Quick Actions and Refactorings 即可访问重构操作。界面如图 8-15 所示。图中的预览部分给出了明确的内联表示。

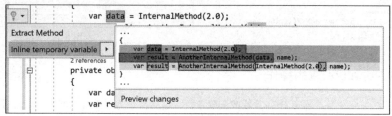

图 8-15

Introduce 解释变量重构操作则走向另一个方向。这本示例中，应选择要在方法签名中使用的表达式。上下文菜单中的 Quick Actions and Refactorings 选项(见图 8-16)允许创建一个解释变量，放回到方法签名中。

如果选定的表达式是一个常量，且能够创建局部变量(作为常量)，也可以重构为一个类级别的常量。

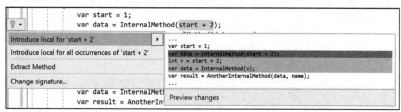

图 8-16

8.3.6　Rename 重构操作

Rename 重构操作用于其他一些重构，也可以作为一个独立的方法。要触发独立版本，可以选择一个变量，然后从右击的上下文菜单中选择 Rename，显示如图 8-17 所示的界面。

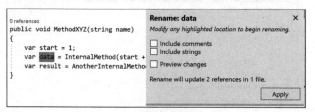

图 8-17

现在输入变量的新名称，并单击 Apply 按钮，完成重构。图 8-17 右上角的选项用于控制要搜索的区域，以重命名它。如果选择 Include comments 选项，而且变量的名称出现在字符串中，它就改为新的变量名。对于 Include comments 选项，如果变量名在字符串中，就更新它。如果想预览更改，可以在单击 Apply 之前选中 Preview changes 复选框。

8.3.7　Simplify Object Initialization 重构操作

多年来，在.NET 编译器中都可以在创建对象的同时为对象设置属性。在 Visual Studio 2017 中，如果对象在实例化后不使用对象初始化器而立即使用一系列属性赋值，就会产生编译器警告(IDE00017)。Simplify Object Initialization 重构操作旨在简化纠正该警告的过程。

将光标放在实例代码上，Lightbulb 或 Quick Actions and Refactorings 上下文菜单会包含两个选项。如果选择 Object initialization can be simplified 选项，就会看到一个类似于图 8-18 所示的预览效果。另外，如果选择 Suppress IDE00017 选项，挂起警告的编译器指令就会被插入代码中。

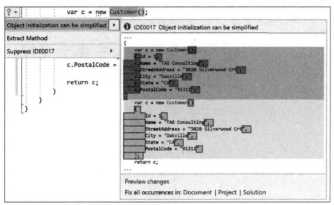

图 8-18

8.3.8　Inline Variable Declarations 重构操作

对于很多开发人员来说，Inline Variable Declarations 重构操作解决了 C#中的大难题。如果使用的方法是类似于包含一个输出参数的 TryParse 方法，那么在方法调用中使用变量之前就很有必要声明该变量。这样的示例如下所示：

C#

```
int parsedValue
if (Int32.TryParse(stringToParse, out parsedValue))
{
    // Do stuff
}
```

在 C# 7 中，现在可以在使用输出参数的同时声明它。Inline Variable Declarations 重构操作就可以实现这个功能。将光标放在变量名上(本示例中是 parsedValue)，Lightbulb 中就会包含 Inline Variable Declarations 选项，如图 8-19 所示。

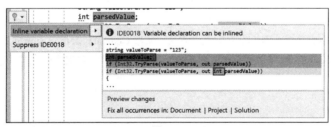

图 8-19

8.3.9　Use 'throw' Expression 重构操作

该重构操作旨在封装了 null 检查的代码量。另外，它利用了 C# 7 的新特性，允许在空合并操作符中抛出要执行的表达式。被替换的代码是一种相对标准的 null 检查，如下所示：

C#

```
if (value == null)
{
```

```
    throw new ArgumentNullException(nameof(value));
}
name = value;
```

将光标放在这个值参数上，重构操作的列表中就会出现 Use 'throw' expression 选项。把鼠标悬停在该选项上，则会显示如图 8-20 所示的界面。

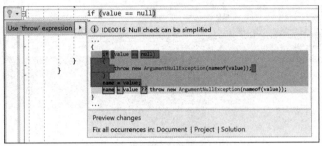

图 8-20

建议使用空合并操作符将值赋给名称，或者在值为 null 的情况下抛出异常。换言之，结果是相同的，只是代码的行数减少了。

8.3.10　Generate Method Stub 重构操作

编写代码时，可能意识到需要调用一个尚未编写的方法。例如，下面的代码片段引用了一个需要以后实现的新方法。

VB

```
Private Sub MethodA()
    Dim InputA As String
    Dim InputB As Double
    Dim OutputC As Integer = NewMethodIJustThoughtOf(InputA, InputB)
End Sub
```

C#

```
public void MethodA()
{
    string InputA;
    double InputB;
    int OutputC = NewMethodIJustThoughtOf(InputA, InputB);
}
```

当然，前面的代码会生成错误，因为没有定义该方法。通过 Generate Method Stub 重构操作(可通过上下文菜单中的 Quick Actions and Refactorings 来访问)，可以生成一个方法存根。该存根拥有完整的输入参数和输出类型，如下所示：

VB

```
Private Function NewMethodIJustThoughtOf(ByVal InputA As String,
                                         ByVal InputB As Double) As Integer
    Throw New NotImplementedException
End Function
```

C#

```
private int NewMethodIJustThoughtOf(string InputA, double InputB)
{
    throw new NotImplementedException();
}
```

8.3.11 Remove and Sort Usings 重构操作

最好在每个文件(C#)中维护一组有序的 Using 语句，并且只在该文件中引用真正需要的名称空间。对代码执行主要的重构操作后，代码文件的顶部会出现许多不再使用的 using 指令。使用 Visual Studio 中的一个操作就可以删除这些 using 指令，而无须通过一个反复试错的过程来确定需要删除哪些 using 指令。如图 8-21 所示，在代码编辑器中右击，再从弹出的上下文菜单中选择 Remove and Sort Usings(在 VB 中，选项是 Remove and Sort Imports)，就可以删除代码文件不再使用的 using 指令、using 别名和外部程序集别名。并且整个列表会进行排序，先显示 System 名称空间的 using 指令，再按字母顺序显示其他名称空间的 using 指令。如果为名称空间定义了别名，这些别名就会移到列表底部，如果使用了外部程序集别名(在 C#中使用 extern 关键字)，它们就会移到列表的顶部。

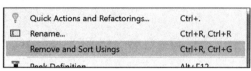

图 8-21

默认的 Visual Studio 模板代码文件把 using 语句放在文件顶部名称空间块的外部。但如果查看静态代码分析指南，就会发现 using 语句应包含在名称空间块的内部。Remove and Sort Usings 重构操作会根据文件中 using 语句的当前位置来处理这些情况，并保留该位置。

8.4 小结

Visual Studio 2017 功能集中的代码片段是一个有效的工具。本章介绍了如何创建和使用代码片段，包括变量替换以及为 VB 代码片段添加 Imports 语句和关联引用。这样，开发人员就可以把常用功能创建为代码片段库，从而节省编码的时间。本章还举例说明了 Visual Studio 2017 提供的每一个重构操作。

第 **9** 章

Server Explorer

本章内容

- 查询本地和远程计算机上的硬件资源及服务
- 使用 Server Explorer 便于为应用程序添加处理计算机资源的代码

Server Explorer 是 Visual Studio 中几个不专用于解决方案或项目的工具窗口之一，它可以浏览和查询本地或远程计算机上的硬件资源和服务。使用这些资源可以执行各种任务和活动，包括把它们添加到应用程序中。

Server Explorer 如图 9-1 所示，它有四类可以立即连接的资源。第一类资源在 Azure 节点下，你可以访问自己能创建的几类 Azure 组件，第 23 章将详细介绍这些组件。第二类资源在 Data Connections 节点下，你可以用数据连接完成各种任务，包括创建数据库、添加和修改表、生成关系，以及执行查询。第 26 章将详细介绍数据连接功能。第三类资源在 Servers 节点下，你可以访问本地或远程计算机上的硬件资源和服务，本章将详细介绍这个功能。最后你可以添加到 SharePoint 服务器的连接，浏览 SharePoint 特定的资源，如 Content Types、Lists、Libraries 以及 Workflows。可见的连接类型取决于已经安装的 SDK。

图 9-1

9.1 Servers 连接

Servers 节点更适合被命名为 Computers，因为它可以连接和查询有权访问的计算机(无论是服务器还是台式工作站)。每台计算机都在 Servers 节点下列为一个独立的节点。在每个计算机节点下都列出了属于该计算机的硬件、服务以及其他组件，并包含很多可以执行的活动或任务。某些软件供应商还提供了可以扩展 Server Explorer 功能的组件。

要访问 Server Explorer，可以在 View 菜单中选择 Server Explorer 命令。本地计算机会默认出现在 Servers 列表中。要添加其他计算机，可以右击 Servers 节点，然后从弹出的上下文菜单中选择 Add Server 命令。

输入计算机名或者 IP 地址，就可以使用凭据尝试连接到相应的计算机了。如果当前用户没有足够的权限，可以单击要连接的计算机，使用另一个用户名登录。此时该链接会显示为禁用，但单击它会弹出如图 9-2 所示的对话框，在其中可输入备选的用户名和密码。

图 9-2

要访问任何服务器上的资源，必须通过对所需资源有访问权限的账户连接到该服务器上。

9.1.1　Event Logs 节点

Event Logs 节点用于访问计算机事件日志。从该节点的右击上下文菜单中可以启动 Event Viewer。或者，如图 9-3 所示，也可以展开事件日志列表，以查看特定应用程序的事件。单击任意一个事件，Properties 窗口都会显示与其相关的全部信息。

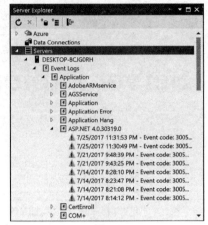

图 9-3

在编写代码时，可使用 Server Explorer 查询计算机，但 Server Explorer 真正的强大之处是只要把资源节点拖放到 Windows Form 上，就能自动创建相应的组件。例如，如果将 Application 节点拖放到一个 Windows Form 上，就会在设计器的非可视化区域添加 System.Diagnostic.Eventlog 类的一个实例。在 Server Explorer 中右击日志，并从上下文菜单中选择 Add to Designer，也可以添加相同的代码。然后，可以使用下面的代码为该事件日志添加一个条目。

C#

```
this.eventLog1.Source = "My Server Explorer App";
this.eventLog1.WriteEntry("Something happened",
                    System.Diagnostics.EventLogEntryType.Information);
```

VB

```
Me.EventLog1.Source = "My Server Explorer App"
Me.EventLog1.WriteEntry("Something happened",
                    System.Diagnostics.EventLogEntryType.Information)
```

因为上面的代码在 Application Event Log 中创建了一个新的 Source，所以需要管理员权限才能执行。如果运行 Windows 8 时启用了 User Account Control，就应该创建一个应用程序清单，有关这些内容请参见第 6 章。

运行这段代码后，可在 Server Explorer 中直接查看结果。单击 Server Explorer 工具栏上的 Refresh 按钮，确保在 Application Event Log 节点下显示新的 Event Source。

Visual Basic 程序员有另一种向代码添加 EventLog 类的方法：使用 My 名称空间提供的内置日志功能。例如，可以修改前面的代码片段，使用 My.Application.Log.WriteEntry 方法编写一个日志条目。

VB

```
My.Application.Log.WriteEntry("Button Clicked", TraceEventType.Information)
```

也可以使用 My.Application.Log.WriteException 方法编写异常信息，该方法的参数是一个异常和两个提供其他信息的可选字符串。

使用 My 名称空间编写日志信息还有其他很多好处。下面的配置文件指定了一个把日志信息传送到事件日志的 EventLogTraceListener。也可以指定其他跟踪侦听器——如 FileLogTraceListener，通过在 SharedListeners 和 Listeners 集合中添加信息，在日志文件中写入信息：

```
<?xml version="1.0" encoding="utf-8" ?>
<configuration>
    <system.diagnostics>
        <sources>
            <source name="DefaultSource" switchName="DefaultSwitch">
```

```
        <listeners>
            <add name="EventLog"/>
        </listeners>
    </source>
</sources>
<switches>
    <add name="DefaultSwitch" value="Information"/>
</switches>
<sharedListeners>
    <add name="EventLog"
        type="System.Diagnostics.EventLogTraceListener"
        initializeData="ApplicationEventLog"/>
</sharedListeners>
    </system.diagnostics>
</configuration>
```

这段配置信息还指定了一个名为 DefaultSwitch 的开关。DefaultSwitch 开关定义了发送给侦听器的最小事件类型，并且通过 switchName 特性与跟踪信息源关联在一起。例如，如果 DefaultSwitch 的值为 Critical，Information 类型的事件就不会被写入事件日志。DefaultSwitch 的可能值见表 9-1。

表 9-1　DefaultSwitch 的值

DefaultSwitch 的值	写入日志的事件类型
Off	不写入任何事件
Critical	Critical 事件
Error	Critical、Error 事件
Warning	Critical、Error 以及 Warning 事件
Information	Critical、Error、Warning 以及 Information 事件
Verbose	Critical、Error、Warning、Information 以及 Verbose 事件
ActivityTracing	Start、Stop、Suspend、Resume 以及 Transfer 事件
All	写入全部事件

注意，WriteEntry 和 WriteException 的重载可以默认分别使用 Information 或者 Error 事件类型，因此不需要为这种方法指定事件类型。

9.1.2　Message Queues 节点

展开的 Message Queues 节点如图 9-4 所示，它用于访问计算机上的消息队列。消息队列可以分为 3 种：私有的(一台计算机查询另一台计算机时，这种类型的队列不会显示)、公有的(显示给所有计算机)、系统的(用于保存未发送的消息和其他异常报告)。

在图 9-4 中，通过从右击上下文菜单中选择 Create Queue 命令，以在 Private Queues 节点中添加一个消息队列 samplequeue。创建队列以后，可以把队列拖放到新的 Windows Form 上，创建一个正确配置的 MessageQueue 类。为了展示 MessageQueue 对象的功能，在窗体上添加两个文本框和一个 Send 按钮，其布局如图 9-5 所示。Send 按钮通过 MessageQueue 对象发送在第一个文本框中输入的消息。在窗体的 Load 事件中，后台线程不断轮询队列以检索消息，然后把它显示在第二个文本框中。

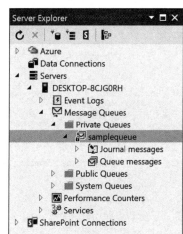

图 9-4

为使用 Message Queues 节点，必须确保计算机上安装了 MSMQ。要安装 MSMQ，可在 Control Panel 上选择 Programs and Features，然后选择 Turn Windows On or Off 任务菜单项，并选中复选框以启用 Microsoft Message Queue (MSMQ)服务器功能。

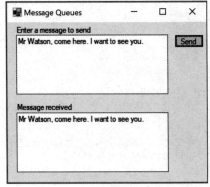

图 9-5

C#

```csharp
public Form1()
{
    InitializeComponent();
    var monitorThread = new System.Threading.Thread(MonitorMessageQueue);
    monitorThread.IsBackground = true;
    monitorThread.Start();
    this.button1.Click +=new EventHandler(btn_Click);
}

private void btn_Click(object sender, EventArgs e)
{
    this.messageQueue1.Send(this.textBox1.Text);
}

private void MonitorMessageQueue()
{
    var m = default(System.Messaging.Message);
    while (true)
    {
        try
        {
            m = this.messageQueue1.Receive(new TimeSpan(0, 0, 0, 0, 50));
            this.ReceiveMessage((string)m.Body);
        }
        catch (System.Messaging.MessageQueueException ex)
        {
            if (!(ex.MessageQueueErrorCode ==
                System.Messaging.MessageQueueErrorCode.IOTimeout))
            {
                throw ex;
            }
        }
        System.Threading.Thread.Sleep(10000);
    }
}

private delegate void MessageDel(string msg);
private void ReceiveMessage(string msg)
{
    if (this.InvokeRequired)
    {
        this.BeginInvoke(new MessageDel(ReceiveMessage), msg);
        return;
    }
    this.textBox2.Text = msg;
}
```

VB

```
Private Sub Form_Load(ByVal sender As Object, ByVal e As System.EventArgs) _
            Handles Me.Load
    Dim monitorThread As New Threading.Thread(AddressOf MonitorMessageQueue)
    monitorThread.IsBackground = True
    monitorThread.Start()
End Sub

Private Sub btn_Click(ByVal sender As System.Object, ByVal e As System.EventArgs) _
            Handles Button1.Click
    Me.MessageQueue1.Send(Me.TextBox1.Text)
End Sub

Private Sub MonitorMessageQueue()
    Dim m As Messaging.Message
    While True
        Try
            m = Me.MessageQueue1.Receive(New TimeSpan(0, 0, 0, 0, 50))
            Me.ReceiveMessage(m.Body)
        Catch ex As Messaging.MessageQueueException
            If Not ex.MessageQueueErrorCode = _
                    Messaging.MessageQueueErrorCode.IOTimeout Then
                Throw ex
            End If
        End Try
        Threading.Thread.Sleep(10000)
    End While
End Sub

Private Delegate Sub MessageDel(ByVal msg As String)
Private Sub ReceiveMessage(ByVal msg As String)
    If Me.InvokeRequired Then
        Me.BeginInvoke(New MessageDel(AddressOf ReceiveMessage), msg)
        Return
    End If
    Me.TextBox2.Text = msg
End Sub
```

注意，这段代码没有显式地关闭后台线程。由于线程的 IsBackground 属性设置为 True，因此它会在退出应用程序时自动终止。与前面的例子一样，消息处理是在后台线程上进行的，因此在更新用户界面时还需要通过 BeginInvoke 方法不断地在线程之间切换。最终窗体如图 9-5 所示。

消息发送到消息队列时，它们会出现在 Server Explorer 的相应队列中。单击一条消息，Properties 窗口就会显示消息的内容。

9.1.3　Performance Counters 节点

开发人员在构建应用程序时经常会忘记如何维护和管理应用程序。例如，假设一个应用程序在安装后一年以来都正常运行，但突然间它的响应请求效率变得异常低下。显然，应用程序出了问题，但是无法判断究竟是什么地方出了问题。为找到性能问题的根源，一个常见策略就是使用性能计数器。Windows 内置了很多可用于监视操作系统运行的性能计数器，很多第三方软件也安装了性能计数器，因此系统管理员可通过这些性能计数器对程序的异常行为进行分析。

Server Explorer 树中展开的 Performance Counters 节点如图 9-6 所示，它有两个主要功能。第一，它允许查看和检索已经安装的计数器信息。也可以在该节点创建新的性能计数器，编辑或者删除已存在的计数器。如图 9-6 所示，Performance Counters 节点包含了多个分类，每个分类下都有很多计数器。

要编辑一个分类或者计数器，从分类的右击上下文菜单中选择 Edit Category 命令；要添加一个新的分类和关联的计数器，右击 Performance Counters 节点，然后从上下文菜单中选择 Create New Category 命令。这两种操作都会打开 Performance Counter Builder 对话框，如图 9-7 所示。本例创建了一个新的性能计数器分类，它可以跟踪窗体的打开和关闭事件。

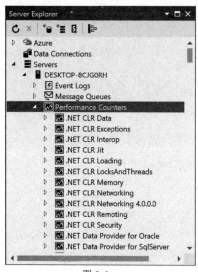

图 9-6

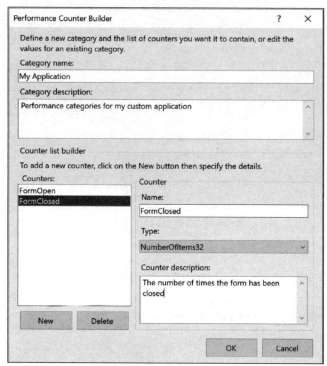

图 9-7

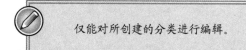

仅能对所创建的分类进行编辑。

Performance Counters 节点的第二个功能是为开发人员提供一种在代码中快速访问性能计数器的方式。只要把性能计数器分类拖放到窗体上，就可以对性能计数器执行读写操作了。下面继续前面的例子。把新创建的 My Application 性能计数器 Form Open 和 Form Closed 拖放到一个新的 Windows Form 上。然后，添加一些用于显示性能计数器值的文本框和按钮。最后，为性能计数器指定一个友好的名称。最终窗体如图 9-8 所示。

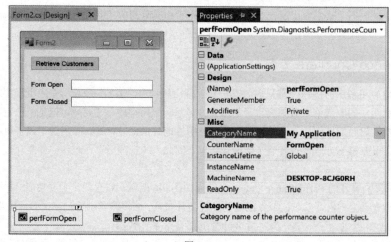

图 9-8

从 Properties 窗口中可以看到，窗体上当前选中的计数器——Form Open 来自于 My Application 分类。还可以看到一个 MachineName 属性(说明计数器信息的来源计算机)和一个 ReadOnly 属性(默认情况下为 True。如果希望更新计数器，就可以把它设置为 False)。为了完成该窗体，为 Retrieve Counters 按钮的单击事件处理程序添加如下代码：

C#

```
this.textBox1.Text = this.perfFormOpen.RawValue.ToString();
this.textBox2.Text = this.perfFormClose.RawValue.ToString();
```

VB

```
Me.textBox1.Text = Me.perfFormOpen.RawValue
Me.textBox2.Text = Me.perfFormClose.RawValue
```

如果要更新性能计数器，还需要在应用程序中添加一些代码。例如，在 Form 的 Load 事件处理程序中有如下代码：

C#

```
this.perfFormOpen.Increment();
```

VB

```
Me.perfFormOpen.Increment()
```

把性能计数器拖放到窗体上时，性能计数器的智能标签(选择一个控件时，其右上角会出现一个小箭头)上会出现一个 Add Installer 项。选中该组件时，也可以在 Properties 窗口的底部看到该项。Add Installer 操作可以在解决方案中添加一个 Installer 类，用于在应用程序的安装过程中安装性能计数器。当然，为调用这个 Installer，必须把它所在的程序集作为一个定制操作添加到部署项目中。

要创建多个性能计数器，只需要选择每个额外的性能计数器，并单击 Add Installer。Visual Studio 2017 会返回前面创建的第一个 Installer，在 PerformanceCounterInstaller 组件的 CountersCollectionData 集合中自动添加第二个计数器，如图 9-9 所示。

通过在设计界面上添加其他的 PerformanceCounterInstaller 组件，可以添加其他分类中的计数器。这样，就可以使用 PerfMon 等工具监控应用程序的行为，从而为部署应用程序做好准备。

9.1.4　Services 节点

展开的 Services 节点如图 9-10 所示，它显示了计算机中已经注册的服务。每个节点相关的图标都显示了服务的状态。可能的状态包括 Stopped、Running 或 Paused。这些图标类似于 DVD 播放器上的图标：三角形表示正在运行，正方形表示停止，两个矩形表示暂停。选择一个服务可在 Properties 窗口中显示服务的其他信息，如服务的其他依赖关系。

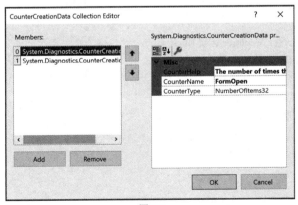

图 9-9

图 9-10

与 Server Explorer 中的其他节点一样，每个服务都可以被拖放到窗体的设计界面上。这会在窗体的非可视化区域创建一个 ServiceController 组件。默认情况下，ServiceName 属性设置为在 Server Explorer 中选中的服务名称，但也可以修改该属性，以访问信息和控制任意的服务。与此类似，也可以修改 MachineName 属性，以连接到有权访问的任意计算机。下面的代码展示了如何使用 ServiceController 组件停止服务：

C#

```
this.serviceController1.Refresh();
if (this.serviceController1.CanStop)
{
    if (this.serviceController1.Status ==
            System.ServiceProcess.ServiceControllerStatus.Running)
    {
        this.serviceController1.Stop();
        this.serviceController1.Refresh();
    }
}
```

VB

```
Me.ServiceController1.Refresh()
If Me.ServiceController1.CanStop Then
    If Me.ServiceController1.Status = _
            ServiceProcess.ServiceControllerStatus.Running Then
        Me.ServiceController1.Stop()
        Me.ServiceController1.Refresh()
    End If
End If
```

除了 3 个主要的状态(Running、Paused 或 Stopped)以外，Windows 服务还有其他一些过渡状态：ContinuePending、PausePending、StartPending 以及 StopPending。如果要启动的服务依赖于另一个处于过渡状态的服务，可调用 WaitForStatus 方法，以保证服务的顺利启动。

9.2 Data Connections 节点

可使用 Data Connections 节点连接数据库，来执行许多管理功能。你可以连接许多数据源，包括 SQL Server 的所有版本、Microsoft Access、Oracle 或一般的 ODBC 数据源。图 9-11 中的 Server Explorer 连接到了一个 SQL Server 数据库上。

Server Explorer 可以访问 Visual Database，允许在连接的数据库上执行许多管理任务。可以创建数据库，添加和修改表、视图和存储过程，管理索引，执行查询等。第 26 章将介绍 Data Connections 功能的所有方面。

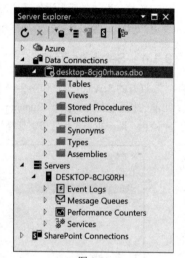

图 9-11

9.3 SharePoint Connections 节点

Visual Studio 2017 中的一个有用的功能是使用 Server Explorer 连接 Microsoft Office SharePoint Server。通过这个功能可以导航并查看许多 SharePoint 资源和组件。

Server Explorer 仅提供了对 SharePoint 资源的只读访问，不能创建或编辑列表定义。尽管如此，在开发 SharePoint 应用程序时，能在 Visual Studio 中方便地访问这些信息也是很有用的。与 Servers 节点下的许多组件一样，还可以把某些 SharePoint 资源直接拖放到 SharePoint 项目的设计界面上。

9.4 小结

本章介绍了如何使用 Server Explorer 来管理和访问计算机资源及服务。第 26 章将继续讨论 Server Explorer，其中将详细介绍 Data Connections 节点。

第Ⅲ部分

进　　阶

第**10**章

单元测试

本章内容

- 从已有代码中生成测试工具
- 判断代码的行为
- 在测试生命周期事件中执行定制代码
- 创建数据驱动的测试
- 测试私有成员
- 利用 Live Unit Testing

本章源代码下载

通过在 www.wrox.com 网站上搜索本书的 EISBN 号(978-1-119-40458-3)，可以下载本章的源代码。相关源代码和支持文件都在本章对应的文件夹中。

在软件开发过程中，应用程序的测试是最重要的部分之一。对软件维护费用的调查数据显示，在生产阶段进行测试所需的软件检测费用至多可以达到在开发阶段进行测试的 100 倍(该数据来源于 IBM 公司 System Sciences Institute 提供的报表)。同时，许多测试涉及每次修改基本代码都必须进行的重复、枯燥、易出错的工作，避免这种情况最简单的对策是生成可重复的自动化测试，由计算机根据需要执行。本章将讨论一种特殊类型的自动测试技术，它主要用于测试系统中独立的组件或单元。如果有一套自动化单元测试，那么可在对各个组件进行大幅修改后，验证它们是否像预期的那样工作。

Visual Studio 2017 有一个内置框架，可以编写、执行和汇报测试用例。本章主要介绍单元测试的创建、配置、运行和管理，并说明如何通过测试数据集进行测试。

10.1 第一个测试用例

测试用例的编写很难实现自动化，这是因为测试用例必须对应于所开发软件的功能。事实上，人们经常争论是否自动执行除了最简单的单元测试之外的其他测试用例。但是，在测试过程的某些阶段中，可以通过工具生成一些代码存根。为了说明这一点，先来看一段相对简单的代码片段，学习如何编写测试用例代码。假定 Subscription 类有一个 CurrentStatus 公有属性，该属性把当前的订阅状态返回为一个枚举值。

VB

```
Public Class Subscription
    Public Enum Status
        Temporary
        Financial
```

```
            Unfinancial
            Suspended
        End Enum

    Public Property PaidUpTo As Nullable(Of Date)

    Public ReadOnly Property CurrentStatus As Status
        Get
            If Not Me.PaidUpTo.HasValue Then Return Status.Temporary
            If Me.PaidUpTo > Now Then
                Return Status.Financial
            Else
                If Me.PaidUpTo >= Now.AddMonths(-3) Then
                    Return Status.Unfinancial
                Else
                    Return Status.Suspended
                End If
            End If
        End Get
    End Property
End Class
```

C#

```
{
    public enum Status
    {
        Temporary,
        Financial,
        Unfinancial,
        Suspended
    }

    public DateTime? PaidUpTo { get; set; }

    public Status CurrentStatus
    {
        get
        {
            if (this.PaidUpTo.HasValue == false)
                return Status.Temporary;
            if (this.PaidUpTo > DateTime.Today)
                return Status.Financial;
            else
            {
                if (this.PaidUpTo >= DateTime.Today.AddMonths(-3))
                    return Status.Unfinancial;
                else
                    return Status.Suspended;
            }
        }
    }
}
```

从上面的代码片段可以看出，需要从 4 个代码路径对 CurrentStatus 属性进行测试。为此，必须在一个新的测试项目中创建另一个 SubscriptionTest 测试类，在该类中添加一个测试方法，该方法包含的代码用于实例化一个 Subscription 对象，设置 PaidUpTo 属性，检查 CurrentStatus 属性是否包含正确的结果。接着，继续添加测试方法，直到执行并测试了涉及该属性的每一个代码路径。

Visual Studio 2017 包含一个可帮助创建单元测试的工具，用于测试现有的类。该工具可以创建一个测试项目和许多方法，这些方法很容易通过一些基本步骤来运行类。相关的详细内容请参见 10.7 节。然而，即使有一个工具可以帮助生成单元测试，也仍需要知道是什么使某个方法变成单元测试。Visual Studio 提供了一个运行时引擎，该引擎可用于运行测试用例，监控其工作进度，报告测试结果。因此，开发人员只需要编写代码来测试存在疑问的属性即可。

要查看测试类的基本模板，需要确保在 Solution Explorer 中选择测试项目，然后选择 Project | Add Unit Test。这会创建一个测试类和单个测试方法。Unit Test 模板仅包括一个基本的单元测试类，该类仅包含单个方法，如下面的代码示例所示。对于该示例，已经将测试类命名为 SubscriptionTest(而非默认的 UnitTest1)，以表明这是一个测试类：

VB
```
Imports Microsoft.VisualStudio.TestTools.UnitTesting
<TestClass()>
Public Class SubscriptionTest


    <TestMethod()>
    Public Sub TestMethod1()
    End Sub
End Class
```

C#
```
using System;
using Microsoft.VisualStudio.TestTools.UnitTesting;
[TestClass]
public class SubscriptionTest
{

    [TestMethod]
    public void TestMethod1()
    {
    }
}
```

虽然有很多技术可用来编写自己的单元测试，但是应该注意两个主要的理念。第一个理念是，如果项目中有大量的单元测试，那么很快就会变得难以管理。为解决该问题，建议使用命名约定。如你所料，可使用许多不同的命名约定，但一种流行的约定是 MethodName_ StateUnderTest_ExpectedBehavior。这种简单的命名约定确保可以轻松地查找和标识测试用例。

第二个理念是使用 Arrange/Act/Assert 范例处理每个测试。首先设置并初始化用于测试中的值(Arrange 部分)，然后执行测试的方法(Act 部分)，最后确定测试的结果(Assert 部分)。如果遵循该方法，最终会得到如下的单元测试：

VB
```
<TestMethod()>
Public Sub CurrentStatus_NothingPaidUpToDate_TemporaryStatus()
    ' Arrange
    Dim s as New Subscription()
    s.PaidUpTo = Nothing
    ' Act
    Dim actual as Subscription.Status = s.CurrentStatus
    ' Assert
    Assert.Inconclusive()
End Sub
```

C#
```
[TestMethod]
public void CurrentStatus_NullPaidUpToDate_TemporaryStatus()
{
    // Arrange
    Subscription s = new Subscription();
    s.PaidUpTo = null;
    // Act
    Subscription.Status actual = s.CurrentStatus;
    //Assert
    Assert.Inconclusive();
}
```

在进一步学习之前，运行此测试用例以查看发生的情况，方法是在代码窗口右击该用例并选择 Run Tests。此时会打开 Test Explorer 窗口，如图 10-1 所示。

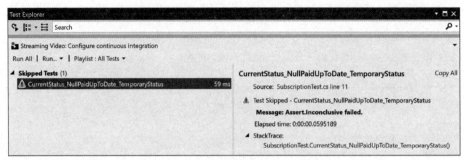

图 10-1

 　　上下文菜单仅是选择并运行测试用例的一种方式。还有一个 Test 菜单，其中包含 Run 子菜单，可用于执行所有或选择的测试。或者，可直接打开 Test Explorer 窗口，并使用链接运行所有或选择的测试(参见图 11-1)。除了这些方法之外，还可从主工具栏中选择 Debug Tests 选项，在代码中设置断点并在调试器中运行测试用例。

从图 10-1 中可以看到，测试用例返回了一个不确定的结果。警告图标(包含感叹号的三角形)表示该测试被跳过。图 10-1 右侧的有关测试结果的详细描述中，有一条消息表明 Assert.Inconclusive 失败。从本质上讲，这表明该测试是不完整的或者其结果不可信赖，因为某些修改会使该测试无效。结果显示了测试的基本信息、结果和其他有用的环境信息，如计算机名和测试的执行持续时间。

在创建此单元测试时，手动插入 Assert.Inconclusive 语句。要完成此单元测试，必须实际地执行适当的结果分析，以确保顺利通过测试。具体实现方式是用 Assert.AreEqual 替换 Assert.Inconclusive 语句，如下面的代码所示：

VB

```
<TestMethod()>
    Public Sub CurrentStatus_NothingPaidUpToDate_TemporaryStatus ()
        Dim target As Subscription = New Subscription
        Dim actual As Subscription.Status
        actual = target.CurrentStatus
        Assert.AreEqual(Subscription.Status.Temporary, actual, _
                    "Subscription.CurrentStatus was not set correctly.")
    End Sub
```

C#

```
[TestMethod()]
public void CurrentStatus_NullPaidUpToDate_TemporaryStatus ()
{
    Subscription target = new Subscription();
    Subscription.Status actual;
    actual = target.CurrentStatus;
    Assert.AreEqual(Subscription.Status.Temporary, actual,
                "Subscription.CurrentStatus was not set correctly.");
}
```

尽管从到目前为止所完成的工作中还不能明显看出来，但需要知道完整的测试可划分为 3 个类别之一：Failed Tests、Passed Tests 和 Not Run Tests。可以运行所有的测试、只运行特定类别中的测试、重复运行最后一个测试，或者仅运行所选择的测试。Test Explorer 顶部的 Run 链接包含一个下拉列表，从中可以选择要运行的测试类别。要选择运行个别测试，可单击所需的测试(使用标准的 Ctrl+单击或 Shift+Ctrl+单击操作，在第一个测试后添加其他测试)，然后右击并选择 Run Selected Tests。修正造成测试失败的代码之后，单击 Run All 按钮，以重新运行这些测试用例，并产生成功的结果，如图 10-2 所示。

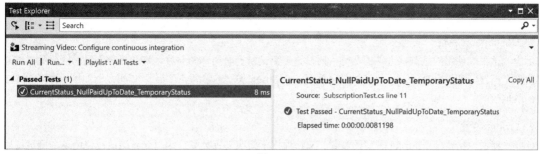

图 10-2

关于单元测试需要注意一件事。简单来说，单元测试方法的默认行为是"通过"。改变此行为的方式是向该方法添加 Assert 语句，而具体的理念是如果一条 Assert 语句失败，则单元测试就被认为已经"失败"。然而，手动创建全新的单元测试时，其中不存在任何断言，这意味着单元测试不会开始"失败"。为了解决此问题，在创建单元测试时会自动在其中放入 Assert.Inconclusive 语句。对于任何测试，执行 Assert.Inconclusive 语句就意味着该测试总是会"失败"。当移除该 Assert.Inconclusive 语句时，就表明测试用例已经完成。

在这个示例中，我们仅练习了一条代码路径，应该添加更多测试用例，以充分地练习其他代码路径。尽管可以为已经创建的一个测试方法添加额外的断言，但这并不是编写单元测试的最佳实践。通常的方式是让每个测试方法仅测试一个方面。这意味着(理想情况下)该方法中只有一个 Assert。

这样做的原因是，更加细粒度的测试意味着如果测试失败，则造成失败的原因通常更加显而易见。此外，需要注意该方法在第一个失败的 Assert 语句之后没有继续执行。如果方法中有多个断言，则更难确定造成失败的原因。虽然如此，方法中通常仍然有两个或三个断言，并且有一个可以传入 Assert 语句的参数，作为在测试失败时显示的消息。

10.1.1 使用特性标识测试

在进一步讨论单元测试之前，先考虑一下在 Visual Studio 2017 中如何进行测试。所有的测试用例都必须存储在测试类中，而测试类必须位于一个测试项目中，那么到底通过什么认定方法、类或项目包含了测试用例呢？先从测试项目开始，在底层的 XML 项目文件中，测试项目文件实际上与普通的类库项目文件之间没有任何区别。事实上，唯一的不同之处在于项目的类型。在生成测试项目时，它会输出一个标准的.NET 类库程序集。这里的关键区别在于，Visual Studio 把它看成一个测试项目，并自动分析出项目中的测试用例，对各种测试窗口进行填充。

测试过程中使用的类和方法都标记了对应的特性。测试引擎通过这些特性枚举一个程序集中的全部测试用例。

1. TestClass 特性

每个测试用例都必须位于测试类(使用 TestClass 特性进行标记)中。该特性仅用于把测试用例与要测试的类和成员对应，但后面将看到使用测试类对测试用例进行分组的好处。在对 Subscription 类的测试中创建了一个 SubscriptionTest 测试类，并标记了 TestClass 特性。由于 Visual Studio 使用特性定位包含测试用例的类，因此类的名称是不相关的。然而，采用良好的命名约定(如为要测试的类添加 Test 后缀)将便于管理大量的测试用例。

2. TestMethod 特性

每个测试用例都被标记了 TestMethod 特性，Visual Studio 使用该特性枚举可执行的测试列表。在本例中，SubscriptionTest 类中的 CurrentStatus_NullPaidUpToDate_TemporaryStatus 方法标记了 TestMethod 特性。同样，方法的实际名称是不相关的，因为 Visual Studio 只使用特性来查找测试。尽管如此，在各个测试窗口列出测试用例时会用到方法的名称，因此测试方法也应该使用有意义的名称。在查看测试结果时，这一点尤其重要。

10.1.2 其他测试特性

如前所述，Visual Studio 中的单元测试子系统是使用特性来区分测试用例的。此外，还可以使用其他各种特性为测试用例提供更多信息。这些信息可以通过与测试用例相关的 Properties 窗口或者其他测试窗口来访问。本节介绍可应用于测试方法的描述性特性。

1. Description 特性

因为测试用例使用的是测试方法的名称,所以许多测试都拥有类似的名称,这些名称不足以区分测试的功能。要解决这个问题,可使用 Description 特性,它接受一个 String 类型的参数,可用于在测试方法中提供和测试与用例相关的其他信息。

2. Owner 特性

Owner 特性也接受一个 String 类型的参数。该特性用于指明是谁拥有、编写或者当前在使用某个测试用例。

3. Priority 特性

Priority 特性用于指定测试用例的相对优先级,它接受一个 Integer 类型的参数。尽管测试框架不使用该特性,但是如果为测试用例指定优先级顺序,则在测试用例运行失败或者未完成时可以更有效地处理测试用例。

4. TestCategory 特性

TestCategory 特性接受一个 String 类型的参数,给测试标识一个用户定义的类别。与 Priority 特性一样,TestCategory 特性实质上也被 Visual Studio 忽略,但可用于排序和分组相关的项。一个测试用例可属于多个类别,但每个测试用例都必须有一个 TestCategory 特性。

5. WorkItem 特性

WorkItem 特性可在工作项跟踪系统(如 Team Foundation Server)中把测试用例链接到一个或多个工作项上。为测试用例指定一个或多个 WorkItem 特性意味着在对现有功能进行修改时,可以对测试用例进行复查。相关内容详见第 12 章介绍的 Team Foundation Server。

6. Ignore 特性

给测试方法应用 Ignore 特性,可临时禁止运行它。带有 Ignore 特性的方法不会运行,也不会显示在测试运行的结果列表中。

 可将 Ignore 特性应用于测试类,关闭该类中的所有测试方法。

7. Timeout 特性

测试用例可能会因为各种原因而失败,例如性能测试可能要求某个功能必须在一个特定的时间段内完成。除了通过编写复杂的多线程测试在达到该时限时终止测试用例以外,也可以对测试用例使用 Timeout 特性和超时值(以毫秒为单位),如下面的代码所示。这可以确保在抵达时限时测试用例会失败。

VB

```vb
<TestMethod()>
<Owner("Mike Minutillo")>
<Description("Tests the functionality of the Current Status Property")>
<Priority(3)>
<Timeout(10000)>
<TestCategory("Financial")>
Public Sub CurrentStatusTest()
    Dim target As Subscription = New Subscription
    Dim actual As Subscription.Status
    actual = target.CurrentStatus
    Assert.AreEqual(Subscription.Status.Temporary, actual, _
                "Subscription.CurrentStatus was not set correctly.")
End Sub
```

C#

```csharp
[TestMethod()]
[Owner("Mike Minutillo")]
```

```
[Description("Tests the functionality of the Current Status Method")]
[Priority(3)]
[Timeout(10000)]
[TestCategory("Financial")]
public void CurrentStatusTest()
{
    Subscription target = new Subscription();
    Subscription.Status actual;
    actual = target.CurrentStatus;
    Assert.AreEqual(Subscription.Status.Temporary, actual,
                    "Subscription.CurrentStatus was not set correctly.");
}
```

这段代码为原始的 CurrentStatusTest 方法使用了这些特性，演示了这些特性的用法。除了提供测试用例的功能和编写者相关的额外信息外，还把该测试用例的优先级设置为 3，类别设置为 Financial。最后，这段代码指定，如果测试用例的执行时间超过 10s(10 000ms)，就表明该测试用例失败。

10.1.3 单元测试和 Code Lens

单元测试具备一些额外的优势，超过了第 4 章所述的 Code Lens 功能。图 10-3 演示了一个单元测试的代码，在第一次打开测试类时，这些代码会显示在代码编辑器中。

References 链接的左侧是一个菱形的蓝色小图标。该图标的工具提示表示测试尚未运行。实际上，这意味着还没有为这个会话运行测试。Visual Studio 的多次执行之间不会保存任何信息，表示该测试曾运行过。

执行测试后，图标会变化。它如何变化取决于测试的结果。图 10-4 是在跳过一个测试时显示的图标(如执行了 Assert.Inconclusive 时)。

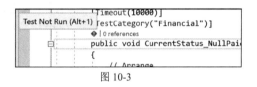

图 10-3

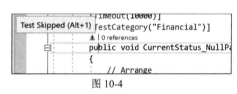

图 10-4

图标不只是测试状态的可视化表示。当单击如图 10-5 所示的图标时，会看到测试结果的额外信息。这类似于显示在 Test Explorer 中的信息(可参见图 10-1)。

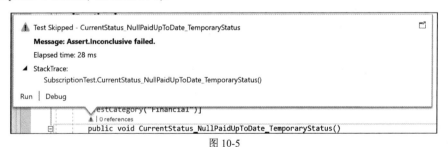

图 10-5

在细目窗格的底部有两个额外的链接。可以使用 Run 链接在普通模式下运行测试，也可以使用 Debug 链接在调试模式下运行测试。

当测试成功时，将显示一个绿色图标，如图 10-6 所示。测试的额外细节已经更新，但很容易再次运行或调试测试。

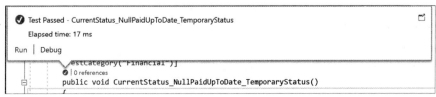

图 10-6

Code Lens 功能属于单元测试，超出了测试类本身。图 10-7 包含了一些代码，本章编写的测试在这些代码上运行。

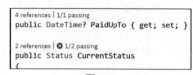

代码中有两个指示器，调用特定的属性或方法时，这些指示器表示单元测试的执行情况。PaidUpTo 属性上面的第一个链接表明，一个单元测试调用了 PaidUpTo 属性，该测试成功了。CurrentStatus 属性上面的指示器表示，两个使用 CurrentStatus 属性的单元测试中，只有一个通过了。当点击这一指示器时，会显示测试列表，包括成功和不成功的测试，如图 10-8 所示。

图 10-7

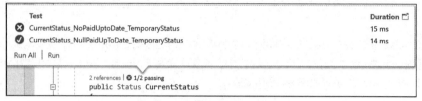

图 10-8

10.2 指定判断条件

到目前为止，本章介绍了测试环境的结构以及测试用例是如何嵌套在测试项目的测试类中的。现在，研究一下测试用例的结构，查看测试用例的通过或失败是如何实现的。在创建测试用例后，在测试用例的末端可以看到一条添加的 Assert.Inconclusive 语句，指示测试尚未完成。

单元测试的设计原则是在测试开始时，系统、组件或者对象处于一个已知的状态，然后运行方法、修改属性或者触发事件。在测试的最终阶段，需要验证系统、组件或者对象是否处于正确的状态。某些情况下，还需要验证方法或者属性返回的结果是否正确。此时就需要指定相应的判断条件。如果条件为假，则测试系统返回该结果并结束测试用例。条件是通过 Assert 类指定的。此外，StringAssert 类和 CollectionAssert 类分别用于在处理 String 对象和对象集合时指定其他判断条件。

10.2.1 Assert 类

UnitTesting 名称空间中的 Assert 类(请不要将它与 System.Diagnostics 名称空间中的 Debug.Assert 或 Trace.Assert 方法混淆在一起)是用于对测试用例进行条件判断的主要类。其基本的断言格式如下所示。

VB

```
Assert.IsTrue(variableToTest, "Output message if this fails")
```

C#

```
Assert.IsTrue(variableToTest, "Output message if this fails");
```

第一个参数就是要测试的条件。如果条件为真，则测试用例将继续执行。否则，测试用例会输出一条消息，并返回失败的结果。

该语句有多种重载形式，它们有的可以省略输出消息，有的可以提供 String 格式的参数。很多情况下，不是只测试一个条件是否为真，而是要在测试用例中进行各种其他形式的测试，此时可以使用下面的这些方法：

- IsFalse：测试一个为负或者假的条件。
- AreEqual：测试两个参数是否有相同的值。
- AreSame：测试两个参数是否引用同一个对象。
- IsInstanceOfType：测试参数是不是某个特定类型的实例。
- IsNull：测试一个参数是否为空。

上面并不是完整的列表，还有其他方法，并且这些列出的方法都有相应的否定等价方法。此外，许多方法都有多种重载方式，可通过一些不同的方式调用它们。

10.2.2 StringAssert 类

StringAssert 类提供的每个功能都可以通过使用 Assert 类判断一个或多个条件来实现。但是，StringAssert 类建立的是 String 断言的条件，这不仅简化了测试用例的代码，还减少了测试某些条件所需的工作。StringAssert 类提供的断言包括：

- Contains：测试一个字符串中是否包含另一个字符串。
- DoesNotMatch：测试一个字符串是否不匹配一个正则表达式。
- EndsWith：测试一个字符串是否以指定的字符串结尾。
- Matches：测试一个字符串是否匹配一个正则表达式。
- StartsWith：测试一个字符串是否以指定的字符串开头。

10.2.3 CollectionAssert 类

类似于 StringAssert 类，CollectionAssert 类是一个用于对项集合进行断言的辅助类。例如，可以进行下面几种断言：

- AllItemsAreNotNull：测试一个集合中的项是否没有空引用。
- AllItemsAreUnique：测试一个集合中是否有重复的项。
- Contains：测试一个集合中是否包含指定的对象。
- IsSubsetOf：测试一个集合是不是指定集合的子集。

10.2.4 ExpectedException 特性

有时，测试用例所执行的代码路径会引起异常。应尽量避免编写抛出异常的代码，但有些情况下这种处理又是合理的。在测试用例中，除了在 Try-Catch 块中使用合适的断言测试是否抛出了异常外，还可以用 ExpectedException 特性标记测试用例。例如，下面的代码修改了 CurrentStatus 属性，如果 PaidUp 的日期在订阅日期(这里声明为一个常量)之前，就抛出异常。

VB

```vb
Public Const SubscriptionOpenedOn As Date = #1/1/2000#
Public ReadOnly Property CurrentStatus As Status
    Get
        If Not Me.PaidUpTo.HasValue Then Return Status.Temporary
        If Me.PaidUpTo > Now Then
            Return Status.Financial
        Else
            If Me.PaidUpTo >= Now.AddMonths(-3) Then
                Return Status.Unfinancial
            ElseIf Me.PaidUpTo > SubscriptionOpenedOn Then
                Return Status.Suspended
            Else
                Throw New ArgumentOutOfRangeException( _
        "Paid up date is not valid as it is before the subscription opened.")
            End If
        End If
    End Get
End Property
```

C#

```csharp
public static readonly DateTime SubscriptionOpenedOn = new
DateTime(2000, 1, 1);
public Status CurrentStatus
{
    get
    {
```

```
          if (this.PaidUpTo.HasValue == false)
              return Status.Temporary;
          if (this.PaidUpTo > DateTime.Today)
              return Status.Financial;
          else
          {
              if (this.PaidUpTo >= DateTime.Today.AddMonths(-3))
                  return Status.Unfinancial;
              else if (this.PaidUpTo >= SubscriptionOpenedOn)
                  return Status.Suspended;
              else
                  throw new ArgumentOutOfRangeException(
               "Paid up date is not valid as it is before the subscription opened");
          }
      }
  }
```

使用与之前相同的方法，可以创建一个测试该代码路径的测试用例，如下面的示例所示：

VB

```
<TestMethod()>
<ExpectedException(GetType(ArgumentOutOfRangeException),
    "Argument exception not raised for invalid PaidUp date.")>
Public Sub CurrentStatusExceptionTest()
    Dim target As Subscription = New Subscription

    target.PaidUpTo = Subscription.SubscriptionOpenedOn.AddMonths(-1)

    Dim expected = Subscription.Status.Temporary

    Assert.AreEqual(expected, target.CurrentStatus, _
                "This assertion should never actually be evaluated")
End Sub
```

C#

```
[TestMethod()]
[ExpectedException(typeof(ArgumentOutOfRangeException),
    "Argument Exception not raised for invalid PaidUp date.")]
public void CurrentStatusExceptionTest()
{
    Subscription target = new Subscription();
    target.PaidUpTo = Subscription.SubscriptionOpenedOn.AddMonths(-1);

    var expected = Subscription.Status.Temporary;

    Assert.AreEqual(expected, target.CurrentStatus,
        "This assertion should never actually be evaluated");
}
```

ExceptedException 特性不仅可以捕获由测试用例引发的每一个异常，还可以确保异常的类型匹配预期的类型。如果测试用例没有引发任何异常，那么这个特性会导致测试失败。

10.3 初始化和清理

有时必须编写在运行测试用例时执行的大量设置代码。例如，如果单元测试使用了数据库，为了确保测试用例可以不断重复地进行，在每一次测试完成之后，还应当把数据库恢复到初始状态。修改其他资源(如文件系统)的单元测试来说也是如此。在编写初始化和清理测试用例的方法时，Visual Studio 提供了大量丰富的支持。同样，用于初始化和清理测试用例的相应方法需要用特性进行标记。

初始化和清理测试用例的特性可分为 3 个级别：有的应用于单个测试，有的应用于整个测试类，另外一些应用于整个测试项目。

10.3.1　TestInitialize 和 TestCleanup 特性

顾名思义，在一个特定测试类中的每个测试用例运行之前或者结束之后，应当运行 TestInitialize 和 TestCleanup 特性指示的方法。这些方法可分配测试类中的所有测试用例需要的资源，之后释放这些资源。

10.3.2　ClassInitialize 和 ClassCleanup 特性

某些情况下，确保测试环境在整个测试类运行之前或者之后处于正确的状态，要比在每一次测试时设置和清理数据简单得多。测试类可对测试用例进行有效的分组管理，现在正好验证了这一点。可以把测试用例分组存放到测试类中，然后对每个类中的方法标记对应的 ClassInitialize 和 ClassCleanup 特性。这些方法必须标记为 static，标记为 ClassInitialize 的方法还必须带有一个 UnitTesting.TestContext 类型的参数。

10.3.3　AssemblyInitialize 和 AssemblyCleanup 特性

最后一个级别上的初始化和清理特性用于程序集或者项目级别。对于在整个测试项目运行之前初始化环境的方法，或者在整个测试项目运行结束之后执行清理操作的方法，可以分别标记上 AssemblyInitialize 和 AssemblyCleanup 特性。由于这些方法作用于测试项目中的每一个测试用例，因此每个测试项目中只能有一个方法可以标记上 AssemblyInitialize 或者 AssemblyCleanup 特性。与类级别上的特性一样，这些方法必须标记为 static，用 AssemblyInitialize 标记的方法还必须带有一个 UnitTesting.TestContext 类型的参数。

对于程序集级别和类级别上的特性，即使只运行一个测试用例，也会执行标记了这些特性的方法。

> 最好将标记了 AssemblyInitialize 和 AssemblyCleanup 特性的方法放在它们自己的测试类中，以便于查找。如果有多个方法标记了上述两个特性，那么在运行项目中的任何测试时都会出现一个运行时错误。虽然不会出现错误消息（在程序集中不能定义包含 AssemblyInitialize 特性的多个方法），但仍需要搜索 AssemblyInitialize 特性以查找不同的方法。

10.4　测试环境

在编写测试用例时，测试引擎提供了各种辅助操作，包括管理数据集，这样就可以用大量数据运行测试用例，并为测试用例输出各种其他信息（来辅助调试）。可以使用在测试类中生成并传送给 AssemblyInitialize 和 ClassInitialize 方法的 TestContext 对象来实现这些功能。下面的代码演示了捕获 TestContext 对象值的一种方式，以便在测试中使用它：

VB

```
Private Shared testContextInstance As TestContext
<ClassInitialize> _
Public Shared Sub MyClassInitialize(testContext As TestContext)
  testContextInstance = testContext
End Sub
```

C#

```
private static TestContext testContextInstance;
[ClassInitialize()]
public static void MyClassInitialize(TestContext testContext)
{
  testContextInstance = testContext;
}
```

10.4.1 数据

10.1 一节编写的 CurrentStatus_NullPaidUpToDate_TemporaryStatus 方法只能测试通过 CurrentStatus 属性的一条路径。为充分测试这个属性，还需要编写其他方法，每个方法都带有自己的设置和断言。然而，这种处理非常机械，如果开发人员修改了 CurrentStatus 属性的结构，测试人员就不得不修改这些语句。为了解决这个问题，可为 CurrentStatus_NullPaidUpToDate_TemporaryStatus 方法提供一个 DataSource 特性，每一行数据测试通过该属性的一条路径。要为该方法添加数据，可以遵循下面的步骤：

(1) 创建一个本地数据库文件(.MDF 文件)和数据库表来存储各种测试数据(详情请参见第 26 章)。在本例中，创建一个名为 LoadTest 的数据库以及一个名为 Subscription_CurrentStatus 的表。Subscription_CurrentStatus 表包含了 bigint 标识列 Id、可为空的 datatime 列 PaidUp，以及 nvarchar(20)类型的 Status 列。

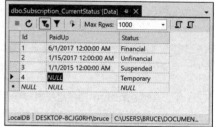

(2) 在表中添加能够覆盖代码中所有路径的适当数据值。为 CurrentStatus 属性设计的测试值如图 10-9 所示。

(3) 为该测试用例添加 DataSource 特性。测试引擎使用这个特性从指定的表中加载适当的值。然后通过 TestContext 对象将该数据提供给测试用例。

图 10-9

 如果使用 LocalDB 数据库或 Excel 文件，则还需要添加 DeploymentItem 特性。如果测试程序集被部署到另一个位置上，则该特性可以确保复制该数据源。

(4) 将下面的属性添加到 test 类。该属性用于访问当前的 TextContext，而 TextContcxt 则用于访问数据源中的数据。

VB

```
Private testContextInstance As TestContext
Public Property TestContext() As TestContext
  Get
     Return testContextInstance
  End Get
  Set(ByVal Value As TestContext)
    testContextInstance = Value
  End Set
End Property
```

C#

```
private TestContext testContextInstance;
public TestContext TestContext
{
  get { return testContextInstance; }
  set { testContextInstance = value; }
}
```

(5) 修改测试用例，使其从 TestContext 对象访问数据，并使用这些数据驱动测试用例。修改后的 CurrentStatus_NullPaidUpToDate_TemporaryStatus 方法如下所示：

VB

```
<DataSource("System.Data.SqlClient", _
   "server=.\\SQLExpress;" & _
   "AttachDBFilename=|DataDirectory|\\LoadTest.mdf;" & _
   "Integrated Security=True", _
   "Subscription_CurrentStatus", DataAccessMethod.Sequential)> _
<TestMethod()> _
Public Sub CurrentStatus_NullPaidUpToDate_TemporaryStatus()
   Dim target As Subscription = New Subscription
   If Not IsDBNull(testContextInstance.DataRow.Item("PaidUp")) Then
```

```
    target.PaidUpTo = CType(testContextInstance.DataRow.Item("PaidUp"), Date)
End If
Dim val As Subscription.Status = _
    CType([Enum].Parse(GetType(Subscription.Status), _
    CStr(testContextInstance.DataRow.Item("Status"))), Subscription.Status)

Assert.AreEqual(val, target.CurrentStatus, _
    "Subscription.CurrentStatus was not set correctly.")
End Sub
```

C#

```
[DataSource("System.Data.SqlClient",
    "server=.\\SQLExpress;" +
    "AttachDBFilename=|DataDirectory|\\LoadTest.mdf;" +
    "Integrated Security=True",
    "Subscription_CurrentStatus", DataAccessMethod.Sequential)]
[TestMethod()]
public void CurrentStatus_NullPaidUpToDate_TemporaryStatus()
{
    var target = new Subscription();
    var date = testContextInstance.DataRow["PaidUp"] as DateTime?;
    if (date != null)
    {
        target.PaidUpTo = date;
    }

    var val = Enum.Parse(typeof(Subscription.Status),
        testContextInstance.DataRow["Status"] as string);

    Assert.AreEqual(val, target.CurrentStatus,
        "Subscription.CurrentStatus was not set correctly.");

}
```

　　这个示例代码假定 SQL Server Express 实例运行在 .\ SQLExpress 下。如果 SQL Server 实例的主机名不同，就需要使用该主机名作为 DataSource 连接字符串中的服务器特性的值。另外，根据用于运行 SQL Server 和 Visual Studio 的身份，第一次运行测试时，可能存在一些权限问题。具体而言，运行测试时的身份必须拥有 LoadTest.mdf 文件的读写权限。运行 Visual Studio 的身份需要拥有 SQL Server 实例的管理员权限(这样可以附加 LoadTest.mdf)。

　　执行这个测试用例时，CurrentStatus_NullPaidUpToDate_TemporaryStatus 方法会运行 4 次(每次使用数据库表中的一行数据)。每次执行该方法时，都会从数据库表中检索一个 DataRow 对象，测试方法通过 TestContext.DataRow 属性对这些数据进行访问。如果 CurrentStatus 属性中的逻辑改变了，那么可以在 Subscription_CurrentStatus 表中添加一行，测试已经创建的所有代码路径。

　　在继续介绍之前，最后看一眼应用于 CurrentStatus_NullPaidUpToDate_TemporaryStatus 方法的 DataSource 特性。该特性有 4 个参数，前 3 个参数用于判断需要提取哪个 DataTable。最后一个参数是 DataAccessMethod 枚举，它指定了按什么顺序从 DataTable 返回行。默认情况下，该值为 Sequential，但也可以把它改为 Random，从而实现每次运行测试时都能按照不同的顺序提取数据。如果数据代表的是最终用户的数据，并对数据的处理顺序没有任何依赖关系，那么这种处理方式就非常重要。

　　数据驱动的测试不只是限于数据库表，还可通过 Excel 电子表格或逗号分隔的值(Comma-Separated Values，CSV)文件来驱动。

10.4.2 输出测试结果

编写单元测试实际上就是自动化应用程序的测试过程。因此，这些测试用例可以在生成过程中执行，甚至在远程计算机上也可以执行。这就意味着常规的输出窗口(如控制台)并不适合输出与测试相关的信息。显然，我们不希望测试的相关信息与应用程序生成的调试或者跟踪信息交叉混合在一起。为此，可使用一个专门通道，输出与测试相关的信息，把它与测试结果显示在一起。

TestContext 对象的 WriteLine 方法接受一个 String 类型的参数和一系列 String.Format 类型的参数，可以使用这些参数输出与特定测试的结果相关的信息。例如，为 CurrentStatusDataTest 方法添加下面的代码，输出测试结果的额外信息：

VB

```
testContextInstance.WriteLine("No exceptions thrown for test id {0}", _
    CInt(Me.TestContext.DataRow.Item(0)))
```

C#

```
testContextInstance.WriteLine("No exceptions thrown for test id {0}",
    this.TestContext.DataRow[0]);
```

 尽管应该使用 TestContext.WriteLine 方法捕获测试执行的细节，但 Visual Studio 测试工具会收集输出到标准错误和标准输出流中的所有信息，并把这些数据添加到测试结果中。

测试运行完成后，就会显示 Test Explorer 窗口，其中列出了在测试运行过程中执行的所有测试用例及其结果。Test Explorer 窗口如图 10-10 所示，其中列出了运行已完成(已通过)的单元测试。

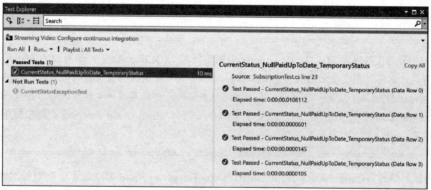

图 10-10

10.5 Live Unit Testing

Visual Studio 2017 中新增了一个与单元测试相关的功能，称为 Live Unit Testing。通过该功能开发人员可以实时跟踪单元测试在成功或失败时对代码所产生的影响，这是在代码编辑器的环境中实现的。该功能将及早捕获测试失败提高到了一个新级别。

Live Unit Testing 仅可用于 Visual Studio 2017 的 Enterprise 版本，并且仅适用于 C#和 Visual Basic 项目。

必须显式地启动 Live Unit Testing，之后，可以停止或暂停它。这给开发人员提供的背后理论基础是该控件是一个双重控件。首先，它是一个独立的进程，用于评估正在进行修改的代码，确定因代码的修改而受影响的单元测试，并运行单元测试。虽然 Live Unit Testing 的性能良好，但这会导致在开发环境中运行其他进程。

显式地启动 Live Unit Testing 的第二个理由与重构密切相关。当对代码库进行大幅度修改后，很可能会中断一些单元测试。假定这样做是所期望的结果，让 Live Unit Testing 进程运行并告知你中断测试并不是特别有用。因此在重构时可以关闭 Live Unit Testing，然后再次启动它，代码库就会回到一种稳定和工作的状态。

在主菜单中使用 Test | Live Unit Testing | Start 命令，启动 Live Unit Testing。这会导致 Live Unit Testing 进程监视单元测试。片刻之后，代码编辑器窗口中的复选框、代码行和 X 将高亮显示(这取决于单元测试覆盖的状态)。图 10-11 显示了这些符号。

```
✓        public static readonly DateTime SubscriptionOpenedOn = n

         6 references | ⊗ 1/2 passing
✗        public DateTime? PaidUpTo { get; set; }

         0 references
—        public string Subscriber { get; set;}

         2 references | ⊗ 1/2 passing
         public Status CurrentStatus
         {
✗            get
             {
✗                if (this.PaidUpTo.HasValue == false)
✓                    return Status.Temporary;
✗                if (this.PaidUpTo > DateTime.Today)
✓                    return Status.Financial;
                 else
```

图 10-11

如果查看图 10-11 中的前 3 行代码，会看到三个不同的符号。SubscriptionOpenedOn 的声明采用的是一个绿色复选标记，这表示使用 SubscriptionOpenedOn 的所有测试都已成功通过。Subscriber 的声明是一个蓝色的代码行，这意味着对该行代码没有进行单元测试。最后，PaidUpTo 的声明是一个位于左边的红色 X 复选标记，这意味着使用 PaidUpTo 的单元测试中当前至少有一个失败了。如果想知道已失败的单元测试的数量，可查看 PaidUpTo 的 Code Lens 信息，它显示有一半的单元测试已通过。要获得更具体的相关信息，单击红色的 X，会显示单元测试列表，如图 10-12 所示。

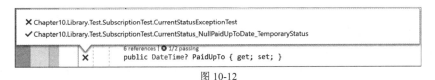

图 10-12

单击显示器上的单行代码，可看到所引用的实际单元测试。

10.6 高级单元测试

前面学习了如何编写和执行单元测试。本节将继续学习如何为测试用例添加定制属性，以及如何使用同样的框架来测试私有方法和私有属性。

10.6.1 定制属性

借助测试框架为测试方法提供的各种测试特性，可以记录与测试用例相关的信息。可以在 Properties 窗口中对这些信息进行编辑，更新测试方法中相应的特性。有时需要指定自己的属性来驱动测试方法，这也可以使用 Properties 窗口进行设置。为此，在测试方法中添加 TestProperty 特性。例如，下面的代码为测试方法添加了两个特性，一个用于指定任意日期，另一个用于指定期望的状态。这对于使用 Test View 窗口和 Properties 窗口进行随机测试特别方便。

VB

```vb
<TestMethod()>
<TestProperty("SpecialDate", "1/1/2008")>
<TestProperty("SpecialStatus", "Suspended")>
Public Sub SpecialCurrentStatusTest()
    Dim target As New Subscription
    target.PaidUpTo = CType(Me.TestContext.Properties.Item("SpecialDate"), _
        Date)
```

```
        Dim val As Subscription.Status = _
            [Enum].Parse(GetType(Subscription.Status), _
            CStr(Me.TestContext.Properties.Item("SpecialStatus")))
        Assert.AreEqual(val, target.CurrentStatus, _
            "Correct status not set for Paidup date {0}", target.PaidUpTo)
    End Sub
```

C#

```
[TestMethod]
[TestProperty("SpecialDate", "1/1/2008")]
[TestProperty("SpecialStatus", "Suspended")]
public void SpecialCurrentStatusTest()
{
    var target = new Subscription();

    target.PaidUpTo = this.TestContext.Properties["SpecialDate"] as DateTime?;
    var val = Enum.Parse(typeof(Subscription.Status),
        this.TestContext.Properties["SpecialStatus"] as string);

    Assert.AreEqual(val, target.CurrentStatus,
        "Correct status not set for Paidup date {0}", target.PaidUpTo);

}
```

10.6.2 测试私有成员

单元测试的一个卖点是它对类内部的测试(以确保它们正常工作)特别有效。这里的假设是，如果每一个组件都是独立工作的，它们在一起正常工作的可能性就非常大。而事实上，单元测试可用于测试多个类的合作运行。那么，单元测试框架测试私有方法的效果如何呢？

.NET Framework 的一个功能是它可以反射任意一个加载到内存中的类型，执行任意一个成员(无论它是私有的还是公有的)。这种功能会带来一定的性能损失，由于反射调用包含了一层额外的重定向操作，因此如果不断调用，就会对系统的运行造成很大的影响。尽管如此，对于测试来说，反射可以调用一个类的内部构造，而不需要担心这些调用所造成的潜在性能下降。

使用反射来访问类的非公有成员还存在一个更大的缺陷：这种代码会变得非常混乱。在 Subscription 类上，为测试做准备：返回到 CurrentStatus 属性，将它的访问权限从 public 变更为 private。

返回到单元测试，修改其主体，如下所示：

VB

```
DeploymentItem("Subscriptions.dll")> _
Public Sub Private CurrentStatusTest()
    ' Arrange
    Dim s = new Subscription()
    s.PaidUpTo = null
    ' Act
    Dim t = s.GetType()
    Dim result As Object
    Result = t.InvokeMember("CurrentStatus", BindingFlags.GetProperty |
        BindingFlags.Instance |BindingFlags.Public | BindingFlags.NonPublic, null, s, null)
    ' Assert
    Assert.IsInstanceOfType(result, GetType(Subscription.Status))
    Assert.AreEqual(Subscription.Status.Temporary, Cast(result, Subscription.Status))
End Sub
```

C#

```
[TestMethod()]
[DeploymentItem("Subscriptions.dll")]
public void Private CurrentStatusTest()
{
```

```
    // Arrange
    Subscription s = new Subscription();
    s.PaidUpTo = null;
    // Act
    Type t = s.GetType();
    object result = t.InvokeMember("CurrentStatus", BindingFlags.GetProperty |
      BindingFlags.Instance |BindingFlags.Public | BindingFlags.NonPublic, null, s, null);
    // Assert
    Assert.IsInstanceOfType(result, typeof(Subscription.Status));
    Assert.AreEqual(Subscription.Status.Temporary, (Subscription.Status)result);
}
```

可以看到，上面的例子以 InvokeMember 方法的形式使用了反射。特别地，它检索类型(在此为 Subscription 类)，然后调用 InvokeMember 来检索 CurrentStatus 属性值(GetProperty 绑定标志)。接下来，判断结果是否为 Subscription.Status 类型并等于 Temporary。

10.7   IntelliTest

在单元测试方面，Visual Studio 2017 引入的一个测试功能是 IntelliTest。它是 Pex 项目的产物，多年来，Pex 项目在 Microsoft Research 中一直很活跃。虽然 IntelliTest 可用在许多不同的情况下，但其优点是在单元测试覆盖率中填补 "漏洞" —— 例如旧代码完全没有单元测试时的漏洞，或者单元测试已经编写好，但没有覆盖被测试类的边界情况时的漏洞。

为提供这个功能，IntelliTest 会分析用户指定的、应测试的方法。对于每一个方法，应通过代码确定可以采取的不同路径。然后设置检查路径所需的任何参数的精确值，为每个路径生成单元测试。我们的目标是创建一组单元测试，尽可能完全涵盖代码。

要创建一组 IntelliTest，应首先右击要测试的类，从上下文菜单中选择 Run IntelliTest。这会检查类中的代码，生成相应的单元测试，运行它们。为了解生成的测试，可以考虑以下方法，该方法被添加到本章前面描述的 Subscription 类中。

VB

```
Private subscribers = New List(Of Person)

Public Sub AddSubscriber(ByVal person As Person, paidToDate As DateTime?)

  If person.Country <> "US" And person.Country <> "CAN" Then
    Return
  End If

  Dim existingSubscriber As Person = subscribers.Where( _
    Function(p) p == person).FirstOrDefault()


  If existingSubscriber Is Nothing Then
    Subscribers.Add(person)
  End If
End Sub
```

C#

```
public void AddSubscriber(Person person, DateTime? paidToDate)
{
  if (person.Country != "US" && person.Country != "CAN")
    return;

  var existingSubscriber = subscribers.Where(
    p => p == person).FirstOrDefault();

  if (existingSubscriber == null)
```

```
        subscribers.Add(person);
    }
```

输出如图 10-13 所示。

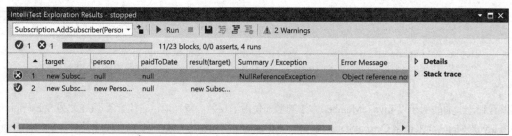

图 10-13

在图 10-13 中，分析了四个例程。因为其中两个已被单元测试覆盖，所以 IntelliTest 过程仅生成了两个单元测试。在 target 旁边的列中，可以看到所提供的值作为每次运行的参数。显然，两个单元测试中的一个失败了。

在顶部的工具栏中，有一些按钮可帮助浏览单元测试和结果。下拉列表中包含了生成单元测试的每个方法。屏幕显示只有一个方法，所以如果在执行 IntelliTest 之前选择了一个类声明，就需要从列表中选择一个不同的方法。

右边的下拉列表是一个按钮，单击它会进入单元测试的定义。默认情况下，从内存中生成、编译和运行单元测试。解决方案中没有添加项目。但如果单击 Go to Definition 按钮，就会添加一个单元测试项目，并打开单元测试代码文件，以供修改。此时，如果想修改生成的单元测试，就可以这样做，未来执行 IntelliTest 将保存和维护现在执行的修改。

为了解 IntelliTest 过程因生成这些测试而进行的分析级别，考虑图 10-14，该图更完整显示了 person 参数值。

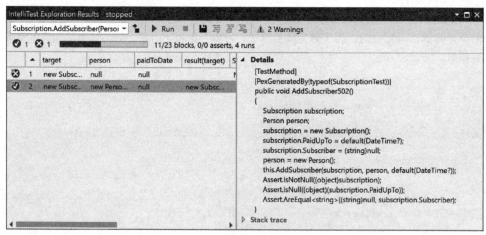

图 10-14

如图 10-15 所示是生成的单元测试的第二个视图。为了得到这个视图，在对话框中间的 Views 下拉框中选择 Events 选项。这个视图列出生成单元测试时发生的事件。如果 IntelliTest 有问题，这个事件的左边会显示一个警告符号。图 10-15 中的第一行就包含这样一个事件。在本例中，生成过程不得不猜测如何创建 Subscription 类。当选择该行时，右边是 IntelliTest 决定用于解决问题的方式。如果对解决方案满意，就单击 Suppress 按钮(工具栏中 Warnings 的左边)，禁用未来的警告。但是如果想修改创建类的方式，就单击 Fix 按钮(也在工具栏中 Warnings 的左边)。这会添加工厂代码，用于给单元测试项目创建 Subscription 类，并允许根据需要编辑它。

如果刚开始编写单元测试，或使用目前还没有被测试覆盖的旧代码，IntelliTest 的功能就是一个有效的补充。除了帮助生成一套全面得体的单元测试集外，IntelliTest 还可以帮助从头开始创建自己的单元测试。但注意，不要依赖生成的测试。虽然它们能很好地识别边界情况，但它们并不彻底。生成的测试可能无法覆盖一些业务逻辑。所以不要把它们作为一个完整的单元测试集。相反，应把它们作为一个很好的起点，来编写自己的更多单元测试。

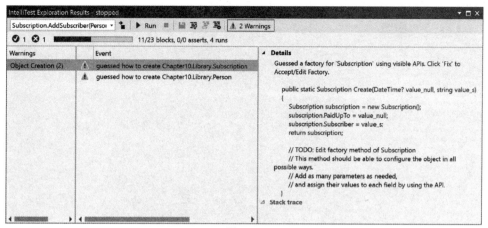

图 10-15

10.8 小结

本章介绍了如何使用单元测试来实现对代码功能的完整测试。Visual Studio 中的单元测试框架非常全面，既可以管理测试用例，也可以将它们记录到文档中。

在测试框架中使用合适的数据源，可以尽量减少测试所需的重复性代码。还可以扩展该框架，测试应用程序内部的全部构造。最后，可以利用 IntelliTest 对已有的代码创建单元测试，但可能没有必要的覆盖率。

第 **11** 章

项目模板和项模板

本章内容

- 创建自己的项模板
- 创建自己的项目模板
- 给项目模板添加向导

大多数开发团队都构建了一系列标准来指定如何生成应用程序。这意味着每次开始一个新项目，或者在已有的项目中添加一个项时，都必须通过某个过程来确保遵循该标准。Visual Studio 2017 允许创建可重用的模板，而无须修改 Visual Studio 2017 附带的标准项模板。本章介绍如何创建简单的模板，之后再用一个向导扩展它们，该向导可以使用 IWizard 接口改变生成项目的方式。

11.1 创建模板

模板有两类：创建新项目项的模板和创建整个项目的模板。这两种模板有相同的结构(后面可以看到该结构)，但放在不同的模板文件夹中。项目模板位于 New Project 对话框中，而项模板位于 Add New Item 对话框中。

11.1.1 项模板

可以手动构建模板，也可以从现有的项目项中创建模板，再根据需要修改它，这种方法更快捷。本节首先介绍项模板，这里以 ViewModel 类为例，它支持 INotifyPropertyChanged 接口。

首先，使用自己选择的语言新建一个类库应用程序 ViewModelTemplate。将项目中的 Class1.cs 文件重命名为 ViewModel.cs。然后修改该文件中的代码，如下所示：

VB

```
Imports System.ComponentModel

Namespace ViewModelTemplate
    ''' <summary>
    ''' The $safeitemrootname$ class.
    ''' </summary>
    Public Class ViewModel
      Implements INotifyPropertyChanged

      ''' <summary>
      ''' Raised when a property value changes.
      ''' <summary>
      Public Event PropertyChanged As PropertyChangedEventHandler _
        Implements INotifyPropertyChanged.PropertyChanged
```

```
''' <summary>
''' Raises the property changed event.
''' <summary>
''' <param name="propertyName">Name of the property.</param>
Private Sub NotifyPropertyChanged(propertyName As String)
    RaiseEvent PropertyChanged(Me, New
        PropertyChangedEventArgs(propertyName))
End Sub
    End Class
End Namespace
```

C#

```
using System.ComponentModel;

namespace ViewModelTemplate
{
    /// <summary>
    /// The $safeitemrootname$ class.
    /// </summary>
    public class ViewModel : INotifyPropertyChanged
    {
        /// <summary>
        /// Raised when a property value changes.
        /// <summary>
        public event PropertyChangedEventHandler PropertyChanged;

        /// <summary>
        /// Raises the property changed event.
        /// <summary>
        /// <param name="propertyName">Name of the property.</param>
        private void NotifyPropertyChanged(string propertyName)
        {
            var theEvent = PropertyChanged;
            if (theEvent != null)
                theEvent(this, new
                    PropertyChangedEventArgs(propertyName));
        }
    }
}
```

注意以上代码中有一个不寻常的项。在该类的 XML 注释中,类名已经替换为$safeitemrootnode$。当 Visual Studio 生成的项被添加给模板中的项目时,这个标记会被替换。虽然此时这一行为并不明显,但是当导出模板(稍后将进行该操作)时,名称空间和类名也将被标记所替换。

要从 ViewModel 类导出模板,可从 Project 菜单选择 Export Template 项。这会启动如图 11-1 所示的 Export Template Wizard。如果没有将所做的更改保存到解决方案中,向导会提示在继续操作之前进行保存。第一步是要确定要创建的模板类型。在本例中,选中 Item Template 单选按钮,并确保在下拉列表中选中 ViewModel 类所在的项目。

单击 Next 按钮。向导会提示选择基于模板的项。在本例中,选择 ViewModel.cs 文件。对话框中的复选框有点误导作用,因为模板只能基于一个项(选择第二项会取消选择已选择的项)。之后单击 Next 按钮,打开如图 11-2 所示的对话框,可在这里添加需要的任意程序集引用。这个列表基于项所在项目中的引用列表。

选择一个程序集后,列表的下方可能会显示一个警告,说明所选的程序集没有随 Visual Studio 一起安装。如果程序集在用户的计算机上不可用,则用户就不能使用该模板。要注意这个问题,并且仅选择项需要的程序集。或者,可创建一个安装程序,不仅可以将模板添加到用户的机器上,还可以安装必要的程序集。

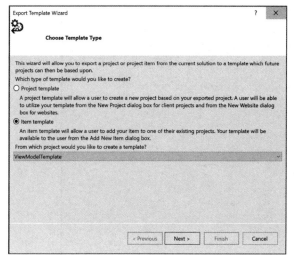

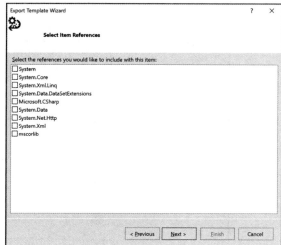

图 11-1　　　　　　　　　　　　　　　　　　　　　图 11-2

Export Template 向导的最后一步是指定要生成的模板的一些属性，如显示在 Add New Item 对话框中的名称、描述以及图标。

图 11-3 显示了向导中的最后一个对话框。它包含两个复选框，一个用于显示完成时的输出文件夹，另一个用于在 Visual Studio 2017 中自动导入新模板。

默认情况下，导出的模板在当前用户的 Documents\Visual Studio 2017 文件夹的 My Exported Templates 文件夹下创建。在这个根文件夹中有许多文件夹，包含了用户的 Visual Studio 2017 设置，如图 11-4 所示。

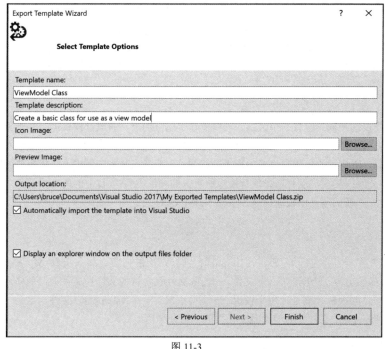

图 11-3　　　　　　　　　　　　　　　　　　　　　图 11-4

还要注意图 11-4 中的 Templates 文件夹，Visual Studio 2017 在这个文件夹中查找创建新项时显示的其他模板。Templates 文件夹下有两个子文件夹，它们分别包含项模板和项目模板。这些文件夹还按编程语言进一步细分。如果选择 Export Template 向导最后一个页面上的 Automatically Import the Template into Visual Studio 选项，那么新模板将不仅位于输出文件夹中，还会根据编程语言和模板类型复制到 Templates 文件夹中相关的位置上。Visual Studio 2017 下次显示 Add New Item 对话框时，会自动显示这个项模板，如图 11-5 所示。

图 11-5

 　　如果希望某个项模板或项目模板出现在 Add New Item/New Project 对话框中现有类别或自己的类别下(如 Windows Forms 类别),那么只需要创建一个文件夹,用类别名给该文件夹命名,把模板放在其中即可(在相关的位置下)。下次打开 Add New Item/New Project 对话框时,模板就会显示在与文件夹名对应的类别下(如果没有匹配文件夹名的类别,则模板显示在新类别下)。

11.1.2　项目模板

构建项目模板的方式与构建项模板的相同,但有一个区别。项模板基于已有的项,而项目模板需要基于整个项目。因此构建项目模板的起点是要先创建一个项目,该项目中包含想要在模板中包含的文件和引用。完成项目的创建后,要从这个项目中生成一个模板,所执行的步骤与生成项模板的相同,但有两点区别。首先,在指定要生成的模板类型时,应该选择 Project Template;其次,没有选择项目模板所包含的项的步骤(项目中的所有项都包含在模板中)。完成了 Export Template 向导后,新的项目模板就出现在 Add New Project 对话框中。

11.1.3　模板结构

在介绍如何构建更复杂的模板之前,需要先理解 Export Template 向导产生的内容。如果查看 My Exported Templates 文件夹,会发现所有模板都导出为一个压缩的 zip 文件。该 zip 文件包含许多文件和文件夹,具体内容取决于它是单一文件的模板还是整个项目的模板。但是,每个模板 zip 文件都包含一个.vstemplate 文件,这是一个包含模板配置的 XML 文档。下面的.vstemplate 文件作为前面项目模板的一部分导出。

```
<VSTemplate Version="3.0.0"
    xmlns="http://schemas.microsoft.com/developer/vstemplate/2005"
    Type="Item">
<TemplateData>
    <DefaultName>ViewModel Class.cs</DefaultName>
    <Name>ViewModel Class</Name>
    <Description>Create a basic class for use as a view
        model</Description>
    <ProjectType>CSharp</ProjectType>
```

```
    <SortOrder>10</SortOrder>
    <Icon>__TemplateIcon.ico</Icon>
  </TemplateData>
  <TemplateContent>
    <References />
    <ProjectItem SubType="" TargetFileName="$fileinputname$.cs"
      ReplaceParameters="true">ViewModel.cs</ProjectItem>
  </TemplateContent>
</VSTemplate>
```

在该文件顶部，VSTemplate 节点包含了一个 Type 特性，它确定这是一个项模板(Item)、项目模板(Project)还是多项目模板(ProjectGroup)。该文件的其余部分分为 TemplateData 和 TemplateContent。TemplateData 块包含模板本身的信息，如名称、描述以及在 New Project 对话框中表示该模板的图标；而 TemplateContent 块定义了模板的文件结构。

在前面的例子中，内容包含一个 References 部分，其中列出了该项所需要的程序集。包含在这个模板中的文件用 ProjectItem 节点的方式列出。每个节点都包含一个 TargetFileName 特性来指定文件名，因为它将显示在通过这个模板创建的项目中。对于项目模板，ProjectItem 元素包含在 Project 节点中。

> 可为包含多个项目的解决方案创建模板。这些模板为解决方案中的每个项目包含一个单独的.vstemplate 文件。它们还有一个全局.vstemplate 文件，该文件描述了整个模板，并包含了每个项目的.vstemplate 文件。但创建这个文件需要手动进行，因为 Visual Studio 当前不具有导出解决方案模板的功能。

关于.vstemplate 文件结构的更多信息，可参见%programfiles%\Microsoft Visual Studio 15.0\Xml\Schemas\1033\vstemplate.xsd 下的完整模式。

11.1.4　模板参数

项模板和项目模板都支持参数替代，即从模板中创建项目或项时，允许替代关键参数。一些情况下，这些参数是自动插入的。例如，当把 ViewModel 类作为一个项模板导出时，会删除类名，并以一个模板参数代替，如下所示：

```
public class $safeitemname$
```

在任意项目中，都可以使用保留模板参数，如表 11-1 所示。

表 11-1　模板参数

参　　数	说　　明
Clrversion	公共语言运行库的当前版本
GUID[1-10]	在项目文件中替代项目 GUID 的 GUID。可以指定至多 10 个不同的 GUID，例如 GUID1、GUID2 等
Itemname	用户在 Add New Item 对话框中提供的名称
machinename	当前的计算机名(如 computer01)
projectname	用户在 New Project 对话框中提供的名称
Registeredorganization	存储已注册组织名的注册表键值
rootnamespace	当前项目的根名称空间。这个参数用于替代要在项目中添加的项的名称空间
safeitemname	用户在 Add New Item 对话框中提供的名称，但删除了所有不安全的字符和空格
safeprojectname	用户在 New Project 对话框中提供的名称，但删除了所有不安全的字符和空格
Time	本地计算机上的当前时间
Userdomain	当前用户域
Username	当前用户名
webnamespace	当前网站名，它在 Web 窗体模板中使用，以确保唯一的类名
Year	当前年份，格式是 YYYY

除了保留的参数外，还可以创建定制的模板参数。为此，需要在.vstemplate 文件中添加一个<CustomParameters>部分，如下所示：

```
<TemplateContent>
    ...
    <CustomParameters>
        <CustomParameter Name="$timezoneName $" Value="(GMT+8:00) Perth"/>
        <CustomParameter Name="$timezoneOffset $" Value="+8"/>
    </CustomParameters>
</TemplateContent>
```

在代码中引用这个定制参数的方式如下：

```
string tzName = "$timezoneName$";
string tzOffset = "$timezoneOffset$";
```

从模板中创建包含定制参数的新项或项目时，Visual Studio 会自动对定制参数和保留参数执行模板替代。

11.1.5　模板位置

默认情况下，定制的项模板和项目模板存储在用户个人的 Documents\Visual Studio 2017\ Templates 文件夹下，但可以通过 Options 对话框把它重定向到另一个位置(例如，网络上的一个共享目录，以便与同事使用相同的定制模板)。进入 Tools | Options，选择 Projects and Solutions 节点，接着为定制模板选择另一个位置即可。

11.2　扩展模板

根据现有的项或项目构建模板限制了开发人员的操作，因为它假定每个项目或场景都需要相同的项。通过少量的用户交互操作，可将一个模板应用于多种场景，而不是为每一个不同的场景创建一个对应的模板(例如，一个场景的主窗体为黑色背景，而另一个场景的主窗体为白色背景)。因此，本节修改前面创建的项目模板，使它可以为主窗体指定背景色。

为给模板添加用户交互操作，需要在类库中实现 IWizard 接口，之后在使用模板的计算机上给该类库签名，并放在全局程序集缓存(Global Assembly Cache，GAC)中。因此，要部署使用向导的模板，还需要拥有把向导程序集部署到 GAC 中的权限。

11.2.1　模板项目的安装

在插入和实现 IWizard 接口之前，执行下面的步骤，以安装解决方案。

(1) 创建一个新的 WPF 应用程序，将其命名为 ExtendedProjectTemplateExample。给该项目添加两个额外的文件，这样可以查看模板的运行情况。在继续操作以前，确保这个解决方案成功生成和运行。该解决方案出现的任何问题在以后都很难检测出来，因为使用模板时出现的错误消息很难理解。

(2) 在这个解决方案中添加一个 Class Library 项目 WizardClassLibrary，在其中放置 IWizard 实现代码。

(3) 在 WizardClassLibrary 中添加一个新的空类文件 MyWizard 和一个名为 ColorPickerForm 的空白 Windows Form，这些文件将在以后定制。

(4) 要访问 IWizard 接口，需要在 Classic Library 项目中添加对 EnvDTE.dll 和 Microsoft. VisualStudio.Template WizardInterface.dll 的引用。EnvDTE.dll 位于%programfiles%\Common Files\ Microsoft Shared\MSEnv\PublicAssemblies 中，而 Microsoft.VisualStudio.TemplateWizardInterface.dll 位于%programfiles%\Microsoft Visual Studio 2017\Enterprise\ Common7\IDE\中。

11.2.2　IWizard

WizardClassLibrary 的目的、使用 IWizard 接口的实际原因是给模板创建过程添加编程关联(programming hook)。在项目中，有一个窗体(ColorPickerForm)和一个类(MyWizard)。前者是一个简单窗体，用于指定主窗体的背景色。对于这个窗体，需要添加一个 Color Dialog 控件 ColorDialog1、一个 Panel 控件 ColorPanel、一个文本为 Pick Color 的 Button 控件 PickColorButton，以及一个文本为 Accept Color 的 Button 控件 AcceptColorButton。完成后，ColorPickerForm

应该如图 11-6 所示。

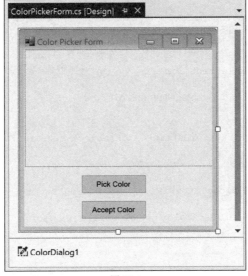

图 11-6

在该窗体上添加如下代码。这个窗体的主要逻辑在 Pick Color 按钮的事件处理程序中，该按钮会打开用于选择颜色的 ColorDialog。

VB

```vb
Public Class ColorPickerForm
    Public ReadOnly Property SelectedColor() As Drawing.Color
        Get
            Return ColorPanel.BackColor
        End Get
    End Property

    Private Sub PickColorButton_Click(ByVal sender As System.Object, _
                    ByVal e As System.EventArgs) Handles_
                    PickColorButton.Click
        ColorDialog1.Color = ColorPanel.BackColor
        If ColorDialog1.ShowDialog() = Windows.Forms.DialogResult.OK Then
            ColorPanel.BackColor = ColorDialog1.Color
        End If
    End Sub

    Private Sub AcceptColorButton_Click(ByVal sender As System.Object, _
                    ByVal e As System.EventArgs) Handles _
                    AcceptColorButton.Click
        Me.DialogResult = Windows.Forms.DialogResult.OK
        Me.Close()
    End Sub
End Class
```

C#

```csharp
using System;
using System.Drawing;
using System.Windows.Forms;

namespace WizardClassLibrary
{
    public partial class ColorPickerForm : Form
    {
        public ColorPickerForm()
```

```
        {
            InitializeComponent();

            PickColorButton.Click += PickColorButton_Click;
            AcceptColorButton.Click += AcceptColorButton_Click;
        }

        public Color SelectedColor
        {
            get { return ColorPanel.BackColor; }
        }

        private void PickColorButton_Click(object sender, EventArgs e)
        {
            ColorDialog1.Color = ColorPanel.BackColor;

            if (ColorDialog1.ShowDialog() == DialogResult.OK)
            {
                ColorPanel.BackColor = ColorDialog1.Color;
            }
        }

        private void AcceptColorButton_Click(object sender, EventArgs e)
        {
            this.DialogResult = DialogResult.OK;
            this.Close();
        }
    }
}
```

MyWizard 类实现了 IWizard 接口，用户可以通过该接口对模板进行大量的交互操作。现在，为 RunStarted 方法添加代码，项目创建进程在启动后会调用这个方法。然后用户就可以为主窗体选择并应用新的背景色：

VB

```
Imports Microsoft.VisualStudio.TemplateWizard
Imports System.Windows.Forms

Public Class MyWizard
    Implements IWizard

    Public Sub BeforeOpeningFile(ByVal projectItem As EnvDTE.ProjectItem) _
                                       Implements IWizard.BeforeOpeningFile
    End Sub

    Public Sub ProjectFinishedGenerating(ByVal project As EnvDTE.Project) _
                               Implements IWizard.ProjectFinishedGenerating
    End Sub

    Public Sub ProjectItemFinishedGenerating _
                        (ByVal projectItem As EnvDTE.ProjectItem) _
                        Implements IWizard.ProjectItemFinishedGenerating
    End Sub

    Public Sub RunFinished() Implements IWizard.RunFinished

    End Sub

    Public Sub RunStarted(ByVal automationObject As Object, _
                  ByVal replacementsDictionary As _
    Dictionary(Of String, String), _
                  ByVal runKind As WizardRunKind, _
                  ByVal customParams() As Object) _
    Implements IWizard.RunStarted
        Dim selector As New ColorPickerForm
```

```
        If selector.ShowDialog = DialogResult.OK Then
            Dim c As Drawing.Color = selector.SelectedColor
            Dim colorString As String = "System.Drawing.Color.FromArgb(" & _
    c.R.ToString & "," & _
    c.G.ToString & "," & _
    c.B.ToString & ")"
            replacementsDictionary.Add _
                              ("Background=""Silver""", _
                               "Background=""" & colorString & """")
        End If
    End Sub

    Public Function ShouldAddProjectItem(ByVal filePath As String) As Boolean _
                                    Implements IWizard.ShouldAddProjectItem
        Return True
    End Function
End Class
```

C#

```csharp
using System;
using System.Drawing;
using System.Windows.Forms;
using Microsoft.VisualStudio.TemplateWizard;

namespace WizardClassLibrary
{
    public class MyWizard : IWizard
    {
        public void BeforeOpeningFile(EnvDTE.ProjectItem projectItem)
        {
        }

        public void ProjectFinishedGenerating(EnvDTE.Project project)
        {
        }

        public void ProjectItemFinishedGenerating(EnvDTE.ProjectItem projectItem)
        {
        }

        public void RunFinished()
        {
        }

        public void RunStarted(object automationObject, Dictionary<string, string>
            replacementsDictionary, WizardRunKind runKind, object[] customParams)
        {
            ColorPickerForm selector = new ColorPickerForm();

            if (selector.ShowDialog() == DialogResult.OK)
            {
                Color c = selector.SelectedColor;
                string colorString = "Color.FromArgb(" +
                    c.R.ToString() + "," +
                    c.G.ToString() + "," +
                    c.B.ToString() + ")";
                replacementsDictionary.Add
                            ("Background=""Silver""",
                             "Background=""" + colorString + """");
            }
        }

        public bool ShouldAddProjectItem(string filePath)
        {
            return true;
```

```
            }
        }
    }
```

在 RunStarted 方法中，提示用户可以选择一个新的颜色，然后使用产生的响应在替换词典中插入一个新条目。在本例中，将使用由用户指定颜色的 RGB 值组成的连接字符串替换'Background= "silver"'。如果创建的文件需要应用于新项目，则需要使用替换词典，因为系统可以在替换词典中搜索替换键。找到这些替换键的实例后，就用对应的替换值替代它们。在本例中搜索的是将 BackColor 指定为 Silver 值的行，然后把它替换为用户指定的新颜色。

包含 IWizard 接口的实现代码的类库必须包含一个能放在 GAC 中的强名称程序集。为此，应使用 Project Properties 对话框的 Signing 选项卡生成一个新的签名密钥，如图 11-7 所示。

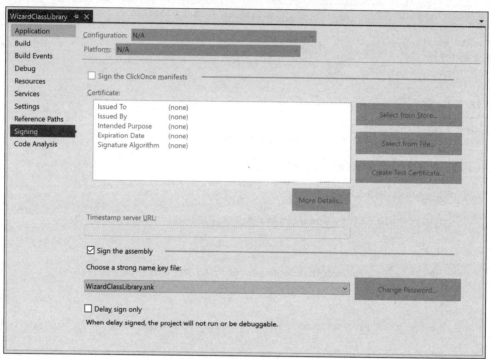

图 11-7

选中 Sign the assembly 复选框后，密钥文件将没有默认值。为创建新密钥，从下拉列表中选择<New...>项。或者通过下拉列表中的<Browse...>项使用已有的密钥文件。

11.2.3 生成扩展项目模板

这个例子的模板基于 ExtendedProjectTemplateExample 项目，只需要进行很少的修改，刚才构建的向导就可以正确工作。前面在替换词典中添加了一项，并搜索将 Background 设置为 Silver 的实例。如果希望在使用向导时给 MainWindow 指定 Background，就需要确保找到了替换值。为此，只需要把 MainWindow 的 Background 属性设置为 Silver。这会在 MainWindow.xaml 文件中给 Grid 元素添加'Background = "Silver"'特性，这样在替换阶段就可以找到它。

现在需要给向导关联项目模板，以便从这个模板中创建新项目。遗憾的是，这是一个手动过程，但在项目的后续重新生成过程中执行了这些手动修改后，就可以自动完成它。首先按照前面的方法把 ExtendedProjectTemplateExample 导出为一个新项目模板，再在 Windows Explorer 中找到这个模板的.zip 文件，在其中找到.vstemplate 文件并编辑它。具体而言，在.vstemplate 文件中添加如下以粗体显示的代码：

```
<VSTemplate Version="2.0.0"
 xmlns="http://schemas.microsoft.com/developer/vstemplate/2005" Type="Project">
 <TemplateData>
 ...
```

```
  </TemplateData>
  <TemplateContent>
  ...
  </TemplateContent>
  <WizardExtension>
    <Assembly>WizardClassLibrary, Version=1.0.0.0, Culture=neutral,
       PublicKeyToken=022e960e5582ca43, Custom=null</Assembly>
    <FullClassName>WizardClassLibrary.MyWizard</FullClassName>
  </WizardExtension>
</VSTemplate>
```

在示例中添加的<WizardExtension>节点表示向导的类名和它所在的强名称程序集。前面已经给向导程序集签名，所以现在只需要确定 PublicKeyToken。最简单的方式是打开 Visual Studio 2017 的 Developer Command Prompt(对于不同的操作系统，打开该窗口的指令可以从 https://msdn.microsoft.com/library/ms229859.aspx 上获得)，定位到包含 WizardClassLibrary.dll 的目录。然后执行 sn -T <assemblyName>命令。图 11-8 显示了该命令的输出结果。用通过命令提示行找到的值替换.vstemplate 文件中的 PublicKeyToken 值。

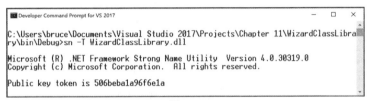

图 11-8

现在，有一个.zip 文件，其中包含项目模板，以及一个可用来扩展项目创建过程的程序集。最大的挑战是如何把这些作品交给其他人。本章一开始的模板可以通过将一个.zip 文件放在合适的目录中来部署，而这个扩展模板则不能。它需要把 WizardLibrary.dll 文件放在 GAC 中，而这需要一个安装程序。有关如何创建安装程序的详细信息参见第 35 章。

11.3　Starter Kit

Starter Kit 其实与模板相同，但其目的不同。项目模板创建应用程序的基本 shell，而 Starter Kit 创建一个完整的示例应用程序，并带有如何定制它的说明。Starter Kit 显示在 New Project 窗口中，其方式与项目模板相同。在开始项目时 Starter Kit 可以提供很大的帮助(如果能找到一个特定于当前所用项目类型的 Starter Kit)，还可以用前面创建项目模板的方式创建自己的 Starter Kit，与他人共享。

11.4　联机模板

Visual Studio 2017 很好地集成了联机 Visual Studio Gallery(http://www.visualstudiogallery.com)，可以搜索其他开发人员创建的模板，这些模板被上传到库中供其他开发人员下载并使用。在 Visual Studio 中浏览该库、安装所选模板有两种方式：通过 Open Project 窗口和使用 Extension Manager。

在 Visual Studio 中打开 New Project 窗口时，会看到安装到计算机上的模板。选择边栏上的 Online，就可以浏览和搜索联机模板。接着 Visual Studio 允许用户联机浏览模板。选择一个模板后，就会将其下载并安装到计算机上，并使用它创建一个新项目。

Visual Studio 2017 包括了 Extensions and Updates 窗口，如图 11-9 所示，使用 Tools | Extensions and Updates 选项就可以打开它。Extensions and Updates 窗口把联机的 Visual Studio Gallery 集成到 Visual Studio 中。它还允许浏览 Visual Studio Gallery，允许下载并安装模板、控件和工具。

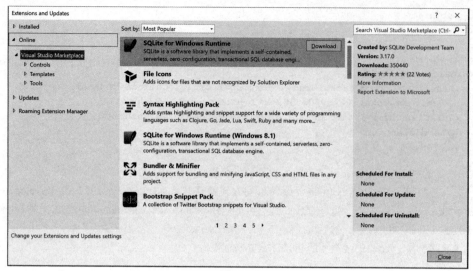

图 11-9

11.5 小结

本章概述了如何用 Visual Studio 2017 创建项模板和项目模板。可以将已有的项目或项导出为模板，并由你的同事部署。另外，还可以手动构建模板，用 IWizard 接口添加一个用户界面。学习了本章后，你就可以构建模板解决方案来创建项目模板，以及生成和集成向导接口。

第 **12** 章

管理源代码

本章内容
- 使用源控制
- 在源存储库中创建、添加和更新代码

本章源代码下载

通过在 www.wrox.com 网站上搜索本书的 EISBN 号(978-1-119-40458-3)，可以下载本章的源代码。相关源代码和支持文件都在本章对应的文件夹中。

如果自己构建一个小型应用程序，那么很容易理解其中的各个部分是如何组合在一起的，也很容易修改应用程序，以满足新的或变化的需求。但即使在这样小型的项目中，基本代码也很容易变得结构混乱，组织无序，成为一组混乱的变量、方法和类。如果应用程序很大、很复杂，并且多个开发人员同时开发它，这个问题就会更严重。

本章介绍团队如何使用 Visual Studio 2017 的功能编写和维护一致的代码。本章的第一部分介绍如何通过源控制来跟踪基本代码随着时间的变化。使用源控制便于在团队中共享代码和变更，更重要的是，源控制可以记录应用程序的变更历史。

12.1 源控制

软件应用程序的构建有很多不同的方式。尽管有关团队结构、工作分配、设计和测试的理论不尽相同，但有一点是大家都认同的——应用程序的全部源代码应存储在一个存储库中。源控制指存储源代码(称为"签入")和访问编辑源代码(称为"签出")的过程。这里提到的源代码包括构建和部署应用程序所需的全部资源、配置文件、代码文件或文档。

不同源代码存储库的结构和接口也不一样。源控制存储库不仅提供了存储源代码的机制，而且提供了文件的版本管理、分支管理以及远程访问的功能。较复杂的存储库也可以帮助完成文件合并和冲突解决的工作。更重要的是，这些复杂的存储库可以用于 Visual Studio 中。

使用源控制存储库的一个最大优势是版本跟踪，包括修改内容和修改者等全部历史信息。尽管大多数开发人员都认为自己编写的代码完美无瑕，但事实上，一个修改常常会破坏原有的规则。检查项目的修改历史，可以标识是哪次修改引起了缺陷。对项目变更的跟踪还可以用于报表制作和检查，因为它记录了每一次修改的时间和人员。

12.1.1 选择源控制存储库

Visual Studio 2017 并没有提供源控制存储库，但给文件的签入、签出以及更改的合并和检查提供了丰富的支持。为在 Visual Studio 2017 中使用存储库，必须指定要使用的存储库。Visual Studio 2017 支持与 Team Foundation Server(TFS)和 Git 的深度集成，其中 TFS 是 Microsoft 的主要源控制和项目跟踪系统，Git 是一个顶尖开源控制系统。

另外，Visual Studio 还支持使用 Source Code Control (SCC) API 的所有源控制客户端。使用 SCC API 的产品有 Microsoft Visual SourceSafe 和开源的免费源控制存储库 Subversion 和 CVS。

为使 Visual Studio 2017 使用特定的源控制提供程序，必须在 Tools 菜单的 Options 选项中配置合适的源控制提供程序的信息。图 12-1 所示的 Options 窗口选中了 Source Control 选项卡。

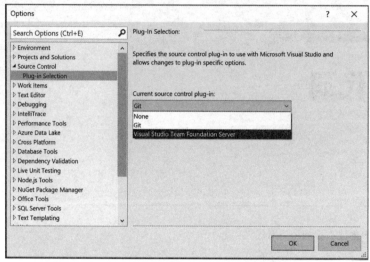

图 12-1

界面中一开始只显示很少的源控制设置。但是，一旦选择了提供程序，树中就会添加其他节点，这些节点可以控制源控制的行为。这些选项专用于选中的源控制提供程序。

第 40 章讨论 Team Foundation 的使用，Team Foundation 是一种集成更丰富、功能更全面的源控制存储库。因此，本章剩余部分主要讨论 Git 的用法，Git 是一个开源的源控制存储库，它可以与 Visual Studio 2017 相集成。

Environment 设置

一旦从插件菜单中选中源控制存储库后，就必须为计算机配置该存储库。许多源控制存储库都需要进行一些额外设置才可以与 Visual Studio 2017 集成。这些设置位于作为 Settings 窗体一部分的额外窗格中。然而，这些值是特定于插件的，因此无法概括性地描述信息。简单而言，该插件可以提供进行适当配置所需的信息。更重要的是，与 Git 集成并不需要提供额外的设置。

12.1.2　访问源控制

本节将详细介绍如何在 Git 存储库中添加解决方案，该方法也适用于其他所选择的源控制存储库。这个过程可以应用于尚未在源控制存储库中添加的所有新解决方案或已有的解决方案。这里还假设有权访问 Git 存储库，并在 Visual Studio 2017 中将其选择为源控制存储库。

1. 添加解决方案

在选择存储库后，为将解决方案添加到源控制中，可在 Visual Studio 的右下方选择 Add to Source Control 选项，如图 12-2 的左图所示。或者，如果新建一个解决方案，则选中 New Project 对话框中的 Add to Source Control 复选框，从而立即将新解决方案添加到源控制存储库中。

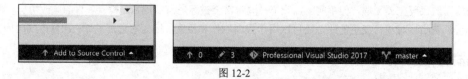

图 12-2

添加解决方案后，Visual Studio 中的状态栏会发生变化，显示与该存储库相关的项目的状态。在图 12-2(a) 中，可以看到根分支(master)、存储库的名称、更改的数量(3)，以及未签入存储库的文件数量(当前为 0)。

大多数情况下，与源控制存储库的交互是通过 Team Explorer 窗口来完成的。有许多选项可供选择，如图 12-3 中的默认视图所示。

 Source Code Control(SCC) API 假定.sln 解决方案文件位于项目文件所在的文件夹或父文件夹中。如果把.sln 解决方案文件放在不同于项目文件的另一个文件夹层次结构中，就会出现"有趣"的源控制维护问题。

2. Solution Explorer 窗口

在源控制中添加解决方案后，第一个变化是 Visual Studio 2017 调整了 Solution Explorer 中的图标以反映源控制状态。图 12-4 展示了 3 种文件状态。当最初在源控制存储库中添加解决方案时，每个文件的文件类型图标旁边都会出现一个小的加锁标记图标。这表示文件已经签入，并且还没有被任何人签出。例如，Order.cs 和 Properties 就有这种图标。

图 12-3

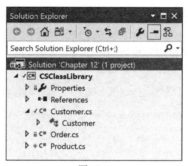

图 12-4

一旦解决方案位于源控制之下，所有的更改都会被记录，这包括文件的添加和删除。图 12-4 展示了在解决方案中添加 Product.cs 的情况。Product.cs 旁边的加号表明这是一个新文件。CSClassLibrary 项目旁边的红色复选标记表示该文件自上一次签入以来已经被编辑过。

3. 更改

在大型应用程序中，通常很难一眼看出哪些文件已修改，或者项目中最近添加或删除了哪些文件。Changes 窗口如图 12-5 所示，可用于观察哪些文件在等待签入存储库。如果文件没有被 Git 跟踪，那么在窗口的底部会列出它们。

要将文件签入存储库，需要在 Changes 窗口顶部的 Commit 消息文本框中填充 Commit 注释，并单击 Commit All 按钮，这会把文件签入本地存储库中。单击 Commit All 按钮右边的下拉框，就可以签入并推入(把存储库推入一个远程存储库)或签入并同步(从远程存储库中拉出存储库，再推入同一个远程存储库)。

也可以分阶段将文件签入存储库。在 Git 中，阶段性地将文件签入存储库允许将文件以小块形式添加到更大的文件中。每次分阶段将文件签入存储库时，都可以添加不同的消息。例如，在重构代码的中间过程中，注意到某个消息中有一个输入错误，于是想要修改该错误，将这个变化进行分阶段处理(使用合适的消息)，并继续完成主要工作。当所有工作都就绪后，可将该文件绑定到一个更大的文件中，但单个消息将会被保留。

要阶段性地签入文件，需要在该文件上右击并从上下文菜单中选择 Stage 菜单项。这会将该文件添加到 staged 部分，如图 12-6 所示。然后单击 Commit Staged 按钮，完成分阶段的过程。

4. 合并更改

有时，多个开发人员会更改同一个文件。某些情况下，如果这些更改不相关，就可以自动处理，例如为已有的类添加方法。但是，如果更改文件的同一个部分，就必须有一个协调更改的过程，以获得正确的代码。此时，可以使用 Resolve Conflicts 屏幕识别并解决冲突，如图 12-7 所示。

图 12-5

图 12-6

其中列出了有冲突的文件。为了解决某个文件的冲突，可以双击它，显示额外的选项，如图 12-8 所示。

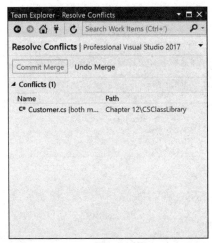

图 12-7

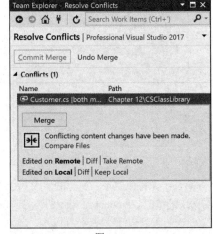

图 12-8

这里，有很多用于解决冲突的选项。可以提取远程版本或保存本地版本。也可以点击 Compare Files 链接，显示两个文件的差异，如图 12-9 所示。

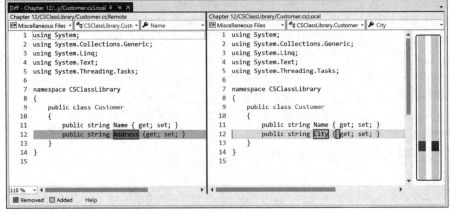

图 12-9

一旦解决了冲突，文件就移动到窗口底部的 Resolved 列表。

5. 历史记录

在 Git 存储库中更新文件后，系统会为该文件的每一个版本创建历史记录。在 Solution Explorer 的右击快捷菜单中选择 View History 选项，可以浏览历史记录。图 12-10 显示了一个文件的简要历史记录。该对话框允许开发人员查看以往的版本(可以看到当前文件有两个以前的版本)，浏览每个版本的相关注释。该对话框中提供的功能取决于所使用的源控制插件。对于 Git，在该对话框中可以使用上述功能。然而，如果利用 Team Foundation Server 作为源控制插件，则该窗体上的工具栏项和上下文菜单选项将允许获得特定的版本、标记某个文件为已签出、比较文件的不同版本、将文件回滚到以前的某个版本(会擦除新版本)，以及报告版本的历史。

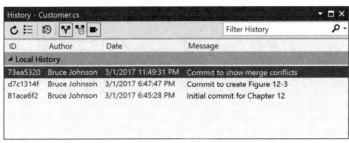

图 12-10

12.2　小结

本章演示了内容丰富的 Visual Studio 2017 界面，通过该界面可以使用源控制存储库来管理与应用程序相关的文件。使用 Solution Explorer 窗口可以签入和签出文件，也可以通过 Changes 窗口获得更高级的功能。

第IV部分

桌面应用程序

第13章

Windows Form 应用程序

本章内容

- 创建新的 Windows Form 应用程序
- 使用 Visual Studio 设计器和控件属性来设计窗体与控件的布局
- 使用容器控件和控件属性确保在应用程序重置大小时，控件也随之自动重置大小

本章源代码下载

通过在 www.wrox.com 网站上搜索本书的 EISBN 号(978-1-119-40458-3)，可以下载本章的源代码。相关源代码和支持文件都在本章对应的文件夹中。

Visual Studio 从一开始就为快速开发 Windows 应用程序提供了一个丰富的可视化环境。Visual Studio 2017 内置的设计器允许开发人员通过简单的拖放操作就可以将图形控件放在窗体上，乃至设置属性来控制控件的高级布局和行为，而不需要在代码中手动创建 UI。

本章将介绍丰富的设计器支持和完整的控件集，它们将最大限度地提高创建 Windows Form 应用程序的效率。

13.1 入门

首先需要创建一个新的 Windows Form 项目。选择 File | New | Project 菜单项，在新解决方案中创建项目。如果在已有的解决方案中添加新的 Windows Form 项目，就选择 File | Add | New Project 菜单项。

可使用 VB 或 C#语言创建 Windows Form 应用程序。这两种情况下，打开 New Project 对话框，在所选语言中选择 Windows Desktop 类别时，Windows Forms Application 项目模板都是默认选项，如图 13-1 所示。

New Project 对话框允许选择要面向的.NET Framework 版本。与 WPF 应用程序不同，Windows Form 项目自.NET Framework 1.0 版本以来就有，而且无论选择什么样的.NET Framework 版本，它都位于可用项目列表中。给项目输入合适的名称后，单击 OK 按钮，就会创建新的 Windows Form Application 项目。

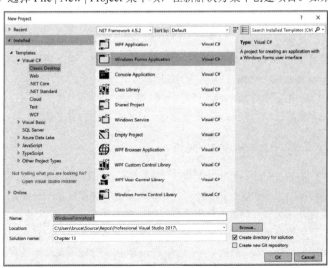

图 13-1

13.2 Windows 窗体

在创建 Windows 应用程序项目时，Visual Studio 2017 会自动为用户界面设计创建一个空白窗体(如图 13-2 所示)。修改 Windows Form 的可视化设计有两种常见方式：使用鼠标改变窗体或控件的大小或位置，或者在 Properties 窗口中改变控件的属性值。

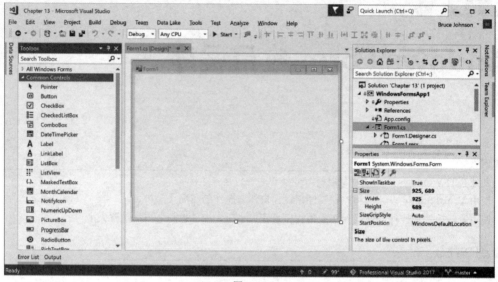

图 13-2

几乎每个可视化控件，包括 Windows Form，都可以用鼠标重置大小。窗体或控件在 Design 视图中获得焦点时，会显示大小调整手柄。Windows Form 只在底部、右边和右下角显示手柄。用鼠标抓住大小调整手柄，并拖动到满意的大小后放开鼠标。在重置大小时，窗体的尺寸会显示在状态栏的右下角。

Windows Form 和控件的尺寸及位置都有对应的属性。在图 13-2 右边的 Properties 窗口中显示了窗体当前的许多属性值。例如，Size 属性是一个由 Height 和 Width 组成的复合属性。单击"+"图标会显示复合属性的各个属性。要使用像素值设置窗体的尺寸，可以分别输入 Height 和 Width 属性的值，或者以宽度、高度的格式输入复合的 Size 值。

图 13-3 中的 Properties 窗口显示了定制窗体的外观和行为的一些属性。

属性可以用两种视图显示：按类别分组或者按字母顺序显示。其视图用 Properties 窗口的工具栏的前两个图标控制。后面两个图标在显示 Properties 和 Events 之间切换属性列表。

3 个类别 Appearance、Layout 和 Window Style 包含了影响窗体外观的大多数属性。Windows 控件也包含这些类别中的许多属性。

13.2.1 Appearance 属性

Appearance 类别包含颜色、字体和窗体边框样式。Windows Form 应用程序的大多数这些属性使用的是默认值。Text 属性是一个经常改变的属性，因为它控制着窗体标题栏上显示的内容。

如果窗体的功能与常规的行为不同，就需要使用固定尺寸的窗口或特殊的边框，如工具窗口中所示。FormBorderStyle 属性控制了窗体外观的这个方面。

图 13-3

13.2.2　Layout 属性

除了前面讨论的 Size 属性外，Layout 类别还包含 MaximumSize 和 MinimumSize 属性，它们控制着窗口的重置尺寸。StartPosition 和 Location 属性控制着窗体在屏幕上的显示位置。WindowState 属性可以根据窗体的默认大小，最大化、最小化和正常显示窗体。

13.2.3　Window Style 属性

Window Style 类别包含的属性确定了显示在 Windows Form 标题栏中的内容，包括最小化和最大化框、帮助按钮和窗体图标。ShowInTaskbar 属性确定窗体是否显示在 Windows 任务栏中。这个类别中的其他知名属性有 TopMost 和 Opacity。TopMost 可以确保窗体即使没有焦点，也总是显示在其他窗口的上方；Opacity 属性可以使窗体半透明。

13.3　窗体设计首选项

可以修改一些 Visual Studio IDE 设置来简化用户界面设计阶段。在 Options 对话框中(如图 13-4 所示)，有两个处理 Windows Form Designer 的首选项页面。

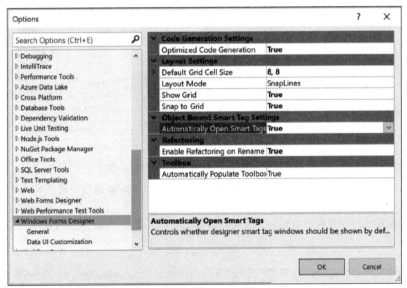

图 13-4

布局设置是影响界面设计的主要方面。默认情况下，Visual Studio 2017 使用 SnapLines 布局模式。SnapLines 不是通过不可见的网格在窗体上布置可视化组件，而是基于周围控件的上下文和窗体自身的边框来安排控件，稍后介绍如何使用这种模式。但是，如果喜欢使用 Visual Basic 6 中引入且在 Visual Studio .NET 的前两个版本中继续使用的旧式窗体设计形式，可以将 LayoutMode 属性设置为 SnapToGrid。

　　　即使 LayoutMode 设置为 SnapLines，也可以使用 SnapToGrid 布局模式。只有在相对于一个控件定位另一个控件时，才会激活 SnapLines。除此之外激活的是 SnapToGrid，可以把控件定位在网格顶点上。

GridSize 属性用于调整窗体上控件的位置和大小。在窗体上移动控件时，它们将基于输入的值吸附到特定的点。大多数情况下，8×8(默认)的网格太大，很难进行微调，因此将它改为其他值更合适一些，如 4×4。

　　　SnapToGrid 和 SnapLines 都有助于使用鼠标来设计用户界面。控件大致定位后，就可以用键盘上的箭头键微调控件的位置。

使用 SnapToGrid 模式时，ShowGrid 会在窗体的设计界面上显示由很多点形成的网格，这样在移动控件时，很容易看到它们在什么位置。只有关闭设计器，再次打开它，才能看到对这个设置进行的修改。最后，把 SnaptoGrid 属性设置为 False，将禁用 SnapToGrid 模式下的布局辅助工具，实现完全自由的窗体设计。

在考虑该页面上的选项时，可将 Automatically Open Smart Tags 值改为 False。使用其默认设置值 True，会弹出与在窗体上添加的控件相关联的智能标记任务列表，在窗体设计的初始阶段，这可能会分散开发人员的注意力。有关智能标记的内容将在本章后面讨论。

定制 Windows Form Designer 的另一个首选项页面是 Data UI Customization(如图 13-5 所示)，在连接数据库时，它用于将各种控件自动绑定到数据类型上。

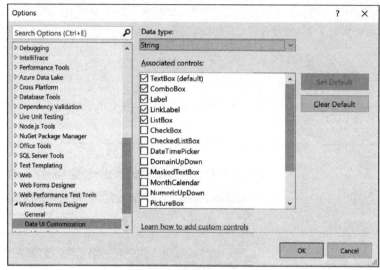

图 13-5

可以看到，在这个屏幕截图上，String 数据类型关联到 5 个常用的控件上，并将 TextBox 控件设置为默认。只要在窗体上添加一个定义为 String 数据类型的数据库字段，Visual Studio 就会自动生成一个 TextBox 控件来包含该值。

在编辑数据源和样式时，也可以使用标记为关联数据类型的其他控件(如 ComboBox、Label、LinkLabel 和 ListBox)。

　　此时应检查关联到每个数据类型上的默认控件，确保对所选的类型满意。例如，所有的 DateTime 数据类型变量会自动用 DateTime Picker 控件表示，但我们希望把它绑定到 MonthCalendar 上。

有关数据绑定控件的使用请参阅第 53 章。

13.4　添加和定位控件

可为 Windows Form 添加两种类型的控件：窗体上实际存在的图形组件，以及在窗体上没有特定可视化显示界面的组件。

可采用两种方法在窗体上添加图形控件。第一种方法是在 Toolbox 中找到要添加的控件，然后双击该控件。Visual Studio 2017 会把它放在窗体的默认位置上：第一个控件放在窗体的左上角，后续添加的控件平铺在右下方。

　　如果关闭了 Toolbox，则下次打开 Windows Form 设计器时，它不会自动打开。从菜单中选择 View | Toolbox，可以再次显示 Toolbox。

第二种方法是单击 Toolbox 中的项，并把它拖放到窗体上。在拖动经过窗体上的可用区域时，鼠标光标将产生变化以指明控件放在什么地方。这允许直接把控件放在预期的位置，而不是先在窗体上添加控件，再将其移动到希望的位置。无论采取哪种方式，只要控件在窗体上，就可以任意移动它，因为这与控件如何添加到窗体的设计界面上无关。

 在窗体上添加控件实际上还有一种方法：把一个控件或一组控件复制并粘贴到另一个窗体上。如果一次粘贴多个控件，则这些控件的相对位置和布局会保留下来，属性设置也会保留下来，但控件名会变化，因为控件名必须唯一。

如果在 SnapLines 模式中设计窗体(参考前一节)，则在窗体布局中移动控件时就会显示各种引导线(guideline)。这些引导线推了"最佳"的定位和尺寸调整标记，这样就可以很容易地根据其他控件和窗体的边界来定位控件。

图 13-6 展示了把一个 Button 控件向窗体左上角移动的情况。在靠近推荐位置时，控件将吸附在恰好距上边界和左边界推荐距离的位置上，并显示蓝色的引导线。

这些引导线可定位控件和调整控件的大小，用于将控件吸附到窗体的任意边上——但这只是 SnapLines 功能的冰山一角。给窗体添加更多的控件后，移动控件时将出现更多的引导线。

在图 13-7 中可以看到第二个 Button 控件的移动情况。左边的引导线和第一个按钮的一样，表示控件距离窗体左边界的理想长度。但是，现在设计界面上出现了另外两条引导线。控件的左边出现了一条蓝色的垂直引导线，说明该控件与窗体上已有的另一个 Button 控件的左边界对齐。另一条垂直线表示两个按钮之间的理想间隔。

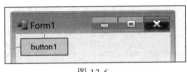
图 13-6

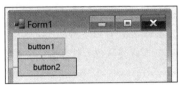
图 13-7

13.4.1　垂直对齐文本控件

一个控件对齐问题是：垂直对齐控件中显示的文本，如对齐 TextBox 和 Label 中的文本是不同的。问题的关键是每个控件中的文本距离控件顶端的垂直距离都不一样。如果仅根据控件的边框对齐这些不同的控件，则控件中的文本就无法对齐。

如图 13-8 所示，在对齐包含文本的控件时，有一条附加的引导线。在本例中，Cell Phone 标签与包含实际 Cell Phone 值的文本框对齐。一条引导线将控件吸附到合适的位置。我们仍然可以微移标签，使它吸附到相应的引导线上，保证标签与文本框的上边框或下边框对齐。这种新型的引导线使开发人员不再需要完成痛苦的文本对齐工作。

注意，其他引导线将该标签与其上面的 Label 控件水平对齐，并且与文本框的间隔是推荐距离。

图 13-8

13.4.2　自动定位多个控件

把控件放在接近预期的位置后，就可以使用 Visual Studio 2017 提供的附加工具来自动调整控件的格式。Format 菜单如图 13-9 所示，通常只有在窗体的 Design 视图中才能访问。通过该菜单，可以让 IDE 自动对齐控件、调整控件的大小，以及定位控件组，在控件相互重叠时设置控件的顺序。也可以通过设计工具栏和键盘快捷键访问这些命令。

图 13-9 显示的窗体包含多个 TextBox 控件，它们最初的宽度各不相同。这使界面非常混乱。为了使界面比较整洁，应把这些控件的宽度设置为最宽控件的宽度。在 Format 菜单中使用 Make Same Size | Width 命令能够自动把控件调整到相同的宽度。

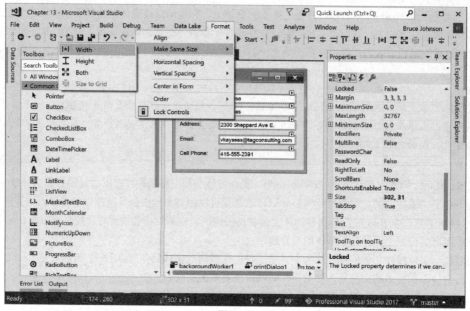

图 13-9

　　Make Same Size 菜单中的命令使用第一个选中的控件作为尺寸的模板。可以先选择要用作模板的控件，然后按住 Ctrl 键并单击，依次选中其他控件。另外，所有控件的尺寸都相同后，这些控件仍处于选中状态，可以用鼠标同时重置这个控件组的大小。

　　使用同样的方式可以自动对齐多个控件。首先选择一个控件，把它的边框作为基准，然后选择要与它对齐的其他元素。再选择 Format | Align 命令，并选择要执行的对齐方式。在这个例子中，对齐所有 Label 控件的右边界。使用引导线也可以实现这种布局，但是有时使用这个批量对齐选项会更方便。

　　另外两个方便的功能是 Horizontal Spacing 和 Vertical Spacing 命令。这两个命令将根据选择的特定选项自动调整一组控件之间的间隔。

13.4.3　控件的 Tab 键顺序和分层

　　许多用户发现，当处理应用程序时，使用键盘比鼠标快，尤其是需要大量数据输入的应用程序，就更是如此。用户按下 Tab 键时，光标会以期望的方式从一个字段移动到下一个字段。

　　默认情况下，Tab 键顺序与控件添加到窗体上的顺序相同。每个控件的 TabIndex 属性都给定了一个值，从 0 开始。TabIndex 越小，按下 Tab 键到达该控件的时间就越早。

　　如果将 TabStop 属性设置为 False，那么按下 Tab 键时就会跳过该控件，用户不使用鼠标就无法使该控件获得焦点。一些控件从来都不会获得焦点，如 Label 控件。这些控件仍有 TabIndex 属性，但按下 Tab 键时会跳过它们。

　　Visual Studio 提供了一个方便的功能来查看和调整窗体上控件的 Tab 键顺序。如果从菜单中选择 View | Tab Order，则每个控件的 TabIndex 值就会显示在设计器上，如图 13-10 所示。在这个例子中，赋予控件的 TabIndex 值是无序的，因此按下 Tab 键时，光标会在窗体上跳跃。

　　单击每个控件，就可以建立新的 Tab 键顺序。完成后，按下 Esc 键，隐藏设计器上的 Tab 键顺序。

　　如果窗体上的多个控件都有相同的 TabIndex，那么就使用 z-order 确定哪个控件是 Tab 键顺序中的下一个控件。z-order 根据窗体的 z-axis(深度)给窗体上的控件分层，如果一个控件必须位于另一个控件的顶部，则 z-order 就是有效的。控件的 z-order 可以使用 Format | Order 菜单下的 Bring to Front 和 Send to Back 命令来修改。

13.4.4　锁定控件设计

对窗体设计满意后，就可以开始对各个控件及其属性应用更改。但是，在选择窗体上的控件时，很可能会不小心使控件偏离其理想位置，特别是在没有使用吸附布局方法或试图对齐多个控件时。

幸好，Visual Studio 2017 在 Format 菜单中提供了 Lock Controls 命令作为解决方法。控件锁定时，可以选中它们进行属性设置。但是不能用鼠标移动控件或窗体，也不能更改控件和窗体的大小。控件的位置仍可以通过 Properties 窗口来更改。

启用 Lock Controls 功能时，选中的控件上将显示小的挂锁图标(如图 13-11 所示)。

图 13-10

图 13-11

 也可以对每个控件分别加锁，方法是在 Properties 窗口中将该控件的 Locked 属性设置为 True。

13.4.5　设置控件属性

与设置窗体一样，也可以使用 Properties 窗口设置控件的属性。除了简单的文本值属性外，Visual Studio 2017 还有许多属性编辑器类型，利用它们可以将属性限制在一个与属性类型对应的子集上，从而高效地设置属性的值。

很多高级属性都由一组从属属性组成。可以在 Properties 窗口中展开高级属性来访问每个从属属性。图 13-12(a) 中的 Properties 窗口显示了一个 Label 的属性，其 Font 属性展开显示了各个可用的属性。

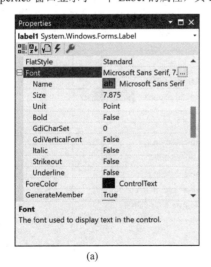

(a)

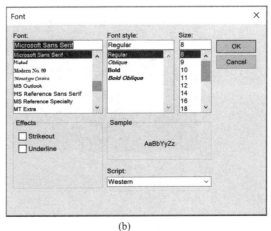

(b)

图 13-12

很多属性还提供了扩展编辑器，如本例中的 Font 属性。图 13-12(b)中显示了单击 Font 属性的扩展编辑器按钮后弹出的 Font 对话框。

　　一些扩展编辑器提供了功能全面的向导，例如某些数据绑定组件上的 Data Connection 属性；而另一些有定制的内联属性编辑器。Dock 属性就是一个例子，可以选择图形示例来决定如何将属性锚定在容器组件或窗体上。

13.4.6　基于服务的组件

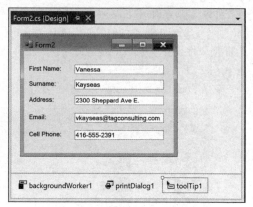

　　可为 Windows Form 添加两种组件——一种有可视化的图形界面，一种没有可视化的图形界面。基于服务的组件可以改善应用程序，例如计时器、对话框和扩展器控件(如工具提示和错误提供程序组件)。

　　双击 Toolbox 中的组件或者将组件拖放到设计界面时，Visual Studio 2017 会在窗体的 Design 视图下面创建一个托盘区域，并在托盘上添加该组件类型的新实例，而不是将组件放在窗体上(如图 13-13 所示)。

　　要编辑这种控件的属性，可以在托盘区域选中相应的项，并打开 Properties 窗口。

图 13-13

　　在创建自己定制的可视化控件时，可以继承 System.Windows.Forms.Control。同样，在创建非可视化服务组件时，可以继承 System.ComponentModel.Component。实际上，System.ComponentModel.Component 是 System.Windows.Forms.Control 的基类。

13.4.7　智能标记任务

　　Microsoft Office 中引入了智能标记技术。它提供了内联的快捷方式来访问某些在特定元素(在 Microsoft Word 中这可能是一个词语或者短语，而在 Microsoft Excel 中则是一个电子表格单元格)上执行的操作。为了方便开发人员，Visual Studio 2017 为很多控件引入了设计时的智能标记的概念。

　　只要选中有智能标记的控件，控件的右上角就会显示一个小右向箭头。单击该智能标记指示器，会打开一个与该控件相关联的 Tasks 菜单。

　　图 13-14 显示了新添加的 DataGridView 控件的任务。这里的操作通常镜像 Properties 窗口中可用的属性(如 TextBox 控件的 Multiline 选项)，但有时它们可以快速访问组件的高级设置。

　　图 13-14 显示的 Edit Columns 和 Add Column 命令都不在 DataGridView 的 Properties 列表中，而 Data Source 和 Enable 设置与各个属性直接相关(例如，Enable Adding 与 AllowUserToAddRows 属性等同)。

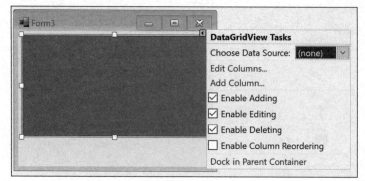

图 13-14

13.5　容器控件

　　容器控件(container control)用来辅助开发人员整理窗体的布局和外观。这些控件没有自己的外观，但在自身的区域内包含其他控件。一旦容器包含了一组控件，就可以直接移动容器，而不必逐个移动子控件。组合使用 Dock 和 Anchor 值，可以让窗体布局在运行时根据窗体和容器控件的尺寸变化自动重置大小。

13.5.1　Panel 和 SplitContainer 控件

Panel 控件可以把一组相关的控件组织在一起。将 Panel 控件放在窗体上，就可以调整其大小，并放在窗体设计界面内的任意位置。由于该控件是一个容器控件，因此单击其边界内部会选择容器内的所有元素。为了移动 Panel 控件，Visual Studio 2017 在控件的左上角放置了一个移动图标。单击和拖动该图标可以重新定位 Panel 控件。

在窗体(或者另一个容器控件)上添加 SplitContainer 控件(如图 13-15 所示)时，将自动创建两个 Panel 控件。它把空间划分为两个部分，每个部分都可以单独控制。在运行时，用户可以拖动用于拆分区域的分隔栏来调整两边的大小。SplitContainer 可以是垂直(如图 13-15 所示)或水平的。可以把它们包含在其他 SplitContainer 控件中以组成复杂的布局。最终用户很容易定制这种布局，而不需要编写任何代码。

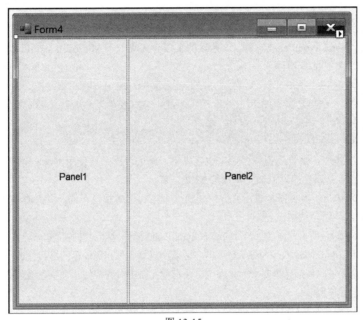

图 13-15

　　有时，一个容器包含其他组件时，如一个 SplitContainer 控件包含两个 Panel 控件，将很难选择该容器控件。要直接访问 SplitContainer 控件，可以使用 Properties 窗口的下拉列表来定位，或右击 Panel 控件并选择与 SplitContainer 控件对应的 Select 命令。该弹出菜单中的 Select 命令可以选择容器层次结构中的所有容器控件，包括窗体在内。

13.5.2　FlowLayoutPanel 控件

FlowLayoutPanel 控件允许创建窗体的方式类似于 Web 浏览器。Visual Studio 会把每个新加入的组件放在下一个可用位置，而不是在容器组件中明确定位每个控件。默认情况下，控件将从左向右、从上到下，按顺序排列。也可以根据应用程序的需要，使用 FlowDirection 属性反转这种顺序。

图 13-16 显示的窗体有 6 个按钮控件放在一个 FlowLayoutPanel 容器中。FlowLayoutPanel 的 Dock 属性设置为填满整个窗体的设计界面，因此在调整窗体的大小时，容器也会自动调整大小。如果窗体变宽，有了更多空间，控件就在窗体中重新由左向右排列，之后再向下排列。

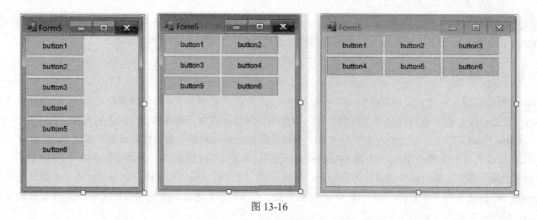

图 13-16

13.5.3 TableLayoutPanel 控件

另一种容器控件是 TableLayoutPanel 容器。该控件的工作方式类似于 Microsoft Word 或者常规 Web 浏览器中的表，每个单元格都是一个控件的容器。

> 不能直接在一个单元格中添加多个控件。不过，可以在单元格内放入另一个容器控件，如 Panel 控件，再在该子容器中添加所需的组件。

将控件直接放在单元格中，会自动把该控件定位在表单元格的左上角。使用 Dock 属性可以重写这种行为，并按照需要定位它。有关 Dock 属性的讨论详见本章的 13.6 一节。

可以使用 TableLayoutPanel 容器方便地在窗体中创建一个结构化的规范布局，并具有高级功能，如添加其他子控件时会添加更多的行，从而自动增大表。

图 13-17 显示的窗体在设计界面上添加了一个 TableLayoutPanel 控件。然后，打开智能标记任务，并执行 Edit Rows and Columns 命令。这会打开 Column and Row Styles 对话框，可以调整每一列和每一行的格式化选项。该对话框还显示了在窗体中设计表布局的几个提示，包括跨越多个行和列，以及在单元格中对齐控件。可以在这里更改单元格的大小调整方式，以及添加或删除其他行和列。

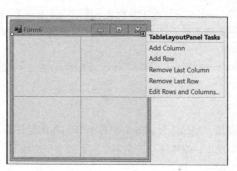
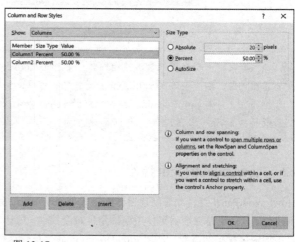

图 13-17

13.6 停靠和锚定控件

仅根据设计时的尺寸是不可能设计出整齐美观的布局的。在运行时，用户可能会重置窗体的大小，窗体上的控件最好能自动重置大小来填充修改过的空间。对此有重要影响的控件属性是 Dock 和 Anchor。设置正确的 Dock 和

Anchor 属性值后，Windows 窗体上的控件就可以适当地重置大小，如图 13-18 所示。

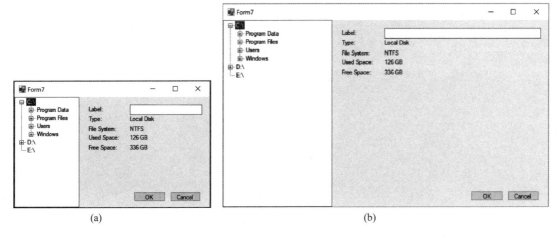

图 13-18

Dock 属性控制着控件的哪条边框与容器绑定。例如，在图 13-18(a)中，TreeView 控件的 Dock 属性设置为 Fill，以填满 SplitContainer 的左窗格，把它停靠在所有 4 条边框上。因此，无论 SplitContainer 的左窗格多大，TreeView 控件都会重置其大小以填满可用的空间。

Anchor 属性定义了控件绑定到容器的哪些边界上。在图 13-18(a)中，两个按钮控件锚定到窗体的右下方。窗体重置大小时，如图 13-18(b)所示，按钮控件与窗体的底部和右边的距离保持不变。同样，TextBox 控件锚定到顶部、左、右边框上，所以窗体重置大小时，文本框会自动增大或缩小。

13.7　小结

本章介绍了 Visual Studio 如何帮助快速设计 Windows Form 应用程序布局的基础知识。利用各种控件及其属性，可以便捷地创建复杂布局，这些布局以许多不同的方式响应应用户的交互操作。本章介绍的技术具有用户界面无关性。因此，无论是创建网站、WPF 应用程序、Windows Store 应用程序、Windows Phone 应用程序还是 Silverlight 应用程序，基础知识都与本章介绍的内容相同。

第14章

Windows Presentation Foundation (WPF)

本章源代码下载

通过在 www.wrox.com 网站上搜索本书的 EISBN 号(978-1-119-40458-3),可以下载本章的源代码。相关源代码和支持文件都在本章对应的文件夹中。

在 Visual Studio 中启动新的 Windows 客户端应用程序时,可以选择两个主要的技术:标准的基于 Windows Forms 的应用程序,或基于 Windows Presentation Foundation(WPF)的应用程序。两者为管理应用程序的表示层提供了不同的 API。WPF 非常强大、灵活,可以克服 Windows Forms 的许多缺点和限制。在许多方面,可以把 WPF 看成 Windows Forms 的继任者。但 WPF 的强大和灵活是有代价的,它学习起来比较困难,因为它处理事情的方式与 Windows Forms 完全不同。

本章介绍在 Visual Studio 2017 中创建基本 WPF 应用程序的过程。详细介绍 WPF 框架超出了本书的范围,这需要一整本书的篇幅来探讨。不过,本章将概述使用 XAML 快速构建用户界面的 Visual Studio 2017 功能。

14.1 WPF 介绍

Windows Presentation Foundation 是用于 Windows 的一个表示框架。WPF 有什么独特之处,为什么应该考虑使用它代替 Windows Forms? Windows Forms 使用基于光栅的 GDI/GDI+作为其渲染引擎,而 WPF 包含自己的基于矢量的渲染引擎,所以不会以 Windows 的标准方式和外观创建窗口和控件。WPF 处理它们的方式与 Windows Forms 完全不同。在 Windows Forms 中,一般使用可视化设计器定义用户界面,在这个过程中,Windows Forms 会自动在.designer 文件中创建定义该用户界面的代码(使用项目面向的语言)——所以用户界面用 C#或 VB 代码来定义和驱动。而 WPF 中的用户界面实际上在基于 XML 的标记语言 Extensible Application Markup Language(一般称为 XAML,读作 zammel)中定义,该语言由 Microsoft 设计,专门用于这个目的。XAML 是为 WPF 提供强大功能和灵活性的底层技术，可以设计出比 Windows Forms 丰富得多的用户体验和更独特的用户界面。无论项目面向什么语言，定义用户界面的 XAML 都相同。因此，除了用户界面控件的新功能之外，在编码方面还有许多新的支持概念，例如引入了依赖属性(可以接受表达式的属性，其中表达式必须解析为其值——在许多绑定情形中都需要该属性来支持 XAML 的高级绑定功能)。但 WPF 应用程序的代码隐藏与标准的 Windows Forms 应用程序相同——需要学习的主要是 XAML。

在开发 WPF 应用程序时，需要使用与开发 Windows Forms 应用程序不同的思维方式。新思维方式的核心部分是充分利用 XAML 的高级绑定功能，而且代码隐藏不再用作用户界面的控制器，而是为用户界面服务。代码不再把数据“推入”用户界面，告诉它如何做，而是用户界面应询问代码要做什么，并从代码中请求(“拉入”)数据。这是一个微妙的区别，但大大改变了定义应用程序的表示层的方式。应把代码看成用户界面的主管。代码可以(并应该)用作决策管理器，而不再提供驱动力。

这种“新思维”还为代码与用户界面元素的交互操作方式提供了新的设计模式，例如流行的 Model-View-ViewModel(MVVM)模式，它可以对服务用户界面的代码进行更好的单元测试，使项目的设计元素和开发元素清晰地分开。而这又改变了编写代码隐藏的方式，最终改变了设计应用程序的方式。这种清晰的分隔支持设计人员/开发人员工作流，允许使用 Expression Blend 的设计人员和使用 Visual Studio 的开发人员处理项目的相同部分，而不出现冲突。

利用 XAML 的灵活性，WPF 允许设计独特的用户界面和用户体验。其核心是 WPF 中把控件的外观与其行为分隔开的样式化和模板化功能。通过简单地为控件的某个用途定义另一个“样式”，就可以改变控件的外观，并且无须修改控件本身。

最终可以说，WPF 使用的用户界面定义方式比 Windows Forms 好得多，WPF 使用 XAML 定义用户界面，并且还有许多其他支持概念。但 XAML 的灵活性和强大功能学习起来比较难，需要花一定的时间，甚至有经验的开发人员也是如此。对于使用 Windows Forms 的高效率开发人员而言，在学习 WPF 的概念时，肯定会有很大的挫折感，并且必须改变开发习惯，才能真正掌握 WPF 以及融合 WPF 和 Windows Forms 的方式。许多简单的任务初看起来似乎比使用 Windows Forms 中的相同功能或特性来实现难得多。但如果能度过这一阶段，就会发现 WPF 的优点，欣赏 WPF 和 XAML 所提供的新的可能性。Silverlight 在概念上与 WPF 有许多共同点(两者都基于 XAML，Silverlight 几乎是 WPF 的一个子集)，所以学习和理解了 WPF，也就学习和理解了如何开发 Silverlight 应用程序。

14.2　开始使用 WPF

打开 New Project 对话框，会看到 Visual Studio 2017 附带的一些内置项目模板：WPF Application、WPF Browser Application 等，如图 14-1 所示。

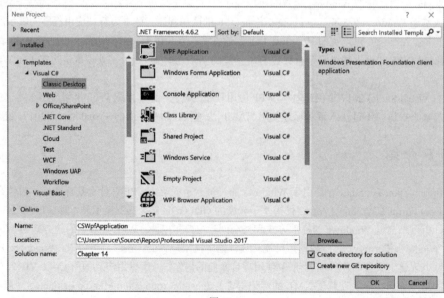

图 14-1

注意，这些项目大都有对应的 Windows Forms 项目。但 WPF Browser Application 是例外，它会生成一个 XBAP 文件，使用浏览器作为富客户端应用程序的容器(其方式与 Silverlight 相同，只是 XBAP 应用程序面向.NET Framework 的完整版本，.NET Framework 必须安装在客户端计算机上)。

这个例子将使用 WPF Application 模板创建项目，但这里讨论的大多数 Visual Studio 2017 功能都可以应用于其他项目类型。所生成的项目结构如图 14-2 所示。

从图 14-2 中可以看出，该项目结构由 App.xaml 和 MainWindow.xaml 组成，它们都有对应的代码隐藏文件(.cs 或.vb)，如果展开相关的项目项，就会看到代码隐藏文件。在这个阶段，App.xaml 包含一个 Application XAML 元素，该元素中的 StartupUri 特性用于定义要加载哪个最初的 XAML 文件(默认为 MainWindow.xaml)。对于熟悉 Windows Forms 的人来说，这等价于启动窗体。因此，如果把 MainWindow.xaml 的名称及其对应的类名改为更有意义的名称，就需要进行如下修改：

● 修改.xaml 文件的名称，代码隐藏文件会相应地自动重命名。

● 修改代码隐藏文件的类名及其构造函数名，并修改.xaml 文件中 Window 元素的 x:Class 特性值，以引用类的新名称(用其名称空间完全限定)。注意，如果先修改代码隐藏文件中的类名，再使用之后出现的智能标记，重命名引用它的所有位置上的对象，则后两步会自动进行。

● 最后把 App.xaml 中 Application 元素的 StartupUri 特性改为指向.xaml 文件的新名称(因为这是启动对象)。

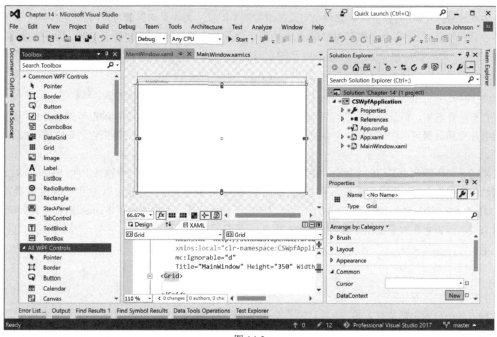

图 14-2

可以看出，在 WPF 项目中重命名文件所需进行的改动比标准的 Windows Forms 项目多，但只要知道自己在做什么，这些改动就很简单(使用智能标记可以减少需要的步骤)。

在图 14-2 所示的 Visual Studio 布局中，屏幕左边熟悉的 Toolbox 工具窗口填充了 WPF 控件，这些控件类似于构建 Windows Forms 应用程序时使用的控件。图 14-2 中的右边是 Properties 工具窗口，它的布局和行为非常类似于 Windows Forms 设计器的 Properties 工具窗口。但 WPF 设计器中的这个窗口包含用于编辑 WPF 窗口和控件的其他功能。最后，屏幕的中间是主编辑器/预览区，当前显示了窗口的可见布局(上)和定义它的 XAML 代码(下)。

14.2.1　XAML 基础

如果用户熟悉 XML(或某种程度的 HTML)，就会发现 XAML 的语法相当简单，因为它是基于 XML 的。XAML 只能有一个根级节点，元素可以相互嵌套，以定义用户界面的布局和内容。每个 XAML 元素都映射一个.NET 类，特性名则映射该类的属性/事件。注意，元素和特性名是区分大小写的。

为 MainWindow 类创建的默认 XAML 文件如下:

```
<Window x:Class="CSWpfApplication.MainWindow"
    xmlns="http://schemas.microsoft.com/winfx/2006/xaml/presentation"
    xmlns:x="http://schemas.microsoft.com/winfx/2006/xaml"
    Title="MainWindow" Height="300" Width="300">
    <Grid>

    </Grid>
</Window>
```

这里把 Window 作为根节点,其中包含 Grid 元素。其含义是"窗口包含网格"。根节点通过 x:Class 特性映射到对应的代码隐藏类上,它还包含一些名称空间前缀声明(稍后介绍)和一些用于设置 Window 类的属性(Title、Height 和 Width)值的特性。所有特性的值(无论其类型如何)都应包含在引号中。

注意,在根节点上定义了两个名称空间前缀,它们都使用 xmlns(用于声明名称空间的 XML 特性)来声明。XAML 名称空间前缀声明有点像 C#/VB 中类顶部的 using/Imports 语句,但不完全相同。这些声明把唯一的前缀赋予 XAML 文件中使用的名称空间,在引用其中的类时,此前缀用于限定名称空间(即指定类的位置)。前缀降低了 XAML 的冗长级别,因为它允许使用该前缀,而不是当在 XAML 文件中引用类时包含整个名称空间。该前缀在 xmlns 后面的冒号之后定义。第一个定义实际上没有指定前缀,因为它定义了默认的名称空间(WPF 名称空间)。但第二个名称空间定义 x 为其前缀(XAML 名称空间)。这两个定义都映射到 URI 上,而不是映射到特定的名称空间——这些都是合并的名称空间(即它们包含多个名称空间),因此引用用于定义该合并名称空间的唯一 URI。但不需要担心这个概念——把这些定义放在那里,在其后添加自己的定义即可。添加自己的名称空间定义时,它们几乎总是以 clr-namespace 开头,并引用一个 CLR 名称空间以及包含它的程序集。例如:

```
xmlns:wpf="clr-namespace:Microsoft.Windows.Controls;assembly=WPFToolkit"
```

可以任意选择前缀,但最好使它们简短而有意义。名称空间一般在 XAML 文件的根节点上定义。这不是必需的,因为名称空间前缀可以在 XAML 文件的任意级别上定义,但标准的实践方式是把它们集中放在根节点上,以便于维护。

如果希望在代码隐藏中引用一个控件,或者在 XAML 文件中把它绑定到另一个控件上(如 ElementName 绑定),那么需要给控件指定名称。许多控件都为了这个目的而实现 Name 属性,但控件也可以使用 x:Name 特性指定名称。这在 XAML 名称空间中定义(因此是 x:前缀),并可以应用于任意控件。如果实现了 Name 属性(在大多数情况下都采用这种方式,因为它在大多数控件继承的基类上定义),就只需要映射这个属性,它们可用于相同的目的。例如:

```
<Button x:Name="OKButton" Content="OK" />
```

等价于

```
<Button Name="OKButton" Content="OK" />
```

这两种方式在技术上都是有效的。一旦设置了其中一个属性,就会生成一个字段(在不可见的自动生成代码中),用于引用该控件。

14.2.2　WPF 控件

WPF 包含用户界面中使用的一组丰富的控件,它们大致相当于 Windows Forms 的标准控件。但是,根据所使用的 WPF 版本,会发现有许多控件(如 Calendar、DatePicker、DataGrid 等)包含在 Windows Forms 的标准控件中,但未包含在 WPF 的标准控件中,只有在 NuGet 提供的免费 WPF Toolkit 上才能获得这些控件。使用 NuGet Package Manager(详见第 6 章中的描述)并搜索 WPF Toolkit 将控件安装到项目中。这个工具包由 Microsoft 公司开发(并随着时间而增强),提供了一些遗漏的控件,以帮助填补 WPF 最初版本中的这个漏洞。该工具的目标是提供完整的控件集。当然,在标准控件集不够用时,仍可以使用第三方控件,但现在有一个合理的控件基础库了。

尽管 WPF 的控件集可以与 Windows Forms 相提并论,但它们的属性完全不同。例如,许多 WPF 控件不再有 Text 属性,但有 Content 属性。Content 属性用于把内容赋予控件(这是其名称的由来)。大多数情况下,可以把它看成 Windows Forms 控件的 Text 属性,仅给这个属性赋予一些要显示的文本。而 Content 属性实际上可以接受任意 WPF 元素,允许几乎无限地定制控件的布局,而无须创建定制控件——这是设计复杂用户界面的一个非常强大的功能。另外，许多控件没有完成 Windows Forms 中一些简单任务的属性，这可能有点混乱。例如，WPF Button 控件没有像 Windows Forms 那样把图像赋予按钮的 Image 属性。最初用户可能认为 WPF 的功能非常有限，但其实并非如此，因为 Content 属性实现了 Image 属性的功能。可以给 Content 属性赋予任意 WPF 控件来定义其控件的内容，所以可以给属性赋予一个包含 Image 控件和 TextBlock 控件的 StackPanel(参见下一节)，以达到相同的效果。初看上去，其工作似乎比 Windows Forms 多，但它允许以任意方式给按钮的内容布局(而不是控件选择如何实现布局)，这证明了 WPF 和 XAML 的极端灵活性。图 14-3 中按钮的 XAML 如下：

图 14-3

```
<Button HorizontalAlignment="Left" VerticalAlignment="Top" Width="100" Height="30">
    <Button.Content>
        <StackPanel Orientation="Horizontal">
            <Image Source="Resources/FloppyDisk.png" Width="16" Height="16" />
            <TextBlock Margin="5,0,0,0" Text="Save" VerticalAlignment="Center" />
        </StackPanel>
    </Button.Content>
</Button>
```

与 Windows Forms 不同的值得注意的属性名包括 IsEnabled 属性(在 Windows Forms 中是 Enabled)和 Visibility 属性(在 Windows Forms 中是 Visible)。与 IsEnabled 一样，大多数布尔属性都加上了前缀 Is(例如，IsTabStop、IsHitTestVisible 等)，以遵循标准命名约定。但 Visibility 属性不再是布尔值，而是一个枚举，其值包括 Visible、Hidden 或 Collapsed。

14.2.3　WPF 布局控件

Windows Forms 开发使用控件的绝对位置(即每个控件都有明确的 x 和 y 坐标)在其表面放置控件，但在添加 TableLayoutPanel 和 FlowLayoutPanel 控件后，就可以通过放置控件，提供一种比较高级的方式，给窗体上的控件布局。不过，在 WPF 中定位控件的概念与 Windows Forms 稍有区别。除了提供特定功能的控件(例如，按钮、文本框等)外，WPF 还有许多控件专门用于定义用户界面的布局。

布局控件是处理其上的控件定位的不可见控件。在 WPF 中，没有默认界面用于定位控件，当前使用的界面由更深一层的布局控件确定，布局控件一般用作每个 XAML 文件中根节点下面的元素，以定义该 XAML 文件的默认布局方法。WPF 中最重要的布局控件是 Grid、Canvas 和 StackPanel，所以本节介绍它们。例如，在前面为 MainWindow 类创建的默认 XAML 文件中，Grid 元素位于 Window 根节点的下面，因此用作该窗口的默认布局界面。当然，可以把它改为任意布局控件，以满足自己的需要。如有必要，还可在其中使用其他布局控件，创建其他界面，以改变定位其容器控件的方式。

下一节将介绍如何使用设计器界面给窗体布局，但先看看使用这些控件的 XAML。

在 WPF 中，如果希望使用绝对坐标在窗体上放置控件(类似于 Windows Forms 中的默认方式)，就应把 Canvas 控件用作放置控件的界面。在 XAML 中定义 Canvas 控件非常简单：

```
<Canvas>

</Canvas>
```

要使用给定的 x 和 y 坐标(相对于 Canvas 的左上角)在这个界面上放置控件(例如，TextBox 控件)，就需要引入 XAML 中的关联属性(attached property)概念。TextBox 控件实际上没有定义其位置的属性，因为它在布局控件中的位置完全依赖于该布局控件的类型。所以，TextBox 控件用于在布局控件中指定其位置所需的属性必须来自布局控件(因为布局控件会处理其中控件的定位)。此时就需要使用关联属性。简而言之，关联属性是在控件上赋值的属性，但该属性实际上在更高一层的另一个控件上定义，并属于该控件。使用关联属性时，属性名用实际定义该属性的控件名来限定，其后是一个句点和属性名(如 Canvas.Left)。在容器控件(Canvas 控件)包含的另一个控件(如文本框)上设置该值时，Canvas 控件实际上存储了该值，并使用该值管理文本框的位置。例如，使用在 Canvas 控件上定义的 Left 和 Top 属性，把文本框放在坐标(15,10)上所需的 XAML 如下所示：

```
<Canvas>
    <TextBox Text="Hello" Canvas.Left="15" Canvas.Top="10" />
</Canvas>
```

在 Windows Forms 上默认给控件使用绝对位置，而在 WPF 中，最佳实践实际上是使用 Grid 控件给控件布局。

Canvas 控件使用得很少,只有需要时才使用,因为 Grid 控件实际上在定义窗体布局方面要强大许多,是大多数情况下的较好选择。Grid 控件的一大优点是其本身的大小改变时,其内容可以自动重置大小。所以很容易设计一个自动改变大小、填满可用区域的窗体——即其中控件的大小和位置是动态确定的。

 WPF Toolkit 中的一个可用控件是名为 ViewBox 的布局控件。在 ViewBox 中放置 Canvas 元素时,Canvas 上元素的定位将根据 ViewBox 容器的大小动态改变。对于希望采用绝对定位方式,但又想利用动态定位优点的人来说,这是一种理想的方式。

Grid 控件允许把它的区域分隔为多个单元格,以便在其中放置控件。在网格上指定 RowDefinitions 和 ColumnDefinitions 属性的值,就会定义一组行和列,行和列之间的交叉点就是单元格,可以在其中放置控件。

为定义行和列,需要了解如何在 XAML 中定义复杂的值。前面都只是给控件赋予简单的值,它们映射为.NET 基本数据类型、枚举值的名称,或使用类型转换器把字符串值转换为对应的对象。这些简单的属性将其值应用为控件定义元素中的属性。但复杂的值不能以这种方式指定,因为它们映射到对象上(这需要给对象的多个属性赋值),必须使用属性元素语法来定义。Grid 控件的 RowDefinitions 和 ColumnDefinitions 属性是集合,所以它们具有复杂的值,需要用属性元素语法来定义。例如,下面的网格有两行三列,使用属性元素语法定义为:

```
<Grid>
    <Grid.RowDefinitions>
        <RowDefinition />
        <RowDefinition />
    </Grid.RowDefinitions>
    <Grid.ColumnDefinitions>
        <ColumnDefinition Width="100" />
        <ColumnDefinition Width="150" />
        <ColumnDefinition />
    </Grid.ColumnDefinitions>
</Grid>
```

注意,要使用属性元素语法设置 RowDefinitions 属性,需要创建 Grid 的一个子元素以定义它。在属性名的前面加上 Grid,表示该属性属于层次结构中更高一层的一个控件(与关联属性相同)。使该属性成为 XAML 中的一个元素,表示把一个复杂的值赋予 Grid 控件上的指定属性。

RowDefinitions 属性接受一个 RowDefinition 集合,所以我们实例化了许多 RowDefinition 对象,再填充该集合。同样,给 ColumnDefinitions 属性赋予一个 ColumnDefinition 对象集合。为证明 ColumnDefinition 属性(与 RowDefinition 属性一样)实际上是一个对象,在前两个列定义上设置了 ColumnDefinition 对象的 Width 属性。

要把控件放在给定的单元格中,需要再次使用关联属性,这次要告诉容器网格,它应放在哪一列、哪一行上:

```
<CheckBox Grid.Column="0" Grid.Row="1" Content="A check box" IsChecked="True" />
```

StackPanel 是给控件布局的另一个重要的容器控件。它沿着水平或垂直方向(取决于其 Orientation 属性的值)堆叠其包含的控件。例如,如果在同一个网格单元格中定义了两个按钮(没有使用 StackPanel),网格就会把第二个按钮直接放在第一个按钮的上面。但如果把按钮放在 StackPanel 控件中,StackPanel 就会控制两个按钮在单元格中的位置,把它们并排放置。

```
<StackPanel Orientation="Horizontal">
    <Button Content="OK" Height="23" Width="75" />
    <Button Content="Cancel" Height="23" Width="75" Margin="10,0,0,0" />
</StackPanel>
```

14.3 WPF 设计器和 XAML 编辑器

WPF 设计器的布局类似于 Windows Forms 的设计器,但支持许多独特的功能。为详细介绍其中一些功能,图 14-4 单独显示了这个窗口,以便显示各个组件的更多细节。

首先注意,该窗口拆分为顶部的可视化设计器和底部的代码窗口。如果愿意,还可以单击 Design 和 XAML 选项卡之间的上/下箭头,使主编辑区域采用另一种方式显示。在图 14-4 中,右边的第二个图标突出显示,表示屏幕现在是水平拆分。选择它左边的图标会使屏幕垂直拆分。

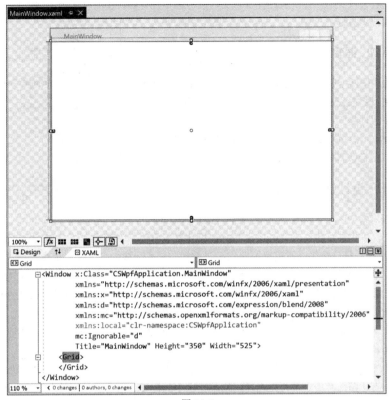

图 14-4

　使用 WPF 设计器时，可能会发现在分隔模式下工作是最佳选择，因为可以直接修改 XAML，并且可以方便地使用设计器完成日常任务。

如果不喜欢在分隔屏幕的模式下工作，可双击 Design 或 XAML 选项卡，使该选项卡填满整个编辑器窗口，如图 14-5 所示。单击选项卡就可以在视图之间切换。要返回分隔屏幕模式，只需要单击分隔栏上最右边的 Expand Pane 图标。

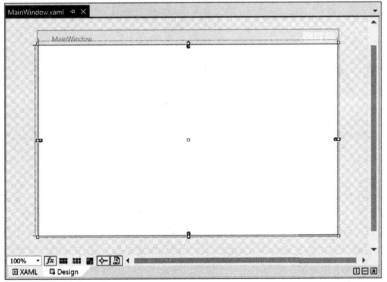

图 14-5

缩放设计界面的唯一方式是使用设计器左下方的组合框。除了固定的百分比外，还可以选择填满整个窗口或适合选择的控件。首先放大设计器，使所有控件都可见。然后缩小设计器，使所有选择的项可见即可。当对布局进行细微调整时，该方式非常方便。

14.3.1　使用 XAML 编辑器

XAML 编辑器的使用有点类似于 Visual Studio 中的 HTML 编辑器。直接编写 XAML 既快捷又轻松。XAML 编辑器的一个优秀功能是一旦给控件指定了事件处理程序，就可以方便地导航到该处理程序上。只要右击 XAML 中的事件处理程序赋值语句，再从弹出的菜单中选择 Go to Definition 命令即可，如图 14-6 所示。

14.3.2　使用 WPF 设计器

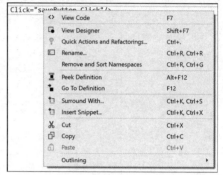

图 14-6

熟悉在 XAML 编辑器中编写 XAML 非常重要，但 Visual Studio 2017 有一个非常好的 WPF 设计器，可以与 Windows Forms 设计器相媲美，某些方面甚至比 Windows Forms 设计器更出色。本节将介绍 WPF 设计器的一些功能。

图 14-7 显示了选择、移动控件以及重置控件大小时添加的对齐区域、引导线和水线。

图 14-7(a)说明，在窗体上移动控件(或者重置其大小)时会显示对齐区域。这些对齐区域类似于窗体设计器中的对齐线，有助于对齐控件，使它们在容器控件中有标准的页边距；或者便于使一个控件与其他控件对齐。如果不希望出现这些对齐区域，不希望把控件放在对齐区域上，那么可以在移动控件的同时按住 Alt 键。

图 14-7(b)说明，重置控件的大小时会显示标尺。这个功能可以在重置控件的大小时方便地查看控件的新尺寸，有助于把控件调整为特定大小。

图 14-7(b)中还包含一些锚点(该符号在按钮的左边和上边像链条，在按钮的右边和下边像断开的链条)。这些符号指出，按钮有一个页边距，并指定了按钮在其网格单元格中的位置。当前这些符号表示，按钮的左边和上边都有页边距，可以高效地把其左边和上边锚定到包含它的网格的左边和上边。也很容易切换顶部的锚点，使按钮锚定到其底边上；切换其左边的锚点，使按钮锚定到其右边上。只需要单击顶部的锚点符号，按钮就锚定到其底边上；单击左边的锚点符号，按钮就锚定到其右边上。锚点符号切换位置后，只要再次单击它们，就会使它们回到原来的锚点位置上。还可以锚定控件的两个对边(左右边或上下边)，这样，在容器控件重置大小时，子控件也会随之伸缩。例如，如果文本框的左边锚定到网格的单元格上，就可以单击文本框右边的小圆，锚定其右边。要删除一边上的锚点，只需要单击该边的锚点符号，即可删除它。

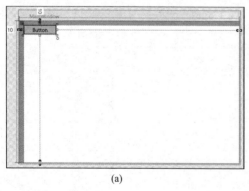

(a)

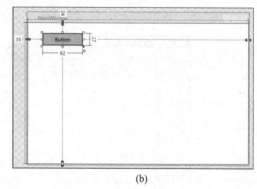

(b)

图 14-7

布局窗体最重要的控件是 Grid。WPF 设计器为使用这个控件提供了一些特殊的支持。创建 MainWindow.xaml 文件时，会默认添加一个没有定义任何行或列的网格元素。在开始添加元素之前，可能需要定义一些行和列，用于控制窗体中的控件布局。为此，应该先单击窗口中间的空白区域，以选择相关的网格，再从 Document Outline 工具窗口中选择对应的节点，或者把光标放在 XAML 文件的对应网格元素上(处于分隔视图时)。

选择网格元素后，在网格顶部和左边会出现一个边框，突出显示了网格实际占据的区域，以及每行和每列的相对大小，如图 14-8 所示。该图当前显示了一个两行两列的网格。

图 14-8

单击边框内部的某个位置，就可以添加更多行或列。之后，就可以选择行或列标记并拖动，得到正确的行或列大小。注意在第一次放置标记时，没有显示新行/列的任何尺寸信息，这很糟糕；但一旦创建了标记，这些信息就会显示出来。

在行或列的尺寸显示上移动光标时，在标签的上方或左侧会显示一个指示器。在图 14-9 中，该指示器类似于带有下拉箭头的锁符号。选择下拉箭头，可以指定行或列的大小应是固定的(Pixel)、使用加权比例(Star)或由其内容确定(Auto)。或者，可通过下拉菜单来指定这些信息，以及执行一些常见的网格操作。

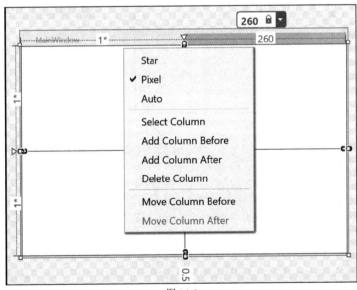

图 14-9

　　加权比例是一个近似概念，指定了可用空间的百分数(相对于其他列)。给固定大小和自动设置大小的列/行分配空间后，加权比例的列/行就会划分剩余的可用空间。这个划分是平均分配的，除非在星号前加上了一个数字乘法器。例如，假定网格的宽度是 1000 像素，其中有两列。如果把*作为指定宽度，它们的宽度就都是 500 像素。但如果一列的宽度是*，另一列的宽度是 3*，1000 像素就分为 4 个 250 像素的块，第一块分配给第一列(其宽度是 250 像素)，其他三个块都分配给第二列(其宽度是 750 像素)。

要删除行或列，只需要单击它，并将其拖动到网格区域的外部，它就会被删除，单元格中的控件也会随之更新。

 把控件拖放到网格的单元格中以创建它时，注意应把它停靠在单元格的左边界和上边界上(拖动控件，直到它对齐到该位置上)。否则就会在控件上定义一个页边距，以便在单元格中定位它，这可能不是我们需要的行为。

对于开发人员而言，Edit and Continue 的想法是在用户调试应用程序的同时也可以对代码进行修改，而且所做的修改能够立即合并到当前的执行中。当把这个想法应用于 XAML 时，则表示可以在运行应用程序的同时对页面的 XAML 代码进行修改，并且所做的这些修改会立即出现在页面上。

当应用程序运行时，在窗口的中上部会出现一个小的图标，即 Runtime Visual Tools 图标，如图 14-10 所示。

要修改特定的元素，可以单击 Enable Selection 图标(从左边数第二个图标)，接着选择要修改的元素。此时，对 XAML 所做的修改会实时反映到应用程序中。如果想要找到这个被修改的元素，可以单击 Go To Live Visual Tree 图标(最左边的图标)，打开 Live Visual Tree 窗口，如图 14-11 所示。在该窗口中右击该元素，并选择 View Source 菜单项即可定位到实际的 XAML 标记。

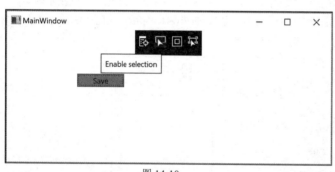

图 14-10

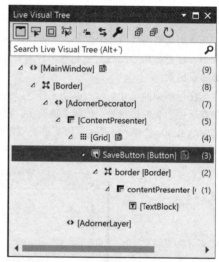

图 14-11

14.3.3 Properties 工具窗口

把控件放在窗体上后，不必返回到 XAML 编辑器来设置其属性值，并指定事件处理程序。与 Windows Forms 一样，WPF 也有一个 Properties 窗口，但注意 WPF 的 Properties 窗口有许多不同之处，如图 14-12 所示。

用于 Windows Forms 开发的 Properties 工具窗口允许通过属性/事件列表上方的下拉控件选择器来选择一个控件，并设置其属性。但这个下拉列表在 WPF 的 Properties 窗口中没有，而必须通过 Document Outline 工具窗口，或者把光标放在 XAML 视图的控件定义上，在设计器中选择控件。

 在 XAML 编辑器和设计器中工作时，都可以使用 Properties 窗口。但如果希望在 XAML 编辑器中使用它，就必须加载设计器(如果直接在 XAML 编辑器中打开文件，就可能需要切换到设计器视图上)，如果 XAML 无效，就需要先更正错误。

控件的 Name 属性不在属性列表中，但属性列表的上方有一个专用的文本框。如果控件没有名称，就会把值赋予其 Name 属性(而不是 x:Name)。但如果在控件元素上定义了 x:Name 特性，并且在 Properties 窗口中更新了控件的名称，就继续使用并更新该特性。

　　控件可以有许多属性或事件，在 Windows Forms 中浏览属性/事件列表，就可以找到需要的属性/事件。为便于开发人员找到特定的属性，WPF 的 Properties 窗口有一个搜索功能，可以根据文本框中的输入，动态过滤属性列表。搜索字符串不必是属性/事件名的开头部分，但如果属性/事件名的任何部分都包含搜索字符串，就会在列表中找到该属性/事件。但这个搜索功能不支持驼峰式搜索。

　　WPF 设计器的属性列表与 Windows Forms 类似，可按类别或字母顺序显示。注意，本身是对象的属性(如 Margin)不能展开来显示/编辑其属性(Windows Forms 有这个功能)。但如果列表以类别顺序显示，就会看到 WPF 属性窗口的一个独特功能：类别编辑器。例如，如果选择 Button 控件，并浏览到 Text 类别，Text 类别中就有一个属性的特殊编辑器，可以使这些值的设置有更好的方式，如图 14-13 所示。

图 14-12

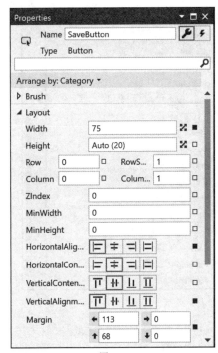

图 14-13

　　注意，每个属性名的右边都有一个小的正方形图标。这个功能称为属性标记(property marker)，表示该属性值的来源。把鼠标光标放在该图标上，就会显示一个工具提示，描述其含义。该图标会根据属性值的来源而变化。图 14-14显示了这些不同的图标，其描述如下：

- 浅灰色正方形图标表示没有给属性赋值，属性使用其默认值。
- 黑色正方形图标表示给属性赋予了一个本地值(即特定的值)。
- 黄色正方形图标表示给属性赋予了一个数据绑定表达式(参见后面的 14.3.4 一节)。
- 绿色正方形图标表示给属性赋予了一个资源。
- 紫色正方形图标表示属性的值从更高一层的另一个控件中继承。

　　单击属性标记图标会显示一个弹出式菜单，其中提供了一些高级选项，用于给该属性赋值，如图 14-14 所示。

　　Create Data Binding 选项提供了一个弹出式编辑器，用于选择各种绑定选项，为该值创建数据绑定表达式。WPF支持多种绑定选项，下一节将进一步描述这些选项及该窗口。

　　Custom Expression 选项用于直接编辑希望用于该属性的绑定表达式。

　　如果通过数据绑定、资源分配或本地值为属性提供了特定的值，则可以使用 Reset 选项。单击 Reset 选项时，就会删除该属性的所有绑定，还原为默认值。

　　Convert to Local Value 选项获得属性的当前值，直接将其赋给控件的特性。该值不会设置为可重用的资源，也不能通过任何数据改变该值。它只是通过特性定义的静态值。

　　前两个 Resource 选项 Local Resource 和 System Resource 用于选择已经创建(或 WPF 定义)的资源，并把它赋予

所选的属性。选择这些选项之一可在浮动菜单中显示可用的选项。

资源基本上是可重用的对象和值，其概念类似于代码中的常量。资源是这个属性的所有可用资源(即在作用域内，并且类型相同)，并按资源字典来分组。与菜单中相同，可以看到资源在类别的底部分组。图 14-15 显示了与这个属性(RedBrushKey)相同类型的资源，该资源在当前的 XAML 文件中定义(在 Local 分组下)。此外，还显示了满足相同条件的系统资源(即它们有相同的类型)。因为这是一个 SolidColorBrush 类型的属性，所以窗口显示了 WPF 中预定义的所有彩色画笔资源，用户可以从中选择。

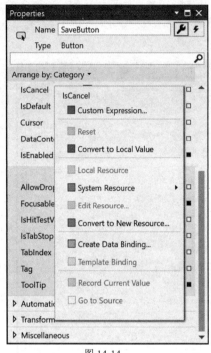 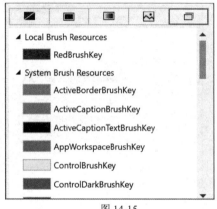

图 14-14   图 14-15

再看看图 14-14 显示的菜单中的其他选项。Edit Resource 选项用于编辑以前已经赋给属性值的资源。显示的对话框取决于属性的类型。例如，对于示例中的画笔属性，将显示颜色选择器对话框。通过该编辑器编辑的任何值都将影响绑定到所编辑资源的其他任何属性。

Convert to New Resource 选项获取当前属性的值并将其转变为资源，并且可选择将该资源放在不同的层级中。在选择该属性时，会显示如图 14-16 所示的对话框。

创建新资源时，会将一个 XAML 元素添加到该 XAML 文件(或另一个 XAML 文件)的某些部分。与指定资源的名称一样，也可以指定将该资源放在哪个层级。在图 14-16 的底部，可以看到 Application、This document 和 Resource dictionary 单选按钮。如果选中 Application 单选按钮，则资源会添加到 App.xaml 文件中。如果选中 This Document 单选按钮，则会在当前 XAML 文件中创建该资源。如果选中 Resource Dictionary 单选按钮，则会将资源添加到专门为存放资源而创建的独立 XAML 文件中。在此文档中，也可以选择更详细的层级，从最顶层的 Window 元素开始，向下到达当前所修改属性所对应的元素。无论在何处放置资源，都可以通过引用提供给它的唯一键在其他位置重用该资源。

创建资源后，属性的值会自动更新为使用这个资源。例如，在控件的 Background 属性(其值是#FF8888B7)上使用这个选项，会在 Window.Resources 中定义如下名为 BlueVioletBrushKey 的资源:

```
<SolidColorBrush x:Key="BlueVioletBrushKey">#FF8888B7</SolidColorBrush>
```

控件会引用这个资源，如下所示:

```
Background="{StaticResource BlueVioletBrushKey}"
```

接着，就可以在 XAML 中使用相同的方式，把这个资源应用于其他控件，或者选择控件和要应用该资源的属性，再使用属性标记菜单中的 Apply Resource 选项来使用该资源。

与 Windows Forms 一样，在设计器中双击一个控件，会在代码隐藏文件中自动创建该控件中默认事件的处理程序。使用 Properties 窗口，还可以像 Windows Forms 那样给控件的任意事件创建处理程序。单击 Properties 窗口中的闪电图标，进入 Events 视图，如图 14-17 所示。其中会列出该控件可能引发的事件，双击事件就可以在代码隐藏文件中自动创建对应的事件处理程序。

图 14-16	图 14-17

　　对于 VB.NET 开发人员，双击 Button 控件或通过 Properties 窗口创建事件，会使用 Handles 语法连接事件。因此，事件处理程序不像特性那样被赋予事件。如果使用这种方法处理事件，XAML 中就不会为控件定义事件处理程序，也就不能在 XAML 编辑器中使用 Go To Definition 菜单(如图 14-6 所示)导航到它。

14.3.4　数据绑定功能

数据绑定是 WPF 中一个非常重要的概念，是 WPF 的一个核心优势。数据绑定语法最初有点混乱，但在 Visual Studio 2017 中能很容易地在设计器中创建数据绑定的窗体。Visual Studio 2017 用两种方式帮助进行数据绑定：Properties 工具窗口中属性上的 Create Data Binding 选项，Data Sources 窗口的拖放数据绑定支持。本节依次介绍这两个选项。

在 WPF 中，可以绑定到对象(也包括数据集、ADO.NET Entity Framework 实体等)、资源甚至其他控件的属性上。因此，WPF 中的绑定功能非常丰富，可以把属性绑定到任意对象上。在 XAML 中手动编写这些复杂的绑定表达式是非常复杂的，但可以使用 Data Binding 编辑器通过一个点击界面来构建这些表达式。

要绑定控件上的属性，应先在设计器中选择该控件，在 Properties 窗口中找到要绑定的属性。单击属性标记图标，并选择 Create Data Binding 选项。图 14-18 显示了打开的窗口。

这个窗口包含帮助创建绑定的许多选项——Binding Type、Data Source、Converter 和 More Settings。

通常第一个步骤是定义绑定类型。这是一个下拉列表，用于指定希望创建的绑定类型。可用的选项如下：

- Data Context：使用元素的当前数据上下文。
- Data Source：允许使用项目中现有的数据源。
- Element Name：使用 XAML 中其他元素上的属性。
- Relative Source-Find Ancestor：在 XAML 元素层次结构中向上导航，查找特定的元素。

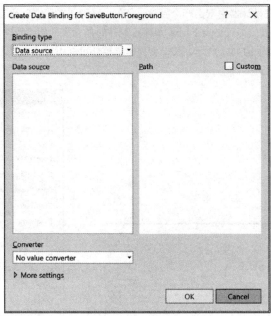

图 14-18

- Relative Source-Previous data：在列表或项控件中，引用列表中前一个元素使用的数据上下文。
- Relative Source-Self：使用当前元素上的属性。
- Relative Source-Templated Parent：使用元素模板上定义的属性。
- Static Resource：使用 XAML 文件中静态定义的资源。

根据在 Binding Type 下拉列表中选择的选项，组合框下方的区域会发生变化。例如，如果选择 Data Context，就会显示在该元素的数据上下文中可见的属性列表。如果选择 Element Name，则会显示当前 XAML 页面中的元素列表(如图 14-19 所示)。这些和其他绑定类型的细节是特定于 XAML 的，因此不在本书的介绍范围内。但是，绑定类型和其他控件的最终目的是让你不仅可以指定要使用的绑定类型，还可以指定数据的路径。

图 14-19

Converter 部分用于指定值转换器(value converter)。值转换器是一个实现 IValueConverter 接口的类，用于在数据源和绑定属性之间来回转换数据。

最后，More Settings 选项提供了一些设置，用于配置与绑定相关的属性，但是这些属性与属性值的来源并没有直接关联。图 14-20 显示了这些配置设置。

可以看出，这个绑定表达式生成器非常便于创建绑定表达式，而无须学习数据绑定语法。这是学习数据绑定语法的一种好方法，因为可以在 XAML 中看到生成的表达式。

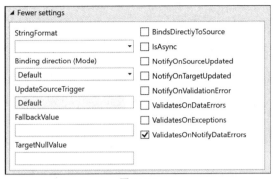

图 14-20

现在看看 Visual Studio 2017 的拖放数据绑定功能。第一步是创建要绑定的内容。这可以是对象、数据集、ADO.NET Entity Framework 实体或许多其他绑定目标。本例创建一个要绑定的对象。在项目中创建一个新类 ContactViewModel，再在其上创建许多属性，如 FirstName、LastName、Company、Phone、Fax、Mobile 和 Email(都是字符串)。

　　　对象名之所以是 ContactViewModel，是因为它用作 ViewModel 对象，对应于前面提及的 Model-View-ViewModel(MVVM)设计模式。但这种设计模式在本例中没有完全具体化，以此降低其复杂性，避免潜在的混乱。

现在编译项目(这很重要，否则在下一步就不会出现类)。返回到窗体的设计器，从 Data Sources 窗口中选择 Add New Data Source 命令(也可以选择 View | Other Windows 菜单项)。选择 Object 作为数据源类型，单击 Next 按钮，再从树中选择 ContactViewModel 类(需要展开节点，才能在名称空间层次结构中找到它)。单击 Finish 按钮，显示 Data Sources 工具窗口，其中列出了 ContactViewModel 对象及其属性，如图 14-21 所示。

现在把整个对象或某个属性拖放到窗体上，这会创建一个或多个控件，以显示其数据。默认会创建一个 DataGrid 控件来显示数据，但如果选择了 ContactViewModel 项，就会显示一个按钮，单击该按钮会显示一个下拉菜单，如图 14-22 所示，可以选择其中的 DataGrid、List 和 Details 选项。

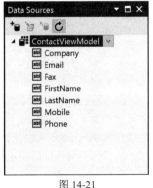　　　　　　

图 14-21　　　　　　　　　　　　　图 14-22

- DataGrid 选项会创建一个 DataGrid 控件，它为对象的每个属性包含一列。
- List 选项会创建一个 List 控件，其数据模板为每个属性包含一个字段。
- Details 选项会创建一个包含两列的 Grid 控件：一列标签和一列字段，并为对象上的每个属性创建一行，用 Label 控件在第一列显示字段名(在大写字母前智能地插入空格)，在第二列显示字段(其类型取决于属性的数据类型)。

资源在窗口的 Resources 属性中创建，它指向 ContactViewModel 对象，该对象用作绑定到对象上的控件的数据上下文或项源。如果希望在代码隐藏文件中设置数据源，就可以在以后的阶段删除它。还给控件赋予了需要的数据绑定表达式。在窗体上创建的、用于显示数据的控件的类型取决于 ContactViewModel 项上的选项。

为每个属性创建的控件的类型都有基于属性的数据类型的默认值，但与 ContactViewModel 项一样，可以选择属性，显示一个按钮，单击该按钮会显示一个下拉菜单，用于选择不同的控件类型，如图 14-23 所示。如果控件的类型不在列表中(例如，要使用第三方控件)，就可以使用 Customize 选项在列表中添加对应的数据类型。如果不希望为该属性创建字段，就应从菜单中选择 None 选项。

本例要创建一个细目窗体，所以在 Data Sources 窗口的 ContactViewModel 项上选择 Details 选项。可以为每个属性修改所生成的控件，但现在为每个属性使用文本框，在细目窗体上生成每个属性。之后从 Data Sources 窗口中选择 ContactViewModel 项，把它拖放到窗体上。这会创建一个网格，并为每个属性显示一个字段，如图 14-24 所示。

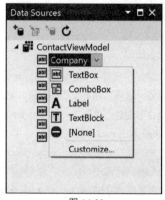

图 14-23

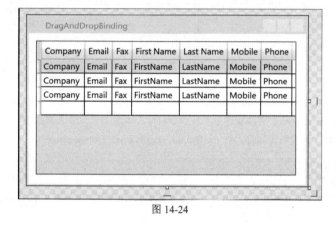

图 14-24

遗憾的是，在 Data Sources 窗口中无法定义窗体中字段的顺序，所以需要手动对网格中的控件重新排序(通过设计器或直接修改 XAML)。

查看生成的 XAML，会发现这个拖放数据绑定功能省去了许多工作，生成窗体的过程也更便捷。

> 如果编写用户/定制控件，要给其属性赋予数据绑定表达式，就需要把这些属性创建为依赖属性。依赖属性是一个特殊的 WPF/Silverlight 概念，其值可以是需要计算的表达式(如数据绑定表达式)。依赖属性的定义方式与标准属性不同，这些讨论超出了本章的范围，但只有定义为依赖属性，才能被赋予数据绑定表达式。

14.4 设置应用程序的样式

到目前为止，应用程序看起来都很平淡——实际上比在 Windows Forms 中设计它要平淡许多。但 WPF 的一个优点是很容易修改控件的可视化外观，能完全改变其显示方式。可以把常用的修改操作存储在特定控件中，称为样式(控件的一组属性值，存储为一个资源，这些属性可以定义一次，并应用于多个控件)。也可以创建一个新的控件模板，完全重新定义控件的 XAML。这些资源可以在布局中任意控件的 Resources 属性中定义，同时定义一个键，之后通过该键把资源应用于下一级的任意控件上。例如，如果要定义一个可用于 MainWindow XAML 文件中任意控件的资源，那么可在 Window.Resources 中定义它。如果要在整个应用程序中使用它，可在 App.xaml 中 Application 元素的 Application.Resources 属性上定义它。

更进一步，可在资源字典中定义多个控件模板/样式，并把它用作一个主题。这个主题可以应用于整个应用程序，自动设置用户界面上控件的样式，为应用程序提供独特而一致的外观。这就是本节的主要内容。如果不创建自己的主题，那么可以使用 CodePlex 上 WPF Themes 项目中的可用主题(http://wpfthemes.codeplex.com)。

这些主题最初主要由 Microsoft 公司设计，用于 Silverlight 应用程序，但已在需要的地方进行了转换，可用于 WPF 应用程序。使用其中一个主题可以给应用程序创建完全不同的外观。

如果想要将自己的 Silverlight 主题转换为 WPF，可参阅 https://geonet. esri.com/thread/12098 网站上的相关信息。

　　首先创建一个新的应用程序，在窗体上添加一些不同的控件，如图 14-25 所示。

　　可以看到，其外观相当平淡，所以尝试应用一个主题，完全改变其外观。下载 WPF Themes 项目时，会发现它包含一个带有两个项目的解决方案：一个项目提供了主题，另一个项目演示如何使用它们。但使用主题的方式略有区别。运行示例应用程序，找到一个自己喜欢的主题。为便于演示，选择 Shiny Blue 主题。在 ShinyBlue 文件夹的 WPF.Themes 项目中，有一个 Theme.xaml 文件，把它复制到自己项目的根文件夹下(确保在 Visual Studio 中把它包含在自己的项目中)。

　　打开 App.xaml，在 Application.Resources 中添加如下 XAML 代码。在自己的项目中包括 Theme.xaml 文件时，可能已经添加了这些代码：

```
<ResourceDictionary>
    <ResourceDictionary.MergedDictionaries>
        <ResourceDictionary Source="Theme.xaml" />
    </ResourceDictionary.MergedDictionaries>
</ResourceDictionary>
```

　　这些 XAML 代码只是把主题文件中的资源合并到应用程序资源中，使该资源可以应用于整个应用程序，并用主题文件中定义的对应样式重写项目中控件的默认样式。

　　最后要进行的修改是把窗口的背景样式设置为使用主题文件中的样式(因为这不是自动设置的)。在 Window 元素中添加如下特性：

```
Background="{StaticResource WindowBackgroundBrush}"
```

　　现在运行项目，可以看到窗体中的控件外观完全不同，如图 14-26 所示。

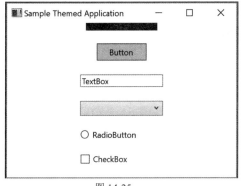
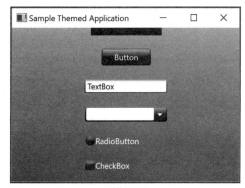

图 14-25　　　　　　　　　　　　图 14-26

　　要把主题改为另一个主题，只需要使用 WPF.Themes 项目中的另一个主题文件替代 Theme.xaml 文件，并重新编译项目即可。

　　如果计划对应用程序的样式和控件模板进行大量修改，那么在 Blend for Visual Studio 中进行修改会比较容易，该工具是专门为使用 XAML 的图形设计人员开发的。Blend for Visual Studio 非常适于使用 XAML 设计图形和动画,它为此提供的设计器比 Visual Studio 更好(Visual Studio 更多地关注开发人员)。Blend for Visual Studio 可以打开 Visual Studio 解决方案，可供查看/编辑代码和编译项目，也适于处理与设计相关的任务。Blend 与 Visual Studio 的集成有助于支持设计人员/开发人员工作流。这两个工具可以同时打开同一个解决方案/项目(甚至是在同一台计算机上)，当需要时允许在两者之间快速切换。如果文件在一个工具中打开，那么在另一个工具中保存对该文件的修改时，会显示一个通知对话框，询问是否重载文件。

14.5 Windows Forms 的交互操作性

前面介绍了如何构建 WPF 应用程序,但用户可能已经有大量 Windows Forms 基本代码,不大可能立即把它们迁移到 WPF 上。这些代码可能投入了大量时间和精力,从技术角度看,不希望重写它们。为了便于迁移这些代码,Microsoft 允许 WPF 和 Windows Forms 在同一个应用程序中工作。WPF 和 Windows Forms 应用程序都支持双向交互操作,WPF 控件可以放在 Windows Forms 应用程序中,Windows Forms 控件也可以放在 WPF 应用程序中。本节介绍如何实现这两种情形。

14.5.1 在 Windows Forms 中驻留 WPF 控件

首先,在解决方案中创建一个新项目,用于在其中创建 WPF 控件。这个控件仅用于演示,是一个简单的用户名和密码输入控件。在如图 14-27 所示的 Add New Project 对话框中,选择 WPF User Control Library 项目模板。这会包含 WPF 用户控件所需的 XAML 和代码隐藏文件。如果查看控件的 XAML,就会发现它与本章开头的窗口的最初 XAML 相同,只是根 XAML 元素是 UserControl,而不是 Window。

图 14-27

将控件重命名为 UserLoginControl,再添加一个网格、两个文本块和两个文本框(实际上是一个文本框,一个密码框),如图 14-28 所示。

在代码隐藏文件中,添加一些简单属性,使文本框的内容公开(getter 和 setter)。

图 14-28

VB

```vb
Public Property UserName As String
    Get
        Return txtUserName.Text
    End Get
    Set(ByVal value As String)
        txtUserName.Text = value
    End Set
End Property

Public Property Password As String
    Get
```

```
        Return txtPassword.Password
    End Get
    Set(ByVal value As String)
        txtPassword.Password = value
    End Set
End Property
```

C#

```
Public String UserName
{
    get { return txtUserName.Text; }
    set { txtUserName.Text = value; }
}

public string Password
{
    get { return txtPassword.Password; }
    set { txtPassword.Password = value; }
}
```

现在，有了 WPF 控件后，就构建项目，再创建一个新的 Windows Forms 项目来驻留它。创建该项目，并添加一个对包含该 WPF 控件的 WPF 项目的引用(在项目中右击 References，选择 Add Reference 菜单项)。

在设计器中打开将驻留 WPF 控件的窗体。因为前面构建的 WPF 控件库在同一个解决方案中，所以 UserLoginControl 控件显示在工具箱中，可以将其拖放到窗体上。这会自动添加一个 ElementHost 控件(它可以驻留 WPF 控件)，并把该控件引用为其内容。

但如果需要手动完成这个过程，应执行如下步骤。在工具箱中有一个 WPF Interoperability 选项卡，其中一项为 ElementHost。把它拖放到窗体上，如图 14-29 所示，此时会出现一个智能标记，提示你选择想要驻留的 WPF 控件。注意，如果在下拉列表中没有显示该控件，则需要构建解决方案。

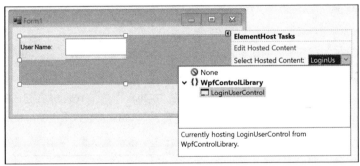

图 14-29

该控件会加载到 ElementHost 控件中，并自动获得一个名称，以在代码中引用它(可以通过 HostedContentName 属性修改它)。

14.5.2　在 WPF 中驻留 Windows Forms 控件

下面看看另一种情形——在 WPF 应用程序中驻留 Windows Forms 控件。使用 Windows Form Control Library 项目模板创建一个新项目 WinFormsControlLibrary。修改模板中 User Control 项的名称，将其改为 UserLoginControl。

在设计器中打开这一项，添加两个 Label 和两个 TextBox，如图 14-30 所示。

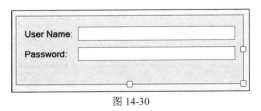

图 14-30

在代码隐藏文件中，添加一些简单的属性，使文本框的内容公开(getter 和 setter)。

VB
```vb
Public Property UserName As String
    Get
        Return txtUserName.Text
    End Get
    Set(ByVal value As String)
        txtUserName.Text = value
    End Set
End Property

Public Property Password As String
    Get
        Return txtPassword.Text
    End Get
    Set(ByVal value As String)
        txtPassword.Text = value
    End Set
End Property
```

C#
```csharp
public string Username
{
    get { return txtUserName.Text; }
    set { txtUserName.Text = value; }
}

public string Password
{
    get { return txtPassword.Text; }
    set { txtPassword.Text = value; }
}
```

现在有了 Windows Forms 控件后，就构建项目，再创建一个新的 WPF 项目来驻留它。创建该项目，添加一个对包含该控件的 Windows Forms 项目的引用(在项目中右击 References，选择 Add Reference 菜单项)。

在设计器中打开将驻留 Windows Forms 控件的窗体。从 Toolbox 中选择 WindowsFormsHost 控件，并拖放到窗体上。接着修改 WindowsFormsHost 元素以驻留控件，方法是设置 Child 属性以引用 Windows Forms 控件。在运行时会渲染该控件，如图 14-31 所示。

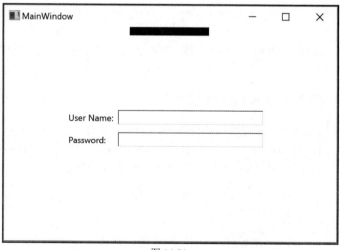

图 14-31

14.6　用 WPF Visualizer 调试

在运行时找出 XAML/可视化树中的问题是很困难的,但幸运的是,在 Visual Studio 2017 中有一个 WPF Visualizer 特性,有助于调试 WPF 应用程序的可视化树。例如,元素可能在应可见时不可见,在应不可见时可见,或者样式设置有误。WPF Visualizer 可以查看可视化树,查看所选元素的属性值,查看属性从哪里获得其样式,以帮助跟踪这些问题。

为打开 WPF Visualizer,必须先进入中断模式。使用 Autos、Locals 或 Watch 工具窗口,找到一个变量,该变量包含了对 XAML 文档中要调试的元素的引用。接着在工具窗口中单击 WPF 用户界面元素旁的小放大镜图标,打开 WPF Visualizer,如图 14-32 所示。也可以把鼠标光标放在引用 WPF 用户界面元素的变量上,显示 DataTip 弹出式菜单,再单击其中的放大镜图标。

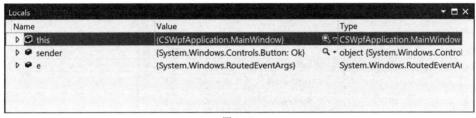

图 14-32

WPF Visualizer 如图 14-33 所示。在该窗口的左边是当前 XAML 文档的可视化树,在这个树状结构的下面显示了选中的元素。右边是一个列表,其中包含了在树状结构中所选元素的所有属性、它们的当前值以及与每个属性相关的其他信息。

可视化树可以包含上千项,所以通过遍历的方式找出需要的项是很困难的。如果知道所查找元素的名称或类型,就可以把它们输入到树状结构上方的搜索文本框中,再使用 Next 和 Prev 按钮浏览匹配的项。还可以输入所查找属性的名称、值、样式或类型的一部分来过滤属性列表。

如果想要在调试应用程序时编辑 XAML 文档的属性,可以有两种选择。第一种选择就是如前面介绍的那样,Visual Studio 2017 支持 XAML Edit and Continue 功能。因此可以直接进入 XAML 标记进行修改,并且使这些修改在运行时立即生效。

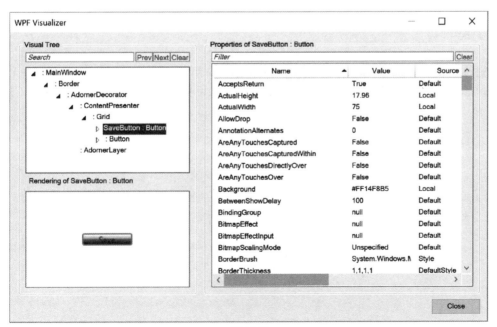

图 14-33

另一种选择是，Visual Studio 2017 中包含有 Live Property Editor。可通过 Debug 菜单打开该窗口(见图 14-34)。当选择一个 XAML 元素后(使用 Runtime Tools 或 Live Visual Tree)，该元素的当前属性值就会出现在该窗口中。并非所有的属性都可以修改(如与变量绑定的属性或者在资源字典中定义的属性就不能修改)，但绝大部分都可以修改。

图 14-34

因此，对于 XAML 开发人员而言，使用 Visual Studio 2017 中提供的这些可用选项，有助于大大增强用户的交互式体验。

14.7　小结

本章分析如何使用 Visual Studio 2017 构建 WPF 应用程序，介绍 XAML 的一些重要概念，探讨如何使用 WPF 设计器的独特功能，介绍如何设置应用程序的样式，并讨论如何使用 WPF 和 Windows Forms 之间的交互操作功能。

第15章

通用 Windows 平台应用程序

本章内容

- 通用 Windows 平台应用程序的主要特征和注意事项
- 不同的 Windows Universal 模板
- 数据绑定型通用 Windows 平台应用程序的基本结构
- 利用平台上下文

本章源代码下载

通过在 www.wrox.com 网站上搜索本书的 EISBN 号(978-1-119-40458-3)，可以下载本章的源代码。相关源代码和支持文件都在本章对应的文件夹中。

如果过去几年持续关注 Windows 开发领域，必定会注意到通用 Windows 平台应用程序。当然，它并不总是称为 Windows 通用平台应用程序。根据年份，它可能称为 Metro Apps、Windows Store Apps 或 Portable Class Libraries。其技术是相似的，包装有一点变化，但在表象之下，所有这些技术都有相同的目的：允许开发人员尽可能将大的共享代码库用于不同的平台。

Windows 通用平台应用程序到底是什么？其简短名称是 Windows 应用程序。更重要的是，在 Visual Studio 17 中可以采用哪些工具和技术来创建 Windows 应用程序？本章将介绍 Windows 应用程序的基本组成部分，以及如何使用 Visual Studio 17 创建和调试 Windows 应用程序。

15.1 Windows 应用程序的定义

Windows 应用程序是基于通用 Windows 平台(Universal Windows Platform，UWP)的应用程序。UWP 是 Windows 10 的应用平台。就其本身而言，这听起来并不令人印象深刻或与众不同。但是，它真正的含义是使用单一的 API 集、一个应用程序包和一个单独的存储，就可以将应用程序交付给所有 Windows 10 设备。这包括个人电脑、平板电脑、手机、Xbox、HoloLens 等。开发目标是针对单个 API 编写应用程序逻辑，并使用不同的屏幕大小和交互模型(触摸、鼠标、键盘、游戏控制器等)来处理不同的设备。用户获得的体验在所有设备中都是一致的，而开发人员可以最小化代码库，并且仍然可以提交给各种设备。

另外，在开发人员看来，UWP 在代码平台上提供了灵活性。不必使用 C#和 XAML。例如，可以选择 JavaScript、Unity 或 C++。所有这些都得到支持，应用程序可以在不同设备上运行。

Windows 应用程序给人的第一个视觉印象是一致性和优雅性。导航方式非常直观。这些应用程序(如图 15-1 所示)会填满整个屏幕，并为用户提供身临其境的体验。

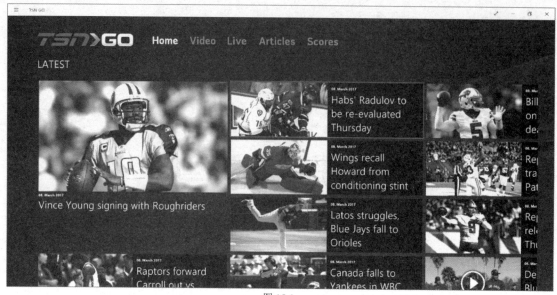

图 15-1

从技术角度看，开发人员可以使用自己熟悉的语言创建 Windows 应用程序，包括 Visual Basic、C#、JavaScript 和 C++。但在开始了解技术层面之前，先来了解 Windows 应用程序具备的各种特征：

- 呈现内容
- 对齐
- 缩放
- 语义式缩放
- 磁贴(tile)
- 支持云计算

15.1.1　呈现内容

应用程序的主要作用就是呈现内容。无论信息是来自 RSS 馈送、照相机中的照片还是从公司数据库获取的数据，用户关心的都是具体内容。因此，在设计 Windows 应用程序时，需要关注如何呈现内容。

一种呈现内容的方式是使用布局来改进可读性，该方式一般涉及在可见的元素之间留出适当的空间。可以使用印刷版面样式建立层次结构的感觉，而不是使用在非 Windows 应用程序中常见的典型树状视图。一般来说，可将可见元素安排到一系列层级中来实现这一点。这利用了人类思维中组织事物的方式：在查看屏幕时，人们通常首先会注意到较大、颜色较深的对象。因此，设计中最重要的可见元素应该也是最大、颜色最深的元素。如果一些元素表面上彼此分离，也可以在脑海中将它们分组在一起。因此，如果想要创建两层的层次结构，则可以建立在空间上明显分离的许多大型区域。然后，在这些大型区域中，可以放置较小的区域。如有必要，通过在现有区域中嵌入额外的元素，可以添加更多层级。

15.1.2　对齐和缩放

Windows 应用程序设计为用在许多不同的配置中，它在常用的桌面计算机或笔记本电脑配置中都可以良好工作。但是，考虑应用程序在其他外形因素下的显示方式无疑是有益的。例如，Windows 应用程序可用于许多平板设备中，包括 Surface。当运行在平板电脑上时，应用程序将在横向和纵向显示之间来回切换。尽管并不是每个应用程序都需要具备这种灵活性(例如，游戏一般只面向一个方向)，但许多应用程序都可以从方向切换中受益。

除了方向外，还需要考虑屏幕分辨率。Windows 10 的优点之一是低端屏幕分辨率现在为 1024×768，因此不再需要支持 800×640 的分辨率。然而，仍然需要考虑一定范围内的分辨率：具备相同分辨率的两台显示器可能没有相同的像素密度(即像素/cm^2)。

更重要的是用户界面在较低分辨率下的工作方式。Windows 10 设计为采用触摸方式操作。在低分辨率屏幕上，需要确保可触摸的控件仍然可以轻松触摸到——也就是说，这些控件不会太小，也不会过于接近其他控件。

还需要考虑对齐(Snap)模式。在这种模式中，Windows 应用程序放置在(对齐到)显示器的左侧。此时，应用程序仍然在正常运行(用户可以接收输入、查看消息等)。然而，在屏幕的其他部分中，另一个应用程序可以正常运行。这在概念上并不复杂，但是应用程序必须利用这种模式来很好地参与到 Windows 10 体系中。

15.1.3　语义式缩放

触摸界面中一种常见的手势称为捏(pinch)。使用拇指和食指在屏幕上进行捏的动作，就可以缩小所查看的屏幕。与之相反的手势(将拇指和食指向外推)则会放大所查看的界面。大多数智能手机的用户非常熟悉该手势及其产生的预期效果。

当界面显示大量数据(甚至是以图形方式显示)时，就可以使用该手势实现语义式缩放。从概念上说，这类似于向下钻取报表。首先显示的是整体信息。随着在屏幕上使用捏手势，就会显示更详细的信息。坦率地说，这两种视图之间不一定存在详细程度高低的关系，而只存在语义上的关系。虽然详细程度的高低无疑适合此类别，但城市中位置的列表和以图钉方式显示这些位置的地图是特例。

15.1.4　磁贴

在应用程序领域中，第一印象始终是非常重要的。在创建 Windows 应用程序时，用户所获得的第一印象就来自磁贴(tile)。磁贴是入口，用户通过其访问应用程序。应花费一定的时间来确保对磁贴进行美化。只要空间允许，就应该使磁贴充满魅力，具有美感。

但是，除了简单的外观效果外，Windows 10 中的磁贴还有其他作用。在固定到主菜单上时，磁贴可以在用户进入应用程序之前为其提供相关信息。对于一些应用程序，这是至关重要的。你是否需要打开一个天气应用程序来查看当前温度？这时应该考虑应用程序向用户提供的信息，并且决定是否将某些更有用的数据放在直接可以访问的位置：磁贴。

15.1.5　接受云

云很重要，因为它在用户与其应用程序和数据的交互中扮演了重要角色。下面具体演示一些新的云技术。一个关键的卖点是数据的普遍性。首先在 Xbox 上观看视频，暂停播放视频，然后在桌面计算机上启动该视频。该技术会记住暂停视频时的位置，并从该点继续播放。在回家的路上使用 Surface 平板电脑创建一个文档。保存该文档，到家后，启动笔记本电脑，文档就已经在其中，准备好以供使用。该技术甚至会记住上一次在文档中的位置。

所有这些功能都可以通过使用云作为备份存储来实现。Windows 应用程序可以很好地与 Windows Azure 交互。在考虑应用程序可能有用的不同存储模式和位置时，请确保利用这一特性。

15.2　创建 Windows 应用程序

使用已经熟悉的语言创建 Windows 应用程序是不错的想法。幸运的是，可以采用大多数.NET 语言(包括 Visual Basic 和 C#)编写 Windows 应用程序。此外，Visual Studio 提供了使用 HTML 和 JavaScript 创建 Windows 应用程序的功能。

最后一种功能的目标是使 Web 开发人员可以轻松地创建 Windows 应用程序。所使用的 JavaScript 形式在语法上与普通 JavaScript 相同，但它使用 WinRT 库执行其任务。这种需求有其不利的副作用：导致 Windows 应用程序与浏览器不兼容。

为了创建和测试 Windows 应用程序，必须满足许多需求。最简单的选择是在 Windows 10 上运行 Visual Studio 2017 环境。这样能够访问最多的选项，包括使用本章后面描述的模拟器。如果运行在 Windows 8.1 上，那么为了调试 Windows 应用程序，需要将其部署到运行 Windows 10 的远程机器上或能够使用模拟器(即运行 Client Hyper-V，它是 Windows 8 引入的虚拟化技术)。在 Windows 8.1 中，模拟器是不可用的。

为创建 Windows 应用程序，首先要建立一个新项目。使用 File | New | Project 菜单项启动 New Project 对话框。在 Installed Templates 选择区域的所选语言下方，可以看到名为 Windows Universal 的部分，如图 15-2 所示。

可使用几种不同的 Windows App 项目模板。Class Library 和 Windows Runtime Component 模板可创建 Windows 应用程序使用的程序集。Unit Test Library 和 Coded UI Test Project 模板创建可以对 Windows 应用程序库进行单元测试的模板。最后一个模板是 Blank，它提供了一个基本的结构，可以在上面构建 Windows 应用程序。它包含一个没有预定义导航的页面。

作为创建 Windows 应用程序的一部分，需要指定要面向的 Windows 10 版本和支持的最小版本。开始创建项目时，将在对话框中收集这些信息(参见图 15-3)。

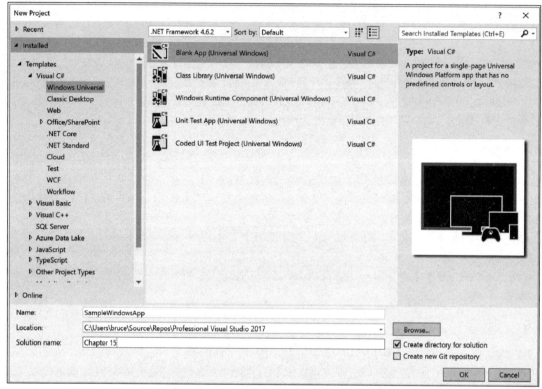

图 15-2

一旦选择了目标和最小版本，项目就可以正常创建了。与大多数其他的项目模板一样，这会创建许多文件，如图 15-4 所示。

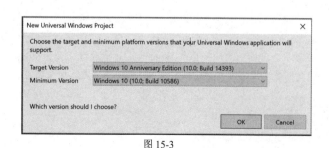

图 15-3

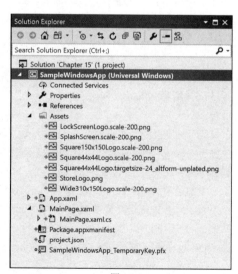

图 15-4

该应用程序的起点是 MainPage。如果检查 App.xaml 的代码隐藏文件，会看到该页面。该项目模板中包括的文件如下。

- **App.xaml**：包含应用程序使用的资源(或指向其他资源目录文件的链接)。在该文件中可以找到字体、画笔、控件样式、控件模板和应用程序名称。
- **MainPage.xaml**：包含应用程序的初始页面。
- **Package.appxmanifest**：定义将显示在应用程序市场中的应用程序特性。
- *appname*_**TemporaryKey.pfx**：用于为应用程序提供散列或加密的密钥对。

注意在图 15-4 中有一个 Assets 文件夹。它的内容是作为应用程序的一部分的图像。默认情况下，这些图像在应用程序运行的不同阶段或应用程序发布到 Windows 商店时使用。

但在开始运行应用程序之前，可以使用一些选项。你可能(到目前为止)已经熟悉了显示在 Visual Studio 工具栏上的 Run 按钮。Windows 应用程序在这方面没有任何区别；然而，可供使用的选项确实稍有不同。

Windows 模拟器

在 Run 按钮的右侧，有一个标题 Local Machine(如图 15-5 所示)。选中此设置时，如果运行 Windows 应用程序，那么它会部署到本地计算机上。从调试角度看，这无疑是很好的方式。在此模式中可以使用所有的 Visual Studio 调试功能。然而，根据所操作的计算机，使用本地计算机可能并不足以完成工作。如果在桌面计算机或笔记本电脑上进行开发，则很难将屏幕旋转 90°以从横向转换为纵向模式。此外，使用鼠标进行双指捏动缩放操作也是极具挑战性的任务。为适应这种情况，Visual Studio 包括了 Windows 模拟器。

图 15-5

 除了使用 Windows 模拟器，还可以在远程机器或单独的设备上启动应用程序。Visual Studio 在这些情况下有能力处理调试场景(如断点和观察)。同样，如果需要一个不同的模拟器，点击 Download New Emulators 选项将进入一个 Web 页面，可以从任何提供的模拟器中选择。

启动该模拟器时，它似乎是在加载操作系统。需要说明的是，此处使用"似乎"是适当的。该模拟器并未真正加载清洁的或新版本的 Windows 10。相反，它会建立指向 Windows 10 计算机的远程桌面连接。因此，可以在该模拟器上访问当前的操作系统，包括所有的后台服务、默认值以及已经建立的定制。当桌面计算机准备好使用时，就会在虚拟机上部署 Windows 应用程序，从而生成如图 15-6 所示的屏幕。

图 15-6

一个关于登录到远程桌面的警告。为了启动模拟器，需要使用用户 ID 和密码组合登录 Windows。如果使用 PIN 或 Microsoft Hello(即面部识别)登录，就会显示如图 15-7 所示的消息。更糟糕的是，建议的修复(锁定机器，并使用用户 ID 和密码登录)并不起作用，至少在撰写本文时是这样。相反，需要重新启动计算机，并使用用户 ID 登录。

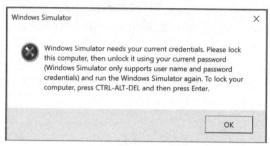

图 15-7

模拟器右侧有许多图标，借助这些图标，可像操作移动设备一样操作该模拟器。接下来了解这些图标提供的一些功能，从顶部的图标开始。

右侧顶部的图标(图钉状图标)用于使模拟器始终位于计算机中其他窗口的上方。当按下该图标时，模拟器将不会被已经运行的其他应用程序所覆盖。释放该图标时，模拟器的行为就与其他窗口相同。下面将描述模拟器右侧的其他图标(如图 15-8 所示)。

1. 交互模式

该模拟器提供了 4 种不同的交互模式，通过图钉状图标下方的第一到第四个图标设置这 4 种交互模式。交互模式的作用是可以通过使用鼠标模仿触摸手势。

顶部图标(箭头图标)设置交互模式为鼠标手势，在鼠标模式中，你和模拟器的交互与常规操作方式相同。单击鼠标，Windows 应用程序就会获取该单击操作，双击和拖动操作也是如此。然而，将交互模式设置为触摸时，鼠标就用于生成触摸交互。点击手指图标(箭头下面的图标)时，鼠标点击就转换为一次触摸。

2. 两指手势

另外两种触摸模式(手指指针图标下的两个图标)会启动两指手势。第三个图标把交互模式设置为捏动并缩放。例如，在应用程序中执行语义式缩放时就使用该手势。可以预想，仅使用鼠标很难模拟这种手势。

然而，如果单击捏动/缩放触摸模拟图标(这个图标看起来类似于指向中间点的两个斜箭头)，就可以结合使用鼠标按键和鼠标滚轮来执行缩放。首先在所需位置单击鼠标左键，然后向后旋转鼠标滚轮即可执行放大操作，而向前旋转鼠标滚轮即可执行缩小操作。

图 15-8

另一个需要两根手指的触摸手势是旋转。将两根手指放在屏幕表面，然后沿圆周方向移动。在模拟器中，类似于环绕一个点的箭头图标用于激活旋转模式。使用鼠标时，相应的技巧类似于捏动和缩放操作。在所需位置(中心点)上移动光标，然后用鼠标滚轮向左或向右旋转。

3. 设备特征

使用笔记本电脑很难模拟的另一种触摸交互是定向。如果尝试转动笔记本电脑，看起来屏幕的朝向并没有改变。但是，模拟器提供了两个图标进行旋转，这些图标表面上非常类似(一个是以顺时针方向旋转的箭头，另一个则是以逆时针方向旋转的箭头，如图 15-8 中间位置所示)。这些图标用于将模拟器顺时针或逆时针旋转 90°。除了旋转应用程序的图像外，它们还会旋转模拟器。

  模拟器不采用项目的 AutoRotationPreferences 属性。该属性可用于锁定应用程序，使其仅以特定方向显示(例如某些横屏游戏)。然而，如果项目有此限制，它就无法阻止模拟器旋转图像和调整图像大小。如果想测试此功能，则需要使用实际设备。

除了定向外，模拟器还允许改变虚拟设备的分辨率。对应的图标类似于一个方块(实际上类似于宽屏幕桌面显示器)，单击该图标会显示可用屏幕大小和分辨率的列表。如果在模拟器中改变分辨率，实际上只是模拟分辨率变化。模拟器会将交互点(例如触摸的点)的坐标转换为设备具有所选分辨率时可以找到的坐标。

4. 屏幕截图

模拟器中还有两个图标与从模拟器中捕获屏幕截图有关。该功能非常有用，因为捕获图像是向 Windows 商店提交应用程序的部分过程。

齿轮图标用于改变屏幕截图的设置，这包括是将屏幕截图同时捕获到剪贴板和文件，还是仅捕获到剪贴板。此外，可以指定保存文件的位置。

设定这些设置后，可根据需要单击相应的图标(图 15-8 右侧类似于小型相机的图标)来捕获屏幕截图。这会从模拟器中获取当前图像，并将其存储到剪贴板和文件中。图像的分辨率取决于为该模拟器设置的分辨率，因此需要注意，根据所设置的分辨率，获得的图像可能并不像所期望的那样清晰。

5. 网络模拟

开发人员需要考虑的一个更重要限制是 Windows 应用程序如何在不同的、变化的联网条件下工作。使用 Simulator 的 Network Simulation 功能，可以在不同的联网条件下测试应用程序。

要设置网络的状态，可以单击 Network Simulation 图标，打开如图 15-9 所示的对话框。

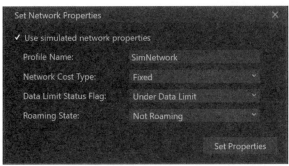

图 15-9

对话框中的选项允许指定网络成本类型(未知、无限、固定或可变)、数据极限状态(数据限制之下、接近数据限制或超过数据限制)和漫游状态(漫游或未漫游)。单击 Set Properties 按钮，会触发 NetworkStatusChanged 事件，此时可以查看应用程序发生了什么。

用于实现 Windows 应用程序的代码与任何其他类型的项目代码基本相同。需要注意的是，在针对特定平台的项目中，要编写特定于这些平台的代码。在不同平台之间共享的项目中，则要编写跨平台的通用代码。

但是请记住，特定于平台的代码和共享代码之间的界限并不总是那么清晰。可能需要在共享项目中包含一些特定于平台的考虑因素。为了适应这一点，有几个条件编译常量可供使用。将特定于平台的代码包装在适当的编译块中(如下所示)，就可以将代码放入一个公共项目中，只有把它构建到相应的平台包中，它才是活动的。

```
public string SayHello()
{
    var greeting = "Hello from {0}!";

#if WINDOWS_APP
    greeting = string.Format(greeting, "Windows");
#endif

#if WINDOWS_PHONE_APP
    greeting = string.Format(greeting, "Windows Phone");
#endif

    return greeting;
}
```

15.3 Windows 运行库组件

创建 Windows 应用程序时可用的模板之一是 Windows 运行库组件。该模板用于创建一个可以导出 Windows 运行库(WinRT)类型的 DLL。任何 Windows 应用程序无论使用哪种语言,都可以使用由此产生的程序集。

乍一看,类库和 Windows 运行库组件似乎是一样的,或者非常接近。那么,为什么要使用 Windows 运行库组件而不是类库呢?事实证明,这种差别是比较微妙的,值得进一步解释。虽然这两个项目都生成 DLL,但是类库的潜在用户数量有限。类库 DLL 必须由.NET 项目使用,所以 C++和 JavaScript 项目不是其功能的潜在用户。Windows 运行库组件就没有这个限制。

不管目标设备是什么,Windows 运行库组件导出的 WinRT 类型都可以由任何 Windows 应用程序使用。但是,"所提供的类型必须与 WinRT 兼容"的要求限制了一些使用。例如,WinRT 类型必须是封闭的,只能从 Windows.UI.Xaml 名称空间的类中继承(例如 Control 和 UserControl 类)。公共字段是不允许的,这将难以使用 MVVM(Model-View-ViewModel)实现中的组件。例如,以下代码在 Windows 运行库组件项目中不编译:

```
public abstract class ObservableObject : INotifyPropertyChanged {
    public event PropertyChangedEventHandler PropertyChanged;

    protected void OnPropertyChanged([CallerMemberName] string name = null) {
        var pc = PropertyChanged;
        if (pc != null)
            pc(this, new PropertyChangedEventArgs(name));
    }
}
```

编译失败,因为抽象类不能从 Windows 运行库组件中导出。这是因为有如下限制:所发布的类必须是封闭的。从类声明中删除 public 关键字就可以解决这个问题。但如果这样做,任何可以从 Windows Runtime Component 库中获益的应用程序就不能使用该类了。这个示例是 MVVM 实现中一个典型基类,可以看出,限制可能变得比较严苛。另一方面,这段代码在类库项目中编译没有问题,而且任何引用类库 DLL 的应用程序都可以使用它。

 在关于 Visual Studio 和通用应用程序的讨论中,对 Model-View-ViewModel (MVVM)样式应用程序的引用可能有点不合适。毕竟,在创建通用应用程序时,没必要使用 MVVM 模式。虽然这是事实,但在使用 XAML 作为视觉外观基础的应用程序时,使用 MVVM 模式是最佳实践。因此对于许多通用应用程序开发人员而言,"不能使用 Windows Runtime Component 库作为 ViewModel"是一个限制。

15.4 .NET Native 编译

Visual Studio 中使用的编译器,无论是 Roslyn 还是旧版本,都会生成中间语言(IL)。当应用程序运行时,即时(JIT)编译器会把 IL 翻译为本机代码。这是.NET 多年的工作方式,有优点也有缺点。.NET Framework(包括过去和现在)包含一个工具(NGEN),可用于预编译应用程序的 IL。这可以帮助减少应用程序的启动时间(当.NET 应用程序启动时,JIT 编译器会做一些工作)。

.NET Native 也是一个预编译技术,在这方面它类似于 NGEN。然而,其细节会带来不同的用户体验,可能吸引 Windows 应用程序的开发人员。

最大的区别就是用于预编译的源。NGEN 使用由.NET 编译器生成的 IL 代码。.NET Native 则直接把源代码(目前仅是 C#)编译为本地代码。因此,可以继续使用 C#,并利用.NET(包括类库、垃圾收集和异常处理)。生成的应用程序可以比本地代码的性能更优。这是一个各方共赢的局面。

提高性能的部分来源是本地编译的应用程序与.NET 的交互方式。在预编译过程中,由应用程序使用的.NET Framework 部分静态链接到应用程序。这允许应用程序利用.NET Framework 的应用程序本地库。预编译过程的输出是一个可执行文件。在部署目录中不需要包括任何程序集。

大多数情况下，用于.NET Native 的应用程序开发与使用 JIT 和 NGEN 的应用程序是一样的。然而，并不是每一个.NET 应用程序都可以使用.NET Native 工具编译。大部分差异都与执行反射检查的能力(有时用于意想不到的地方，比如序列化)和完全支持动态关键字相关。

.NET Native 编译完成的一件事是最小化所得可执行文件的大小。为此，.NET Framework 中未被应用程序调用的类和方法不包括在可执行程序中。所有这些都很好，除非尝试反射已被删除的方法，或使用动态关键字访问不能以任何其他方式访问的方法。幸运的是，对于执行应用程序的静态分析的项目，其上下文菜单中有一个选项，用于确定是否可使用.NET Native 编译。

使用.NET Native 工具编译

把应用程序编译为.NET Native 的过程相当简单。首先按正常方式开发应用程序。在应用程序准备好部署或发布到 Windows 商店之前，.NET Native 编译不会进行。

一旦应用程序准备好了，就需要更改两个设置。首先需要把目标 CPU 改为一个具体的平台。为此，可以使用项目的 Properties，或使用工具栏，如图 15-10 所示。

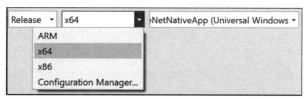

图 15-10

默认情况下，项目定义为面向任何 CPU。要使用.NET Native 进行编译，需要指定特定的 CPU，无论它是 ARM、x86 还是 x64。

如果应用程序是针对 CPU 的，就进入项目的 Properties，如图 15-11 所示。

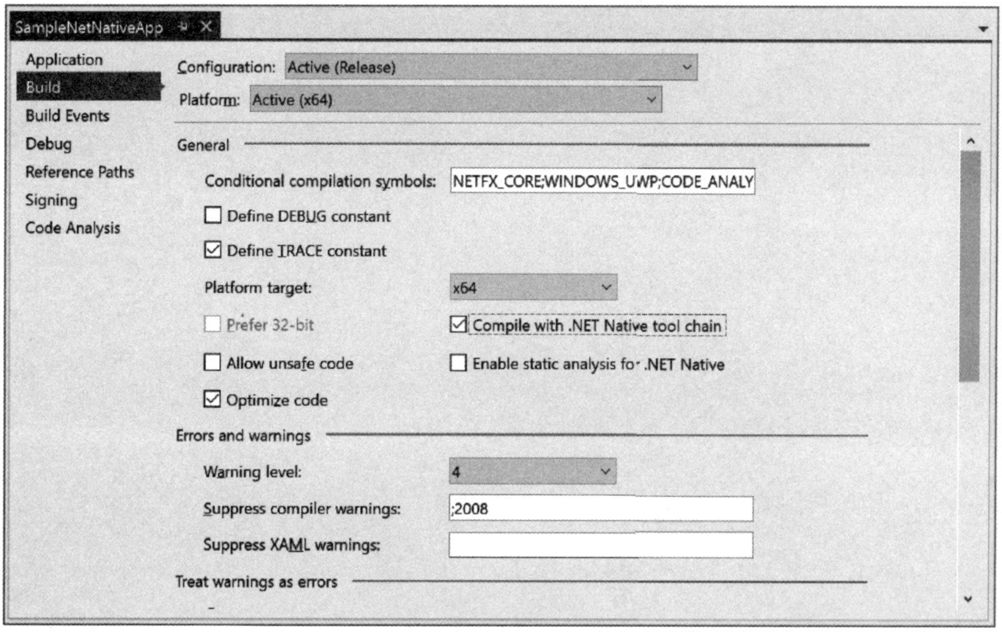

图 15-11

在 Properties 页面的 Build 选项卡上，有一个复选框 Compile with the .NET Native tool chain。确保选中该复选框。之后，下次构建应用程序时，它就将编译成.NET Native。

.NET Native 工具链生成的应用程序写入项目的 Debug 或 Release 目录下的 ilc.out 目录。目录中包含的文件如下：
- **appName.exe**：存根应用程序仅把控制权传递给 appName.dll 中的 Main 入口点。

- **appName.dll**：这个 Windows DLL 包含应用程序代码、第三方库，以及应用程序使用的.NET Framework 中的代码。

- **mrt100_app.dll**：这个运行库提供了.NET 服务，例如垃圾收集。

15.5　小结

创建一个让开发者更容易在不同平台之间共享功能的环境的想法在微软逐渐升温。无论是针对不同平台上常见的操作系统内核，还是利用 Visual Studio 的功能，都显著推动工具支持所有的 Windows 平台(甚至一些非 Windows 平台)。

本章介绍如何使用 Visual Studio 2017 创建 Windows 应用程序。首先讨论了组成 Windows 应用程序的基本样式元素，然后查看了组成通用 Windows 应用程序项目模板的各个部分。最后，本章研究了模拟器，讨论了如何使用模拟器测试 Windows 10 的一些方面，这些方面一般会受限于平板电脑或手机的外形因素。

第 V 部分

Web 应用程序

第**16**章

ASP.NET Web 窗体

本章内容

- Web Site 项目和 Web Application 项目之间的区别
- 使用 HTML 和 CSS 设计工具控制网页的布局
- 使用服务器端 Web 控件方便地生成高性能的 Web 应用程序
- 使用 JavaScript 和 ASP.NET AJAX 给网页添加富客户端交互操作

本章源代码下载

通过在 www.wrox.com 网站上搜索本书的 EISBN 号(978-1-119-40458-3)，可以下载本章的源代码。相关源代码和支持文件都在本章对应的文件夹中。

在 Microsoft 公司第一次发布 ASP.NET 时，人们最津津乐道的一个特性是现在可以采用与创建 Windows 应用程序一样的方式创建完整的 Web 应用程序。ASP.NET 提供的抽象与 Visual Studio 支持的丰富工具集成起来，允许程序员以完全集成的方式开发功能强大的 Web 应用程序。

2005 年发布的 ASP.NET 2.0 版本是一个重大升级，包含许多新功能，如用于从菜单导航到用户身份验证等所有内容的提供程序模型、50 多个新服务器控件、Web 门户框架和内置的网站管理等。这些改进使构建复杂的 Web 应用程序变得更简单、更省时。

ASP.NET 和 Visual Studio 的最新版本注重改进客户端的开发体验，这包括 HTML Designer 和 CSS 编辑工具的增强；对 JavaScript、HTML 和 JavaScript 片段更好的 IntelliSense 和调试支持；以及新的项目模板。

本章将介绍如何使用 Visual Studio 2017 创建 ASP.NET Web 应用程序，了解 Microsoft 公司新引入的一些更便于开发 Web 应用程序的功能和组件。

16.1　Web Application 项目和 Web Site 项目

Microsoft 提供了两个基本项目类型：Web Site 项目类型和 Web Application 项目类型。这两个项目类型的主要区别相当明显。最根本的变化是 Web Site 项目不包含 Visual Studio 项目文件(.csproj 或.vbproj)，而 Web Application 项目包含这些文件。因此，在 Web Site 项目中没有一个中心文件包含所有文件的列表。Visual Studio 解决方案文件包含对 Web Site 项目的根文件夹的引用，其内容和布局可从包含的文件和子文件夹中直接推断出。如果使用 Windows Explorer 把一个新文件复制到 Web Site 项目的子文件夹中，那么按照定义，该文件就属于这个 Web Site 项目。而在 Web Application 项目中，必须在 Visual Studio 中明确地把所有文件添加到项目中。

另一个主要区别是项目的编译方式。Web Application 项目的编译方式与 Visual Studio 下的其他项目相同。代码编译到单个程序集中，该程序集存储在 Web 应用程序的\bin 目录下。与其他所有 Visual Studio 项目一样，可以通过属性页面控制生成过程，指定输出程序集的名称，以及添加生成前后的操作规则。

而在 Web Site 项目中，所有不在页面或用户控件的代码隐藏文件中的类都编译到一个通用程序集中。页面和用户控件根据需要动态编译到一组单独的程序集中。

更细化程序集的主要优点是每次页面改变时，不需要重建整个网站。相反，只要重新编译有变化的程序集(或相关性较低的程序集)，从而节省了大量的时间，当然这取决于首选的开发方法。

Microsoft 公司承诺会继续在 Visual Studio 以后的所有版本中支持 Web Site 和 Web Application 项目类型。

那么，应该使用什么项目类型？Microsoft 公司的官方态度是"这应视具体情况而定"。显然，这是一个注重实效、但不那么有用的建议。每种情况都是不同的，应根据具体的需求和环境仔细权衡每个类型。但根据.NET 开发人员社区过去几年的经验以及作者的经验，在大多数情况下，Web Application 项目类型是最佳选择。

> 除非在开发一个有数百页面的大型 Web 项目，否则从 Web Site 项目迁移到 Web Application 项目不是很难，反之亦然。所以不要过于看重这个建议。应先选择一个项目类型，如果遇到困难，再改用另一个项目类型。

16.2   创建 Web 项目

Visual Studio 2017 可以创建 ASP.NET Web Application 和 Web Site 项目，为此可以访问各种模板和更多功能。本节介绍创建这两种项目所需了解的知识。

16.2.1   创建 Web Site 项目

如前所述，在 Visual Studio 2017 中创建 Web Site 项目与创建常规的 Windows 类型项目略有区别。对于一般的 Windows 应用程序和服务，需要选择项目类型，命名解决方案，再单击 OK 按钮。每种语言都有自己的一组项目模板，在创建项目时，我们并没有什么选项。而 Web Site 项目开发与此不同，因为可以在不同的位置创建开发项目，如本地文件系统、在系统设置中定义的各种 FTP 和 HTTP 位置，包括本地 IIS(Internet Information Services)服务器。

因为创建 Web Site 项目有这个明显的区别，所以 Microsoft 公司为 Web Site 项目模板提供自己的命令和对话框。从 File | New 子菜单中选择 New Web Site 命令，打开 New Web Site 对话框，在该对话框中可以选择要使用的项目模板的类型，如图 16-1 所示。

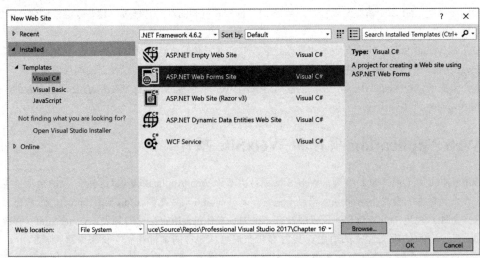

图 16-1

你很可能会看到 ASP.NET Web Forms Site 项目模板。这会创建一个网站，其中有一个启动 Web 应用程序，可确保最初的应用程序按逻辑方式构建。该模板会创建一个项目，演示如何使用主页面、菜单、账户管理控件、CSS 和 jQuery JavaScript 库。

除了 ASP.NET Web Forms Site 项目模板外，还有 ASP.NET Empty Web Site 项目模板，它仅创建一个空文件夹，并在解决方案文件中创建一个引用。稍后会讨论其他模板，它们都是 Web Site 模板的变体。无论创建什么类型的 Web 项目，对话框的下半部分都允许选择创建项目的位置。

Visual Studio 默认使用一般的文件系统在本地开发网站或服务，默认位置是当前用户的 My Documents/Visual Studio 2017/WebSites 文件夹，但可以改变这个位置：输入位置、从下拉列表中选择另一个位置，或者单击 Browse 按钮以找到合适的位置。还可以在 UNC 共享上创建 Web 站点，假设这是你的愿望，并且拥有该共享的必要权限(如读和写)。

Web Location 下拉列表还包含 HTTP 和 FTP 选项。选择 HTTP 或 FTP 选项会把文件名文本框中的值改为空的 http://或 ftp://前缀，以便输入目标 URL。可以输入一个有效的位置，或者单击 Browse 按钮，改为项目的目标位置。

单击 Browse 按钮时会显示 Choose Location 对话框，如图 16-2 所示，它允许指定存储项目的位置。注意，这不一定是部署项目的位置，因为在准备发布时可以指定另一个位置，所以不要在这里指定最终的目的地。

File System 选项允许浏览系统上已知的文件夹结构，包括 My Network Places 文件夹，还允许在需要时创建子文件夹。这是指定 Web 项目文件位置的最便捷方式，也是以后定位这些文件的最便捷方式。

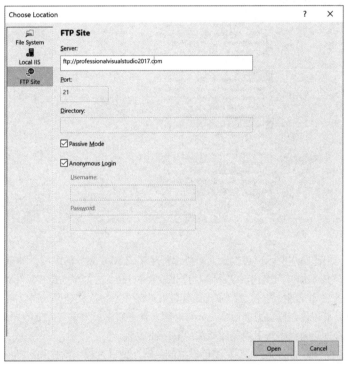

图 16-2

    虽然可以指定创建项目文件的位置，但解决方案文件默认在当前用户的 Documents/ Visual Studio 2017/Projects 文件夹的一个新子文件夹中创建。可以把解决方案文件移动到另一个文件夹中，并且不会影响项目。

如果用一个本地的 IIS 服务器调试 Web Site 项目，可选择 File System 选项，并浏览到 wwwroot 文件夹来创建该网站。但更好的选项是使用本地 IIS 位置类型，在 Default Web Site 文件夹中找到需要的位置。这个界面允许浏览指向网站的虚拟目录项，这些项在物理上不位于 wwwroot 文件夹结构中，实际上是文件系统或网络中其他地方的别名。可以在新的 Web Application 文件夹中创建应用程序，或者创建一个新的虚拟目录项，方法是浏览到某个物理文件位置，并指定一个在网站列表中显示的别名。另外，在服务器和虚拟目录列表的底部有一个复选框 Use Secure Sockets Layer，选中该复选框时，会在支持 HTTPS 连接的服务器上创建 Web 站点。

FTP 站点位置类型如图 16-2 所示，它允许匿名或者用特定的用户身份登录远程的 FTP 站点。当创建项目时，单击 Open 按钮，Visual Studio 就会保存 FTP 设置，所以要注意这不会测试设置是否正确，而是在创建项目文件后，把它们保存到指定的目的地时才进行测试。

 可以把项目文件保存到有访问权限的任意 FTP 服务器上，即使该 FTP 站点没有安装.NET。但没有.NET 就不能运行文件，所以只能把该站点用作文件存储器。

选择了项目的位置后，单击 OK 按钮，告诉 Visual Studio 2017 创建项目文件，并把它们放在指定的位置。Web 应用程序完成了初始化后，Visual Studio 就会打开 Default.aspx 页面，并提供一个工具箱，其中包含了用于 Web 开发的组件。

Web Site 项目在属性页面上只有其他项目类型的一小部分配置选项，如图 16-3 所示。要访问这些选项，可以右击项目，并选择 Property Pages 命令。

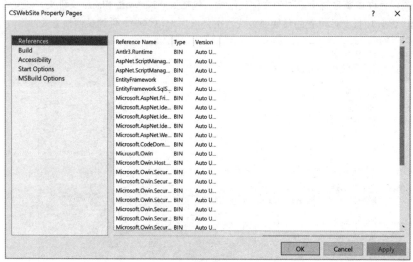

图 16-3

References 属性页面如图 16-3 所示，可以定义对外部程序集或 Web 服务的引用。如果向不在 Global Assembly Cache(GAC)中的一个程序集添加二元引用，那么该程序集就会和.refresh 文件一起被复制到 Web 项目的\bin 文件夹中。.refresh 文件是一个小文本文件，它包含程序集最初位置的路径。每次构建网站时，Visual Studio 都会比较\bin 文件夹下程序集的当前版本和最初位置上的版本，如有必要，就更新它。如果有大量的外部引用，则这会增加编译时间。因此，最好为不常改变的程序集引用删除相关的.refresh 文件。

Build、Accessibility 和 Start Options 属性页面可以控制一些在调试过程中构建和启动网站的方式。Accessibility 验证选项在稍后讨论，属性页面上的其他设置都很容易理解。

MSBuild Options 属性页面为 Web 应用程序提供了两个有趣的高级选项。如果取消选择 Allow This Precompiled Site to be Updatable 选项，则.aspx 和.ascx 页面的所有内容都会与代码隐藏一起编译到程序集中。如果要禁止修改网站的用户界面，那么这是很有用的方式。最后，Use Fixed Naming and Single Page Assemblies 选项指定每个页面都编译到单独的程序集中，而不是默认编译到每个文件夹的程序集中。

16.2.2　创建 Web Application 项目

在 Visual Studio 2017 中创建 Web Application 项目比创建 Web Site 项目复杂一些。项目的数目或种类增加得并不多，Microsoft 用一个对话框为创建应用程序的开发人员提供了更高的简洁性和更大的控制权。

要开始这个过程，选择 File | New | Project 命令，导航到左边 Templates 树的 Web 节点上，会显示如图 16-4 所示的对话框。

这个列表中模板的数量可能不及预期。然而，每种 Web Application 项目都可以在 ASP.NET Web Application 模板上创建。两个额外的模板 ASP.NET Core Web Application (.NET Core) 和 ASP.NET Core Web Application(.NET Framework)在第 18 章中讨论。

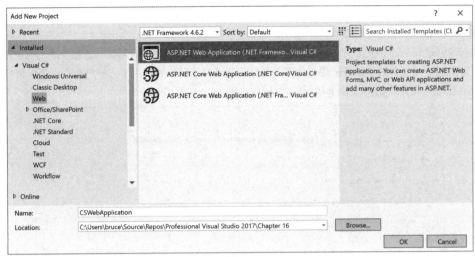

图 16-4

选择 ASP.NET Web Application，提供项目名称和位置的必要细节后，单击 OK，会显示如图 16-5 所示的对话框。

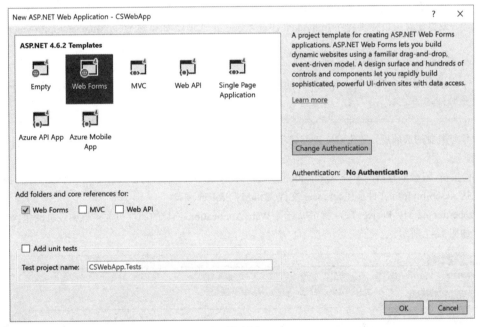

图 16-5

有几个模板可供选择。尽管不那么对应，但 ASP.NET 4.6.2 模板类似于 Visual Studio 2015 中的模板。它们是：

- **Empty**：一个全空的模板，允许添加任何需要的项和功能。
- **Web Forms**：用于创建传统的 ASP.NET Web Forms 应用程序。
- **MVC**：创建使用模型-视图-控制器(MVC)模式的应用程序。
- **Web API**：用于建立基于 REST 的应用程序编程接口(API)，它使用 HTTP 作为底层协议。这个模板和 MVC 的区别是，Web API 项目假定没有定义用户界面。
- **Single Page Application**：用于创建 Web 页面，该页面的丰富功能用运行在客户端(浏览器)上的 HTML5、CSS3 和 JavaScript 实现。
- **Azure API App**：创建一个应用程序，它支持基于 rest 的 API，托管在 Azure 中，可能在 Azure 市场中共享。
- **Azure Mobile App**：用于构建一个应用程序，充当移动应用程序的后端，在 Azure 中托管。

在 Visual Studio 2017 中创建 Web 应用程序还有其他许多有趣的选项，如图 16-5 所示。有很多复选框控制以上功能和模板提供的功能。例如，可以创建一个包括 Web API 引用的 Web Forms 项目。这增加了灵活性，更容易创建需要的项目，而不必指定以后需要添加哪些引用。

也可以同时创建和 Web 应用程序一起运行的单元测试项目。单元测试项目创建时添加了适当的引用。

最后，对话框中的一个选项允许指定应使用的身份验证机制。默认为使用个人用户账户，但如果单击 Change Authentication 按钮，就会显示如图 16-6 所示的对话框。

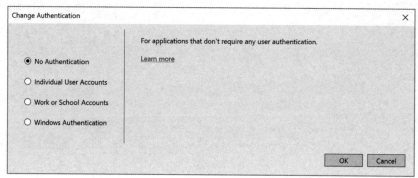

图 16-6

在这里可以指定是否不需要身份验证，是否需要 Windows 身份验证、活动目录成员提供程序(Work and School Accounts 选项，或自定义成员提供程序 Individual User Accounts 选项)。如果熟悉 SqlMembershipProvider，那么它属于最后一类。

　　　不是每个项目模板都支持更改认证方法。在撰写本文时，Web Forms、MVC 和 Web API 支持更改身份验证方法。

将值设置为需要的选项后，单击 OK 来创建项目。在以后的屏幕中，本文假定使用 Web Forms 项目和默认的身份验证方案。

单击 OK 按钮，就会创建新的 Web Application 项目，它比 Web Site 项目多几项。在 C# 的 Visual Basic 或 Properties 节点下面包括 AssemblyInfo 文件、References 文件夹和 My Project 项。

双击 Properties 或 My Project 项，就可以查看 Web Application 项目的属性页面。该属性页面包含一个额外的 Web 页面，如图 16-7 所示。

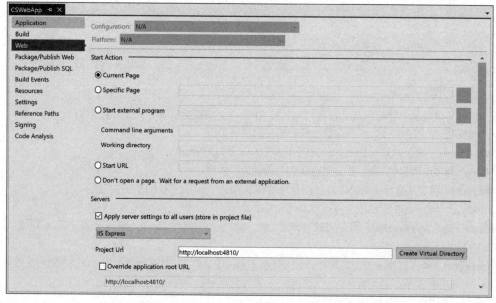

图 16-7

Web 页面上的选项都与调试 ASP.NET Web 应用程序相关，详见第 58 章和第 59 章。

16.3　设计 Web 窗体

Visual Studio 2017 中为 Web 开发人员提供的最强大功能之一是 Web 应用程序的可视化设计。HTML Designer 可以使用可视化布局工具，改变 Design 视图中的定位、填充和边距。还有一个拆分视图可以同时处理 Web 窗体的设计和标记。最后，Visual Studio 2017 支持功能丰富的 CSS 编辑工具，可以设计 Web 内容的布局和样式。

16.3.1　HTML Designer

Visual Studio 中的 HTML Designer 是很容易开发 ASP.NET 应用程序的一个主要原因。它理解如何显示 HTML 元素和 ASP.NET 服务器端控件，所以只需要把组件从工具箱拖放到 HTML Designer 的界面上，就可以快速构建 Web 用户界面。还可以在查看网页或用户控件的 HTML 标记和可视化设计之间快速切换。

例如，Visual Studio 根据当前的操作修改 IDE 中的 View 菜单，以提供有用的特性。在 Design 视图中编辑网页时，就可以使用其他菜单命令调整设计界面的显示方式，如图 16-8 所示。

View 菜单顶部的 3 个子菜单 Ruler and Grid、Visual Aids 和 Formatting Marks 提供了一整套有用的工具，帮助处理网页上的控件和 HTML 元素的整体布局。

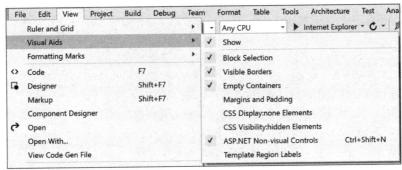

图 16-8

例如，在 Visual Aids 子菜单上打开 Show 选项，就会在所有容器控件和 HTML 标记(如<table>和<div>)周围绘制灰色的边框，以便查看窗体上每个组件的位置。该选项还提供了彩色编码阴影功能，以表示 HTML 元素和服务器控件周围的边距和填充。同样，在 Formatting Marks 子菜单上可以切换选项，以显示 HTML 标记名、换行符和空格等。

HTML Designer 还支持拆分视图，如图 16-9 所示，其中同时显示了 HTML 标记和可视化设计。要打开这个视图，可以在设计模式下打开页面，单击 HTML Designer 窗口左下角的 Split 按钮。

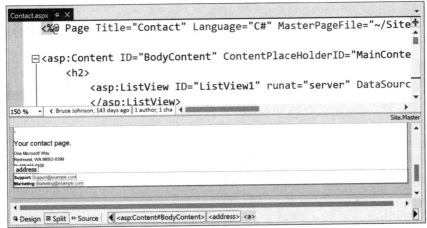

图 16-9

在设计界面上选择一个控件或 HTML 元素时，HTML Designer 会在 HTML 标记中突出显示它。同样，如果把光标移动到标记中的一个新位置，则设计界面上会突出显示对应的元素或控件。

如果修改设计界面上的任何元素，那么这个改变会立即反映到 HTML 标记上。但对标记的修改不总是立即显示在 HTML Designer 上。而是在 Design 视图的顶部显示一个信息，说明它现在与 Source 视图不同步，如图 16-10 所示。此时可以单击该信息条或者按下 Ctrl+Shift+Y 快捷键来同步视图。保存对文件的改动也会同步它们。

> Design view is out of sync with Source view. Click here to synchronize views.

图 16-10

如果显示器的屏幕很宽，那么可以把分割视图垂直放置，以利用屏幕分辨率。选择 Tools | Options 命令，再单击 TreeView 中的 HTML Designer 节点，就会显示许多设置，它们可以配置 HTML Designer 的操作方式，包括 Split Views Vertically 选项。

在 HTML Designer 中，另一个需要指出的特性是显示在设计窗口底部的标记导航器痕迹(breadcrumb)。这个特性也出现在 XAML Designer 中，显示了当前元素或控件及其所有先辈的层次结构。该痕迹会显示控件或元素的类型，以及已定义的 ID 或 CSS 类。如果标记路径太长，在 HTML Designer 窗口中放不下，就会截断该列表，并显示两个箭头按钮，以便滚动该标记路径。

标记导航器痕迹仅显示当前元素到其顶层父元素的路径，并不列出该路径外的任何元素。如果要查看当前文档中所有元素的层次结构，应使用 Document Outline 窗口，如图 16-11 所示。选择 View | Other Windows | Document Outline 命令，就会显示该窗口。在 Document Outline 窗口中选择一个元素或控件，该元素或控件就会突出显示在 HTML Designer 的 Design 视图和 Source 视图中。但是，如果在 HTML Designer 中选择一个元素，则该元素不会突出显示在 Document Outline 窗口中。

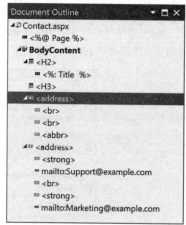

图 16-11

某些情况下，可能需要重新打开表单，以填充 Document Outline 窗口。

16.3.2　定位控件和 HTML 元素

在构建网页时，一个较难的部分是 HTML 元素的定位。可以设置几个特性来控制元素的定位方式，包括是使用相对或者绝对位置、浮动设置、z 索引以及填充和边距宽度。

我们不需要学习所有这些特性的语法和名称，把它们手动输入到标记中。与 Visual Studio 中的大多数对象一样，IDE 可以帮助完成输入。首先选择要在 Design 视图中定位的控件或元素，再从菜单中选择 Format | Position 命令，以打开 Position 窗口，如图 16-12 所示。

单击 OK 按钮后，就把所选的换行和定位样式以及要给位置和大小输入的值保存到 HTML 元素的样式特性上。

如果元素有相对或绝对位置，那么可以在 Design 视图中重新定位。但注意在 HTML Designer 上拖动元素的方式，因为这可能会出现意外结果。只要在 Design 视图中选择元素或控件，就会在该对象的左上角出现一个白色标记。这将显示元素的类型、ID 和类名(假定已定义)。

如果要使用相对或绝对位置重定位元素，就应使用白色的控件标记把它拖动到新位置。如果用控件本身来拖动元素，则不会修改 HTML 定位，而是把它移动到源代码中的一个新行上。

图 16-13 显示了一个有绝对位置的按钮，该按钮被重定位到其初始位置下面 230px、右面 159px 处。实际控件显示在其新位置处，还显示了蓝色的水平和垂直引导线，它们表示该控件是绝对定位。引导线仅在元素被选中时才显示。

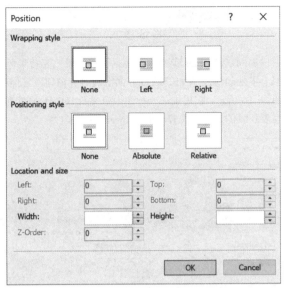

图 16-12

这里讨论的最后一个布局技术是设置 HTML 元素的填充和边距。许多 Web 开发人员最初混淆这些显示特性的区别——尽管在不同的浏览器中，带这些特性的元素的显示是不同的。虽然并不是所有 HTML 元素都显示边框，但一般可以把填充看成边框内部的空白，而把边距看成边框外部的空白。

如果仔细查看 HTML Designer，就会发现在控件的 4 个角上延伸出一些比较短的水平和垂直灰线。只有在Design 视图中选中该元素，这些灰线才可见。它们称为边距手柄，可以设置边距的宽度。把光标放在手柄上，手柄就会变成重置大小光标，再拖动该光标，就可以增大或缩小边距宽度，如图 16-14 所示。

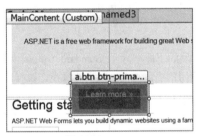

图 16-13

图 16-14

最后，在 HTML Designer 上可以设置元素周围的填充。如果选择一个元素，再按住 Shift 键，边距手柄就变成了填充手柄。按住 Shift 键不放，拖动手柄就可以增大或缩小填充宽度。释放 Shift 键，手柄会再次变成边距手柄。图 16-14 显示了在 HTML 图像元素的所有 4 条边上设置边距和填充宽度后，该元素在 HTML 设计器中的外观。

初看起来，这意味着边距和填充的设置不太直观，因为其操作不一致。为了增大顶部和左边的边距，必须向元素内拖动手柄；而要增大顶部和左边的填充，就必须拖动手柄来远离元素。但是拖动底部和右边的手柄来远离元素，会同时增大边距和填充宽度。

HTML 布局和定位完成后，就可以用新的 CSS 工具把页面的布局提取到一个外部样式表中。这些工具将在后面介绍。

16.3.3　格式化控件和 HTML 元素

除了上一节介绍的 Position 对话框窗口外，Visual Studio 2017 还提供了一个工具栏和其他一些对话框来编辑网页上控件和 HTML 元素的格式。

Formatting 工具栏如图 16-15 所示，允许访问大多数格式化选项。最左边的下拉列表可以控制格式化选项的应用方式，包括用于内联样式或 CSS 规则的选项。下一个下拉列表包含所有可用于文本的常用 HTML 元素，包括从<h1>到<h6>的标题、<ul>、<ol>和<blockquote>。

图 16-15

大多数其他格式化对话框窗口都列在 Format 菜单中，包括设置前景色和背景色、字体、对齐、项目符号和编号的窗口。这些对话框窗口类似于字处理器或 WYSIWYG 界面上的对应窗口，它们的用法也一目了然。

Insert Table 对话框窗口如图 16-16 所示，它提供了一种便于定义新 HTML 表的布局和设计的方式。要打开该窗口，应把光标放在设计界面上需要新表的地方，选择 Table | Insert Table 命令。

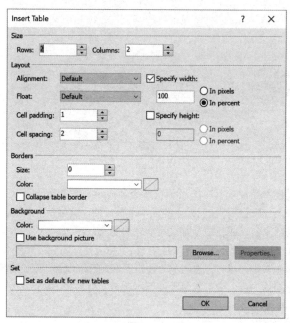

图 16-16

Insert Table 对话框窗口中最后一个很有用的特性在颜色选择器的下面。除了 Standard Colors 列表外，还有 Document Colors 列表，如图 16-17 所示。图中列出了以某种方式应用到当前页面上的所有颜色，如前景色、背景色或边框的颜色。这样就不需要记住当前应用到页面上的颜色方案的自定义 RGB 值。

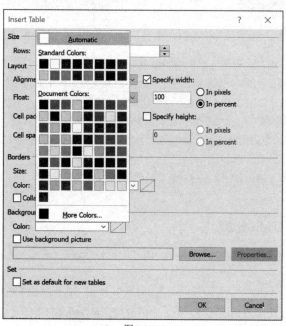

图 16-17

16.3.4　CSS 工具

以前典型网页上的 HTML 是内容和显示标记的混合体。网页自由使用 HTML 标记来定义内容的显示方式,如<font>、<center>和<big>。现在,这种设计被淘汰了,最佳实践方式指出,HTML 文档应仅指定网页的内容,放在语义标记中,如<h1>、<ul>和<div>。需要特定显示规则的元素应指定一个 class 特性,所有样式信息都应存储在外部 CSS 中。

Visual Studio 2017 有几个特性,以集成方式提供了一个丰富的 CSS 编辑体验。如上一节所述,可以 Design 视图中完成设计布局和给内容指定样式等许多任务,这些任务还可以用 Manage Styles 窗口、Apply Styles 窗口和 CSS Properties 窗口来帮助完成。可在打开 HTML Designer 时通过 View 菜单访问这些窗口。

Manage Styles 窗口列出了内部 CSS 文件、内联 CSS 文件或链接到当前页面上的外部 CSS 文件中的所有 CSS 样式。这个工具窗口的目的是显示某个页面的所有 CSS 规则,并允许编辑和管理这些 CSS 类。

所有样式都列在一个 TreeView 中,样式表是其顶层节点,如图 16-18 所示。样式按照它们在样式表文件中的顺序列出,还可以拖放样式来重新安排它们,甚至可以把样式从一个样式表移动到另一个样式表中。

把光标悬停在一个样式上时,工具提示就会显示该样式中的 CSS 属性。Options 菜单下拉列表可以过滤样式列表,只显示可以应用于当前页面上的元素的样式,如果在 HTML Designer 中选择了元素,就只显示与所选元素相关的样式。

　选中的样式预览效果显示在 Manage Styles 窗口的顶部,这一般不是在 Web 浏览器上的显示效果。这是因为预览没有考虑可能导致重写样式属性的 CSS 继承规则。

Manage Styles 窗口会对当前页面中使用的样式显示一个选中标记,而不会显示一组复杂图标。如果未使用某个样式,则不会显示复选框。

在 Manage Styles 窗口中右击一个样式,会显示从头创建新样式、根据选中的样式创建新样式或修改选中的样式选项。这 3 个选项都会打开 Modify Style 对话框,如图 16-19 所示。这个对话框提供了定义或修改 CSS 样式的一种直观方式。样式属性归类为熟悉的类别,如 Font、Border 和 Position。窗口底部显示了一个有用的预览。

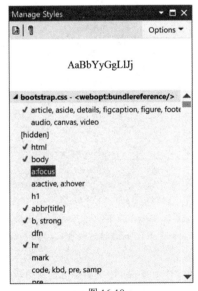

图 16-18

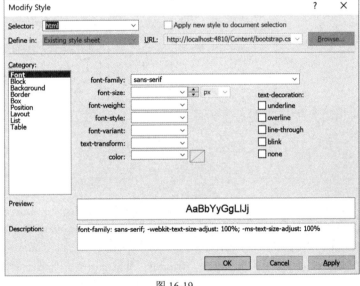

图 16-19

第 2 个 CSS 窗口是 Apply Styles 窗口。它与 Manage Styles 窗口有相当多的重叠,但其作用是便于把样式应用于网页上的元素。选择 View | Apply Styles 命令,会打开这个窗口,如图 16-20 所示。与 Manage Styles 窗口一样,所有可用的样式都在 Apply Styles 窗口中列出,可过滤列表以只显示可用于当前页面或当前选中元素的样式。这个窗口使用相同的选中标记图标来表示样式是否被使用。把光标停放在一个样式上,还会显示 CSS 规则中的所有属性。

但 Apply Styles 窗口显示的样式比 Manage Styles 窗口精确得多,包括字体颜色和字体粗细、背景色或背景图像、边框，甚至文本的对齐。

在 Designer 中选择一个 HTML 元素时，Apply Styles 窗口中应用于该元素的样式就会加上一个蓝框。如图 16-20 所示，样式用于选中的元素。把光标停放在任意样式上，该样式就会显示一个下拉按钮，用于访问上下文菜单。这个菜单的选项可以把该样式应用于选中的元素，如果已经应用了该样式，就删除它。只要单击样式，就会把它应用于当前的 HTML 元素。

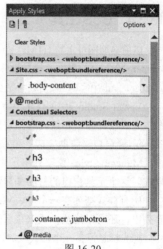

图 16-20

Visual Studio 2017 中的第 3 个 CSS 窗口是 CSS Properties 窗口，如图 16-21 所示。其中显示了一个属性网格，列出了 HTML Designer 中当前选中的 HTML 元素使用的所有样式。另外，该窗口还列出了所有可用的 CSS 属性。这个窗口允许在已有的样式上添加属性、修改已设置的属性，以及创建新的内联样式。

Apply Styles 窗口和 Manage Styles 窗口显示了单个样式的细节，而 CSS Properties 窗口显示所有应用于当前元素的样式的累加效果，还考虑了样式的优先级顺序。CSS Properties 窗口的顶部是 Applied Rules 部分，它按照应用的顺序列出了 CSS 样式。这个列表下部的样式会重写上部的样式。

在 Applied Rules 区域中选择一个样式，会在下面的属性网格中显示该样式的所有 CSS 属性。在图 16-21(a)中，选择了 CSS 规则 h2，它定义了 CSS 属性 font-size。可以在该属性网格中直接编辑这些属性或定义新属性。

CSS Properties 窗口还有一个 Summary 按钮，它会显示可应用于当前元素的所有 CSS 属性，如图 16-21(b)所示。重写的 CSS 属性会显示一条删除线，把光标停放在该属性上，会显示一个工具提示，说明重写的原因。

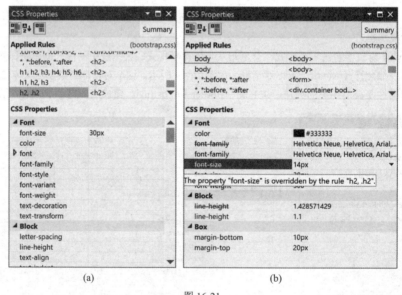

<table>
<tr><td>(a)</td><td>(b)</td></tr>
</table>

图 16-21

Visual Studio 2017 在 Formatting 工具栏上还包含一个 Target Rule 选择器，如图 16-22 所示，它允许指定用格式化工具栏和对话框窗口修改的样式的保存位置。这包括 Formatting 工具栏和 Format 菜单下的对话框窗口，如 Font、Paragraph、Bullets and Numbering、Borders and Shading 以及 Position。

Target Rule 选择器有两个模式：Automatic 和 Manual。在 Automatic 模式下，Visual Studio 会自动选择应用新样式的地方。在 Manual 模式下，可以完全控制创建所得到的 CSS 属性的位置。Visual Studio 2017 默认为 Manual 模式，对这个模式的任何修改都会为当前用户保留下来。

Target Rule 选择器填充了一组已经应用于当前选中元素的样式。内联样式显示时带有<inline style>项。在当前页面上内联定义的样式添加了(Current Page)，在外部样式表中定义的样式添加了文件名。

最后，Visual Studio 2017 在 CSS 编辑器和 HTML 编辑器中支持 CSS 的 IntelliSense。双击 CSS 文件，就会默认打开 CSS 编辑器，该编辑器会给所有的 CSS 特性和有效的值显示 IntelliSense 提示，如图 16-23 所示。定义了 CSS 样式后，在 HTML 元素上添加 class 特性时，HTML 编辑器会检测并显示网页上一组有效的 CSS 类名。

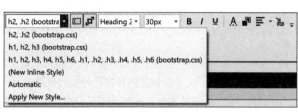

图 16-22　　　　　　　　　　　　　　　　　　图 16-23

16.3.5　验证工具

Web 浏览器非常擅于为最终用户隐藏格式不正确的 HTML 代码。如果在 XML 文档中出现了无效语法，那么会导致致命错误，如顺序错误或遗漏了结束标记。这种无效语法在某个首选的 Web 浏览器中会正确呈现，而在另一个浏览器上，这个格式不正确的 HTML 代码会显示完全不同的外观。因此，必须确保 HTML 代码是遵循标准的。

验证代码是否遵循标准的第一步是设置验证的目标模式。为此可使用 HTML Source Editing 工具栏，如图 16-24 所示。

HTML 标记用选中的模式来验证。验证的工作方式类似于后台的拼写检查器，在输入标记时检查这些标记，并在根据当前模式检查无效的元素或属性，在其下添加绿色的波浪线。如图 16-25 所示，把光标停放在标记为无效的元素上，就会出现一个工具提示，显示验证失败的原因。同时在 Error List 窗口中创建一个警告。

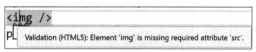

图 16-24　　　　　　　　　　　　　图 16-25

模式验证非常有助于网页在不同的浏览器上显示相同的结果。但它不能确保每个人都能访问站点。许多人身有残疾，他们因为 HTML 标记的编码方式而很难访问站点。

世界卫生组织估计，世界上有 2.85 亿人有视觉损伤(World Health Organization, 2014)。在美国，估计有 1400 万人失明(National Center for Health Statistics, 2010)。这是一个庞大的群体，而且还没有包括有其他身体残疾的人。

除了减少潜在的用户群外，如果不考虑可访问性，还可能有违法的风险。许多国家都立法，要求网站和其他通信方式可以由残疾人访问。

Visual Studio 2017 包含一个可访问性的验证工具，该工具检查 HTML 标记是否遵循可访问性规则。从 Tools | Check Accessibility 中启动的 Web Content Accessibility Checker 可以检查单个页面是否遵循几个可访问性规则，包括 Web Content Accessibility Guidelines(WCAG) 1.0 版本和 Americans with Disabilities Act Section 508 Guidelines(通常称为 Section 508)。

选择用于检查可访问性的规则，单击 Validate 按钮开始。检查网页后，出现的问题会在 Error List 窗口中显示为错误或警告，如图 16-26 所示。

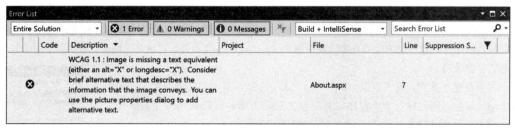

图 16-26

16.4　Web 控件

最初发布 ASP.NET 1.0 版本时，Microsoft 公司为开发人员引入了一种全新的 Web 应用程序构建方式。传统的 ASP、JSP、Perl 等语言混合使用 HTML 元素和服务器端的脚本语言，而 ASP.NET 为网页引入了功能更强大的控件概念，这些控件的处理方法与 Windows 中的控件基本一致。

Web 控件(如按钮和文本框组件)拥有 Text、Left 和 Width 等常见属性，提供了 Click 和 TextChanged 等常规方法和事件。此外，ASP.NET 1.0 还包含了一系列专属于 Web 开发的组件，这些组件有的负责处理数据信息(如 DataGrid 控件)，有的负责执行常规 Web 任务，如 ErrorProvider 可以针对 Web 窗体内输入的问题信息向用户提供反馈。

ASP.NET 的后续版本引入了 50 多个 Web 服务器控件，包括导航组件、用户身份验证、Web 部件以及改进的数据控件。第三方供应商还发布了一些服务器控件和组件，提供更高级的功能。

本书没有足够的篇幅来详细探讨可用于 Web 应用程序的所有服务器控件。实际上许多组件(TextBox、Button 和 Checkbox)都是基本用户界面控件的 Web 版本，用户已经很熟悉它们了。不过，概述 ASP.NET Web 开发人员工具箱中一些比较专业、功能比较强大的服务器控件还是有帮助的。

16.4.1　导航组件

ASP.NET 提供了一种简单的方式，通过站点地图提供程序和相关的控件，在 Web 应用程序中添加站点级的导航功能。为在项目中实现站点地图功能，必须手动创建站点数据，这些数据默认放在 Web.sitemap 文件中，并在从站点中添加和删除网页时更新这些数据。站点地图文件可以用作许多 Web 控件的数据源，包括 SiteMapPath、Menu 和 TreeView 控件。SiteMapPath 可以自动跟踪用户在站点层次结构中的位置，Menu 和 TreeView 控件可以显示站点地图信息的一个定制子集。

在 Web.sitemap 文件中定义了站点的层次结构后，使用它的最简单方式就是把一个 SiteMapPath 控件拖放到网页的设计界面上，如图 16-27 所示。这个控件会自动绑定到 Web.config 文件中指定的默认站点地图提供程序上，来生成要显示的节点。

SiteMapPath 控件仅显示直接导航到当前显示页面的痕迹，但有时希望显示站点中的一个页面列表。此时可使用 ASP.NET 的 Menu 控件，以水平或垂直显示信息。同样，TreeView 控件可以绑定到一个站点地图上，显示网站上页面的层级菜单。

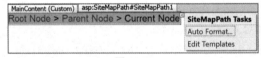

图 16-27

16.4.2　用户身份验证

在 ASP.NET 2.0 版本中，对 Web 组件最重要的改进是新的用户身份验证和登录组件。使用这些组件可以快速而轻松地创建 Web 应用程序中基于用户的部分，而无须担心应如何对它们进行格式化处理以及应使用哪些控件。

每个 Web 应用程序在第一次创建时，都会在其 ASP.NET 配置中添加一个默认的数据源。此数据源是通过默认名称指向本地文件系统的 SQL Server Express 数据库，它用于用户身份验证处理，保存用户信息和用户当前的设置。

为每个网站自动创建数据存储的好处是，Visual Studio 可以通过一系列用户绑定的 Web 组件来自动保存用户信息，而不需要编写任何代码。

在注册到某个网站之前，必须先创建一个用户账户。可以在 ASP.NET 的管理和配置中创建(如后面所述)，也可以让访问站点的用户创建自己的账户。这需要用到 CreateUserWizard 组件，它包含了两个向导页面，用于创建账户，并显示是否创建成功。

一旦用户创建了账户，就需要登录到网站上。Login 控件用于实现此功能。在页面上添加 Login 组件，可创建一个小窗体，其中包含 User Name 和 Password 字段、一个是否记住登录凭据的选项和一个 Log In 按钮(如图 16-28 所示)。

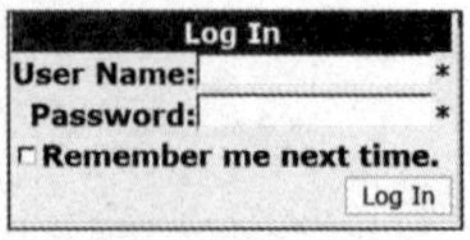

图 16-28

为让程序顺利运行,需要编辑 Web.config 文件,并把身份验证更改为 Forms。默认身份验证类型是 Windows,不修改它,网站就会把用户验证为当前登录的 Windows 用户,因为这是当前登录的方式。显然,有的 Web 应用程序需要使用 Windows 身份验证,但是对于一个在 Internet 上部署的简单网站来说,这是让 Login 控件顺利工作唯一需要修改的地方。

还可以使用几个控件来确定用户是否登录,并给已通过身份验证的用户显示与匿名用户不同的信息。LoginStatus 控件是一个简单的双状态组件。在网站检测到用户已经登录时显示一套内容,在用户没有登录时显示另一套内容。LoginName 组件也很简单,它返回已登录用户的用户名。

还有控件允许最终用户管理自己的密码。ChangePassword 组件与其他基于用户的自动组件结合使用,以允许用户更改密码。有时用户会忘记自己的密码,这就要用到 PasswordRecovery 控件。此组件如图 16-29 所示,有 3 个视图:UserName、Question 以及 Success。用户首先输入自己的用户名,应用程序判断和显示安全问题,然后等待答案。如果答案正确,组件将切换到 Success 页面,并向注册的电子邮件地址发送一个电子邮件。

Toolbox 的 Login 分组中的最后一个组件是 LoginView 对象。LoginView 允许在网页上创建只在特定条件(与某个用户是否登录相关)下显示的整个区域。默认有两个视图:用户未登录时显示的 AnonymousTemplate 和显示给登录用户的 LoggedInTemplate。两个模板的可编辑区域开始都为空。

尽管如此,由于可以定义各种角色,并把用户分配给角色,因此还可以为站点中定义的每个角色创建模板,如图 16-30 所示。LoginView 智能标记任务列表上的 Edit RoleGroups 命令可以显示常规的集合编辑器,允许构建包含一个或多个角色的角色组。当站点检测到登录的用户属于某个角色时,LoginView 组件的显示区域就会显示对应的模板内容。

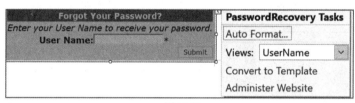

图 16-29

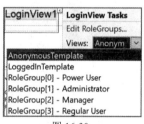

图 16-30

有了这些控件,只要做少量的属性修改,在 Web.config 文件中输入一些内容,就可以为 Web 应用程序构建一个完整的用户身份验证系统。

16.4.3　数据组件

Visual Studio .NET 的第一个版本就为 Microsoft Web 开发人员引入了数据组件,在 Visual Studio 的每个后续版本中,数据控件的功能变得更加强大。每个数据控件都有一个智能标记任务列表,用来编辑可显示区域每个部分的模板。例如,DataList 总共有多个模板,可以分别对它们进行定制操作(如图 16-31 所示)。

1. 数据源控件

ASP.NET 中数据源控件的体系结构为把 UI 控件绑定到数据上提供了一种简单的方式。ASP.NET 2.0 发布的数据源控件有绑定到 SQL Server 或 Access 数据库上的 SqlDataSource 和 AccessDataSource、绑定到泛型类上的 ObjectDataSource、绑定到 XML 文件上的 XmlDataSource,以及在 Web 应用程序中用于站点导航树的 SiteMapDataSource。

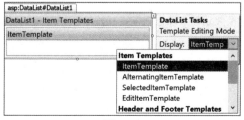

图 16-31

ASP.NET 3.5 带有一个 LinqDataSource 控件，它可以直接使用 Language Integrated Query(LINQ)把 UI 控件绑定到数据源上。ASP.NET 3.5 SP1 发布的 EntityDataSource 控件支持使用 ADO.NET Entity Framework 绑定数据。这些控件提供了一种设计器驱动的方式，可以自动生成与数据交互操作所需的大多数代码。

所有数据源控件的操作都是类似的。为便于讨论，本节以 ObjectDataSource 控件为例来探讨。

在使用 ObjectDataSource 之前，必须已经有一个作为存储库管理器创建的类。这个类用于公开在对象上执行 CRUD(创建、读取、更新、删除)函数的方法。一旦定义了这个类，就可以将它从工具箱拖动到设计表面上，来创建 ObjectDataSource 控件实例。为了配置控件，在控件的智能标记下启动 Configure Data Source 向导。选择数据上下文类(它就是存储库管理器类)，然后在存储库管理器类中选择实现 CRUD 功能的方法(尽管只需要 Read 方法)。图 16-32 显示了 Configure Data Source 向导中的屏幕，该向导允许选择数据上下文类。然后，将该数据源绑定到 UI 服务器控件(如 ListView 控件)是一件简单的事情，以提供对数据的只读访问。

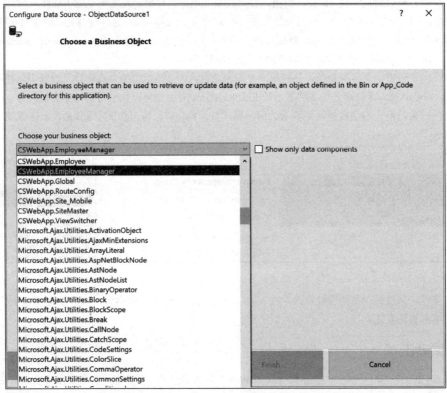

图 16-32

2. 数据视图控件

指定了数据源后，只需要使用某个数据视图控件显示这些数据。ASP.NET 带有一些内置的 Web 控件，可以用不同的方式显示数据，包括 Chart、DataList、DetailsView、FormView、GridView、ListView 和 Repeater。Chart 控件可以使用条形图或线条图等图形显示数据，参见在线归档的第 50 章。

ASP.NET 服务器控件的一个常见问题是开发人员无法控制他们生成的 HTML 标记。许多数据视图控件尤其如此，如 GridView 总是使用 HTML 表格式化它输出的数据，但有时有序列表更合适。

ListView 控件为其他数据控件在这方面的缺点提供了一个很好的解决方案。它不是用<table>或<span>元素把要显示的标记括起来，而是允许指定要显示的 HTML 输出。HTML 标记定义在 ListView 支持的下列 11 个模板中：

- AlternatingItemTemplate
- EditItemTemplate
- EmptyDataTemplate
- EmptyItemTemplate
- GroupSeparatorTemplate

- GroupTemplate
- InsertItemTemplate
- ItemSeparatorTemplate
- ItemTemplate
- LayoutTemplate
- SelectedItemTemplate

两个最有用的模板是 LayoutTemplate 和 ItemTemplate。LayoutTemplate 指定了把输出括起来的 HTML 标记，而 ItemTemplate 指定了用于格式化绑定到 ListView 上的每个记录的 HTML。

在设计界面上添加 ListView 控件时，可以把它绑定到数据源上，然后通过智能标记操作打开 Configure ListView 对话框，如图 16-33 所示。该对话框是一个代码生成工具，可以根据一小部分预定义的布局和样式自动生成 HTML 代码。

 因为我们可以全面控制 HTML 标记，所以 Configure ListView 对话框没有分析任何已有的标记。如果再次打开该窗口，它就只显示默认的布局设置。

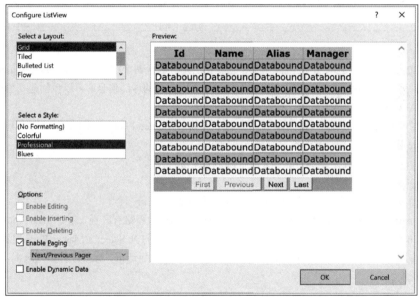

图 16-33

3. 数据辅助控件

在处理非常大的数据集时，DataPager 控件可以把由 UI 控件显示的数据放在多个页面上。它通过 NumericPagerField 对象或 NextPreviousPagerField 对象支持分页功能。NumericPagerField 对象允许用户选择页码，NextPreviousPagerField 对象允许用户导航到下一页或上一页。与 ListView 控件一样，还可以使用 TemplatePagerField 对象给分页功能编写定制的 HTML 标记。

最后，ASP.NET 4.0 版本引入的 QueryExtender 控件可采用声明方式过滤 EntityDataSource 或 LinqDataSource 中的数据，非常适用于搜索方案。

16.5   主页面

创建主页面(master page)的功能是 Visual Studio 中一种非常有用的 Web 开发特性，主页面定义了可定制的区域。这样就可以设计一个包含通用元素(在整个站点上共享的元素)的页面，为其指定可以容纳具体内容的区域，然后让站点上所有的页面都继承它。

为在 Web Application 项目中添加一个主页面，可使用网站菜单或 Solution Explorer 的上下文菜单中的 Add New Item 命令，打开 Add New Item 对话框，如图 16-34 所示。该对话框包含了大量可在 Web 应用程序中添加的项模板。注意，除了 Web Form(.aspx)页面和 Web User Controls 以外，还可添加普通的 HTML 文件、样式表，以及其他与 Web 相关的文件类型。要添加主页面，选择 Master Page 模板，指定其文件名，然后单击 Add 按钮。

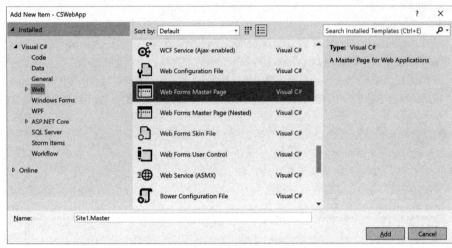

图 16-34

在网站上添加主页面时，它只是一个很小的网页模板，其中包含两个空的 ContentPlaceHolder 组件，其中一个在网页主体中，另一个在标题中。该组件可以容纳每一个页面都有的详细信息。可以像创建其他网页那样创建主页面，包括使用 ASP.NET 和 HTML 元素、CSS 样式表和主题。

如果设计中需要包含其他详细信息区域，则可以把一个新的 ContentPlaceHolder 控件从工具箱拖放到页面上，或者切换到 Source 视图，在其他合适的地方添加下面的标记。

```
<asp:ContentPlaceHolder id="aUniqueid" runat="server">
</asp:ContentPlaceHolder>
```

设计完主页面以后，就可以在从页面中为项目添加新的 Web 窗体。

在 Web Application 或 Web Site 项目中添加使用主页面的窗体的过程略有区别。对于 Web Application 项目，应添加一个新的 Web Form using Master Page，而不是 Web Form，这会打开 Select a Master Page 对话框，如图 16-35 所示。在 Web Site 项目中，Add New Item 窗口包含 Select Master Page 复选框。如果选择该复选框，就会打开 Select a Master Page 对话框。

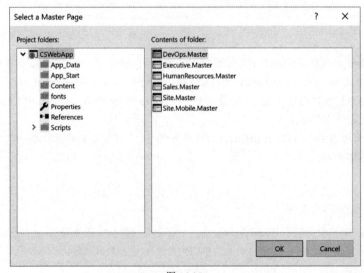

图 16-35

选择要应用于从页面的主页面，单击 OK 按钮。在项目中添加的新 Web 窗体页面包含一个或多个 Content 控件，分别映射为主页面上的 ContentPlaceHolder 控件。

很容易看出主页面的优点，理解它们非常流行的原因。而创建嵌套主页面会更有效。

处理嵌套的主页面与处理一般的主页面没有太大区别。要添加一个嵌套的主页面，可以在 Add New Item 窗口中选择 Nested Master Page。然后通过如图 16-35 所示的 Select a Master Page 对话框选择父主页面。以后添加新的内容网页时，嵌套的所有主页面也会显示在 Select a Master Page 窗口中。

16.6　富客户端开发

前两年，软件业经历了根本性的变化，开始在应用程序开发中强调最终用户体验的重要性。在 Web 应用程序的开发中，这一点体现得更明显。随着 AJAX 等技术的出现和对 JavaScript 的日益重视，用户希望 Web 应用程序能具备桌面应用程序的丰富功能。

Microsoft 公司认识到了这一点，在 Visual Studio 2017 中发布了一系列工具和改进，以支持创建丰富的客户端交互操作，还给 JavaScript 集成了调试功能和 IntelliSense 支持。ASP.NET AJAX 与 Visual Studio 2017 一起发布。这些工具更便于设计、构建和调试客户端代码，提供更丰富的用户体验。

16.6.1　用 JavaScript 开发

一直以来，编写 JavaScript 客户端代码都是比较困难的，但 JavaScript 语言本身是相当简单的。JavaScript 是一个动态、松散类型化的编程语言，与 Visual Basic 和 C#强制实施的强类型化完全不同，但在一些.NET 开发人员看来，JavaScript 的名声并不好。

因此，Visual Studio 的一个最受 Web 开发人员期待的新特性是对 JavaScript 的 IntelliSense 支持。一开始输入代码，IntelliSense 就会出现，提示内置的 JavaScript 函数和关键字，如 var、alert 和 eval。

而且，Visual Studio 2017 中的 JavaScript IntelliSense 会自动计算和推断变量类型，以提供更准确的 IntelliSense 提示。例如，在图 16-36 中，IntelliSense 判断出 optSelected 是一个 HTML 对象，因为对 document.getElementByID 函数的调用返回这个类型。

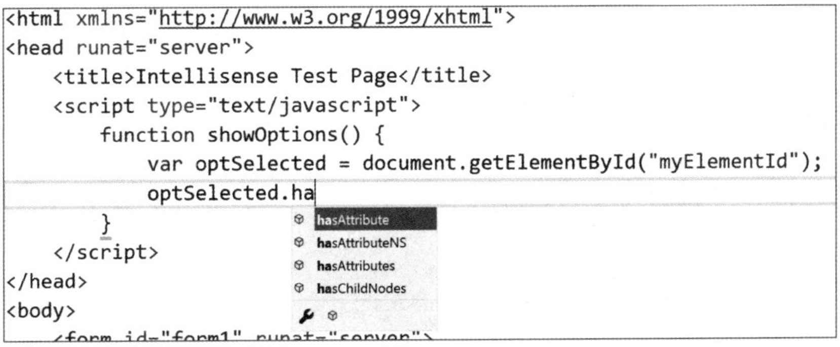

```
<html xmlns="http://www.w3.org/1999/xhtml">
<head runat="server">
    <title>Intellisense Test Page</title>
    <script type="text/javascript">
        function showOptions() {
            var optSelected = document.getElementById("myElementId");
            optSelected.ha
        }
    </script>
</head>
<body>
    <form id="form1" runat="server">
```

图 16-36

除了在 Web 窗体中显示 IntelliSense 外，Visual Studio 还支持在外部的 JavaScript 文件中显示 IntelliSense，为引用的脚本文件和库提供 IntelliSense 帮助，例如 Microsoft AJAX 库。

Microsoft 公司在 Visual Studio 中扩展了 XML 注释系统，可以识别 JavaScript 函数的注释。IntelliSense 会检测到这些 XML 代码注释，显示函数的汇总、参数和返回类型信息。

尽管 Visual Studio 会不断地监视项目中文件的变化并相应更新 IntelliSense，但有几个限制会使 JavaScript IntelliSense 在某些情况下不显示信息，包括：

- 外部引用的脚本文件中存在语法或其他错误。
- 调用浏览器特定的函数或对象。大多数 Web 浏览器都支持一组专用于该浏览器的对象。仍可以使用这些对象，实际上许多流行的 JavaScript 框架就使用这些对象，但不能获得 IntelliSense 支持。
- 引用在当前项目外部的文件。

在 ASP.NET 中，一个适用于 Web 开发人员的功能是添加到 Web 服务器控件中的 ClientIDMode 属性。在以前的版本中，给 HTML 控件的 id 特性生成的值使这些控件很难在 JavaScript 中引用。ClientIDMode 属性更正了这个问题，它定义了两个新模式(Static 和 Predictable)，以更简单、更可预测的方式生成这些 id。

更新的 JavaScript IntelliSense 结合了改进的客户端调试支持和对客户端 ID 更好的控制，大大降低了用 Visual Studio 2017 开发 JavaScript 代码的难度。

16.6.2 使用 ASP.NET AJAX

ASP.NET AJAX 框架为 Web 开发人员提供了一个熟悉的服务器控件编程方式，以构建功能丰富的客户端 AJAX 交互操作。

ASP.NET AJAX 包含服务器端和客户端组件。可以把一系列服务器控件(如常见的 UpdatePanel 控件和 UpdateProgess 控件)添加到 Web 窗体中，允许异步更新部分页面，而无须修改页面上已有的任何代码。客户端的 Microsoft AJAX 库是一个 JavaScript 框架，可以在任意 Web 应用程序中使用，例如 Apache 上的 PHP，而不仅是 ASP.NET 或 IIS。

下面演示如何添加 ASP.NET AJAX UpdatePanel 控件，执行部分页面更新，以改进已有的网页。在这个例子中，Web 窗体非常简单，只包含一个 DropDownList 服务器控件，它启用指向服务器的 AutoPostBack 属性。Web 窗体处理 DropDownList.SelectedIndexChanged 事件，把在 DropDownList 中选择的值保存在页面的 TextBox 服务器控件中。这个页面的代码清单如下所示：

AjaxSampleForm.aspx

```
<%@ Page Language="vb" AutoEventWireup="false"
    CodeBehind="AjaxSampleForm.aspx.vb"
    Inherits="ASPNetWebApp.AjaxSampleForm" %>
<!DOCTYPE html PUBLIC "-//W3C//DTD XHTML 1.0 Transitional//EN"
    "http://www.w3.org/TR/xhtml1/DTD/xhtml1-transitional.dtd">
<html xmlns="http://www.w3.org/1999/xhtml" >
<head runat="server">
    <title>ASP.NET AJAX Sample</title>
</head>
<body>
    <form id="form1" runat="server">
        <div>
        Select an option:
        <asp:DropDownList ID="DropDownList1" runat="server" AutoPostBack="True">
            <asp:ListItem Text="Option 1" Value="Option 1" />
            <asp:ListItem Text="Option 2" Value="Option 2" />
            <asp:ListItem Text="Option 3" Value="Option 3" />
        </asp:DropDownList>
        <br />
        Option selected:
        <asp:TextBox ID="TextBox1" runat="server"></asp:TextBox>
    </div>
    </form>
</body>
</html>
```

AjaxSampleForm.aspx.vb

```
Public Partial Class AjaxSampleForm
    Inherits System.Web.UI.Page
    Protected Sub DropDownList1_SelectedIndexChanged(ByVal sender As Object, _
                                                ByVal e As EventArgs) _
                            Handles
DropDownList1.SelectedIndexChanged
        System.Threading.Thread.Sleep(2000)
        Me.TextBox1.Text = Me.DropDownList1.SelectedValue
    End Sub
End Class
```

　　注意，在 DropDownList1_SelectedIndexChanged 方法中，添加了一条语句以睡眠 2 秒钟。这会增加服务器处理时间，因此更便于看出所做修改的效果。运行这个页面，改变下拉列表中的选项，整个页面就会在浏览器上刷新。

　　需要在网页上添加的第一个 AJAX 控件是 ScriptManager。这是一个不可见的控件，是 ASP.NET AJAX 的核心，负责完成把脚本库和文件发送到客户端、生成需要的客户代理类等任务。在每个 ASP.NET 网页上只能有一个 ScriptManager 控件，使用主页面和用户控件时，这个控件会导致一个问题。此时，应把 ScriptManager 添加到顶级的父页面上，把 ScriptManagerProxy 控件添加到所有子页面上。

　　添加 ScriptManager 控件后，就可以添加其他 ASP.NET AJAX 控件了。本例在网页上添加一个 UpdatePanel 控件，如下面的代码清单所示。注意，TextBox1 现在包含在新的 UpdatePanel 控件中。

```vb
<%@ Page Language="vb" AutoEventWireup="false"
   CodeBehind="AjaxSampleForm.aspx.vb"
   Inherits="ASPNetWebApp.AjaxSampleForm" %>
<!DOCTYPE html PUBLIC "-//W3C//DTD XHTML 1.0 Transitional//EN"
   "http://www.w3.org/TR/xhtml1/DTD/xhtml1-transitional.dtd">
<html xmlns="http://www.w3.org/1999/xhtml" >
<head runat="server">
   <title>ASP.NET AJAX Sample</title>
</head>
<body>
   <form id="form1" runat="server">
   <asp:ScriptManager ID="ScriptManager1" runat="server"></asp:ScriptManager>
   <div>
      Select an option:
      <asp:DropDownList ID="DropDownList1" runat="server" AutoPostBack="True">
         <asp:ListItem Text="Option 1" Value="Option 1" />
         <asp:ListItem Text="Option 2" Value="Option 2" />
         <asp:ListItem Text="Option 3" Value="Option 3" />
      </asp:DropDownList>
      <br />
      Option selected:
      <asp:UpdatePanel ID="UpdatePanel1" runat="server">
         <ContentTemplate>
            <asp:TextBox ID="TextBox1" runat="server"></asp:TextBox>
         </ContentTemplate>
         <Triggers>
            <asp:AsyncPostBackTrigger ControlID="DropDownList1"
                                      EventName="SelectedIndexChanged" />
         </Triggers>
      </asp:UpdatePanel>
   </div>
   </form>
</body>
</html>
```

　　网页现在用 AJAX 提供部分页面的更新。现在运行这个页面，改变下拉列表中的选项，整个页面不再更新，而只更新文本框中的文本。实际上，运行这个页面会发现，AJAX 不仅擅长更新部分页面。这个例子没有反馈，如果对这个页面不太了解，可能会认为什么都没有发生。此时可以使用 UpdateProgress 控件。可以把一个 UpdateProgress 控件放在页面上，在发出一个 AJAX 请求时，就会显示 UpdateProgress 控件的 ProgressTemplate 部分中的 HTML。下面的代码清单是在 Web 窗体上添加 UpdateProgress 控件的示例：

```
<asp:UpdateProgress ID="UpdateProgress1" runat="server">
   <ProgressTemplate>
      Loading.
   </ProgressTemplate>
</asp:UpdateProgress>
```

　　ASP.NET AJAX 中还没有提及的最后一个服务器控件是 Timer，它允许定期执行异步或同步客户端回送操作。可以在用服务器检查某个值是否改变等情形下使用它。

16.7　小结

本章介绍了如何用 Web Site 项目和 Web Application 项目创建 ASP.NET 应用程序。Visual Studio 2017 中强大的 HTML Designer 和 CSS 工具为网页的布局和可视化设计提供了巨大的支持。ASP.NET 中包含的海量 Web 控件可以快速构建功能丰富的网页。明智地使用 JavaScript 和 ASP.NET AJAX，可以在 Web 应用程序中提供非常丰富的用户体验。

当然，Web 开发的讨论并不局限于此。第 17 章和第 18 章将探讨 Microsoft 的 Web 技术：ASP.NET MVC 和.NET Core，继续讨论 Web 应用程序的构建。在线归档的第 58 章详细介绍可高效调试 Web 应用程序的工具和技术。最后，第 36 章论述 Web 应用程序的部署选项。如果还要了解更多的内容，可以查阅由清华大学出版社引进并出版的《ASP.NET 4.5 高级编程——涵盖 C#和 VB.NET(第 7 版)》。对于在 ASP.NET 的最新版本上构建应用程序的 Web 开发人员来说，这本超过 1400 页的书是最好、最全面的资料。

第17章

ASP.NET MVC

本章源代码下载

通过在 www.wrox.com 网站上搜索本书的 EISBN 号(978-1-119-40458-3)，可以下载本章的源代码。相关源代码和支持文件都在本章对应的文件夹中。

尽管 Web Forms 非常成功，但它也不完美。如果不加约束，业务逻辑和数据访问元素很容易出现在用户界面上，不使用浏览器就很难测试它。Web Forms 还严重抽离了 Web 的无状态请求/响应本质，调试起来会屡屡受挫。它非常依赖控件显示自己的 HTML 标记，所以很难精确控制每个页面的最终输出。

体系结构模式 Model-View-Controller(MVC)把用户界面的部件分为 3 类，它们都有良好定义的角色，这使应用程序更易于测试、演化和维护。

ASP.NET MVC 框架允许根据 MVC 体系结构建立应用程序，同时利用.NET 框架的库和语言选项。ASP.NET MVC 以非常开放的方式开发，它的许多功能都是通过社区反馈建立的。该框架的全部源代码发布为开源代码。它的存储库在 https://github.com/aspnet 上。

     Microsoft 公司特别声明，ASP.NET MVC 不是 Web Forms 的替代，只是在 ASP.NET 平台上构建 Web 应用程序的另一种方式。Microsoft 公司清楚地表明，将来会同时支持 ASP.NET Web Forms 和 ASP.NET MVC。

17.1 Model-View-Controller

在 MVC 体系结构中，应用程序分为如下组件。
- **Model**：包含给应用程序实现域特定的逻辑的类。MVC 体系结构不关心数据访问层的细节，但模型应封装数据访问代码。一般来说，Model 会调用各个数据访问类，以检索和存储数据库中的信息。
- **View**：View 是一些类，它们提取 Model，以某种格式显示出来，用户可通过这种格式与其交互。
- **Controller**：负责把所有内容融合在一起。Controller 处理并响应事件，如用户单击按钮的事件，Controller

把这些事件映射到 Model 上，并调用对应的 View。

Model-View-Controller 体系结构模式最早由实现 SmallTalk 的一位研究人员 Trygve Reenskaug 在 1979 年描述，这可能很令人惊讶。可以在 https://heim.ifi.uio.no/ ~trygver/2003/javazone-jaoo /MVC_pattern.pdf 上找到 Reenskaug 教授 2003 年的演讲所使用的幻灯片和笔记。

除非明白这些组件是如何相互作用的，否则这些描述并没有什么帮助。ASP.NET MVC 应用程序的请求生命周期包括：

(1) 用户执行一个操作，触发一个事件，如输入 URL 或者单击按钮。这会生成对 Controller 的一个请求。

(2) Controller 接收请求，在 Model 上调用相关的操作。这常会改变 Model 的状态，但并不总是改变。

(3) Controller 从 Model 中检索必要的数据并调用相应的 View，给它传送 Model 中的数据。

(4) View 显示数据，并传送回用户。

这里要注意，View 和 Controller 都依赖 Model，但 Model 不依赖其他组件，这是该体系结构的一个主要优点。这种拆分方式提供了更好的可测试性，更容易管理复杂性。

不同的 MVC 框架实现方案在上述生命周期中有很微小的区别。例如，在一些情况下，View 会查询 Model 的当前状态，而不是从 Controller 中接收该状态。

埋解了 Model-View-Controller 体系结构模式后，就可以应用这个新知识，构建第一个 ASP.NET MVC 应用程序了。

17.2　开始使用 ASP.NET MVC

本节详细介绍如何创建新的 ASP.NET MVC 应用程序。并描述一些标准组件。在 Visual Studio 2015 中，有两种不同的 MVC，每个都由版本号标识。这不再是事实，至少在完成本节描述的项目创建过程时是这样。在 Visual Studio 2015 中，两个版本之间的差异与用于构建该项目并将客户端资源交付给浏览器的工具有关。MVC 概念是相同的。但在 Visual Studio 2015 中，ASP.NET MVC 最终成为.NET Core，参见第 18 章。因此，本章所述的 ASP.NET MVC 是更老的、更熟悉的、稍微不那么前沿的版本。

要创建新的 MVC 4 应用程序，可以进入 File | New Project，在 Web 部分选择 ASP.NET Web Application。给项目指定名称，并单击 OK 按钮后，Visual Studio 会询问许多设置参数，如项目模板、项目类型(Web Forms、MVC 或 Web API)以及是否应该创建应用程序的单元测试项目，如图 17-1 所示。

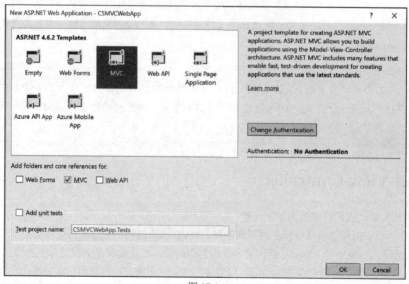

图 17-1

定义 MVC 项目首先需要选择项目模板,例如 Empty、MVC、Single Page Application、Web API 或 Azure API App。此处做出的选择会影响下载的一些文件。因此,这个选择可以进一步改进 New Project 对话框中提供的项目模板选项。

在 Visual Studio 2017 中,ASP.NET 的设计目标之一是(至少是尽可能)消除 Web Forms、Web API 和 MVC 开发风格之间的区别。虽然这个相对乌托邦式的目标尚未实现,但第一步已进行:在模板列表的下面包含一系列复选框。在可能的情况下,如果在同一项目模板中可以有不同的开发风格,就可以选择要包括的风格。再次,受限于特定的模板,单个项目可能包含不止一个风格。

要给模板添加一个开发风格,应确保选中所需的复选框,之后单击 OK 按钮。然后,创建项目时,会自动添加我们选择包含在项目中的文件。本例应确保在继续之前选中 MVC 复选框。

最后,可以选择为应用程序生成一个单元测试项目。虽然不要求生成这个单元测试,但最好生成它,因为改进的可测试性是使用 MVC 框架的核心优势之一。也可以在以后添加一个测试项目。

 Visual Studio 2017 可以使用许多单元测试框架给 MVC 应用程序创建测试项目。默认选项是使用 Visual Studio 中的内置单元测试工具。

第一次创建 ASP.NET MVC 应用程序时,会生成许多文件和文件夹。实际上,从项目模板中生成的 MVC 应用程序是一个可以立即运行的完整应用程序。

Visual Studio 自动生成的文件夹结构如图 17-2 所示,它包含如下文件夹。

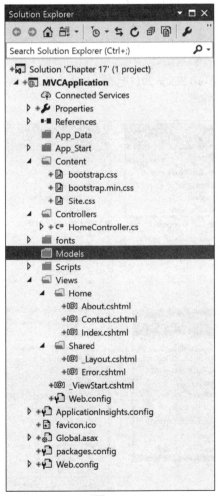

图 17-2

- **Content**:存储静态内容文件的位置,如主题和 CSS 文件。

- **Controllers**：包含 Controller 文件。两个 Controller 示例 HomeController 和 AccountController 是由项目模板创建的。
- **fonts**：存储字体文件的位置。
- **Models**：包含 Model 文件，也存储 Model 封装的数据访问类。MVC 项目模板没有创建示例 Model。
- **Scripts**：包含 JavaScript 文件。这个文件夹默认包含用于 jQuery 和 Microsoft AJAX 的脚本文件，以及一些与 MVC 集成的辅助脚本。
- **Views**：包含 View 文件。MVC 项目模板在 Views 文件夹中创建了许多文件夹和文件。Home 子文件夹包含两个由 HomeController 调用的示例 Views 文件，Shared 子文件夹包含由这些 Views 使用的主页面。

Visual Studio 还创建了一个 Global.asax 文件，用于配置路由规则(详见后面的内容)。

最后，如果选择创建测试项目，则 Visual Studio 会创建 Controllers 文件夹，包含 HomeController 的单元测试存根。尽管现在什么都没有做，但已经可以按下 F5 键来运行 MVC 应用程序。所执行的确切操作取决于选择的模板。

17.3　选择 Model

上一节提到，MVC 项目模板没有创建示例 Model。实际上，应用程序可以在没有 Model 的情况下运行。应用程序可能有一个完整的 Model，MVC 没有提供应使用哪个技术的指导。这给我们提供了很大的灵活性。

应用程序的 Model 部分是应用程序提供的业务功能的抽象。如果构建的应用程序要处理订单或组织休假时间表，那么 Model 应该表达这些概念，这并不总是很容易。把一些细节放在应用程序的 View-Controller 部分常常是很诱人的。

本章的例子使用一个简单的 LINQ to SQL 模型，基于 AdventureWorksDB 示例数据库的一个子集，如图 17-3 所示。这个示例数据库可以从 http://msftdbprodsamples.codeplex.com/网站下载。需要哪个数据库版本取决于可以访问的 SQL Server 版本。如果使用的是 Visual Studio 2017 包含的 SQL，那么 AdventureWorks2014 是最好的选择。第 46 章将介绍如何创建新的 LINQ to SQL 模型。

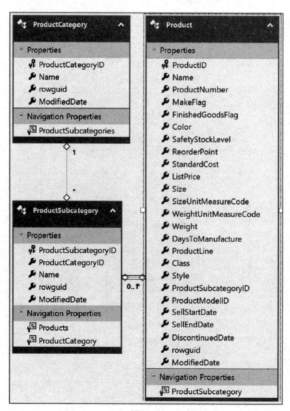

图 17-3

下一节讨论如何构建自己的 Controller，以及一些呈现动态用户界面的有趣 View。

17.4　Controller 和 action 方法

Controller 是响应某些用户操作的类。通常这个响应涉及以某种方式更新模型，再组织到一个视图上，把内容显示给用户。每个 Controller 都能侦听、响应许多用户动作，在代码中每个 Controller 都用一个普通方法(称为 action 方法)来表示。

首先右击 Solution Explorer 窗格中的 Controllers 文件夹，选择 Add | Controller 命令，打开 Add Scaffold 对话框，如图 17-4 所示。这个对话框允许选择 Controller 的基架选项。选择了基架后，就提示为新 Controller 选择名称。根据约定，MVC 框架要求所有的 Controller 类名都以 Controller 结尾，所以这个部分会自动添加到类名中。

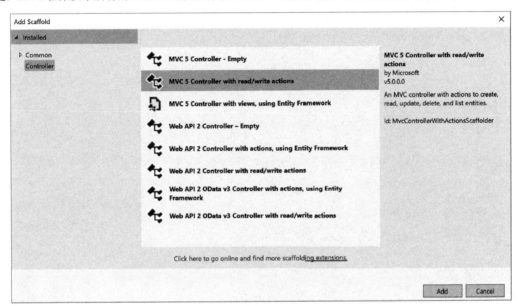

图 17-4

MVC 基架

基架(scaffolding)是在.NET 的几种不同技术中使用的一种机制。对于 ASP.NET MVC，使用基架来创建与所添加 Controller 的类型相关的一组页面。基架机制类似于模板，模板一般用于根据一组给定的参数生成单个文件。在这里，使用基架添加 Controller 会导致添加许多不同的文件。所产生的文件和功能取决于所选择基架的类型。

在图 17-4 中，可以注意到选项分为三个基本的类别。其中几个选项与 MVC 5 Controller 相关，而其他选项与基于 ASP.NET Web API 2 的 Controller 相关，两者都有 OData 3，或者都没有 OData 3。还可以注意到，每个组中有 3 个不同的选项：空白 Controller、使用 Entity Framework 执行 CRUD(创建/读取/更新/删除)操作的 Controller，以及采用某种方法执行 CRUD 但没有具体实现的 Controller。因此，模板的选择首先取决于是计划使用 MVC 还是 Web API(有 OData 或者都没有 Odata)，其次取决于想要自动生成多少 CRUD 功能。

>
> ASP.NET Web API 框架让各种客户端(从浏览器到移动设备)可以使用 HTTP 服务。在服务器端，Web API 帮助构建易于使用的 HTTP 服务。一般来说，可以通过 Web API 利用 HTTP 的方式来回答它与 MVC 的区别。MVC 使用基于 REST 的符号来标识所检索的服务器端资源。REST 符号利用 HTTP 动词(GET、PUT、DELETE 和 POST)来执行它们的操作。Web API 利用 HTTP 的所有功能(包括标头、主体和 URI 全地址寻址)来创建丰富的、可交互操作的资源访问方式。

为新的 Controller 提供名称 ProductsController，选择 Empty MVC Controller 作为模板，然后单击 Add 按钮。

使用 Ctrl+M、Ctrl+C 快捷键也可在项目中快速添加 Controller。

新的 Controller 类继承自 System.Web.Mvc.Controller 基类，可以给 action 确定要调用的相关方法，并映射 URL 和 POST 参数值。这意味着可以只考虑 action 的实现细节，这一般涉及在 Model 类上调用方法，再选择要呈现的 View。

新建的 Controller 类填充了默认的 action 方法 Index。只要给类添加一个公共方法，就可以添加新的 action。如果方法是公共的，则可以看成 Controller 上的一个 action。给方法添加 System.Web. Mvc.NonAction 特性，就可以禁止把公共方法呈现为 action。下面代码清单中的 Controller 类有一个呈现 Index 视图的默认 action，还有一个没有呈现为 action 的公共方法。

C#

```
public class ProductsController : Controller
{
  //
  // GET: /Products/

  public ActionResult Index()
  {
    return View();
  }

  [NonAction]
  public void NotAnAction()
  {
    // This method is not exposed as an action.
  }
}
```

VB

```
Public Class ProductsController
    Inherits System.Web.Mvc.Controller

    '
    ' GET: /Products/

    Function Index() As ActionResult
        Return View()
    End Function

    <NonAction()>
    Sub NotAnAction()
        ' This method is not exposed as an action.
    End Sub

End Class
```

Index 方法上面的注释是一个约定，指定如何触发 action。每个 action 方法都放在一个 URL 中，该 URL 合并了 Controller 名称和 action 方法名称，其格式是/controller/action。这个注释对此约定没有控制作用，只是用于指定可以在哪里找到这个 action 方法。这里指定对 URL /Products/执行一个 HTTP GET 请求，就会触发 Index action。URL 仅是 Controller 的名称，因为如果 URL 没有明确指定，就假定 action 方法是 Index。这个约定在 17.6.1 节中会再次提到。

Index 方法的结果是一个派生自 System.Web.Mvc.ActionResult 抽象类的对象。这个对象负责确定 action 方法返回后会发生什么。许多继承自 ActionResult 的标准类都允许执行许多标准任务,包括重定向到另一个 URL,以许多不同的格式生成简单内容,本例显示一个 View。

> Controller 基类上的 View 方法是创建和配置 System.Web.Mvc.ViewResult 对象的简单方法。这个对象负责选择一个 View,并给它传送显示其内容所需的信息。

注意,Index 只是一个普通的.NET 方法,ProductsController 只是一个普通的.NET 类。它们都没有什么特别之处。这意味着很容易在测试工具上实例化 ProductsController,调用它的 Index 方法,再对返回的 ActionResult 对象作出判断。

在继续之前,更新 Index 方法,检索 Products 列表,把它们传送给 View,如下面的代码清单所示。

C#

```
public ActionResult Index()
{
    List<Product> products;

    using (var db = new ProductsDataContext())
    {
        products = db.Products.ToList();
    }

    return View(products);
}
```

VB

```
Function Index() As ActionResult
  Dim products As New List(Of Product)

  Using db As New ProductsDataContext
    products = db.Products.ToList()
  End Using

  Return View(products)
End Function
```

创建了 Model 和 Controller 后,就要创建显示 UI 的 View。

17.5　用 View 显示 UI

上一节创建了一个 action 方法,用于收集产品的完整列表,并传送给一个 View。每个 View 都属于一个 Controller,存储在 Views 文件夹的一个子文件夹中,该子文件夹用它所属的 Controller 命名。还有一个 Shared 文件夹,它包含可以在许多 Controller 中访问的大量共享视图。视图引擎查找 View 时,会先查找 Controller 特定的区域,再查看共享区域。

> 如果需要引用不在视图引擎的正常搜索区域中的 View,那么可以把 View 的完整路径指定为它的名称。

每个 View 的外观都在很大程度上取决于使用的视图引擎。ASPX View 非常类似于扩展名为.aspx 或.ascx 的标准 ASP.NET Web Forms 页面或控件。Razor View 表面上类似于 ASPX 页面,但在语法上有很大的区别。然而,View 都包含 HTML 标记和代码块的混合体,甚至可以有主页面,显示一些标准控件。但要注意,它们有一些重要的区别。

首先,View 没有代码隐藏页面,也不能给 View 显示的控件添加事件处理程序,包括通常在后台发生的事件。

Controller 会响应用户事件，View 是用户触发 action 方法的方式。其次，View 不继承 System.Web.Page，而继承 System.Web.Mvc.ViewPage。这个基类有许多有用的属性和方法，可以帮助显示 HTML 输出。其中一个属性包含一个要从 Controller 传送给 View 的对象字典。最后，在标记中没有带 runat="server"特性的窗体控件，没有服务器窗体意味着页面上没有 View State。大多数 ASP.NET 服务器控件都必须放在服务器窗体上。一些控件(如 Literal 或 Repeater)可以在窗体外工作，但如果要使用 Button 或 DropDownList 控件，则页面会在运行期间抛出一个异常。

可采用许多方式创建 View，最简单的是右击 action 方法的标题，选择 Add View 命令，打开 Add View 对话框，如图 17-5 所示。

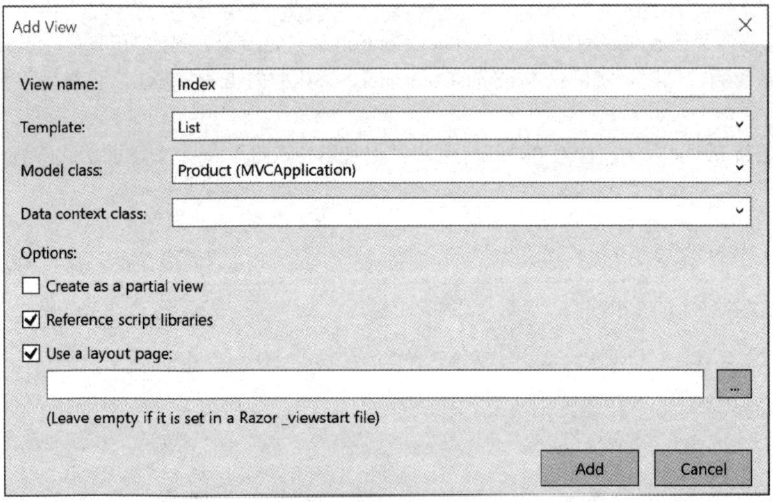

Add View		✕
View name:	Index	
Template:	List	▾
Model class:	Product (MVCApplication)	▾
Data context class:		▾
Options:		
☐ Create as a partial view		
☑ Reference script libraries		
☑ Use a layout page:		
		...
(Leave empty if it is set in a Razor _viewstart file)		
	Add	Cancel

图 17-5

当光标位于 action 方法中时，可以使用 Ctrl+M、Ctrl+V 快捷键打开 Add View 对话框。

这个对话框包含许多选项。名称默认设置为匹配 action 方法的名称。如果要修改名称，就需要修改 View 的构造函数，把 View 名称包括为一个参数。还有许多可用的模板。如果选择不为空的选项，就可以从下拉列表中选择 model 类，强类型化视图。对于这个示例，选择 List 模板，再选择 Model class 下拉框中的 Product(MVCApplication) 项。如果没有看到 Product 类，那么可能需要在添加 View 之前构建应用程序。这就告诉 Visual Studio 为 Product 对象生成一个列表页面。

如果没有选择创建强类型化的 View，那么 View 会包含一个对象字典，在使用这些对象之前，需要把它们转换回其实际类型。建议总是使用强类型化的 View。如果 View 要求是弱类型化的，并且使用 C#，那么应创建 dynamic 类型的强类型化 View，把它传送给 ExpandoObject 实例。

单击 Add 按钮时，应生成 View，并在主编辑器窗口中打开它。代码如下：

HTML

```
@model IEnumerable<MVCApplication.Product>
@{
    ViewBag.Title = "Index";
    Layout = "~/Views/_ViewStart.cshtml";
}

<h2>Index</h2>
<p>
    @Html.ActionLink("Create New", "Create")
</p>
```

```html
<table class="table">
    <tr>
        <th>
            @Html.DisplayNameFor(model => model.Name)
        </th>
        <th>
            @Html.DisplayNameFor(model => model.ProductNumber)
        </th>
        <th>
            @Html.DisplayNameFor(model => model.MakeFlag)
        </th>
        <th>
            @Html.DisplayNameFor(model => model.FinishedGoodsFlag)
        </th>
        <th>
            @Html.DisplayNameFor(model => model.Color)
        </th>
        <th>
            @Html.DisplayNameFor(model => model.SafetyStockLevel)
        </th>
        <th>
            @Html.DisplayNameFor(model => model.ReorderPoint)
        </th>
        <th>
            @Html.DisplayNameFor(model => model.StandardCost)
        </th>
        <th>
            @Html.DisplayNameFor(model => model.ListPrice)
        </th>
        <th>
            @Html.DisplayNameFor(model => model.Size)
        </th>
        <th>
            @Html.DisplayNameFor(model => model.SizeUnitMeasureCode)
        </th>
        <th>
            @Html.DisplayNameFor(model => model.WeightUnitMeasureCode)
        </th>
        <th>
            @Html.DisplayNameFor(model => model.Weight)
        </th>
        <th>
            @Html.DisplayNameFor(model => model.DaysToManufacture)
        </th>
        <th>
            @Html.DisplayNameFor(model => model.ProductLine)
        </th>
        <th>
            @Html.DisplayNameFor(model => model.Class)
        </th>
        <th>
            @Html.DisplayNameFor(model => model.Style)
        </th>
        <th>
            @Html.DisplayNameFor(model => model.ProductSubcategoryID)
        </th>
        <th>
            @Html.DisplayNameFor(model => model.ProductModelID)
        </th>
        <th>
            @Html.DisplayNameFor(model => model.SellStartDate)
        </th>
        <th>
            @Html.DisplayNameFor(model => model.SellEndDate)
        </th>
```

```
            <th>
                @Html.DisplayNameFor(model => model.DiscontinuedDate)
            </th>
            <th>
                @Html.DisplayNameFor(model => model.rowguid)
            </th>
            <th>
                @Html.DisplayNameFor(model => model.ModifiedDate)
            </th>
            <th></th>
        </tr>

    @foreach (var item in Model) {
        <tr>
            <td>
                @Html.DisplayFor(modelItem => item.Name)
            </td>
            <td>
                @Html.DisplayFor(modelItem => item.ProductNumber)
            </td>
            <td>
                @Html.DisplayFor(modelItem => item.MakeFlag)
            </td>
            <td>
                @Html.DisplayFor(modelItem => item.FinishedGoodsFlag)
            </td>
            <td>
                @Html.DisplayFor(modelItem => item.Color)
            </td>
            <td>
                @Html.DisplayFor(modelItem => item.SafetyStockLevel)
            </td>
            <td>
                @Html.DisplayFor(modelItem => item.ReorderPoint)
            </td>
            <td>
                @Html.DisplayFor(modelItem => item.StandardCost)
            </td>
            <td>
                @Html.DisplayFor(modelItem => item.ListPrice)
            </td>
            <td>
                @Html.DisplayFor(modelItem => item.Size)
            </td>
            <td>
                @Html.DisplayFor(modelItem => item.SizeUnitMeasureCode)
            </td>
            <td>
                @Html.DisplayFor(modelItem => item.WeightUnitMeasureCode)
            </td>
            <td>
                @Html.DisplayFor(modelItem => item.Weight)
            </td>
            <td>
                @Html.DisplayFor(modelItem => item.DaysToManufacture)
            </td>
            <td>
                @Html.DisplayFor(modelItem => item.ProductLine)
            </td>
            <td>
                @Html.DisplayFor(modelItem => item.Class)
            </td>
            <td>
                @Html.DisplayFor(modelItem => item.Style)
            </td>
```

```
      <td>
          @Html.DisplayFor(modelItem => item.ProductSubcategoryID)
      </td>
      <td>
          @Html.DisplayFor(modelItem => item.ProductModelID)
      </td>
      <td>
          @Html.DisplayFor(modelItem => item.SellStartDate)
      </td>
      <td>
          @Html.DisplayFor(modelItem => item.SellEndDate)
      </td>
      <td>
          @Html.DisplayFor(modelItem => item.DiscontinuedDate)
      </td>
      <td>
          @Html.DisplayFor(modelItem => item.rowguid)
      </td>
      <td>
          @Html.DisplayFor(modelItem => item.ModifiedDate)
      </td>
      <td>
          @Html.ActionLink("Edit", "Edit", new { id=item.ProductID })
  |
          @Html.ActionLink("Details", "Details", new { id=item.ProductID }) |

          @Html.ActionLink("Delete", "Delete", new { id=item.ProductID })
      </td>
   </tr>
  }
  </table>
```

这个 View 在一个简单的表中显示 Product 列表。主要工作是用一个循环完成的,它迭代该产品列表,为每个产品显示一个 HTML 表行。

HTML

```
<% foreach (var item in Model) { %>

    <tr>
      <!-- ... -->
      <td><%= Html.Encode(item.ProductID) %></td>
      <td><%= Html.Encode(item.Name) %></td>
      <!-- ... -->
    </tr>

<% } %>
```

　　Visual Studio 可以推断 Model 的类型,因为前面创建的是强类型化的 View。在页面指令中,这个 View 没有继承 System.Web.Mvc.Page,而继承了其泛型版本,这表示 Model 是 Product 对象的 IEnumerable 集合。因此该类型有一个 Model 属性。注意仍可以把错误类型的项从 Controller 传给 View。因为 View 是强类型化的,所以这会导致一个运行时异常。

产品的每个属性在使用 Html 辅助属性上的 Encode 方法显示之前,都是采用 HTML 编码。这将阻止伪装成有效用户数据的恶意代码入侵应用程序。ASP.NET MVC 可以利用<%: ... %>标记,该标记用冒号代替 ASP.NET 4 中的等号,更容易进行这种编码。下面的代码片段利用了这种技术:

HTML

```
<% foreach (var item in Model) { %>
```

```
<tr>
    <!-- ... -->
    <td><%: item.ProductID %></td>
    <td><%: item.Name %></td>
    <!-- ... -->
</tr>

<% } %>
```

除了 Encode 方法外，这个 View 还使用了另一个 Html 辅助方法，即 ActionLink 辅助方法，这个方法会发出一个标准的 HTML 锚标记，以触发指定的 action。这里使用了两个窗体，其中较简单的窗体用于创建一个新 Product 记录：

HTML

```
<p>
    <%= Html.ActionLink("Create New", "Create") %>
</p>
```

第一个参数是在锚标记中显示的文本。这些文本会显示给用户。第二个参数是要触发的 action 的名称。因为还没有指定 Controller，所以使用当前的 Controller。

ActionLink 的较复杂用法是显示每个产品的编辑和删除链接。

HTML

```
<td>
    <%= Html.ActionLink("Edit", "Edit", new { id=item.ProductID }) %> |
    <%= Html.ActionLink("Details", "Details", new { id=item.ProductID })%>
</td>
```

前两个参数与前面相同，也是分别显示链接文本和 action 名称。第三个参数是一个匿名对象，它包含调用 action 方法时要传送给该方法的数据。

运行应用程序，在地址栏中输入/products/，将显示如图 17-6 所示的页面。单击任意链接，都会导致一个运行时异常，因为目标 action 尚不存在。

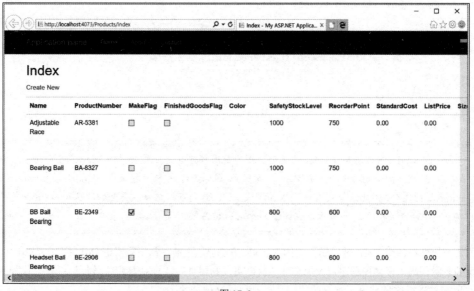

图 17-6

 有了 View 和 Controller，就可以使用 Ctrl+M、Ctrl+G 快捷键在它们之间切换。

17.6　高级 MVC

本节概述 ASP.NET MVC 的一些高级功能。

17.6.1　路由

在 Web 浏览器中浏览 MVC 站点时，可注意到 URL 与普通的 ASP.NET 网站完全不同，它不包含文件扩展名，也不匹配底层的文件夹结构。这些 URL 映射到 action 方法和 Controller，有一组属于路由引擎的类，这些类位于 System.Web.Routing 程序集中。

 路由引擎最初开发为 ASP.NET MVC 项目的一部分，但在 MVC 发布之前，路由引擎发布为一个独立的库。尽管本书不介绍路由引擎，但它可用于 ASP.NET Web Forms 项目。

在前面的示例中已经创建了一个简单的产品列表 View。该列表 View 基于标准的 List 模板，它为将要在数据库中显示的每一个 Product 呈现下面的代码片段。

HTML

```
<td>
  <%= Html.ActionLink("Edit", "Edit", new { id=item.ProductID }) %> |
  <%= Html.ActionLink("Details", "Details", new { id=item.ProductID })%>
</td>
```

为最终页面生成的 HTML 标记如下所示：

HTML

```
<td>
  <a href="/Products/Edit/2">Edit</a> |
  <a href="/Products/Details/2">Details</a>
</td>
```

这些 URL 由三部分组成：

- Products 是 Controller 的名称，在项目中有一个对应的 ProductsController。
- Edit 和 Details 是 Controller 上 action 方法的名称。ProductsController 有 Edit 和 Details 方法。
- 2 是 id 参数。

每个组件都在路由中定义，路由在 Global.asax.cs 文件(或 VB 中为 Global.asax.vb 文件)的 RegisterRoutes 方法中设置。应用程序首次启动时，会调用这个方法，并传送 System.Web.Routing.RouteTable.Routes 静态集合。这个集合包含整个应用程序的所有路由。

C#

```
public static void RegisterRoutes(RouteCollection routes)
{
    routes.IgnoreRoute("{resource}.axd/{*pathInfo}");

    routes.MapHttpRoute(
        name: "DefaultApi",
        routeTemplate: "api/{controller}/{id}",
        defaults: new { id = RouteParameter.Optional }
    );

    routes.MapRoute(
        name: "Default",
        routeTemplate: "{controller}/{action}/{id}",
        defaults: new { controller = "Home", action = "Index", id =
            UrlParameter.Optional }
    );

}
```

VB

```vb
Shared Sub RegisterRoutes(ByVal routes As RouteCollection)
    routes.IgnoreRoute("{resource}.axd/{*pathInfo}")
    routes.MapHttpRoute( _
        "DefaultApi", _
        "api/{controller}/{id}", _
        New { .id = RouteParameter.Optional } _
    )

    routes.MapRoute( _
        "Default", _
        "{controller}/{action}/{id}", _
        New With {.controller = "Home", .action = "Index", .id = _
            UrlParameter.Optional } _
    )

End Sub
```

　　第一个方法调用告诉路由引擎，应忽略对.axd 文件的所有请求。当一个传入的 URL 匹配这个路由时，引擎就会完全忽略它，允许应用程序的其他部分处理它。如果希望把 Web Forms 和 MVC 集成到一个应用程序中，那么这个方法会非常方便。唯一要做的就是要求路由引擎忽略.aspx 和.asmx 文件。

　　第二个方法调用定义了一个新的 Route，并添加到集合中。MapRoute 方法的这个重载版本带有三个参数。第一个参数是名称，可以在以后用作这个路由的句柄。第二个参数是 URL 模板，这个参数可以包含正常的文本和放在花括号中的特殊标记。这些标记用作占位符，路由匹配 URL 时，就填充这些占位符。一些标记是保留字，由 MVC 路由引擎用于选择 Controller，并执行正确的 action。最后一个参数是一个默认值的字典。这个 Default 路由匹配 /controller/action/id 形式的 URL，其中默认 Controller 是 Home，默认 action 是 Index，id 参数默认为空字符串。

　　当发出一个新的 HTTP 请求时，RouteCollection 中的每个路由都尝试按添加顺序匹配 URL 与其 URL 模板。第一个能找到匹配的路由会填充未提供的默认值。一旦收集全这些值，就创建一个 Controller，并调用一个 action 方法。

　　路由也用于在 View 内部生成 URL。当辅助方法需要 URL 时，就会按顺序查看每个路由，确定该路由能否为指定的 Controller、action 和参数值构建 URL。第一个匹配的路由会生成正确的 URL。如果路由遇到一个它不了解的参数值，那么该参数在所生成的 URL 中就变成一个查询字符串参数。

　　下面的代码片段为一家在线商店声明了一个新路由，它带有两个参数：类别和子类别。假定这个 MVC 应用程序已部署到 Web 服务器的根目录上，对 URL http://servername/Shop/Accessories/ Helmets 的请求将传给 Products Controller 上的 List action，其参数 Category 设置为 Accessories，Subcategory 设置为 Helmets。

C#

```csharp
public static void RegisterRoutes(RouteCollection routes)
{
    routes.IgnoreRoute("{resource}.axd/{*pathInfo}");

    routes.MapRoute(
      "ProductsDisplay",
      "Shop/{category}/{subcategory}",
      new {
        controller = "Products",
        action = "List",
        category = "",
        subcategory = ""
      }
    );

    routes.MapRoute(
      "Default",
      "{controller}/{action}/{id}",
      new { controller = "Home", action = "Index", id = "" }
    );
}
```

VB

```vb
Shared Sub RegisterRoutes(ByVal routes As RouteCollection)
  routes.IgnoreRoute("{resource}.axd/{*pathInfo}")

  routes.MapRoute( _
    "ProductsDisplay", _
    "Shop/{category}/{subcategory}", _
    New With { _
    .controller = "Products", .action = "List", _
    .category = "", .subcategory = "" _
    })

  routes.MapRoute( _
    "Default", _
    "{controller}/{action}/{id}", _
    New With {.controller = "Home", .action = "Index", .id = ""} _
    )

End Sub
```

　　当 RouteCollection 中的一个 Route 匹配 URL 时，其他 Route 就没有匹配 URL 的机会了。因此，Route 添加到 RouteCollection 中的顺序非常重要。如果前面的代码片段把新路由放在默认路由的后面，默认路由就不会匹配传入的请求，因为对 /Shop/Accessories/Helmets 的请求会在 ShopController 上查找 id 为 Helmets 的 Accessories action 方法。而因为没有 ShopController，所以这个请求会失败。如果应用程序不打算为 URL 查找期望的 Controller action 方法，那么可以在 RouteCollection 中把较特殊的路由添加到较一般的路由前面，或者在解决问题后删除较一般的路由。

最后，还可以给 Route 添加约束以阻止匹配 URL(除非满足其他条件)。如果参数以后要转换为复杂的数据类型 (如日期时间)，且需要非常特殊的格式，则这是一个好办法。最基本的约束是一个字符串，它会解释为正则表达式，要求参数必须匹配路由，才能起作用。下面的路由定义使用了这个技术，以确保 zipCode 参数正好是 5 个数字：

C#

```csharp
routes.MapRoute(
  "StoreFinder",
  "Stores/Find/{zipCode}",
  new { controller = "StoreFinder", action = "list" },
  new { zipCode = @"^\d{5}$" }
);
```

VB

```vb
routes.MapRoute( _
  "StoreFinder", _
  "Stores/Find/{zipCode}", _
  New With {.controller = "StoreFinder", .action = "list"}, _
  New With {.zipCode = "^\d{5}$"} _
  )
```

另一种类型的约束是实现了 IRouteConstraint 的类。这个接口定义了一个方法 Match，该方法返回一个布尔值，指定入站的请求是否满足约束条件。IRouteConstraint 有一个实现方案 HttpMethodConstraint，这个约束可用于确保使用正确的 HTTP 方法，如 GET、POST、HEAD 或 DELETE。下面的路由只接受 HTTP POST 请求：

C#

```csharp
routes.MapRoute(
  "PostOnlyRoute",
  "Post/{action}",
  new { controller = "Post" },
  new { post = new HttpMethodConstraint("POST") }
);
```

VB

```
routes.MapRoute(
  "PostOnlyRoute", _
  "Post/{action}", _
  New With {.controller = "Post"}, _
  New With {.post = New HttpMethodConstraint("POST")} _
)
```

URL 路由类非常强大、灵活，可以很容易地创建"漂亮的"URL。这有助于用户浏览站点，甚至提高站点在搜索引擎中的排名。

17.6.2　action 方法参数

前面例子中的所有 action 方法都不接受应用程序外部的任何输入来执行任务，而是完全依赖于 Model 的状态。在实际应用程序中，这是不可能的。ASP.NET MVC 框架很容易从各种源中参数化 action 方法。

如前所述，Default 路由提供了 id 参数，该参数默认为空字符串。要在 action 方法中访问 id 参数的值，只需要把它添加到 action 方法的签名中，如下面的代码片段所示。

C#

```
public ActionResult Details(int id)
{
  using (var db = new ProductsDataContext())
  {
    var product = db.Products.SingleOrDefault(x => x.ProductID == id);

    if (product == null)
      return View("NotFound");

    return View(product);
  }
}
```

VB

```
Public Function Details(ByVal id As Integer) As ActionResult
  Using db As New ProductsDataContext
    Dim product = db.Products.FirstOrDefault(Function(p As Product)
    p.ProductID = id)

    Return View(product)
  End Using
End Function
```

MVC 框架执行 Details action 方法时，会搜索由匹配的路由从 URL 中提取出来的参数。这些参数按名称匹配 action 方法上的参数，在调用该方法时传送。如 Details 方法所示，框架甚至可以随时转换参数的类型。action 方法还可以用相同的技术从 URL 的查询字符串部分和 HTTP POST 数据中提取参数。

 如果出于某种原因不能进行转换，那么会抛出一个异常。

另外，action 方法可以接受 FormValues 类型的参数，把所有的 HTTP POST 数据聚合到一个参数中。如果 FormValues 集合中的数据表示对象的属性，那么可以简单地添加该类型的参数，在调用 action 方法时，会创建一个新实例。下面代码片段中的 Create action 使用这个技术构建 Product 类的一个新实例，并保存它。

C#

```
public ActionResult Create()
{
  return View();
```

```
  }

  [HttpPost]
  public ActionResult Create([Bind(Exclude="ProductId")]Product product)
  {
    if (!ModelState.IsValid)
      return View();

    using (var db = new ProductsDataContext())
    {
      db.Products.InsertOnSubmit(product);
      db.SubmitChanges();
    }
    return RedirectToAction("List");
  }
```

VB

```
  <HttpPost()>
  Function Create(<Bind(Exclude:="id")> ByVal product As Product)

    If (Not ModelState.IsValid) Then
      Return View()
    End If

    Using db As New ProductsDataContext
      db.Products.InsertOnSubmit(product)
      db.SubmitChanges()
    End Using
    Return RedirectToAction("List")
  End Function
```

 这里有两个 Create action 方法，第一个仅显示 Create View，第二个用 HttpPostAttribute 标记，表示只有在 HTTP 请求使用 POST 动词时，才能选择它。设计 ASP.NET MVC 网站时，这是一个常见的实践方式。除了 HttpPostAttribute 外，GET、PUT 和 DELETE 动词也有对应的特性。

Model 绑定器

创建新的 Product 实例的过程由 Model 绑定器负责。Model 绑定器匹配 HTTP POST 数据中的属性和它尝试创建的类型上的属性。在这个例子中这是有效的，因为用于生成 Create View 的模板会显示 HTML INPUT 字段和正确的名称，如下面呈现的 HTML 代码片段所示。

HTML

```
  <p>
    <label for="ProductID">ProductID:</label>
    <input id="ProductID" name="ProductID" type="text" value="" />
  </p>
  <p>
    <label for="Name">Name:</label>
    <input id="Name" name="Name" type="text" value="" />
  </p>
```

控制 Model 绑定器的方式有许多，包括前面在 Create 方法中使用的 BindAttribute。这个特性用于包含或去除某些属性，并为 HTTP POST 值指定前缀。如果需要绑定 POST 集合中的多个对象，这就非常有用。

Model 绑定器也可以在 action 方法中使用 UpdateModel 和 TryUpdateModel 方法更新 Model 类的已有实例。主要区别是 TryUpdateModel 会返回一个布尔值，指明它是否构建了成功的 Model；而如果不能构建该 Model，UpdateModel 仅抛出一个异常。Edit action 方法显示了这个技术。

C#

```
  [HttpPost]
```

```csharp
public ActionResult Edit(int id, FormCollection formValues)
{
  using (var db = new ProductsDataContext())
  {
    var product = db.Products.SingleOrDefault(x => x.ProductID == id);

    if (TryUpdateModel(product))
    {
      db.SubmitChanges();
      return RedirectToAction("Index");
    }
    return View(product);
  }
}
```

VB

```vb
<HttpPost()>
Function Edit(ByVal id As Integer, ByVal formValues As FormCollection)
  Using db As New ProductsDataContext
    Dim product = db.Products.FirstOrDefault(Function(p As Product)
    p.ProductID = id)

    If TryUpdateModel(product) Then
      db.SubmitChanges()
      Return RedirectToAction("Index")
    End If
    Return View(product)
  End Using
End Function
```

17.6.3　区域

区域(area)是 MVC 应用程序中的一个独立部分，它会管理自己的 Model、Controller 和 View。甚至可以定义专用于该区域的路由。要创建新区域，可在 Solution Explorer 窗格中选择项目上下文菜单中的 Add | Area 命令。如图 17-7 所示的 Add Area 对话框提示给区域指定名称。

单击 Add 按钮后，会在项目中添加支持区域的许多新文件。图 17-8 中的项目添加了一个区域 Shop。

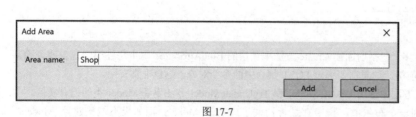

图 17-7

图 17-8

每个区域除了有自己的 Controller 和 View 外，还有一个继承自 AreaRegistration 抽象基类的类 *AreaName*Area Registration。这个类包含一个以区域名命名的抽象属性和使区域与应用程序的其余部分集成起来的抽象方法。默认的实现代码注册了标准路由。

C#

```
public class ShopAreaRegistration : AreaRegistration
{
  public override string AreaName
  {
    get
    {
      return "Shop";
    }
  }

  public override void RegisterArea(AreaRegistrationContext context)
  {
    context.MapRoute(
      "Shop_default",
      "Shop/{controller}/{action}/{id}",
      new { action = "Index", id = "" }
    );
  }
}
```

VB

```
Public Class ShopAreaRegistration
  Inherits AreaRegistration

  Public Overrides ReadOnly Property AreaName() As String
    Get
      Return "Shop"
    End Get
  End Property

  Public Overrides Sub RegisterArea(ByVal context As AreaRegistrationContext)
    context.MapRoute( _
      "Shop_default", _
      "Shop/{controller}/{action}/{id}", _
      New With {.action = "Index", .id = ""} _
    )
  End Sub
End Class
```

 ShopAreaRegistration 类的 RegisterArea 方法定义了一个路由，按照约定，其中每个 URL 都有前缀 /Shop/。这在调试路由时很有用，但只要区域路由不与其他任何路由冲突，这就是不必要的。

为链接到另一个区域中的 Controller，需要使用 Html.ActionLink 的一个重载版本，它接受 routeValues 参数。为这个参数提供的对象必须包含一个 area 属性，这个属性设置为包含要链接的 Controller 的区域名。

C#

```
<%= Html.ActionLink("Shop", "Index", new { area = "Shop" }) %>
```

VB

```
<%= Html.ActionLink("Shop", "Index", New With {.area = "Shop"})%>
```

给项目添加区域支持时，一个常遇到的问题是当多个 Controller 同名时，Controller 工厂会混淆它们。为避免这个问题，可限制路由用于搜索 Controller 以满足请求的名称空间。下面的代码片段把全局路由的名称空间限制为 MvcApplication.Controllers，它不匹配任何区域 Controller。

C#

```
routes.MapRoute(
  "Default",
```

```
    "{controller}/{action}/{id}",
    new { controller = "Home", action = "Index", id = "" },
    null,
    new[] { "MvcApplication.Controllers" }
);
```

VB

```
routes.MapRoute( _
  "Default", _
  "{controller}/{action}/{id}", _
  New With {.controller = "Home", .action = "Index", .id = ""}, _
  Nothing, _
  New String() {"MvcApplication.Controllers"} _
)
```

　　当 AreaRegistrationContext 用于指定路由时，会自动包含区域名称空间，所以只需要给全局路由提供名称空间。

17.6.4　验证

　　除了仅创建或更新外，Model 绑定器还可以确定它操作的 Model 实例是否有效。这个决策的结果位于 ModelState 属性中。Model 绑定器默认可以找出某些简单的验证错误，如类型不正确等。图 17-9 显示了窗体为空时尝试保存 Product 的结果。大多数验证错误都是因为这些属性不是可空值类型，并且需要一个值。

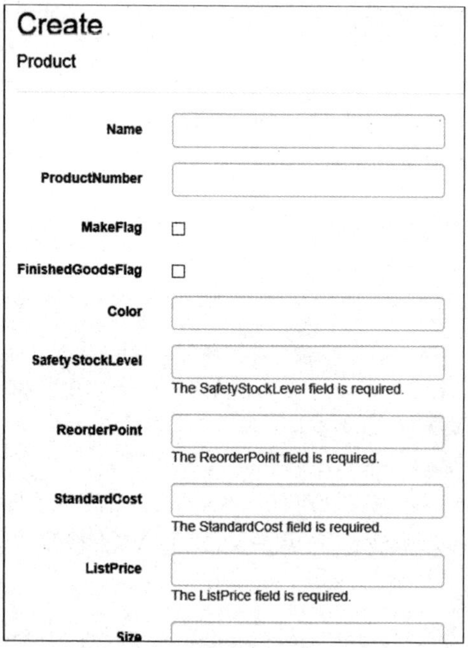

Create

Product

Name	
ProductNumber	
MakeFlag	☐
FinishedGoodsFlag	☐
Color	
SafetyStockLevel	

The SafetyStockLevel field is required.

ReorderPoint	

The ReorderPoint field is required.

StandardCost	

The StandardCost field is required.

ListPrice	

The ListPrice field is required.

Size

图 17-9

　　这个错误报表的用户界面通过 View 上的 Html.ValidationSummary 调用来提供。这个辅助方法会检查 ModelState，如果发现错误，就把错误显示为一个列表，并加上一个标题消息。

　　使用 System.ComponentModel.DataAnnotations 程序集中的特性来标记 Model 类的属性，就可以给这些属性添加额外的验证提示。因为 Product 类由 LINQ to SQL 创建，所以不应该直接更新它。LINQ to SQL 生成的类作为部分类定义，所以可以扩展它们，但这样不便于给所生成的属性附加元数据。相反，需要创建一个元数据代理类，其中带有要标记的属性，再给这些属性提供正确的数据注释特性，然后用 MetadataTypeAttribute 标记部分类，表示这是代理类。下面的代码片段把这个技术用于给 Product 类提供一些验证元数据：

C#

```csharp
[MetadataType(typeof(ProductValidationMetadata))]
public partial class Product
{
}

public class ProductValidationMetadata
{
    [Required, StringLength(256)]
    public string Name { get; set; }

    [Range(0, 100)]
    public int DaysToManufacture { get; set; }
}
```

VB

```vb
Imports System.ComponentModel.DataAnnotations

<MetadataType(GetType(ProductMetaData))>
Partial Public Class Product

End Class

Public Class ProductMetaData
    <Required(), StringLength(256)>
    Property Name As String

    <Range(0, 100)>
    Property DaysToManufacture As Integer
End Class
```

现在，尝试创建一个新 Product，它没有名称，DaysToManufacture 也是负值。这会生成如图 17-10 所示的错误。

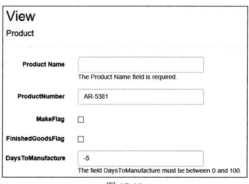

图 17-10

　　注意，除了页面顶部的错误报表外，对于每个有验证错误的字段，文本框显示为红色，其后还有一个错误消息。第一个效果由 Html.TextBox 辅助方法实现，它接受要附加的属性值作为参数。如果它附加的属性在 Model 状态中有错误，则该方法就给所呈现的 INPUT 控件添加一个 input-validation-error CSS 类。默认的样式表定义了红色背景。第二个效果由 Html.ValidationMessage 辅助方法实现。这个方法也关联一个属性，如果它发现关联的属性有误，就呈现第二个参数的内容。

17.6.5　部分 View

有时要重用的用户界面标记很多。在 ASP.NET MVC 框架中，View 的可重用部分称为部分 View。部分 View 的执行方式非常类似于 View，但其扩展名是.ascx，且继承自 System.Web.Mvc.ViewUserControl。要创建部分 View，应在用于创建其他 View 的 Add View 对话框中选择 Create a Partial View 复选框。

要显示部分 View，可以使用 Html.RenderPartial 方法。这个方法最常见的重载版本是接受 View 名称和 Model 对象作为参数。与普通的 View 一样，部分 View 也可以是针对特定的 Controller 或共享的。显示部分 View 后，其 HTML 标记就会插入主 View。下面的代码片段为当前 Model 呈现 Form 部分。

C#

```
<% Html.RenderPartial("Form", Model); %>
```

VB

```
<% Html.RenderPartial("Form", Model) %>
```

 使用普通的 View 方法可以直接从 action 中调用部分 View。此时，HTTP 响应中只包含部分 View 的 HTML。如果要给 jQuery 返回数据，这就很有用。

17.6.6　Dynamic Data 模板

Dynamic Data 是 ASP.NET Web Forms 的一个功能，它允许根据与模型关联的元数据显示 UI。尽管 ASP.NET MVC 没有与 Dynamic Data 直接集成起来，但 ASP.NET MVC 4 中的许多新功能在本质上是类似的。ASP.NET MVC 4 中的模板可用不同方式显示 Model 的各个部分，无论这些部分是小是大、简单或复杂(如单个字符串属性或整个 Product 类)。模板由 Html 辅助方法提供，用于显示和编辑目的。

1. 显示模板

由 Add View 对话框创建的 Details View 包含呈现每个属性的代码。下面是其中两个属性的标记：

HTML

```
<p>
  <%= Html.LabelFor(x => x.ProductID) %>
  <%= Html.DisplayFor(x => x.ProductID) %>
</p>
<p>
  <%= Html.LabelFor(x => x.Name) %>
  <%= Html.DisplayFor(x => x.Name) %>
</p>
```

注意属性名没有硬编码到 HTML 中，而是通过一个 lambda 函数引用。这有许多直接的优点。首先，标签现在是强类型化的，所以如果重构 Model 类，它就会更新。此外，还可以给 Model(或 Model 元数据代理)应用 System.Component Model. DisplayName 特性，改变显示给用户的文本。这有助于确保整个应用程序的一致性。下面的代码片段显示了 Product 元数据代理和两个 DisplayNameAttribute，图 17-11 显示了结果。

图 17-11

C#

```
public class ProductValidationMetadata
{
    [DisplayName("ID")]
    public int ProductID { get; set; }

    [Required, StringLength(256)]
    [DisplayName("Product Name")]
    public string Name { get; set; }

    [Range(0, 100)]
    public int DaysToManufacture { get; set; }
}
```

VB

```
Public Class ProductMetaData
    <DisplayName("ID")>
    Property ProductID As Integer

    <Required(), StringLength(256)> _
    <DisplayName("Product Name")>
    Property Name As String

    <Range(0, 100)>
    Property DaysToManufacture As Integer
End Class
```

DisplayFor 辅助方法还提供了许多隐藏的灵活性，它根据所显示的属性类型选择模板。要重写这些特定类型的 View，可以在 Shared\DisplayTemplates 文件夹中创建一个部分 View，用类型命名。也可以创建 Controller 专用的模板，把它们放在 Controller 专用的 Views 文件夹下的 DisplayTemplates 子文件夹中。

默认情况下根据属性的类型选择显示模板，而给 DisplayFor 辅助方法提供模板的名称，或者对属性应用 System.ComponentModel.DataAnnotations.UIHintAttribute，就可以重写这个行为。这个特性带一个字符串参数，指定要使用的模板类型。框架需要显示属性时，会尝试查找 UI Hint 描述的显示模板。如果没有找到，就查找类型专用的模板。如果仍然没有找到该模板，就执行默认行为。

如果仅给 Model 上的每个属性应用 LabelFor 和 DisplayFor，则可以使用 Html.DisplayForModel 辅助方法。这个方法为 Model 类上的每个属性显示一个标签和一个显示模板。如果不希望这个辅助方法显示某个属性，则可以给该属性加上注解 System.ComponentModel.DataAnnotations.Scaffold-ColumnAttribute，并传送 false 值。

 如果要改变 DisplayForModel 的显示方式，那么可以为它创建一个类型专用的模板。如果要整体改变它的显示方式，那么可以创建一个 Object 显示模板。

有许多内置的显示模板，如果要定制某个内置显示模板的行为，则需要从头开始重建它。

- **String**：仅显示字符串内容。这个模板对属性值进行 HTML 编码。
- **Html**：与 String 模板相同，但没有 HTML 编码。这是显示的最原始形式。使用这个模板要非常小心，因为它是恶意代码入侵(如 Cross Site Scripting Attacks，XSS)的载体。
- **EmailAddress**：把电子邮件地址显示为 mailto:链接。
- **Url**：把 URL 显示为 HTML 锚点。
- **HiddenInput**：不显示属性，除非 ViewData.ModelMetaData.HideSurroundingHtml 属性是 false。
- **Decimal**：把属性显示为带两位小数。
- **Boolean**：给非可空值显示一个只读复选框，给可空属性显示包含 True、False 和 Not Set 选项的只读下拉列表。
- **Object**：显示复杂的对象和空值。

2. 编辑模板

对应的 Html 辅助方法 EditorFor 和 EditorForModel 处理属性和对象在编辑模式下的显示方式。在文件夹 EditTemplates 中提供部分 View，就可以重写编辑器模板。编辑模板可以使用显示模板所使用的 UI 提示系统。与显示模板一样，也可以使用许多内置的编辑器模板。

- **String**：显示标准文本框，该文本框最初用所提供的值填充，用属性命名。这将确保 Model 绑定器正确使用它重建对象。
- **Password**：与 String 模板相同，但显示 HTML PASSWORD 输入，而不是文本框。
- **MultilineText**：创建一个多行文本框，不能在这里指定文本框的行数和列数，而假定使用 CSS 指定它们。
- **HiddenInput**：类似于显示模板，显示 HTML HIDDEN 输入。
- **Decimal**：类似于显示模板，但显示一个文本框来编辑值。

- **Boolean**：如果属性是非可空类型，它就显示一个复选框控件。如果这个模板应用于可空属性，就显示一个下拉列表，其中包含的 3 项与显示模板相同。
- **Object**：显示复杂的编辑器。

17.6.7　jQuery

jQuery 是一个开源 JavaScript 框架，默认包含在 ASP.NET MVC 框架中。jQuery 的基本元素是$()函数，可以给该函数传送 JavaScript DOM 元素或通过 CSS 选择器来描述元素的字符串。$()函数返回一个 jQuery 对象，该对象有许多影响所包含元素的函数。大多数函数也返回同样的 jQuery 对象，所以这些函数的调用可以链接在一起。例如，下面的代码片段选择所有的 H2 标记，把单词 section 添加到每一个 H2 标记的最后。

JavaScript

```
$("h2").append("section");
```

要使用 jQuery，需要把下面的代码添加到页面开头，创建对/Scripts 文件夹中 jQuery 库的引用。

HTML

```
<script type="text/javascript" src="/Scripts/jquery-1.3.2.js"></script>
```

通过使用$.get 和$.post 方法(或更灵活的$.ajax 方法，它把动词作为一个参数)，就可以使用 jQuery 发出 HTTP 请求。这些方法接受一个 URL 作为参数，还可以选择用回调函数提供结果。下面的 View 在两个 div 标记 server 和 client 中显示时间。还有一个 update 按钮，单击它会给/time URL 发出一个 GET 请求。jQuery 接收到结果时，会更新显示在 div 标记 client 中的值，而不显示 div 标记 server 的值。此外，它还使用 slideUp 和 slideDown 函数在 UI 上动态显示 div 标记 client 的时间。

C#

```
<%@ Page Language="C#" Inherits="System.Web.Mvc.ViewPage<System.String>" %>
<!DOCTYPE html PUBLIC "-//W3C//DTD XHTML 1.0 Transitional//EN"
"http://www.w3.org/TR/xhtml1/DTD/xhtml1-transitional.dtd">
<html xmlns="http://www.w3.org/1999/xhtml">
<head runat="server">
 <title>Index</title>
 <script type="text/javascript" src="/Scripts/jquery-1.3.2.js"></script>
 <script type="text/javascript">
   $(document).ready(function () {
     $('#updater').click(UpdateNow);
   });
   function UpdateNow() {
     $.get('/time', function (data) {
       $('#clientTime').slideUp('fast', function () {
         $('#clientTime').empty().append(data).slideDown();
       });
     });
   }
 </script>
</head>
<body>
   <div>
       <h2>
           Server</h2>
       <div id="serverTime">
           <%:Model %></div>
       <h2>
           Client</h2>
       <div id="clientTime">
           <%:Model %></div>
       <input type="button" value="Update" id="updater"  />
   </div>
</body>
</html>
```

下面的 action 方法控制着前面的 View，它使用 IsAjaxRequest 扩展方法来确定请求是否来自 jQuery。如果是，就把时间返回为一个字符串，否则就返回整个 View。

C#

```
public ActionResult Index()
{
  var now = DateTime.Now.ToLongTimeString();
  if (Request.IsAjaxRequest())
    return Content(now);
  return View(now as object);
}
```

VB

```
Function Index() As ActionResult
  Dim timeNow = Now.ToString()
  If Request.IsAjaxRequest() Then
    Return Content(timeNow)
  End If
  Return View(CType(timeNow, Object))
End Function
```

jQuery 是一个富客户端编程工具，有一个极其活跃的社区和非常多的插件。jQuery 的更多信息参见 http://jquery.com，其中包含大量教程和演示。

17.7　小结

ASP.NET MVC 框架便于构建可测试性很高、松散耦合的 Web 应用程序，这种应用程序包含了 HTTP 的特性。对于许多开发人员而言，这是创建新 ASP.NET 应用程序的标准。MVC 框架提供了一个灵活的平台，在该平台上，不仅可以利用 ASP.NET MVC 的功能，还可以利用更广阔的 Web 开发生态系统中的工具。ASP.NET MVC 的更多信息可参见 http://asp.net/mvc。

第18章

.NET Core

本章内容

- 了解.NET Core 和 ASP.NET Core
- 使用 ASP.NET Core 模板
- 利用 NuGet
- 使用 Bower 包管理器传递静态文件

本章源代码下载

通过在 www.wrox.com 网站上搜索本书的 EISBN 号(978-1-119-40458-3)，可以下载本章的源代码。相关源代码和支持文件都在本章对应的文件夹中。

ASP.NET 框架虽然还很坚固，但现在已经有点老掉牙了。请记住，ASP.NET Web Forms 中的基本管道功能自从 ASP.NET 1.0 以来就没有什么变化。即使是 ASP.NET MVC 框架，也已经 7 岁多了(在互联网领域，这相当于 75 岁高龄了)。这一时期发生了很大的变化，这个平台已经越来越难创新了。

甚至除了创新机会之外，一些在网络世界里常用的工具也不容易集成到 Microsoft 的集合中。开源工具是目前网站上的主要玩家，这通常意味着平台需要与它们兼容。而且，Microsoft Azure 战略作为改变的最终推动力，是与平台无关的。支持 Linux 平台，就等于启动了 Microsoft 服务器的能力。各种服务提供的功能可以通过公共协议来访问，无论是基于 REST 的 API 还是 shell 脚本。

因此，在这种情况下，Microsoft 微软创建了.NET Core。它是什么？为什么开发人员应该关心它？Visual Studio 中提供了什么帮助工具？这些都是常见的问题。所有的这些问题都将在本章中讨论。

18.1　.NET Core 的定义

在开发人员看来，这可能是最迫切的核心问题。.NET Core 是.NET Framework 的替代品吗？这是否意味着.NET 正在被淘汰？答案没有普通开发人员所想的那么可怕。

.NET Core 的目标是提供一个能够在多个操作系统上运行的执行平台。针对.NET Core 编写的应用程序可以在 Windows(这是很自然的)、macOS 和 Linux 上执行。它还打算用于嵌入式场景，包括物联网(物联网)。是的，目标看起来很多，但其重点是当开发人员从一个平台迁移到另一个平台时，帮助他们最小化需要对其应用程序进行的更改。

现在，不要认为.NET Core 是.NET Framework 在这些平台上的完整实现。它是.NET 标准库在多个平台上的实现。.NET 标准库定义了每个支持.NET 的平台都要实现的.NET API 集。它是.NET 框架的一个子集。因此，不可能在所有这些平台上运行每个.NET 应用程序。然而，在相应的平台上存在兼容 Xamarin (https://xamarin.com)和 Mono (http://www.mono-project.com)的应用程序。

从开发的角度看，.NET Core 应用程序可在 C#、F#中开发，还计划支持 Visual Basic 开发。也为不同的平台提供了 SDK 和编译器。所以在对应的平台上开发应用程序是有可能的。例如，可以使用 Visual Studio Code 在 Mac 上为 Mac 创建应用程序。

在 Visual Studio 2017 中，可以使用许多不同的模板来创建.NET Core 应用程序。它们是：

- **控制台应用程序**：创建一个命令行应用程序
- **类库**：创建一个库，用于其他.NET Core 应用程序
- **单元测试项目**：允许使用 MSTest 对项目进行单元测试
- **xUnit 测试项目**：允许使用 xUnit 对项目进行单元测试
- **ASP.NET Core Empty**：创建一个适合服务网站的空白.NET Core 应用程序
- **ASP.NET Core Web App**：创建 ASP.NET MVC 应用程序
- **ASP.NET Core Web API**：创建 ASP.NET Web API 应用程序
- **解决方案文件**：创建一个空的解决方案

在进入 ASP.NET Core 应用程序之前，应该知道，许多可以通过.NET Core 完成的工作也可以使用命令行工具完成。例如，下面的命令行将采用传统的 Hello World 风格创建一个新的.NET Core 控制台应用程序：

```
dotnet new console -n HelloWorld -o src/HelloWorld
```

在 VS 2017 的 Developer Command Prompt 中执行时，结果如下：

```
Content generation time: 99.6688 ms
The template "Console Application" created successfully.
```

下面结束这个 Hello World 示例。使用以下命令将目录更改为所生成源代码的位置，并查看其结果：

```
cd src/HelloWorld
dir
03/25/2017  11:14 AM    <DIR>          .
03/25/2017  11:14 AM    <DIR>          ..
03/25/2017  11:13 AM               170 HelloWorld.csproj
03/25/2017  11:13 AM               180 Program.cs
               2 File(s)            350 bytes
               2 Dir(s)  229,216,518,144 bytes free
```

最后两个步骤恢复运行应用程序所需的包，并运行应用程序。dotnet restore 命令检索所需的包，而 dotnet run 执行代码。结果如下：

```
    Restoring packages for C:\Demo\HelloWorld\src\HelloWorld\HelloWorld.csproj...
    Generating MSBuild file C:\Demo\HelloWorld\src\HelloWorld \obj\
      HelloWorld.csproj.nuget.g.props.
    Generating MSBuild file C:\Demo\HelloWorld\src\HelloWorld \obj\
      HelloWorld.csproj.nuget.g.targets.
    Writing lock file to disk. Path: C:\Demo\HelloWorld\src\HelloWorld \src\
      HelloWorld\obj\project.assets.json
    Restore completed in 2.41 sec for C:\Demo\HelloWorld\src\HelloWorld \src\
      HelloWorld\HelloWorld.csproj.

    NuGet Config files used:
        C:\Users\bruce\AppData\Roaming\NuGet\NuGet.Config
        C:\Program Files (x86)\NuGet\Config\Microsoft.VisualStudio.Offline.config

    Feeds used:
        https://api.nuget.org/v3/index.json
        C:\Program Files (x86)\Microsoft SDKs\NuGetPackages\

C:\Demo\HelloWorld\src\HelloWorld \src\HelloWorld>dotnet run
Hello World!
```

18.2　使用 ASP.NET Core

不得不承认，ASP.NET 很古老，真的非常古老。2002 年发布了.NET 1.0。2002 年，Friendster 有 300 万用户，那时 Facebook 还不存在。Blockbuster 拒绝了购买 Netflix。iPod 只有一年的历史，而 iPhone 还只是一个概念。不仅仅消费市场发生了翻天覆地的变化，现在用于构建 Web 应用程序的工具和技术与.NET 1.0 也相去甚远。甚至

ASP.NET MVC 这个更灵活的开发平台都已存在多年。

但是，为了改变而改变并不足以考虑另一种开发和部署模式。下面介绍一下 ASP.NET Core 应用程序的独特之处和价值所在。

在架构上，ASP.NET Core 是一个比 ASP.NET 更模块化的框架。ASP.NET 基于 System.Web 库。虽然 System.Web 有很多优点(包括成员、cookies 和 Web Form 控件)，但随着时间的推移，这个程序集变得越来越大。即使只使用其中一个特征，也必须把整个 System.Web 程序集包含在项目中。在注重轻量级和敏捷的世界中，这是一个潜在的问题。

在 ASP.NET Core 应用程序中，模块化的概念是通过包实现的。顾名思义，.NET Core 包括不同类的应用程序可能要使用的核心功能集。如果需要超出该核心功能集的功能，则可以通过添加仅包含该功能的包，让应用程序使用它。需要访问成员吗？没问题。只需要将成员包添加到项目中，即可得到该功能。应用程序只包含所需要的功能包，不会更大。

18.2.1 project.json 和 csproj

ASP.NET Core 对于 Visual Studio 2017 来说并不是全新的。虽然当 Visual Studio 2015 发布时只有预览工具可用，但许多额外的版本都增强了.NET Core 工具。这个工具使用 project.json 作为项目相关信息的容器。

在摘要中，project.json 没有任何问题。这其实很容易理解，在 Visual Studio 中通过智能感知功能得到支持。如果是从头开始创建.NET Core 应用程序，使用 project.json 就有许多好处。

然而，有几个致命缺陷最终导致 project.json 未能成为项目格式选项。可能最具影响力的是 MSBuild 不支持它。另外，将现有庞大的项目迁移到 project.json 中需要大量的工作，同时可能出现很多错误。这两个问题都导致 csproj 被选择为未来开发工作的格式。

对于喜爱 project.json 的人来说，他们并没有完全损失 project.json。Microsoft 对 csproj 格式做了一些修改，以帮助喜欢 project.json 的人们。可能最有用的是，项目的每个文件并不都需要在 csproj 文件中枚举出来。相反，可以使用通配符来包含文件。在大型团队中工作时，这将帮助大大减少可能发生的合并冲突数。

18.2.2 创建 ASP.NET Core 应用程序

创建 ASP.NET Core 应用程序的基本机制对 Visual Studio 用户而言很熟悉。先选择 File | New | Project 菜单项。打开 New Project 对话框(如图 18-1 所示)。

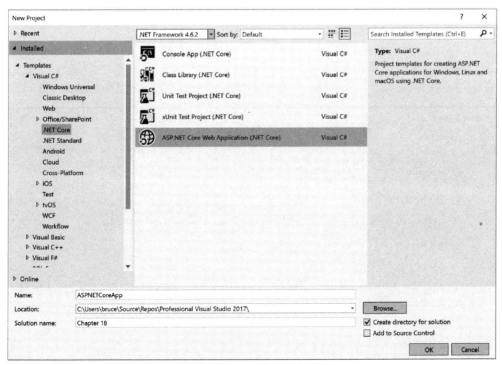

图 18-1

从左边的导航列表中，选择自己选定的语言(只要选择的语言是 Visual C #)，然后选择.NET Core 选项来显示模板列表。选择 ASP.NET Core Web Application (.NET Core).

或者，可以从导航列表和 Web 模板列表中选择 Web 选项。这包括相同的 ASP.NET Core Web Application (.NET Core)模板，以及 ASP.NET Core Web Application (.NET Framework)模板。唯一的区别是项目支持的运行库。前者使用.NET Core 运行库，允许它部署到 Linux 或 MacOS 机器上。后者只能在支持.NET Framework 的机器上使用(即基于 Windows 的服务器)。

不管决定使用什么模板，一旦提供了项目名称，就会显示如图 18-2 所示的对话框。

在这个对话框中，要从一个 ASP.NET Core 列表中选择，它们会提供稍微不同的起点。Empty 项目模板创建的只是一个空项目。我们需要自己添加所有的文件，包括支持文件和所有其他文件。Web API 和 Web Application 项目模板分别为创建 Web API 或 Web 应用程序提供了合理的起点。

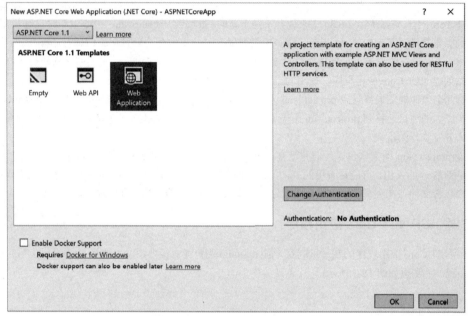

图 18-2

如果选择 Web Application 作为起点，则对话框右下角的 Change Authentication 按钮变为启用。它允许通过想要使用的身份验证方法配置新的项目。单击该按钮，会显示 Change Authentication 对话框(如图 18-3 所示)。

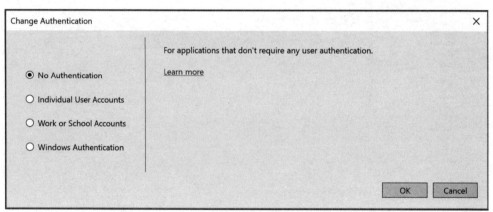

图 18-3

可用的身份验证选项有：

- **No Authentication**：创建项目时，不配置身份验证，不包括和配置相关的文件。

- **Individual User Accounts**：创建项目时，假设正在使用特定于项目的用户账户。这包括 ASP.NET 开发人员已使用多年的传统成员供应商，以及第三方身份验证服务，比如 Facebook 和 Microsoft Live。
- **Work or School Accounts**：创建项目时，假设根据基于 claims 的身份验证服务来验证，如 Active Directory(本地托管或 Azure)。
- **Windows Authentication**：创建项目时，使用当前的 Windows 用户提供身份验证和授权细节。此选项应仅在创建用于内部网的 Web 应用程序时才使用。

一旦标识了要使用的特定模板，以及需要的任何其他信息，创建的项目就如图 18-4 所示。

图 18-4

如果这是第一次使用 ASP.NET Core 应用程序，就会发现它与 ASP.NET MVC 应用程序有很多不同之处，也有一些令人感到舒服的相似之处。

首先看看相似性。注意有一个包含控制器类的 Controllers 文件夹。Views 文件夹包含控制器的 Razor(即.cshtml)文件。该文件夹结构中的文件包括在不同控制器之间共享的视图。

Controllers 和 Views 文件夹确实构成了 Web 应用程序的主体部分，但这差不多就是与 ASP.NET MVC 应用程序的相似之处了。至于不同之处，首先，有一个 wwwroot 文件夹。这个文件夹实际上是 Web 应用程序的内容得到服务的目录，至少在开发过程中是这样。默认情况下，其中有 css、images、js 和 lib 子文件夹，这些文件夹包含了构成所选模板中默认 Web 应用程序的文件。

 不需要使用这些文件夹的内容。文件夹也不必这样命名。可以随意修改它们。这只是模板中的默认布局。

Solution Explorer 中有一个 Dependencies 节点。这个节点包含了应用程序需要的不同依赖项。模板中有三个子节点，每个子节点用于依赖项的一个源。Bower 节点包含 Bower 服务的依赖项列表。18.4 节将更详细地描述它。NuGet 节点包含使用 NuGet 包管理器交付给构建过程的包列表。关于 NuGet 功能的更多细节在 18.3 节中。最后，SDK 节点包含了由应用程序引用的 SDK 文件。

除了 wwwroot 文件夹和 Dependencies 节点之外，还有许多与应用程序相关的不同文件：

- **Appsettings.json**：包含 Web 应用程序的配置信息。在一定程度上，它将替换 web.config 文件中以前的连接字符串、AppSettings 和自定义配置设置。
- **Bower.json**：ASP.NET Core 项目模板使用 Bower 将静态内容交付给客户端。此文件用于配置项目中包含的包。
- **Bundleconfig.json**：用于配置构建过程所执行的捆绑和缩小操作。
- **Program.cs**：在 Web 应用程序中出现这样的文件似乎令人惊讶，但 Program.cs 一直用作应用程序的起点。在 ASP.NET Core 应用程序中，它定义了托管运行 Web 应用程序的进程，然后启动它。
- **Startup.cs**：它包含一个在启动时运行的类。一般来说，这个类的作用是从各种来源提取配置信息，也可以设置许多不同的管道功能。

另外，在 Properties 节点下，还有一个名为 launchSettings.json 的配置文件。这个文件包含用于设置所运行的 Web 应用程序的信息。例如，它包括 URL(包括端口号)、正在使用的身份验证类型以及浏览器是否应该在一开始时启动。

可以了解 Program 和 Startup 类的功能，下面是默认模板中的代码。

```
public static void Main(string[] args)
{
    var host = new WebHostBuilder()
        .UseKestrel()
        .UseContentRoot(Directory.GetCurrentDirectory())
        .UseIISIntegration()
        .UseStartup<Startup>()
        .UseApplicationInsights()
        .Build();

    host.Run();
}
```

可以看出，代码本身相当简单。它创建了 WebHostBuilder 的一个实例，然后使用它的一些方法来定义主机的行为。这包括在哪里找到内容，调用哪个启动类，以及 Application Insights 是否应包括在内。一旦配置好实例，就调用 Run 方法来运行它。

Startup 启动类有点长，但它在运行时和启动时为 Web 应用程序提供了功能。Startup 的构造函数(如下所示)构建了配置信息。

```
public Startup(IHostingEnvironment env)
{
    var builder = new ConfigurationBuilder()
        .SetBasePath(env.ContentRootPath)
        .AddJsonFile("appsettings.json", optional: false,
          reloadOnChange: true)
        .AddJsonFile($"appsettings.{env.EnvironmentName}.json",
          optional: true)
        .AddEnvironmentVariables();
    Configuration = builder.Build();
}
```

在这里可以看到，前面提到的 appsettings.json 文件正在加载，还可以看到任何特定于环境的配置。但在构建配置信息的同时，Startup 类还包括日志功能、基于开发和发布设置的特性，以及 MVC 路由。

18.3　NuGet 包管理器

在项目中包含第三方包的能力是必须的。没有这样的功能，几乎任何应用程序的开发工作都会异常繁重。然而，包括外部程序集也不是没有问题。一旦在机器中下载了程序集，应用程序就可以工作，这没有问题。但是，同事怎么办？他们也需要下载应用程序，并确保它位于与该项目源代码相同的相对位置吗？登记项目时会发生什么？会包括外部程序集吗？中央构建引擎如何知道在哪里找到引用的程序集？

可以看出，有很多问题，却没有一个比较合适的答案。而解决这一系列问题，需要使用 NuGet 包管理器，它被大多数人称为 NuGet。NuGet 是一个可以在 Visual Studio 中使用、在命令行上或通过构建过程使用的工具。它的基本作用是从中央存储库中检索应用程序所需的包。为了把它纳入基本的开发工作流，构建应用程序时，一个要完成的任务是：机器应检查是否所有必需的程序集都可用。如果不是，NuGet 就进入 NuGet 包库，将缺失的程序集下载到适当的地方，然后继续进行构建。回头看看第一段的问题列表，就会注意到，这个过程解决了大部分问题。这就是为什么 NuGet 越来越受欢迎的原因。

那么，如何利用这一优点呢？起点在 Solution Explorer。如果右击一个项目，就可以找到 Manage NuGet Packages 选项。或者，如果右击该解决方案，上下文菜单就包含 Manage NuGet Packages for Solution 选项。在这两种情况下，都会显示如图 18-5 所示的页面。

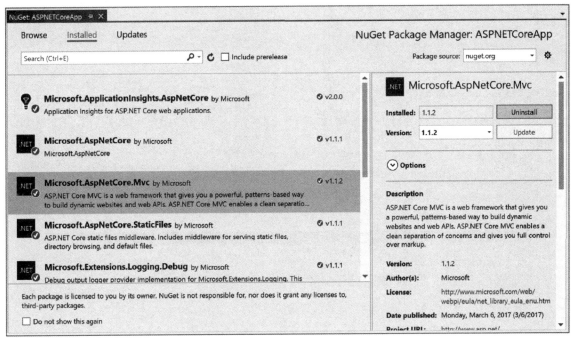

图 18-5

起点是显示当前安装的所有包。它们出现在左边的列表中。如果选择其中的任何一个包，该包的详细信息就会出现在右侧。在右侧，可单击 Uninstall 按钮来卸载包。假设当前版本与已安装版本不同，也可以更新包。如果想要更新所有的包，在顶部有一个 Updates 链接，它会把已安装的软件包列表改为实际上有可用更新的软件包列表。

如果想要安装一个包，请单击顶部的 Browse 链接，并输入包的名称。匹配输入名称(这是通配符搜索)的包就出现在左边的列表中。与之前一样，在左边选择一个包时，该包的详细信息就出现在右边，包括一个可以安装的版本列表。

NuGet 有一个不错的功能，安装一个包可以确保该包的依赖项在机器上已经安装好了。如果它们还不可用，依赖项就会与包一起安装。无论怎样，在该过程的最后，包具有成功运行需要的所有内容。对于任何选中的包，依赖项列表都显示在右边。如果向下滚动，它就是可见的，在所选包的详细信息的最底部(参见图 18-6)。

在这个过程的开始，进入 NuGet 页面有两个入口点：从项目的上下文菜单进入，和从解决方案的上下文菜单进入。区别在于选择要安装或更新的软件包时的行为。图 18-7 显示了选择 Manage NuGet Packages for Solution 选项时 NuGet 页面的左侧。页面顶部列出了解决方案中的项目。可选择要安装包的一个或多个项目。除此之外，安装、卸载或更新流是相同的。

如果不喜欢花哨的图形界面，就可以使用命令行界面来管理 NuGet 包。使用 Tools | NuGet Package Manager | Package Manager Console 选项来启动命令行窗口。窗口的一个示例如图 18-8 所示。

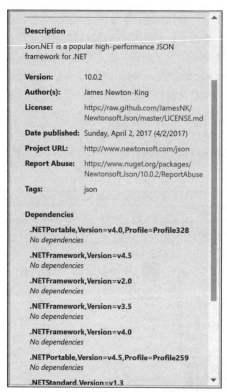

图 18-6

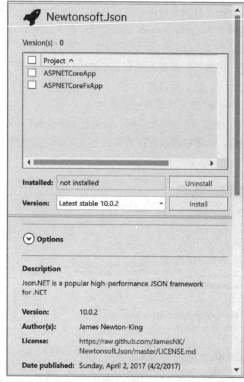

图 18-7

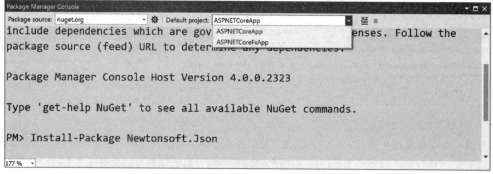

图 18-8

　　要安装一个包，请从顶部的下拉菜单中选择要针对的项目。然后使用 Install-Package 命令来安装包，如图 18-8 所示。还有其他可用的命令，例如 Uninstall-Package，以及对包执行更新的各种命令行选项。使用 Get-Help 命令查看命令的可用选项 (例如，Get-Help Install-Package 显示了 Get-Help 所有可用的选项)。

　　关于 Visual Studio 2017 和 NuGet，最后一个要点是，Visual Studio 2017 支持 IntelliSense 基于当前输入的代码的语法，推荐安装某个包。这个选项在默认情况下是关闭的(它会占用相当多的内存)，要启用它，应选择 Tools | Options，进入 Options 对话框。然后导航到 Text Editor | C# | Advanced(如图 18-9 所示)。有两个选项可以控制这个特性。确保选中 Suggest usings for types in reference assemblies 和 Suggest usings for types in NuGet packages 复选框。

　　一旦选择了这些选项，一些 Quick Action 上下文菜单就会有几个新的选项可用。图 18-10 演示了输入 JObject 时的上下文菜单。Jobject 是一个类的名称，它是公共库 JSON.Net 的一部分。

　　作为菜单中的最后一个选项，注意 Install package 'Newtonsoft.Json' 选项。这个选项包括两个额外的选项。选中第一个选项时，将自动安装 JSON.NET 的最新稳定版本。第二个选项会打开 NuGet 包管理器，以灵活地安装所选的版本。

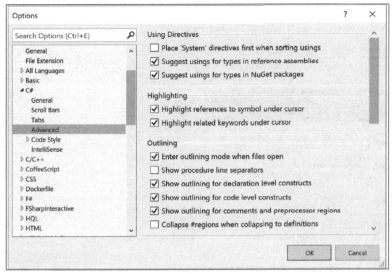

图 18-9

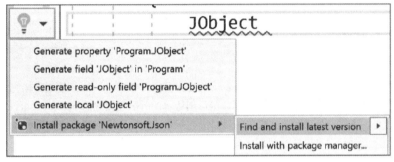

图 18-10

18.4　Bower 包管理器

上一节已经讨论了一个包管理器(NuGet)，为什么还需要讨论另一个包管理器？原因与 NuGet 的目标有关，也就是与.NET 一起使用的包。NuGet 没有提供只包含 Web 内容的包，Web 内容包括 HTML、CSS 和 JavaScript 文件。而 Bower 提供了。

从功能上讲，Bower 的许多步骤都与 NuGet 相同。在构建应用程序时，Bower 会检查以确保所有需要的 Web 文件都下载到机器上。它还管理依赖关系图，以最小化相同文件在不同的包中使用的次数。例如，如果有两个包依赖 jQuery，Bower 就确保 jQuery 只下载一次。

有两种方法可以指定 Bower 需要在项目中包含的文件。一种是使用图形用户界面，另一种是编辑 bower.json 文件，以手动指定希望包含哪个包。

图形界面与 NuGet 非常相似。首先在 Solution Explorer 中右击项目，选择 Manage Bower Packages，出现如图 18-11 所示的屏幕。

最初显示 Installed 选项卡(未显示在图 18-11 中)，对话框会在左侧列出已经用 Bower 注册的包。如果用过 ASP.NET Core 模板，其中就包括 Bootstrap、jQuery 和 jQuery Validation。如果选择其中一个包，该包的详细信息就出现在页面的右侧。假定最近的版本可用，也有允许卸载或升级包的按钮。下拉列表显示所有可用的版本。

要向项目添加一个包，请单击 Browse 标题并输入感兴趣的包的名称(或名称的一部分)。此时会显示匹配的包列表。在图 18-11 中，对 moment 的搜索已经完成，并选择基本的 moment 包进行安装。在右侧，可以看到有关 moment 的细节，还包括显示版本的下拉列表和安装包的按钮。还有一个复选框，当选中时，就会更新 bower.json 文件。

还可以把已经安装在项目中的包更新为新的版本。为此，可单击 Update Available 标题。现在，左侧包含了已安装的、有可用更新的包。选择一个包时，就会显示用于更新包的详细信息和按钮。

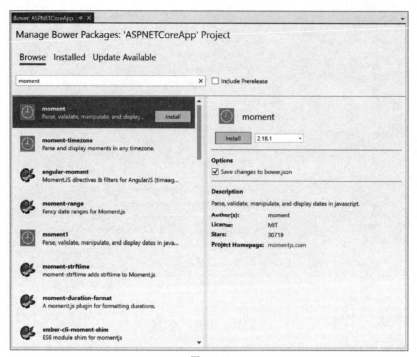

图 18-11

此外，搜索文本框的旁边是一个复选框，用来表示希望查看预发布版本，以及稳定版本或发布版本。默认情况下，只显示稳定的版本。但是，如果选中此复选框，则可用版本的列表包括包的 beta 和 alpha 版本。

除了图形界面之外，还有一种手动方式来指示项目要包括进去的包。这需要直接编辑 bower.json 文件。该文件包含一个依赖项列表，如前所述，可以通过图形化的 Bower 包管理器来更新。以下是 ASP.NET Core 模板中 bower.json 文件的内容：

```
{ {
  "name": "asp.net",
  "private": true,
  "dependencies": {
    "bootstrap": "3.3.7",
    "jquery": "2.2.0",
    "jquery-validation": "1.14.0",
    "jquery-validation-unobtrusive": "3.2.6"
  }
}
```

可以看出，这是一个相对简单的 JSON 文件，其中包含一个依赖包列表以及项目需要的版本。编辑它是非常简单的。例如，为了添加 moment，只需要将下面一行添加到依赖项列表中：

```
"moment": "2.18.1"
```

如果这些都是 Visual Studio 2017 提供的，就没问题。然而 bower.json 文件还包括 IntelliSense 支持(参见图 18-12)。

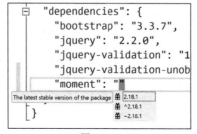

图 18-12

开始键入包名时，会显示一个与当前输入的包匹配的包列表。一旦选择了一个包，第二个组件就显示匹配的版本列表。

在图 18-12 中需要注意的一点是，包名之后值的内容不只局限于特定的版本。如果版本号的前缀是插入符号(^)，那么与主要版本相匹配的任何版本都是可以接受的。例如，如果该值为"^ 2.18.2"，就下载主要版本是 2 的最新版本。如果版本号的前缀是波浪号(~)，就下载最新的次要版本。例如，如果该值为"~2.18.2"，就下载以 2.18 开头的最新版本。

18.5　小结

ASP.NET Core 提供的平台允许把开发的 Web 应用程序部署到比以往任何时候都更广泛的机器上。为了帮助部署，ASP.NET Core 项目模板为一些更常用的 Web 开发工具提供了内置的支持。Visual Studio 2017 集成了许多功能，对于利用已经在现代网络上建立起来的生态系统的人来说，这是有趣而卓有成效的一步。

第**19**章

Node.js 开发

本章内容

- 理解 Node.js
- 创建 Node.js 应用
- 使用 Node 包管理器安装包
- 处理任务的跑步器

本章源代码下载

通过在 www.wrox.com 网站搜索本书的 EISBN 号(978-1-119-40458-3)，可下载本章的源代码。相关源代码和支持文件都在本章对应的文件夹中。

对于许多 Web 开发人员来说，下面的建议可能看起来很奇怪。但是，如果可以使用自己熟悉并喜爱的客户端编程语言(JavaScript)来开发 Web 应用程序的服务器端，会怎么样呢？这就是 node.js (也称为 Node)的功能。此外，Visual Studio 2017 还包含许多旨在提高 Node 开发人员生产率的特性。本章将介绍这些特性。

19.1 开始使用 Node.js

Node.js (Node)是服务器端的 JavaScript。对于习惯于在浏览器中看到 JavaScript 运行的人来说，这似乎有点奇怪。但是当开始使用它时，就会觉得 JavaScript 只是一种语言。在该语言规范中，没有任何固有的东西表明它不能在Web 服务器中使用。

Node 之所以值得关注，是因为它是轻型的，性能也很好。性能是一些设计决策的结果，这些决策将它与其他Web 服务器区分开来。可能最重大的决策是使服务器成为单线程的。它不是为每个传入的请求创建一个新线程，而是由一个线程处理请求，使用事件根据需要启动 Web 应用程序的各个部分。这减少了内存占用(每个线程以及每个请求都占用内存)，并允许使用非阻塞(也称为异步)处理的事件驱动环境。每个连接请求都触发一个事件。提交表单时接收到的数据会触发事件。

实际上，这意味着 Node 在 Web 应用程序中的表现会非常出色，因为在 Web 应用程序中有大量的请求，这些请求不会执行大量的计算，并因此返回少量数据。它从来没有锁定，它可以支持数千个并发用户。虽然具有这些特性的"常规"Web 服务器很好，但在支持 RESTful API 时，Node 确实非常出色。而 RESTful 是现代网络的核心。

Node 和 Visual Studio 的集成来自一个名为 Node.js Tools for Visual Studio (NTVS)的开源项目。它已经使用了许多年，但是随着安装和更新过程中工作负载的引入，现在可以在 Visual Studio 中包含 NTVS，而不需要单独安装。

假设已经包含了 Node 工作负载，创建和执行 Node 项目就相当简单了。首先使用 File｜New｜Project 菜单项启动 New Project 对话框(参见图 19-1)。然后在树图中通过 JavaScript 和 Node.js 节点导航到 Node 项目模板。

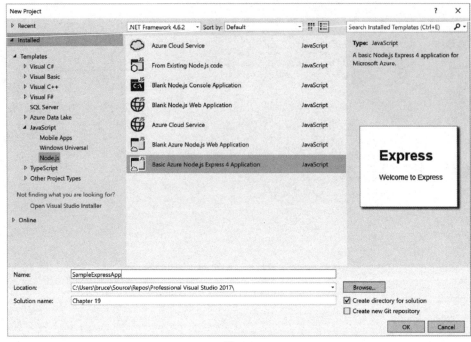

图 19-1

有几个可用的项目模板。然而，它们只是一些不同主题的变体。首先，可以创建 Node Web 应用程序或 Node 控制台应用程序。两者之间的区别与你所期望的差不多：Web 应用程序支持 HTTP 请求，而控制台应用程序是一个命令行应用程序，它响应通过键盘输入的命令。或者，也可以创建一个空白的 Node 应用程序，它支持最小的 "Hello World" 功能，或创建一个 Express Node.js 应用程序，为 Node Web 应用程序提供了一个非常好的起点。最后，可以选择一个在本地 Node 实例上运行的模板，也可以选择一个发布到 Azure 并在 Azure Web 应用程序(在 Node 上)运行的模板。还有一个模板允许创建使用现有 Node 文件的项目。对于这个模板，需要指定现有文件的位置，然后可以选择希望在新项目中包含的文件。

为便于讨论，创建一个 Basic Azure Node.js Express 4 应用程序。一旦提供了名称并单击 OK，项目就创建好了。还需要执行一个步骤(对于大多数项目模板来说，该步骤相当少见)。Node 提供了 Web 服务器的功能，并在端口 80 上侦听传入的请求。出于安全原因，Windows 不允许在未经管理员批准的情况下在端口 80 上输入请求。因此，需要在该功能生效之前批准它。因此，会显示如图 19-2 所示的警告对话框。单击 Allow access 按钮允许 Node 执行其 Web 请求处理工作。

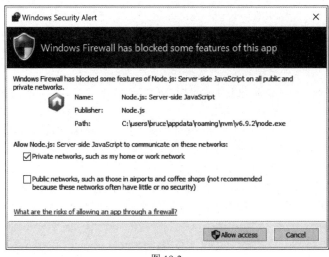

图 19-2

现在已经创建了一个 Node 项目(使用 Express 4)，所以会显示一个包含各种组件的项目。项目的 Solution Explorer 如图 19-3 所示。

图 19-3

Solution Explorer 中有许多文件夹，其中的大多数以 ASP.NET MVC 开发人员相当熟悉的方式命名。不同的文件夹和节点的内容和作用如下:

- **npm**: 包含使用 Node 包管理器(也称为 npm)下载的包。除了包名外，还使用了当前版本。关于 npm 的更多信息以及如何在项目中控制它的内容，可参见本章的 19.2 节。

- **bin**: 包含应用程序的启动脚本。在项目模板中，有 PowerShell 脚本和命令文件。但 www 文件中包含这个目录中的典型例子。以下是项目模板中 www 文件的内容:

```
#!/usr/bin/env node
var debug = require('debug')('SampleExpressApp');
var app = require('../app');

app.set('port', process.env.PORT || 3000);

var server = app.listen(app.get('port'), function() {
    debug('Express server listening on port ' + server.address().port);
});
```

这是在通过 Visual Studio 或命令行(命令是 node www)启动 Web 应用程序时，由 Node 执行的 JavaScript 代码。

- **public**: 这个文件夹包含应用程序的静态内容。这包括所有的 JavaScript、CSS、图像以及其他不需要动态生成的内容。如图 19-3 所示，它包含了三个文件夹(images、javascript 和 stylesheets)，还可以向项目添加更多不同类型的文件。

- **routes**: 这个文件夹包含 Web 应用程序所支持的默认路由(或端点)的代码，请求每个端点时要采取的行动。下面的 index.js 文件为应用程序定义了默认路由:

```
'use strict';
var express = require('express');
var router = express.Router();

/* GET home page. */
router.get('/', function (req, res) {
    res.render('index', { title: 'Express' });
});

module.exports = router;
```

这里的代码抓取在 Express 应用程序中定义的路由器对象。然后，它定义了以下规则：对于/路径上的 GET 请求，使用 Express 标题呈现 index 视图，作为响应。

- **views**：包含 Web 应用程序所使用的视图。这些文件实际上是由模板引擎处理的模板文件，以生成所需的 HTML 输出。Visual Studio 2017 中的 Express 4 项目模板使用 Pug 模板，但是使用 Express 支持的另一个模板引擎非常容易。这样就可以开始了，下面的代码就是项目模板中的 index.pug 文件：

```
extends layout

block content
  h1= title
  p Welcome to #{title}
```

首先，它包括 layout.pug 模板，该模板包含 HTML 页面的基本结构(即 HEAD 和 BODY 元素，以及 main.css 文件)。然后，它向布局中注入一个 H1 元素，其中包含标题变量和包含标题变量值的段落。标题的值在 routes 部分显示的 render 函数中定义。执行应用程序时，会得到如图 19-4 所示的 Web 页面。

图 19-4

项目模板中有许多附加的文件，但它们不在特定文件夹中。

- **app.js**：这是 Express 应用程序的主文件。当应用程序启动时，会执行该文件，其中定义了组成 Express 的所有组件。例如，这包括要使用的路由文件、模板引擎、日志引擎、如何解析 cookie、如何解析任何请求的主体(URL 编码的 JSON 是默认的)以及如何处理错误(在开发和生产环境中以不同的方式处理错误)。
- **package.json**：这或多或少是应用程序的配置文件。它包括基本信息，如应用程序的名称、描述、版本和作者。它还包含一个依赖项列表，npm 在需要时使用它来检索包。
- **web.config / Web.debug.config**：Node 应用程序并不明确指定需要这些文件。但是，将 Node 应用程序发布到 Azure 时需要它们。它们存在于项目中，是因为 Express 4 的模板是为了发布到 Azure 而专门设置的。如果不打算发布到 Azure，就可以删除这两个文件，不会产生不良影响。这两个配置文件的不同之处在于，调试版本允许 Node 应用程序部署在 Azure 上时进行远程调试。设想一下这个过程。可将应用程序发布到 Azure 上，在 Visual Studio 的调试会话中连接到它，设置断点，通过服务器端代码单步执行，就像在本地运行一样。有时，技术确实是一件美妙的事情。

在 Visual Studio 2017 中运行应用程序时，将启动 Node Web 服务器。可将 Node 的控制台视为单独的控制台窗口，如图 19-5 所示。

图 19-5

Node 服务器的初始化是开始监听端口 1337(控制台中没有提到，但这是在示例应用程序中用于"典型"Web 请求的端口)，以及用于调试请求的端口 5858。此后，它处理默认页面上的 GET 请求(由反斜杠表示)和 main.css 样式表上的 GET 请求。继续使用应用程序时，窗口中会出现更多消息。

Node 服务器使用的端口是完全可配置的。这是通过项目属性完成的，如图 19-6 所示。

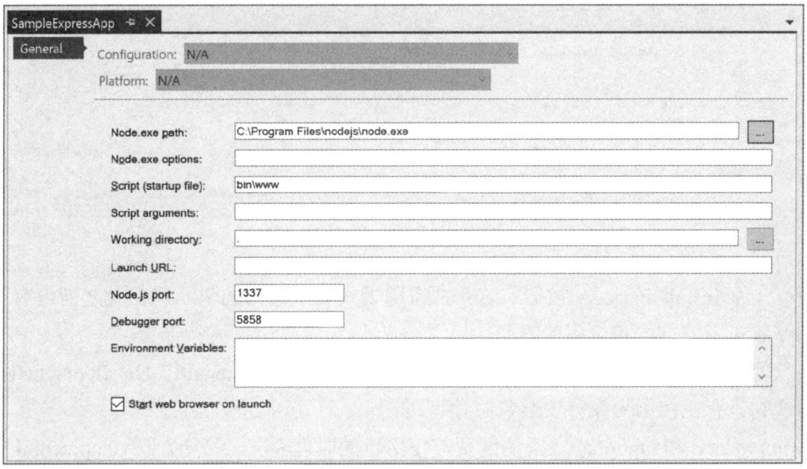

图 19-6

右击 Solution Explorer 中的项目，并选择 properties 选项，就可以访问项目属性。其中的选项要比 ASP.NET Web 开发人员期待的少一些。只有一个表，甚至字段的数目也相对较少。可以在机器上指定 Node 可执行程序的路径(它默认为机器级 Node 配置中指定的值)，以及 Node 的任何命令行选项。可以指定启动脚本(默认情况下，它是 bin 文件夹中的 www 文件)以及脚本的任何参数。可以定义工作目录(它默认为项目的当前目录)。可以定义启动浏览器时使用的 URL，以及应用程序在 Visual Studio 中运行时是否会启动 Web 浏览器。可以指定 Node 使用的两个端口(一般端口和调试端口)。最后，可以定义 Node 需要的任何环境变量。

19.2　Node Package Manager

Node.js 的特性之一是在需要时会自动下载 Web 应用程序的依赖项。在 Visual Studio 2017 中，"需要时"就是"打开项目时"。在幕后，依赖项列表和所需的版本要与本地机器上依赖包的当前版本相比较。如果有差异，就下载它们，并提供给应用程序。

这背后的技术是 Node Package Manager (npm)。npm 有两个元素。首先，有一个超过 45 万个不同包的在线存储库。每个包都由一系列文件组成，这些文件使包能够为另一个应用程序所用。例如，jQuery 在 npm 存储库中可用。如果使用 npm 安装 jQuery，就可以在应用程序中得到使用 jQuery 所需的 JavaScript 文件。而且，得到的是相同文件的最小化版本。

其次，npm 是一个命令行工具，用于浏览和搜索此存储库并下载包，将其包含在项目中。Visual Studio 2017 的安装不仅包含了 npm 命令行工具，它还与 Visual Studio 集成。Visual Studio 有一些选项可以使用命令行工具(或者更精确地说，是命令行工具使用的 API)。

访问 NPM 的起点是上下文菜单，就像许多其他工具一样。具体地说，可以在 Solution Explorer 中右击项目中的 npm 节点，并选择 Install New npm Packages 菜单项。该操作将打开 Install New npm Packages 对话框，如图 19-7 所示。

在对话框左上角的文本框中，输入要安装的包的名称。在图 19-7 中，可以看到已经指定了 grunt 包，因此左侧显示了许多匹配"grunt"的包。选择某个包时，该包的详细信息就会显示在右边的窗格中。

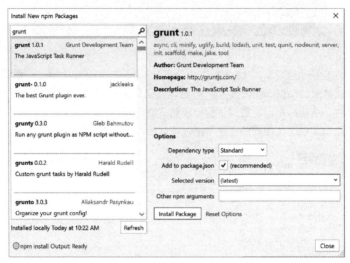

图 19-7

右侧的面板中有一个 Install Package 按钮。这个按钮用于安装所选择的包。但在此之前，有许多可用的选项。这些选项可以影响使包可用的方式和可用的时间。

这些选项中最重要的是 Dependency type。下拉菜单中有三个选项：Standard、Developmental 和 Optional。还有第四种类型 Global，它只有在使用命令行安装包时才可用。

Standard、Developmental 和 Optional 之间的区别与使用包的时间有关。例如，Developmental 包只在应用程序处于开发阶段时才可用。属于这个类别的包的一个示例是帮助运行单元测试的包。一旦通过单元测试，就不再需要这个包了，所以一旦项目投入生产，它就不会包含进来。Standard 包是应用程序在开发期间和生产过程中都可用的包。Optional 包是指，如果它是可用的，应用程序就会利用它，但是如果它不可用，应用程序也能继续运行。

每个选项都在本地为项目安装一个包。本地安装的包不能自动用于运行在机器上的其他项目。相反，全局安装的包可以用于其他 Node 项目，而不需要重装。本节后面将讨论在全局环境中安装包。

Development type 组合框下面是一个复选框，该复选框指示此包是否应该包含在 package.json 文件中。也可不选中这个复选框，此时，这个包就安装为 Standard 包。没有 package.json 文件，就没有 Developmental 或 Optional 包的概念。

Options 部分还提供了两个额外功能。可以指定要安装的包的版本，无论是特定版本还是最新版本。此外，还有一个文本框，可以包含 npm 命令的参数。一旦安装了 npm 包，就可以更新 package.json 文件，以包含新的包(假设选择了 package.json 选项。

　　　对 JSON 的详细描述超出了本书的范围。如果不熟悉 JSON 格式化字符串或想了解它的更多信息，可以访问 Tutorials Point (https://www.tutorialspoint.com/ json)等网站。

还有其他方式来安装新的 npm 包。最简单的方法之一就是直接修改 package.json 文件。这是 package.json 文件的 dependencies 部分：

```
"dependencies": {
  "body-parser": "^1.15.0",
  "cookie-parser": "^1.4.0",
  "debug": "^2.2.0",
```

```
    "express": "^4.14.0",
    "morgan": "^1.7.0",
    "pug": "^2.0.0-beta6",
    "serve-favicon": "^2.3.0
}
```

 package.json 文件中可以有其他两个依赖项属性。任何 Developmental 依赖项都包含在 devDependencies 属性中。如果指定了任何 Optional 依赖项，就会有一个包含这些包的 optionalDependencies 属性。

可以看到，列出了 npm 节点下的每个依赖项，以及项目中使用的版本。要添加一个新包，可以简单地添加到这个列表中。package.json 文件包括 IntelliSense 支持，所以键入包名和版本时，就可以看到可用的选项，如图 19-8 所示。

保存 package.json 文件时，项目中 npm 节点的内容也随之更新。先前存在的包和新包之间最大的区别是，新的包名没有版本号。相反，有一个(missing)表示这个包还没有下载。

实际上，在项目的 npm 部分有三类节点，如图 19-9 所示。下载包时，会出现包的名称和版本号。当添加一个新包时，包的名称表示它还未下载。如果一个包以前下载过，但不再位于 package.json 的依赖项列表中，包名就包括以下字眼：(not listed in package.json)。

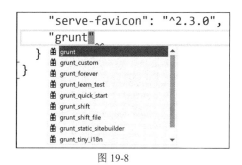

图 19-8

图 19-9

后两种情况可通过上下文菜单加以纠正。如果右击一个缺失的包(或者右击 npm 节点本身)，就可以选择 Install Missing npm Package(s)选项。选择该选项将下载包，版本会显示在包名的右边。如果包不在 package.json 文件中，右击包就将在上下文菜单中显示 Uninstall npm Package(s)选项。选择该选项将卸载包，将其从 npm 节点中删除。

还有第三种方法来安装 npm 包，即使用命令行界面。除了支持所有依赖类型之外，命令行界面还允许在全局环境中安装包。首先，右击 Solution Explorer 中的项目或解决方案，并选择 Open Node.js Interactive Window 选项。这也可以通过 View｜Other Windows｜Node.js Interactive Window 菜单项来打开。图 19-10 显示了初始窗口。

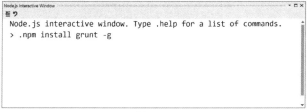

图 19-10

可以看到，这像一个典型的命令行 shell，而且在大多数情况下，它所理解的命令是 Node 命令。使用.help，可以看到可用命令的完整列表，但是这里感兴趣的命令是.npm。

为安装一个包，命令的形式如下：

```
.npm install [projectName] packageName <option>
```

如果解决方案中有多个项目，则使用 projectName 选项。这需要提供要安装包的项目的名称。option 用于确定

依赖模式。其选项是:

- **--save**: 包信息保存在 package.json 的 dependencies 部分。
- **--save-dev**: 包信息保存在 package.json 的 devDependencies 部分。
- **--save-opt**: 包信息保存在 package.json 的 optionalDependencies 部分。
- **--g**: 包信息保存在本地缓存,任何项目都可以使用。

最后一个选项实现了本节前面描述的全局功能,这是 Install New npm Packages 对话框中不可用的第四个选项。

19.3　Task Runner Explorer

如本章所述,Visual Studio 2017 有许多相当新的功能,旨在提高前端 Web 开发人员的生产率。对 Node 和 npm 等工具的支持有助于提高在其他平台中普遍使用的开发环境的生产效率。为了进一步扩展这一点,Visual Studio 2017 还包括对 Task Runner 的支持,如 grunt 和 gulp。

可能无法完全从名称中清楚地看出 Task Runner 是用来做什么的。创建基于 Web 的应用程序甚至其他类型的应用程序时(但 Task Runner Explorer 主要关注的是具有重要前端组件的 Web 应用程序),在部署之前需要完成大量的任务。这将包括诸如简化 JavaScript(删除无关字符以最小化文件大小)、连接文件、链接 JavaScript 代码(检查 JavaScript 是否有错误)和编译各种扩展(例如 CSS 的 SASS 或 LESS 扩展)等任务。这些都是重复的任务,一旦确定了正确的命令,就需要运行每个编译和部署操作。

Task Runner 的目标是自动执行这些重复的任务。在网络前端的世界里,两个领先的 Task Runner 是 grunt 和 gulp。这两个工具都由 Task Runner Explorer 支持。这种情况下,支持意味着如果项目配置为包含 grunt 任务或 gulp 任务,这些任务就通过 Task Runner Explorer 可见,可按本节所述来操作或执行它们。本章中的例子使用了 grunt,但是所有使用 grunt 的任务都可以使用 gulp 来完成。

前一节使用 npm 将 grunt 安装到项目中。本节将使用 grunt 来演示 Task Runner Explorer 窗口的功能。

因此,可以继续执行,对 package.json 文件进行一些更改,并添加名为 gruntfile.js 的文件。

首先,在 package.json 文件中添加一个 devDependencies 部分,它应该如下所示:

```
"devDependencies": {
  "grunt-contrib-uglify": "~2.3.0",
  "grunt-contrib-jshint": "~1.1.0"
}
```

保存更改,然后右击 Solution Explorer 中的 npm 节点,并选择 Install Missing npm Packages 选项。这将把两个包安装到项目中。这样你就知道得到了什么,grunt-contrib-uglify 包用来最小化(uglify 是常用的术语)JavaScript 文件,而 grunt-contrib-jshint 包用来对 JavaScript 文件执行静态代码分析。一旦安装了这些软件包,就可以继续下一步。

在 Solution Explorer 中,右击项目,并选择 Add｜New Item 上下文菜单项。然后从项目模板列表中选择 JavaScript File,并给它命名为 gruntfile .js。单击 Add 将文件添加到项目中。

gruntfile.js 文件用于定义 grunt 能够执行的任务。对 grunt 的完整解释超出了本书的范围,但是简要的概述有助于在上下文中理解 Task Runner。首先,将以下内容添加到新建的文件中。

```
module.exports = function (grunt) {
    grunt.initConfig({
        pkg: grunt.file.readJSON('package.json'),
        uglify: {
            options: {
                banner: '/*! <%= pkg.name %> <%=
                grunt.template.today("yyyy-mm-dd") %> */\n'
            },
            build: {
                src: 'src/<%= pkg.name %>.js',
                dest: 'build/<%= pkg.name %>.min.js'
            }
        },
        jshint: {
            all: ['gruntfile.js', 'public/javascripts/*.js']
```

```
        }
    });

    // Load the plugins.
    grunt.loadNpmTasks('grunt-contrib-uglify');
    grunt.loadNpmTasks('grunt-contrib-jshint');

    // Default task(s).
    grunt.registerTask('default', ['uglify', 'jshint']);
};
```

InitConfig 初始化了 grunt 任务。该方法的参数是引用 package.json 文件的 JSON 对象(让 grunt 知道哪些包可用)，以及一些不同的任务(uglify 和 jshint)。在这些任务中，子任务(build 和 all)定义了特定于这些包的功能的参数值。gruntfile 的底部有几个语句，它们将内部定义的任务加载到两个包中，然后定义一个默认任务，它实际上是另外两个任务 uglify 和 jshint 的组合。

一旦创建了文件的内容，就保存它，Explorer 使用 View│Other Windows│Task Runner Explorer 菜单项打开 Task Runner Explorer。图 19-11 显示了带有已定义的 grunt 任务的 Task Runner。

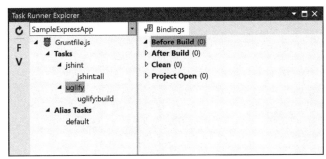

图 19-11

左侧是包含各种任务和子任务的树。它们分为 Tasks 和 Alias Tasks。Alias Tasks 定义为其他任务的组件(在 gruntfile 中定义的 *default* 任务就是 Alias Tasks)。可采用多种方式运行这些任务。首先，可以双击任何任务，它就会执行。任务的输出显示在右侧的窗格中。还可以右击任务，然后从上下文菜单中选择 Run。

每种技术都要求开发人员采取积极的步骤来运行任务。对于不常用的任务来说，这是可以接受的，但对于需要频繁运行的任务，Task Runner 提供了一个额外的选择：绑定。

绑定允许把特定的任务与项目开发周期内的特定功能相关联。有四种绑定类型：

- **Before Build**：构建开始之前运行任务。
- **After Build**：构建成功后运行任务。
- **Clean**：在项目上执行清理工作后运行任务。
- **Project Open**：当项目最初打开时运行任务。

要向其中一个绑定添加任务，请右击该任务。有一个 Bindings 选项，其中包含每个绑定类型。一旦选择了类型，任务就会出现在右侧窗格的适当绑定之下(参见图 19-12)。

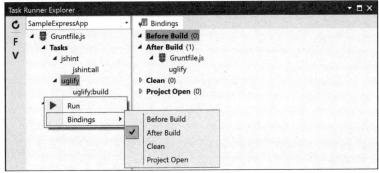

图 19-12

任务与绑定相关联后，当启动项目中的函数时，它就会自动调用。

在 Task Runner Explorer 中还有其他一些有趣的特性。首先，在左侧窗格的顶部，解决方案中有一个项目的下拉列表。不同的项目可能有不同的 grunt 文件。可以选择希望使用的项目和 grunt 文件。窗口左侧有三个图标。顶部图标用于刷新任务列表。修改 grunt 文件后，就会使用这个方法，让 Task Runner 知道进行了更改。另外两个图标是切换开关，它指定在执行任务时使用 Force(F)或 Verbose(V)选项。

19.4　小结

Visual Studio 2017 包含许多功能，旨在确保现代 Web 开发人员(特别是前端开发人员)能更加高效地工作。这是确保 Visual Studio 支持所有开发人员(而不仅是.NET 开发人员)的一部分工作。它对一些更常见的开源工具的接受程度较高，这是微软为拥抱正在全球使用的网络标准所付出的一项努力。

第20章

Python 开发

本章内容

- 了解 Python 项目的基本结构
- 在 Visual Studio 中管理 Python 环境
- 使用 Cookiecutter 模板创建新项目

对于一些开发人员来说，将 Python 工具包含到 Visual Studio 中并不是什么新鲜事。人们会问，我们已经支持所有的.NET 语言(C#、VB、F#、C++)以及 JavaScript 了，为什么还要使用 Python？这个问题的答案有点哲学意味。每种开发语言都有它的闪光点。我们不想用 C++创建 Web 应用程序，但用 C++创建操作系统如何？我们不想用 C#创建图片编辑器，但用 C#创建客户关系管理应用程序如何？每种语言都有适合使用的专门领域，也有不适合的领域。对于 Python 来说，其中一个专业领域就是编写脚本。Python 可用于快速创建简单的应用程序，该语言能够简洁地表达复杂概念，也可移植到几乎所有可用的平台上。另外，数据分析应用程序的科学家经常使用 Python 作为 R 的替代品。

虽然多年来.NET 一直用各种方式支持 Python，但 Visual Studio 引入了一组工具，以帮助 Python 开发人员获得开箱即用的体验。本章将讨论可用作 Python 开发工作负载的工具。

20.1　Python 入门

Python 工具包含在 Visual Studio 的两种不同的工作负载中。如果启动 Visual Studio 安装程序，就可以直接通过 Web & Cloud｜Python development workload 包含 Python 工具。它们还包括在数据科学和分析应用程序的工作负载中。默认情况下，这个工作负载包括 Cookiecutter 模板支持和 64 位系统的 Python 3 支持。在当前选择的工作负载中，通过 Individual component 选项卡，还可以包括物联网(Internet of Things)支持、Azure 支持、Anaconda 支持(32 位和 64 位系统上的版本 2 或 3)和未来的 Python 支持(32 位和 64 位系统上的版本 2 或 3)。

所包括的工具是开源项目 Python Tools for Visual Studio (PTVS)的一部分，多年来它一直可用于 Visual Studio 的早期版本，但是现在有了新的安装和更新过程，可以在 Visual Studio 中包含 PTVS，而不需要单独安装。

假设已经包含了 Python 工作负载，那么 Python 项目的创建和执行就相对简单。首先，使用 File｜New｜Project 菜单项启动 New Project 对话框(参见图 20-1)。然后导航到树图中的 Python 项目模板。

有许多不同的项目模板可供选择。例如，有几个不同的 Python Web 项目。其中一个创建了通用的 Web 应用程序，而另一个则安装了特定的 Python 框架，旨在使 Web 开发变得更容易。Bottle、Djangos 和 Flask 是支持的框架。

- **Bottle：**一个简单框架，它提供了一组最小的功能(请求路由、模板化，以及基于 Web 服务网关接口[WSGI])的简单抽象。其他内容则必须作为开发工作的一部分来添加。Bottle 的设计目标是为创建 Web API 提供基础。

图 20-1

　　Web 服务网关接口(WSGI)是一种规范,允许 Web 服务器和应用程序框架使用公共 API 进行交互。大多数情况下,它定义了服务器或网关如何接收传入的 HTTP 请求并调用框架。从根本上说,这个工作流是每个网站的基础。在 WSGI 中,它简化为几个交互。

- **Django**:这个框架称为"包括电池"框架。它包括创建 Web 应用程序需要的所有功能。这包括用于提供数据访问的 Object Relational Mapping (ORM)管理器等组件。不需要将其他组件包含到 Django 中,就能获得功能完备的 Web 应用程序。
- **Flask**:相对于 Django(和 Bottle),Flask 是一个微型框架。它只包括基本功能。然而,有许多扩展可以提供Web 服务器特性。例如,图 20-1 有两个 Flask 模板。第二个 Flask/Jade 模板包括 Jade 模板引擎。

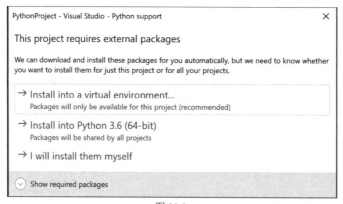

图 20-2

　　在项目类型的描述中提到了一些模板。简单地说,模板是一种从简单结构中创建 Web 页面的机制,比如数据库查询或对象图的结果。更多信息参阅 20.2 一节。

除了 Web Project 模板之外，还有许多其他 Python 模板可供选择。例如，有许多 IronPython 模板。IronPython 是一种开源的 Python 变体，它主要是使用 C#开发的，面向.NET Framework 和 Mono。可以选择的 IronPython 模板能创建 WPF 应用程序、Windows 窗体应用程序和 Silverlight 应用程序。

为便于讨论，使用 Bottle Web Project 模板创建一个项目。由于模板需要额外的组件，所以可能需要在创建过程中添加它们。图 20-2 是如果之前没有安装所需组件而显示的对话框。

还要注意，可能会提示用户使用更高的权限来执行安装命令。

项目的内容非常依赖于所选择的模板。在图 20-3 中，Solution Explorer 包含两个 Python 项目：Bottle Web 项目和通用 Python 应用程序。

可以看出，除了几个节点(Python Environments、References 和 Search Paths)之外，这两个项目看起来非常不同。这是意料之中的；根据项目的作用，文件和目录是不同的。下面仔细分析几个相同的节点。

1. Python 环境

在 Python 中，环境是运行代码的工具集合。它包括一个解释器、一个库(最常见的是 Python 标准库)和一组已安装的包。然后，这三个组件决定哪些语言构造和语法有效，哪些操作系统功能可以访问，以及哪些包可以使用。另外在 Visual Studio 中，环境由适合于库的 IntelliSense 数据库库组成。

作为安装 Python 工作负载的一部分，可以安装许多不同的环境。所选择的安装将会影响下面几个图显示的一些表单。通过工作负载安装的环境创建为全局环境。这些是每个项目都可以使用的环境。还可以为项目安装特定的环境。

要查看可以选择的环境，右击 Solution Explorer 中的 Python Environments，并选择 View Python Environments，就会显示如图 20-4 所示的表单。

图 20-3

图 20-4

顶部有一个所有已安装环境的列表。对于每个环境，右边都有一个图标，允许为该环境打开一个交互式窗口。交互式环境允许在该环境下键入和执行 Python 命令。此外，在某些情况下，会有一个图标允许刷新 Completion DB。这是用来提供智能感知信息的数据库。

选择一个环境时，表单底部的信息会发生变化。在图 20-4 中，显示了默认环境 Python 3.6 (64 位)的可用选项。对于其他环境，特定的选项可能不同，但是基本的思想保持不变。你将获得所用工具的相关链接，包括交互式窗口和 PowerShell。

如果从下拉列表中选择了 Packages，就可以看到为环境安装的包。这个列表就是 Solution Explorer 的环境节点中显示的列表。如果从下拉列表中选择 IntelliSense，就可以看到在 Completion DB 中包含的库，可以选择刷新它。

作为全局环境安装的两个不同的项目可能有不兼容的库。这意味着无法在项目中使用它们。为解决这个问题，

Visual Studio 提供了创建虚拟环境的功能。在虚拟环境中，有与常规 Python 环境相同的组件。不同之处在于，环境中的包是与全局环境和任何其他虚拟环境隔离的。

要创建虚拟环境，请右击 Solution Explorer 中的 Python Environments 节点，并选择 Add Virtual Environment，打开如图 20-5 所示的对话框。

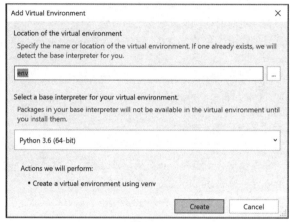

图 20-5

在这里可以提供环境的名称和位置，并指定要使用的基本解释器。一旦提供了这些信息并单击 Create，环境就会添加到项目中。

此时，新环境没有任何包。这可以通过 Solution Explorer 来解决(可以用于其他任何环境)。右击环境并选择 Install Python Package，打开如图 20-6 所示的窗格。

在已安装包的列表之上，有一个文本框，可以用来搜索包的 Python Package Index(PyPI)。图 20-7 显示了搜索 Jade 模板引擎的结果。单击适当的链接将在环境中安装包。

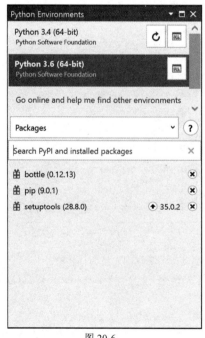

图 20-6

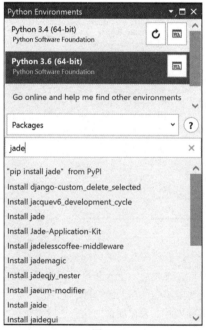

图 20-7

2. 搜索路径

在典型的 Python 环境中，有一个名为 PYTHONPATH 的变量，它提供模块文件的默认搜索路径。例如，如果 Python 命令看起来像 IMPORT <name>，Python 就要搜索很多目录，以找到匹配的路径。首先搜索内置模块。然后检查执行代码的当前文件夹。最后，扫描在 PYTHONPATH 中定义的路径。

然而，Visual Studio 2017 却忽略了这个环境变量。它之所以这样做，是因为它的值是为环境系统设置的。这有可能提出无法自动回答的问题。例如，Python 3.6 或 Python 2.7 打算使用引用模块吗？它们是否打算覆盖标准库模块？开发人员是否意识到路径中实际上存在匹配？其中任何一个问题都可能导致难以诊断的问题。

在 Visual Studio 中，可以定义项目使用的搜索路径。这意味着刻意添加路径。这就消除了许多挑战，因为 Visual Studio 可以假设用户知道这些引用是否适合项目。

要为项目添加搜索路径，可右击 Solution Explorer 中的 Search Paths 项，并选择 Add Folder to Search Path，打开标准的 Open File 对话框。选择一个目录，它就会出现在 Search Paths 节点下面。或者，也可从上下文菜单中选择 Add Zip Archive to Search Path 选项来添加. Zip 文件。

20.2　Cookiecutter 扩展

在 Python 世界中，模板背后的思想是提供一种机制来自动生成在项目内部或跨项目中经常重用的代码。为了支持这一功能，Visual Studio 2017 包括了对 Cookiecutter 模板扩展的支持。

为了开始使用这个工作流，请使用 View | Cookiecutter Explorer 选项启动 Cookiecutter 窗口，显示如图 20-8 所示的窗格。

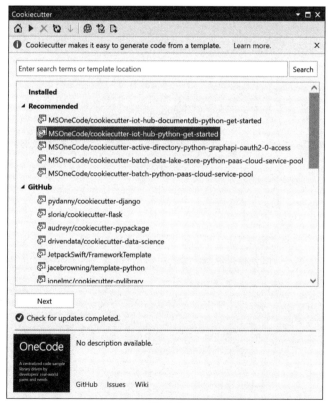

图 20-8

在顶部有一个文本框，允许搜索要安装的模板。搜索结果分为以下几组：

- **Installed**：已安装在本地机器上的模板。一旦使用来自其他组的模板，就会安装该模板，将来也会显示在这个组中。
- **Recommended**：(微软)策划的模板列表，但这个提要可以定制。
- **GitHub**：使用 GitHub 上所提供的术语搜索的结果。如果结果太多，本部分的底部有一个 Load Mode 链接，用来加载更多结果。
- **Custom**：包含模板的 GitHub 库或本地文件夹的路径。

选择一个模板并单击 Next 时，该模板会克隆到本地机器上，以供使用。一旦在本地安装，就会显示一个包含模板选项的对话框。图 20-9 展示了一个示例。

图 20-9

具体选项完全取决于所选的模板。至少可以指定要放置项目的位置。单击 Create，该模板将用于生成 Python 项目。

20.3　小结

Visual Studio 2017 包含许多旨在确保 Python 开发人员高效工作的特性。可以管理 Python 环境、管理模板、开发和调试应用程序。微软正在努力拥抱所有类型的开发人员，并设法让 Visual Studio 成为更多不同团队的生产环境。

第VI部分

移动应用程序

第21章

使用.NET 的移动应用程序

本章内容

- 为跨平台应用程序创建 Xamarin 项目
- 隔离 UI 和业务逻辑问题
- 在 Android 和 iOS 中调试应用程序

本章源代码下载

通过在 www.wrox.com 网站搜索本书的 EISBN 号(978-1-119-40458-3)，可下载本章的源代码。相关源代码和支持文件都在本章对应的文件夹中。

开发跨平台的应用程序是一件棘手的事情。这听起来像是陈词滥调，但为什么没有单一、通用的方法来创建运行在 iPhone、iPad、Android 和 Windows 平台上的应用程序，这是有原因的。在每一种情况下，都存在权衡。要做出选择，要么限制应用程序的功能，要么增加开发工作的复杂性。

在绘制了这幅美好的图景之后，Visual Studio 2017 提供了几种不同的方法，来创建移动应用程序。本章将讨论 Xamarin 的跨平台开发环境如何集成到 Visual Studio 中。第 22 章将了解如何为跨平台开发使用 HTML、JavaScript 和 Apache Cordova。

21.1 使用 Xamarin

Xamarin 是一个用来创建跨平台应用程序的工具，也就是说，它努力提供"编写一次，在任何地方运行"的效率，这是移动开发的圣杯。当然，这个目标不是特别现实。在创建应用程序时，需要考虑平台之间的许多不同之处。但是 Xamarin 试图最小化差异，以便最大化代码重用。

为了实现这一点，Xamarin 引入几个组件。

- **C#编译器**：根据所面向的平台，Xamarin 项目的输出是原生代码(用于 iOS 设备)或.NET 应用程序，然后可以通过平台特定的运行库(Android，通用平台)把它们集成在一起。其结果是，可以编写 C#代码，使用熟悉的语法和库(如泛型和并行任务库)，将其编译到所选择的目标平台。
- **Mono**：多年来，Mono 是.NET Framework 的跨平台实现。Xamarin 利用 Mono 为非 iOS 设备上的应用程序提供了运行库。
- **与 Visual Studio 集成**：现在 Xamarin 是微软的一部分，与 Visual Studio 集成已相当深入。可以将 Xamarin 添加为单独的工作负载。然后，一旦安装完毕，就可以使用 Android 和 iPhone 模拟器开发和调试应用程序了，甚至是在物理设备上。

如果开发人员想要了解所有细节，就应该知道，应用程序的实现在不同平台之间会有很大的不同。因此，虽然代码看起来是一样的，但是在构建、部署和运行期间发生的情况却相差极大。对于 iOS 设备，C#代码被编译成 ARM

汇编语言模块。所使用的.NET Framework 类直接包含在应用程序中。对于 Android，C#被编译成中间语言(IL)代码并用 Mono 打包。这类似于使用 Xamarin 创建 Windows Phone 应用程序时所发生的情况，但作为.NET 运行库一部分的 Mono 已经是可用的。

在允许访问单个平台的本机功能时，Xamarin 采用了一种多层方法。首先，每个平台的 SDK 都有可以从 C#中引用的名称空间。对于 iOS，有 CocoaTouch SDK 和 UIKit。对于 Android，谷歌的 Android SDK 是公开的。对于 Windows，Windows 窗体、WPF、WinRT 和通用 Windows 平台(UWP)都是可用的。

但是，Xamarin 的真正威力在于，尽管存在所有的差异，但业务逻辑可以编写一次并重用，并可以访问服务、公共功能以及几乎与平台特定功能无关的任何东西。这并不是开发人员所希望的圣杯，但它对实际应用来说很不错。

21.2 创建 Xamarin Forms 项目

创建 Xamarin 项目的最初步骤类似于在 Visual Studio 中创建任何其他类型的项目的步骤。首先单击 File｜New｜Project 菜单项。或者，如果有一个现有的解决方案，可右击 Solution Explorer 中的解决方案，并从上下文菜单中选择 Add New Project。这些操作都会打开 New Project 对话框，导航到 Visual C#｜Cross-Platform。一个模板列表会显示在对话框的中心，如图 21-1 所示。

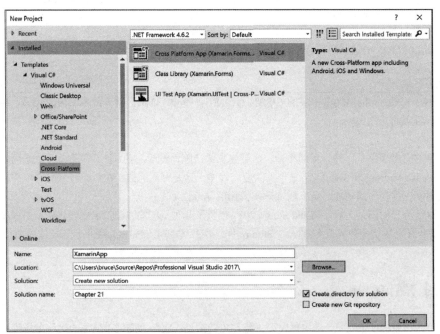

图 21-1

有 3 个 Xamarin 模板可用。我们选择 Cross Platform App，它是后面要创建的大多数应用程序的基础。Class Library 创建了一个可共享的程序集，适合在跨平台应用程序中使用。UI Test App 会创建一个项目，允许测试应用程序的用户界面。选择 Cross Platform App，提供合适的名称，并单击 OK，启动项目创建过程。

在创建 Cross Platform App 时，必须做出许多选择。在 New Cross Platform App 对话框中有许多选项，如图 21-2 所示。

第一个选择是在 Blank App 和 Master Detail 应用程序之间选择。这里的区别与自动创建的页面的数量和功能有关。空白应用程序仅仅是可用页面最少的 Xamarin 应用程序。Master Detail 应用程序包括：一个显示项列表的页面，一个显示特定项的详细信息的页面，以及页面之间的导航功能。

必须决定应用程序希望使用哪种 UI 技术。是选择 Xamarin.Forms 还是 Native。如果选择 Xamarin.Forms，页面就使用 Xamarin 控件构建，这些控件旨在更轻松地跨不同的平台工作。因此，大多数情况下，只需要创建一个视图。如果选择 Native，则每个平台的 UI 都要独立开发。一般来说，选择 Native 的原因是应用程序具有 Xamarin.Forms 不满足的用户界面需求。否则，使用 Xamarin.Forms 会减少需要创建的代码量。

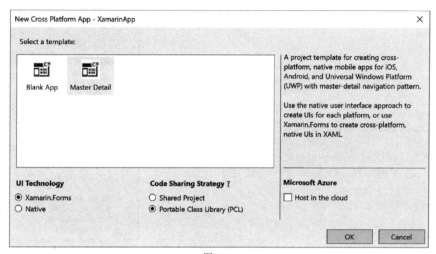

图 21-2

最后，还有一个 Code Sharing Strategy(代码共享策略)。这个选项涉及如何在不同的跨平台项目之间共享代码。如果选择 Shared Project，就将使用一个在不同平台项目之间共享的项目，如果需要处理特定于平台的需求，则使用 # If 编译器指令。Portable Class Library(PCL)选项创建一个针对不同平台的可移植类库，可以访问所有平台上可用的功能。如果需要访问特定于平台的功能，就需要使用一个单独的、特定于平台的程序集的接口。

选择完成后，单击 OK 创建项目。下一个对话框(如图 21-3 所示)是可选的。它允许将开发机器连接到 Mac，以便部署和调试应用程序。有一个三屏幕向导描述了在 Mac 上需要做的事情，以便进行连接。一旦连接完成，就可以将应用程序部署到 Mac 上，并启动调试会话，其中包括典型的 Visual Studio 调试体验。但是，如果计划使用 Visual Studio 中可用的 iPhone 模拟器，则不需要此连接。每次打开这个项目时，都会出现对话框，除非在对话框左下角选中了 Don't show this again 复选框。

图 21-3

此时会出现第二个对话框，尽管在这种情况下，它只在创建项目时出现，而不是每次打开解决方案时出现。这个对话框(如图 21-4 所示)用于指定解决方案中通用 Windows 项目的目标版本和最小版本。每个选项都有一个下拉菜单，其中包含机器上可用的选项。选择想要的版本，并单击 OK 继续。

现在已经完成所有这些工作，成功地创建了一个跨平台的解决方案。解决方案的内容可以在 Solution Explorer 中看到，如图 21-5 所示。

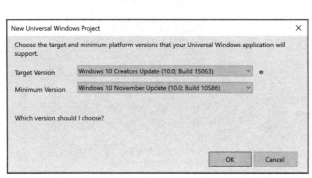

图 21-4

图 21-5

解决方案有四个项目。项目 XamarinApp 是平台特定项目之间的共同项目。其他项目都只关联一个平台，XamarinApp.Android、XamarinApp.iOS 和 XamarinApp.uwp 分别适用于安卓、iOS 和通用 Windows 平台。

21.3 调试应用程序

要在特定平台上运行应用程序，可将启动项目设置为与所需平台相关联的项目。调试的下一步取决于面向的平台。

21.3.1 通用 Windows 平台

对于 UWP，有两个选项。第一个选项是将应用程序部署到本地机器上。右击 Solution Explorer 中的项目，然后从上下文菜单中选择 Deploy。这将构建应用程序，并在本地机器上安装它。现在，当调试应用程序时，请确保在工具栏的 Run 按钮右侧的下拉菜单中选中 Local Machine。选择了这个选项后，当单击 Run 按钮时，就会启动应用程序的部署实例，并把 Visual Studio 调试器关联到该进程上。换句话说，是在本地运行应用程序，并通过 Visual Studio 进行正常调试。

第二个选项是通过模拟器调试应用程序。现在，不要将应用程序部署到机器上，而是在模拟器中运行应用程序。在工具栏的 Run 按钮右边的下拉菜单中选择 Simulator，然后启动应用程序的调试会话。请参阅第 15 章的"Windows 模拟器"一节，了解通用 Windows 平台的调试过程。

21.3.2 Android

应用程序的 Android 版本的调试过程需要一个模拟器。实际上有各种模拟器。在工具栏上的下拉菜单中选择 Android 应用程序时，右边的下拉菜单会立即更改为包含适用于机器的可用模拟器的列表(参见图 21-6)。

图 21-6

选择要使用的模拟器。默认设置包括 x86 和 ARM 芯片组，提供了平板电脑和手机的多个模拟器。请参阅稍后的"管理模拟器"部分，了解如何为不同的模拟器添加支持。

一旦选择模拟器，并单击 Run 按钮(或通过 Solution Explorer 启动了调试会话)，就会发生一些事情。首先在本地构建应用程序，然后启动模拟器。如果机器有一个摄像头，就可以选择让模拟器把相机的输入作为自己的输入。

图 21-7 显示了对应的对话框。选择要使用的源，然后单击 OK 继续。

短暂延迟后，模拟器将启动。它加载 Android 应用程序(根据消息，它是唯一的应用程序)，然后启动该应用程序。图 21-8 显示了从项目模板中运行应用程序的模拟器。

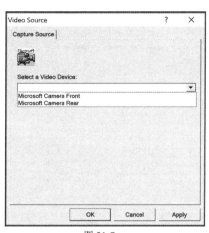

图 21-7

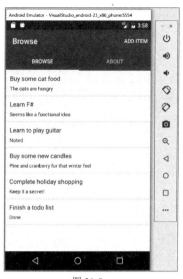

图 21-8

从图 21-8 可以看到，模拟器的主要可视界面是应用程序。可使用鼠标(如果有触摸屏，就可以使用手指)与应用程序交互。通过这种方式，可以测试应用程序的基本功能。但在模拟器的右侧，几个图标提供了额外的功能，比如模拟不同的网络状态、地理位置和设备的旋转。

从顶部开始，有以下图标可用：

- **Power button**：打开或关闭手机。它不会停止模拟器的运行。
- **Volume Up**：把手机的音量调高。
- **Volume Down**：把手机的音量调低。
- **Rotate Left**：模拟器向左旋转 90 度。
- **Rotate Right**：模拟器向右旋转 90 度。
- **Take Screenshot**：给模拟器上当前的内容截图，并保存到一个本地目录下。可以通过模拟器的设置来配置所用的实际目录。
- **Zoom**：允许放大或缩小。
- **Back**：模拟单击 Back 按钮。
- **Home**：模拟单击 Home 按钮。
- **Overview**：模拟单击 Overview 按钮。
- **Settings**：单击省略号会进入一个单独的对话框，它用于配置相当多的设置。下一节将讨论这个对话框。

1. Settings 对话框

Android 模拟器有许多设置，允许测试应用程序对现实世界场景的响应，这些场景在现实世界中是很难或不可能重复的(或在地理定位时非常昂贵)。本节介绍可用的不同选项，以及如何使用它们来提高应用程序的质量。

图 21-9 中，Extended controls 对话框的 Location 选项卡列出了可用于配置位置的选项。

对话框的上半部分用来设置手机的当前位置。有两个坐标系可用。在十进制系统中，经度和纬度指定为 180 度到 -180 度之间的正负度数，而数字的小数部分表示各度点之间的位置。使用 sexigesimal 系统，可以把纬度和经度指定为度数/分/秒。这两种情况下，高度都可以指定为十进制数，表示海平面以上的高度值，以"米"为单位。提供了所有细节后，单击 Send 按钮将信息传递到手机。

对话框的下半部分允许使用 GPX(GPS 交换)格式的文件(用于路由)，也允许使用 KML(Keyhole 标记语言)格式(用于多个地标)的文件，以便随时间提供位置信息。

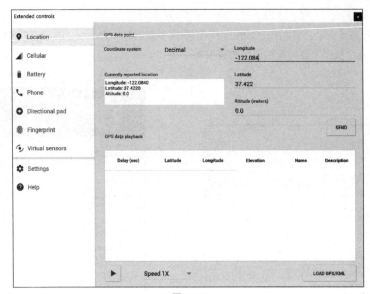

图 21-9

　　选择 GPX 还是 KML，取决于数据来源以及打算如何使用它。KML 通常用于标注地图。GPX 是从 GPS 设备中提取的信息。通常，GPX 格式包含更多信息(时间、路由、路径点)，并可以转换成 KML。而反向转换是不可能的。

对话框的右下方有一个 Load Options 按钮，它会启动 File Open 对话框，在其中可以选择想要的文件。一旦打开一个文件，内容就会加载到路径点列表中。为清楚起见，下面是 GPX 文件内容的一个示例：

```
<?xml version="1.0"?>
<gpx version="1.1" creator="gpxgenerator.com">
<wpt lat="43.43786397458495" lon="-79.76182408296154">
    <ele>151.00</ele>
    <time>2017-04-22T16:49:11Z</time>
</wpt>
<wpt lat="43.43459190666763" lon="-79.76482815705822">
    <ele>148.00</ele>
    <time>2017-04-22T16:52:50Z</time>
</wpt>
<wpt lat="43.434178990286796" lon="-79.76192064248607">
    <ele>145.00</ele>
    <time>2017-04-22T16:55:08Z</time>
</wpt>
<wpt lat="43.43269375344166" lon="-79.75939486008428">
    <ele>144.34</ele>
    <time>2017-04-22T16:57:23Z</time>
</wpt>
<wpt lat="43.43277166432048" lon="-79.75805375574055">
    <ele>143.07</ele>
    <time>2017-04-22T16:58:27Z</time>
</wpt>
<wpt lat="43.43789408450277" lon="-79.7617391107633">
    <ele>151.04</ele>
    <time>2017-04-22T17:05:41Z</time>
</wpt>
</gpx>
```

从这个数据可以看出，每个路标都包含 GPS 定位(纬度和经度)、高程和时间。这个信息一旦加载到对话框中，就可以回放到模拟器中，这样它就会认为手机在移动。

　　另一种难以在物理设备上进行测试的场景是蜂窝网络和覆盖层之间的差异。Extended Controls 对话框中的 Cellular 选项卡(参见图 21-10)显示了可用的选项。

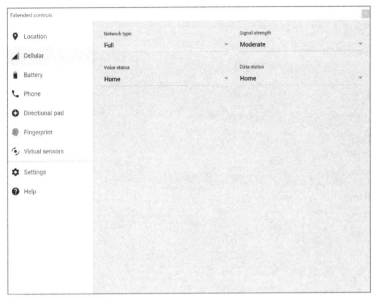

图 21-10

可通过这个对话框配置手机服务的四个不同属性。

- **Network type**：模拟器连接到的网络类型。选项包括 GSM、HSCSD、GPRS、EDGE、UMTS、HSDPA、LTE 和 Full。
- **Signal strength**：模拟器具有的手机信号水平。下拉列表包含 None、Poor、Moderate 和 Great 等一系列值。
- **Voice status**：指定手机具有的语音访问类型。选项包括 Home、Roaming、Searching、Denied(仅紧急呼叫)和 Unregistered(off)。
- **Data status**：识别手机具有的数据访问类型。选项包括 Home、Roaming、Searching、Denied 和 Unregistered(off)。

Extended Controls 对话框中的 Battery 选项卡允许模拟与电池有关的不同条件。图 21-11 列出了一些选项。

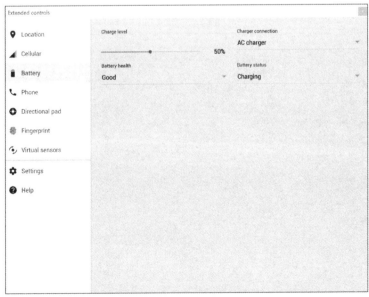

图 21-11

通过面板左上角的滑块，可以模拟不同的电池级别，从 0 到 100%。右上方的下拉框控制是否有连接到手机的 AC 适配器。Battery health 下拉框提供了一系列选项，指示电池本身的状态。选项包括 Good、Failed、Dead、Overvoltage、Overheated 和 Unknown。最后，可以将 Battery status 设置为各种不同的值：Charging、Discharging、Full、Not charging 和 Unknown。

对话框的 Phone 选项卡(参见图 21-12)允许通过文本消息或电话与手机进行交互。

图 21-12

在面板的顶部，可以输入电话号码。如果单击 CALL DEVICE 按钮，就会给模拟器打一个电话。模拟器的反应就好像一个电话打进来一样。当电话接通后，就激活 HOLD CALL 按钮，允许保持通话。另外，CALL DEVICE 按钮的标签改为 END CALL。在该状态下单击按钮，就会结束当前通话。

要向手机发送 SMS 消息，请将消息文本输入窗格的文本框中，并单击 SEND MESSAGE 按钮。模拟器将显示文本通知窗口，这与设想是一样的。

在左侧窗格中有一个 Directional Pad 选项卡，它显示一个方向垫。并不是每个设备都支持这样的方向垫，所以这个窗格不是每个设备都有。但是，如果支持它，就可以使用方向垫来操作设备上的指针。

Fingerprint 选项卡允许模拟触摸指纹传感器(参见图 21-13)。

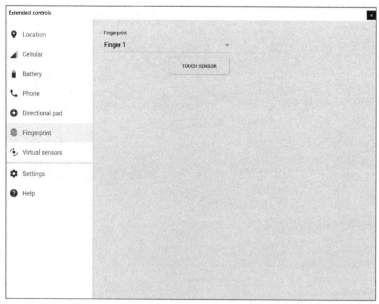

图 21-13

有一个下拉列表包含 10 个不同的手指。选择想要的手指，单击 TOUCH SENSOR 按钮，让选中的手指"触摸"模拟器。

Extended Controls 对话框的 Virtual sensors 选项卡提供了一个有用的机制，用于在模拟器的不同物理位置下测试应用程序。是的，模拟器有物理位置很奇怪。图 21-14 显示了所拥有的控件。

右侧窗格中有几个按钮，可用来将模拟器翻转到不同的方向。在按钮的下面可以看到与两个传感器(加速度计和磁强计)相关的值以及检测到的位置。

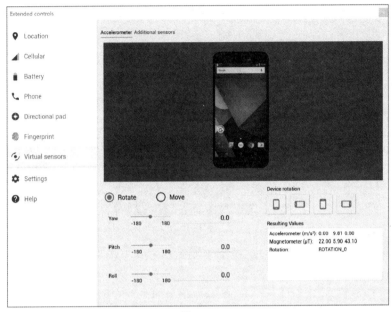

图 21-14

左侧窗格中有两种控制物理位置的模式。选中 Rotate 选项时，可以控制设备的偏航、倾斜和摇晃。设备位置的可视化表示显示在窗格的上半部分。选中 Move 选项时，可以控制设备的 X 和 Y 位置。再次，顶部代表了设备在 X-Y 平面的位置。同时，窗格的 Resulting Values 部分显示了虚拟传感器提供给模拟器和应用程序的信息。

最后，Settings 选项卡可以配置模拟器的一些元素，如图 21-15 所示。

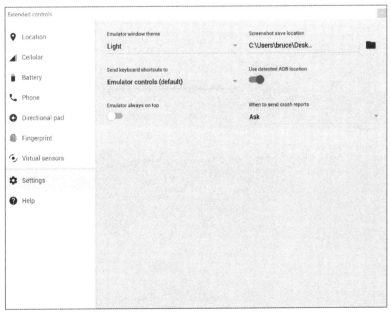

图 21-15

如前所述，在这里可以指定放置截图的目录。

2. 管理模拟器

在 Visual Studio 2017 中有各种各样的工具可以帮助管理不同的 Android 模拟器。工具包括从模拟器中捕获日志信息，到允许创建新的模拟器或更改现有模拟器的规范。

在调试过程中，与 Run 按钮相关联的下拉列表包含了所支持设备的列表。可以通过 Android 虚拟设备(AVD)管理器管理该列表。默认情况下，它是 Run 按钮右边的工具栏按钮(按钮上的工具提示是 Open Android Emulator Manager[AVD])，也可通过 Tools｜Android｜Android Emulator Manager 菜单项使用它。图 21-16 显示了默认 Visual Studio 2017 安装的设备管理器。

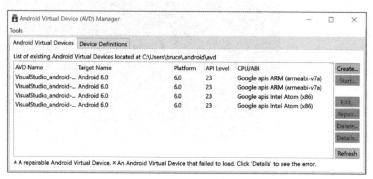

图 21-16

在右边，有几个按钮允许创建新的模拟器映像，以及修改已有的模拟器映像。如果选择第一个条目并单击 Edit，屏幕就如图 21-17 所示。

在顶部可以指定所模拟机器的一些基本细节。这包括在默认机器上实现的 API、正在使用的 CPU 类型，以及机器上任何 SD 卡的大小。底部是一个网格，它包含了模拟器支持的硬件。这包括对方向垫、加速度计、GPS、电池和温度的支持。可以轻松地创建具有不同功能的不同设备，以便在不同的硬件场景下彻底测试应用程序。

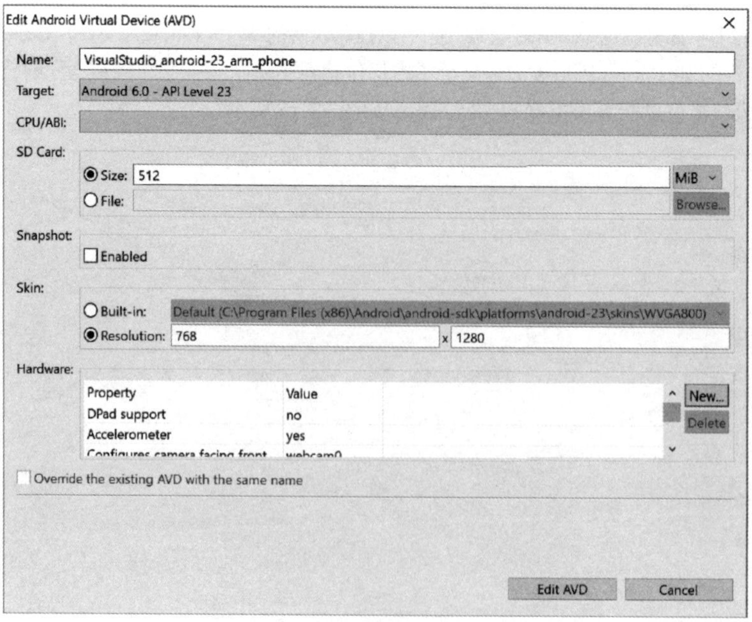

图 21-17

3. 管理 SDK

构建 Android 应用程序时，需要做的一个选择是要面向哪个 SDK。初看起来，这似乎是一个抽象的考虑事项。真正要确定的是支持哪个版本的 Android。如果在 Solution Explorer 中右击 Android 项目，并选择 Properties，就会打开项目的 Properties 页(参见图 21-18)。

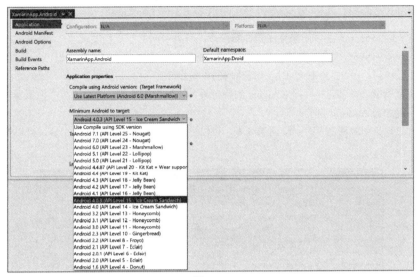

图 21-18

Minimum Android to target 下拉列表包含当前设备上可用的 SDK 列表。选择要在其上构建应用程序的 SDK，然后就可以开始了。

然而，随着时间的推移，Android 必将引入更多的 SDK。Visual Studio 2017 提供了一种机制，允许通过 Android SDK 管理器管理所提供的 SDK(参见图 21-19)。

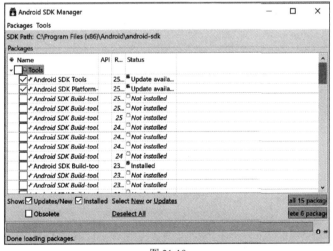

图 21-19

可以通过 Tools│Android│Android SDK Manager 菜单项来访问这个对话框。这里显示了可用包的完整列表。一旦打开对话框，列表就会更新。还可以通过选中或取消选中对应的复选框来添加或删除包。其下列出几个复选框，用于过滤所显示的包，使其只包含机器上没有安装或更新(Updates/New)的包、已安装(Installed)的包和标记为过时(Obsolete)的包。一旦完成所需的更改，就单击对话框右下角的 Install packages 或 Delete packages 按钮来完成更改。

4. 设备日志

在运行应用程序时，总是希望能将消息发送到某种日志中。虽然在本地机器上运行 Windows 窗体应用程序时，这是相当合理的，但在智能手机上运行移动应用程序时，可以想象这样做带来的挑战。

幸运的是，Android 提供了一个解决方案，Visual Studio 2017 把该解决方案集成到 IDE 中。解决方案是 logcat(之所以称为 logcat，因为它是显示日志文件的命令行)。

从编码的角度看，向 logcat 发送消息非常简单，如下所示：

```
Android.Util.Log.Info("My App", "An interesting message");
```

Log 类也有 Warn 和 Error 方法可用来完成同样的操作，且有不同的严重程度。

为了查看来自设备的消息，Visual Studio 2017 包括了 Android 设备日志。这个对话框可以通过 Tools｜Android｜Device Log 菜单项来访问。图 21-20 显示了运行模拟器的设备日志。

在顶部的下拉菜单中，可以选择要检索 logcat 的特定设备。如果运行的是一个或多个模拟器，它会出现在下拉菜单中，就像任何附加的 Android 设备一样。

可以看出，日志本身相对简单。有一个消息列表，可以通过它们进行搜索，如有必要，可以暂停或停止日志记录进程。

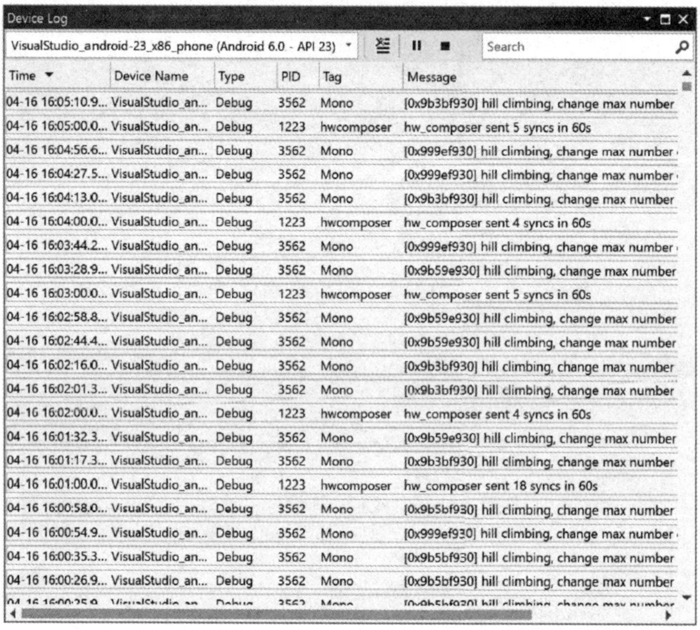

图 21-20

21.3.3　iOS

iOS 的调试体验与 Android 的类似。最大的不同可能是不能在 Windows 机器上本地构建 iOS 项目，而需要有一台 Mac 设备，它同时安装了 Xamarin Studio 和 XCode，以构建代码。可从 https://developer.apple.com/xcode 下载并安装 XCode(需要一个苹果 ID)，也可从 Mac App Store 上安装它。另外，Mac 设备需要远程连接到电脑上，以启动构建过程。

打开 iOS 项目时，启动点就出现了。此时会提示用户连接到 Mac 设备。最初，有一个向导会引导用户完成必要的步骤，让机器可以远程访问 Mac。但是，通过右下角的复选框，可以不再被向导打扰。然而，真正需要的是连接 Mac。

当项目打开时，会显示如图 21-21 所示的对话框。选择要用作构建平台的设备，并单击 Connect。这里选择的是 Mac。

作为连接过程的一部分，需要输入一组凭据。提供的凭据需要获得 Mac 上的远程访问权限。一旦验证了权限，连接过程就会进行检查，以确保已经在 Mac 上安装了 XCode。如果没有安装，就会看到如图 21-22 所示的消息。另外，Mac 上还会出现一个对话框，显示 XCode 许可，并提供一个安装它的机会(假设它尚未安装)。

一旦连接了 Mac 机，从 Visual Studio 中启动应用程序时，代码就发送到 Mac 系统进行构建。然后将结果部署到远程设备或 iOS 模拟器。如果部署到一台设备，就可以像其他任何远程设备一样调试应用程序。如果选择使用模拟器，将显示如图 21-23 所示的 Simulator 窗口。

用来为应用程序提供额外输入的按钮出现在顶部。按钮的用途如下：

图 21-21   图 21-22

- **Home**：在设备上模拟单击 Home 按钮。
- **Lock**：锁定模拟器的屏幕。锁可以通过滑动屏幕来解除。
- **Screenshot**：把当前屏幕的图像保存到磁盘。
- **Rotate Left**：模拟器向左旋转 90 度。
- **Settings**：显示一个屏幕，用于配置设备的键盘和位置。Settings 屏幕如图 21-24 所示。

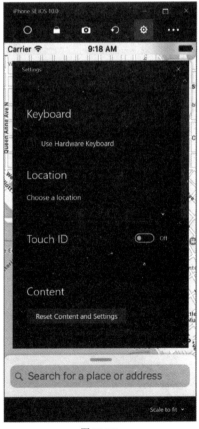

图 21-23   图 21-24

右击模拟器可获得其他选项。图 21-25 列出了这些选项。

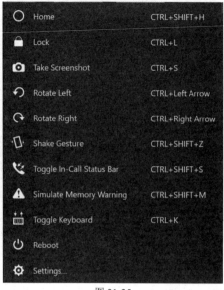

图 21-25

前四个选项与在模拟器顶部栏中的前四个选项相同。其他选项如下：

- **Rotate Right**：模拟器向右旋转 90 度。
- **Shake Gesture**：模拟设备上的摇一摇动作。
- **Toggle In-Call Status Bar**：在接通和挂断电话时，打开和关闭状态栏。
- **Simulate Memory Warning**：显示设备上的内存警告，由应用程序解释。
- **Toggle Keyboard**：显示或隐藏模拟器上的软键盘。
- **Reboot**：关闭模拟器，然后打开。
- **Settings**：显示如图 21-24 所示的 Settings 屏幕。

21.4　小结

毫无疑问，Xamarin 的一个特点就是允许 C#开发人员在 Windows、Android 和 iOS 上使用单一的代码创建应用程序。虽然实际中需要一些特定于平台的开发，但 Xamarin 肯定有助于增加代码重用的可能性。本章介绍 Xamarin 的功能，还分析了在平台之间迁移时调试这些项目的过程。

第22章

使用 JavaScript 的移动应用程序

本章内容

- Apache Cordova 的主要特征
- 理解 Apache Cordova 项目的结构
- 配置和调试 Apache Cordova 应用程序

本章源代码下载

通过在 www.wrox.com 网站搜索本书的 EISBN 号(978-1-119-40458-3)，可下载本章的源代码。相关源代码和支持文件都在本章对应的文件夹中。

第 21 章介绍了如何使用 Visual Studio 2017 通过.NET 语言来创建移动应用程序。但并不是每个开发人员都希望使用 C#来创建移动应用程序，许多开发人员复习惯使用 Web 前端世界中的 HTML、CSS 和 JavaScript。把移动开发限制到.NET 平台，会阻止这些开发人员参与移动开发。

对于最后一类开发人员来说，Apache Cordova 是跨越 Web 开发和移动开发之间鸿沟的最常用框架。本章将学习 Visual Studio 2017 对在 Cordova 开发空间中工作的程序员的支持。

22.1 Apache Cordova 的概念

Apache Cordova 并没有特别悠久的历史，但它很快成为移动开发领域的主流。它最初被认为是一种方法，可以消除 21 世纪后期创建智能手机应用程序的大量不同方式。根据平台的不同，可能需要了解 C#、Objective-C 或 Java，需要了解特定于平台的不同 UI 范例。PhoneGap 的想法来自于 Code Camp，并成为一个统一的平台，允许开发人员在开发应用程序时，面向所有主要的电话操作系统，但在一个通用的环境(即 HTML、CSS 和 JavaScript)中开发应用程序。最初创建 PhoneGap 的公司 Nitobi 在 2011 年被 Apache 收购，其源代码提供给了 Apache 软件基金会(Apache Software Foundation)。Apache Software Foundation 是一个开源开发者的非营利性社区，该项目改名为 Apache Cordova。

在架构上，Cordova 把 HTML5 和 CSS 用于渲染视图，把 JavaScript 用于逻辑。本机设备的功能，比如相机、GPS 或加速度计，都是通过 HTML5 提供的，当然，假定这个设备的浏览器支持必要的 HTML5 元素。幸运的是，对于绝大多数的现代手机来说，这不是一个大问题。Android 设备、iPhone、Windows Phone 和 BlackBerry 都支持所有主要类别的功能。

Visual Studio 2017 通过称为 Tools for Apache Cordova 或 TACO 的工作负载支持 Apache Cordova。此工作负载可通过主安装窗格获得，也可以通过 New/Add Project 对话框(如图 22-1 所示)添加。如果单击 Open Visual Studio Installer 链接，安装程序将打开，可以选择 Mobile Development with JavaScript 工作负载。

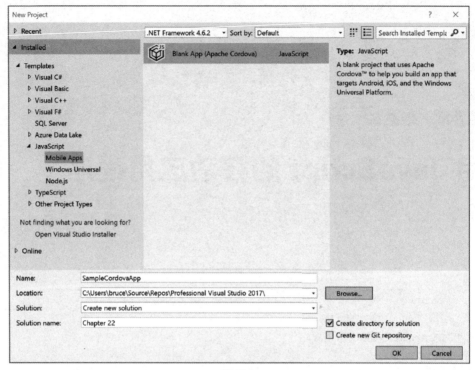

图 22-1

安装完毕后，系统中添加了一些工具和组件。首先，安装了 Node.js 和 Node Package Manager (npm)。关于 Node 的更多细节可以参阅第 19 章。安装 Git for Windows，是因为假设 Cordova 开发人员熟悉使用 Git 作为源代码控制存储库。在 Android 方面，包括一些 SDK 和构建工具，以便在 Android 设备上构建和测试项目。同时，可以选择包含许多 Android 设备定义。当它们可用时，就可以在其中一个模拟器中启动应用程序。

22.2　创建 Apache Cordova 项目

创建 Apache Cordova 项目的步骤开始于 New Project 对话框(见图 22-1)。它可以通过 File│New│Project 菜单项访问。如果只浏览左侧的树视图，那么找到 Cordova 模板并不容易。它在 JavaScript 节点和 Mobile Apps 节点下。唯一的选项是 Blank App (Apache Cordova)，用于通过 Cordova 创建基本的、简单的 Web 站点。选择该模板，提供名称和解决方案，然后单击 OK。

如果以前没有在机器上创建 Node.js 应用程序，就需要根据提示打开一个端口，以便 Node 可以侦听请求。提示信息将如图 22-2 所示。单击 Allow access，以便 Node 为应用程序工作。

图 22-2

几分钟后，项目就准备好了。项目的布局可以在 Solution Explorer 中找到，如图 22-3 所示。接下来几节讨论 Cordova 项目的主要组成部分。

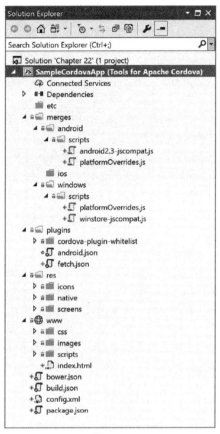

图 22-3

22.2.1　merges 文件夹

如图 22-3 所示，merges 文件夹为每个目标移动平台(Android、iOS 和 Windows)包含一个子文件夹。每个子文件夹都包含特定于相应平台的内容。这就是 merges 文件夹的作用，可以将依赖于执行应用程序的平台的资产放到该位置。

文件夹中的任何内容都在预构建或准备过程中复制。作为一个特定的示例，merges/android 文件夹中的任何内容都复制到 Android 项目所使用的 Web 应用程序文件夹中。这种复制发生在复制基本 Web 应用程序之后。同样的流程也适用于 iOS 和 Windows 文件夹。

注意，Android 和 Windows 文件夹都包含 platformOverrides.js 文件。还有一个 jscompat.js 文件。platformOverrides 的作用是将 jscompat 文件加载到页面的<script>标签上。jscompat 文件的目的是为旧浏览器上的新特性提供一致的支持。这个功能通常称为 polyfill。对于 Android 设备，将添加 bind()功能。对于 Windows，它添加了一个名为 safeHTML 的 polyfill 库。

22.2.2　plugins 文件夹

插件用于访问 Cordova 中不能用于简单 Web 应用程序的本地设备功能。基本上，插件是开发出来的库，它可以在不同的平台上工作，并将所需的本地功能提供给 JavaScript。如有必要，插件将更新平台清单(让平台知道需要给应用程序打开什么函数的文件)。

虽然可以自由地手动添加插件，但我们更有可能使用通过 config.xml 文件提供的接口。22.2.4 节描述了这个接口。

22.2.3 www 文件夹

顾名思义，www 文件夹包含(最终)打包到本机移动应用程序的 Web 应用程序内容。预计开发人员将花费大部分精力处理这个文件夹中的资产。

应用程序的默认入口点是 index.html 文件。它在 Cordova 应用程序启动时自动加载。

www 文件夹下有许多子文件夹。它们是：

- **css**：包含与应用程序相关的 CSS 文件。在该文件夹中有一个文件作为项目模板的一部分。它是默认应用程序的标准 CSS 文件。
- **images**：包含应用程序所使用的任何图像文件。该文件夹中已经有一个文件(cordova.png)。它是在应用程序模板的初始屏幕中心显示的 Cordova 标志。
- **scripts**：包含 Web 应用程序所使用的 JavaScript 文件。该文件夹包含 index.js 文件，它是初始化 Cordova 应用程序的引导代码。这包括为 deviceReady、onPause 和 onResume 事件注册的处理程序。该文件夹中也有一个空的 platformOverrides.js 文件。该文件将根据目标平台，由 merges 目录中的文件替代。

22.2.4 其他文件和文件夹

Cordova 项目模板有许多其他文件夹和文件：

- **res 文件夹**：包含不属于 Web 应用程序的静态文件。这些文件与应用程序的本机部分一起使用，例如将出现在设备上的图标，用于部署和签名的证书，以及作为存储包一部分的屏幕截图。
- **bower.json**：Bower 包管理器的配置文件。关于 Bower 的信息和该文件的格式参见 18.4 节"Bower 包管理器"。
- **build.json**：Android 和 iOS 构建过程使用的配置文件。该项目模板包含一个正确格式化的文件，其中必需的值是空的。该文件的重要部分如下：

```
"android": {
    "release": {
        "keystore": "",
        "storePassword": "",
        "alias": "",
        "password" : "",
        "keystoreType": ""
    }
}
```

必须为文件中的空字符串提供值。产生这些值的最常见方法之一是使用名为 keytool 的 Java 命令行工具。这个工具创建一个 keystore 文件，以及关于用户和用户组织的信息。然后使用 keystore 文件在包上签名。关于这个文件的信息也放在 res 文件夹的 android 子文件夹下的 ant.package 文件中。

- **package.json**：Node Package Manager (npm)的配置文件。这个文件目前还没有被 Cordova 项目使用。但是，它最终将在 Apache Cordova 的未来版本中取代 config.xml 文件。
- **config.xml**：Cordova 的当前项目配置文件。它包含用于应用程序本机部分的信息，包括应用程序名称、包含的插件和安全设置等属性。

虽然可能从名称中判断出 config.xml 只是一个 XML 文件，但 Visual Studio 2017 包含一个编辑器，以便更容易地做出更改。在 Solution Explorer 中双击 config.xml，就会显示如图 22-4 所示的编辑器窗格。

Common 选项卡包含应用程序的基本信息，包括名称、作者、描述、版本号和包名等。应用程序的开始页面(默认是 index.html)在这里定义。同样，还可以限制应用程序能访问的域。默认情况下，应用程序可以访问任何域(用星号表示)，但从安全角度看，这不是一个好主意。首选方法是阻塞所有内容，然后定义可以访问的域的列表(称为白名单)。因此，在发布应用程序之前，确定需要访问的域列表是很好的做法。

Toolset 选项卡(见图 22-5)用于配置打算使用的 Cordova 版本。

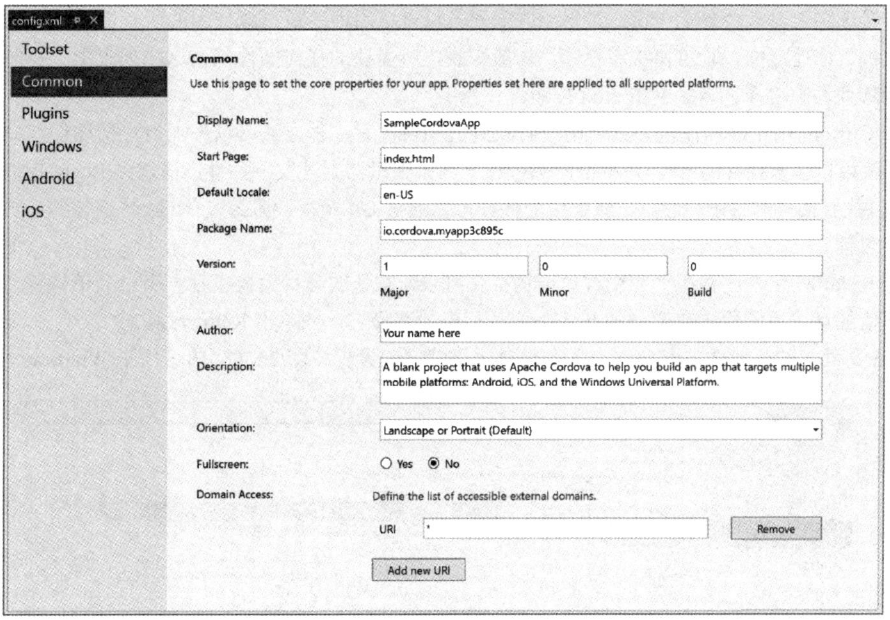

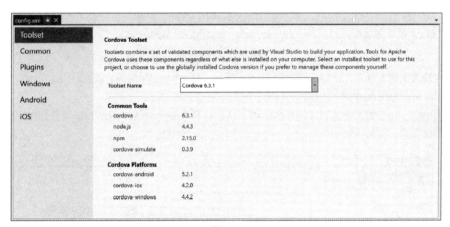

图 22-4

图 22-5

下拉列表包含可用于机器的不同工具集版本。还有一个选项是 Global Cordova 版本。如果选择这个工具集，就必须在项目中手动定义 Cordova 版本。更具体地说，对 Cordova 版本的任何更改都将通过 Cordova 命令行界面进行。Plugins 选项卡(参见图 22-6)用于定义应用程序所需的不同插件。

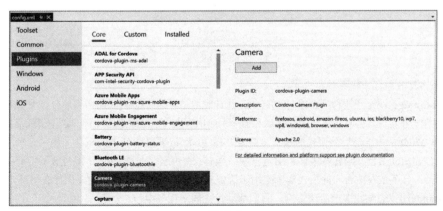

图 22-6

第一次查看选项卡时，会显示 Core 部分。这个列表包含应用程序最可能使用的所有插件。可以看出，有一些插件用于摄像机、地理定位、通知和状态栏等。一般来说，所需要的任何插件都在这个列表中。要向应用程序添加一个插件，请从列表中选择它，并单击 Add 按钮。

第二部分 Custom 用于添加在核心列表中没有找到的插件。有三种方法可以添加自定义插件。如果插件已经安装在机器上，就可以输入插件的 ID，并单击箭头按钮。如果在机器上开发了插件，请选择 Local 单选按钮，并输入(或导航到)可以找到插件的目录。最后，如果这个插件可以通过 Git 获得，那么选择 Git 单选按钮，然后输入存储该插件的存储库名称。

第三部分 Installed 包含已存在于应用程序中的插件列表。默认的项目模板包括一个白名单插件，用于定义允许与应用程序通信的域。要删除先前添加的插件，请从列表中选择它，并单击 Remove 按钮。

config.xml 文件中的其他选项卡允许为各个平台定义特定的设置。图 22-7 列出了用于 Windows 平台的选项。

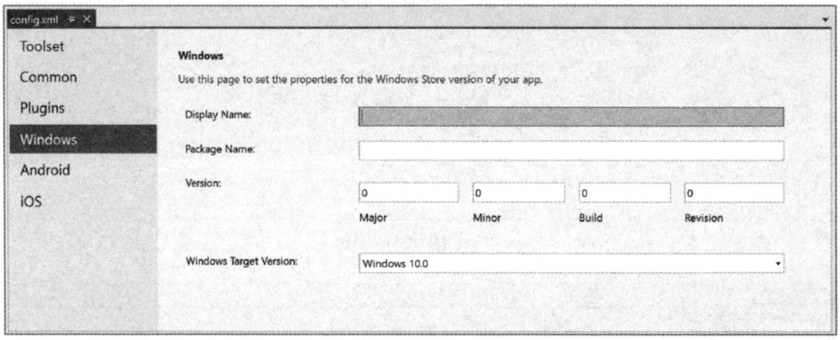

图 22-7

以这种形式输入的值非常简单：显示名称、包名、版本、所面向的 Windows 版本。

Android 选项卡(参见图 22-8)还可以提供其他几个值。

选项卡的上半部分用于定义应用程序需要的 API。这包括最小和最大 API 版本，以及目标(即理想的)版本。应用程序也有一个版本号，而且没有要求 Android 版本与 Windows 或 iOS 版本相同。

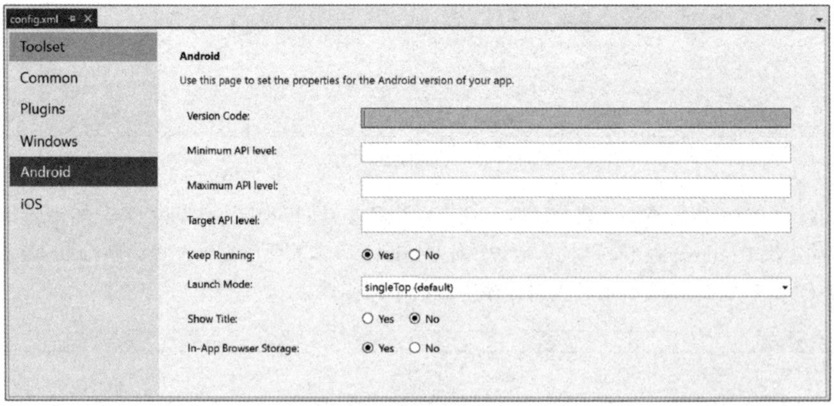

图 22-8

选项卡的下半部分包含一些更微妙的选项：

- **Keep Running**：决定应用程序暂停时，JavaScript 计时器是否继续运行(即发送到后台)。如果应用程序定期对 URL 进行一些轮询，并且希望在用户移动到另一个应用程序之后继续进行轮询，这个值就需要设置为 Yes。

- **Launch Mode**：为了解启动模式的细节，需要熟悉 Android 系统内任务的概念。当用户首次启动应用程序时，会创建活动实例并与任务关联。前台一次只能有一个任务。长按 Home 键会显示当前任务的列表，可以选择一个任务放在前台。此模式实际上用于确定对活动实例的后续请求会发生什么情况。选择如下：

  - **standard**：可创建多个活动实例，它们都运行在同一任务中。

  - **singleTop**：可创建多个活动实例，它们都运行在同一任务中。但是，如果某一特定类型的活动实例当前处于任务的顶部(即当前正在前台运行)，那么对相同类型的活动的请求就不会创建新实例。

- **singleInstance**：一个活动实例与每个任务相关联。因此，一个任务中不能有多个活动实例。
- **singleTask**：一个活动实例与每个任务相关联。但对相同类型的活动的第二个请求被路由到一个现有的任务。
- **Show Title**：决定应用程序的标题是否出现在浏览器中。
- **In-App Browser Storage**：指示应用程序是否使用浏览器存储器作为其功能的一部分。

iOS 选项卡(参见图 22-9)包含与 Windows 选项卡相同类型的简化。

图 22-9

Target Device 可以是 iPhone、iPad 或 Universal，Universal 意味着应用程序可能预计在 iPhone 和 iPad 设备上运行。Target iOS Version 是应用程序所面向的操作系统版本。可以指定 Web 存储备份是在云中、本地，还是根本就没有。最后，可以抑制应用程序的增量呈现。这意味着 Web 内容将不会在到达时呈现。相反，当前内容仍然保留，直至接收到所有新内容为止。

22.3　在 Apache Cordova 中调试

与 Apache Cordova 相关的调试过程类似于大多数 Web 应用程序。可以设置断点，查看中间值，并在运行时更改变量的值。在 Visual Studio 中，有许多可以启动和调试应用程序的选项。如果手边有一个本地设备，Visual Studio 2017 就允许将设备连接到开发环境，并直接部署和调试应用程序。还有一些 Android 模拟器可供选择。它们可通过 Visual Studio Installer 安装。有关 Android 模拟器的更多细节，请参见 21.3.2 节。最后的选项是使用模拟器。这是本章后面讨论的第三个选项。要使用模拟器，先从下拉列表中选择目标平台，如图 22-10 所示。

图 22-10

现在对于每一个选项，都有很多不同的选择。图 22-11 显示了三个集合。

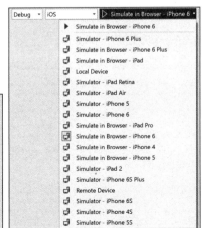

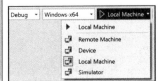

图 22-11

一般情况下，选项分为两大类。首先，有一组选项允许在浏览器中模拟应用程序。这些选项包括正在模拟的设备。当选择此选项时，应用程序将在 Cordova Simulate 中启动。如果不了解它，现在应知道 Cordova Simulate 是 Ripple 模拟器的开源替代品。如果在 Visual Studio 2015 中使用 Cordova 工具，就会使用 Ripple 模拟器。

在启动应用程序时，会启动 Chrome 浏览器，应用程序会显示在 Web 页面中。可以通过浏览器与应用程序的用户界面进行交互。

除了通过 Chrome 运行应用程序之外，Visual Studio 2017 还包括几个页面，在运行期间改变目标设备。图 22-12 显示了 Cordova Plugin Simulation 页面。

图 22-12

这个页面有许多不同的部分，每个部分都可以根据需要扩展和压缩。这里有一个 Geolocation 部分，用来向设备提供 GPS 信息。可在地图上设置一个点，或直接输入纬度和经度来设置当前位置。还可以定义设备的高度，以及位置和高度的精确度。还有一个选项可以加载 GPX 文件，这样就可以模拟多个不同的位置和时间。

有一个 Events 部分可用于模拟设备按钮。Chrome 中的模拟器不包括任何显示设备按钮的框架。因此，需要从 Events to File 下拉框中选择所需的功能。然后单击 Fire Event 按钮，将事件发送到模拟器。

还有一个 Device 部分，可以在其中查看设备的详细信息。在项目中添加插件时，那些插件可能实现了可以在模拟过程中使用的自定义接口，也可能没有实现。如果实现了，就会看到这个页面的界面。

除了 Plugins Simulation 页面之外，还有一个 DOM Explorer 页面(参见图 22-13)。

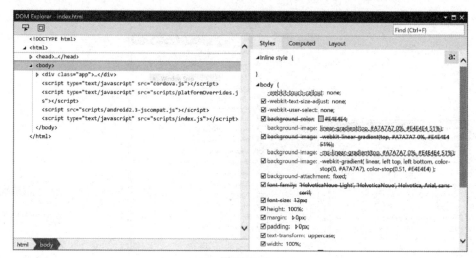

图 22-13

如果在 Edge 浏览器中用过 Developer 工具，就很熟悉这个页面。左边是当前在模拟器中呈现的 HTML。右边是与当前选定元素相关联的属性。Styles 和 Computed 选项卡不仅用于查看不同样式属性的当前值，还帮助了解使用它们的原因和它们的含义。如果用过 CSS，就会明白"原因"有时是最具挑战性的部分。除了样式信息之外，Layout 选项卡还显示了元素的框模型的当前维度。

有两种方法可以识别当前使用的元素。在顶部的工具栏中，有两个图标。最左边的图标打开 Select Element 模式。应用程序中的元素(如在 Chrome 中呈现)可用鼠标来选择，而左边窗格中的 DOM 将会更改，使选中的项可见。工具栏上的第二个图标使元素高亮显示。现在，在 DOM 树中选择一个元素时，相应的可视化元素会在 Chrome 中高亮显示。

22.4　小结

使用 Web 技术创建移动、跨平台的应用程序是一项引人注目的能力。Apache Cordova 用了很长时间才让它成为现实。Visual Studio 的 Apache Cordova 工具对于 Visual Studio 来说是一项非常高效的附加功能，它将帮助开发人员使用 Cordova。

本章不仅学习了如何创建 Apache Cordova 应用程序，而且学习了如何配置和调试它。这集中于使用 Cordova Simulate 在不同的平台上测试应用程序。

第Ⅶ部分

云服务

第23章

Windows Azure

本章内容

- 理解 Windows Azure
- 使用 Windows Azure 构建、测试和部署应用程序
- 在 Windows Azure 表、blob 和队列中存储数据
- 在应用程序中使用 SQL Azure
- 理解 Service Fabric

本章源代码下载

通过在 www.wrox.com 网站搜索本书的 EISBN 号(978-1-119-40458-3)，可下载本章的源代码。相关源代码和支持文件都在本章对应的文件夹中。

最初，Microsoft 实现云计算的方法与桌面、移动和服务器计算一样，提供了一个开发平台，ISV 和 Microsoft 都可以在该平台上构建杰出的软件。Azure 的新版本给该平台添加了许多功能，使之从开发平台转变为一个重要环境，成为公司云计算策略的重要部分。

很难给出云计算的正式定义。更准确地说，很难就该定义达成一致。有多少提供商，就有多少不同的定义。就本书而言，"云"是可通过 Internet 访问的服务或服务器，它们可以为运行在内部部署(在典型的公司基础架构中)和云中的设备提供功能。这覆盖了几乎所有情形，从单一的独立 Web 服务器到完全虚拟的基础架构，应有尽有。

本章将介绍 Windows Azure Platform、SQL Azure 和 Azure Service Fabric(以前 AppFabric 的新版本)。Windows Azure Platform 能承载 Web 应用程序，允许动态改变并发运行的实例数。它还以表、blob 和队列的形式提供了存储服务。SQL Azure 提供了在云上承载的、真正的数据库服务。最后，可以使用 Service Fabric 简化在组织内部提供服务的过程。本章还将讨论 Windows Azure 的一些新增功能对所选开发和部署选项的影响。

23.1 Windows Azure 平台

与大多数 Microsoft 技术一样，要准备开始使用 Windows Azure 平台，只需要创建一个新的应用程序，构建并运行它。注意，在 New Project 对话框中有一个节点 Cloud，它有一个项目模板 Azure Cloud Service，如图 23-1 所示。如果没有看到 Cloud 节点，很可能是因为没有安装 Azure 工作负载。单击左侧视图底部的 Open Visual Studio Installer 链接，以启动 Visual Studio Installer，并添加工作负载，之后继续。

选择 Cloud Service 项目模板后，会提示用户在应用程序中添加一个或多个角色。Azure 项目可以根据角色所执行的工作类型和是否接受用户输入，分为不同的角色。简言之，Web Role 可以通过入站连接(例如端口 80 上的 HTTP)接受用户输入，而 Worker Role 则不能。一个典型的场景是包含一个用于接收数据的 Web Role，这可能是某种类型的网站或 Web 服务。例如，Web Role 会通过队列把数据传递给 Worker Role，Worker Role 再执行相应的处理。这种

分隔意味着，这两层可以独立地缩放，提高了应用程序的灵活性。

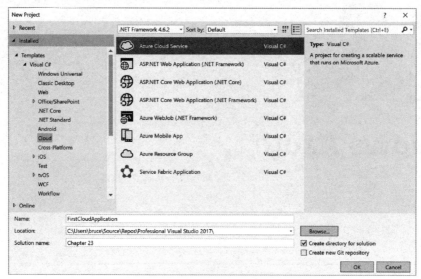

图 23-1

在图 23-2 中，选择 ASP.NET Web Role 和 Worker Role，单击右边的箭头按钮，把它们添加到云服务中。注意，Visual Studio 2017 新增了很多 Node.js 角色供选择。选择一个角色并单击编辑符号(当选中角色后可见)，可以重命名角色。再单击 OK 按钮，就完成了应用程序的创建。

因为所创建的 Web 角色最终是一个 ASP.NET 项目，下一个对话框就允许选择项目类型。16.2.2 一节详细介绍该对话框。

如图 23-3 所示，所创建的应用程序给每个选中的角色创建了一个项目(分别是 Cloud Front 和 Cloud Service)，该应用程序还包含另一个项目 FirstCloudApplication 来定义角色列表和 Azure 应用程序的其他信息。

图 23-2

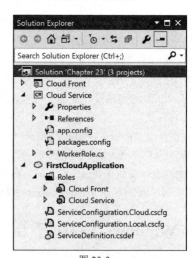

图 23-3

Cloud Front 项目实际上只是一个 ASP.NET MVC 项目。如果右击这个项目，选择 Set as Startup Project，则可以像正常的 ASP.NET 项目那样运行它。另一方面，Cloud Service 项目只是一个类库，其中只包含一个类 WorkerRole，该类包含了 worker 角色的入口点。

要运行 Azure 应用程序，应确保 FirstCloudApplication 项目设置为 Startup Project，再按下 F5 键，就可以开始调试。如果这是第一次运行 Azure 应用程序，会注意到出现了一个初始化 Development Storage 的对话框。这个过程需要一两分钟才能完成；完成该过程后，Windows 任务栏上就会添加两个图标。第一个图标可以控制 Compute Emulator 和 Storage Emulator 服务，它们镜像了 Azure 平台上可用的表、blob 和队列存储器(Storage Emulator)，以及计算功能

(Compute Emulator)。第二个图标是 IIS Express 实例，它提供了主机托管环境，在其中可以运行、调试和测试应用程序。

初始化 Development Storage 后，Cloud Front 项目的默认页面会在浏览器中加载。目前只能看到一个浏览器实例，但实际上 Web 角色的多个实例都运行在 Compute Emulator 中。

23.1.1　Compute Emulator

在 FirstCloudApplication 项目中，有 3 个文件定义了 Azure 应用程序的特性。第一个文件 ServiceDefinition.csdef 定义了构成应用程序的角色的结构和特性。例如，如果一个角色需要写入文件系统，那么可以指定 LocalStorage 属性，给角色授予少量磁盘空间的有限访问权限，在该磁盘空间中可以读写临时文件。这个文件还定义了角色在运行期间需要的所有设置。定义设置可使角色在运行期间更容易调整，且无须重建和发布它们。

第二和第三个文件与角色在运行期间的配置有关。文件名有基本结构(ServiceConfiguration.*location*.cscfg 文件)，定义了角色在运行期间的配置。文件名中的 *location* 确定何时使用某个配置文件。调试应用程序时使用 *local* 实例，把应用程序发布到 Windows Azure 时使用 *cloud* 实例。它们类似于 web.config 文件的调试和发布版本。

如果右击 Windows 任务栏上的 Emulator 图标，并选择 Show Compute Emulator UI，那么 Emulator 中会显示当前运行的应用程序的层次结构，如图 23-4 所示。研究部署图，可以看到 FirstCloudApplication 以及两个角色 Cloud Front 和 Cloud Service。

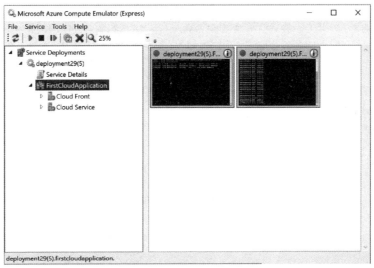

图 23-4

在每个角色中，可以看到正在运行的实例数(绿点)。在右边的面板上显示了每个正在运行的实例的日志输出。单击任意实例上的标题栏，会使该实例填满整个面板。每个实例右上角的图标表示日志级别。右击标题，再从 Logging Level 菜单项中选择需要的值，就可以调整日志级别。

23.1.2　角色之间的通信

目前的 web 角色没有内容，worker 角色也不能执行任何操作。创建一个 MVC 应用程序就可以为 web 角色添加内容，这与任何非 Azure 应用程序是一样的。

把数据写入表(结构化数据)、blob(单一的二进制对象)或队列(消息)存储器，就可以在 web 角色和 worker 角色之间传递数据。这个存储器在 Azure 平台上通过其 REST 接口使用。但对于.NET 开发人员而言，这不是一个愉快、高效的编码体验。幸好，Azure 小组给这个功能添加了一个包装器，以便应用程序使用 Windows Azure 存储。如果查看 Web Role 和 Worker Role 项目的引用，会看到 Microsoft.WindowsAzure.StorageClient.dll 的引用，其中包含可在应用程序中使用的包装器类和方法。

例如下面的代码把一个简单的字符串放到队列中：

C#

```
var storageAccountSetting =
    CloudConfigurationManager.GetSetting("DataConnectionString");
var storageAccount = CloudStorageAccount.Parse(storageAccountSetting);

// create queue to communicate with worker role
var queueStorage = storageAccount.CreateCloudQueueClient();
var queue = queueStorage.GetQueueReference("sample");
queue.CreateIfNotExists();
queue.AddMessage(new CloudQueueMessage("Message to worker"));
```

VB

```
' read account configuration settings
Dim StorageAccountSetting = _
    CloudConfigurationManager.GetSetting("DataConnectionString")
Dim StorageAccount = CloudStorageAccount.Parse(StorageAccountSetting)

' create queue to communicate with worker role
Dim queueStorage = storageAccount.CreateCloudQueueClient()
Dim queue = queueStorage.GetQueueReference("sample")
queue.CreateIfNotExists()
queue.AddMessage(New CloudQueueMessage("Message to worker"))
```

　　将这个消息添加到队列后，为处理它，还需要更新 worker 角色，从队列中弹出消息，并执行相应的操作。下面的代码提取队列中的下一个消息，然后简单地把响应写入日志，之后删除队列中的消息。如果不从队列中删除消息，它会在可配置的超时时间过后返回到队列中，所以即使 worker 角色中途崩溃，也要确保所有消息至少处理过一次。这些代码替换了 Cloud Service 应用程序中 WorkerRole 文件的所有代码。

C#

```
public override void Run(){
    DiagnosticMonitor.Start("DiagnosticsConnectionString");

    Microsoft.WindowsAzure.CloudStorageAccount.
            SetConfigurationSettingPublisher((configName, configSetter) =>{
        configSetter(Microsoft.WindowsAzure.ServiceRuntime.RoleEnvironment.
            GetConfigurationSettingValue(configName));
            });

    Trace.TraceInformation("Worker entry point called");

    // read account configuration settings
    var storageAccount = CloudStorageAccount.
            FromConfigurationSetting("DataConnectionString");

    // create queue to communicate with web role
    var queueStorage = storageAccount.CreateCloudQueueClient();
    var queue = queueStorage.GetQueueReference("sample");
    queue.CreateIfNotExist();
    Trace.TraceInformation("Cloud Service entry point called");
    while (true){
        try{
            // Pop the next message off the queue
            CloudQueueMessage msg = queue.GetMessage();
            if (msg != null){
                // Parse the message contents as a job detail
                string jd = msg.AsString;
                Trace.TraceInformation("Processed {0}", jd);
                // Delete the message from the queue
                queue.DeleteMessage(msg);
            }
            else{
                Thread.Sleep(10000);
```

```
        }
        Trace.TraceInformation("Working");
    }
    catch (Exception ex){
        Trace.TraceError(ex.Message);
    }
    }
}
```

VB

```
Public Overrides Sub Run()
    DiagnosticMonitor.Start("Diagnostics.ConnectionString")

    CloudStorageAccount.SetConfigurationSettingPublisher(
            Function(configName, configSetter)
                configSetter(RoleEnvironment.
                    GetConfigurationSettingValue(configName)))
    Trace.TraceInformation("Worker entry point called")

    ' read account configuration settings
    Dim storageAccount = CloudStorageAccount.
                FromConfigurationSetting("DataConnectionString")
    ' create queue to communicate with web role
    Dim queueStorage = storageAccount.CreateCloudQueueClient()
    queue = queueStorage.GetQueueReference("sample")
    queue.CreateIfNotExist()
    Trace.TraceInformation("Cloud Service entry point called.")
    Do While (True)
        Try
            ' Pop the next message off the queue
            Dim msg As CloudQueueMessage = queue.GetMessage()
            If (msg IsNot Nothing) Then
                ' Parse the message contents as a job detail
                Dim jd As String = msg.AsString
                Trace.TraceInformation("Processed {0}", jd)
                ' Delete the message from the queue
                queue.DeleteMessage(msg)
            Else
                Thread.Sleep(10000)
            End If
            Trace.TraceInformation("Working")
        Catch ex As StorageClientException
            Trace.TraceError(ex.Message)
        End Try
    Loop
End Function
```

注意，这段代码重写了方法 Run。这个方法用于加载配置值，为使用 Windows Azure 存储器设置本地变量，然后启动一个无限 while 循环来处理队列中的消息。

当然，这只是在 web 和 worker 角色之间移动信息的一种方式。它只是提供了一个概念，需要进入应用程序的设计。还有其他许多选择，应可以选择最适合自己的情况。

23.1.3　应用程序部署

一旦使用 Emulator 建立了 Azure 应用程序，就要把它部署到 Windows Azure 平台上。在此之前需要给 Windows Azure 账户提供一个主机服务和一个存储器服务。在 Visual Studio 2017 中，可通过 Server Explorer 来完成。通过 View | Server Explorer 菜单选项访问 Server Explorer。在 Server Explorer 窗口的顶部(参见图 23-5)，右数的第二个按钮用于连接 Azure 订

图 23-5

阅。点击该按钮，提供连接 Azure 的适当凭据。

FirstCloudApplication 需要 web 和 storage 角色，所以右击 Cloud Service 节点，之后选择 Create Cloud Service。这会显示如图 23-6 所示的对话框。指定服务的名称(即 URL 的头部)和运行应用程序的数据中心，如果有多个订阅，就还包括用于支付费用的订阅。单击 Create 创建新服务。

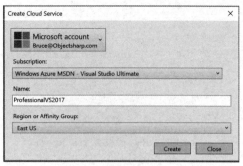

图 23-6

在 Solution Explorer 中，右击 FirstCloudApplication 项目，选择 Publish 命令。这会构建应用程序，生成一个部署包和一个配置文件。并把这些元素直接部署到 Azure 上。该过程的初始对话框如图 23-7 所示。

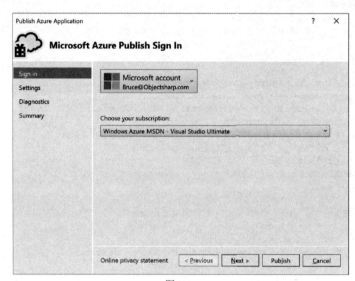

图 23-7

发布应用程序的下一步是指定设置。单击 Publish 对话框中的 Next，显示如图 23-8 所示的对话框。

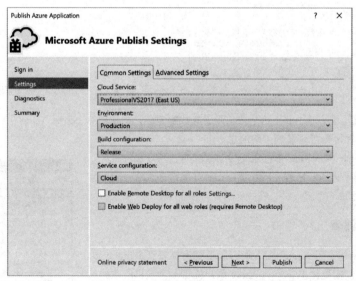

图 23-8

在这个对话框中，指定要放在这个项目中的 Cloud Service、环境(Staging 或 Production)、构建配置(取决于在项目中建立的配置)以及服务配置(Cloud 或 Local)。还可以给要部署的角色启用 Remote Desktop 功能，启用 Web 部署功能。Remote Desktop 功能可以连接到一个角色的桌面，以解决疑难问题，或以配置文件无法提供的方式配置角色。

指定了满足需要的设置后，单击 Next，以显示一个屏幕，该屏幕允许将诊断信息发送到 Application Insights。如果希望这样做，就需要确定 Application Insights 资源是信息的目标。一旦使用完 Application Insights，就会显示摘要屏幕。单击 Publish 按钮，开始部署。生成项目后，会显示 Microsoft Azure Activity Log 窗口，如图 23-9 所示。该窗口会定期刷新，所以可跟踪部署的状态。一段时间后(可能需要 10~15 分钟)，应用程序就部署好了。

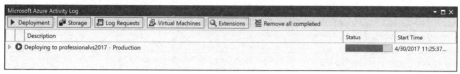

图 23-9

23.2　SQL Azure

除了 Azure 表、blob 和队列存储器外，Windows Azure Platform 还以 SQL Azure 的形式提供了真正的关系数据驻留环境。每个 SQL Azure 数据库都可以作为 SQL Server 数据库的一个驻留实例，它运行在高可用性模式下。这意味着在任何时候，数据库都有 3 个同步实例。如果其中一个实例失败了，会立即联机一个新实例，并同步数据，以确保数据的可用性。

虽然 Server Explorer 允许查看在 Azure 中创建的数据库，可以通过 SQL Server Object Explorer 定义数据库中的元素，但无法直接在 Visual Studio 2017 中创建 SQL Azure 数据库，因此需要登录 Windows Azure 门户 (http://manage.windowsazure.com)。

 本节的说明假定使用的是最新版本的 Azure 门户。如果使用的是旧的 Azure 门户，那么描述的所有特性都是可用的，但所遵循的步骤是不同的。

单击页面左上角的 New 图标。点击 Database 节点，注意 SQL Database 是其中一个选项。选择这个选项，得到的面板可以指定数据库的名称和位置(图 23-10 显示了一组选项)。创建数据库后，可以选择数据库，单击 Show Database Connection String 链接，以检索需要的连接字符串；连接数据库，如图 23-11 所示。

图 23-10

与 SQL Azure 数据库的交互操作有许多方式。SQL Azure 基于 SQL Server，所以图形化工具(如 Visual Studio 2017 中的 SQL Server Management Studio 和 Server Explorer)都可以使用。

在应用程序中可以使用从 Windows Azure 门户页面上检索的连接字符串连接 SQL Azure。连接字符串的列表包含 ADO.NET、JDBC 和 PHP 版本。

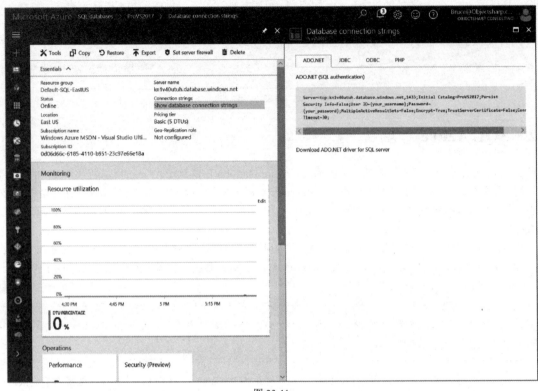

图 23-11

23.3　Service Fabric

开发企业级应用程序的主要趋势之一是使用微服务。微服务的基本思想是将应用程序功能划分为小的、独立的部分，然后使用不同的工具将这些服务集成到更大的应用程序中。

是的，这个简短描述听起来像过去十年或更长时间里使用的其他应用程序分解方法。至少在概念层面，微服务和面向服务的体系结构(SOA)之间存在相似之处。可能主要的区别是底层技术的量级更轻(JSON 和 XML/WSDL)，更容易伸缩。换句话说，微服务实际上能够实现 SOA 的一些承诺。

Service Fabric 的目的是允许在集群的机器上部署和管理微服务。这些微服务可以根据应用程序的需求独立地伸缩。更新一个微服务时不需要更改任何其他的微服务。

可以使用 Service Fabric 编程模型来轮询自己的微服务环境，还可以更快地获得已部署的应用程序。在 Visual Studio 2017 中有许多不同的项目模板可以提供帮助。首先使用 File│New│Project 菜单项来显示 New Project 对话框。然后选择左侧的 Cloud 节点，再从中间窗格的模板列表中选择 Service Fabric Application (见图 23-12)。

为项目提供一个名称并单击 OK 时，会显示第二个对话框，允许从多个不同的服务应用程序中进行选择(参见图 23-13)：

- **Stateless Service**：该服务在调用之间没有维持状态。在调用过程中出现的任何状态都将在下一次调用之前全部处理完毕。
- **Stateful Service**：该服务在不同的调用之间维持服务状态的一部分。
- **Actor Service**：一个参与者，在这种背景下，是计算功能的一个独立单位，在单线程环境中运行。参与者服务实现一个参与者。

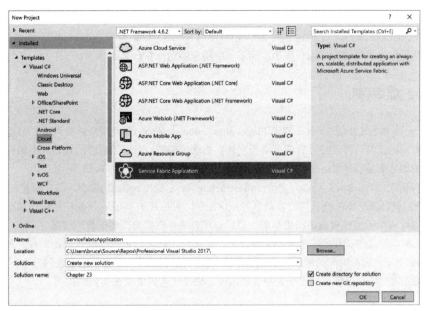

图 23-12

- **Stateless Web API**：该服务实现一个 Web API 端点，它不维护状态。
- **Guest Executable**：运行一个可执行文件的服务。与前面提到的其他服务不同，该服务不需要公开端点。
- **Guest Container (Preview)**：该服务在一个容器中运行可执行文件。
- **ASP.NET Core**：托管 ASP.NET Core 应用程序的服务。

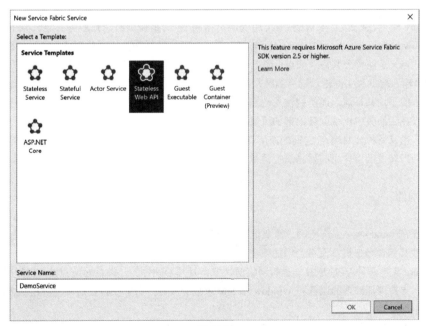

图 23-13

23.4　Azure 移动服务

Windows Azure 的移动服务是一个有趣的功能组合。当从头开始创建移动服务时，这是一个预先构建的、预先配置的网站和数据库，为可以创建、更新、检索的数据提供了一个基于 REST 的 API。

除了基本功能之外，Azure 移动服务有一些额外特性，可以为移动应用程序(手机和平板电脑)建立一个令人信服的用例，而这需要一个集中的数据存储。其中包括 iOS 支持的客户端库、Android 和 Windows Phone /Store、简单的服务端验证(使用 node.js 编码)、完全定制的 API 支持(使用 Visual Studio MVC 项目模板)和集成的身份验证支持。换句话说，很多功能很容易集成到应用程序中，而不管应用程序运行在什么平台上。

23.5 Azure 虚拟机

Windows Azure 网站和 Cloud Service 属于 Platform as a Service(PaaS)开发模型。如果刚开始建立应用程序，那么这些就是非常有用的工具。可以把已有的应用程序转换为这种模型，但所需耗费的精力大不相同，有的不需要耗费什么精力，有的则需要重新构建。不仅如此，还有许多应用程序不能迁移到 PaaS 环境。

为解决后一种情况，Windows Azure 支持 Infrastructure as a Service(IaaS)模型。这个模型的一个主要组件是 Windows Azure 虚拟机。这个虚拟机支持许多类型的应用程序，包括基于 Windows 的应用程序和承载在 Linux 中的应用程序。需要通过一个远程连接来访问虚拟机，并以管理员的身份根据需要配置或安装它。

Windows Azure 门户除了提供裸机和操作系统之外，还提供了许多虚拟机类型。例如，有许多不同的 Linux 发布包和 SQL Server 盒子，随着时间的推移，其他服务器产品(例如 SharePoint)也会出现在门户中。Microsoft 允许其他公司(如 RightScale 和 Suse)提供虚拟机配置和管理服务，来简化不同虚拟机实例的部署。

23.5.1 连接性

为了支持 IaaS 模型，Windows Azure 支持许多不同形式的连接。分析要定义的连接类型时，应考虑在计算架构中需要连接什么(最终是 Azure 要实现什么)。连接可以采用公共和私有的可用端点的形式。端点也可以有不同类型的功能，包括负载平衡和端口转发(Web 页面的较常见功能)。

23.5.2 端点

Windows Azure 端点在概念上与 WCF 中可用的端点相同，它们是提供给其他服务甚至公共 Internet 的 IP 地址和端口。在 Windows Azure 中，Load Balancer 可与每个端点关联，这样端点后面的服务就可以伸缩。

Cloud Service 定义了两种公共输入端点：简单输入端点和实例输入端点。还有一个内部端点只能用于 Windows Azure 服务。简单输入端点和实例输入端点的区别与负载平衡器处理流量的方式有关。对于简单输入端点，使用循环算法来确保请求的平均共享流。而实例输入端点把流量定向到一个特定的实例(例如某个 worker 角色)上。通常，实例输入端点允许在云服务中出现服务内部的流量。

对于虚拟机，也有两种公共端点(它们的作用与 Cloud Service 端点不同)。负载平衡端点使用循环的负载平衡算法来定向流量。端口转发端点使用映射算法把流量从一个端口或端点重定向到另一个端口或端点。

23.5.3 虚拟网络

把虚拟机包含在 Windows Azure 中时，需要把这些虚拟机包含在公司网络中。使用虚拟网络技术，可以无缝地扩展公司网络，使其包含虚拟机，而不会增加安全风险。

Windows Azure 支持两种 VPN 连接。虚拟网络解决方案是基于硬件的、站点对站点的 VPN 功能，它允许创建混合的基础架构，支持内部部署的服务和 Windows Azure 承载的服务。为了在自己的环境中建立虚拟网络，可能需要修改公司网络中的硬件。

第二个选项是 Windows Azure Connect。与虚拟网络不同，这是一个基于软件的 VPN，允许开发人员在内部机器和基于 Azure 的服务之间建立连接。要求建立这个连接的软件代理只能用于 Windows，这可能会限制使用它的环境。

除了连接选项外，Windows Azure 还包含其他许多服务，以包含可以支持的工作负载类型。
- **Windows Azure Traffic Manager**：为 Azure 服务的公共 HTTP 端点提供负载平衡功能。它支持 3 种不同的流量分布方式：按地理(流量定向到当前位置上延时最短的服务器上)；主动-被动故障切换(主动服务失败时，流量就发送到备份服务上)和循环负载平衡。

- **Windows Azure Service Bus**：它提供的机制允许 Azure 服务相互通信。它支持两种不同类型的服务总线通信：在 Relayed Messaging 中，服务和客户端都连接到服务总线端点上，Service Bus 把它们链接在一起，允许在组件之间进行双向通信。在 Brokered Messaging 中，通信通过发布/订阅模型来进行，且具有持久的消息存储。最好把它看成一个消息队列模型。

23.6　小结

　　本章学习了 Windows Azure Platform，以及它如何使 Microsoft 进入云计算环境。使用 Visual Studio 2017，可以调整已有的应用程序或服务，或者创建新的应用程序或服务，以驻留在云中。本地的 Compute Emulator 和 Storage Emulator 提供了一个很好的本地测试解决方案，这意味着把应用程序发布到 Windows Azure 中时，它肯定可以工作，不会出大问题。

　　即使不希望把整个应用程序迁移到云中，也可以使用 SQL Azure 和 Service Fabric 驻留数据，解决连接问题，或者统一处理应用程序的安全性。

第24章
同步服务

本章内容

● 偶尔连接的应用程序是什么？为什么要以这种方式构建应用程序？

● 通过 Synchronization Services 建立偶尔连接的应用程序

● 把 Synchronization Services 隔离到多个层上

● 执行单向和双向同步

本章源代码下载

通过在 www.wrox.com 网站搜索本书的 EISBN 号(978-1-119-40458-3)，可下载本章的源代码。相关源代码和支持文件都在本章对应的文件夹中。

应用程序的设计经历了许多变化，从不分享数据的独立应用程序，到每个人都可以连接到同一个数据存储上的公共 Web 应用程序。目前有各种对等应用程序，在这种应用程序中，信息在各个节点之间共享，但不存在中心数据存储。在企业界，热门词汇如 Software as a Service (SaaS)和 Software and Services (S+S)突显了从中心数据存储，经过外包数据和应用程序服务的阶段，到在一个功能丰富的应用程序中合并数据和服务的混合模型的转变。

对于大部分业务应用程序而言，Web 模型已经成为默认选择。Web 模型提供的用户界面功能基本上同使用部署模型的富客户端应用程序提供的一样，非常容易更新。它使数据合理转化成单个中心存储库成为可能。但这也存在一个问题，就是必须要连接到网络。

当然，富客户端应用程序也存在这个问题。即使使用基于云的策略也不能完全解决该问题。另一种可选的策略是把数据存储库的一部分同步到客户端机器上，进行本地数据请求。这不仅提高了性能(因为所有的数据请求都在本地进行)，而且可以减少服务器上的负载。本章介绍构建"仅偶尔连接的应用程序(occasionally connected application)"，这将有助于使用用于 ADO.NET 的 Microsoft 同步服务构建功能丰富、快速响应的应用程序。

24.1 偶尔连接的应用程序

偶尔连接的应用程序可以在不考虑连接状态的情况下执行。应用程序脱机时，有许多不同的数据访问方式。被动的系统仅缓存从服务器上访问的数据，这样在断开连接时，至少可以访问一部分信息。但这个策略意味着，只能使用有限的数据集，因此也就只适合于连接不稳定或不可靠的场合，并不适合于完全断开连接的应用程序。在完全断开连接的应用程序中，需要一个把数据同步到本地系统中的主动系统。用于 ADO.NET 的 Microsoft Synchronization Services(Sync Services)是一个同步框架，可以极大地简化将任意服务器上的数据同步到本地系统上的工作。

24.2 Server Direct

为熟悉 Sync Services，这里使用一个简单数据库，它只包含一个跟踪客户的表。要创建这个数据库，可在 Visual Studio 2017 中使用 Server Explorer，右击 Data Connections 节点，从快捷菜单中选择 Create New SQL Server Database 命令。图 24-1 显示了 Create New SQL Server Database 对话框，在该对话框中可以指定服务器和新数据库的名称。

在名称域中输入 CRM，单击 OK 按钮，就会在本地 SQL Server 实例中添加一个数据库 CRM，也会在 Server Explorer 的 Data Connections 节点上添加一个数据连接。在新建数据连接下的 Tables 节点上，从右击快捷菜单中选择 Add New Table 命令，并创建 CustomerId(主键)、Name、Email 和 Phone 列，完成后的效果如图 24-2 所示。

现在有了一个可操作的简单数据库，之后就该创建新的 WPF Application 了。这里把该应用程序命名为 QuickCRM。在图 24-3 的 Solution Explorer 工具窗口中可以看到 MainWindow，另外两个窗体 ServerForm 和 LocalForm 也被添加进来。

MainWindow 有两个按钮，如图 24-3 的编辑区域所示，还添加了如下代码来启动相应的窗体：

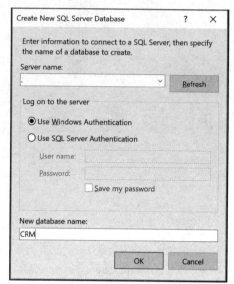

图 24-1

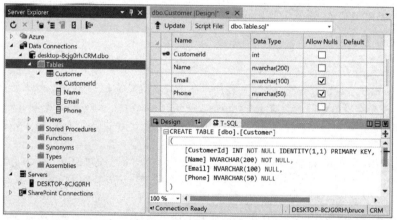

图 24-2

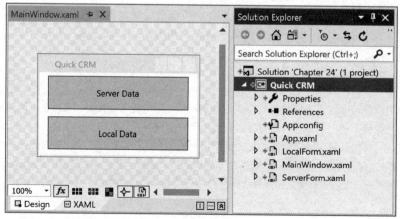

图 24-3

VB
```
Public Class MainWindow
    Private Sub ServerButton_Click(ByVal sender As System.Object,
                          ByVal e As System.RoutedEventArgs) _
                   Handles ServerButton.Click
        My.Forms.ServerForm.Show()
    End Sub

    Private Sub LocalButton_Click(ByVal sender As System.Object,
                          ByVal e As System.RoutedEventArgs) _
                   Handles LocalButton.Click
        My.Forms.LocalForm.Show()
    End Sub
End Class
```
C#
```
public partial class MainWindow : Window {
    public MainWindow(){
        InitializeComponent();
    }

    private void ServerButton_Click(object sender, RoutedEventArgs e){
        (new ServerForm()).ShowDialog();
    }
    private void LocalButton_Click(object sender, RoutedEventArgs e){
        (new LocalForm()).ShowDialog();
    }
}
```

在介绍如何使用 Sync Services 处理本地数据之前，先看看如何构建总是连接的或服务器绑定的同步服务版本。
打开 Data Sources 窗口，单击 Add New Data Source 按钮，打开 Data Source Configuration Wizard，选择 DataSet 选项和
前面创建的 CRM 数据库，把连接字符串保存到应用程序配置文件中，给 CRMDataSet 添加 Customer 表。

在 Solution Explorer 工具窗口中双击 ServerForm，打开 ServerForm 设计器。在 Data Sources 工具窗口中，从
Customer 节点的下拉列表中选择 Details，再从 CustomerId 节点中选择 None。把 Customer 节点拖放到 ServerForm 的设
计界面上，会添加对应的控件，这样就可以将数据绑定到数据集的 Customer 表上。它还包含填充该数据集的代码，
以便在数据库中来回导航。要实际执行导航，需要将几个按钮添加到页面中，如图 24-4 所示。

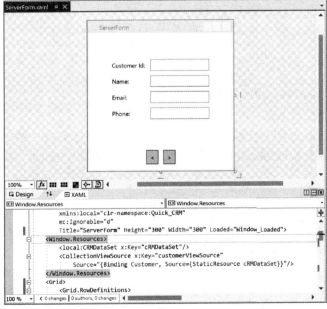

图 24-4

Next 和 Previous 按钮的功能是在这些按钮的 Click 事件处理程序中实现的。将下面的代码添加到代码隐藏文件中，并确保 Click 事件从 XAML 中连接到它。

VB

```vb
Private Sub Previous_Click(ByVal sender As Object,
   ByVal e As RoutedEventArgs) _
   Dim customerViewSource As System.Windows.Data.CollectionViewSource = _
     CType(Me.FindResource("customerViewSource"), _
       System.Windows.Data.CollectionViewSource)
   If (customerViewSource.View.CurrentPosition > 0) Then
     customerViewSource.View.MoveCurrentToPrevious()
   End If

End Sub

Private Sub Previous_Click(ByVal sender As Object,
   ByVal e As RoutedEventArgs) _
   Dim cRMDataSet As Quick_CRM.CRMDataSet = _
     CType(Me.FindResource("cRMDataSet"), Quick_CRM.CRMDataSet)
   Dim customerViewSource As System.Windows.Data.CollectionViewSource = _
     CType(Me.FindResource("customerViewSource"), _
       System.Windows.Data.CollectionViewSource)
   If (customerViewSource.View.CurrentPosition <
   cRMDataSet.Customer.Count - 1) Then
     customerViewSource.View.MoveCurrentToNext()
   End If

End Sub
```

C#

```csharp
private void Previous_Click(object sender, RoutedEventArgs e)
   System.Windows.Data.CollectionViewSource customerViewSource =
     ((System.Windows.Data.CollectionViewSource)
       (this.FindResource("customerViewSource")));
   if (customerViewSource.View.CurrentPosition > 0)
     customerViewSource.View.MoveCurrentToPrevious();
}

private void Next_Click(object sender, RoutedEventArgs e)
{
   Quick_CRM.CRMDataSet cRMDataSet =
     ((Quick_CRM.CRMDataSet)(this.FindResource("cRMDataSet")));
   System.Windows.Data.CollectionViewSource customerViewSource =
     ((System.Windows.Data.CollectionViewSource)
       (this.FindResource("customerViewSource")));
   if (customerViewSource.View.CurrentPosition < cRMDataSet.Customer.Count - 1)
     customerViewSource.View.MoveCurrentToNext();
}
```

这就完成了应用程序中直接连接到数据库上以访问数据的部分。现在可以运行应用程序，验证能否在数据库联机的情况下访问数据。如果数据库脱机或连接断开了，在试图检索数据库时，应用程序就会引发异常。

24.3 同步服务入门

本地和远程数据库同步数据的潜在能力是通过 Sync Framework 实现的。对于 Visual Studio 2017，其 2.1 版的 Sync Framework 就包含了本章所讨论的同步功能，因此要确保已经安装了它。可以通过 NuGet 获取它。

首先将 LocalDB 数据库添加到项目中。打开 Add New Item 对话框(在 Solution Explorer 中右击项目，选择 Add | New Item 选项)。在该对话框中，导航到 Data 文件夹下，并选择 Service-Based Database 模板。本例将它命名为 LocalCRM.mdf。然后，在 Data Sources 窗口中，添加一个新的 Data Source。启动 Data Source Configuration Wizard。

选择一个 Database,然后选择 Dataset,将数据连接设置为指向 LocalCRM.mdf,接受默认的连接字符串(该字符串被命名为 LocalCRMConnectionString),并将该字符串保存到配置文件中。在向导的最后一个界面上,会有消息提示数据库不包含任何对象。不必担心,很快就会添加对象。

本例中,需要添加一个窗体,用来显示存储在客户端上的数据。当 LocalForm 窗体处于设计模式时,将 CRMDataSet 数据源的 Customer 节点拖放到该窗体上。这样就创建了一个到服务器数据库的连接,当然这是暂时性的解决方法。

同步应用程序的一部分过程是同步地获取数据。这可以通过为数据库提供一些不同的元素来实现。通过这些元素,可以用表格来管理变更跟踪,从而使得两边的数据同步更加简单。这些配置是通过编程来完成的。同时这也使得同步数据库的模式变得非常方便。打开 MainWindow,为该窗体添加一个 Load 事件处理程序。在 Load 事件中,需要执行三个步骤。第一,配置服务器;第二,配置客户端;最后,同步数据。

Sync Framework 主要的概念之一是 Scope。通过为 Scope 添加一个或者多个表,就可以将关于表格的所有更新安排到单一的事务中。这听起来简单明了,但还是存在一些问题。如果在进行大批量的更新,并把它们都维持在一个事务中,会对性能产生一定的负面影响。因此,就出现了一个设置(同步提供程序对象上的 BatchSize),该设置可以控制每个事务中维持的更新数量。要进行批量更新,可将 BatchSize 属性设置为非零值。

开始配置服务器。将如下代码添加到 MainWindow 窗体上的 Load 事件处理程序中。

VB

```vb
Dim scopeName = "CRMScope"
Dim serverConn = New SqlConnection(Settings.Default.CRMConnectionString)
Dim clientConn = New SqlConnection(Settings.Default.LocalCRMConnectionString)
Dim serverProvision = New SqlSyncScopeProvisioning(serverConn)
If Not serverProvision.ScopeExists(scopeName) Then
  Dim serverScopeDesc = New DbSyncScopeDescription(scopeName)
  Dim serverTableDesc =
    SqlSyncDescriptionBuilder.GetDescriptionForTable("Customer", _
    serverConn)
  serverScopeDesc.Tables.Add(serverTableDesc)
  serverProvision.PopulateFromScopeDescription(serverScopeDesc)
  serverProvision.Apply()
End If
```

C#

```csharp
var scopeName = "CRMScope";
var serverConn = new SqlConnection(Settings.Default.CRMConnectionString);
var clientConn = new SqlConnection(Settings.Default.LocalCRMConnectionString);
var serverProvision = new SqlSyncScopeProvisioning(serverConn);
if (!serverProvision.ScopeExists(scopeName))
{
  var serverScopeDesc = new DbSyncScopeDescription(scopeName);
  var serverTableDesc =
    SqlSyncDescriptionBuilder.GetDescriptionForTable("Customer",
    serverConn);
  serverScopeDesc.Tables.Add(serverTableDesc);
  serverProvision.PopulateFromScopeDescription(serverScopeDesc);
  serverProvision.Apply();
}
```

通过此代码可以看出一些基本的配置步骤。第一步是使用一个到服务器数据库的连接来创建范围-配置(scope-provisioning)对象。如果尚未添加命名的 scope,就创建该 scope 的一个新实例,将需要的表添加到 scope 中,然后应用配置功能即可。

scope 信息的维护超出了应用程序运行的范围。换句话说,如果在应用程序第一次运行时创建了一个 scope,那么当应用程序第二次运行时该 scope 依然存在。这样就带来了两个副作用。第一,需要给 scopes 赋予唯一的名称,以免与其他应用程序发生冲突。第二,无法将新表添加到 scope 中,并使该表得到正确的配置(至少不需要进行额外的配置)。

对于第二步,对客户端进行同样的配置:

VB

```vb
Dim clientProvision = New SqlSyncScopeProvisioning(clientConn)
If Not clientProvision.ScopeExists(scopeName) Then
  Dim serverScopeDesc = New DbSyncScopeDescription(scopeName)
  Dim serverTableDesc =
    SqlSyncDescriptionBuilder.GetDescriptionForTable("Customer", _
    clientConn)
  clientScopeDesc.Tables.Add(clientTableDesc)
  clientProvision.PopulateFromScopeDescription(slientScopeDesc)
  clientProvision.Apply()
End If
```

C#

```csharp
var clientProvision = new SqlSyncScopeProvisioning(clientConn);
if (!clientProvision.ScopeExists(scopeName))
{
  var clientScopeDesc = new DbSyncScopeDescription(scopeName);
  var clientTableDesc =
    SqlSyncDescriptionBuilder.GetDescriptionForTable("Customer",
    clientConn);
  clientScopeDesc.Tables.Add(clientTableDesc);
  clientProvision.PopulateFromScopeDescription(clientScopeDesc);
  clientProvision.Apply();
}
```

第三步就是执行同步。Sync Framework 2.1 中包含的 SyncOrchestrator(相对于以前版本中的 SyncAgent)可用来管理同步过程。在两个配置块的下方添加如下代码:

VB

```vb
Dim syncOrchestrator = New SyncOrchestrator()
Dim localProvider = New SqlSyncProvider(scopeName, clientConn)
Dim remoteProvider = New SqlSyncProvider(scopeName, serverConn)
syncOrchestrator.LocalProvider = localProvider
syncOrchestrator.RemoteProvider = remoteProvider
syncOrchestrator.Direction = SyncDirectionOrder.Download

Dim syncStats = syncOrchestrator.Synchronize()
```

C#

```csharp
var syncOrchestrator = new SyncOrchestrator();
var localProvider = new SqlSyncProvider(scopeName, clientConn);
var remoteProvider = new SqlSyncProvider(scopeName, serverConn);
syncOrchestrator.LocalProvider = localProvider;
syncOrchestrator.RemoteProvider = remoteProvider;
syncOrchestrator.Direction = SyncDirectionOrder.Download;

var syncStats = syncOrchestrator.Synchronize();
```

以上就是数据和模式同步的步骤。同步的每一端都创建了一个提供程序对象。Sync Framework 2.1 附加了对 SQL Azure 作为端点的支持。

最后将一行代码添加到 LocalForm 的 Load 方法中。应该还记得,之前将 CRMDataSet 数据源中的 Customer 节点拖放到窗体上了,而该数据源是链接到 CRM 数据库的。需要将该链接改变为链接本地 CRM 存储。为此在 Load 方法中,在填充之前,将表适配器的连接字符串改为指向本地 CRM。修改完毕后,Load 方法就应如下所示:

VB

```vb
Private Sub LocalForm_Load(ByVal sender As System.Object, _
```

```
                              ByVal e As System.Windows.RoutedEventArgs) _
                              Handles LocalForm.Load
        Me.customerTableAdapter.Connection.ConnectionString = _
           QuickCRM.Properties.Settings.Default.LocalCRMConnectionString
        Me.customerTableAdapter.Fill(this.cRMDataSet.Customer)
    End Sub
```

C#

```
    private void LocalForm_Load(object sender, RoutedEventArgs e)
    {
        this.customerTableAdapter.Connection.ConnectionString =
           QuickCRM.Properties.Settings.Default.LocalCRMConnectionString;
        this.customerTableAdapter.Fill(this.cRMDataSet.Customer);
    }
```

此时，就可以运行该应用程序了。一个简短的暂停(此时正在进行配置)之后，MainWindow 就显示出来了。单击 Server Data 按钮，显示 Server 窗体。将多条记录添加到数据库中，并确保已经保存。关闭 Server 窗体并单击 Local Data 按钮。数据就在 Local 窗体上展示出来了。

关闭 Local 窗体，再次单击 Server Data 按钮。在 Server 窗体中，添加一些新记录或则更改现有的记录，或者更甚一点两者都做。完成后，关闭 Server 窗体，再次打开 Local 窗体。所做的更改并没有显示在该窗体上。通过点击在工具栏上添加的按钮(也即执行刷新操作)，新添加的或者更改的数据就展示出来了。

当 Synchronize 方法执行时，如果收到一个 SyncException，指出没有注册的 COM 类，那么这可能有多种原因。首先，如果程序在 64 位平台运行，要确保 Sync Framework 的 64 位版本已经安装了。其次，如果试图为 32 位的计算机创建一个运行在 64 位平台上的应用程序，要确保 Sync Framework 的 32 位版本已经安装了。

24.4　N 层上的同步服务

前面的整个同步过程都是在客户端应用程序中通过与服务器的直接连接而实现的。偶尔连接的应用程序的一个目标是能以任意连接同步数据，不论该连接是公司内联网还是公共的 Internet。但在当前应用程序中，需要提供 SQL Server，这样应用程序才能连接它。这显然是一个安全漏洞。要填补这个漏洞，需要采用分布性更高的方法。Sync Services 在设计时考虑到了这个问题，允许把服务器组件放在能在同步过程中被调用的服务中。

Sync Services 允许隔离同步过程，这样每一端的通信都可以在自定义的提供程序中实现。从 N 层应用程序的角度看，提供程序的实际实现可以通过 WCF 服务来完成，而不是直接与数据库连接。为此，需要创建一个 WCF 服务，它实现了构成 Sync Services 的 4 个方法，如下面的 IService-CRMCacheSyncContract 接口所示。

VB

```
    <ServiceContractAttribute()> _
    Public Interface IServiceCRMCacheSyncContract
        <OperationContract()> _
        Function ApplyChanges(ByVal groupMetadata As SyncKnowledge, _
                          ByVal dataSet As DataSet, _
                          ByVal syncSession As SyncSession) As SyncContext
        <OperationContract()> _
        Function GetChanges(ByVal groupMetadata As SyncKnowledge, _
                          ByVal syncSession As SyncSession) As SyncContext
        <OperationContract()> _
        Function GetSchema(ByVal tableNames As Collection(Of String), _
                          ByVal syncSession As SyncSession) As SyncSchema
        <OperationContract()> _
        Function GetServerInfo(ByVal syncSession As SyncSession) As SyncServerInfo
    End Interface
```

现在，创建一个继承自 SyncProvider 基类的自定义提供程序类。在该自定义类中，重写了基类的一些方法，并通过 WCF 服务代理调用相关的方法。

自定义类创建完毕后，就可以将 Sync Orchestrator 上的 Remote Provider 设置为自定义 SyncProvider 类的一个新实例。现在调用 Synchronize，Sync Services 就会使用 Remote Provider 来调用 WCF Service 上的方法。WCF Service 又会与执行同步逻辑的服务器数据库进行通信。

24.5　小结

本章介绍了如何使用 Microsoft Sync Framework 来构建偶尔连接的应用程序。在构建这种应用程序时需要考虑不少事项，例如，如何检测网络连接，如何进行数据和模式两方面的同步以及如何把客户端和服务器组件放在不同的应用层上。掌握了这些知识，就可以使用这个新技术来构建功能更丰富的应用程序，无论在什么地方使用它们都可以一直工作。

第**25**章

SharePoint

本章内容
- 建立 SharePoint 的开发环境
- 开发定制的 SharePoint 组件，如 Web 部件、列表和工作流
- 创建 SharePoint 项目
- 运行 SharePoint 应用程序

本章源代码下载

通过在 www.wrox.com 网站搜索本书的 EISBN 号(978-1-119-40458-3)，可下载本章的源代码。相关源代码和支持文件都在本章对应的文件夹中。

SharePoint 是 Microsoft 最强大的产品系列之一，是一组相关的产品和技术，广泛用于文档和内容管理、基于 Web 的合作、搜索等领域。SharePoint 也是一个非常灵活的应用程序承载平台，允许开发和部署各种产品，从单个 Web 部件到功能完备的 Web 应用程序，应有尽有。本章讨论我们可以期待的一些强大特性。

从开发的角度来看，SharePoint 支持两种不同的应用程序模型。以前的模型会直接使用 SharePoint 的基本构建块，所以可以通过编程方式创建、操纵列表和项。而第二个模型即应用程序模型，增加开发者的选择。可以访问 SharePoint 的相同构建块(尽管通过不同的接口)，应用程序也可以托管在 SharePoint 之外。

在论述 Visual Studio 2017 中支持 SharePoint 开发的功能之前，本章要花点时间介绍选项。然后讨论在适当的上下文中必须选择的 Visual Studio 选项。

25.1 SharePoint 执行模型

当创建 SharePoint 应用程序时，需要解决一个根本性问题：代码在哪里运行？有三个可能的答案，应用程序的要求决定了正确的选择和要面向的 SharePoint 版本。

25.1.1 场解决方案

场(farm)解决方案也称为托管的解决方案，部署在 SharePoint 的服务器端环境。换句话说，编译后的程序集和其他资源安装到 SharePoint 服务器上。当应用程序运行时，它在 SharePoint 工作进程(w3wp.exe)中执行。这使应用程序可以访问完整的 SharePoint 应用程序编程接口(API)。

部署本身可以采取两种形式。在完全信任的执行模型中，程序集安装到 SharePoint 服务器的全局程序集缓存 (GAC)上。在部分信任的执行模型中，程序集放到 SharePoint 服务器的 IIS 文件结构中的 bin 文件夹下。这两种情况下，安装在服务器上执行。

程序集部署在服务器上，应用程序在 SharePoint 中运行，这令许多管理员感到不安。与 SharePoint 紧密集成的结果，是开发欠佳的应用程序可能对整个 SharePoint 场产生严重的负面影响。因此，一些公司禁止使用场解决方案。

25.1.2 沙箱解决方案

由于管理员担忧场解决方案，沙箱解决方案应运而生。其最大的优点是，没有部署到服务器的 GAC 或 bin 文件夹中，而是部署到 SharePoint 内部一个专门的库中。作为起点，这意味着，不需要把可执行代码部署到 SharePoint 服务器上。这也意味着，不再需要 SharePoint 管理员权限来部署应用程序。解决方案部署到一个站点集合上，因此站点集合上的管理权限就足够了。

然而，这种应用程序开发模式在 SharePoint 2016 中被弃用。原因是引入了第三种模式，即应用程序模型，提供了沙箱解决方案的优势(不部署到 GAC 中，应用程序不必在 SharePoint 服务器本身执行)，同时避免了限制(只有 SharePoint 功能的一个子集可用)。因此，虽然 Visual Studio 确实包含了 SharePoint 2013 的沙箱解决方案模板，但建议使用第三种模式，即应用程序模型，来代替沙箱解决方案。

25.1.3 应用程序模型

SharePoint 2016 和 SharePoint 2013 包括应用程序模型。作为一个执行模型，它明显不同于 SharePoint 早期版本支持的模型。最大的变化是，应用程序的代码没有部署到 SharePoint 服务器上。相反，可以创建一个单独的 Web 应用程序，驻留在它自己的服务器上。然后，该应用程序被合并到 SharePoint 服务器页面中，使之看起来是 SharePoint 站点的一部分。

应用程序模型的核心是 SharePoint 应用程序用于与 SharePoint 通信的两个对象模型。有一个 JavaScript 版本(称为客户端对象模型或 CSOM)和一个服务器端版本(运行在托管 Web 应用程序的服务器上，而不是运行在 SharePoint 服务器上)。这两个模型使用 SharePoint 提供的、基于 REST 的 API。

但是，如果应用程序未运行在 SharePoint 服务器内部，它会运行在哪里？这个选择取决于开发人员，可以从两个托管场景中选择：

- **SharePoint 托管**：应用程序驻留在 SharePoint 服务器中自己的网站集合上。尽管这似乎违反了代码没有安装在服务器上的规则，但这种类型的主机附带了应用程序可以做什么的限制。任何业务逻辑都必须运行在浏览器客户端的环境中。通常，这意味着业务逻辑是用 JavaScript 编写的。应用程序可以创建和使用 SharePoint 列表和库，但是访问这些元素必须从客户端发起。
- **提供商托管**：应用程序驻留在一个单独的 Web 服务器上，与 SharePoint 服务器分开。事实上，提供商托管的应用程序可以运行在可用的任何 Web 服务器技术上。不要求用 ASP.NET 甚或.NET 来编写应用程序，PHP 应用程序也能工作。原因是业务逻辑可以在 JavaScript 或应用程序的服务器端代码中实现。对 SharePoint 数据的访问是通过 JavaScript 中的 CSOM 代码或使用基于 REST 的 API 实现的。

本章介绍 Visual Studio 2017 中的 SharePoint 开发工具，并演示如何为不同的执行模型构建和部署 SharePoint 解决方案。

25.2 准备开发环境

如果打算在 SharePoint 2016 中进行开发，就需要访问运行在 Windows 服务器或云(也就是 SharePoint Online)上的 SharePoint。如果在 SharePoint 2013 中进行开发，就可以选择使用 SharePoint Foundation，这是一个免费的、功能完整的 SharePoint 版本，在非 windows 服务器上运行。此选项在 SharePoint 2016 中不可用。

> **SharePoint Server 和 SharePoint Foundation**
>
> SharePoint 2013 有两个版本：SharePoint Server 和 SharePoint Foundation。SharePoint Foundation 是针对小型组织或小规模部署的免费版 SharePoint。它包括对 Web 部件和基于 Web 的应用程序、文档管理和 Web 协作功能(如博客、wiki、日历和讨论)的支持。
>
> 另一方面，SharePoint Server 针对的是大型企业和高级部署场景。它有服务器产品成本，还需要为每个用户提供客户访问许可证(CAL)。SharePoint Server 包括 SharePoint Foundation 的所有功能，还提供多个 SharePoint 站点、增强的导航、索引搜索、后端数据访问、个性化和单点登录。

在 SharePoint 2016 中，不再有 SharePoint Foundation 版本。相反，微软建议采用两种不同的方法来设置开发环境：

- 对于场解决方案，需要用同一平台作为 SharePoint 服务器来工作。这意味着需要 Windows 服务器环境。这可以是在 Windows Azure 中创建的虚拟机，也可以在本地机器上运行 Hyper-V。但需要安装和使用 SharePoint 服务器的适当版本，以及 Visual Studio。
- 对于应用模型的解决方案，需要访问 SharePoint 的运行实例。这可以是一个运行在网络或 SharePoint Online 站点上的服务器。

由于许多开发人员通过 MSDN Subscription 订阅或 Office 365 Developer 许可证访问 SharePoint Online 站点，本章的其余部分将关注使用应用程序模型的 SharePoint 开发。

创建适合开发的 SharePoint Online 站点有很多不同的方法。一般来说，可以这样做：

- 通过 Office 365 Developer Program (http://dev.office.com/devprogram)注册一个免费的一年期 Office 365 Developer 许可证。
- 获得 30 天的免费试用 (https://portal.microsoftonline.com/Signup/MainSignUp.aspx?OfferId = 6881 a1cb f4eb-4-db4 9 f18-388898 daf510&dl = DEVELOPERPACK)。
- 购买 Office 365 订阅(https://portal.microsoftonline.com/Signup/MainSignUp.aspx?OfferId = c69e7747-2566-4897 -8 cba b998ed3bab88&dl = DEVELOPERPACK)。

一旦有了订阅，就需要将 SharePoint Online 许可分配给自己，并创建一个站点。在该站点添加指向正在开发的应用程序的链接，最好让这个站点仅用于开发工作。应用程序仅从 SharePoint Store 安装到生产 SharePoint Online 实例是一种最佳实践。

一旦创建 SharePoint 站点，就需要执行一个额外步骤。之前提到的最佳实践实际上是 SharePoint Online 的默认设置。Administrative 界面中没有允许设置旁路(sideloading)的机制。旁路是将外部应用程序添加到 SharePoint Online 站点的过程。因此，为在 SharePoint Online 中测试应用程序，需要运行以下 PowerShell 脚本：

```
$programFiles = [environment]::getfolderpath("programfiles")
add-type -Path $programFiles'\SharePoint Online Management
Shell\Microsoft.Online.SharePoint.PowerShell\Microsoft.SharePoint.Client.dll'
Write-Host 'To enable SharePoint app sideLoading, enter Site Url, username and
password'

$siteurl = Read-Host 'Site Url'
$username = Read-Host "User Name"
$password = Read-Host -AsSecureString 'Password'

if ($siteurl -eq '')
{
  $siteurl = 'https://mysite.sharepoint.com/sites/SiteName'
  $username = 'myuserid@mysite.onmicrosoft.com'
  $password = ConvertTo-SecureString -String 'MyPassword1'
    -AsPlainText -Force
}
$outfilepath = $siteurl -replace ':', '_' -replace '/', '_'

try
{
  [Microsoft.SharePoint.Client.ClientContext]$cc = New-Object
Microsoft.SharePoint.Client.ClientContext($siteurl)
  [Microsoft.SharePoint.Client.SharePointOnlineCredentials]$spocreds = New-Object
Microsoft.SharePoint.Client.SharePointOnlineCredentials($username, $password)

  $cc.Credentials = $spocreds
  Write-Host -ForegroundColor Yellow 'SideLoading feature is not enabled on the
site:' $siteurl
  $site = $cc.Site;

  $sideLoadingGuid = new-object System.Guid "AE3A1339-61F5-4f8f-81A7-ABD2DA956A7D"
  $site.Features.Add($sideLoadingGuid, $true,
[Microsoft.SharePoint.Client.FeatureDefinitionScope]::None);
```

```
    $cc.ExecuteQuery();
    Write-Host -ForegroundColor Green 'SideLoading feature enabled on site' $siteurl

    #Activate the Developer Site feature
}
catch
{
    Write-Host -ForegroundColor Red 'Error encountered when trying to enable
SideLoading feature' $siteurl, ':' $Error[0].ToString();
}
```

Microsoft MVP Colin Phillips 在他的博客上发布了这个脚本。

注意,其中一个需求是 Microsoft.SharePoint.Client DLL。如果已经在设备上拥有它,就可以更改脚本(具体而言是第 2 行),以引用自己的路径。否则,可以安装 SharePoint Online Management Shell (http://www.microsoft.com/en-ca/download/details.aspx?id=35588),将 DLL 放在脚本指定的位置。一旦脚本成功运行,就可以使用 SharePoint Online 站点作为开发目标了。

25.3 创建 SharePoint 项目

要在 Visual Studio 2017 中创建一个 SharePoint 解决方案,应选择 File│New│Project。通过选择 Visual c#或 Visual Basic,然后选择 Office/SharePoint,来过滤项目类型。现在需要对应用程序的执行模型做出选择。可以使用用于场解决方案和 SharePoint 插件的模板(参见图 25-1)。

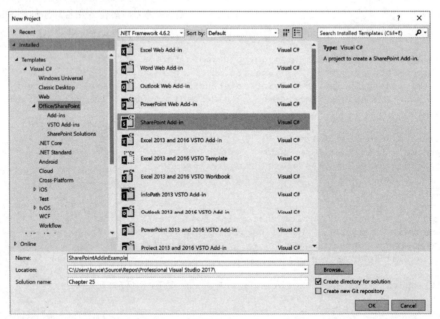

图 25-1

从场解决方案的角度看,Visual Studio 2017 包含很多用于 SharePoint 2010、2013、2016 的 SharePoint 项目模板。虽然执行模型的决定很重要,但除此之外,选择哪个模板并不重要。可以使用这些项目模板创建的大多数 SharePoint 组件,也可以在现有 SharePoint 解决方案中作为单个项来创建。

对于应用程序模型,实际上只有一个项目模板可用,即 SharePoint 插件。因此选择它,提供项目和解决方案的名称,然后单击 OK,启动创建过程。

创建过程的第一步是指定目标 SharePoint 站点,以及托管应用程序的位置。图 25-2 显示了该对话框。

第一个文本框是用于调试插件的 SharePoint 站点的 URL。还有一个链接会进入一个 URL,该 URL 描述了帮助部署和测试 SharePoint 插件(或用于这方面的 Office 插件)的不同选项。在此链接之下,可以选择用于插件的托管模型。25.1.3 一节介绍了这两种选择,提供者托管和 SharePoint 托管。

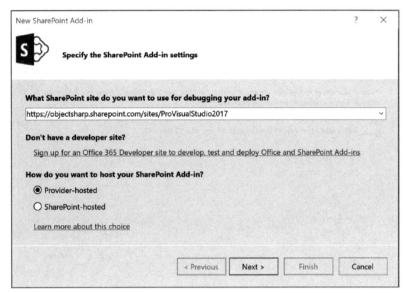

图 25-2

一旦提供了该信息并单击 Next 按钮，就可以选择希望面向的 SharePoint 版本(见图 25-3)。

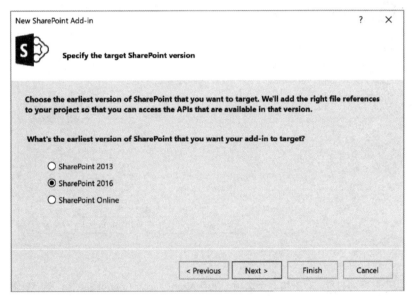

图 25-3

由于应用程序模型仅在 SharePoint 2013 中引入，所以只能选择 SharePoint 2013、SharePoint 2016 以及 SharePoint Online。请记住，这只是应用程序支持的最早版本。SharePoint 2013 应用程序可以在 SharePoint 2016 上运行，没有任何问题。

下一个对话框可以决定使用哪种类型的 Web 应用程序来实现 SharePoint 插件。如图 25-4 所示，选择是 ASP.NET Web Forms Application 和 ASP.NET MVC Web Application。

SharePoint 插件解决方案包含两个项目。其中较大的一个是 Web 应用程序，它是插件的实现。它可以是任何 Web 应用程序，但项目模板只有两个选择。还可以删除作为初始解决方案一部分的 Web 项目，并在创建解决方案后用另一个解决方案替换它。

第二个项目用于将 Web 应用程序与 SharePoint 连接起来。它包含一个配置文件和一个清单文件，这个映像将在 SharePoint 站点中用于表示应用程序。关于清单文件内容的更多细节将在稍后介绍。

下一步配置身份验证(参见图 25-5)。

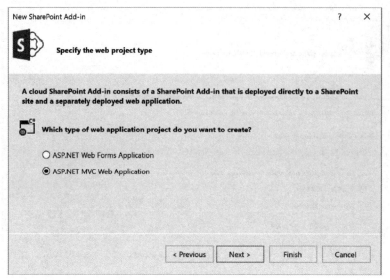

图 25-4

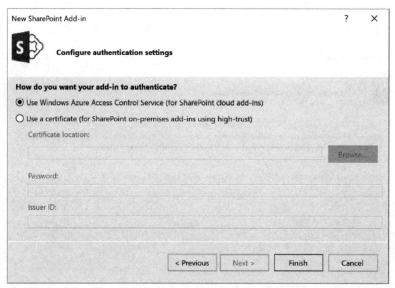

图 25-5

这里的选择取决于部署的目标。对于第一个选项，使用 Azure Access Control Service。这意味着需要以相同的凭据登录到 SharePoint 站点和应用程序上。一旦登录到 SharePoint 站点上，凭据将自动可用于应用程序，以提供进一步的授权功能(比如分配角色)。

第二个选择是使用证书。如果 SharePoint 服务器是在本地，则使用此选项。这需要提供证书的位置和安装它所需要的密码。

完成配置身份验证之后，就会创建 SharePoint 插件解决方案。图 25-6 给出了把 ASP.NET MVC 应用程序作为实现项目的解决方案。

可以看出，有两个项目。第二个项目是 Web 应用程序。第 16 章和第 17 章介绍了这两种 Web 应用程序的更多细节。这是 SharePoint 开发人员感兴趣的第一个项目。

第一个项目是 SharePoint 插件项目。它用于将 Web 应用程序连接到 SharePoint 站点，提供在插件添加到 SharePoint 时使用的信息。这个项目有三个文件。app.config 是一个标准配置文件。如果查看详细信息，会发现它包含关于 WebGrease 和 Newtonsoft.Json 依赖项的最少信息。

还有一个 AppIcon.png 文件。这是一个映像文件，它与在 SharePoint 站点上部署后的应用程序相关联。

最后一个文件 AppManifest.xml 包含大多数将 Web 应用程序连接到 SharePoint 的信息。它也有一个设计器来帮助组织信息。如果双击该文件，设计器将如图 25-7 所示。

图 25-6

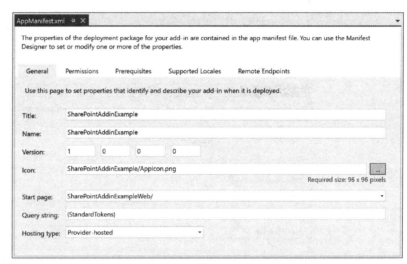

图 25-7

第一个选项卡包含 SharePoint 插件的一般信息。这包括标题、名称和版本号。名称和标题之间的区别与信息出现的位置有关。标题出现在应用程序的浏览器窗口顶部。该名称出现在 SharePoint 中，向用户指示应用程序。

图标属性定义了在 SharePoint 中显示的图像以及名称。Start 页是在启动应用程序时向用户显示的第一个页面的 URL。有一个查询字符串属性，允许为页面指定其他参数。至少应该包括如图 25-7 所示的{standardtoken}值。这将确保为应用程序提供足够的信息与 SharePoint 服务器通信。最后，可指定托管类型。这是一个下拉值，允许在提供者托管和 SharePoint 托管之间更改。

第二个选项卡是 Permissions，如图 25-8 所示，用于识别应用程序对 SharePoint 站点要求的权限。

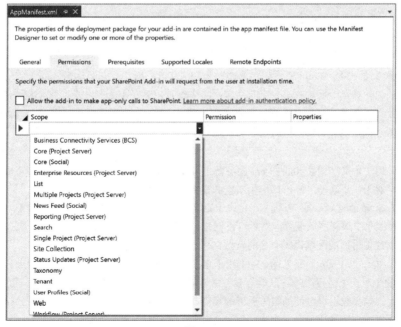

图 25-8

　　SharePoint 插件可与 SharePoint 的功能和元素进行交互。在这个对话框中，可以指定应用程序所需的不同权限。每个权限有三个组件。首先是 Scope(范围)。这是一个不同的 SharePoint 实体，如图 25-8 所示。一旦选择了范围，就可以添加其他两个部分。从列表中选择 Permission，列表中出现的选项取决于所选的范围。例如，如果选择 List 作为范围，就可以从 Read、Write、Manage 和 FullControl 中选择。如果选择了 Workflow，那么唯一的权限就是 Elevate。最后，还有属性组件。这是一个名称/值对的集合，同样，值的集合依赖于作用域的上下文。例如，List 范围希望将列表的名称作为属性之一。

　　可为应用程序定义多个权限。当应用程序加载到 SharePoint 时，安装该应用程序的用户需要将这些权限授予应用程序。如果他们选择不给应用程序授予权限，这个应用程序就不会安装。也就是说，权限列表是安装的唯一条件。

　　Prerequisites 选项卡(见图 25-9)用于定义应用程序在 SharePoint 环境中实现功能需要的服务集。

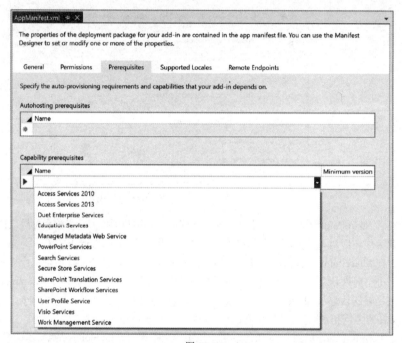

图 25-9

　　有两套先决条件。如果选择 SharePoint 作为部署选项，则需要 Autohosting 先决条件。通过这些先决条件确保应用程序可以访问数据库和 Web 站点。如果选择了 provider 托管，就要自行设置需求。

　　　　为避免混淆，SharePoint 托管的部署选项和 SharePoint 2013 提供的选项 Autohosted 是有区别的。Autohosted 部署将自动创建 Azure Web 站点，将 Web 应用程序部署到其中，并与 SharePoint 环境链接起来。出于许多原因，这个部署模型从未真正实现过。然而，这与本节讨论的用于 SharePoint 托管部署的 Autohosting 先决条件并不相同。

　　第二组先决条件用于定义必须在 SharePoint 服务器上可用的服务。在图 25-9 中可以看到可能的选项列表。图中可以看到多个功能，对于每个功能，都可以提供所需的最小版本。

　　图 25-10 显示了 Supported Locales 选项卡。它用于定义支持的本地化，并将特定的资源文件映射到每一个本地化。在左边，从下拉菜单中选择区域设置。然后可以创建与右侧区域设置相关的资源文件。选择一个区域时，默认情况下，它将自动创建使用标准区域代码命名的资源文件，但是如果愿意，也可以更改它。

　　最后一个选项卡 Remote Endpoints(见图 25-11)用于定义应用程序需要访问的任何远程端点。默认情况下，应用程序在 SharePoint 的上下文中运行时，它只能与服务器通信。换句话说，不能对一个完全不同的 URL 进行 AJAX 调用。这个选项卡允许定义应用程序可以与之通信的端点。在顶部文本框中指定 URL 并单击 Add。这将 URL 放入第二个框中，在部署时，应用程序能向它发出请求。

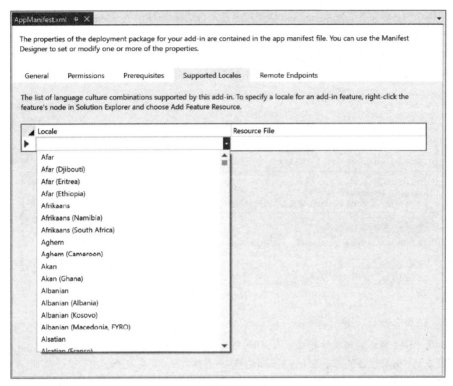

图 25-10

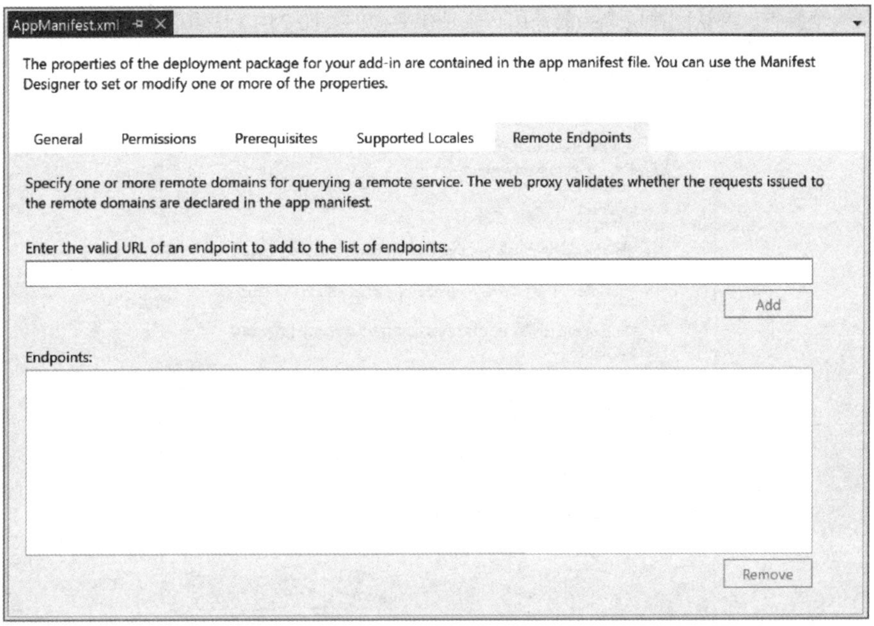

图 25-11

25.4　运行应用程序

当涉及运行和调试 SharePoint 插件时，一定要意识到，插件最终只是一个 Web 应用程序。因此，可以像任何其他 Web 应用程序一样执行、测试和调试它。唯一需要记住的是，为在 SharePoint 的上下文中运行，实际上需要同时运行 Web 应用程序和 SharePoint 应用程序。在 Solution Explorer 中，右击解决方案并选择 Set StartUp Projects。在出现的对话框中，应该看到解决方案中的两个项目都设置为在运行应用程序时启动。为 Web 应用程序设置启动操作是调试应用程序的必要条件。为 SharePoint 应用程序设置启动操作(使用 AppManfect.xml 文件的应用程序)是将应用程序加载到 SharePoint 中的必要条件。

运行应用程序时,会出现许多不同的警告对话框。首先,用户需要安装一个自签名的 Localhost 证书(参见图 25-12)。这个证书是在 HTTPS 中运行网站所必需的,这是 SharePoint 的要求。

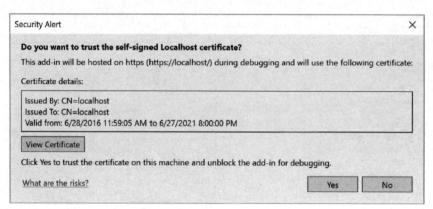

图 25-12

  如图 25-12 所示的证书的有效期从 2016 年开始。用户可能在自己的机器上看到类似的内容,也可能没看到。如果过去使用了与 localhost 相关联的自签名证书,它就会重用于这个项目。如果以前从未在自己的机器上使用过自签名证书,那么在应用程序初次运行时,会自动创建该证书。

然后会得到一个警告,确认刚才所选择的是用户真正想要做的。图 25-13 中有一个例子。

图 25-13

接下来是用于 SharePoint 站点的凭据。一旦成功输入它们,就会进入 SharePoint 站点,并提示允许应用程序访问 SharePoint(见图 25-14)。

这样就将应用程序安装到 SharePoint 中。已经确认 SharePoint 站点拥有所有必需的功能。这个对话框还包含应用程序需要的权限列表。如果单击 Trust It,则应用程序就安装好了,并准备运行。

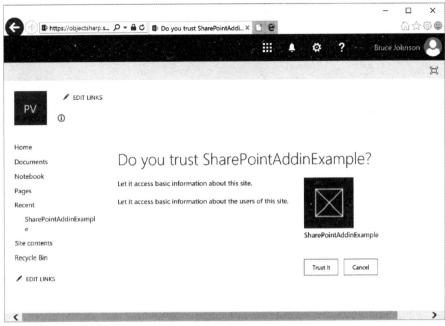

图 25-14

25.5　小结

本章学习了如何为 Microsoft SharePoint 2016 和 SharePoint Online 构建解决方案。Visual Studio 2017 的开发工具能够轻松开发 SharePoint 插件。通过 Web 应用程序实现插件，就可以访问 SharePoint 提供的组件和功能。

这一章仅仅触及了 SharePoint 开发的冰山一角。如果有兴趣深入这个主题，可以访问 SharePoint Developer Center，网址为 https://msdn .microsoft.com/en-us/library/office/jj162979.aspx。

第Ⅷ部分

数　据

第26章

可视化数据库工具

本章内容

- 理解 Visual Studio 2017 中的面向数据工具窗口
- 创建和设计数据库
- 使用 ReadyRoll 管理数据库的更改
- 搜索 SQL 数据库

本章源代码下载

通过在 www.wrox.com 网站搜索本书的 EISBN 号(978-1-119-40458-3)，可下载本章的源代码。相关源代码和支持文件都在本章对应的文件夹中。

对于我们创建的每一个应用程序，无论是基于 Windows 的程序还是一个网站或服务，数据库连接都是非常重要的。早期的 Visual Studio .NET 为开发人员提供了 Server Explorer、数据控件和数据绑定组件等多项功能，供浏览本地文件系统或者本地服务器上的数据库文件。底层.NET Framework 所包含的 ADO.NET 是一个重新编写的数据库引擎，它比较适合于目前构建应用程序的方式。

Visual Studio 提供了一些工具和功能，使我们可以直接访问应用程序中的数据。这些工具可以辅助设计表和管理 SQL Server 对象。本章将介绍如何使用 Visual Studio 2017 提供的各种工具窗口来创建、管理和使用数据。这些工具统称为可视化数据库工具(Visual Database Tools)。

26.1 Visual Studio 2017 中的数据库窗口

很多窗口专用于处理数据库和数据库组件。从显示与项目相关的数据文件的 Data Sources 窗口和 Server Explorer 中的 Data Connections 节点，到 Database Diagram Editor 和可视化数据库模式设计器，我们可以直接在 IDE 中找到大部分需要的工具。开发人员不大可能需要冒险在 Visual Studio 的外部处理数据。

在图 26-1 中，Visual Studio 2017 打开了一个当前数据库编辑的会话。请注意窗口、工具栏和菜单如何更新以适应数据库表编辑的上下文。主区域列出表中的列，其下是可用于创建表的 SQL 语句。Properties 工具窗口通常包含当前表的属性。下面将详细介绍每个窗口的功能，以便开发人员可更有效地使用这些窗口。

26.1.1 Server Explorer 窗口

Server Explorer 可用于查看组成系统的组件(实际上是可以连接的任何服务器的组件)。这个工具窗口的一个有用组件是 Data Connections 节点。Visual Studio 2017 通过 Data Connections 节点提供了可供其他产品(如 SQL Server Management Studio)使用的一个重要功能列表的子集，该子集用于创建和修改数据库。

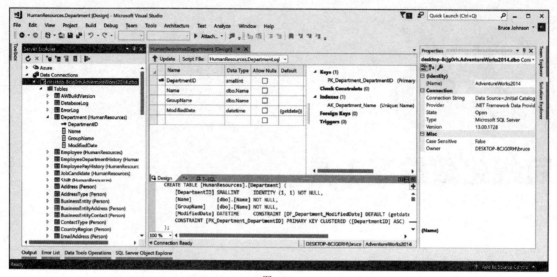

图 26-1

图 26-1 所示的 Server Explorer 窗口打开了一个活跃的数据库连接(AdventureWorks2014.dbo)。数据库图标表明了当前是否连接到数据库,并包含大量用于处理现代数据库常规组件的子节点,如 Tables、Views 和 Stored Procedures。展开这些节点会列出特定的数据库组件及其细节信息。例如 Tables 节点包含一个 Department 表节点,Department 表节点包含每个列的节点,如 DepartmentID、Name 和 GroupName。单击这些节点以在 Properties 工具窗口中快速浏览属性。这是默认的数据库视图。选择 Change View,再从数据库节点的右击上下文菜单中选择 Object Type 或 Schema 视图,就可以切换到该视图上。这些视图只是以不同的层次结构将数据库的信息进行分组。Schema 视图将元素组合为 Schemas、Assemblies 和 System-supplied 对象。

要为 Server Explorer 窗口添加一个新的数据库连接,单击 Server Explorer 窗口顶部的 Connect to Database 按钮,或者右击 Data Connections 根节点,从上下文菜单中选择 Add Connection 命令。

如果这是第一次添加连接,Visual Studio 就会询问要连接到哪一种类型的数据源。Visual Studio 2017 自带了大量的数据源连接器,包括 Access、SQL Server、Oracle 以及通用的 ODBC 驱动程序。还包含用于 Microsoft SQL Server Database File 数据库的数据源连接器。

Database File 选项借用了 Microsoft Access 的简易部署模型。通过 SQL Server Database File,可以为每个单独的数据库创建一个平面文件。这意味着不需要把它关联到一个 SQL Server 实例上,它是高度可移植的——只要与应用程序一起发布包含数据库的.mdf 文件即可。

一旦选择了要使用的数据源类型,就会出现 Add Connection 对话框。图 26-2 是一个用于创建 SQL Server Database File 连接的对话框,在该对话框中可执行与数据源类型相关的设置。

图 26-2

 只要已经在 Visual Studio 中定义了数据连接,并在 Change Data Source 对话框中选中了 Always Use This Selection 复选框,就会直接显示 Add Connection 对话框。单击 Change 按钮,就会显示 Change Data Source 对话框。

单击 Change 按钮可以返回 Data Sources 页面,为 Visual Studio 会话添加各种类型的数据库连接。创建 SQL Server Database File 的方法非常简单,只要输入或者定位到希望保存文件的设置并指定新数据库的名称即可。如果希望连接到一个现存的数据库，就可以使用 Browse 按钮在文件系统中定位它。

通常情况下还要指定 SQL Server 配置使用的是 Windows Authentication 还是 SQL Server Authentication。Visual Studio 2017 默认安装中包含了安装 SQL Server 2016 Express 的选项，它使用 Windows Authentication 作为基本的身份验证模型。

> 如果试图连接到一个新的数据库，Test Connection 按钮就会显示一条错误信息。这是因为在单击 OK 按钮之前它并不存在，因此无法进行连接！

这个对话框会给不同的连接类型显示不同的内容。但无论什么类型，单击 OK 按钮以后，Visual Studio 都会尝试连接到该数据库。如果连接成功，就会在 Data Connections 节点中添加该连接，包括对应于数据库主要数据类型的子节点。另外，如果要连接的数据库不存在，Visual Studio 就会询问用户是否要创建它。也可在 Server Explorer 中右击 Data Connections 节点，在弹出的上下文菜单中选择 Create New SQL Server Database 命令创建新数据库。

1. 表的编辑

编辑数据库表的最简单方法是直接双击 Server Explorer 中的条目。此时，主工作区中会显示一个可编辑的窗口，如图 26-3 所示，它由三部分组成。上半部分的左侧用于指定字段的名称、数据类型和其他关键信息(如文本字段的长度、新行的默认值以及字段是否可以为空)。上半部分的右侧是其他表特性，包括键、索引、已定义的约束或外键，以及触发器。

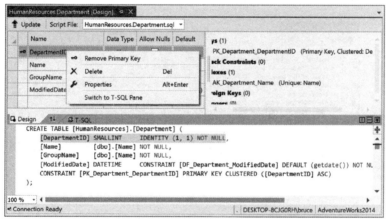

图 26-3

表编辑工作区的下半部分包含 SQL 语句，执行这些语句就会创建表。

右击一个字段就会出现很多可对该字段执行的命令，如图 26-3 所示。根据右击的标题，上下文菜单允许添加键、索引、约束、外键和触发器。

对于表中的任意列，Properties 窗口都包含除工作区显示的信息之外的其他信息。在列属性区域可以指定某个 Data Source 类型的所有属性。例如，图 26-4 中是 DepartmentID 字段的 Properties 窗口。该字段使用 Identity 子句来定义，每次在表中新插入一个记录时，该字段都自动加 1。

2. 关系的编辑

.NET 解决方案使用的绝大多数数据库在本质上都是关系型数据库，这就意味着可以通过定义关系将表连接在一起。要创建一个关系，先打开一个需要连接的表，然后右击工作区右边的 Foreign Keys 标题，这会在列表中创建一个新项，并在 SQL 语句中添加一个新代码片段(在工作区的底部)。但这个信息只是一个占位符。为了指定外键关系的细节，需要修改所添加的 SQL 片段的属性，如图 26-5 所示。

3. 视图、存储过程和函数

为创建和修改视图、存储过程和函数，Visual Studio 2017 使用如图 26-6 所示的文本编辑器。因为无法使用 IntelliSense 帮助创建存储过程和函数定义，所以如果检测到代码中存在错误，Visual Studio 就不允许保存代码。

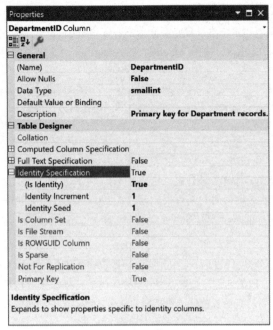

图 26-4

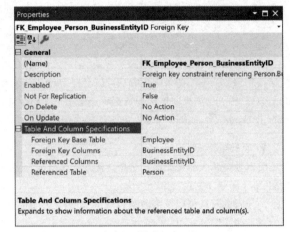

图 26-5

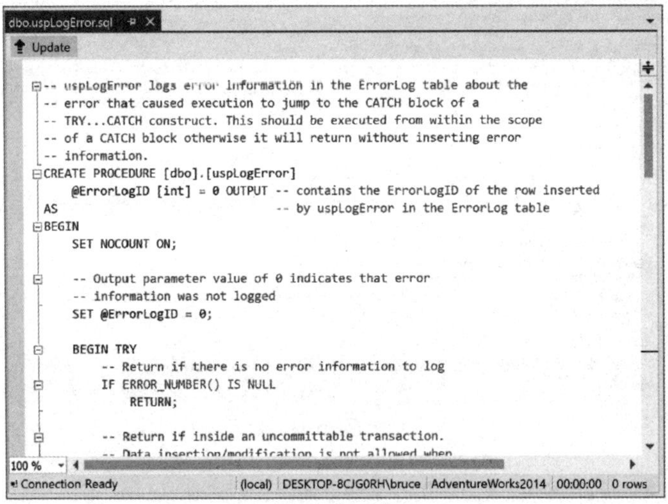

图 26-6

为帮助编写、调试存储过程和函数，可在 SQL 语句中放置可用的代码片段。在文本编辑器的右击上下文菜单中有 Insert Snippet 选项，它包含的代码片段可以创建存储过程、视图、用户自定义类型和各种其他 SQL 代码。上下文菜单还包含执行整个存储过程或函数的选项。

执行已有的 SQL 代码片段时要注意，双击查看其定义时，存储过程的 SQL 是其创建版本。这表示双击一个视图会显示 CREATE VIEW SQL 语句。如果执行该语句，就尝试创建已有的视图，这将得到许多错误语句。如果尝试修改代码片段，就需要把该语句改为 ALTER 版本。

26.1.2　Data Sources 窗口

Data Sources 窗口包含了项目已知的所有活动数据源，例如数据集(这与 Server Explorer 中的 Data Connections 不同，因为整个 Visual Studio 都可以使用它)。要显示 Data Sources 工具窗口，使用 View |Other Windows | Show Data Sources 菜单命令。

Data Sources 窗口有两个主视图，具体显示哪一个取决于 IDE 工作区中显示的是哪一类活动文档。编辑代码时，

Data Sources 窗口会显示表和字段以及代表它们类型的图标。这对编写代码非常有效，因为不需要查看表的定义就可以快速引用类型。

在 Design 视图中编辑窗体时，Data Sources 视图会显示表和字段以及代表它们当前默认的控件类型的图标(起初在 Options 中的 Data UI Customization 页面上进行设置)。图 26-7 中的文本字段使用了 TextBox 控件，而 ModifiedDate 字段使用的是 DataTimePicker 控件。从下拉列表中可以看出，默认情况下所有的表都作为 DataGridView 组件插入。

26.1.3　SQL Server Object Explorer

如果常使用 Visual Studio 开发数据库应用程序，就应该很熟悉 SQL Server Management Studio (SSMS)。原因是需要执行的一些任务不能使用 Server Explorer 功能完成。为减少对 SQL Server Management Studio 的需求，Visual Studio 2017 包含了 SQL Server Object Explorer。通过这些信息，Server Explorer 中没有的一些功能可以在界面中找到，其界面类似于 SSMS。要启动 SQL Server Object Explorer，可使用 View | SQL Server Object Explorer 选项。

为了开始处理已有的 SQL Server 实例，需要把它添加到 Explorer 中。右击 SQL Server 节点，或者单击 Add SQL Server 按钮(左数第二个按钮)，所打开的对话框就是连接 SSMS 的标准对话框。需要提供服务器名和实例，以及要使用的身份验证方法。单击 Connect 按钮建立连接。

建立连接后，服务器下会出现 3 个节点：Databases、Security 项和该实例中的 Server Objects，如图 26-8 所示。

在 Security 和 Server Objects 节点下有许多可用的子文件夹。这些子文件夹包含各种服务器级的代码片段，包括已在服务器上定义的登录、服务器角色、链接的服务器和触发器等。对于每个子文件夹，都可以添加或修改已显示的实体。例如，如果右击 EndPoints 节点，上下文菜单就会提供选项以添加基于 TCP 或 HTTP 的端点。选择 Add 选项时会生成 T-SQL 代码，并放在一个新打开的设计器选项卡中。执行 T-SQL 代码会创建代码片段。当然，必须修改 T-SQL 代码，这样执行它时才会得到想要的结果。

Databases 节点也包含子文件夹。区别是这里的每个子文件夹表示 SQL Server 实例上的一个数据库。展开一个数据库节点会显示更多额外的文件夹，包含 Tables、Views、Synonyms、Programmability items、Server Brokers Storage elements 和 Security。对于其中大多数项，创建或编辑过程是相同的。右击子文件夹并选择 Add New 选项，会生成创建所选项需要的 SQL 语句(自然需要修改几个值)。或者右击已有的项并选择 View Properties 或其他名称类似的菜单项，这会显示修改所选项的 T-SQL 代码。接着就可以修改对应的值，并且单击 Update 按钮执行该语句，如图 26-9 所示。

图 26-7

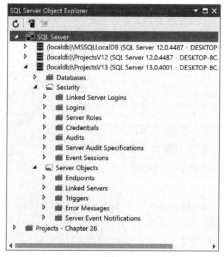

图 26-8

图 26-9

26.2　编辑数据

也可以通过 Visual Studio 2017 查看和编辑数据库表中的数据。要编辑表中的信息，首先在 Server Explorer 中选中要修改的表，然后从上下文菜单中选择 Show Table Data 菜单命令。数据库中的数据以表格形式显示出来，如图 26-10 所示。可以对它进行编辑，使其包含希望插入的任意默认数据或者测试数据。编辑数据时，表编辑器会在已修改的字段旁边显示一个指示器。

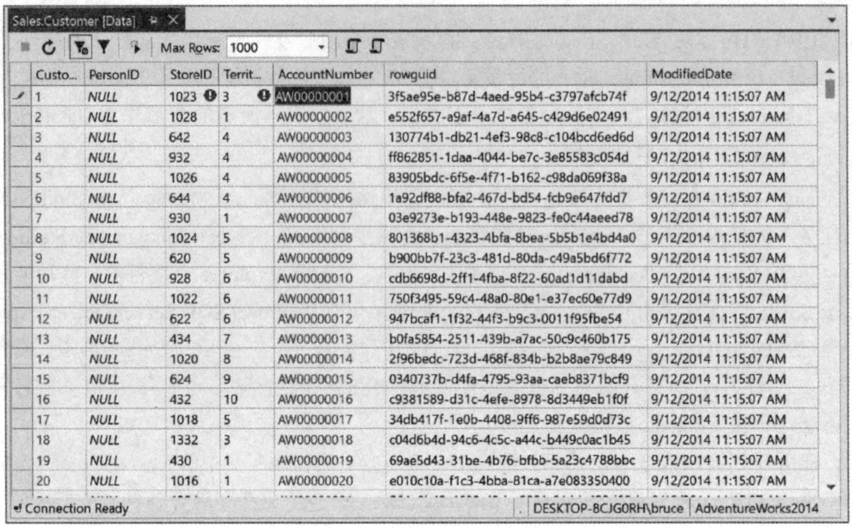

Custo...	PersonID	StoreID	Territ...	AccountNumber	rowguid	ModifiedDate
1	NULL	1023	3	AW00000001	3f5ae95e-b87d-4aed-95b4-c3797afcb74f	9/12/2014 11:15:07 AM
2	NULL	1028	1	AW00000002	e552f657-a9af-4a7d-a645-c429d6e02491	9/12/2014 11:15:07 AM
3	NULL	642	4	AW00000003	130774b1-db21-4ef3-98c8-c104bcd6ed6d	9/12/2014 11:15:07 AM
4	NULL	932	4	AW00000004	ff862851-1daa-4044-be7c-3e85583c054d	9/12/2014 11:15:07 AM
5	NULL	1026	4	AW00000005	83905bdc-6f5e-4f71-b162-c98da069f38a	9/12/2014 11:15:07 AM
6	NULL	644	4	AW00000006	1a92df88-bfa2-467d-bd54-fcb9e647fdd7	9/12/2014 11:15:07 AM
7	NULL	930	1	AW00000007	03e9273e-b193-448e-9823-fe0c44aeed78	9/12/2014 11:15:07 AM
8	NULL	1024	5	AW00000008	801368b1-4323-4bfa-8bea-5b5b1e4bd4a0	9/12/2014 11:15:07 AM
9	NULL	620	5	AW00000009	b900bb7f-23c3-481d-80da-c49a5bd6f772	9/12/2014 11:15:07 AM
10	NULL	928	6	AW00000010	cdb6698d-2ff1-4fba-8f22-60ad1d11dabd	9/12/2014 11:15:07 AM
11	NULL	1022	6	AW00000011	750f3495-59c4-48a0-80e1-e37ec60e77d9	9/12/2014 11:15:07 AM
12	NULL	622	6	AW00000012	947bcaf1-1f32-44f3-b9c3-0011f95fbe54	9/12/2014 11:15:07 AM
13	NULL	434	7	AW00000013	b0fa5854-2511-439b-a7ac-50c9c460b175	9/12/2014 11:15:07 AM
14	NULL	1020	8	AW00000014	2f96bedc-723d-468f-834b-b2b8ae79c849	9/12/2014 11:15:07 AM
15	NULL	624	9	AW00000015	0340737b-d4fa-4795-93aa-caeb8371bcf9	9/12/2014 11:15:07 AM
16	NULL	432	10	AW00000016	c9381589-d31c-4efe-8978-8d3449eb1f0f	9/12/2014 11:15:07 AM
17	NULL	1018	5	AW00000017	34db417f-1e0b-4408-9ff6-987e59d0d73c	9/12/2014 11:15:07 AM
18	NULL	1332	3	AW00000018	c04d6b4d-94c6-4c5c-a44c-b449c0ac1b45	9/12/2014 11:15:07 AM
19	NULL	430	1	AW00000019	69ae5d43-31be-4b76-bfbb-5a23c4788bbc	9/12/2014 11:15:07 AM
20	NULL	1016	1	AW00000020	e010c10a-f1c3-4bba-81ca-a7e083350400	9/12/2014 11:15:07 AM

图 26-10

也可以显示与正在编辑的表数据相关联的图表、规则和 SQL 窗格，为此只要在表中右击，然后从 Pane 子菜单中选择相应的命令即可。这可以用于定制提取数据的 SQL 语句——例如可以为获得特定值或仅获取前 50 行数据而过滤表。

26.3 Redgate 数据工具

为了改进 Visual Studio 和数据库构件之间的集成，微软与 Redgate 合作，在 Visual Studio 2017 中包含三种不同的工具。

- **ReadyRoll Core**：提供源代码控制和 SQL Server 构件的部署助手。
- **SQL Prompt Core**：提供了 SQL 代码完成功能。可以把它想象成 SQL 语句的智能感知。
- **SQL Search**：允许搜索数据库内部和数据库之间的 SQL 对象。

下面详细讨论这些内容。

26.3.1 ReadyRoll Core

开发人员最常见的任务之一就是对数据库进行更改。这是一项充满挑战的任务。一些开发人员直接针对数据库进行更改。所以很难跟踪进行了哪些更改，并将这些更改传播到 QA 或生产系统中。其他开发人员要耗费大量精力维护数据和模式的迁移脚本，以处理在开发过程中对数据库所做的更改。

ReadyRoll Core 的目的是简化这两类开发人员的工作。它提供了一种机制，用于生成和维护在数据和模式级别上部署、迁移和更新数据库所需的脚本。

起点是一个新的 SQL Server 项目。使用 File | New | Project 打开 New Project 对话框。在左侧，导航到 SQL Server 节点，就会看到两个项目模板，如图 26-11 所示。

第一个模板 SQL Server Database Project 是旧的。还有一个 ReadyRoll SQL Server Database Project 可用。提供合适的项目和解决方案名称，并单击 OK 按钮，创建项目。

> 如果没有在列表中看到 ReadyRoll 项目，那么请使用 Visual Studio Installer 来安装 ReadyRoll 组件。在 Visual Studio Installer 的 Individual Components 列表中可以找到它们。可参见第 1 章了解详情。

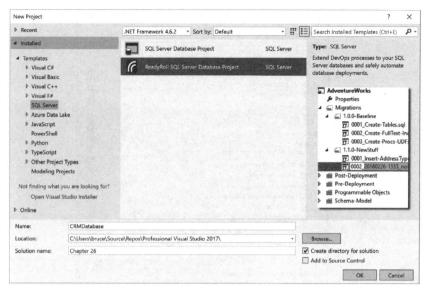

图 26-11

创建的项目可以在图 26-12 的 Solution Explorer 中看到。

项目本身主要包含三个文件夹：Migrations、Post-Deployment 和 Pre-Deployment。每个文件夹都放置(或生成)在流程的各个点执行的 SQL 脚本。Post-Deployment 和 Pre-Deployment 脚本分别在数据库部署前后执行。Migration 脚本在这两者之间运行，因为它们形成了实际的部署。

创建项目后，下一步是将其连接到数据库。如果创建一个新的数据库，作为应用程序的一部分，还可以连接到一个空数据库。但是对于本例，使用 View｜ReadyRoll，打开 ReadyRoll 窗格。开始时需要采取三个步骤，而窗格指示用户所在的位置。如图 26-13 所示是在创建了一个项目并连接到数据库之后的窗格。

图 26-12

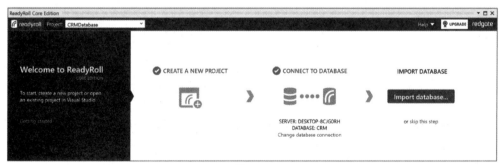

图 26-13

将项目连接到数据库时，会显示一个对话框，该对话框允许创建连接。可以选择最近使用的连接(这是最近在打开的所有项目中使用的连接，而不仅是数据库项目)。或者可使用在三个不同区域中定义的数据库。图 26-14 显示了用于在不同区域中选择数据库的对话框，三个不同的区域是 Local(在自己的计算机上)、Network(在当前的网络中)和 Azure。

这个对话框显示了一个数据库服务器列表。选择所需的服务器后，表单下半部分的字段用于定义连接。这包括特定的数据库、身份验证模式和任何必需的凭据。有一个按钮允许测试连接，以确保信息是正确的。完成后，单击 OK 按钮，将选定的数据库连接到数据库项目。

连接到现有数据库后，可使用 Import database 按钮(如图 26-13 所示)来创建初始脚本。几分钟后(实际的时间取决于数据库中对象的数量)，ReadyRoll 窗格如图 26-15 所示。

图 26-14

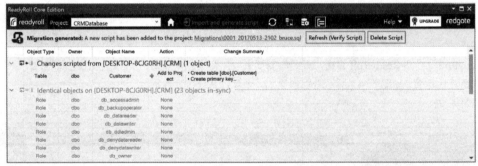

图 26-15

可在窗格的主体中看到创建一个表(Customer)的消息。它还指示将迁移脚本放到项目中。可以双击该脚本，以查看实际创建的内容。

在 ReadyRoll 窗格的顶部，有许多控件旨在访问通常需要的功能。左边是一个下拉列表，其中包含当前解决方案中的数据库项目。更改项目可在不同的项目中锁定命令。

根据在面板上显示的具体内容，可能会在数据库项目列表右侧看到一个 Home 图标，如图 26-15 所示。当单击它时，ReadyRoll 窗格如图 26-16 所示。

图 26-16

稍后介绍两个控件。它们用于将数据库的更改导入到数据库项目中。最后两个图标用于在 SQL Server Management Studio (SSMS)中打开目标数据库，并修改目标数据库的连接。

现在已经连接到数据库了，可以随意修改数据库。可以使用内置到 Visual Studio 中的 SQL Object Explorer，也可以使用 SSMS。如何更改数据库并不重要。完成更改(在这个示例中，将 address 列添加到 Customer 表中)后，返回 ReadyRoll 窗格，并单击刷新数据库对象列表的图标(图 26-16 中的圆形箭头)。结果如图 26-17 所示。

图 26-17

可以看到，所做的更改包含在窗格中。单击 import and generate scrip 链接时，将创建一个 SQL 脚本，并将其放到 Migration 文件夹的项目中。可以经常重复这个过程，根据需要修改数据库。

在发布数据库项目时，这个过程有点笨拙。如果右击数据库项目，就会注意到 Publish 选项。但点击它时，会看到一个消息框，说数据库不能通过 Visual Studio 发布。而有一个命令行可以用来发布数据库，对话框中的一个按钮为当前项目生成该命令，并将其放在剪贴板上。

26.3.2　SQL Prompt Core

SQL Prompt Core 的目标是利用智能感知的一些功能来编写 SQL 命令。首先使用 Tools｜SQL Server｜New Query 打开一个新的 SQL 查询窗口。窗口提示你输入要编写查询的连接。一旦有了连接，就可以开始编写了。

假设正在处理 CRM 数据库，请键入 SELECT * FROM。在 FROM 后面添加一个空格，结果如图 26-18 所示。在这里可以选择任何可用的对象。这正是编辑代码文件时所期望的帮助。

除了这项基本功能之外，还有其他可用的选项。在图 26-19 中，有一个相对正常的 SQL 查询。

图 26-18

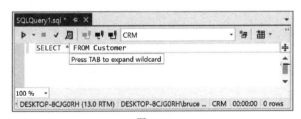

图 26-19

当光标位于星号的右侧时，使用 Tab 键会将星号自动替换为当前表中的字段列表。如果不想选择所有的列，请使用 Ctrl+Space 打开项列表，并单击 Column Selector 选项卡。结果如图 26-20 所示。

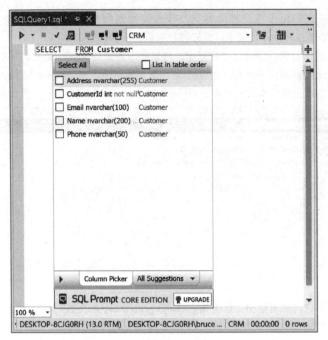

图 26-20

SQL Prompt Core 的最后一个特性是在查询中显示(和自动完成) JOIN 语句的能力。开始键入 ON 子句时，SQL Prompt Core 将对表中的外键关系进行评估，并显示可能的 JOIN 语句。

26.3.3　SQL Search

对数据库进行更改时，能够在数据库中或甚至跨多个数据库中搜索特定元素，是非常有用的。在 Visual Studio 2017 中，这项功能可通过 Tools｜SQL Search 选项得到。图 26-21 显示了这个窗口。

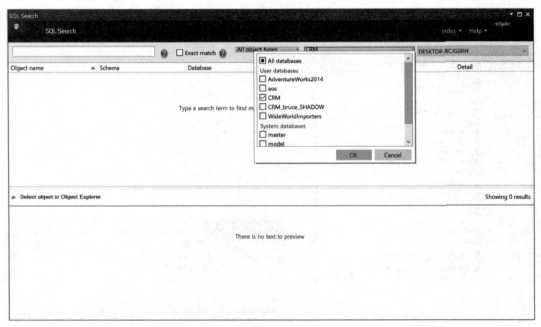

图 26-21

在窗口顶部的栏中，可以通过下拉菜单选择要扫描的数据库。在要包含的数据库旁边放置一个复选标记，并单击 OK 按钮。然后在右边的搜索框中输入一个值，搜索所有选定的数据库。图 26-22 展示了一组结果。

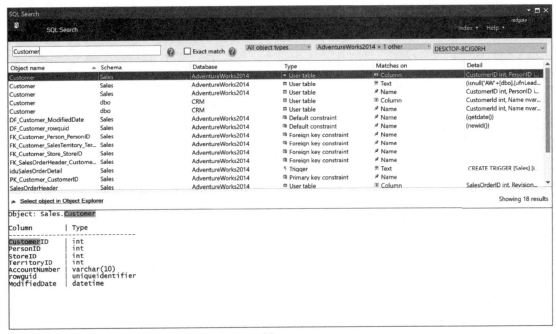

图 26-22

某些情况下，会有关于结果的上下文信息。如果是这样(并且结果中的 Detail 列包含了上下文信息)，那么选择该项，就会在窗格的下半部分显示上下文信息。

26.4 小结

有了 Visual Studio 2017 的各种工具和窗口，就可以轻松地创建和维护数据库，而不需要退出 IDE。可以使用带有 Schema Designer 视图的 Properties 工具窗口，可视化地操作数据，定义数据库模式。

更重要的是，对于经常操作数据库的开发人员来说，Visual Studio 2017 包含了一些工具，这些工具旨在帮助他们在真实的生产环境中管理和部署数据库。

第 27 章

ADO.NET Entity Framework

本章内容

- 理解 Entity Framework
- 创建 Entity Framework 模型
- 查询 Entity Framework 模型

本章源代码下载

通过在 www.wrox.com 网站搜索本书的 EISBN 号(978-1-119-40458-3)，可下载本章的源代码。相关源代码和支持文件都在本章对应的文件夹中。

业务应用程序(和许多其他类型的应用程序)的一个核心要求是能存储和检索数据库中的数据。但说来容易做来难，因为数据库的关系模式与对象层次结构融合得不是很好，而后者更便于在代码中处理。为了创建和填充这些对象层次结构，就需要编写大量代码，将数据从数据读取器传送到对开发人员友好的对象模型中，而且之后的维护通常很困难。实际上，正是由于这种源源不断的挫折，许多开发人员才转向编写代码生成器或各种其他工具，这些工具根据其自身结构自动创建访问数据库的代码。但是，代码生成器通常在数据库结构和对象模型之间创建一对一的映射，这非常不理想，并会导致"对象关系阻抗失配"问题，也即数据在数据库中的存储方式和开发人员为数据建立对象模型的方式不一定有直接的联系。这导致了"对象关系映射(Object Relational Mapping)"概念的出现，在这个概念中，可以设计出理想的对象模型，用代码处理数据，之后映射到数据库的模式上。一旦映射完成，ORM(Object Relational Mapper)框架就应负责处理对象模型和数据库之间的转化，从而让开发人员仅关注业务问题的解决，而不必关注数据处理的技术问题。

对于许多开发人员而言，ORM 是把数据库中的数据当作对象来处理的圣杯(Holy Grail)，人们一直在争论各种 ORM 工具的优缺点。本章不涉及这些争论，仅介绍如何使用 ADO.NET Entity Framework——Microsoft 的 ORM 框架。

本章介绍如何创建数据库的 Entity Framework 模型以及如何通过它查询和更新数据库的整个过程。Entity Framework 是一个庞大的主题，需要一整本书的篇幅来介绍其用法。一章的篇幅不可能介绍它的所有特性，所以本章仅讨论它的一些核心特性，以及如何开始创建一个基本的实体模型。

本章创建的 Entity Framework 模型将用于本书后面许多需要在示例中使用数据库访问的章节。

27.1 什么是 Entity Framework

Entity Framework 实际上是一个 Object Relational Mapper(对象关系映射器)。Object Relational Mapping 可以创建一个概念对象模型，并把它映射到数据库上，而 ORM 框架则负责将对"对象模型"的查询转换为对"数据库"的查询，并以在模型中定义的对象的形式返回数据。

下面是 Entity Framework 涉及的一些重要概念和本章使用的一些术语：

- **实体模型**：使用 Entity Framework 创建的实体模型包含如下 3 个部分：
  - **概念模型**：表示对象模型，包括实体、实体的属性和实体之间的关联
  - **存储模型**：表示数据库结构，包括表/视图/存储过程、列、外键等
  - **映射**：通过存储模型和概念模型(即数据库和对象模型)之间的映射，提供两者之间的结合这些部分都由 Entity Framework 使用特定领域语言(DSL)作为 XML 维护。
- **实体**：实际上只是映射数据库模型的对象(带有属性)。
- **实体集**：是给定实体的集合，可以将实体看成是数据库中的一行，整个实体集就是一个表。
- **关联**：定义实体模型中实体之间的关系，在概念上与数据库中的关系相同。关联用于在实体之间来回移动实体模型中的数据。
- **映射**：是 ORM 的核心概念，它其实是从数据库中的关系模式到代码中的对象的转换层。

27.2　入门

为演示 Entity Framework 中的一些特性，本节的示例使用 Microsoft 公司开发的 AdventureWorks2014 示例数据库，作为 SQL Server 的一个示例数据库。

AdventureWorks2014 数据库可以在如下网址下载：https://github.com/Microsoft/sql-server-samples/releases/tag/adventureworks2014。

Adventure Works Cycles 是一个假想的自行车销售链，AdventureWorks2014 数据库用于存储和访问其产品销售数据。

CodePlex 网站详细阐述了如何用已下载的脚本将数据库安装到一个打开的 SQL Server 实例或可由开发计算机访问的 SQL Server 实例上(SQL Server Express Edition 便足以满足要求)。

下面将创建一个项目，其包含这个数据库的 Entity Framework 模型。首先打开 New Project 对话框，创建一个新项目。本章创建的示例项目使用 WPF 项目模板，并将数据显示在 MainWindow.xaml 文件定义的一个名为 dgEntityFrameworkData 的 WPF DataGrid 控件上。

既然已经有了一个承载和查询 Entity Framework 模型的项目，那么现在应该创建实体模型了。

27.3　创建实体模型

创建实体模型有两种方式。通常根据已有数据库的结构创建模型；但在 Entity Framework 中，还可以从一个空白模型开始，让 Entity Framework 从中生成数据库结构。

示例项目使用第一种方法，根据 AdventureWorks2014 数据库的结构创建一个实体模型。

27.3.1　实体数据模型向导

打开项目的 Add New Item 对话框，找到 Data 类别，再选择 ADO.NET Entity Data Model 作为项模板(如图 27-1 所示)，并命名为 AdventureWorks2014Model.edmx。

这会启动 Entity Data Model 向导，该向导将帮助开始构建 Entity Framework 模型。

这会显示如图 27-2 所示的对话框，该对话框允许选择是自动从数据库中创建模型，还是从空白的模型开始，还是从用于 code-first 设计的空白模型开始，还是使用现有的数据库创建一个 code-first 模型。

　　　设计数据库时，采用 code-first 方法的背后原理是可以让用户创建类。这些类主要为应用程序提供所需的特性。当创建类时，也会修改数据库的设计，以便与类模型(以及任何必需的配置)相匹配。当使用 Domain Driven Design 方法时，code-first 方法很常用。

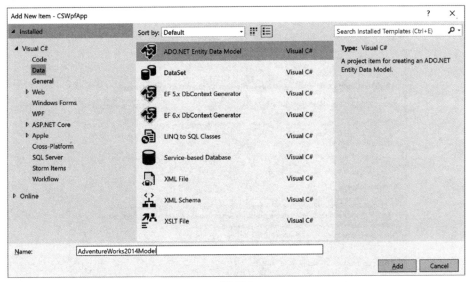

图 27-1

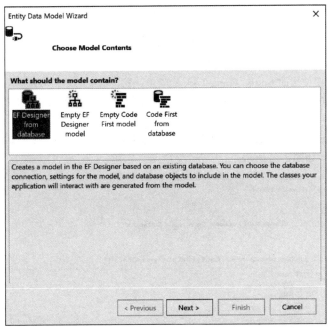

图 27-2

希望从头开始创建模型，无论是手动把它映射到给定的数据库上，还是让 Entity Framework 根据该模型创建数据库时，请使用 Empty Model 选项。

但如前所述，我们将从 AdventureWorks2014 数据库中创建一个实体模型，所以本例的目的是使用 ED Designer from database 选项，让向导帮助我们从数据库中创建实体模型。

进入下一步，现在需要创建一个对数据库的连接，如图 27-3 所示。在下拉列表中列出了已创建的最新数据库连接，但如果需要的数据库连接没有显示在其中(例如，第一次创建对这个数据库的连接)，就需要创建一个新的连接。为此，单击 New Connection 按钮，通过标准化流程选择 SQL Server 实例、身份验证凭据，最后选择数据库。

如果使用用户名和密码作为身份验证凭据，就可以在保存时选择在连接字符串(包含连接数据库所需要的信息)中不包含这些内容，因为这个字符串以明文形式保存，任何看到它的人都可以访问数据库。这种情况下，在查询模型前，只有给模型提供这些凭据才能创建与数据库的连接。如果没有选中在 App.config 文件中保存连接字符串的复选框，则还需要给模型传递如何连接数据库的信息，之后才能查询模型。

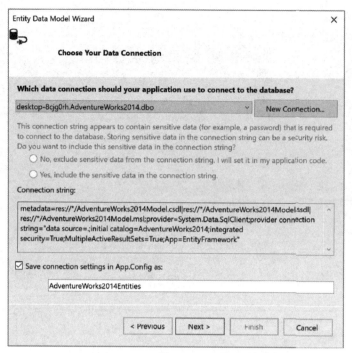

图 27-3

接下来，向导会询问要使用的 Entity Framework 的版本。默认情况下，可以选择 6.0 和 5.0 版本。若现有的应用程序还没有升级到 6.0 版本，则可以选择 5.0 版本(和更旧的版本)。在此，请保持默认版本为 6.0 并单击 OK 按钮。

下一步，向导会连接数据库，并检索其结构(即表、视图和存储过程)，这些会显示在一个树状结构中，以便选择要包含在模型中的元素，如图 27-4 所示。

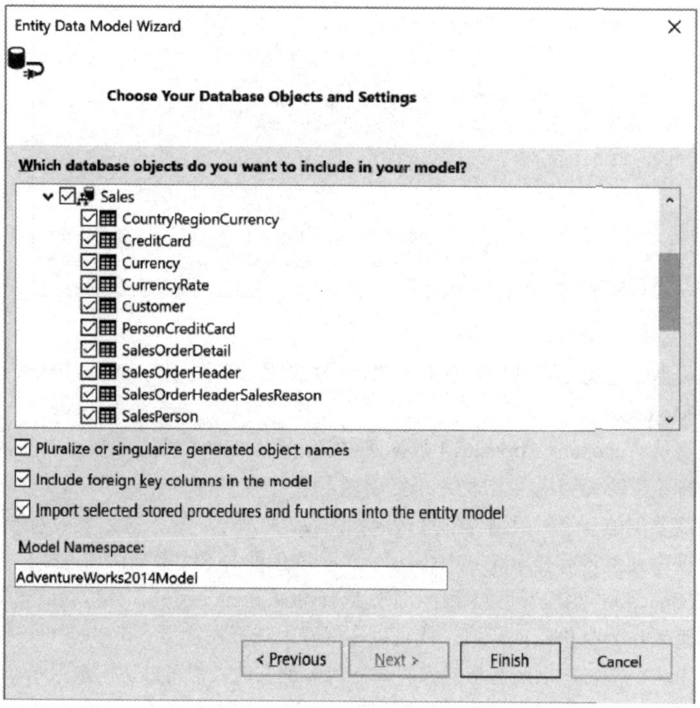

图 27-4

在这个屏幕上可以指定的其他选项有：

- **Pluralize or singularize generated object names**：选中这个选项时，会根据表/视图/存储过程的名称在模型中的使用方式，智能地为它们指定单数或复数形式的名称(集合使用复数形式，实体使用单数形式等)。

- **Include foreign key columns in the model**：Entity Framework 支持两种机制来表明外键列。一种是创建关系和隐藏实体列，而不是通过关系属性来展示。另一种是明确地定义实体中的外键列。如果想使用明确的定义，选中这个选项，并把它列入实体。

- **Import selected stored procedures and functions into the entity model**：虽然实体的数据存储包含对存储过程和函数的支持，但是它们依然需要被导入以便通过模型访问。选中了此选项，所选的存储过程和函数将自动导入模型中。

- **Model Namespace**：允许指定名称空间，在该名称空间中创建与模型相关的所有类。默认情况下，该模型存在于自己的名称空间中(其名称默认为在 Add New Item 对话框中输入的模型名)，而不是项目的默认名称空间，以免与项目中同名的已有类相冲突。

在数据库中选择要在模型中包含的所有表。在这个屏幕中单击 Finish 按钮，会创建映射到数据库上的 Entity Framework 模型。此时可能会显示一个关于运行文本模板的安全警告。原因是 Entity Framework 使用的类的生成是通过 T4 模板完成的。在运行模板之前，Visual Studio 将提示确认要这么做，除非之前禁用了该警告。T4 模板的更多信息可参阅在线归档的第 43 章。

之后就可以在 Entity Framework 中查看模型，根据需求调整它，按照自己的喜好(或标准)进行整理，以便在代码中查询。

27.3.2　Entity Framework 设计器

Entity Framework 模型生成后，就会在 Entity Framework 设计器中打开，如图 27-5 所示。

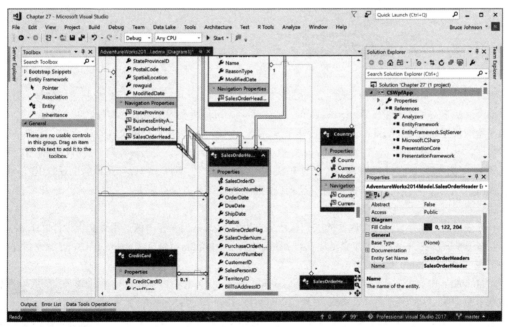

图 27-5

设计器会自动给向导创建的实体布局，显示在它们之间已创建的关联。

可以在设计器界面上移动实体，设计器会自动移动关联线，并尝试使它们的布局很整齐。实体会自动对齐到网格；右击设计器界面，从上下文菜单中选择 Grid | Show Grid 命令，就可以看到该网格。右击设计器界面，从上下文菜单中取消对 Grid | Snap to Grid 命令的选择，就可以禁用对齐功能，更精细地控制图的布局，但启用对齐功能，实体会排列得更好(图也更整齐)。

在图上移动(或添加)实体时，可能会有点混乱，关联线会指向四面八方，以避免"缠绕"。为了使设计器根据它

自己的算法自动整齐地布局实体，可以右击设计器界面，从上下文菜单中选择 Diagram | Layout Diagram 命令。

Entity Framework 模型会迅速变得很大，这样就难以在 Entity Framework 设计器中导航。幸好，设计器有几个工具能使导航容易一些。设计器允许使用其右下角的缩放图标来缩放关系图(垂直滚动条的下面，如图 27-6 所示)。单击这些缩放按钮之间的按钮，会把图缩放到 100%。

要缩放到预定义的百分比，可以右击设计器界面，从 Zoom 菜单中选择一个选项。在这个菜单中还有 Zoom to Fit 选项和 Custom 选项，Zoom to Fit 选项可以把整个实体模型填满设计器的可视化区域；Custom 选项会弹出一个对话框，允许输入指定的缩放比例。

图 27-6

另外，在 Properties 工具窗口中选择一个实体(从下拉对象选择器中选择)，会自动在设计器中选中该实体，并进入视图；在 Model Browser 工具窗口(稍后介绍)中右击该实体，选择 Show in Designer 菜单项，也会得到相同的效果。这将便于在设计器中导航到特定的实体，并根据需要进行修改。

单击实体右上角的图标，可以最小化实体所占的空间。另外，单击 Properties/Navigation Properties 组左边的+/-图标，可以折叠这些组。图 27-7 显示的实体处于 3 种状态：分别是正常的展开状态，Properties/Navigation Properties 组折叠起来的状态和完全折叠起来的状态。

图 27-7

右击设计器界面，从上下文菜单中选择 Diagram | Expand All 命令，可以一次展开所有折叠的实体。另外，右击设计器界面，从上下文菜单中选择 Diagram | Collapse All 命令，可以折叠图中所有的实体。

实体模型的可视化(由 Entity Framework 设计器提供)表示可以用于应用程序的文档设计。在这方面，设计器提供了一种方式，可以把模型布局保存到一个图像文件中，以帮助设计文档。右击设计器界面的任意位置，从上下文菜单中选择 Diagram | Export as Image 命令，会打开 Save As 对话框，供用户选择保存图像的位置。注意，图像默认保存为位图(.bmp)——如果打开 Save As Type 下拉列表，就会发现还可以保存为 JPEG、GIF、PNG 和 TIFF。就质量和文件大小而言，PNG 是最佳选择。

给设计器中的每个实体显示每个属性的类型常常是有用的(尤其是当保存图像，用于文档设计时)。要启用这个功能，可以右击设计器界面，从上下文菜单中选择 Scalar Property Format | Display Name and Type 命令。从右击上下文菜单中选择 Scalar Property Format | Display Name 命令，就可以只显示属性名。

与 Visual Studio 中的大多数设计器一样，Toolbox 和 Properties 工具窗口是设计器的组成部分。如图 27-8 所示的 Toolbox 包含 3 个控件：Entity、Association 和 Inheritance。稍后介绍如何在设计器中使用这些控件。Properties 工具窗口显示设计器中所选项(实体、关联或继承)的属性，并允许根据需要修改属性值。

图 27-8

除了 Toolbox 和 Properties 工具窗口之外，Entity Framework 设计器还采用了另外两个工具窗口 Model Browser 和 Mapping Details 来处理数据。

Model Browser 工具窗口如图 27-9 所示，它允许浏览数据库的概念实体模型及其存储模型的层次结构。单击存储模型层次结构中的一个元素，会在 Properties 工具窗口中显示其属性；但是，不能修改这些属性(因为这是一个实体建模工具，而不是数据库建模工具)。对存储模型能进行的唯一修改是删除表、视图和存储过程(这不会修改底层的数据库)。单击概念模型层次结构中的元素，也会在 Properties 工具窗口中显示其属性(它们可以修改)，其映射显示在 Mapping Details 工具窗口中。右击层次结构中的实体，从上下文菜单中选择 Show in Designer 菜单项，会把选中的实体/关联显示在设计器的视图中。

图 27-9(b)中演示了 Model Browser 工具窗口中的搜索功能。因为实体模型会变得相当大，所以很难找到需要的元素。因此优秀的搜索功能非常重要。在窗口顶部的搜索文本框中输入搜索词，按下 Enter 键。在这个例子中搜索词是 SalesOrder，它会突出显示层次结构(包括实体、关联、属性等)中包含该搜索词的所有名字。垂直滚动条会突出显示在层次结构(已展开)中找到搜索词的位置，以便在整个层次结构中查看找到结果的地方。结果数显示在搜索文本框的下面，旁边是一个向上箭头和一个向下箭头，用于浏览这些结果。搜索完毕后，就可以单击旁边的十字图标，让窗口返回正常状态。

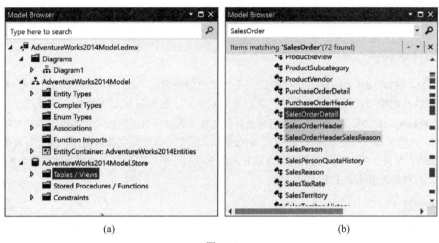

(a)   (b)

图 27-9

Mapping Details 工具窗口如图 27-10 所示，它允许修改实体的概念模型和存储模型之间的映射。在设计器中选择一个实体，Model Browser 工具窗口或 Properties 工具窗口就会显示该实体的属性与数据库中的列之间的映射。把实体的属性映射到数据库上有两种方式：通过表和视图，或者通过函数(即存储过程)。Mapping Details 工具窗口的左边是两个图标，允许选择映射到表和视图上，或者映射到函数上。但这里仅讨论如何把实体属性映射到表和视图上。

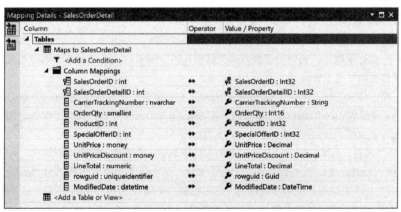

图 27-10

表/视图映射的层次结构(在 Column 列的下面)显示了映射到实体上的表，其下是表中的列。要把实体的属性(在 Value/Property 列的下面)映射到这些列上，可以单击单元格，打开下拉列表，从中选择一个属性。

一个实体可以映射到数据库的多个表/视图上(把两个或多个表/视图列入一个实体，如前所述)。要给层次结构添加另一个映射到实体上的表/视图，可以单击底部的< Add a Table or View >行，从下拉列表中选择一个表/视图。当在 Mapping Details 工具窗口中添加一个表来映射实体时，该工具窗口会自动把同名的列与实体属性匹配起来，并在它们之间创建一个映射。通过选择表的行，并按下 Delete 键可从层次结构中删除表。

条件(Condition)是 Entity Framework 的一个强大功能，允许在运行期间根据一个或多个指定的条件选择要映射到实体上的表。例如，假定模型中有一个 Product 实体，映射到数据库的 Products 表上。但实体上还有其他扩展属性，它们根据实体的 ProductType 属性值映射两个表中的一个。如果产品是某种特定的类型，就把列映射到一个表上，如果产品是另一种类型，就把列映射到另一个表上。为此，可以在表映射上添加一个条件。在 Mapping Details 窗口中，单击要映射的表下面的< Add a Condition >行进行选择性映射。打开下拉列表，其中包含实体的所有属性。选择条件所需的属性(在这个例子中是 ProductType 属性)，选择一个运算符，输入要与属性比较的值。注意，这里只有两个运算符：等于(=)和 Is。可以根据需要添加其他条件来确定表是否应该被用作给定属性的数据源。

 注意，在 Entity Framework 中有许多高级功能，但它们不能用于 Entity Framework 设计器(例如使用存储模式、注解和引用其他模型等)。但通过直接修改模式文件(XML 文件)可以实现这样的功能。

27.3.3 创建/修改实体

Entity Data Model Wizard 为构建实体模型提供了一个很好的起点。在一些情况下，该向导构建的实体模型就已足够好，可以开始编写代码来查询它了。在创建好模型后，也可以根据需要修改其设计。

因为 Entity Framework 提供了一个概念模型来设计和工作，所以在数据库模式和代码中的对象模型之间不再有1:1 关系的限制，在实体模型中进行的修改不会影响数据库。因此可以删除实体的属性，修改其名称等，这不会对数据库有任何影响。另外，我们执行的所有修改都针对概念模型，所以在数据库中更新模型不会影响概念模型(只影响存储模型)，这样修改就不会丢失。

1. 修改属性名称

在所处理的数据库中，表和列的名称常常包含前缀或后缀，大写字母用得过多或过少，甚至其名称不再匹配其实际功能。此时像 Entity Framework 这样的 ORM 就可以发挥作用了，因为可以在实体模型的概念层修改这些名称，使模型能在代码中使用(实体和关联有更有意义的标准化名称)，而无须修改底层的数据库模式。AdventureWorks2014 数据库中的表和列都有合理友好的名称，但如果想要修改这些名称，只需要双击设计器中的 Name 属性(或者选择名称并按下 F2 键)，这会把名称显示变成一个文本框，以允许修改名称。另外，还可以在设计器、Model Browser 工具窗口或 Properties 工具窗口中选择属性，在 Properties 工具窗口中更新 Name 属性。

2. 给实体添加属性

下面介绍给实体添加属性的过程。有如下 3 种属性：

- **标量属性**：基本类型的属性，如字符串型、整型、布尔型等。
- **复杂属性**：一组标量属性，它们的组合方式类似于代码中的结构。以这种方式组合起来的属性可以使实体模型的可读性更高并易于管理。
- **导航属性**：用于导航关联。例如，SalesOrderHeader 实体包含一个导航属性 SalesOrderDetails，该属性允许导航到与当前 SalesOrderHeader 实体相关的一组 SalesOrderDetail 实体。在两个实体之间创建关联，会自动创建所需的导航属性。

要尝试给实体添加属性，最简单的方法是从已有的实体中删除一个属性，再手动添加它。从实体中删除属性(在设计器中选择它并按下 Delete 键)，现在再添加它，右击实体，从上下文菜单中选择 Add | Scalar Property 命令。另外，创建大量属性时，一个更简单、更容易成功的方法是选择一个属性或 Properties 标题，按下键盘上的 Insert 键。这会把一个新属性添加到实体中，属性名称显示在文本框中，可以根据需要修改它。

下一步是设置属性的类型，这需要在 Properties 工具窗口中来完成。默认类型是字符串，但可以设置 Type 属性，把属性的类型改为需要的类型。

对于想指定为实体键的属性(即用于唯一标识实体的属性)。需要将其 Entity Key 属性设置为 True。设计器中的属性会在其图标上添加一个小钥匙图片，以便标识出哪些属性用于唯一标识实体。

可以在一个属性上设置许多其他属性，包括指定默认值、最大长度(用于字符串)以及是否可空。还可以给属性指定 getter 和 setter 的作用域(public、private 等)，指定用途，例如某属性应映射到数据库中带计算值的列上，该列的值不应由客户应用程序来设置(将 setter 指定为 private)。

最后一个任务是把属性映射到存储模型上。其方法如本章前面所述，使用 Mapping Details 工具窗口。

3. 创建复杂类型

可从头开始创建复杂类型，但创建复杂类型的最简单方法是重构实体，在实体上选择要包含在复杂类型中的标量属性，让设计器通过这些属性创建复杂类型。按下面的步骤将 Person 实体上与名称相关的属性移动到一个复杂类型中。

(1) 在 Person 实体上选择与名称相关的属性(FirstName、LastName、MiddleName、NameStyle、Suffix、Title)，具体操作是选择第一个属性，再按住 Ctrl 键选择其他属性(以便同时选择它们)。

(2) 右击选中的一个属性，选择 Refactor｜Move To New Complex Type 菜单项。

(3) 在 Model Browser 中会显示它创建的新复杂类型，其名称显示在文本框中，用户可以指定更有意义的名称。对于本例，属性名称指定为 PersonName。

(4) Entity Framework 设计器会创建一个复杂类型，添加所选的属性，从实体中删除这些属性，再把刚才创建的复杂类型添加为实体中的一个新属性。但这个属性的名称是 ComplexProperty，因此需要给它指定一个更有意义的名称。在设计器中选择该属性，按下 F2 键，在文本框中输入名称。

以这种方式把属性组合在一起，将更容易在设计器和代码中操作实体。

4. 创建实体

到目前为止，我们一直在修改通过 Entity Data Model Wizard 创建的已有实体。现在分析从头开始创建实体的过程，并把它映射到存储模型中的表/视图/存储过程上。这个过程的大多数内容都已介绍过，在此仅介绍从头开始配置实体所需的步骤。

手动创建实体有两种方式。第一种是右击设计器界面，从上下文菜单中选择 Add New｜Entity 命令，这将打开如图 27-11 所示的对话框，该对话框有助于建立实体的初始配置。在 Entity Name 字段中输入实体的名称时，注意 Entity Set 字段会自动更新为该实体名称的复数形式(如有必要，可以把这个实体集的名称改为其他内容)。Base type 下拉列表允许在实体模型中选择已有的实体，作为这个实体要继承的父实体(稍后讨论)。还有一个部分允许指定自动创建在实体上的属性的名称和类型，并把该属性设置为实体键。

创建实体的另一种方式是把 Entity 组件从 Toolbox 拖放到设计器界面上。但注意这不会打开前一种方法打开的对话框，而是会立即创建一个带默认名称、实体集名称和实体键属性的实体。接着必须使用设计器修改其配置，以满足自己的需要。

配置实体所需的步骤如下：

(1) 如有必要，指定实体应继承一个基实体来创建继承关系。

(2) 在实体上创建需要的属性，至少把其中一个属性设置为实体键。

图 27-11

(3) 使用 Mapping Details 工具窗口把这些属性映射到存储模式上。

(4) 创建与模型中其他实体的关联。

(5) 验证模型，确保实体映射正确。

　所有的实体都必须有一个实体键，用于唯一标识该实体。实体键在概念上等同于数据库中的主键。

如前所述，不再有数据库中的一个表/视图只映射一个实体的限制。这是构建数据库的概念模型的一个优点——可以把相关的数据散布到许多数据库表中，通过 Entity Framework 中的一个概念实体模型层，就可以把这些不同的源组合到一个实体中，这样在代码中处理数据会更容易。

确保在创建实体模型时，不要过分关注数据库的结构——设计概念模型的优点是可以根据在代码中使用模型的方式来设计模型。因此应关注如何设计实体模型，之后研究如何把它映射到数据库上。

27.3.4 创建/修改实体关联

在两个实体之间创建关联有两种方式。第一种是右击一个实体的标题，从上下文菜单中选择 Add New | Association 命令，打开如图 27-12 所示的对话框。

图 27-12

这个对话框包括：

● **Association Name**：给关联指定的名称。如果在模型中更新数据库，这将是数据库中外键约束的名称。

● **End**：指定关联的每一端的实体、关联的类型(1:1、1:N 等)、要在两个实体上创建的导航属性名称，以便从一个实体导航到关联的另一个实体上。

● **Add foreign key properties to the entity**：允许在"外部"实体上创建属性，该属性将用作外键，并映射到关联的实体键属性上。如果已经在关联的实体上添加了构成外键的属性，就应取消对这个复选框的选择。

创建关联的另一种方式是单击 Toolbox 中的 Association 组件，再单击一个实体构成关联的一端，最后单击另一个实体，构成关联的另一端(如果是 1:N 关系，就先选择"1"端的实体)。使用这种方法会给关联指定默认名称，在两个实体上创建导航属性，并假定是 1:N 关系，但不会在"外部"实体上创建外键属性。之后可以使用 Properties 工具窗口根据需要修改这个关联。

 不能以拖放方式使用 Toolbox 中的 Association 组件。

尽管已创建了关联，但这还没有结束(除非使用第一种方法，并且选择了给关联创建外键属性的选项)。现在需要把一个实体上用作外键的属性映射到另一个实体的实体键属性上。已知实体的主键是关联上的一个端点，但必须明确告诉 Entity Framework 把哪个属性用作外键属性。为此，可以在设计器中选择关联，使用 Mapping Details 工具窗口映射属性。

之后，还可以给关联定义参照约束，为此，可以在设计器中单击关联，在 Properties 工具窗口中找到 Referential Constraint(参照约束)属性。

27.3.5　实体继承

类可以继承其他类(一个面向对象的基本概念)，同样实体也可以继承其他实体。指定一个实体继承另一个实体有许多方式，但最直接的方法是在设计器中选择一个实体，在 Properties 工具窗口中找到 Base Type 属性，再从下拉列表中选择该实体应继承的实体。

27.3.6　验证实体模型

有时，实体模型可能是无效的(例如，实体上的属性没有映射到存储模型，或者其类型不能转换为数据库中所映射的列的类型，或数据库中的映射的列的类型不能转换为其类型)；但尽管实体模型无效，项目仍然可以通过编译。

右击设计器界面，从上下文菜单中选择 Validate 命令，就可以进行检查，看看模型是否有效。这会检查模型中的错误，并将错误显示在 Error List 工具窗口中。

还可以把概念模型的 Validate On Build 属性设置为 True(单击设计器界面的空白处，在 Properties 工具窗口中就可以找到该属性)，这会在每次编译项目时自动验证模型。但是同样，即使模型无效，项目仍能成功编译。

27.3.7　根据数据库的修改来更新实体模型

数据库的结构在项目的开发过程中常常更新，所以需要有一种方式，能够根据数据库中的修改来更新模型。为此，右击设计器界面，选择 Update Model from Database 菜单项。这会打开 Update Wizard 对话框，如图 27-13 所示，它会从数据库中获取模式，将其与当前的存储模型比较，并提取出它们的差别。这些差别会显示在向导的选项卡上——Add 选项卡包含存储模型中没有的数据库对象，Refresh 选项卡包含数据库与存储模型中不同的对象，Delete 选项卡包含数据库中没有但存储模型中有的对象。

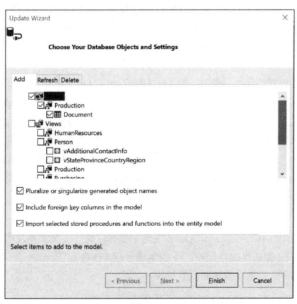

图 27-13

从这 3 个选项卡中选择要添加、刷新或删除的项，单击 Finish 按钮，实体模型就会相应更新。

27.4　查询实体模型

创建实体模型后，肯定希望通过查询它来测试，使用并修改返回的数据，把修改保存在数据库中。Entity

Framework 提供了许多方法来查询实体模型，包括 LINQ to Entities、Entity SQL 和查询构建器(query builder)方法。但本章仅使用 LINQ to Entities 来查询模型。

27.4.1　LINQ to Entities 概述

在线归档的第 46 章介绍了 LINQ，主要讨论 LINQ to Objects、LINQ to SQL 和 LINQ to XML 的用法。Entity Framework 还用自己的实现方案 LINQ to Entities 扩展了 LINQ。LINQ to Entities 允许对实体模型编写强类型化的 LINQ 查询，并将数据作为对象(实体) 返回。LINQ to Entities 把概念实体模型上的 LINQ 查询映射为对底层数据库模式的 SQL 查询。这是 Entity Framework 的一个非常强大的功能，因为它不再需要编写 SQL 来处理数据库中的数据。

27.4.2　获得对象上下文

要连接实体模型，需要在实体模型中创建对象上下文的一个实例。一旦使用完毕，就会删除对象上下文，所以使用 using 代码块来维持变量的生存期:

VB

```
Using context As New AdventureWorks2014Entities()
    'Queries go here
End Using
```

C#

```
using (AdventureWorks2014Entities context = new AdventureWorks2014Entities())
{
    // Queries go here
}
```

在对象上下文的 using 代码块指定的作用域内进行的查询，不一定会执行。如在线归档第 46 章的 "调试和执行" 一节所述，LINQ 查询的执行推迟到迭代结果时(即代码需要使用查询的结果时，才对数据库执行查询)。这意味着如果包含上下文的变量在使用查询结果之前超出了作用域，查询就会失败。因此，确保在上下文变量超出作用域之前请求查询的结果。

如果需要指定对数据库的连接(例如，需要传递用户凭据或使用自定义连接字符串，而不是 App.config 文件中的连接字符串)，就可以把连接字符串传送给对象上下文的构造函数(这里是 AdventureWorks2014Entities)。

传入构造函数的连接字符串和传入典型的数据库连接对象的连接字符串还是不太一样的。在 Entry Framework 中，连接字符串还包括有关在何处可以找到实体元数据的描述。

27.4.3　CRUD 操作

最重要的数据库查询是 CRUD(Create/Read/Update/Delete)操作，这一点是很难反驳的。Read 操作从数据库中返回数据，而 Create/Update/Delete 操作修改数据库。下面创建一些 LINQ to Entities 查询来演示如何从数据库中检索数据(作为实体)，修改这些实体，并把修改保存回数据库。

当想快速编写 LINQ to Entities 的查询时，会发现 LINQPad 是一个有用的工具，它提供了一个 "中间结果暂存器"，可在其中对实体模型编写查询，并立即执行它们以测试查询。可以从 http://www.linqpad.net 获得 LINQPad。

1. 数据检索

与 SQL 一样，LINQ to Entity 查询由 select 语句、where 子句、order by 子句和 group by 子句组成。看看下面的例子。可将查询结果赋给前面在 MainWindow.xaml 文件中创建的 DataGrid 控件的 ItemsSource 属性，以可视化查询结果：

VB

```
dgEntityFrameworkData.ItemsSource = qry
```

C#

```
dgEntityFrameworkData.ItemsSource = qry;
```

实际上，在 LINQ to Entities 中查询实体模型有许多方式，但这里仅介绍一种方式。假定该查询在前面演示的 using 代码块内部，其中包含对象上下文实例的变量称为 context。

要返回数据库中客户的完整集合，可以编写一个 select 查询，如下所示：

VB

```
Dim qry = From c In context.Customers
          Select c
```

C#

```
var qry = from c in context.Customers
          select c;
```

可以用 where 子句过滤结果，该子句甚至可以包含函数/属性，如 StartsWith、Length 等。这个例子返回姓氏以 A 开头的所有客户。

VB

```
Dim qry = From c In context.Customers
          Where c.Name.LastName.StartsWith("A")
          Select c
```

C#

```
var qry = from c in context.Customers
          where c.Name.LastName.StartsWith("A")
          select c;
```

可以用 order by 子句对结果排序，下例按客户的姓氏进行排序：

VB

```
Dim qry = From c In context.Customers
          Order By c.Name.LastName Ascending
          Select c
```

C#

```
var qry = from c in context.Customers
          orderby c.Name.LastName ascending
          select c;
```

可以用 group by 子句对结果进行分组和汇总，下面的例子按销售人员组合结果，返回每位销售人员的销售量。注意，没有返回 Customer 实体，而是 LINQ to Entities 根据请求返回一个隐式类型化的变量，其中包含销售人员及其销量。

VB

```
Dim qry = From c In context.Customers
          Group c By salesperson = c.SalesPerson Into grouping = Group
          Select New With
          {
              .SalesPerson = salesperson,
              .SalesCount = grouping.Count()
```

```
        }
```

C#

```csharp
var qry = from c in context.Customers
          group c by c.SalesPerson into grouping
          select new
          {
              SalesPerson = grouping.Key,
              SalesCount = grouping.Count()
          };
```

 　　监控 Entity Framework 生成和执行的 SQL 查询对于确保实体模型和数据库之间的交互操作是我们所希望的非常有用的操作。例如，因为某个关联是延迟加载的，在循环中遍历包含这个关联的整个层次结构时，实际上是对数据库进行重复、过多的访问。因此，如果使用 SQL Server Standard 或更高版本，就可以使用 SQL Profiler 来监控对数据库执行的查询，根据需要调整 LINQ 查询。

2. 保存数据

Entity Framework 应用了更改跟踪(change tracking)功能——用户在模型中更改了数据，它就会跟踪更改的数据。用户请求把这些更改保存回数据库时，它就会批量地将这些更改提交到数据库中。这是通过对象上下文的 SaveChanges()方法实现的：

VB

```
context.SaveChanges()
```

C#

```csharp
context.SaveChanges();
```

在不同的场合中，更新数据有许多方法。但为了简单起见，这个例子使用了简单的方法。

3. 更新操作

假定要修改 ID 为 1 的客户的名字，如下所示可以检索出该客户：

VB

```
Dim qry = From c In context.Customers
          Where c.CustomerID = 1
          Select c

Dim customer As Customer = qry.FirstOrDefault()
```

C#

```csharp
var qry = from c in context.Customers
          where c.CustomerID == 1
          select c;

Customer customer = qry.FirstOrDefault();
```

只需要修改刚才检索出来的 customer 实体的 name 属性，Entity Framework 就会自动跟踪这个已更改的客户，再调用对象上下文的 SaveChanges()方法。

VB

```
customer.Name.FirstName = "Chris"
customer.Name.LastName = "Anderson"

context.SaveChanges()
```

C#

```csharp
customer.Name.FirstName = "Chris";
customer.Name.LastName = "Anderson";
```

```
context.SaveChanges();
```

4. 创建操作

要给实体集添加一个新实体，只需要创建该实体的一个实例，为其属性赋值，并将新实体添加到数据上下文中相关的集合中，然后保存更改。

VB

```
Customer customer = new Customer()
customer.Name.FirstName = "Chris"
customer.Name.LastName = "Anderson"
customer.Name.Title = "Mr."
customer.PasswordHash = "*****"
customer.PasswordSalt = "*****"
customer.ModifiedDate = DateTime.Now
context.Customers.AddObject(customer)

context.SaveChanges()
```

C#

```
Customer customer = new Customer();
customer.Name.FirstName = "Chris";
customer.Name.LastName = "Anderson";
customer.Name.Title = "Mr.";
customer.PasswordHash = "*****";
customer.PasswordSalt = "*****";
customer.ModifiedDate = DateTime.Now;
context.Customers.AddObject(customer);

context.SaveChanges();
```

将更改保存回数据库后，实体就有了由数据库为该行自动生成的主键，并赋予其 CustomerID 属性。

5. 删除操作

要删除实体，只需要使用包含它的实体集的 DeleteObject()方法。

VB

```
context.Customers.DeleteObject(customer)
```

C#

```
context.Customers.DeleteObject(customer);
```

27.4.4　导航实体关联

当然，仅涉及使用一个表/实体来进行数据处理的情况是很少见的，而关联使用的导航属性非常有用。一个客户可以有一个或多个地址，在实体模型中，这通过 Customer 实体与 CustomerAddress 实体有关联(1:N 关系)来建模，而 CustomerAddress 实体与 Address 实体也有关联(N:1 关系)。使用这些关联的导航属性很容易获得客户的地址。

首先使用前面的查询返回一个 Customer 实体。

VB

```
Dim qry = From c In context.Customers
          Where c.CustomerID = 1
          Select c

Dim customer As Customer = qry.FirstOrDefault()
```

C#

```
var qry = from c in context.Customers
          where c.CustomerID == 1
          select c;
```

```
Customer customer = qry.FirstOrDefault();
```

通过导航属性可以枚举和处理实体的地址，如下所示：

VB

```
For Each customerAddress As CustomerAddress In customer.CustomerAddresses
    Dim address As Address = customerAddress.Address
    'Do something with the address entity
Next customerAddress
```

C#

```
foreach (CustomerAddress customerAddress in customer.CustomerAddresses)
{
    Address address = customerAddress.Address;
    // Do something with the address entity
}
```

注意为获得客户的 Address 实体，我们是如何在 CustomerAddress 实体中导航的。由于有了这些关联，因此不需要在 Entity Framework 中进行联接了。

但是，这里有一个问题。在循环开始时，为获取当前客户的客户地址进行了一次查询，然后，对于循环中的每个地址都要进行一次额外的数据库查询，来获取关联的 Addresss 实体的信息。这就是所谓的延迟加载(lazy loading)——只有实体模型请求数据库中的数据时才查询数据库。在某些情况下这有一些优势，但在本例中，这会导致对数据库的大量调用，从而增加了数据库服务器的负担，降低了应用程序的性能，减小了应用程序的可伸缩性。如果在循环中对大量 Customer 实体执行这些操作，系统的负担会更重。所以这肯定不是理想方案。

在查询 Customer 实体时，可以请求实体模型尽早加载相关的 CustomerAddress 实体和 Address 实体。这会在一个数据库查询中请求所有数据，因此消除了上述所有问题，因为在导航这些关联时，实体模型把实体都放在了内存中，并不需要返回到数据库来检索它们。请求模型这样做的方法是使用 Include 方法，指定导航属性(点记号)到相关实体的路径(作为字符串)，当查询实体时，需要同时从数据库中获得相关实体的数据。

VB

```
Dim qry = From c In context.Customers
                        .Include("CustomerAddresses")
                        .Include("CustomerAddresses.Address")
          Where c.CustomerID = 1
          Select c

Dim customer As Customer = qry.FirstOrDefault()
```

C#

```
var qry = from c in context.Customers
                        .Include("CustomerAddresses")
                        .Include("CustomerAddresses.Address")
          where c.CustomerID == 1
          select c;

Customer customer = qry.FirstOrDefault();
```

27.5　高级功能

Entity Framework 有太多的功能因而不能一一详细讨论，但下面将概述一些知名的高级功能，如果读者愿意，可以进一步研究。

27.5.1　从实体模型更新数据库

如前所述，Entity Framework 可从头开始创建实体模型，再根据该模型创建数据库。另外，也可以从已有的数据库开始，让 Entity Framework 根据添加到实体模型中的新实体/属性/关联，更新数据库的结构。要根据模型中的新增元素更新数据库的结构，可以右击设计器界面，在上下文菜单中选择 Generate Database from Model 菜单项，从而可以使用 Generate Database Wizard。

27.5.2　给实体添加业务逻辑

我们基本上使用 Entity Framework 来构建数据模型，而不是使用业务对象来构建，但仍可以给实体添加业务逻辑。Entity Framework 生成的实体是部分类，可以扩展它们，添加自己的代码。这些代码可以响应实体上的各种事件，或者给实体添加方法，客户端应用程序可以使用这些方法执行特定的任务或动作。

例如，设置 SellStartDate 属性时，AdventureWorks2014 实体模型中的 Product 实体会自动指定 SellEndDate 属性的值(仅当 SellEndDate 属性没有值时)。另外，保存实体时，可以执行一些验证逻辑或业务逻辑。

实体上的每个属性都有两个可以扩展的部分方法(partial method)：Changing 方法(在属性更改之前)和 Changed 方法(在属性更改之后)。在部分类上可以扩展这些部分方法来响应要更改的属性值。

27.5.3　POCO

对 Entity Framework 第一版的一个最大抱怨是实体必须继承自 EntityObject(或实现一组给定的接口)，表示它们依赖于 Entity Framework——使它们不便于在使用了测试驱动开发(Test-Driven Development，TDD)和域驱动设计(Domain-Driven Design，DDD)方式的项目中使用。另外，许多开发人员都希望他们的类是非持久性的——也就是说，不包含它们如何持久保存的逻辑。

默认情况下，Entity Model Data Wizard 在 Entity Framework v6 中生成的实体仍继承自 EntityObject，但现在可以使用自己的类，无须继承 EntityObject 或实现任何 Entity Framework 接口，且其设计完全在用户的控制之下。这些类型的类常称为 Plain Old CLR Objects(POCO)。

27.5.4　Entity Framework Core

为使.NET 应用程序(或.NET 应用程序的子集)跨不同平台工作，人们投入了大量精力。其中，微软发布了用于.NET Core 应用程序的 Entity Framework Core。这是 Entity Framework 6.0 的一个轻量级的跨平台版本。虽然有一些功能缺失，但绝大多数功能都能实现。

如果打算从 Entity Framework Core 升级到 Entity Framework 6.0，就需要重新考虑一下。尽管名称(Entity Framework)和类是相同的，但名称空间是不同的。实际上，它们是不同的产品，即使它们有相同的功能。事实上，在同一个项目中，可以同时使用 Entity Framework 和 Entity Framework Core。从这个角度来看，从一个版本到另一个版本的迁移都只是迁移，而不是升级。

27.6　小结

本章学习的 Entity Framework 是一种 Object Relational Mapper (ORM)，通过它可以创建数据库的概念模型，以生产率更高、可维护性更强的方式与数据库交互操作，接着学习了如何创建实体模型以及如何用代码编写查询。

第28章

数据仓库和数据湖

本章内容

- 理解 Apache Hadoop 和 HDInsight 背后的思想
- 对 Hadoop 集群执行 Hive 查询和 Pig 任务
- 研究 Hadoop 工作的性能

本章源代码下载

通过在 www.wrox.com 网站搜索本书的 EISBN 号(978-1-119-40458-3)，可下载本章的源代码。相关源代码和支持文件都在本章对应的文件夹中。

在一个充斥着流行语的行业里，"大数据"目前正处于炒作的顶峰。人们可能会认为这是一种治愈癌症、消除贫困的方法，而最新的猫咪视频则是一种。即使对炒作持怀疑态度，该技术也一定会有潜在的有用之处。有了 Visual Studio 2017 和 Windows Azure 最近添加的新功能，现在不仅应学习大数据到底是什么，还要考虑可用来帮助使用它的工具。本章将讨论 Apache Hadoop 的一些基本思想，测试 Visual Studio 2017 所带来的工具。

28.1 Apache Hadoop 的概念

读者绝对不是第一个提出这个问题的人，也不会是最后一个人。如果在 Microsoft 技术空间中开发，就很可能也在询问 HDInsight。幸运的是，这两个问题是相关的。HDInsight 是 Azure 中 Hadoop 基于云的实现。所以讨论 Hadoop 也就是讨论 HDInsight。

了解 Hadoop 要植根于对两个核心概念的理解：Hadoop 分布式文件系统和 MapReduce。一旦理解了这些，就可以考虑其他组件、HDInsight 和 Azure 数据湖。

28.1.1 Hadoop 分布式文件系统

"大数据"中的 "大"这个字，预示着处理大量数据。这些数据可以是结构化的(比如包含定义良好的数据列，类似于数据库或日志文件)或非结构化的(如 Facebook 或 Twitter feed)。但是不管形式如何，都有大量数据，这些数据需要存储。

Hadoop 分布式文件系统(HDFS)用于满足这个需求。它的设计目的是允许将文件放在多个不同的服务器上。因此，如果需要存储 1000 万个文件，但是每个服务器只能存储 500 000 个文件，就可以使用 HDFS 将这些文件存放在 20 多个不同的服务器上。或者，如果有一个 20TB 的文件，并且每个服务器都只能存储 500GB，HDFS 就允许在 40 多个不同的服务器上分发该文件。

在这个级别上，HDFS 的功能与任何其他的分布式文件系统并没有什么不同。然而，HDFS 的优点之一是，它的设计是容错的。这个设计选择的原因是，HDFS 的一个架构目标是能够在商业硬件上运行。当使用大型集群时，

"商业硬件"一词常是"不可靠"的同义词，也就是说，集群中的任何节点在任何时候都可能失败，这种可能性比较大。因此构建了 HDFS，以允许快速检测并自动恢复任何节点的故障。

28.1.2 MapReduce

MapReduce 背后的想法非常简单。如果考虑大多数数据驱动的应用程序的外观，就会发现这种应用程序有一个客户端部分和一个服务器部分。服务器部分也可能包括 Web 服务器(如果应用程序是基于 Web 的)，但在体系结构中会使用一个数据库服务器。当应用程序的客户端需要一些数据时，就会向服务器发出请求。然后，数据一般通过网络，从服务器传输到客户机。

现在考虑如果需要访问大型文件，该架构会出什么问题。即使有 10Gbps 速率的以太网，传输 10TB 的文件也需要两个多小时。对于传统的数据驱动应用程序的响应时间来说，这并不是一个好兆头。

MapReduce 颠倒了这个架构。它的工作原理是，在使用大型数据库时，移动计算比移动数据更便宜。MapReduce 为开发人员提供了一个框架，将他们的计算功能映射到数据所在的节点上。然后，当计算完成时，只将结果发送回中心位置(reduced)，以进行进一步处理。

28.1.3 其他组件

Hadoop 并没有在这些 HDFS 和 MapReduce 上停步不前。为创建一个完全支持的生产环境，需要考虑许多其他元素，包括：

- **YARN**：一个平台，负责调度任务和管理 Hadoop 环境中使用的资源。
- **Hive**：数据仓库在 Hadoop 之上构建。由于 Hadoop 的结构，即席查询得到了特别支持。Hive 有助于提供在接口中查询大型数据集的功能(类似于 SQL)。
- **HBase**：NoSQL 的实现建立在 HDFS 之上。这不是典型 SQL 数据库的替代品，但还有一个组件 Trafodion，它的目标是为 HBase 提供 ODBC(Open DataBase Connectivity，开放数据库连接)接口。
- **Storm**：允许 HDFS 中的数据实时处理，而不是在 MapReduce 中实现批处理。

自然，还有多个可用的组件，具体取决于所需要的功能。Hadoop 是一个非常流行的开源项目，它拥有一个庞大而活跃的用户社区。

28.1.4 HDInsight

HDInsight 是 Hadoop 技术栈的云分布。具体来说，它由 HDFS、YARN 和 MapReduce 组成。然而，为使 Hadoop 更容易启动，Azure 有许多不同的预配置集群，可以从中选择：

- **Hadoop**：HDFS、YARN 和 MapReduce 的基本组合。如果希望使用标准的 Hadoop 平台，就选择 Hadoop。
- **HBase**：包括 HBase 组件，允许 NoSQL 支持底层数据。
- **Hive**：添加使用 Hive 组件对基础数据集进行交互式查询的支持。
- **Kafka**：类似于 Storm，它提供把 Hadoop 数据处理为流过程的能力，包括消息代理功能，以及流的发布和订阅功能。
- **R Server**：在每个节点上添加 R 服务器，支持对数据进行基于 R 的分析。R 语言及其用法的更多信息参见 29 章。
- **Spark**：添加 Spark 组件来支持数据的内存中处理，提高性能。
- **Storm**：在 Hadoop 实现中包括 Storm 组件，以支持数据流的实时处理。

可以看出，这些选项是相当不同的。Azure 带来的一个保证是，特性会定期添加。新选项总是层出不穷。

28.1.5 Azure 数据湖

Azure 数据湖也属于 Hadoop 的图景。作为快速定义，数据湖是一个存储库，可以包含任何类型的数据，无论其大小或结构如何。它可以处理一个大文件或许多小文件。除这种无限制的存储能力外，Azure 数据湖还用于处理巨量的小型写操作，且延迟很短。从实用的角度看，如果系统正在快速生成大量数据(如网络设备的物联网(IoT))，它就可以写入数据湖，而不会使系统的其余部分减速或落后于摄入操作。

在实现层面上，Azure 数据湖是一个 HDFS，这意味着可以将它用作 Hadoop 集群的存储器。它也可用来支持其他分析应用，比如 R-Enterprise(来自 Revolution)或 Cloudera。

28.2 Visual Studio 的数据湖工具

Azure 中的 HDInsight 和数据湖部署可以通过 Visual Studio 2017 管理和使用。为此，可以使用 Visual Studio Installer 安装 Data Storage and Processing 工作负载。此工作负载包括连接到 HDInsight 和 Data Lake 资源所需的 SDK。此外，它还向 Visual Studio 添加了一些模板，以帮助创建利用这些资源的项目。

为演示这些模板，Azure 账户中需要有一个 HDInsight 部署。对大多数人来说，这意味着创建一个。请记住，虽然 HDInsight 集群的创建非常简单，但是保持和运行它并不便宜。这与简单的 Web 应用程序不同，在一个月或更短的时间内访问 Web 应用程序只需要几美元。基本的 HDInsight 集群包含 6 个服务器，使用了 40 个内核，每小时的成本会很快增加。所以要小心。关于如何创建通用 HDInsight 集群的信息可在以下站点找到：https://docs. microsoft.com/en-us/azure/hdinsight/hdinsight-hadoop-provision-linux-clusters.HDInsight 集群的细节可通过 Server Explorer 获得，如图 28-1 所示。

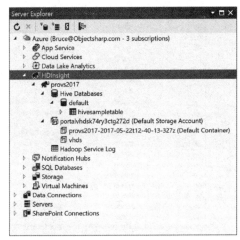

图 28-1

在 Server Explorer 的 Azure 节点下，有一个 HDInsight 节点。扩展该节点，将显示订阅中的所有 HDInsight 部署。可以进一步扩展这些部署，以显示与集群关联的数据库、存储和日志文件。

通过 Server Explorer 进行管理的功能相对有限。例如，不能通过 Server Explorer 创建 HDInsight 集群，但如果知道集群的连接 URL、存储名称、密钥和管理员凭据，则可以连接到现有的集群。要启动这个过程，应右击 HDInsight 节点，并从上下文菜单中选择 Add a HDInsight Cluster 选项。

如果右击现有的集群，就会得到很多选项。从管理角度看，可选择 Azure Portal 选项中的 Manage Cluster，从而通过 Azure 门户管理集群。可以运行 Hive 查询，或查看当前在集群中运行的作业。

对于单个 Hive 数据库，可选择通过 Server Explorer 创建一个表。右击数据库，并选择 Create a table 菜单项，将显示如图 28-2 所示的脚本设计器。

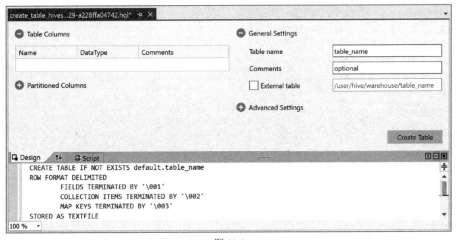

图 28-2

这个设计器用于创建 HQL(Hive Query Language，Hive 查询语言)语句，在 Hive 中创建表。从屏幕的下半部分可以看到，HQL 的语法类似于 T-SQL。屏幕的上半部分提供了一些选项的可视参考，但是如果有技能集，就总是可以直接编写 HQL。在顶部，可以定义表中出现的列和数据类型，给表指定名称，并指示表是外部表(存储为文件系统中的文件)，还是只保存在数据库中。在高级设置下，可以选择文件格式(选项是文本文件)，并指定字段(或列)、集合(或行)和映射键分隔符。

创建一个新表时，它出现在数据库表的列表中。如果右击其中任何一个表，就可以在网格中查看表的前 100 行，如图 28-3 所示。

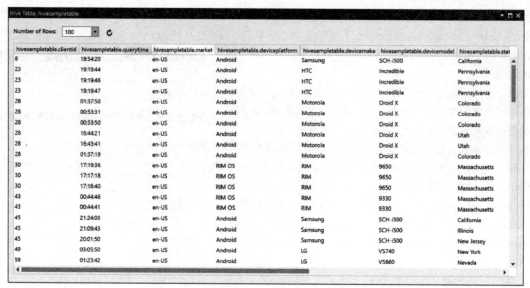

图 28-3

28.2.1 创建 Hive 应用程序

Data Analytics and Processing 工作负载包括许多项目模板，以供使用。使用 File│New│Project 打开 New Project 对话框。然后在左侧导航到 Azure Data Lake│HIVE (HDInsight)，就会显示如图 28-4 所示的对话框。

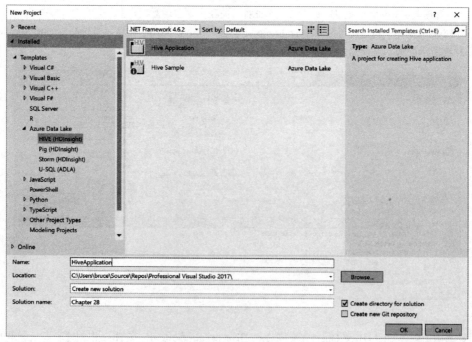

图 28-4

这里有一个可供使用的 Hive 样例模板，但是对于这个示例，选择 Hive Application。给项目指定名称和位置，并单击 OK。

得到的项目相当简练，如图 28-5 所示。只有一个 HQL 文件，它默认为打开。

图 28-5

HQL 文件是完成工作的地方。大多数情况下，Hive 项目实际上是包含希望针对特定 HDInsight 集群运行的脚本的容器。将以下脚本添加到 Script.hql 文件中：

```
set hive.execution.engine=tez;
DROP TABLE log4jLogs;
CREATE EXTERNAL TABLE log4jLogs (t1 string, t2 string,
    t3 string, t4 string, t5 string, t6 string, t7 string)
    ROW FORMAT DELIMITED FIELDS TERMINATED BY ' '
    STORED AS TEXTFILE LOCATION '/example/data/';
SELECT t4 AS sev, COUNT(*) AS count FROM log4jLogs
    WHERE t4 = '[ERROR]' AND
        INPUT__FILE__NAME LIKE '%.log'
    GROUP BY t4;
```

这个脚本用来演示 Hive 查询的基本执行过程，查看可用的不同输出。查询的功能相对简单。首先，它删除一个名为 log4jLogs 的表。接下来创建一个同名的外部表。这个表定义了许多字符串列，其中每个列都用空格分隔。此表的源是/example/data/中的文本文件。这个目录包含在通用的 HDInsight 集群中，它包含一个名为 sample.log 的文件，该文件是由 Java 日志引擎 log4j 生成的。

这很明显，创建外部数据，会把表的元数据添加到 HDInsight 中，这些元数据包含一个对源链接的引用。在此过程中不修改外部表。相应地，DROP TABLE 语句只删除元数据，底层文件保持不变。

为提交要执行的查询，可单击 Submit 按钮。这将语句作为批处理提交到 HDInsight，以供执行。从 Submit 按钮右侧的下拉列表中选择所需的目标，可以改变作业提交到的特定集群。

如果查询有些复杂，就不要单击 Submit，而可以单击 Submit 按钮右边的下拉列表。这将显示 Advanced 选项，提供更多的提交选择。图 28-6 所示的对话框列出了可用的选项。

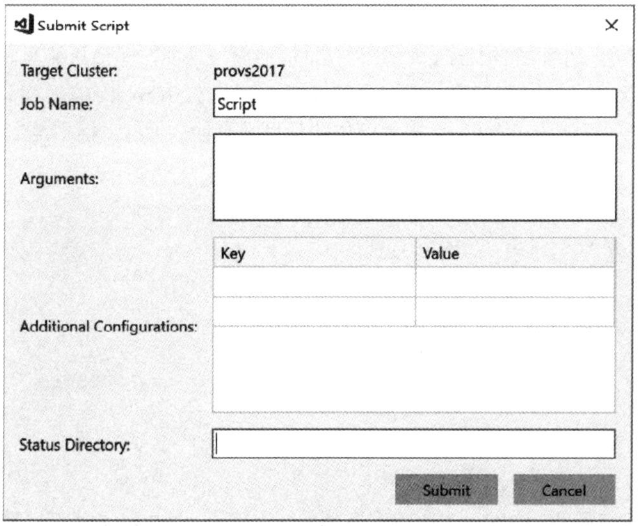

图 28-6

可以指定提供给 HDInsight 的脚本的名称、命令行参数、脚本可以访问的一组键/值对，并指定一个放置作业状态信息的目录。

提交作业时，会显示 Job Summary 屏幕，如图 28-7 所示。

作业运行时，作业的状态会从初始化改为运行，再改为完成。一旦完成，就可以访问许多不同的输出选项。首先，要查看执行批处理的结果，单击底部的 Job Output 链接。示例查询的结果如图 28-8 所示。为清晰起见(因为在输出中出现了"ERROR"一词)，最初的查询用于解析日志文件，并计算字符串[ERROR]出现在任何.log 文件中任意一行第四个单词处的次数。可通过单击 Download File 按钮来下载这些结果。

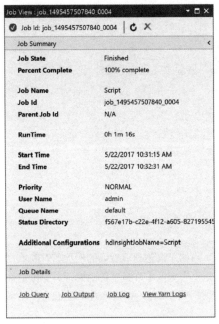

图 28-7

图 28-8

单击图 28-7 中的 Job Query 链接，可以查看作为这项作业的一部分执行的批处理语句。Job Log 链接显示在执行批处理时生成的日志。View Yarn Logs 链接会生成 YARN 日志，并将它们存储在与 HDInsight 集群关联的存储账户中。

28.2.2 创建 Pig 应用程序

创建不同的 HDInsight 应用程序时，基本流程是一样的。有变化的是用来定义在 HDInsight 中执行的作业的语言。Apache Pig 应用程序就是一个很好的例子，尽管它有足够的额外功能，即使只编写 Hive 查询，也值得关注。

项目的创建与 Hive 应用程序几乎一样。不同之处在于，不是在 New Project 对话框中选择 Hive | Hive Application，而是选择 Pig | Pig Application。由此产生的项目没有什么价值，但不是生成 script.hql 文件，而是生成 script.pig 文件。将下列代码添加到文件中：

```
LOGS = LOAD 'wasbs:///example/data/sample.log';
LEVELS = foreach LOGS generate
   REGEX_EXTRACT($0, '(TRACE|DEBUG|INFO|WARN|ERROR|FATAL)', 1)
      as LOGLEVEL;
FILTEREDLEVELS = FILTER LEVELS by LOGLEVEL is not null;
GROUPEDLEVELS = GROUP FILTEREDLEVELS by LOGLEVEL;
FREQUENCIES = foreach GROUPEDLEVELS generate group as LOGLEVEL,
   COUNT(FILTEREDLEVELS.LOGLEVEL) as COUNT;
RESULT = order FREQUENCIES by COUNT desc;
DUMP RESULT;
```

该应用程序中使用的语言是 Pig Latin。上面的脚本从存储中加载 sample.log 文件。然后，它转换日志文件的内

容，提取日志级别，删除空的级别，再对每个级别的日志条目进行分组和计数。处理完此脚本后，将其提交给
HDInsight，以执行它。此时会显示 Job Summary 屏幕。当完成时，可使用屏幕底部的链接来查看日志和输出。然而，
与图 28-7 相比，Job Summary 有一个重要的补充，如图 28-9 所示。

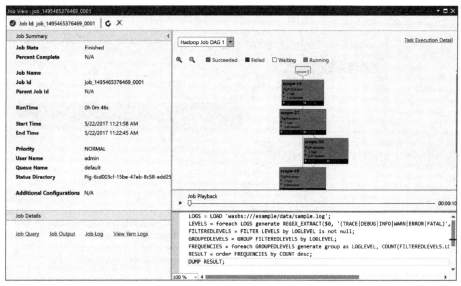

图 28-9

一旦作业完成，屏幕右侧会显示作业步骤的可视化表示。顶部是一个流程图，其中包含作业的每一个阶段。底
部是该作业的脚本。其中一个亮点是中间的 Job Playback 部分允许实时查看正在执行的步骤。

Job Playback 会实时反馈每一个阶段需要多长时间。从作业执行到完成的过程中，每个阶段的颜色会随之改变。
其想法是，与简单的样本作业不同，实际的 Pig 作业可能需要运行很长时间。确定瓶颈在哪里是开发过程的一个重
要部分。所以 Visual Studio 提供了一些工具来帮助解决这个问题。

把鼠标悬停在一个阶段上，工具提示就会显示阶段的执行细节，包括阶段的名称、状态、耗费的时间、使用了
多少内存、处理了多少条记录(参见图 28-10)。

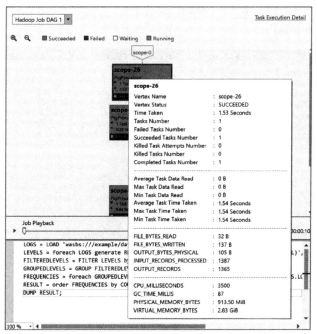

图 28-10

决定哪个阶段存在性能波动需要很长时间，但可以得到一个阶段的更详细信息。只需要单击位于右上角的 Task Execution Detail 链接，就会显示如图 28-11 所示的窗格。

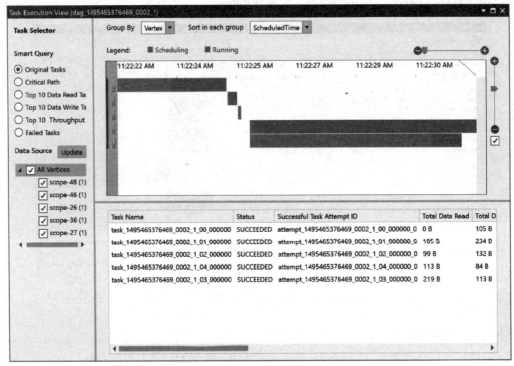

图 28-11

在这个页面中，可以看到 Pig 应用程序正在并行。图 28-9 中的每一个作用域都显示在图 28-11 右上方的甘特图中。可以使用左侧的 Smart Query 部分来过滤任务。这些选项允许专注于流程中失败的任务、I/O 最密集的任务(用于读写)，以及吞吐量最差的任务。甘特图的下面列出了作用域，以及关于时间、内存和所用 I/O 的信息。这允许快速识别处理时间最长的作用域，并查看是否可以采取方法来优化应用程序。

以前执行的 HDInsight 作业的信息可通过 Server Explorer 获得。右击 HDInsight 集群，并选择 View Jobs 菜单选项，就会显示如图 28-12 所示的窗格。

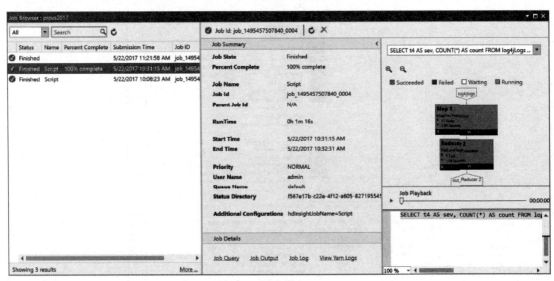

图 28-12

屏幕最初只列出以前执行的所有类型的作业。也就是说，该列表不只包含 Hive 或 Pig 批处理作业，而是包含提交的任何批处理作业。单击任何一个作业时，Job Summary 信息会显示在窗格的右侧。其中包括执行图；还可以回放作业，并深入了解作业的执行细节。

28.3　小结

本章介绍了 Apache Hadoop，以及如何使用它来处理大量结构化和非结构化的数据。同样，通过 Visual Studio 的数据湖(Data Lake)工具，可以创建运行在 Hadoop 或 HDInsight 上的不同类型的应用程序项目。本章还介绍了帮助开发人员优化 HDInsight 作业的一些可视化工具。

第29章

数据科学和分析

本章内容

- 了解 R 的基本功能
- 使用 R 交互式窗口来执行命令
- 创建和操纵绘图窗口

本章源代码下载

通过在 www.wrox.com 网站搜索本书的 EISBN 号(978-1-119-40458-3)，可下载本章的源代码。相关源代码和支持文件都在本章对应的文件夹中。

所有开发人员都知道应用程序需要数据，很多人也知道如何操作数据来执行应用程序所需的标准操作。虽然这与数据有关，但不是数据科学。数据科学的目标是分析数据，尤其是大量产生的"大数据"。为此，数据科学家需要具备统计方法、数据分析和批量数据处理能力。

数据分析师使用的一种主要语言是 R，R 专门用来操作和分析数据，它与数据可视化有着深度和强大的集成。了解并使用 R 时，生成数据可视化有助于将"数据"转换成"信息"，这是分析数据最重要的方面之一。

Visual Studio 2017 包含数据科学和分析(Data Science and Analysis)工作负载，其中包括项目模板和工具，以帮助利用 R。本章将概述 R 可以做什么，然后介绍帮助使用它的工具。

29.1 R 的概念

R 是一门派生于 S 的语言，S 于 20 世纪 70 年代由贝尔实验室创建，它是数据科学家用来对数据集进行统计操作的一门语言。S 表示 Statistics，R 是 S 的一个不同实现，但是它们之间存在派生关系，所以大多数 S 程序都可以在 R 环境中编译和运行。"环境"是描述 R 如何使用的最佳方式。一般来说，R 环境提供以下内容：

- 访问数据的有效机制。R 的库允许集成最常见的数据库格式。
- 操作的集合，用于处理数组和矩阵。
- 能够将数据的图形化表达生成到很多不同的设备上，包括屏幕和硬拷贝。
- 编程语言，包括循环、条件、递归函数和 I/O 等基本结构。

了解 R 的一般意义和 R Tools for Visual Studio 的最佳方法是尝试它。为此，需要确保将 Data Science and Analytics 工作负载安装到 Visual Studio 的实例中。这个工作负载包括 R 所需的所有库，以及 Python 和 F#。

29.2 R Tools For Visual Studio

用 R 开发是一个交互的过程。对 R 引擎运行命令，查看结果，进行调整，然后再试一次。R 工具中的工作流是为促进这种类型的流而设计的。首先,创建一个 R 项目。使用 File│New│Project 显示 New Project 对话框(参见图 29-1)。

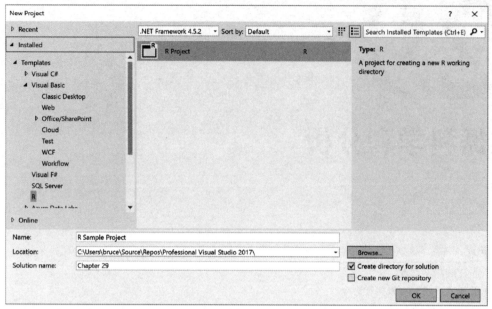

图 29-1

导航到左侧的 R 节点,并选择 R Project 模板。为项目提供名称,并单击 OK 按钮。创建解决方案所需的时间很少,如图 29-2 所示。

新创建的项目中有三个文件。

- **.Rhistory**:包含项目的命令历史。键入命令时,该文件会更新,关闭项目时,会保存该文件。这样做,就会在下一次打开项目时获得命令历史记录。
- *projectname*.**rproj**:项目的基本设置文件。可以手动编辑,以更改版本号、保存项目时的工作空间、命令历史记录,并更改编辑器窗口中与格式化代码有关的其他设置。图 29-3 显示了创建 R 项目时的默认设置。
- **script.R**:一个空文件,等待将 R 脚本放入其中。

与 Visual Studio 中的许多开发工作不同,使用 R 的起点不是 Solution Explorer。相反,它从 R 交互窗口开始(参见图 29-4)。

使用 Ctrl + 2 键或 R 键 Tools│Windows│Interactive 菜单项激活 R-Interactive 窗口。

此窗口称为 REPL(Read-Eval-Print Loop)。在窗口中输入命令,执行每个命令,并将结果打印到窗口中。这些命令是累积的,因此,如果使用一个命令来创建函数,该函数就是可用的后续命令。

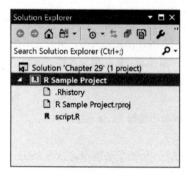

图 29-2

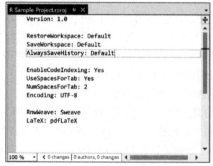

图 29-3

对于 C#/VB.NET 开发人员来说,R 的语法似乎有点奇怪。这是因为 R 是一种函数式编程语言。在该语言中所做的大多数事情都是通过调用函数来完成的。为演示这一点,并展示 R Tools for Visual Studio 提供的一些功能,下面将创建原型 Hello World 应用程序。

图 29-4

首先双击 Solution Explorer 中的 script.R 文件。这将为 R 脚本打开一个编辑器。输入以下代码行：

```
say_hello <- function(name, extra) {
    print(paste("Hello ", name, "!", sep = ""))
}
```

该代码创建一个函数，并将其赋给 say_hello。在这个简短的代码片段中，有许多需要注意之处。首先，<-是赋值运算符。如果习惯使用 C#或 Visual Basic，这通常是等号。R 编辑器窗口很聪明，可以识别实际上输入的是=，它会自动将=转换成<-。

代码段的其余部分相对简单。print 函数用于将输出发送到当前窗口。paste 函数用于连接字符串。可以看到，不仅允许使用位置参数，还允许使用命名参数。sep 参数允许定义传递到 paste 的每个参数之间的字符。

既然已经编写了代码，就需要执行它。这包括将代码移动到 R 交互式窗口。虽然可以剪切和粘贴代码，但编辑器窗口提供了更快捷的方法。在窗口中选择所有三行，并使用 Ctrl+Enter，就会将代码复制到交互式窗口并执行它。

现在代码已经执行，可以使用 say_hello 函数了。可在脚本编辑器(见图 29-5)或交互式窗口中使用智能感知功能得到该函数。

要调用该函数，可在交互式窗口中输入以下内容：

```
say_hello("gentle reader")
```

结果如图 29-6 所示。

图 29-5

图 29-6

29.2.1 调试 R 脚本

R Tools for Visual Studio 提供了 Visual Studio 开发语言中的许多特性。通过前面与编辑器窗口和交互式窗口的交互，我们已经看到了语法着色和智能感知支持。还可通过 Visual Studio 调试 R 应用程序。

首先进入 script.R 编辑窗口,并选择 paste 函数。按下 F9 键,在这个位置插入一个断点。这将在这一行上设置断点,也可以使用 Visual Studio 中可用的任何其他技术来设置断点。同样,可以在断点上设置 Conditions 或 Actions。

一旦配置了所需的断点,在调试模式下启动脚本将是一个两步的过程。首先,需要附加一个调试器。单击交互式窗口顶部的 Attach Debugger 按钮(见图 29-6),以初始化脚本的调试过程。

接下来,需要标记用于调试的脚本。右击编辑器窗口的内部,从上下文菜单中选择 Source R Script。这将在交互式窗口中执行 debug_source 命令。在交互式窗口中会显示以下代码(script.R 文件有自己的路径)。

```
rtvs::debug_source("C:/Users/bruce/Source/Repos/Professional Visual
Studio 2017/Chapter 29/R Sample Project/script.R", encoding = "Windows-1252")
```

此命令标记用于调试脚本中的每个函数。在脚本中添加源代码后,就可以执行 say_hello 命令。该函数将像以前一样执行,会遇到断点,如图 29-7 所示。

图 29-7

R Tools for Visual Studio 包含许多期望的调试特性,包括显示当前值的工具提示。可在图 29-7 中看到一个示例,其中显示了 name 的当前值。即使传递到方法中的值是一组数据,也会显示出来。在交互式窗口中执行以下命令:

```
say_hello("gentle reader", mtcars)
```

mtcars 变量是一个内置的数据集。它包含了 1974 年的汽车燃料消耗趋势数据和 30 多辆汽车的其他属性。执行该命令时,将再次遇到先前定义的断点。将鼠标悬停在 extra 上时,结果如图 29-8 所示。

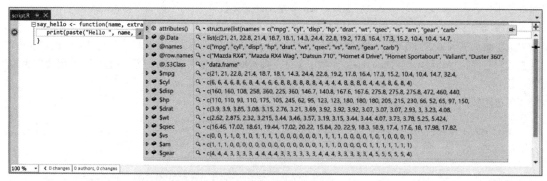

图 29-8

工具提示不是在调试 R 脚本时研究变量的唯一方法。可使用 Ctrl+R8 或 R Tools│Windows│Variable Explorer 菜单项,打开 Variable Explorer。在断点处,窗口应该如图 29-9 所示。

对于简单变量,可以看到当前值。对于更复杂的变量(如数据集),可以展开并查看值和对象的层次结构。数据集还提供了两种查看数据的方法。在 extra 行的最右端单击图标时,将打开 Excel,并将数据加载到电子表格中。也可以单击放大镜图标,在单独的窗口中显示详细信息,如图 29-10 所示。

当 Variable Explorer 打开时,作用域默认设置为当前方法。如

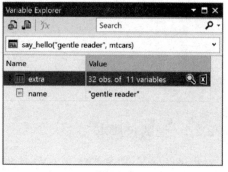

图 29-9

果想要探索不同的变量，就可以更改作用域。在变量和它们的值列表之上，有一个下拉列表。此列表包含已安装的所有包以及一个名为.GlobalEnv 的作用域。这个作用域包含命令行级别定义的所有变量和函数。如果选择.GlobalEnv，就会看到 say_hello 函数。

	mpg	cyl	disp	hp	drat	wt	qsec	vs	am	gear	carb
Mazda RX4	21.0	6	160.0	110	3.90	2.620	16.46	0	1	4	4
Mazda RX4 Wag	21.0	6	160.0	110	3.90	2.875	17.02	0	1	4	4
Datsun 710	22.8	4	108.0	93	3.85	2.320	18.61	1	1	4	1
Hornet 4 Drive	21.4	6	258.0	110	3.08	3.215	19.44	1	0	3	1
Hornet Sportabout	18.7	8	360.0	175	3.15	3.440	17.02	0	0	3	2
Valiant	18.1	6	225.0	105	2.76	3.460	20.22	1	0	3	1
Duster 360	14.3	8	360.0	245	3.21	3.570	15.84	0	0	3	4
Merc 240D	24.4	4	146.7	62	3.69	3.190	20.00	1	0	4	2
Merc 230	22.8	4	140.8	95	3.92	3.150	22.90	1	0	4	2
Merc 280	19.2	6	167.6	123	3.92	3.440	18.30	1	0	4	4
Merc 280C	17.8	6	167.6	123	3.92	3.440	18.90	1	0	4	4
Merc 450SE	16.4	8	275.8	180	3.07	4.070	17.40	0	0	3	3

图 29-10

29.2.2　工作区

工作区背后的思想是允许更改脚本运行的位置，同时不管在哪里执行，都保持比较好的用户体验。实际上，可能会根据实际数据的子集开发 R 脚本。在某一时刻，需要针对实际数据运行脚本。工作区允许定义工作区，并在工作区之间快速切换。

图 29-11 显示了一个 Workspaces 窗口。使用 Ctrl + 9 键或 R Tools│Windows│Workspaces 菜单项可以显示它。

可以看到，定义了三个独立的工作区。Microsoft R Client 是在安装 Data Science and Analytic 工作负载时默认定义的引擎。在这台机器上，已经安装了 CRAN 3.4.0 引擎，并创建了一个指向 CRAN 服务器的工作区。同样，对于在 Azure 中运行的 R 服务器的远程实例，也定义了一个工作区。

要定义新的工作空间，可单击 Add 链接。Workspaces 窗口中会显示一个区域，如图 29-12 所示。

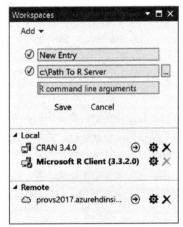

图 29-11　　　　　　　　　　　　图 29-12

给条目提供名称，为 R Server 可执行文件提供 URL 或路径。对于远程条目，需要提供一个 URL。如果在本地安装了不同版本的 R，使用路径就足够了。

R 交互式窗口对当前活动的工作区起作用。这是用名称左侧图标中的绿色复选标记表示的。目前 Microsoft R Client 是活动的工作区。要更改工作区，可单击右向箭头图标。这不仅会改变工作区，还会显示包含新实例详细信息的消息。从那时起，任何执行的命令都将在远程服务器上运行。

29.2.3 绘图窗口

R 的一个优点是能够可视化数据。除一些内置的功能外，还有一些库可用于支持这种功能。经常使用的一个库叫作 ggplot。但是为了便于开始，下面看看基本的绘图功能。在交互式窗口中执行以下命令：

```
plot(mtcars@mpg)
```

这将生成 mtcars 数据集的 mpg 列(每加仑英里数)的图。结果如图 29-13 所示。

执行稍微不同的命令，就可以将第二个维度添加到此图中：

```
plot(mtcars$mpg,mtcars@disp)
```

结果如图 29-14 所示，将每加仑的英里数与发动机排量相对应。

当然，R 函数可以生成线形图，添加标签和图例，并为各种元素更改颜色。这将更多地进入 R 领域，离开 Visual Studio 领域。绘图窗口中有许多可用的选项。

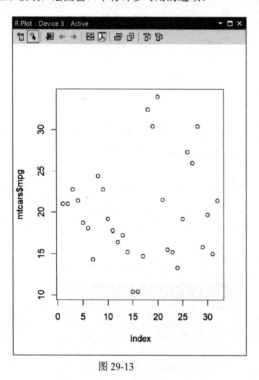

图 29-13

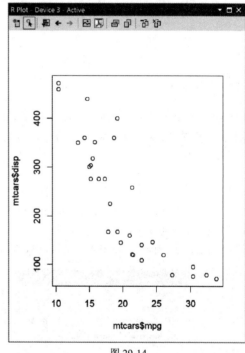

图 29-14

前几个图标允许操作绘图窗口。第一个图标允许创建新的绘图窗口。plot 命令将其输出发送到当前活动的绘图窗口。创建绘图窗口将启动一个新窗口，并使其成为活动窗口。第二个图标用于激活这个绘图窗口，使它成为交互式窗口的命令的目标。

接下来的三个图标用于处理绘图历史。第一个图标启动 Plot History 窗口(参见图 29-15)。

这些是最近创建的图。可使用 Show Plot 图标或单击上下文菜单中的 Shot Plot 选项，来放大或缩小图形，将它们显示在窗口中。

在绘图窗口中，在 Plot History 图标的右边，有两个箭头可以在绘图历史中来回导航。

接下来的四个图标可将图形转换成不同格式。可将其保存为图像(.png)或 Adobe Acrobat (.pdf)文件，它也可作为位图(.bmp)或 Windows Metafile (.wpf)复制到剪贴板上。

最后两个图标可以删除添加到绘图窗口的最后一张图，或者只是清除窗口中的所有图。一旦清除这些图，它们也会从 Plot History 窗口中移除。

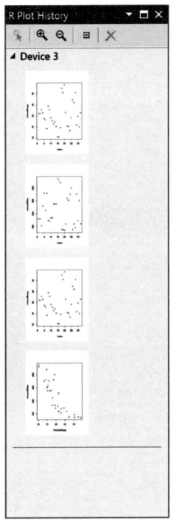

图 29-15

29.3　小结

　　如果分析数据是需要经常执行的任务(或者技术支持人员要经常这样做)，那么 R 语言是一个非常有用的工具。通过 Visual Studio 提供的可扩展性，R Tools for Visual Studio 已经无缝地集成到开发环境中。本章讨论了 Visual Studio 在使用该工具和创建 R 项目时可以帮助提高数据分析师工作效率的一些方法。

第IX部分

调　　试

第30章

使用调试窗口

本章内容

- 学习 Visual Studio 中的基本调试概念，包括断点和数据提示
- 理解 Visual Studio 中的调试窗口

调试应用程序是开发人员必须面对的比较困难的任务之一。通过 Visual Studio 2017 的调试窗口，可分析应用程序的状态并判断应用程序存在的缺陷。本章介绍 Visual Studio 2017 中用于支持构建和调试应用程序的各种窗口。

30.1　代码窗口

调试过程中最重要的窗口是代码窗口。由于可在代码窗口中设置断点和执行单步调试，因此该窗口几乎成了所有调试的基础。在图 30-1 所示的简单代码段中，可同时看到断点(红点)和当前的执行点(黄箭头)。

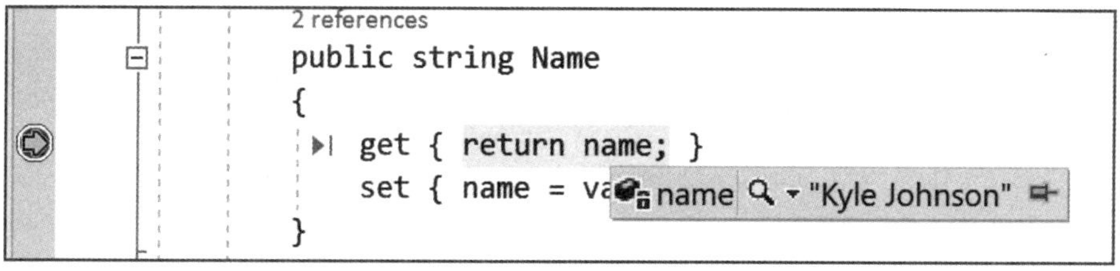

图 30-1

30.1.1　断点

调试应用程序的第一个阶段通常通过设置断点和执行单步调试，来找到存在错误的代码区域。第 31 章将详细介绍如何设置断点以及如何处理当前执行点。代码窗口页面边界上的断点标记为红点，代码本身也使用彩色突出显示。

当遇到断点时，当前执行点在页面边界上标记为黄色箭头，代码本身也使用黄色突出显示。可通过前后拖动该标记来控制执行顺序。但应尽量避免这样做，因为它会改变应用程序的行为。

30.1.2　数据提示

在遇到断点时，应用程序会暂停执行，或者说处于 Debug 模式。在这种模式下，可将光标悬停在变量名上以获取当前变量的信息。如图 30-1 所示，变量 mCustomerName 当前的值为 Kyle Johnson。这种调试工具提示通常称为数据提示(DataTip)，除了使用它查看简单类型的变量(如字符串变量和整型变量)的值以外，还可以用它查看复杂的

对象类型，如由多个嵌套类组成的对象类型。

数据提示用于查询和编辑变量的值。

在线归档的第 57 章将介绍如何使用类型代理和类型可视化工具来定制这种数据提示的布局。

30.2　Breakpoints 窗口

在调试复杂问题时，经常需要设置大量断点以判断具体问题的出处。但是，这种做法有两个副作用。毕竟，应用程序的执行被破坏了，为恢复执行，必须不断按下 F5 键。更重要的是由于条件断点(条件断点允许指定一个表达式来确定是否暂停应用程序的执行)的存在，应用程序的执行速度大大减慢；设置的断点越复杂，应用程序的执行就越慢。由于断点可能分散在多个源文件中，因此很难找到并删除那些不再需要的断点。

可通过 Debug | Windows | Breakpoints 命令打开 Breakpoints 窗口，如图 30-2 所示，该窗口显示了应用程序中已经设置的所有断点信息。使用 Breakpoints 窗口可以很方便地定位、禁用和删除断点。

如图 30-2 所示，Customer.cs 文件当前有两个活动断点。第一个是普通断点，没有任何条件。第二个断点只有在 order.Total 属性的值小于 1000 时才会中断应用程序。

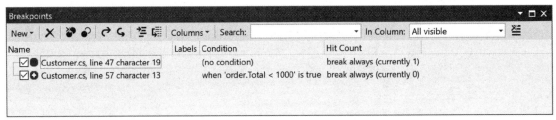

图 30-2

Breakpoints 窗口同其他大多数调试窗口一样，由两部分组成：工具栏和断点列表。Visual Studio 2017 在工具栏中添加了几项新功能：搜索、导入和导出断点。这些功能的进一步介绍请参见第 31 章。

断点列表中的每一个项都表示为一个复选框，它显示了断点的启用状态、图标和断点描述符，以及用于显示断点各个属性的列。使用工具栏中的 Columns 下拉菜单可以对这些列进行调整。右击相应的断点，从上下文菜单中选择需要的选项，就可以为其设置更多属性。

30.3　Output 窗口

第一次运行程序时，首先遇到的调试窗口就是 Output 窗口。默认情况下，每次构建应用程序时会自动打开该窗口，它显示了构建的进度。图 30-3 展示了示例解决方案的成功构建过程。Output 窗口的最后一行显示了此次构建的总结——在本例中成功地构建了 3 个项目。从输出结果中还可以看到构建过程中遇到的警告和错误信息。本例中没有错误，也没有警告。尽管 Output 窗口可用于显示由于某些特殊原因所导致的构建异常，但大多数错误和警告都列举在 Error List 窗口中。

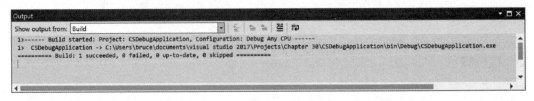

图 30-3

此外，Output 窗口还可以在应用程序运行时用作标准输出。工具栏左边的下拉列表可用于在输出源之间进行切换。图 30-3 显示了构建的输出，在执行 Visual Studio 中的其他活动时，还会在下拉列表中创建其他项。例如，在 Debug 模式下运行应用程序时，Visual Studio 会创建 Debug 项，用 Debug.Write 或 Debug.Writeline 显示运行库或代码发出的消息。同样，还会创建 Refactor 项，用于显示最近执行的重构操作的结果。

 通过 Visual Studio 执行的外部工具的输出(如.bat 和.com 文件)一般显示在 Command 窗口中。设置 Tools | External Tools 对话框中的 Use Output Window 选项，这些工具的输出可以显示在 Output 窗口中。

工具栏上的其他图标(从左到右)分别用于：切换到构建消息所对应的源、跳到前一个消息、跳到下一个消息、清空窗口内容、打开/关闭 Output 窗口的自动换行功能。

30.4 Immediate 窗口

在编写代码或调试应用程序时，为了测试某个功能或者显示应用程序的工作状态，经常需要计算简单表达式的值。使用 Immediate Window 窗口(Debug | Windows | Immediate)可以很方便地实现这种操作。该窗口可以计算用户输入的表达式值。如图 30-4 所示，这些语句包括基本的赋值和打印操作，以及高级的对象创建和操作。

如图 30-4 所示的 Immediate 窗口中，代码在 C#项目中创建了一个 Customer 对象。在 VB 项目中不能显式地声明变量(例如，Dim x as Integer)，但可以使用赋值运算符隐式地指定。

Immediate 窗口的一个有用特性是可以在编写代码时使用它。设计时当在 Immediate 窗口中创建新对象后，Immediate 窗口会调用构造函数，并创建该对象的一个实例，而不必运行应用程序的其他部分。

如果调用包含某个活动断点的方法或属性，Visual Studio 就会进入 Debug 模式，并在断点处中断。如果希望测试某个特定方法，但不想运行整个应用程序，就可以使用 Immediate 窗口的这个特性。

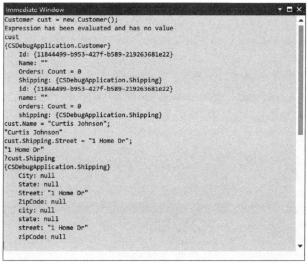

图 30-4

Immediate 窗口支持一定程度的 IntelliSense 操作，开发人员可以使用方向键选择以前执行过的命令。

 只有运行在 Debug 模式下，Immediate 窗口才支持 IntelliSense，在设计时的调试不能使用 IntelliSense。

Immediate 窗口还允许执行 Visual Studio 命令。要提交一个命令，需要在命令行的开头输入大于号(>)。该窗口可以使用的命令非常多，实际上可以在 Visual Studio 中执行的几乎所有操作都可以通过命令来执行。而且，通过 IntelliSense 还可以浏览这个命令列表，这样可以提高可管理性。

这些命令还有近 100 个预定义的别名。其中一个常见的别名是"?"，表示输出变量值的 Debug.Print 命令。输入> alias 可以查看预定义别名的完整列表，如图 30-5 所示。

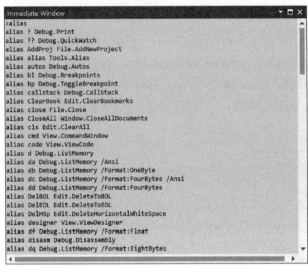

图 30-5

30.5　Watch 窗口

前面曾介绍过，在代码窗口中可以把光标悬放在某个变量名上，通过数据提示查看该变量的内容。如果对象的结构非常复杂，仅使用数据提示就很难显示所有的值。Visual Studio 2017 提供了大量可用于显示变量的 Watch 窗口，可以通过它们查看各种结构复杂的对象。

30.5.1　QuickWatch 窗口

右击代码窗口可以打开 QuickWatch 窗口(Debug | QuickWatch)，这是一个模式对话框。在代码窗口中选中的内容会插入到该对话框的 Expression 字段中，在图 30-6 中可以看到一个 Customer 对象。以前计算过的表达式保存在与 Expression 字段相关的下拉列表中。

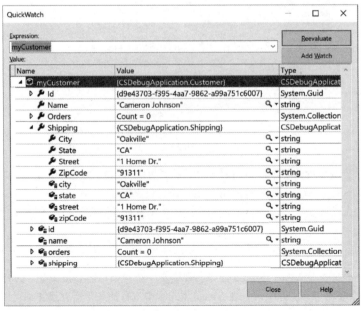

图 30-6

QuickWatch 窗口中的 Value 树的布局类似于数据提示窗口。窗口中的每一行分别显示了变量的名称、当前的值以及对象的类型。只要在 Value 列中输入变量的值，就可以对变量进行调整。

使用 Add Watch 按钮可将当前的表达式插入到一个 Watch 窗口中。这些变量会被一直监视。

30.5.2 Watch 1-4 窗口

QuickWatch 窗口是模式对话框，可显示特定时刻的变量值，而 Watch 窗口可在用户单步调试代码时监视变量的值。尽管一共有 4 个窗口，但大多数情况下使用一个窗口就足够了。4 个独立的窗口意味着可将不同类型的变量分别显示在不同窗口中。如果开发人员处理的是涉及多个类的复杂问题，这种显示方法就会非常有用。

图 30-7 的 Watch 窗口(Debug | Windows | Watch 1 to Watch 4)显示了 myOrder 类和 myCustomer 类。类似于前面讨论的 QuickWatch 和数据提示窗口，该窗口可用于深入分析复杂的数据类型。

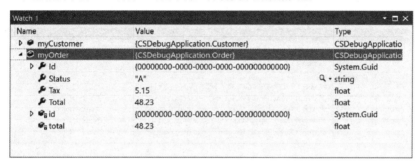

图 30-7

要添加一个被监视的变量，可以在一个空行的 Name 列中输入变量的名称，或者在代码窗口中右击要查看的变量，并从上下文菜单中选择 Add Watch 命令。

30.5.3 Autos 窗口和 Locals 窗口

Autos 和 Locals 是两个特殊的 Watch 窗口，它们所显示的变量由调试器自动添加。Autos 窗口(Debug | Windows | Autos)包含了当前行、前一行和后一行中的变量。与此类似，Locals 窗口(Debug | Windows| Locals)包含了当前方法中使用的所有变量。除了自动添加变量的情况外，这些窗口的行为和 Watch 窗口的一样。

30.6 代码执行窗口

除了在调试会话中检测变量的内容外，还应仔细评估代码的逻辑，确保所有代码按期望的顺序执行。Visual Studio 2017 有一组调试窗口，它们显示了暂停程序的执行时所加载和执行的代码。这样就可以更好地理解源代码的运行时行为，并快速找出逻辑错误。

30.6.1 Call Stack 窗口

随着应用程序变得越来越复杂，程序的执行路径也变得难以跟踪。深层继承树和接口的使用常会掩盖执行的路径。此时，调用堆栈的使用就变得非常必要。每个执行路径在堆栈中都对应有限数量的条目(除非存在循环，此时必定产生堆栈溢出)。要查看堆栈，可以使用 Call Stack 窗口(Debug | Windows | Call Stack)，如图 30-8 所示。

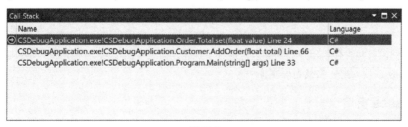

图 30-8

借助 Call Stack 窗口，很容易跟踪执行的路径，并判断出当前执行的方法是从哪里调用的。为此，可单击调用堆栈中的行(称为堆栈帧)。在调用堆栈中右击可打开上下文菜单，通过菜单中的选项可为某个堆栈帧打开反编译程序、设置断点以及修改要显示的信息。

30.6.2 Threads 窗口

大多数应用程序都使用多线程技术。对于 Windows 应用程序，为了能够使用户界面保持快速响应，经常需要把费时的任务放在独立于主应用程序的线程上运行。当然，多个线程的并发执行使调试变得更困难，特别是在多个线程访问同一个类和方法时。

如图 30-9 所示，Threads 窗口(Debug | Windows | Threads)列出了应用程序的所有活动线程。注意，除了由代码创建的线程以外，还包括由调试器创建的附加后台线程。为简化操作，应用程序使用的线程(包括主用户界面线程)都被赋予便于辨识的名称。

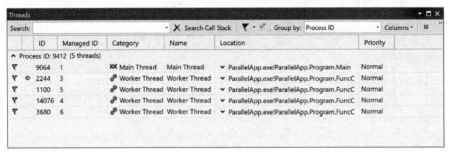

图 30-9

在 Threads 窗口中，当前代码窗口中正在查看的线程旁显示了一个箭头。要查看另一个线程，可以双击它，代码窗口中将显示该线程的当前位置，而调用堆栈也会更新，显示新线程。

在 Break 模式下，应用程序所有的线程都会暂停。尽管如此，在使用调试器单步调试代码时，下一条要执行的语句可能(也可能不)位于调试人员感兴趣的线程上。如果用户只对某个线程的执行路径感兴趣，可以在 Threads 窗口中右击其他线程，从上下文菜单中选择 Freeze 命令，挂起线程的执行。要恢复一个挂起的线程，从该菜单中选择 Thaw 命令即可。

有关调试多线程应用程序的内容参见在线归档的第 59 章。

30.6.3 Modules 窗口

Modules 窗口(Debug | Windows | Modules)如图 30-10 所示，其中列出当前执行的程序所引用的程序集。Visual Studio 2017 会为组成应用程序的每一个程序集加载调试符号，这意味着用户不需要启动反编译程序就可以对它们进行调试。该窗口还会提供当前加载的程序集的版本，并指明该程序集是从哪里加载的。

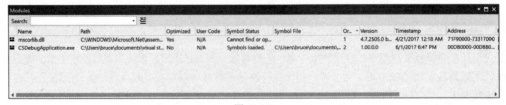

图 30-10

如图 30-10 所示，Visual Studio 已经为 CSDebugApplication.exe 应用程序加载了符号。其他程序集都没有加载调试符号，因为它们没有包含任何用户代码并且已进行了优化。如果存在相应的符号文件，可从右击的上下文菜单中选择 Load Symbols 选项，把它加载到程序集中。

30.6.4 Processes 窗口

多层应用程序的构建非常复杂，因为在调试时经常需要运行每一个层。为此，可在 Visual Studio 2017 中同时启

动多个项目,实现真正的端对端调试(end-to-end debugging)。另外,为了调试正在运行的应用程序,还可以连接其他进程。每次 Visual Studio 连接一个进程时,都会在 Processes 窗口(Debug | Windows | Processes)的列表中添加该进程。图 30-11 所示的解决方案包含两个 Windows 应用程序和一个 Web 应用程序。Web 应用程序实际上有两个关联的进程,一个用于服务器端代码(iisexpress.exe),另一个用于客户端代码(iexplore.exe)。

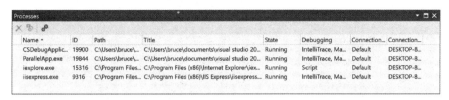

图 30-11

用户可使用 Processes 窗口顶端的工具栏脱离或终止当前已经连接的进程,也可以连接到另一个进程上。

30.7　Memory 窗口

如果使用前面介绍的所有调试方法都无法找到应用程序的缺陷,可尝试执行以下操作:查看内存中的数据、使用反编译程序、查看寄存器值,它们一般用于底层调试。这些操作需要大量的背景知识和耐心来分析和使用所显示的信息。在开发托管代码时,很少需要在底层进行调试。

30.7.1　Memory 1-4 窗口

这 4 个 Memory 窗口可用于查看特定位置处的原始内存数据。Watch、Autos 和 Locals 窗口可以查看位于内存特定位置的变量值,而 Memory 窗口则显示存储在内存中的数据概貌。

为简化应用程序的调试,可以在这 4 个 Memory 窗口(Debug | Windows | Memory 1 to Memory 4)中分别查看不同的内存地址。图 30-12 显示了可以使用该窗口查看的信息。用户可以使用窗口右边的滚动栏在内存位置上前后导航,查看周边地址包含的信息。如果试图找到某个特定变量的地址,只需要将该变量输入窗口顶部的 Address 部分即可。该变量的地址会替换 Address 部分中的变量名,窗口的主体显示了该地址周围的内存。

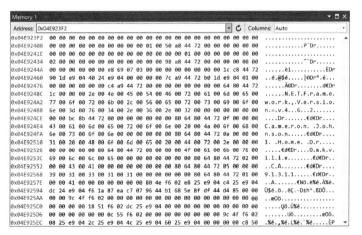

图 30-12

30.7.2　Disassembly 窗口

对于两段功能相同的代码,常存在哪一段代码更高效的讨论。有时这种讨论会涉及对应的 MSIL 指令——一个代码段比另一个运行得更快的原因是它产生的指令更少。显然,如果需要经常调用同一个代码段,对其进行反编译可以大大地提高应用程序的运行效率。但是,更多的情况是高层级的代码重构可以节省更多时间,涉及的争论更少。图 30-13 显示了 Disassembly 窗口(Debug | Windows | Disassembly),其中新建了一个 GUID 并将其赋给了一个变量。

在该窗口中可以看到构成该操作的 MSIL 指令。

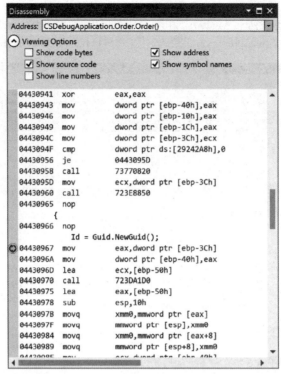

图 30-13

从图 30-13 可以看到，构造函数中设定了一个断点，当前的执行点正好位于该断点上。在该窗口中还可以单步调试 MSIL 代码，并检查正在执行的指令。

30.7.3 Registers 窗口

在使用寄存器加载、移动和比较各种信息时，使用 Disassembly 窗口跟踪 MSIL 指令变得非常困难。Registers 窗口(Debug | Windows | Registers)如图 30-14 所示，可以监视各种寄存器中的数据。当有变动发生时，寄存器中的值会显示为红色，这样就很容易查看单步执行 Disassembly 窗口中的指令时所发生的变动。

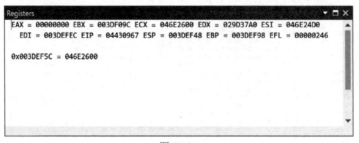

图 30-14

30.8 并行调试窗口

现在，几乎买不到只有一个处理器的新计算机。多核 CPU 是必需的，因为 CPU 体系结构有自己的物理局限，这种多核 CPU 的趋势肯定会一直持续到将来，成为硬件供应商发布更快计算机的主要方式。

可惜，如果所编写的软件不是针对在多个 CPU 上运行的，那么即使它在多核计算机上也不会运行得更快。许多用户在过去几十年都没有很好的硬件条件，当他们升级到较新的硬件上时，期望应用程序运行得更快，但会遇到这个问题。

　　解决方案是确保应用程序可以在多个 CPU 上并发执行不同的代码路径。传统方法是使用多个线程或进程开发软件。可惜，甚至对于有经验的开发人员，编写和调试多线程应用程序也是非常困难的，且容易出错。

　　Visual Studio 2017 和.NET Framework 4.6 中引入了许多新功能，以简化这种软件的编写过程。Task Parallel Library (TPL)是对.NET Framework 的一组扩展，它提供了这个功能。TPL 包含许多新语言结构，如 Parallel.For 和 Parallel.ForEach 循环，以及专门用于并发访问的新集合：ConcurrentDictionary 和 ConcurrentQueue。

　　System.Threading.Tasks 名称空间中有几个新类，它们极大地简化了编写多线程和异步代码的过程。Task 类非常类似于线程，但它是非常轻量级的，因此在运行时执行得非常好。

　　编写并行应用程序是整个开发生命周期的一部分，还需要高效的工具来调试并行应用程序。最终 Visual Studio 2017 针对这种并行调试引入了两个调试窗口：Parallel Stacks 窗口和 Parallel Tasks 窗口。

30.8.1　Parallel Stacks 窗口

　　在调试时，Call Stacks 窗口可用于查看当前代码行的执行路径。这个窗口的一个限制是一次只能看到一个调用堆栈。为查看其他线程的调用堆栈，必须使用 Threads 窗口或 Debug Location 工具栏把调试器切换到另一个线程。

　　Parallel Stacks 窗口(Debug | Windows | Parallel Stacks)如图 30-15 所示，可用于调试多线程的并行应用程序，它不仅提供了一次查看多个调用堆栈的方式，还提供了代码执行的图形化表示，包括显示多个线程是如何连接在一起的，以及它们所共享的执行路径。

　　图 30-15 中的 Parallel Stacks 窗口显示了当前执行多个线程的应用程序。调用图应自下而上地读取。Main 线程显示在一个框中，其他线程组合在另一个框中。这些线程组合在一起的原因是它们共享同一个调用堆栈。例如，在当前断点上，有四个线程共享一个调用堆栈，它从_ThreadPoolWaitCallback. PerformWaitCallback 开始，以 FuncC(在顶部)结束。在这四个线程中，一个继续执行 FuncD 和 FuncE。另一个执行 FuncF、FuncG 和 FuncH。最后两个线程开始执行 FuncI 和 FuncJ，然后将它们的调用堆栈拆分为 FuncK 和 Task.Wait。可以看出，一次可视化所有这些调用堆栈能更好地理解应用程序的状态，以及应用程序出现这种状态的原因，而不仅是了解各个线程的历史。

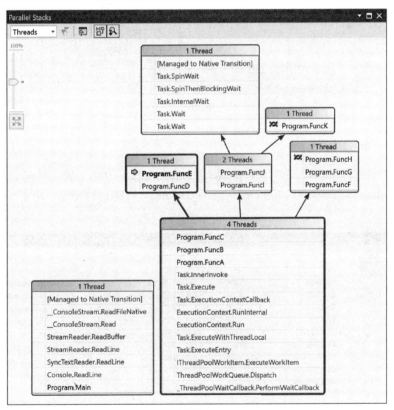

图 30-15

　　在这个屏幕上还使用了其他许多图标。当前线程的执行点用一个黄色箭头表示。在图 30-15 中，执行点指向图左边一个框中的 FuncE。当前线程一直沿着执行路径执行的每个框都突出显示为蓝色。波浪线(也称为螺纹线图标)显示在 FuncK 和 FuncH 调用旁,表示这是非当前线程的当前执行点。

如图 30-15 所示,可将光标停放在每个框顶部的线程数标签上,查看可应用线程的 Thread ID。还可右击调用堆栈中的任一项来访问各种函数,例如在代码编辑器中导航到可应用的源代码行,或者切换到另一个线程的可视化表示上。

如果应用程序使用了大量线程或任务,或者有非常深的调用堆栈,就可能在一个窗口中容纳不下 Parallel Stacks 调用图。此时可单击该窗口右下角的图标,显示一个缩略图,它可以方便地在可视化的调用图上平移,如图 30-16 所示。

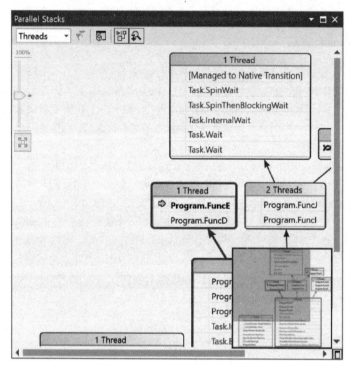

图 30-16

30.8.2 Parallel Tasks 窗口

本节开头介绍了 Task Parallel Library,它包含 System.Threading.Tasks 中的 Task 类和 Parallel.For 循环。Parallel Tasks 窗口(Debug | Windows | Tasks)如图 30-17 所示,它可以列出所有当前任务的状态,有助于调试使用这些新功能的应用程序。

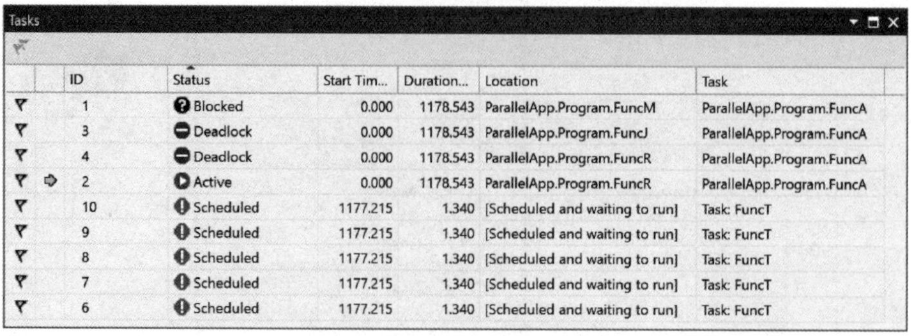

		ID	Status	Start Tim...	Duration...	Location	Task
▼		1	❓ Blocked	0.000	1178.543	ParallelApp.Program.FuncM	ParallelApp.Program.FuncA
▼		3	⊖ Deadlock	0.000	1178.543	ParallelApp.Program.FuncJ	ParallelApp.Program.FuncA
▼		4	⊖ Deadlock	0.000	1178.543	ParallelApp.Program.FuncR	ParallelApp.Program.FuncA
▼	⇨	2	▶ Active	0.000	1178.543	ParallelApp.Program.FuncR	ParallelApp.Program.FuncA
▼		10	❗ Scheduled	1177.215	1.340	[Scheduled and waiting to run]	Task: FuncT
▼		9	❗ Scheduled	1177.215	1.340	[Scheduled and waiting to run]	Task: FuncT
▼		8	❗ Scheduled	1177.215	1.340	[Scheduled and waiting to run]	Task: FuncT
▼		7	❗ Scheduled	1177.215	1.340	[Scheduled and waiting to run]	Task: FuncT
▼		6	❗ Scheduled	1177.215	1.340	[Scheduled and waiting to run]	Task: FuncT

图 30-17

在图 30-17 中,暂停的应用程序创建了多个任务,这些线程有的正在运行,有的处于死锁状态,还有的处于等待状态。可单击标志图标来标记一个或多个任务，以便于跟踪。

　Parallel.For、Parallel.ForEach 和 Parallel LINQ library(PLINQ)都使用 System.Threading. Tasks.Task 类作为它们的底层实现方式的一部分。

30.9　Exceptions 窗口

Visual Studio 2017 提供了一个复杂的异常处理程序，可为用户提供许多有用的信息。在出现异常时会出现如图 30-18 所示的 Exception Assistant 对话框。除了各种信息外，该对话框中还显示一系列操作。Actions 列表中的内容与被抛出的异常类型有关。常见的选项包括：能够查看异常的详细信息、将其复制到剪贴板以及打开异常设置。

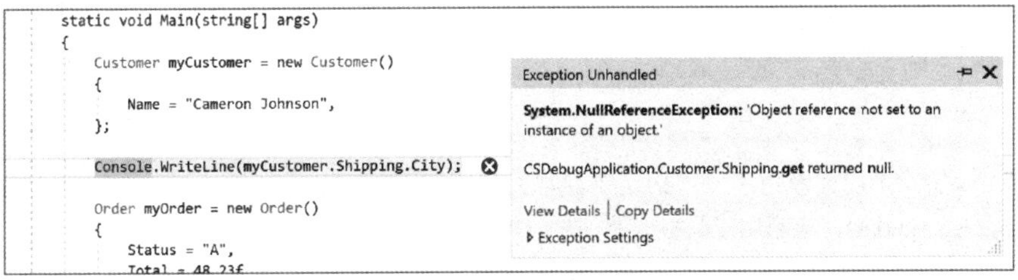

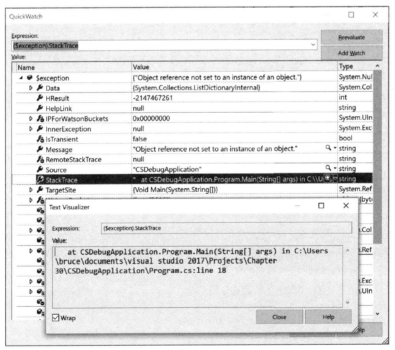

图 30-18

如果对异常执行 View Detail 操作，就会弹出一个显示异常详细信息的模式对话框，该对话框提供了抛出的异常中断信息。图 30-19 显示了异常的属性。对于 Stack Trace，可单击窗口屏幕右方的向下箭头查看全部内容。

图 30-19

当然，有时异常也用于控制应用程序的执行路径。例如，用户的输入可能不符合某种格式的约束，此时可以对字符串进行解析操作，而不是使用正则表达式。如果匹配失败就会产生异常，不需要中止整个应用程序就可以对其进行捕获。

默认情况下，所有异常都会被调试器捕获，因为它们被看成不应该发生的异常。某些特殊情况下，如无效的用户输入，需要忽略特定类型的异常，这可以通过 Debug 菜单下的 Exceptions 窗口来实现。

图 30-20 所示的 Exceptions 窗口(Debug | Exceptions)列举了.NET Framework 中所有的异常类型。对于每一种异常，有两个调试操作。调试器可以设置为在抛出异常时无论异常是否被处理都自动中断。如果启用了 Just My Code 选项，选中 User-unhandled 框会导致调试器在遇到没有被用户代码区域处理的异常时自动中断。在线归档中的第 57 章在介绍调试属性时将详细介绍 Just My Code。

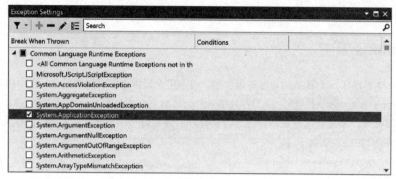

图 30-20

虽然 Exceptions 窗口不能捕获用户创建的定制异常类型，却可以手动添加。选择一个顶级类别(例如 Common Language Runtime Exceptions)，会启用工具栏中的加号图标。注意，必须提供包含名称空间的完整类名，否则调试器无法在已经处理的异常处中断。显然，未处理的异常仍然会导致应用程序崩溃。

在 Visual Studio 2017 中，异常处理的一个附加功能是在处理异常时添加条件，这会遇到一个断点。如果右击该异常，并在上下文菜单中选择 Edit Conditions 选项，就会看到如图 30-21 所示的对话框。

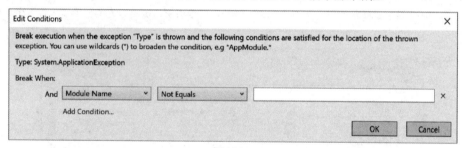

图 30-21

在这里，可以指定使用断点功能的模块。可以添加的唯一条件是选择要考虑的模块名称。但是，当在条件中指定模块名称时，可以使用星号(*)作为通配符。

30.10 小结

本章详细介绍了每一个调试窗口。合理使用这些窗口可以大大简化调试的过程。尽管开始看起来，这么多窗口有点冗余，但是，每一个窗口都执行相对独立的任务，提供了对当前正在执行的应用程序某个特定方面的信息。因此，必须学会在它们之间进行切换，选择显示最重要的信息。

第31章 断点调试

本章内容
- 使用断点、条件断点和跟踪点暂停代码执行
- 在调试过程中通过单步执行代码来控制程序执行
- 使用 Edit and Continue 功能在代码运行期间修改代码

长久以来，为找到导致应用程序崩溃的代码，开发人员在调试应用程序时需要添加大量的输出语句。Visual Studio 2017 提供了断点、跟踪点和 Edit and Continue 等功能强大的调试工具。本章介绍如何使用这些功能来调试应用程序。

31.1 断点

断点(breakpoint)可以在指定位置暂停或者中断应用程序的执行。当暂停的应用程序处于中断(Break)模式时，Visual Studio 2017 会显示各种调试窗口——例如，可用于查看变量值的 Watch 窗口。如图 31-1 所示，Customer 类的构造函数中添加了一个断点，因此应用程序会在调用 Customer 类的构造函数时中断执行。

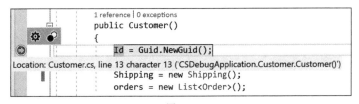

图 31-1

31.1.1 设置断点

要设置一个断点，可以使用 Debug 菜单，也可以从右键弹出的上下文菜单中选择 Breakpoint 项或者使用 F9 键。此外，在 Visual Studio 2017 代码编辑器中单击相应的代码页边距也可以设置断点。应用程序只能在当前正执行的代码行上中断，这就意味着在注释或者变量声明上设置的断点会在程序执行时被重定向到下一行可执行代码上。

1. 普通断点

为了在某行代码上设置断点，首先把光标移动到相应的行上，然后使用下面任意一个方法：
- 从 Debug 菜单中选择 Toggle Breakpoint 命令
- 按下 F9 键
- 在代码窗口的左边界上单击

在代码行上设置好断点后,可以通过 Settings 窗口来指定断点的额外细节。右击 content 菜单,或者将鼠标悬停在边界中的断点图标上并单击齿轮图像就可以打开 Settings 窗口,如图 31-2 所示。在所出现的 Settings 子窗口中,可以看到断点设置在 Customer.cs 文件的第 13 行上。此外,该对话框中还有一个字符编号,表示断点所在行的字符位置。如果同一行中编写了多条语句,就可以使用字符编号进行定位。可以在出现信息的链接上单击,更改界面,修改代码行和字符的位置,如图 31-3 所示。

图 31-2

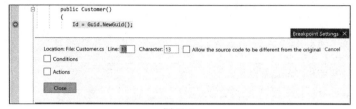

图 31-3

2. 函数断点

函数断点(function breakpoint)是另一种类型的断点。在函数上设置断点的常用方法是,选中函数的签名并按下 F9 键或者直接使用鼠标创建断点。如果一个函数存在多个重载版本,就需要定位所有的重载方法并添加相应的断点(除非需要在某个特定的重载版本中设置断点)。在设置函数断点时,用户可以通过指定函数的名称在一个或多个函数上设置断点。

要设置一个函数断点,从 Debug 菜单中选择 New Breakpoint 项,然后选择 Function Breakpoint。如图 31-4 所示,在所出现的 New Function Breakpoint 对话框中,可以指定要设置断点的函数名称。

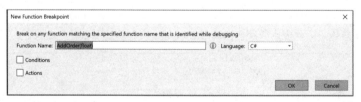

图 31-4

在设置函数断点时,可指定具体的重载方法,也可以仅指定函数的名称。在图 31-4 中,对话框内选择的是一个接受 float 参数的重载版本。注意,与完整的方法签名需要提供参数的名称不同,为给某个特定函数重载设置断点,只要提供参数的类型就可以了。如果忽略了参数信息,而函数有多个重载版本,就会在每个重载版本中设置断点。

31.1.2 添加中断条件

尽管可以使用断点在特定位置上暂停应用程序,并查看变量的值和应用程序流程,但有时只有在满足特定条件的情况下才需要中断应用程序的运行。为此,可以配置断点,使其只有在满足某个条件、经历多次迭代或者用进程和计算机名过滤以后再启用。

1. 条件

可以通过 Breakpoint Settings 子窗口为断点指定条件。右击相应的断点,从上下文菜单中选择 Settings 项,就会出现该窗口,如图 31-5 所示。选中 Conditions 复选框,就可以指定应用程序在遇到断点终止执行前必须满足的条件。如果条件表达式的值为 false,程序就会跳过断点继续执行。

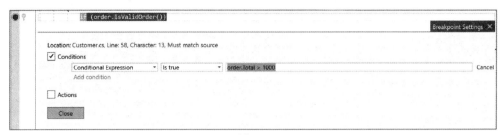

图 31-5

图 31-5 显示的是 Order 类中的断点的设置，条件指定为订单总数必须大于 1 000。和大多数调试窗口一样，Condition 字段提供了丰富的 IntelliSense 支持，它可以帮助编写合法的条件。如果指定了非法的条件，调试器就会抛出相应的错误消息，并且应用程序在第一次遇到断点时中断执行。

有时，条件改变的时机要比条件为 true 的时机更重要。在图 31-5 中，中间下拉列表内的 When Changed 选项可以在条件发生改变时中断应用程序的执行。如果选中了该选项，应用程序在第一次遇到断点时不会中断，因为没有以前的状态可供对比。

单击图 31-5 中第一个下拉列表下的 Add 条件链接，可以在 Breakpoint Settings 子窗口中为一个断点指定多个条件。但每种类型的条件只能指定一次。例如，图 31-6 演示的 Breakpoint Settings 子窗口就添加了第二个条件。在下拉列表展开时，选择 Conditional Expression 是无效的(它已经用于第一个条件了)。

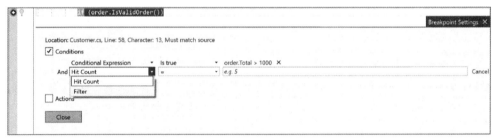

图 31-6

　为复杂的条件设置多个断点将大大减慢应用程序的执行，因此建议尽快删除无用的断点，以加速应用程序的执行。

2. 对断点进行计数

虽然对断点进行计数不如设置断点条件那样有用，但也可以使应用程序在其断点经历一定数量的迭代以后中断执行。为此，可在 Breakpoint Settings 子窗口中通过 Conditions 复选框来设置。从条件类型下拉框中选择 Hit Count，如图 31-7 所示。

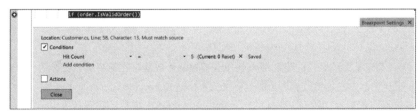

图 31-7

每次运行应用程序时，计数器都会重置为 0，使用 Reset 按钮可以手动重置。每个断点的计数器都是唯一的。计数器条件(可以从图 31-7 中间的下拉框中选择)可以是以下三种选择之一：
- Is Equal To(＝)：在计数器的值等于指定的值时中断。
- Multiple Of：在计数器的值是指定值的倍数时中断。

- Is Greater Than or Equal To(>=)：在计数器的值大于或等于指定值时中断。

3. 对断点进行过滤

一个解决方案可能包含多个需要同时运行的应用程序。在执行应用程序时，调试器可以连接到所有进程，允许对它们进行调试。默认情况下，在遇到断点时所有进程都会中断。可通过 Options 窗口(Tools 菜单下的 Options 选项)中的 Debugging(General)节点对中断的行为进行配置。要控制单个进程的调试行为，取消选中 Break All Processes When One Process Breaks 复选框即可。

如果多个进程调用同一个设置了断点的类库，每个进程都会在遇到该断点时中断执行。由于某些情况下我们可能只对其中一个进程感兴趣，因此可以在断点上设置一个过滤器，把它限定在自己感兴趣的进程上。如果在多台计算机上调试应用程序，还可以指定一个计算机名过滤器(machine name filter)。

事实上，过滤技术主要用于在多线程应用程序上把断点限制在一个特定线程上。只有线程满足过滤条件，在遇到断点时，所有的线程都会暂停执行。图 31-8 显示的是 Breakpoint Setings 子窗口中的 Filter 条件和可能的过滤条件示例。

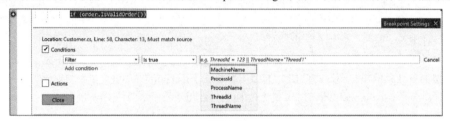

图 31-8

31.1.3 　断点操作

经常需要调整断点，因为我们可能把断点放置在错误的位置上，或者不再需要使用这些断点。尽管断点的删除非常简单，但有些情况下，如设置复杂的断点条件时，还经常需要调整现有的断点。

1. 删除断点

要删除不再需要的断点，在代码编辑器或者 Breakpoints 窗口(选择 Debug | Windows | Breakpoints 菜单项，如图 31-9 所示)中选择它，然后从 Debug 菜单中选择 Toggle Breakpoint 项将它删除。也可以从右击的上下文菜单中选择 Delete Breakpoint 命令或者从 Breakpoints 窗口中选择 Delete Breakpoint 图标。正如所期望的一样，已删除断点(条件、过滤等)的配置信息也会丢失。

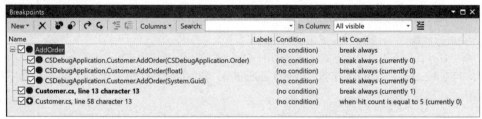

图 31-9

2. 禁用断点

与删除断点不同，简单地禁用断点在设置断点条件或者跟踪计数器时非常有效。要禁用一个断点，在代码编辑器或者 Breakpoints 窗口中选中它，然后从右击的上下文菜单中选择 Disable Breakpoint 命令。或者，在代码编辑器中，将鼠标悬停在边界中的断点上并单击右边的 Disable Breakpoint 图标。也可以在 Breakpoints 窗口中取消对断点的选中。图 31-10 在代码窗口中显示了一个禁用的断点。

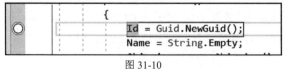

图 31-10

3. 给断点加标签

Visual Studio 2017 中的一个功能是可以给断点加上标签。如果希望把一组相关的断点组合起来，这样做就很有用。加上标签后，就可以对带有特定标签的所有断点执行搜索和批处理操作。

要给断点加上标签，可以右击该断点，选择 Edit Labels 命令。这会打开 Edit breakpoint labels 对话框，如图 31-11 所示，在其中可以把一个或多个标签关联到断点上。

给断点加上标签后，就可以打开 Breakpoints 窗口(Debug | Windows | Breakpoints)，对它们执行批处理操作。这个窗口如图 31-12 所示，在 Search 框中输入一个标签，然后按下 Enter 键，就可以过滤列表。这样就只显示包含搜索值的断点。窗口中的每一列都包含在这个搜索中，包括标签。然后，可以从工具栏中选择一个操作，如 Enable or Disable All Breakpoints Matching the Current Search Criteria。

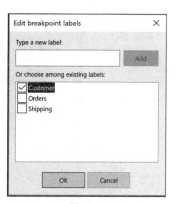

图 31-11

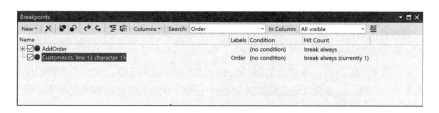

图 31-12

 　　默认情况下，会搜索 Breakpoint 窗口中的所有列。把 Column 下拉列表从 All Visible 改为特定的列，就可以仅搜索该列。

4. 导入和导出断点

Visual Studio 2017 中的另一个调试功能是导入和导出断点。这个功能可以备份和恢复断点，在开发人员之间共享它们。

断点的导出在 Breakpoints 窗口(Debug | Windows | Breakpoints)中执行。如果希望仅导出断点的一个子集，应先输入一个搜索条件，以过滤列表。显示出要导出的断点列表后，就单击工具栏上的 Export All Breakpoints Matching the Current Search Criteria 按钮。

也可以在 Breakpoints 窗口中单击工具栏上的对应按钮，来导入断点。

31.2　跟踪点

跟踪点(tracepoint)与断点不同，在遇到跟踪点时，跟踪点会触发附加的事件。实际上，在应用过滤器、设置条件和计数器等功能方面，跟踪点都可以看成断点。

可将跟踪点看成在代码中使用的 Debug 或者 Trace 语句，在调试程序时，可以动态地调整跟踪点而不会影响代码的功能。

在 Breakpoint Settings 子窗口中，可以通过一个现有的断点创建跟踪点。选中该子窗口中的 Actions 复选框将显示细节信息，如图 31-13 所示。

遇到跟踪点时，会在 Output 窗口中显示一条消息。在跟踪点的文本框中，输入要显示的消息。有许多变量可以用来显示当前状态。这些变量都是用美元符号($)作为前缀，可以通过智能感知得到。图 31-13 包含可用的变量。它们是：

- **$ADDRESS**：当前指令
- **$CALLER**：调用当前方法的函数的名称

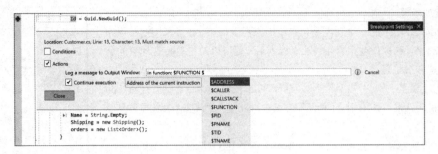

图 31-13

- **$CALLSTACK**：当前的调用堆栈
- **$FUNCTION**：当前函数的名称
- **$PID**：当前进程的 ID
- **$PNAME**：当前进程的名称
- **$TID**：当前线程的 ID
- **$TNAME**：当前线程的名称

默认情况下，在设置完跟踪点后，系统会启用 Continue Execution 复选框，这样当应用程序遇到这个跟踪点时就不会中断。若禁用该复选框，应用程序就在遇到跟踪点后中断执行，就像它遇到的是断点一样。在应用程序中断前，会在控制台上输出该跟踪消息。

设置完跟踪点后，代码窗口中该行的外观也发生了相应的变化，以表明该行设置了跟踪点。如图 31-13 所示，跟踪点在代码窗口边界上显示为红色的菱形。

如果没有选中 Continue Execution 复选框，跟踪点的视觉外观就和断点没有差别了。这可以解释如下：菱形的视觉提示表明了调试器不会在跟踪点处中断，并非表明与该跟踪点相关联的操作。

31.3 执行控制

开发人员在遇到断点时，经常需要逐步调试代码及检查变量的值和程序的执行。Visual Studio 2017 不仅允许用户逐步调试代码，还允许向后调整执行点甚至重复操作。要执行的代码行被突出显示，其左边显示了一个箭头，如图 31-14 所示。

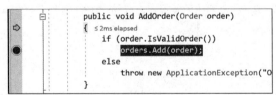

图 31-14

31.3.1 单步执行代码

第一步是按照程序运行的顺序对执行点进行调整。调试器中有 3 种增量可供选择。在调试过程中，代码实际上正在执行，因此变量的值会随着程序的前进发生改变。

1. Stepping Over(F10 键)

Stepping Over 执行当前焦点所在的行并前进到当前代码块的下一行。如果到达了代码段的末尾，就返回调用块中。

2. Stepping Into(F11 键)

如果当前的行是一个简单运算符，如数值操作或者类型转换，Stepping Into 的行为与 Stepping Over 一样。如果是一个复杂的行，Stepping Into 就会执行所有的用户代码。例如，在下面的代码段中，在 TestMethod 中按下 F10 键只会执行 TestMethod 中的代码，而按下 F11 键将一直执行到调用 MethodA 的地方，然后调试器在返回 TestMethod

之前会一直在 MethodA 中执行：

C#

```csharp
public void TestMethod()
{
    int x = 5 + 5;
    MethodA();
}

private void MethodA()
{
    Console.WriteLine("Method A being executed");
}
```

3. Stepping Out(Shift+F11 键)

在不小心进入一个很长的方法时，如果能不逐步运行方法中的每一行或者在方法末尾设置断点就直接跳出方法会非常方便。Stepping Out 把光标移动到调用当前方法的位置。以前一段代码为例，如果进入 MethodA，按下 Shift+F11 组合键将立刻返回到 TestMethod 的末端。

4. Step Filtering

一个有用的功能是自动跳过属性和运算符。许多情况下，公共属性仅是私有成员变量的包装器，因此在调试时不需要单步执行它们。如果所调用的方法把许多属性作为参数，这个调试器选项就非常有用，例如下面的方法调用。

C#

```csharp
printShippingLabel(cust.name, shipTo.street, shipTo.city, shipTo.state,
    shipTo.zipCode);
```

启用 Step Over Properties and Operators 选项后，如果按下 F11 键，调试器就会直接进入 printShippingLabel 方法的第一行。如果需要手动进入特定的属性，并单步执行它，可以右击代码编辑器窗口，选择 Step Into Specific 命令，这会显示一个子菜单，其中列出了每个可用的属性，如图 31-15 所示。

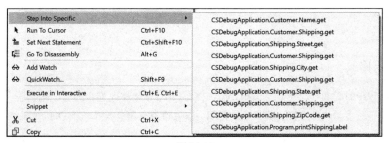

图 31-15

Step Over Properties and Operators 选项默认为启用。要在调试过程中启用或禁用它，可以右击代码编辑器窗口的任意位置，从上下文菜单中选择它，或者在 Options 对话框窗口中选择它(选择 Tools | Options，再选择左边树视图中的 Debugging)。

31.3.2　Run to Cursor 功能

在调试过程中，经常使用的一种机制是 Run to Cursor 功能。在断点处停止时，可将光标放在代码中的其他位置，右击并从上下文菜单中选择 Run to cursor。然后，应用程序的执行将继续，到达选中的代码行时就停止。可以把它当作 Step In/Over 的一个步骤。

Run to Cursor 功能需要注意一些事情。如果点击一行代码，而该行代码在执行过程中没有执行到，应用程序将继续运行，如果这是控制流的工作方式，应用程序就会终止。如果应用程序在继续之前遇到了需要用户输入的代码行，那么在提供输入后，程序仍然会执行到光标处的断点。如果在运行到光标处时，遇到另一个断点，程序将仍然停留在光标处。

Visual Studio 2017引入了一种更简单的方法来调用Run to Cursor功能。调用Run to Click,会减少与Run to Cursor相关的摩擦。如图31-16所示,代码开头的左侧有一个绿色箭头。单击该箭头时,会运行应用程序,在当前行上停止,作为一个断点。换句话说,它是Run to Cursor功能(包含相同的注释和警告),但不需要使用上下文菜单,只需要单击即可。

图 31-16

31.3.3　移动执行点

熟悉了函数的步入和步出(stepping in and out)以后,有时会不小心跳过了所关心的代码。此时需要做的是返回查看最后一步的操作。尽管不能完全展开代码,使程序回退到以前的状态,但是可以移动执行点,重新计算方法的值。

要移动当前执行点,选中当前行旁边的箭头(如图31-14所示),然后在当前的方法内前后拖动。小心使用该功能,因为它可能导致无法预料的行为和变量值。

31.4　Edit and Continue 功能

Visual Studio 2017调试中的一个最重要的功能是Edit and Continue。现在,C#和VB都支持该功能,允许用户在执行过程中对应用程序进行修改。只要暂停应用程序,就可以更改代码,再恢复执行。新代码或者修改以后的代码会在应用程序中动态添加,所做的修改会立刻生效。

31.4.1　原始编辑

可以进行的修改存在一些限制。有各种类型的原始编辑(rude edits),它们指的是要求应用程序停止并重新构建的代码修改。可以从Visual Studio 2017帮助资源的Edit and Continue主题中获得完整的原始编辑列表,包括以下几种:

* 修改当前或者活动的语句。
* 对全局符号的修改——例如,新的类型和方法——或者修改方法的签名、事件和属性。
* 对特性的修改。

31.4.2　停止应用修改

如果在暂停应用程序时对源代码进行了修改,Visual Studio必须将修改整合或者应用到正在运行的应用程序中。根据修改的类型和复杂程度,该操作将耗费一定的时间。如果希望取消此操作,从Debug菜单中选择Stop Applying Code Changes命令。

31.5　小结

大多数使用Visual Studio 2017的开发人员使用断点来跟踪应用程序中的问题。本章学习了如何优化断点的使用以减少定位程序缺陷的时间。还了解了如何使用tracepoints来生成输出(对于这些情况,断点会影响应用程序的流)。

在本书的在线归档中,介绍了Visual Studio提供的其他简化调试过程的工具,说明了在调试过程中如何使用数据提示,并解释如何创建调试代理类型和可视化工具,以便定制调试过程和减少因调试不必要的代码行而耗费的时间。

第 X 部分

构建和部署

第 **32** 章

升级到 Visual Studio 2017

本章内容

- 使用新的 IDE 处理旧项目
- 更新项目，使用最新的运行库和库

每次发布 Visual Studio 的新版本时，开发人员在开始使用它之前或多或少总有一个延迟。主要由两个原因所致。首要原因是：由于多目标，现在可以在 Visual Studio 2017 中编译应用程序，已经不需要将现有的应用程序同时升级到.NET Framework 的新版本了。而且，微软已经在使用稳定的解决方案和项目文件格式，所以在 Visual Studio 2017 中打开某个解决方案，通常并不影响在 2013 或 2012 中打开该解决方案。"通常"的意思是说总有例外情况。不过现在来看，阻碍升级的主要是 Visual Studio 提供的工具，而不是 Visual Studio 自身。大多数升级工作都进行得很顺利，不过一些工具(如 SQL Server Data Tools)是在安装过程中自动升级的，它们与早期版本的兼容性无法得到保证。

本章介绍如何将已有的.NET 应用程序轻松迁移到 Visual Studio 2017 上，分为两个部分：升级到 Visual Studio 2017 上，再升级到.NET Framework 4.6.2 版本上。

32.1　从最近的 Visual Studio 版本升级

将项目从 Visual Studio 2015 升级到 2017 同普通升级过程一样简单。某些情况下，付出少许努力甚至还可以从 Visual Studio 2013、2012 和 2010 SP1 升级项目。对于大多数类型的项目而言，升级过程就像没有发生，只是在 Visual Studio 2017 中打开项目，并开始使用 IDE。将项目保存到 Visual Studio 2017 后，就避免了像以前那样使用旧版本来打开项目并对项目进行升级。换言之，从表面上看，许多项目的升级过程看起来像未发生一样。

升级过程在大部分时间里都会进行得很顺利，但并非每个项目都会如此。当在 Visual Studio 2017 中打开 Visual Studio 2015 的项目时，有三种类型可以选择。

- **Changes required**：为在 Visual Studio 2017 中打开项目，需要对项目及其中一些有用的内容进行修改。修改之后，项目仍能在 Visual Studio 2015、2013 和 2012 中打开。
- **Update required**：需要对项目及其中有用的内容进行修改。之后，该项目可能无法在 Visual Studio 2015 或之前版本中打开了。
- **Unsupported projects**：该分类下的项目无法在 Visual Studio 2017 中打开。

对于大多数项目，往返的兼容性现已成了事实(表 32-1 列出了例外情况)。也即，可以使用 Visual Studio 2015 创建一个项目，在 Visual Studio 2017 中打开该项目，再在 Visual Studio 2015 甚至 Visual Studio 2013 中打开该项目。当然，这个过程存在一些限制。比如，对于项目的更改无法使用 Visual Studio 2017 中专用的特性，如将项目的目标改为.NET 4.6.2。尽管存在这些合理的限制，但这里至少实现了向后兼容性。另外在多数情况下，从 Visual Studio 2012 或 Visual Studio 2010 SP1 升级也存在这样的问题——注意，每个打开的项目都会归到上面提到的类别中。

表 32-1 兼容的项目类型

项 目 类 型	兼容性问题
.NET Core Projects	在 Visual Studio 2015 中创建的.NET Core 项目使用了包含.xproj 文件的工具的预览版本。在 Visual Studio 2017 中打开项目将创建一个.csproj 文件(提示需要升级)。虽然.xproj 文件仍然存在，但是如果在 Visual Studio 2017 中把文件添加到项目中，它就不会更新。而且由于 Visual Studio 2015 不支持.csproj 文件，所以无法在该版本中打开更新的项目
ASP.NET MVC 5、ASP.NET MVC 4	如果项目使用 Application Insights，就需要对每个版本的 Visual Studio 进行一次验证。但在提供了凭据之后，就不需要再次登录了。不能在 Visual Studio 2017 中创建 MVC 4 项目
ASP.NET MVC 3	Visual Studio 2017 不支持 ASP.NET MVC 3。要在 Visual Studio 2017 中打开该项目，需要将其转换为 ASP.NET MVC 4
ASP.NET MVC 2	Visual Studio 2017 不支持 ASP.NET MVC 2。为在 Visual Studio 2017 中打开该项目，需要将其转换为 ASP.NET MVC 4。这实际上是一个两步转换过程，首先要将其转换为 ASP.NET MVC 3，然后转换为 ASP.NET MVC 4。在这个两步转换过程中，可以利用自动转换工具
ASP.NET Web Forms	无
BizTalk	Visual Studio 2017 中不支持 BizTalk 项目(2010 或 2013)的"开箱即用"功能
Blend	无
Coded UI Test	无
F#	无，但要在 Visual Studio 2017 中启用 F#特性，需要将应用程序升级到 F# 4.1 版本
LightSwitch	Visual Studio 2017 中不支持 LightSwitch
Modeling	无，但菜单上有些不同。建模项目现在被称为依赖验证项目。不再支持 UML 图。编辑这些文件时，它们打开为 XML 文件
Office 2007 VSTO	需要到 Visual Studio 2017 的单向升级
Office 2010 VSTO	无。只要项目的目标是.NET Framework 4.0 或后续版本就没问题，否则就需要单向升级到 Visual Studio 2017
Rich Internet Application	无，尽管创建这些项目的模板都已移除，但仍然可以打开和修改现有的应用程序
SharePoint 2007	项目必须升级到 SharePoint 2013 或 SharePoint 2016 后，才能在 Visual Stuio 2017 中打开它
SharePoint 2010	项目必须升级到 SharePoint 2013 或 SharePoint 2016 后，才能在 Visual Stuio 2017 中打开它
SharePoint 2013	无
SharePoint 2016	使用 Office Developer Tools Preview 2 创建的 SharePoint Add-In 项目不能在 Visual Studio 2017 中打开。解决方法是打开.csproj 或 .vbproj 文件，把 MinimumVisualStudioVersion 从 12.0 改为 12.2
Silverlight 5、4、3	Visual Studio 2017 中不支持 Silverlight 项目
SQL Server Express LocalDB	数据库文件也必须升级到 SQL Server 2012。没有升级的数据库文件无法通过 LocalDB 功能访问，但可以通过 SQL Server Express 访问
SQL Server 2008 R2 Express	无
SQL Server Report Project	需要在 Visual Studio Gallery 中安装 Visual Studio 的 Microsoft Report Projects 扩展
Visual C++	在 Visual Studio 2015 中创建的项目不会出问题，但是如果项目是在 Visual Studio 的早期版本中创建的，就可能需要对项目进行升级或针对最近的工具集进行升级
WCF	无
Windows Azure Tools	首先安装用于.NET 的 Azure SDK。然后，如果项目需要更新，就会在打开它时自动完成
Windows Forms	无
Windows Phone 7.1、8、8.1	Visual Studio 2017 中不支持这些项目
Windows Phone 8、8.1	Visual Studio 2017 中不支持这些项目
Windows Workflow	无
WPF	无

首先，查看向后兼容的不同项目类型。这些项目可以归到前面列表中的前两类。其中的一个兼容性的假设是：允许 Visual Studio 自动升级项目。在 Visual Studio 中打开该项目，就会启动自动升级过程。

当然，还有其他一些 Visual Studio 2017 不再支持的项目类型。包括如下项目类型：

- Front Page Websites
- LightSwitch
- MSI/Setup Projects
- Silverlight
- Visual Studio Macros
- Windows Mobile
- Windows Phone
- Windows Store

32.2 升级到.NET Framework 4.6.2

应用程序迁移到 Visual Studio 2017 上，并整理了构建环境后，就应考虑.NET Framework 4.6.2 的升级路径了。随着最后几次升级没有发生太多的变化(因为.NET 的基础在 2.0 版本中已经稳定下来)。对于.NET 4.6.2 也是如此，这意味着从任何版本升级都应该相对轻松。

大多数情况下，升级应用程序只需要修改 Target Framework 项目属性。图 32-1 显示了某 C#控制台应用程序项目的项目属性对话框。Application 选项卡上有一个下拉列表列出了可供选择的目标框架。

 对于 VB 项目，这个下拉列表在 Advanced Compile Options 对话框(项目属性设计器的 Compile 选项卡)中。

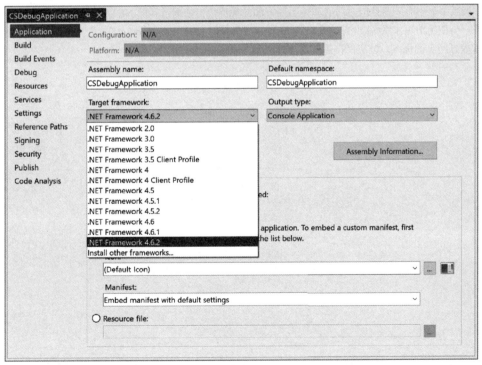

图 32-1

.NET 3.5 和 4.0 增加了 Client Profile 的概念。用户如果过去下载并安装过完整版的.NET Framework，就会发现 Client Profile 中基类库的大小非常合适。而且，并非所有代码库对每一个项目类型都有用。比如，.NET 中处理传来的请求、在网站中生成 HTML 的类，就不大可能用于运行在单独的客户端计算机上的应用程序中。出于这个原因，Visual Studio 2017 允许为自己的应用程序配置一个.NET Framework 的子集，该子集称为 Client Profile。可以在图 32-1 中的下拉列表中查看这些可用的选项。

.NET Framework 4.5 已不再提供 Client Profile 了。.NET 的下载包进行了优化且附带了其他可用的部署选项，因此没必要同时提供完整包和 Client Profile。结果，在.NET 4.0 后，下拉列表中只提供了完整的.NET 版本。

选择新的框架版本后，就会显示如图 32-2 所示的对话框。如果选择 Yes 按钮，就会保存对项目的所有修改，并关闭、更新项目，再用新目标框架版本重新打开项目。建议立即重新构建项目，以确保应用程序仍能编译。

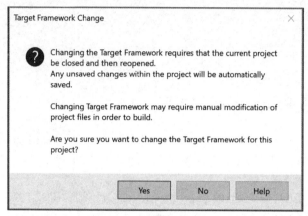

图 32-2

32.3　小结

本章介绍了如何将现有的.NET 应用程序升级到 Visual Studio 2017 和.NET Framework 4.6.2 版本上。使用最新的工具集和框架版本显然有一些性能、功能和可用性方面的优势，但使用最新的.NET Framework 也可能有一些限制。如果目标用户仍使用旧操作系统(如 Windows 2000)，就应仍使用.NET Framework 2.0，因为这些平台支持它。Visual Studio 2017 兼具两者的优点，但应仅在需要时才升级到 Visual Studio 2017。

第33章

定制构建

本章源代码下载

通过在 www.wrox.com 网站搜索本书的 EISBN 号(978-1-119-40458-3)，可下载本章的源代码。相关源代码和支持文件都在本章对应的文件夹中。

虽然可以使用 Visual Studio 2017 设置的默认编译选项来构建大多数项目，但偶尔需要修改构建过程的某些方面。本章介绍各种可用于 Visual Basic 和 C#的构建选项，阐述不同设置的用途，这样就可以定制它们以满足自己的需求。

此外，还将学习 Visual Studio 2017 是如何使用 MSBuild 引擎来执行编译的，并探寻配置文件如何使用它来控制项目的编译。

33.1 通用构建选项

在开始创建项目之前，可以通过 Visual Studio 2017 的 Options 页面修改一些设置。这些选项会应用于使用 IDE 打开的所有项目与解决方案，因而在编译项目时，可用它们来定制总体环境。

对于专业的 Visual Basic 开发人员来说，首先应考虑 Projects and Solutions 组中的 General 页面。IDE 的 Visual Basic 开发设置默认在视图里隐藏了一些构建选项，显示它们的唯一方法是激活 Show Advanced Build Configuration 选项。

激活这个选项时，IDE 将在 My Project 页面上显示 Build Configuration 选项，并可以访问 Build | Configuration Manager 菜单命令。其他语言环境在启动时就已经激活了这些选项，因而不需要这么做(如果不想弄乱菜单和页面，也可以关掉这些选项)。

这个页面上另外两个与构建项目相关的选项，它们的功能分别是：开始构建时让 Visual Studio 自动显示 Output 窗口；如果在构建过程中遇到编译错误，是否让 Visual Studio 自动显示 Error 窗口。所有的语言都默认开启了这两个选项。

Projects and Solutions 组的 Build and Run 选项页(如图 33-1 所示)包含了更多选项，可以使用它们来定制构建的方式。

该页面上每个选项的作用看起来不是很分明，有些选项仅对 C#项目有影响，所以有必要介绍一下每个选项的作用，看看它会影响哪些语言。

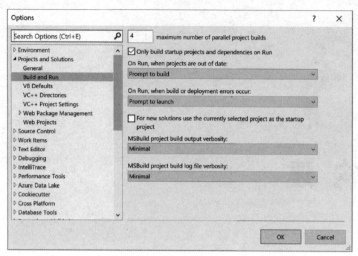

图 33-1

- **maximum number of parallel project builds(并行构建的项目最大数)**：这个选项控制可以同时运行多少个构建过程(假定要编译的解决方案有多个项目)。应根据构建计算机上处理器的个数来修改该值。

- **Only build startup projects and dependencies on Run(在执行时仅构建启动项目及其依赖项)**：这个选项仅构建与启动项目直接相关的解决方案部分。这意味着任何不是启动项目依赖项的项目都被排除出默认构建过程。这个选项默认是激活的，因而如果启动项目通过后期绑定或其他类似方式调用解决方案中的多个项目，它们就不会自动构建。可以关闭这个选项，或者手动逐个构建这些项目。

- **On Run, when projects are out of date(运行时，遇到过期项目)**：这个选项给过期项目(在上次构建之后更改过的项目)提供了 3 个选项。默认是 Always build 选项，只要运行应用程序，都将强制执行构建过程；Never build 选项总是使用过期项目的上次构建结果；Prompt to build 选项可以选择构建每个过期项目。注意，这仅对 Run 命令有效，而如果从 Build 菜单强制执行构建，项目就会根据构建配置及这个 Options 页面上的其他设置进行重建。

- **On Run, when build or deployment errors occur(运行时，遇到构建或部署错误)**：构建过程发生错误时，这个选项控制执行什么操作。尽管官方文档里不是这样说的，但这个选项事实上影响 Visual Basic 和 C#的构建行为。可以选择默认的 Prompt to launch 选项，这会显示一个对话框，提示执行什么操作；选择 Do not launch 选项就不会启动解决方案，而是会返回设计状态；而 Launch old version 选项会忽略编译错误，并运行项目上一次成功构建的结果。

启动旧版本的选项可以忽略从属项目中的错误，仍旧运行应用程序；但因为它不警告用户发生了错误，所以用户可能把活动项目的版本弄混。

使用 Prompt to launch 选项时，如果在提示对话框中选择 Do not show this dialog again 选项，这个设置就根据是否选择继续执行，更新为 Do not launch 或 Launch old version 选项。

　建议把 *On Run, when build or deployment errors occur* 属性设置为 Do not launch，因为这样可以提高编写和调试代码的效率——少打开一个窗口。

- **For new solutions use the currently selected project as the startup project(对新的解决方案，使用当前选择的项目作为启动项目)**：构建有多个项目的解决方案时，这个选项非常有用。构建解决方案时，Visual Studio 构建过程假定当前选择的项目就是启动项目，并据此决定依赖项以及起始执行点。

- **MSBuild project build output verbosity(MSBuild 项目构建输出详细程度)**：Visual Studio 2017 使用 MSBuild 引擎来执行编译。MSBuild 生成它自己的编译输出，报告每个项目构建时的状态。可以选择控制报告的详细程度。
  - MSBuild 的详细程度默认设置成 Minimal，它只为每个项目产生最少的信息，还可以把这个选项设置成 Quiet，将它完全关闭，或者通过选择一种更详细的输出设置来扩展所得到的信息。

- MSBuild 的输出信息被发送到 Output 窗口。可以通过 View | Other Windows | Output(在有些环境设置下是 View | Output)菜单访问此窗口。如果看不到构建输出，请确认是否把 Show output from 选项设置为 Build(如图 33-2 所示)。

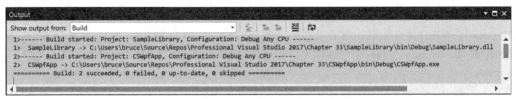

图 33-2

- **MSBuild project log file verbosity(MSBuild 的详细程度设置为项目日志文件)**: Visual Studio 构建 C++项目时，会生成一个基于文本的日志文件，其中记录了 MSBuild 活动和显示在 Output 窗口中的一般信息。放在这个文本文件中的信息量可以使用这个选项单独控制。使用该选项的一种方式是把更详细的信息放在日志文件中，而把 Output 窗口设置为 Minimal，这会加速正常的开发过程，同时在出错时能访问较详细的信息。如果不希望 Visual Studio 生成这个单独的日志文件，可以使用 Projects and Solutions | VC++ Project Settings | Build Logging 设置关闭它。

Projects and Solutions 类别下的其他 Options 页面也值得一看，因为它们控制了 Visual Basic 默认的编译选项(Option Explicit、Option Strict、Option Compare 以及 Option Infer)和其他与构建相关的 C++选项。值得 C++开发人员注意的是，可以为项目的不同组件类型(如可执行文件与包含文件)指定不同平台下构建的 PATH 变量，也可以指定是否记录构建输出(请参阅前面的列表)。

33.2 手动配置依赖关系

Visual Studio 2017 可以检测相互引用的项目之间的依赖关系，之后用于确定项目的构建顺序。但有时 Visual Studio 不能确定这些依赖关系，如在构建过程中有定制步骤时。但可以手动设置项目的依赖关系，说明项目之间的相互关系。可以通过 Project | Project Dependencies 或 Project | Build Order 菜单命令访问如图 33-3 所示的对话框。

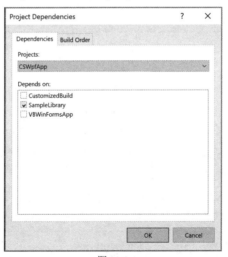

图 33-3

 注意，IDE 中的这些菜单命令仅在解决方案有多个项目时才有效。

先从下拉列表里选择依赖于其他项目的项目，然后在底部的列表中选中它所依赖的项目。任何由 Visual Studio 2017 自动检测出的依赖关系都会在这个列表中事先标记出来。Build Order 选项卡可用来确认项目的构建顺序。

33.3 Visual Basic 编译页面

Visual Basic 项目包含其他一些控制构建过程的选项。要访问特定项目的编译选项，需要双击 Solution Explorer 里的条目，打开 My Project。显示项目的 Options 页面时，从左边的列表中切换到 Compile 页面(如图 33-4 所示)。

Build Output Path 选项控制项目的可执行版本(应用程序或 DLL)存放在什么地方。对 Visual Basic 来说，默认设置是 bin\Debug\或 bin\Release\目录(取决于当前配置)，但可以浏览到想要的位置来更改这个选项。

 建议启用 Treat all warnings as errors 选项，因为在大多数情况下，该选项有助于编写出更好、错误更少的代码。

应该注意隐藏的两组额外选项。Visual Basic 开发人员可以使用 Compile 页面右下角的 Build Events 按钮，设定在执行构建之前或之后运行的动作或脚本。相关内容将在稍后讨论。另一个按钮是 Advanced Compile Options。

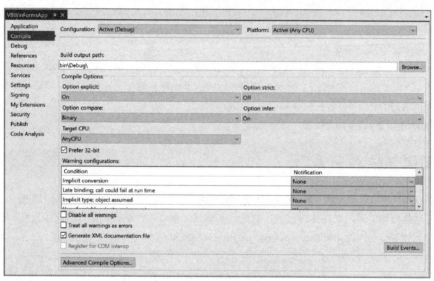

图 33-4

33.3.1 高级编译器设置

单击 Advanced Compile Options 按钮会弹出 Advanced Compiler Settings 对话框(如图 33-5 所示)，使用这个对话框可以微调所选项目的构建过程。其设置分为两组：Optimizations(优化)与 Compilation Constants(编译常量)。

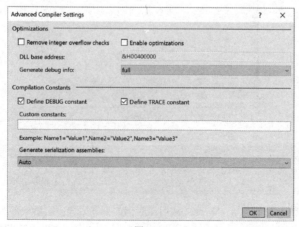

图 33-5

1. 优化

Optimizations 组中的设置控制编译的执行方式，使构建输出或构建过程更快，或者减小输出的大小。通常可以不去理会这些选项，但如果需要调节编译过程，可以参阅下面对每个选项的概述。

- **Remove integer overflow checks(删除整数溢出检查)**：默认检查代码中任何可能出现整数溢出的地方，整数溢出是内存泄漏的原因之一。关闭这个选项会删除这些检查，使可执行文件运行得更快，但以牺牲安全为代价。
- **Enable optimizations(启用优化)**：启用优化，可使可执行文件运行得更快，但构建时间较长。
- **DLL base address(DLL 基地址)**：这个选项可以用十六进制格式指定 DLL 的基地址。当项目类型不生成 DLL 时，这个选项是无效的。
- **Generate debug info(生成调试信息)**：这个选项控制何时把调试信息生成到应用程序输出中。这个选项默认设置为 Full(用于 Debug 配置)，允许把调试器附加到正在运行的应用程序上。可以完全关闭调试信息，或将该选项设置为 pdb-only(Release 配置的默认值)，只生成 PDB 调试信息，这表示在 Visual Studio 2017 中启动应用程序时，仍可以调试应用程序，但如果试图附加到正在运行的应用程序上，就只能看到反编译程序。

2. 编译常量

编译常量可用来控制在构建输出中包含的信息，甚至控制编译哪些代码。Compilation Constants 选项控制下面这些内容：

- **Define DEBUG Constant(定义 DEBUG 常量)和 Define TRACE Constant(定义 TRACE 常量)**：分别根据 DEBUG 和 TRACE 标志，决定是否在编译的应用程序里包含调试与跟踪信息。从功能的角度看，如果 DEBUG 常量不存在，编译器就会从已完成的应用程序中排除任何对于 Debug 类中方法的调用。与此类似，如果 Trace 常量不存在，任何对于 Trace 类中方法的调用将不会包含在已编译的应用程序中。
- **Custom Constants(自定义常量)**：如果应用程序的构建过程需要自定义常量，可在这里以 ConstantName="Value"的形式指定它们。如果有多个常量，它们应当以逗号分隔。

下面这个选项并不属于 Compilation Constants 类别，但它们允许进一步定制项目的构建方式。

- **Generate serialization assemblies(生成序列化程序集)**：这个选项默认设置为 Auto，允许构建过程决定是否需要序列化程序集，但如果想要强制指定此行为，也可以把它改为打开或关闭。

> 序列化程序集使用 Sgen.exe 命令行工具创建。这个工具会生成一个包含 XmlSerializer 的程序集，以序列化(和反序列化)特定的类型。正常情况下，在运行期间，这些程序集在第一次使用 XmlSerializer 时生成。在编译期间预先生成它们可以提高第一次使用 XmlSerializer 的性能。序列化程序集被命名为 TypeName .XmlSerializers.dll。更多相关信息请参阅 Sgen.exe 文档。

33.3.2 构建事件

只要在事件列表里添加事件，就可以在构建过程之前或之后执行其他动作。单击 My Project Compile 页面的 Build Events 按钮，就会显示 Build Events 对话框。图 33-6 显示了一个构建后事件(post-build event)，它在每次成功构建后执行项目输出。

要执行的每个动作都应该单独占一行。可以在 Pre-build event command line 文本区域或 Post-build event command line 文本区域直接添加动作，也可以使用 Edit Pre-build 或 Edit Post-build 按钮来访问可在动作中使用的已知预定义别名。

> 如果构建前动作或构建后事件动作是批处理文件，就必须给它们加上一个调用语句作为前缀。例如，如果要在每次构建前调用 archive_previous_build.bat，就需要在 Pre-Build event command line 文本框中输入 call archive_previous_build.bat。此外，包含空格的路径应放在双引号中。即使包含空格的路径来自于某个内置的宏，也要放在双引号中。

如图 33-7 所示，Event Command Line 对话框是一个宏列表，可以使用它们来创建动作。每个宏都显示一个相应的值，这样就可以知道如果使用它将会包含什么文本。

在这个例子里，开发人员创建了命令行：$(TargetDir)$(TargetFileName)$(TargetExt)，期望在构建完成之后执行应用程序。然而，分析每个宏的值，很容易发现扩展名包含了两次，要修正它，可以去掉$(TargetExt)宏或用$(TargetPath)宏代替整个表达式。

图 33-6

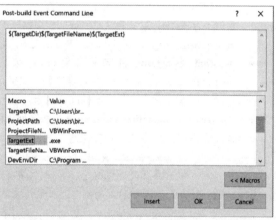

图 33-7

Build Events 对话框的底部(见图 33-6)有一个选项，指定了执行 Post-Build Event 事件的条件。有效选项如下：

- **Always**：即使构建失败，这个选项也会执行 Post-Build Event 脚本。注意，不能保证在这个事件触发时，Visual Studio 已生成了文件，所以构建后脚本应能处理这种情况。
- **On successful build**：这是默认选项，只要构建成功，就运行 Post-Build Event 脚本。注意，这表示即使更新了项目(因此没有再次构建)，也会运行构建后脚本。
- **When the build updates the project output**：这个选项非常类似于 On Successful Build，但该选项仅在项目输出文件改变时，才运行 Post-Build Event 脚本。在本地缓存项目的归档构建版本时，最好使用这个选项，因为如果文件自从上次构建以来发生了变化，就只需要把该文件复制到归档文件中。

不存在能够确定是否执行 Pre-Build Event 的过滤选项。

33.4 C#构建页面

C#提供了自己的构建选项。一般来说，这些选项与 Visual Basic 项目类似，但位于不同的位置。这是因为 C# 程序员更可能改变输出，而 Visual Basic 开发人员通常对快速开发(而非微调性能)更感兴趣。

与项目属性页中的单个 Compile 页面不同，C#有一个 Build 页面和一个 Build Events 页面。Build Events 页面同

Visual Basic 中的 Build Events 对话框一样，所以请回顾前面对这个页面的讨论。

如图 33-8 所示，Build 页面上的很多选项与 Visual Basic 中的 Compile 页面或 Advanced Compiler Settings 区域里的设置有直接关系。某些设置(如 Define DEBUG constant 和 Define TRACE constant)与 Visual Basic 中里的对应项完全一致。

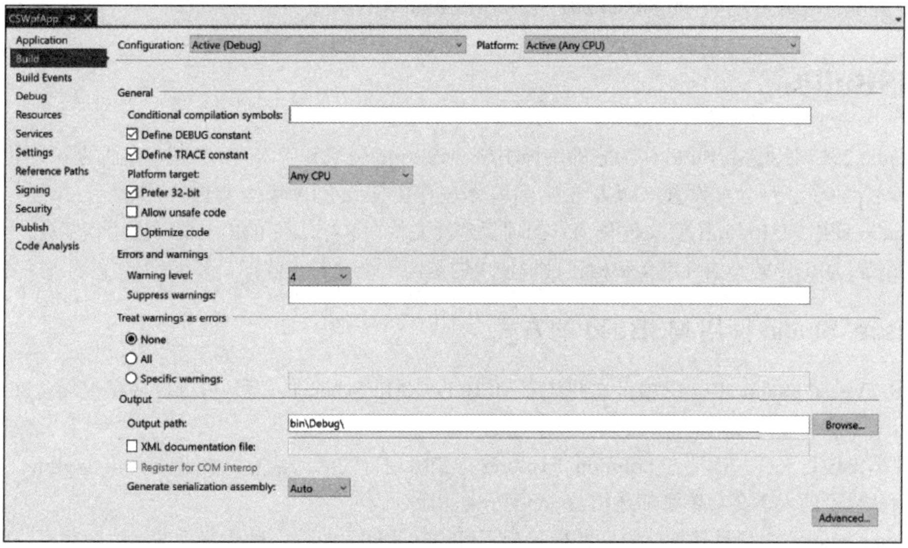

图 33-8

某些项被重命名以适合 C++语法，如 Optimize code 等价于 Enable Optimizations。与 Visual Basic 的编译设置一样，可以确定如何处理警告，还可以指定警告级别。

在 Build 页面上单击 Advanced 按钮，会弹出 Advanced Build Settings 对话框，如图 33-9 所示。它包含了 Visual Basic 开发人员不能访问的设置。这些设置能严格地控制如何执行构建，其中包括在构建过程中出现的内部错误以及生成的调试信息。

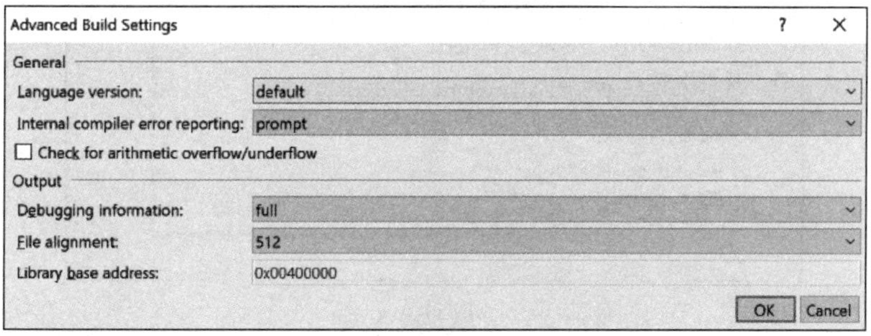

图 33-9

其中大多数设置的含义不言自明，因而下面的列表概述了每个设置对构建的影响。

- **Language version(语言版本)**：指定使用哪个版本的 C#语言。默认使用当前版本。在 Visual Studio 2017 中，除了 C#的 5 个早期版本，其他选项有 ISO-1 和 ISO-2，它将根据相应的 ISO 标准中定义的版本来限制语言的特性。

- **Internal compiler error reporting(内部编译器错误报告)**：如果在编译过程中出现错误(不是编译错误，而是编译过程自身的错误)，可以把信息发给微软公司，以便把它加入到对编译器代码的审查中。默认设置是 prompt，询问用户是否想把信息发送给微软公司。其他值包括 none，不发送信息；send，自动发送错误信息；以及 queue，把详细信息添加到队列里，等待以后发送。

- **Check for arithmetic overflow/underflow(检查算术上溢/下溢)**：对可能导致不安全执行的溢出错误进行检查。下溢发生在数字的精度太高以至于系统无法处理时。

- **Debug info rmation(调试信息)**：等价于 Visual Basic Generate debug info 设置。

- **File alignment(文件对齐):** 用于在输出文件中设置段边界，以控制编译输出文件的内部布局。该值以字节为单位。
- **DLL base address(DLL 基地址):** 与 Visual Basic 设置中的同名选项一致。

对项目使用这些设置可以严格地控制构建过程的执行。尽管如此，对 Visual Studio 2017 还有另一个选择，即直接编辑构建脚本。这是因为 Visual Studio 2017 使用 MSBuild 来作为它的编译引擎。

33.5　MSBuild

Visual Studio 2017 使用 MSBuild 作为它的编译引擎。MSBuild 使用基于 XML 的配置文件来识别构建项目的配置，包括本章前面讨论的所有设置，以及在实际编译过程中应该包含哪些文件。

Visual Studio 使用 MSBuild 配置文件作为它的项目定义文件。这样，在 IDE 中编译应用程序时，可以自动使用 MSBuild 引擎，因为 IDE 里的项目定义和构建过程使用的是同一个设置文件。

33.5.1　Visual Studio 使用 MSBuild 的方式

如前所述，Visual Studio 2017 的项目文件基于 MSBuild XML Schema，而且可以直接在 Visual Studio 中编辑，因而可以自定义加载和编译项目的方式。

然而，要编辑项目文件，需要在 Solution Explorer 中删除项目的活动状态。在 Solution Explorer 中右击要编辑的项目，然后从显示的上下文菜单底部选择 Unload Project 命令。

在 Solution Explorer 中项目是折叠的，并标记为不可用。此外，在将项目从解决方案中卸载时，所有属于此项目的打开文件都将关闭。再次右击项目，会显示一个编辑项目文件的其他菜单命令(如图 33-10 所示)。

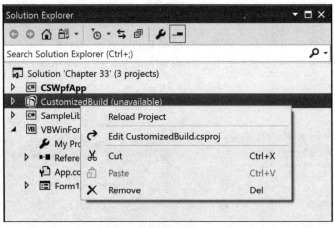

图 33-10

基于 XML 的项目文件会在 Visual Studio 2017 的 XML 编辑器中相应打开，这样就可以折叠或展开节点。下面的代码清单是一个空 C#项目的示例 MSBuild 项目文件。

```
<?xml version="1.0" encoding="utf-8"?>
<Project ToolsVersion="15.0" xmlns="http://schemas.microsoft.com/developer/msbuild
  /2003">
  <Import Project="$(MSBuildExtensionsPath)\$(MSBuildToolsVersion)
  \Microsoft.Common.props" Condition="Exists('$(MSBuildExtensionsPath)
  \$(MSBuildToolsVersion)\Microsoft.Common.props')" />
<PropertyGroup>
  <Configuration Condition=" '$(Configuration)' == '' ">Debug</Configuration>
  <Platform Condition=" '$(Platform)' == '' ">AnyCPU</Platform>
  <ProjectGuid>3f95e678-9ec2-48f0-909b-f282642f5fbe</ProjectGuid>
  <OutputType>Library</OutputType>
  <AppDesignerFolder>Properties</AppDesignerFolder>
```

```
      <RootNamespace>CustomizedBuild</RootNamespace>
      <AssemblyName>CustomizedBuild</AssemblyName>
      <TargetFrameworkVersion>v4.6.2</TargetFrameworkVersion>
      <FileAlignment>512</FileAlignment>
  </PropertyGroup>
  <PropertyGroup Condition=" '$(Configuration)|$(Platform)' == 'Debug|AnyCPU' ">
    <DebugSymbols>true</DebugSymbols>
    <DebugType>full</DebugType>
    <Optimize>false</Optimize>
    <OutputPath>bin\Debug\</OutputPath>
    <DefineConstants>DEBUG;TRACE</DefineConstants>
    <ErrorReport>prompt</ErrorReport>
    <WarningLevel>4</WarningLevel>
  </PropertyGroup>
  <PropertyGroup Condition=" '$(Configuration)|$(Platform)' == 'Release|AnyCPU' ">
    <DebugType>pdbonly</DebugType>
    <Optimize>true</Optimize>
    <OutputPath>bin\Release\</OutputPath>
    <DefineConstants>TRACE</DefineConstants>
    <ErrorReport>prompt</ErrorReport>
    <WarningLevel>4</WarningLevel>
  </PropertyGroup>
  <ItemGroup>
    <Reference Include="System"/>
    <Reference Include="System.Core"/>
    <Reference Include="System.Xml.Linq"/>
    <Reference Include="System.Data.DataSetExtensions"/>
    <Reference Include="Microsoft.CSharp"/>
    <Reference Include="System.Data"/>
    <Reference Include="System.Net.Http"/>
    <Reference Include="System.Xml"/>
  </ItemGroup>
  <ItemGroup>
    <Compile Include="Class1.cs" />
    <Compile Include="Properties\AssemblyInfo.cs" />
  </ItemGroup>
  <Import Project="$(MSBuildToolsPath)\Microsoft.CSharp.targets" />
</Project>
```

这段 XML 包含构建信息。事实上，这些节点大多数都直接与前面在 Compile 与 Build 页面中看到的设置相关，还包含了需要的 Framework 名称空间。第一个 PropertyGroup 元素包含应用于所有构建配置的项目属性。其后的两个条件元素为两个构建配置 Debug 和 Release 定义了属性。其他元素应用于项目引用和项目级名称空间导入。

当项目包含了其他文件(如窗体和用户控件)时，每个文件都要在项目文件中定义，并拥有自己的一系列节点。例如，下面的代码显示了一个标准的 Windows 应用程序项目中包含的其他 XML，它指定了窗体、设计器代码文件，以及基于 Windows 的应用程序所需的其他应用程序文件。

```
<ItemGroup>
  <Compile Include="Form1.cs">
    <SubType>Form</SubType>
  </Compile>
  <Compile Include="Form1.Designer.cs">
    <DependentUpon>Form1.cs</DependentUpon>
  </Compile>
  <Compile Include="Program.cs" />
  <Compile Include="Properties\AssemblyInfo.cs" />
  <EmbeddedResource Include="Properties\Resources.resx">
```

```
        <Generator>ResXFileCodeGenerator</Generator>
        <LastGenOutput>Resources.Designer.cs</LastGenOutput>
        <SubType>Designer</SubType>
      </EmbeddedResource>
      <Compile Include="Properties\Resources.Designer.cs">
        <AutoGen>True</AutoGen>
        <DependentUpon>Resources.resx</DependentUpon>
      </Compile>
      <None Include="Properties\Settings.settings">
        <Generator>SettingsSingleFileGenerator</Generator>
        <LastGenOutput>Settings.Designer.cs</LastGenOutput>
      </None>
      <Compile Include="Properties\Settings.Designer.cs">
        <AutoGen>True</AutoGen>
        <DependentUpon>Settings.settings</DependentUpon>
        <DesignTimeSharedInput>True</DesignTimeSharedInput>
      </Compile>
    </ItemGroup>
```

可在为 BeforeBuild 和 AfterBuild 事件引入的 Target 节点中为构建过程添加其他任务，但这些任务不会显示在前面讨论的 Visual Studio 2017 的 Build Events 对话框中。另一个方法是使用包含 PreBuildEvent 和 PostBuildEvent 的 PropertyGroup 节点。例如，如果想要在成功构建后执行应用程序，就可以在</Project>结束标记之前包含以下 XML 代码段。

```
    <PropertyGroup>
      <PostBuildEvent>"$(TargetDir)$(TargetFileName)"</PostBuildEvent>
    </PropertyGroup>
```

一旦完成了对项目文件 XML 的编辑，就需要在解决方案中重新激活。为此，在 Solution Explorer 中右击项目，并选择 Reload Project 命令。如果项目文件仍处于打开状态，Visual Studio 会在继续前询问是否要关闭它。

33.5.2　MSBuild 模式

对 MSBuild 引擎的详细讨论已超出了本书的范围。然而，理解组成 MSBuild 项目文件的不同组件对查看并更新自己的项目是很有用的。

4 个主要的元素构成了项目文件的基础：items、properties、targets 以及 tasks。综合使用这 4 种类型的节点，可以创建完整描述一个项目的配置文件，如前面的示例 C#项目文件所示。

1. Items

Items 是定义构建系统和项目输入项的元素。它们被定义为 ItemGroup 节点的子节点，而最常见的项是 Compile 节点，它将编译中所指定的文件告知 MSBuild。下面的代码段来自一个 WindowsApplication 项目文件，它定义了 Form1.cs 文件的 Item 元素。

```
    <ItemGroup>
      <Compile Include="Form1.cs">
        <SubType>Form</SubType>
      </Compile>
    </ItemGroup>
```

2. Properties

PropertyGroup 节点用来包含为项目定义的属性。Properties 通常是键/值对。它们只能包含单个值，用于存储项目设置。也可以在 IDE 的 Build 与 Compile 页面访问这些项目设置。

指定 Condition 特性就可以包含 PropertyGroup 节点，如下面的代码清单所示。

```
<PropertyGroup Condition=" '$(Configuration)|$(Platform)' == 'Release|x86' ">
  <DebugType>pdbonly</DebugType>
  <Optimize>true</Optimize>
  <OutputPath>bin\Release\</OutputPath>
  <DefineConstants>TRACE</DefineConstants>
  <ErrorReport>prompt</ErrorReport>
  <WarningLevel>4</WarningLevel>
</PropertyGroup>
```

这段 XML 定义了一个 PropertyGroup，只有项目在 x86 平台上以 Release 方式构建时，它才会包含到构建过程中。PropertyGroup 的 6 个属性节点都使用属性名作为节点名。

3. Targets

Target 元素可将任务(在下一节讨论)安排到一个序列中。每个 Target 元素应该有一个 Name 特性来标识，也可以直接调用，因而能为构建过程提供多个入口点。下面的代码段定义了一个名为 BeforeBuild 的 Target。

```
<Target Name="BeforeBuild">
</Target>
```

4. Tasks

Tasks 元素定义 MSBuild 在特定条件下能够执行的动作。可以定义自己的任务，也可以利用许多内置的任务，如 Copy。如下面的代码段所示，Copy 可以把一个或多个文件从一个位置复制到另一个位置。

```
<Target Name="CopyFiles">
  <Copy
      SourceFiles="@(MySourceFiles)"
      DestinationFolder="\\PDSERVER01\SourceBackup\"
  />
</Target>
```

33.5.3　通过 MSBuild 任务设置程序集的版本

大多数自动构建系统的一个方面是规划应用程序的版本。本节介绍如何定制项目的构建过程，使其能够接受外部的版本号。这个版本号用于更新 AssemblyInfo 文件，该文件会影响程序集的版本。下面先看看 AssemblyInfo.cs 文件，该文件一般包含程序集的版本信息，如下所示。

```
[Assembly: AssemblyVersion("1.0.0.0")]
```

构建定制过程需要用构建过程指定的一个版本号替代默认的版本号。为此，选择使用第三方 MSBuild 库授权的 MSBuildTasks，它是 GitHub(https://github.com/loresoft/msbuildtasks)上的一个项目。这个特殊的包可以用在 NuGet 上，并可通过运行 Package Manager Console 窗口中的 Install-Package MSBuildTasks 命令将其安装到项目中。

MSBuildTasks 包中包含用于匹配正则表达式的 FileUpdate 任务。在使用这个任务之前，需要导入 MSBuildTasks Targets 文件。

```
<Project ToolsVersion="14.0" DefaultTargets="Build"
xmlsn="http://schemas.microsoft.com/developer/msbuild/2003">
  <!-- Required Import to use MSBuild Community Tasks -->
<PropertyGroup>
    <MSBuildCommunityTasksPath>$(SolutionDir)\.build</MSBuildCommunityTasksPath>
</PropertyGroup>

<Import Project="$(MSBuildCommunityTasksPath)\MSBuild.Community.Tasks.Targets" />
    . . .
```

因为在构建之前想要先更新 AssemblyInfo 文件，所以在 BeforeBuild 目标中需要添加对 FileUpdate 任务的调用，这在以后将难以维护和调试。更好的方法是为 FileUpdate 任务创建一个新目标，再使 BeforeBuild 目标依赖它，如下所示：

```
<Import Project="$(MSBuildToolsPath)\Microsoft.CSharp.targets" />
<Target Name="BeforeBuild" DependsOnTargets="UpdateAssemblyInfo">
</Target>
<Target Name="UpdateAssemblyInfo">
  <Message Text="Build Version: $(BuildVersion)" />
  <FileUpdate Files="Properties\AssemblyInfo.cs"
          Regex="\d+\.\d+\.\d+\.\d+"
          ReplacementText="$(BuildVersion)" />
</Target>
```

注意，这里使用了$(BuildVersion)属性，但它还不存在。如果现在就对这个项目运行 MSBuild，它就会用一个空字符串替代 AssemblyInfo 文件中的版本号。这是不能编译的。可以使用某个默认值定义这个属性，如下所示：

```
<PropertyGroup>
  <BuildVersion>0.0.0.0</BuildVersion>
  <Configuration Condition=" '$(Configuration)' == '' ">Debug</Configuration>
```

此时，项目会编译，但在 Visual Studio 2017 中构建这个项目时，它的版本号始终不变。MSBuildTasks 库有另一个任务 Version，它可以生成版本号，下面是代码：

```
<Target Name="BeforeBuild" DependsOnTargets="GetVersion;UpdateAssemblyInfo">
</Target>
. . .
<Target Name="GetVersion" Condition=" $(BuildVersion) == ''">
  <Version BuildType="Automatic" RevisionType="Automatic" Major="1" Minor="3" >
    <Output TaskParameter="Major" PropertyName="Major" />
    <Output TaskParameter="Minor" PropertyName="Minor" />
    <Output TaskParameter="Build" PropertyName="Build" />
    <Output TaskParameter="Revision" PropertyName="Revision" />
  </Version>
  <CreateProperty Value="$(Major).$(Minor).$(Build).$(Revision)">
    <Output TaskParameter="Value" PropertyName="BuildVersion" />
  </CreateProperty>
</Target>
```

只有不指定$(BuildVersion)，才能执行新的 GetVersion 目标。它会从 MSBuildTasks 中调用 Version 任务，把主版本号设置为 1，次版本号设置为 3(当然可以配置它们，而不是硬编码它们)。内部版本(Build)号和修订(Revision)号是根据一个简单算法自动生成的。在 MSBuild 的 CreateProperty 任务中把版本的这些组成部分组合起来，以创建我们需要的完整的$(BuildVersion)。最后这个任务被添加到 BeforeBuild 依赖的目标列表中。

现在，每次在 Visual Studio 2017 中构建项目时，都会得到一个自动生成的版本号。在自动构建过程中，可指定版本号作为 MSBuild 调用的一个参数。例如：

```
MSBuild CustomizedBuild.csproj /p:BuildVersion=2.4.3154.9001
```

33.6　小结

在 Visual Studio 2017 中可以利用 MSBuild 引擎的强大功能和灵活性，使用大量选项对默认的构建行为进行定制。在项目文件中，可以添加在构建之前或之后执行的额外动作，还可以添加其他要编译的文件。

第34章

模糊处理、应用程序监控和管理

本章源代码下载

通过在 www.wrox.com 网站搜索本书的 EISBN 号(978-1-119-40458-3),可下载本章的源代码。相关源代码和支持文件都在本章对应的文件夹中。

在详细了解了.NET 程序集的执行方式后会发现,.NET 源代码(无论使用什么编程语言)被编译成 Microsoft 中间语言(MSIL,或简称为 IL),而不是编译成计算机语言。在需要执行时,再即时编译 IL。这种两步走的方式有许多显著的优点,如可以使用反射(reflection),动态地查询程序集中的类型或方法信息。然而,这也是一把双刃剑,同样出于灵活性的缘故,曾经隐藏的算法和业务逻辑很容易被合法或非法地逆向工程。本章介绍保护源代码不被窥探和监控应用程序执行的工具和技术。

34.1 IL 反编译器

在学习如何保护代码不被他人获取,监控其行为之前,本节介绍两个能帮助构建更好的应用程序的工具。第一个工具是 Microsoft .NET Framework IL Disassembler,或者叫 ILDasm。可以通过 Developer 命令提示符执行 ILDasm。如果正在运行的是 Windows 8 或 10,请使用 Search 功能并在搜索文本框中输入 command prompt(对于 Windows 8,需要使用 Search 功能显示文本框)。在 Windows 7 中,可以通过 All Programs | Microsoft Visual Studio 2017 | Visual Studio Tools | Visual Studio Command Prompt 找到 Developer 命令提示符。在命令提示符下输入 ILDasm 就可以启动 Disassembler。在图 34-1 中,使用这个工具打开了一个小类库,显示了这个程序集中包含的名称空间和类的信息。

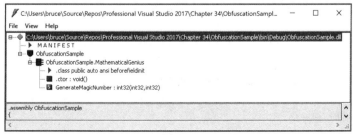

图 34-1

为比较所生成的 IL，MathematicalGenius 类的初始源代码如下所示：

C#

```
namespace ObfuscationSample
{
    public class MathematicalGenius
    {
        public static Int32 GenerateMagicNumber(Int32 age, Int32 height)
        {
            return (age * height) + DateTime.Now.DayOfYear;
        }
    }
}
```

VB

```
Namespace ObfuscationSample
    Public Class MathematicalGenius
        Public Shared Function GenerateMagicNumber(ByVal age As Integer, _
                                        ByVal height As Integer) As Integer
            Return (age * height) + Today.DayOfWeek
        End Function
    End Class
End Namespace
```

在 ILDasm 中双击 GenerateMagicNumber 方法，将打开一个额外的窗口，显示这个方法的 IL。图 34-2 显示了 GenerateMagicNumber 方法的 IL，它表示极其秘密、专有的算法。事实上，准备花几个小时学习如何解释 MSIL 的人可以从中间语言里粗略地辨别出，这个方法需要两个 int32 的参数：age 和 height，并把它们相乘，再给结果加上一年的当前天数。

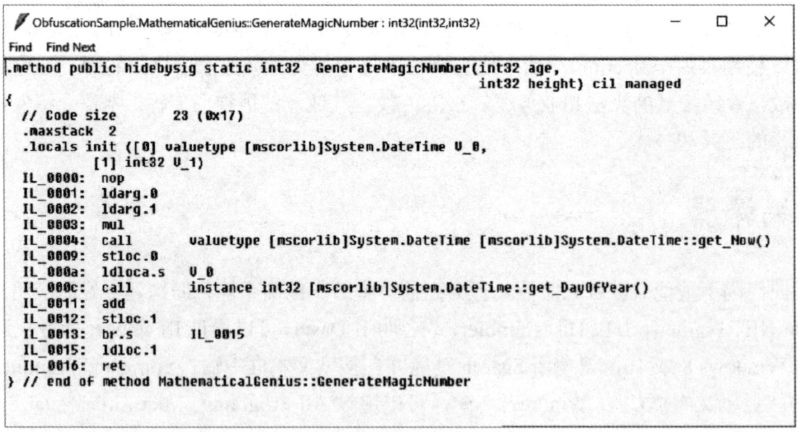

```
ObfuscationSample.MathematicalGenius::GenerateMagicNumber : int32(int32,int32)
Find  Find Next

.method public hidebysig static int32  GenerateMagicNumber(int32 age,
                                                            int32 height) cil managed
{
  // Code size       23 (0x17)
  .maxstack  2
  .locals init ([0] valuetype [mscorlib]System.DateTime V_0,
           [1] int32 V_1)
  IL_0000:  nop
  IL_0001:  ldarg.0
  IL_0002:  ldarg.1
  IL_0003:  mul
  IL_0004:  call       valuetype [mscorlib]System.DateTime [mscorlib]System.DateTime::get_Now()
  IL_0009:  stloc.0
  IL_000a:  ldloca.s   V_0
  IL_000c:  call       instance int32 [mscorlib]System.DateTime::get_DayOfYear()
  IL_0011:  add
  IL_0012:  stloc.1
  IL_0013:  br.s       IL_0015
  IL_0015:  ldloc.1
  IL_0016:  ret
} // end of method MathematicalGenius::GenerateMagicNumber
```

图 34-2

对没有时间理解如何阅读 MSIL 的人来说，反编译器可以把这个 IL 转换回一种或多种.NET 语言。

34.2 反编译器

使用最广泛的反编译器之一是 Telerik 的 JustDecompile(可从 http://www.telerik.com/products/ decompiler.aspx 下载)。JustDecompile 可以把任何.NET 程序集反编译成 C#或 Visual Basic。图 34-3 展示了在 JustDecompile 中使用 ILDasm 打开刚才访问的同一程序集。

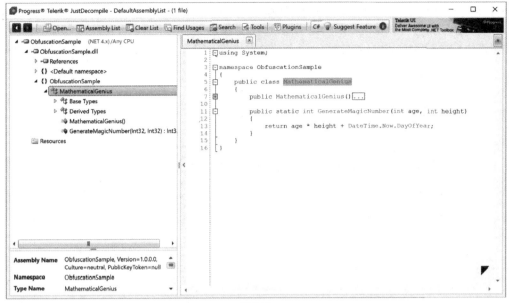

图 34-3

在图 34-3 左侧的窗格里，可看到与 ILDasm 相似的布局，这里显示了名称空间、类型和方法信息。双击一个方法，就会在右侧打开 Disassembler 窗格，以工具栏中指定的语言显示方法的内容。在这个例子里，可以看到生成幻数的 C#代码，几乎和原来的代码一模一样。

> 　　当使用 JustDecompile 时，可以注意到列出了一些.NET Framework 基类库程序集，包括 System、System.Data 和 System.Web。因为模糊处理技术没有应用于这些程序集，所以很容易使用 JustDecompile 反编译它们。但 Microsoft 公司公开了.NET Framework 的大量源代码（CoreCLR 子集），我们可以浏览这些程序集的初始源代码，包括内联注释。

如果生成幻数是公司赚钱的真正秘密，那么反编译这个应用程序将带来巨大危险。这不仅会影响代码的传递方式，还会影响应用程序的设计方式。下一节中要讨论的模糊处理技术可以降低(但不能完全消除)这种风险。

34.3　模糊处理代码

本章前面指出了更好地保护应用程序内置逻辑的必要性。模糊处理技术会重命名程序集中的符号，这样逻辑就不容易理解，从而不能被轻易地反编译。有大量产品都可以模糊处理代码，每个产品都使用自己的技巧来降低输出被反编译的可能性。Visual Studio 2017 与 PreEmptive Solutions 开发的 Dotfuscator and Analytics 的 Community Edition 一起发行，本章将以它为例，讲述如何对代码应用模糊处理技术。

> 　　模糊处理技术不禁止反编译代码，只是程序员较难理解反编译后的源代码。如果需要使用反射技术或者给应用程序指定强名，就需要考虑使用模糊处理技术的一些后果。

34.3.1　Dotfuscator

可从 Visual Studio 2017 的 Tools 菜单中启动 Dotfuscator，但它是一个拥有自己许可的独立产品。Community Edition(CE)只包含该产品的 Dotfuscator Suite 商业版本的部分功能。如果需要隐藏嵌入在应用程序内部的功能，应该考虑升级 Dotfuscator。有关 Dotfuscator 商业版本的更多信息可访问 www.preemptive.com/products/ dotfuscator/compare-editions。

Dotfuscator CE 使用自己的项目格式来跟踪要模糊处理哪些程序集以及设置了哪些选项。从 Tools 菜单打开 Dotfuscator 后，它会打开一个未保存的新项目。在导航树中选择 Inputs 节点，再单击 Inputs 列表下的加号按钮，添加要模糊处理的.NET 程序集。图 34-4 显示了一个新的 Dotfuscator 项目，其中添加了本章前面介绍的应用程序中的程序集。

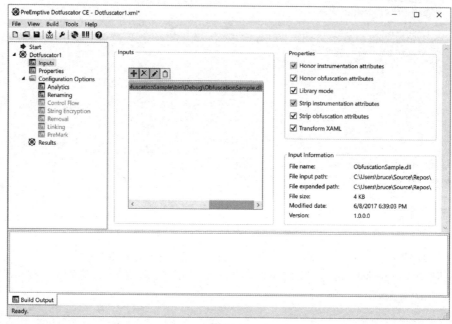

图 34-4

 　与通常在源文件上执行的其他构建活动不同，模糊处理是一个构建后活动，处理一组已编译的程序集。Dotfuscator 会提取一组已有的程序集，把模糊处理算法应用于 IL，生成一组新的程序集。

确保没有选中界面右边的 Library mode。然后从 Build 菜单选择 Build Project 命令，或者单击工具栏上的 Build 按钮(从左数第 4 个)，就可以模糊处理这个应用程序。如果保存 Dotfuscator 项目，模糊处理后的程序集就会被添加到项目所在文件夹下的 Dotfuscated 文件夹。如果项目尚未保存，输出就被入 c:\Dotfuscated。

使用 JustDecompile 打开生成的程序集，会发现 GenerateMagicNumber 方法以及输入参数的名称已经被重命名了，如图 34-5 所示。此外，还取消了名称空间的层次关系，也重命名了类。尽管这是个简单例子，但可以想象大量名称相同或相似、且不直观的方法会产生怎样的混乱，从而使反编译的源代码非常难以理解。

 　Dotfuscator 的免费版本在模糊处理程序集时，仅重命名类、变量和函数。其商业版本会使用其他几个方法模糊处理程序集，例如修改程序集的控制流，以及加密字符串。在许多情况下，控制流会在反编译器中触发不可恢复的异常，从而有效地防止自动反编译操作。

前面的例子模糊处理了类的一个公有方法，如果这个方法仅在模糊处理后的、包含类定义的程序集中调用，这就没有问题。但如果这是一个类库或 API，由另一个未经模糊处理的应用程序引用，就会看到一系列没有明显结构、关系甚至命名规则的类。这会使这个程序集难以使用。幸运的是，Dotfuscator 可以控制需要重命名的元素。在继续下一步之前，需要略微重构代码，把功能从公有方法中提取出来。如果不这样做，又不重命名这个方法，就不会模糊处理加密算法。而把逻辑分离到另一个方法中，就可以模糊处理新方法，而保持公有接口不变。重构的代码如下所示。

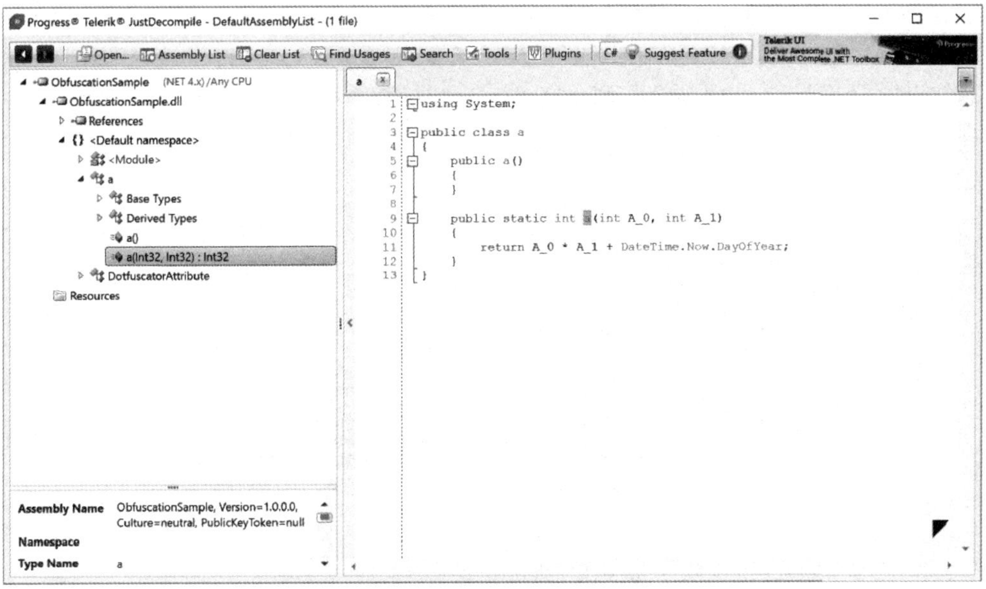

图 34-5

C#

```
namespace ObfuscationSample
{
    public class MathematicalGenius
    {
        public static Int32 GenerateMagicNumber(Int32 age, Int32 height)
        {
            return SecretGenerateMagicNumber(age, height);
        }

        private static Int32 SecretGenerateMagicNumber(Int32 age, Int32 height)
        {
            return (age * height) + DateTime.Now.DayOfYear;
        }
    }
}
```

VB

```
Namespace ObfuscationSample
    Public Class MathematicalGenius
        Public Shared Function GenerateMagicNumber(ByVal age As Integer, _
                                    ByVal height As Integer) As Integer
            Return SecretGenerateMagicNumber(age, height)
        End Function

        Private Shared Function SecretGenerateMagicNumber(ByVal age As Integer, _
                                    ByVal height As Integer) As Integer
            Return (age * height) + Today.DayOfWeek
        End Function
    End Class
End Namespace
```

在重新构建应用程序后，需要在 Recent Projects 列表中选择 Dotfuscator 项目，重新打开它。把模糊处理技术应用于程序集有几种不同的方式。第一，可以在 Inputs 屏幕上选中相应的复选框，在指定的程序集上启用 Library 模式，如图 34-4 所示。这会使名称空间、类名、所有的公共属性和方法保持不变，而重命名所有私有的方法和变量。第二，可在 Dotfuscator 中手动选择不应重命名的元素。为此，从导航树中打开 Renaming 项，如图 34-6 所示。

Renaming 对话框打开了 Exclusions 选项卡，在其中可以看到程序集的树状视图，列出了特性、名称空间、类型和方法。如该选项卡的名称所示，这个树状视图可以指定哪些元素不需要重命名。在图 34-6 中，GenerateMagicNumber 方法以及包含它的类不需要重命名(否则会得到类似 b.GenerateMagicNumber 这样的命名，这里的 b 是重命名的类)。除了显式选择不需要重命名的元素外，还可以定义包含正则表达式的定制规则。

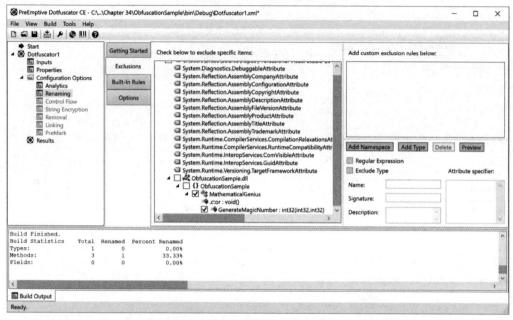

图 34-6

构建 Dotfuscator 项目后，单击导航树中的 Results 项。这个屏幕显示 Dotfuscator 在模糊处理过程中执行的动作。每个类、属性和方法的新名称在树的重命名元素中显示为一个子节点。可以看到，MathematicalGenius 类和 GenerateMagicNumber 方法没有被重命名，如图 34-7 所示。

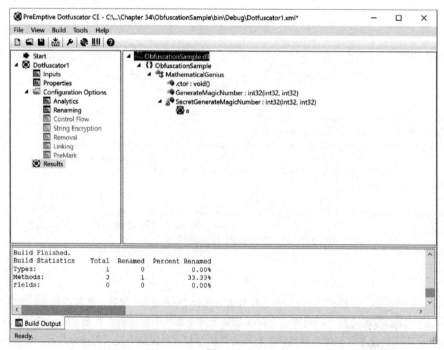

图 34-7

从带有 Dotfuscator 图标的子节点可以看出，SecretGenerateMagicNumber 方法已重命名为 a。

34.3.2　模糊处理特性

前面的例子演示了如何在 Dotfuscator 中选择要模糊处理的类型和方法。当然，如果使用另一种模糊处理产品，就需要配置为排除公有成员。如果能用特性标注代码，以表示某个符号是否应模糊处理，会更加方便。为此，可以使用 System.Reflection 名称空间中的 Obfuscation 和 ObfuscationAssemblyAttribute 特性。

Dotfuscator 的默认行为是覆盖项目中用 Obfuscation 特性指定的设置以排除某些代码。如图 34-4 所示，项目中添加的每个程序集都有一系列复选框，其中一个是 Honor Obfuscation Attributes。对于每个程序集，都可以取消这个复选框的选择，改变默认行为，以便对项目中的排除集设定优先级。

1. ObfuscationAssemblyAttribute 特性

ObfuscationAssemblyAttribute 特性可以应用到程序集上，控制程序集是应当作类库还是私有程序集。它们的区别是把程序集当作类库时，其他程序集通常会引用类库中的公有类型和方法。这种情况下，模糊处理工具需要确保这些符号不会被重命名。相反，把程序集当作私有程序集时，任何一个符号都可能被重命名。下面是 ObfuscationAssemblyAttribute 的语法。

C#

```
[assembly: ObfuscateAssemblyAttribute(false, StripAfterObfuscation=true)]
```

VB

```
<Assembly: ObfuscationAssemblyAttribute(False, StripAfterObfuscation:=True)>
```

这个特性的两个参数表示它是不是一个私有程序集以及在模糊处理之后是否要删除这个特性。前面的代码表示它不是一个私有程序集，公有的符号不应该被重命名。此外，这个代码片段还表示模糊处理特性在模糊处理之后应该去除。毕竟，留给要反编译程序集的人的信息越少越好。

在 AssemblyInfo.cs 或 AssemblyInfo.vb 文件中添加这个特性后，ObfuscationSample 应用程序中的所有公有符号的名称都会自动保留。这意味着可以取消之前为 GenerateMagicNumber 方法创建的排除规则。

2. ObfuscationAttribute 特性

ObfuscationAssemblyAttribute 特性的缺点是它会提供所有的公有类型和方法，而不管它们是否仅用于内部。而 ObfuscationAttribute 特性可以应用到单独的类型和方法上，精细地控制要模糊处理的元素。为了说明这个特性的使用，重构前面的例子，以包含另一个公有方法 EvaluatePerson，然后把逻辑放在另一个类 HiddenGenius 中。

C#

```
namespace ObfuscationSample
{

    [System.Reflection.ObfuscationAttribute(ApplyToMembers=true, Exclude=true)]
    public class MathematicalGenius
    {
        public static Int32 GenerateMagicNumber(Int32 age, Int32 height)
        {
            return HiddenGenius.GenerateMagicNumber(age, height);
        }

        public static Boolean EvaluatePerson(Int32 age, Int32 height)
        {
            return HiddenGenius.EvaluatePerson(age, height);
        }
    }

    [System.Reflection.ObfuscationAttribute(ApplyToMembers=false, Exclude=true)]
```

```
    public class HiddenGenius
    {
        public static Int32 GenerateMagicNumber(Int32 age, Int32 height)
        {
            return (age * height) + DateTime.Now.DayOfYear;
        }

        [System.Reflection.ObfuscationAttribute(Exclude=true)]
        public static Boolean EvaluatePerson(Int32 age, Int32 height)
        {
            return GenerateMagicNumber(age, height) > 6000;
        }
    }
}
```

VB

```
Namespace ObfuscationSample
    <System.Reflection.ObfuscationAttribute(ApplyToMembers:=True,Exclude:=True)> _
    Public Class MathematicalGenius
        Public Shared Function GenerateMagicNumber(ByVal age As Integer, _
                                        ByVal height As Integer) As Integer
            Return HiddenGenius.GenerateMagicNumber(age, height)
        End Function

        Public Shared Function EvaluatePerson(ByVal age As Integer, _
                                        ByVal height As Integer) As Boolean
            Return HiddenGenius.EvaluatePerson(age, height)
        End Function
    End Class

    <System.Reflection.ObfuscationAttribute(ApplyToMembers:=False,Exclude:=True)> _
    Public Class HiddenGenius
        Public Shared Function GenerateMagicNumber(ByVal age As Integer, _
                                        ByVal height As Integer) As Integer
            Return (age * height) + Today.DayOfWeek
        End Function

        <System.Reflection.ObfuscationAttribute(Exclude:=True)> _
        Public Shared Function EvaluatePerson(ByVal age As Integer, _
                                        ByVal height As Integer) As Boolean
            Return GenerateMagicNumber(age, height) > 6000
        End Function
    End Class
End Namespace
```

在这个例子中，MathematicalGenius 类要对这个类库的外部公开。这种情况下，需要把这个类以及它的所有成员都排除在模糊处理外。为此，可以应用 ObfuscationAttribute 特性，并把 Exclude 和 ApplyToMembers 参数都设置为 True。

第二个类 HiddenGenius 进行了混合式模糊处理。由于编写这个类的程序员之间的一些争执，EvaluatePerson 方法需要排除在模糊处理外，但这个类的其他方法都应模糊处理。把 ObfuscationAttribute 特性应用到这个类上，这样就不会模糊处理这个类。然而，这次希望这个类包含的所有符号都默认被模糊处理，因此 ApplyToMembers 参数设置为 False。此外，EvaluatePerson 方法也使用了 Obfuscation 特性，因此它也是可以访问的。

34.3.3　警告

应注意两个地方：在模糊处理时会发生什么(更准确地说，就是会重命名的元素)，以及它对应用程序的运行所产生的影响。

1. 反射

.NET Framework 提供一个丰富的反射模型，通过这个模型可以查询类型，并动态地对类型进行实例化。但是，一些反射方法使用字符串查找类型和成员名称。显然，使用模糊处理会妨碍这些方法正常工作，唯一的解决方案就是不修改反射可能调用的符号。注意模糊处理控制流不会有这个副作用。Dotfuscator 的智能模糊处理功能会根据反射对象的使用方式，自动确定一个不能模糊处理的符号子集。例如，如果要使用一个枚举类型的字段名，智能模糊处理功能会检测出用于检索该枚举中字段名的反射调用，再自动把枚举字段排除在重命名操作外。

2. 强命名的程序集

给程序集指定强名的目的是防止程序集被篡改。但是，模糊处理技术需要处理已有的程序集，修改其名称和代码流程，然后生成一个新的程序集。这就意味着程序集不再有强名。要允许进行模糊处理，必须在 Project Properties 窗口的 Signing 选项卡中选中 Delay sign only 复选框，延迟程序集的签名，如图 34-8 所示。

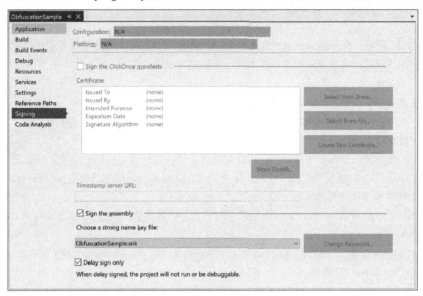

图 34-8

构建程序集之后，就可以采用通常的方式对它进行模糊处理了。唯一的区别是在模糊处理完成之后，还要对模糊处理后的程序集进行签名，这可以使用 Strong Name 实用工具手动完成，如下例所示：

```
sn -R ObfuscatingSample.exe ObfuscatingKey.snk
```

　　Strong Name 实用工具没有包含在默认路径中，这样就需要在 Visual Studio Command Prompt (Start | All Programs | Microsoft Visual Studio 2017 | Visual Studio Tools)上运行它，或者输入 sn.exe 的完整路径。

3. 延迟签名时的调试

若在 Project Properties 窗口中选中 Delay sign only 复选框，就不能运行和调试应用程序了。这是因为程序集会在强名验证过程中失败。要调试延迟签名的应用程序，可以把相应的程序集注册为跳过验证。这也是通过 Strong Name 实用工具完成的。例如，以下代码会使 ObfuscationSample.exe 应用程序跳过验证。

```
sn -Vr ObfuscationSample.exe
```

同样，下面的代码重新激活这个应用程序的验证：

```
sn -Vu ObfuscationSample.exe
```

每次构建应用程序时都要这么做是很麻烦的，所以可以在应用程序的构建后事件中添加下面的代码：

```
"$(DevEnvDir)..\..\..\Microsoft SDKs\Windows\v8.0A\bin\NETFX 4.0 Tools\sn.exe" -Vr
"$(TargetPath)"
```

```
"$(DevEnvDir)..\..\..\Microsoft SDKs\Windows\v8.0A\bin\NETFX 4.0 Tools\sn.exe" -Vr
"$(TargetDir)$(TargetName).vshost$(TargetExt)"
```

 警告：根据所使用的环境，可能需要修改构建后事件，以确保指定 sn.exe 的正确路径。

第一行跳过编译后应用程序的验证。然而，在执行应用程序时，Visual Studio 使用另外的 vshost 文件来引导应用程序。在启动调试会话时，它也需要注册为跳过验证。

34.4 应用程序监控和管理

Visual Studio 2017 附带的 Dotfuscator 版本有许多全新的功能，可以给应用程序添加运行期间的监控和管理功能。与模糊处理一样，这些新功能会在应用程序中注入为一个构建后步骤，这意味着一般不需要修改源代码，就可以使用它们。

应用程序监控和管理功能包括：

- **防篡改**：退出应用程序，如果应用程序以未授权的方式进行了修改，还可以通知用户。
- **应用程序终止**：配置应用程序的终止日期，之后就不再运行它。
- **应用程序的使用情况跟踪**：测试代码，跟踪其使用情况，包括应用程序中的特定功能。

本书仅讨论了防篡改功能(参阅下面的"防篡改功能"一节)。跟踪应用程序的使用情况还可以使用另一种方法，详见稍后的"应用程序检测和分析功能"一节。

可以使用 Honor instrumentation attributes 复选框来打开和关闭测试代码的注入(如图 34-4 所示)，默认的行为是启用 instrumentation。

通过添加 Dotfuscator 特性，可以指定要注入应用程序的新功能。可以将 Dotfuscator 特性指定为源代码中的定制特性，或者通过 Dotfuscator UI 指定。

34.4.1 防篡改功能

防篡改功能提供了一种方式，可以检测应用程序何时以未授权的方式进行了修改。模糊处理是一种预防控制措施，用于减少未授权的逆向工程带来的风险，而防篡改是一种检测控制措施，用于减少对托管程序集进行未授权的修改所带来的风险。预防控制措施和检测控制措施结合使用是一种被广泛接受的风险管理模式，如火灾的预防和检测。

在每个方法上应用防篡改，在运行时调用被检测的方法时执行篡改检测。

要给应用程序添加防篡改功能，可以在导航菜单中的 Configuration Options 部分选择 Analytics 项，再选择 Attributes 选项卡，此时会看到一个树状图，其中包含已添加到 Dotfuscator 项目中的程序集，以及每个程序集包含的类的层次结构和方法。导航到 HiddenGenius.GenerateMagicNumber 函数，右击它并选择 Add Attribute 命令。此时会显示可用的 Dotfuscator 特性列表，如图 34-9 所示。

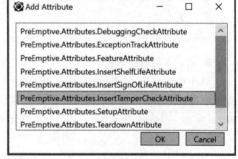

图 34-9

选择 InsertTamperCheckAttribute 特性，并单击 OK 按钮，该特性就会添加到所选的方法上。现在构建 Dotfuscator 项目，将防篡改功能注入应用程序。

为帮助测试防篡改功能，Dotfuscator 附带了一个简单的实用程序 TamperTester 来模拟程序集的篡改。这个实用程序在安装 Dotfuscator 的目录下(默认为 C:\Program Files\Microsoft Visual Studio 15.0\PreEmptive Solutions\Dotfuscator and Analytics Community Edition)。在命令行上运行该实用程序时，应把程序集名称和输出文件夹作为参数：

```
tampertester ObfuscationSample.exe c:\tamperedapps
```

警告：确保实用程序 TamperTester 在 Dotfuscator 生成的程序集上运行，而不是在 Visual Studio 构建的初始程序集上运行。

默认情况下，如果方法被修改，就应该立即退出应用程序。还可以配置 Dotfuscator，使它为所选的端点生成一个通知消息。Dotfuscator 的商业版本包含对 CE 版的两个主要扩展：它允许在检测到篡改时，除了默认的退出行为外，再添加一个要执行的定制处理程序，来支持定制的实时防篡改功能；PreEmptive Solutions 提供了一个通知服务，该服务接受篡改警告，并将其作为一个事故响应自动通知给组织。

34.4.2　应用程序检测和分析功能

作为开发人员，都希望自己构建的应用程序能够满足用户的需求，同时还能减少所遇到的问题。为此，了解用户对应用程序的体验(是愉悦还是糟糕)就非常重要。这种情况下，就需要对应用程序进行分析。分析功能能够提供应用程序的完整视图。这不仅包括所有异常和其他意外行为，还包括正在使用的应用程序部分。

要利用分析功能，需要有一种机制能够捕获并报告它们。为此，微软提供了 Application Insights 平台，它是 Azure 平台的一部分。Application Insights 并不是一个新平台，它曾经是 Visual Studio Online 的一部分。现在，它已被整合到 Azure 平台中，可以通过 Azure 门户使用它。

对于应用程序而言，需要进行相应的检测。幸运的是，Visual Studio 2017 提供了两个工具，可以轻松实现这一点。

根据所创建的项目类型，Application Insights SDK 将自动包含在引用列表中。对于现有的项目(一般来说，Application Insights 将与 Web 或 UWP 应用程序一起使用)，可以通过在 Solution Explorer 中从项目的上下文菜单中选择 Add Application Insights 来添加 Application Insights SDK。一旦有了 SDK，就需要配置 Application Insights。此后，通过项目中的上下文菜单，选择 Configure Application Insights，显示如图 34-10 所示的屏幕。

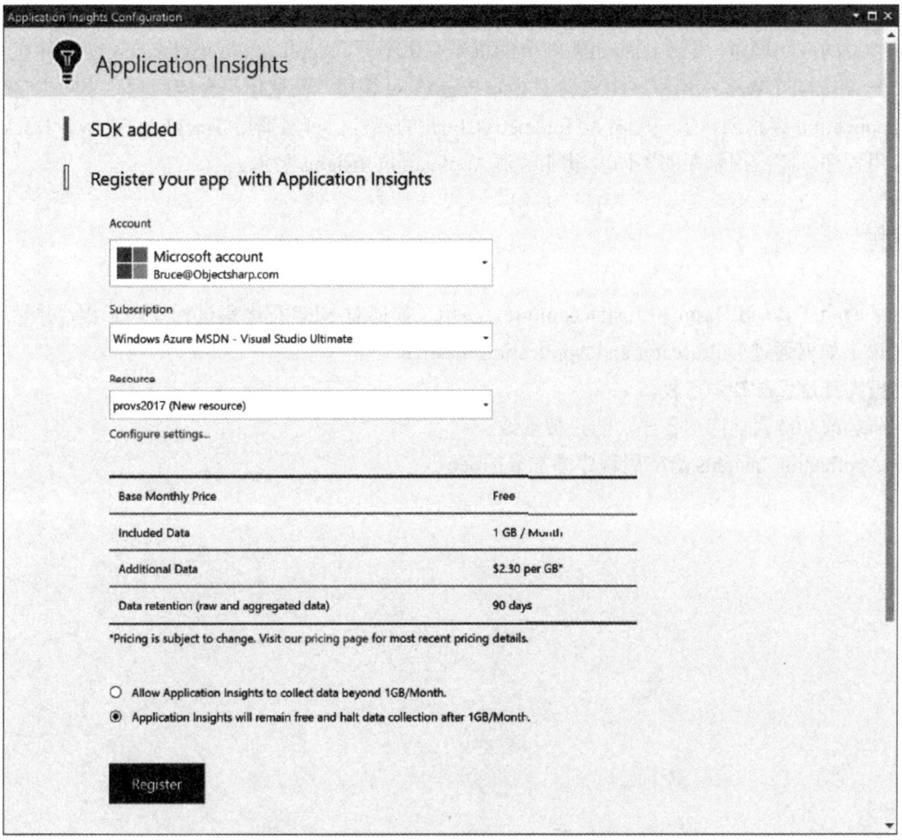

图 34-10

登录到 Azure 订阅后,有两个额外的选项可供使用。如果账户与多个 Azure 订阅相关,就选择要用于该项目的订阅。也可以给要发送的 Application Insights telemetry 指定资源。如果正在创建一个新资源,单击 Configure Settings 链接,将打开如图 34-11 所示的对话框。在该对话框中,可以指定 Resource Group(对应于收集 telemetry 的区域)、资源的名称以及服务所在的区域。

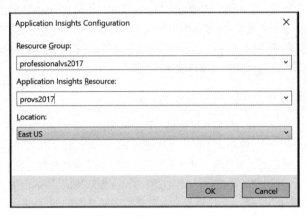

图 34-11

如果查看将 Application Insights 添加到项目的区别,会发现区别并不明显。其中会有一个名为 ApplicationInsights.config 的配置文件,它包含有关 telemetry 模块和用于生成数据的类的相关信息,还包含用于与 Azure 账户交互的密钥。

第二个额外选项依赖于所创建的应用程序的类型。在本例中,是一个 ASP.NET MVC Web 应用程序。为了发送 telemetry,需将一个 JavaScript 小脚本添加到_Layout.cshml 文件中。该脚本实例化 appInsights 对象并调用 tracePageView 方法,将页面视图事件发送给 Application Insights 资源。

对于不同类型的应用程序,发送 telemetry 细节的机制有所不同。ApplicationInsights.config 文件在不同的项目之间是一致的。但 ASP.NET Web 应用程序中包含了 tracePageView 调用,而通用平台应用程序中却未包含,不过这些应用程序在 Application 级别创建了一个名为 TelemetryClient 的属性。可以调用 TrackPageView、TrackEvent 或其他方法来检测应用程序,将应用程序的不同度量推送到 Application Insights 资源。

34.5　小结

本章介绍了两个工具:ILDasm 和 JustDecompile,演示了如何对.NET 程序集进行反向工程,并学习了其内部工作原理。还讨论了如何通过 Dotfuscator and Application Insights:

- 使用模糊处理保护知识产权。
- 使用防篡改功能固化应用程序,防止被修改。
- 使用 Application Insights 给应用程序添加 telemetry。

第35章

打包和部署

本章内容

- 为项目创建安装程序
- 定制安装过程
- 安装 Windows Services
- 在 Web 上通过 ClickOnce 部署项目
- 更新 ClickOnce 项目

本章源代码下载

通过在 www.wrox.com 网站搜索本书的 EISBN 号(978-1-119-40458-3)，可下载本章的源代码。相关源代码和支持文件都在本章对应的文件夹中。

人们在开发软件时常会忘记为应用程序设计部署操作。安装程序的构建可以把应用程序从一个业余的工具转变为专业的产品。本章将介绍如何为.NET 应用程序构建 Windows Installer。

本章讨论的安装工具是 Windows Installer XML(WiX)工具集。这个工具集通过 XML 文件指定安装包的内容和功能，可使用 Extensions and Updates 对话框访问该工具集。使用 XML 文件的想法最初听起来有点让人生畏，但它提供组成 Visual Studio 早期版本中 Visual Studio 安装项目的所有功能。实际上，它所提供的远不止这些功能。尽管该工具集紧密地集成到 Visual Studio 中，但还是可以通过命令行界面访问，这使得它非常适用于构建过程。

WiX 的输出最终是一个 Windows 安装包，可以交付给希望安装应用程序的人。通常，这是一个.msi (Microsoft Installer)文件，而 WiX 也支持补丁文件(.msp)、安装模块(.msm)和转换(.mst)。请注意，并不是每个.NET 应用程序都可以使用 Windows 安装程序安装。例如，通过 Windows Store 交付的应用程序就属于这个类别，如 ClickOnce 应用程序(在本章的 ClickOnce 部分中介绍)。此外，不能使用 MSI 将 Web 应用程序部署到 Azure 中。Web 应用程序的部署，包括 Azure 和使用 WiX，都在第 36 章中介绍。

35.1 Windows Installer XML 工具集

WiX 是一个包含很多不同组件的工具集，每一个组件都有自己的用途。由于 Geeks 比较喜欢在命名上寻找幽默，因此这些组件都被命名为与蜡烛相关的元素。WiX 发音为"wicks"，就如"蜡烛有 4 个 wicks"。组件如下：

- **Candle**：编译器，它可以将 XML 文档转换为包含符号或者符号引用的对象文件。
- **Light**：链接器，它需要一个或者多个对象文件并解析符号引用。Light 的输出通常还包括打包的 MSI 或者 MSM 文件。
- **Lit**：一个工具，它可以将多个对象文件(如由 Candle 产生的文件)组合成一个新的对象文件，该文件可以被 Light 处理。
- **Dark**：反编译器，它可以检查已有的 MSI 和 MSM 文件，并生成代表安装包的 XML 文件。

- **Tallow/Heat**：Tallow 通过遍历目录树生成一个 WiX 文件列表代码。所生成的 XML 片段适合通过 Candle 与其他 WiX 源文件协作。Heat 是一个较新的工具，它执行类似的任务，但采用了更一般的方式。
- **Pyro**：一个工具，用于创建补丁文件(.msp)，而无须使用 Windows Installer SDK。
- **Burn**：一个工具，它的作用相当于引导程序/安装程序链。它的基本思路是：允许指定软件包的依赖关系，同时，Burn 负责协调主包安装之前的先决条件的安装。

只有将该工具集安装到自己的开发环境中，才能创建 WiX 包。从 Tool 菜单下选择 Extensions and Updates 菜单项，就可以安装 Wix Toolkit。在所出现的 Extension and Updates 对话框的右上角的搜索框中输入 Wix Toolkit，当 Wix Visual Studio 2017 Toolkit 出现在对话框的中间时，单击 Install 按钮开始安装过程。需要重新启动 Visual Studio 来完成这个过程。除了扩展(包括项目模板)之外，还需要安装 Wix 构建工具。用于 Wix 的当前安装文件在 http://wixtoolset.org/releases 上。

35.1.1　构建安装程序

要使用 Visual Studio 2017 创建安装程序，需要为希望部署的应用程序添加一个新的部署项目。图 35-1 列出 WiX 中可用的安装和部署项目模板。安装项目和引导程序项目都可用于大多数单独的应用程序，这包括 ASP.NET 应用程序或 Web 服务。两者的区别在于输出结果的格式不同，引导程序项目生成的是.EXE 文件，而安装项目生成的是.MSI 文件。如果安装程序需要集成到一个更大的安装程序中，就应该构建一个合并模块。此外，可以使用 Setup Library 项目创建一个安装程序组件，该组件是安装功能的一部分，它可以用于多个安装包，其方式类似于在多个应用程序中使用程序集。

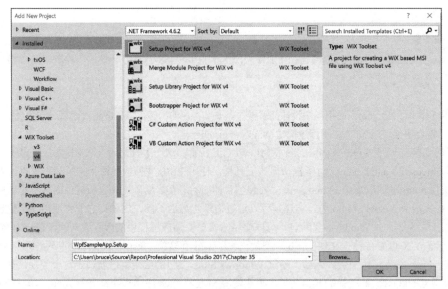

图 35-1

项目创建后，设计器中只出现了一个文件(即 Product.wxs)。虽然安装项目也包含其他文件，但由于 Product.wxs 是安装包的出发点和中心，所以才会出现这样的情况。下面首先查看其中的内容。图 35-2 展示了默认文件。

可以看到该文件被分成了以下三个主要元素：

- **Product**：描述了关于安装程序的基本信息，包括生产商、将被包含的组件、要使用的媒介以及用于创建 MSI 或 MSM 文件的其他详细信息。
- **Directory Fragment**：描述了放在目标计算机上的文件夹的布局。默认是以分层的方式组织和展现的。这不是巧合，而是 WiX 声明性质的功能。该片段的层次结构展示了创建在目标文件系统上的目录的层次。
- **Component Group Fragment**：描述了要安装的功能。component group 定义了构成一个功能的文件。通过一个尚未见过的片段，component group 中的文件就被映射到目录层次结构。在 Product 片段中，可以识别组成产品的 component group。

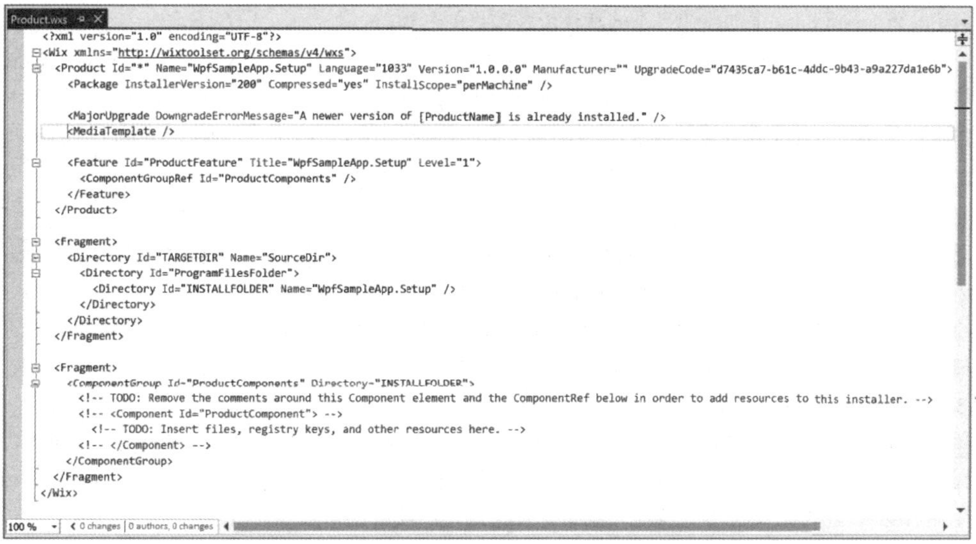

图 35-2

首先考虑 Product 元素。上面已经提及，该元素描述了要安装的软件。在 Product 元素中，有一些要定义的特性，至少应该修改其默认值。

有两个与 Products 相关的 GUID。Id 特性用于唯一标识自己的包。WiX 允许将 GUID 值指定为星号，这种情况下，GUID 就作为编译过程的一部分而生成。对于 Product，应该充分利用这一点，因为每个安装都是不同的，因此就需要提供一个唯一的标识符。

第二个 GUID 是 UpgradeCode(升级代码)。如果创建了一个升级安装包，也即产品的第二版或者后续版的安装包，就可以使用该值。每一次升级都会引用该升级代码，与 Id 特性不同，产品的每一版中该值是相同的。因此，应该为该特性值赋予一个自己生成的 GUID。

其他 4 个需要设置的特性与安装过程中的用户界面和体验相关。Name 特性就是产品的名称。该值可以在控制面板中的 Program and Features 部分中看到。Language 特性是安装的区域标识符。默认值是 1033，代表 U. S. English。Version 特性是安装的产品的版本号，且通常是以版本号的形式出现。最后，Manufacturer 特性定义了生产该产品的组织。

Product 元素有很多子元素，它们提供了安装的更多细节。当应用程序升级到较新版本时，MajorUpgrade 元素可以决定应采取的操作。包括的可能操作有：卸载旧版本、安装新版本、替换文件以及定制操作。

MediaTemplate 元素的作用是指明放在安装包中的媒介的大小和格式。事实上，通过 WiX 还可以指定将一个特定文件放在哪种媒介组件(如 DVD 光盘)中。然而，默认的 MediaTemplate 通常已经足够，因为它包含了创建文件所需要的值。

Product 中的其他元素描述了包含在安装包中的特征(功能)。WiX 中的功能(按照其说法)是作为原子单位安装的部署项的集合。其可能简单到每个功能一个文件，或者一个功能中有多个文件。但无论如何，从用户的角度看，功能是用户选择安装或者不安装的级别。因此，在 Product 中可以有一个或多个 Feature 元素。

图 35-2 中的例子只含有单一功能。其中显示的属性，在大多数情况下，都是相当典型的。Id 是识别该功能的唯一文本标识符。Title 是该功能的名称。它出现在用户安装界面，因此它应是用户友好的。Level 用于将 Features 嵌套到另一个中。

对于一个给定的功能，可以为其指定相关的 ComponentGroup。ComponentGroup 表示安装元素的特定块。它可以是单个程序集或配置文件，也可以是不同类型文件的集合。声明中更重要的方面是 ComponentGroup 的 Id 必须与其后续片段中定义的 ComponentGroup 相匹配。

WiX 文件中的下一个主要组件是 Directory 片段。首先要注意，它实际上不是一个第二层次的 XML 元素(即它与 Product 在同一层次)。而是一个片段的子元素。这样的安排是为了允许 Directory 片段能放在不同的包中，并且当安装文件已经构建时也能很容易地由链接器结合在一起。

安装完成后，Directory 片段的内容与存在于目标系统上的文件系统很相似。参见图 35-2，可以看到有一个三层的嵌套定义。每层都有一个与之关联的 Id。在此，Id 是很有意义的。最终可以通过 Id 引用将单个文件的位置映射到指定目录中。Name 特性是可选的。当要创建不存在的目录时(如 INSTALLFOLDER 元素的情况)，就可将其包含在内。本例中，Program Files 下创建的目录的默认值是项目的名称。

最后一个片段是 ComponentGroup(参见图 35-2)，其包含了构成该组的各个文件的引用。该组的 Id 很重要，因为当列出这些功能时，其还要匹配回 ComponentGroupRef 指定的 Id。ComponentGroup 元素有一个 Directory 特性，该特性的值指定了该组中的文件放置的目录，而且，这个值必须匹配 Directory 片段中的 Directory 元素的一个 Id 值。

35.1.2 使用 Heat 创建片段

WiX 提供了一个工具，可以检查不同类型的构件(artifact)并根据其找到的构件来创建 WiX 片段。该工具就是 Heat。幸运的是，Visual Studio 项目文件是其所能理解的其中一个构件。

Heat 是一个很有用的工具。然而由于它是一个命令行实用程序，因此将它集成到 Visual Studio 中还需一步操作。具体而言，需要将其放置到 External Tools 集合中。要访问该集合，从菜单中选择 Tools | External Tools，就会出现如图 35-3 所示的对话框。

通过单击 Add 按钮，就可以添加新的命令。对于新工具，指定其名为 Harvest Project。该命令(毫不奇怪，由 heat.ext 实现)可以在 Program Files 目录下的 WiX Toolset v3.6 目录下找到，对于 64 位的计算机，其在 Program Files (x86)下。魔法就发生在 Arguments 值上，需要定义很多参数，也可以使用项目令牌，将 Argument 值设置为:

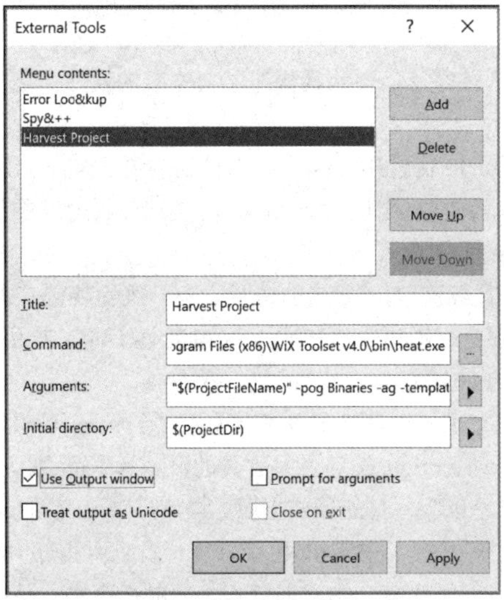

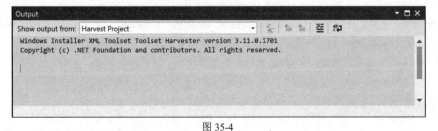

图 35-3

```
project $(ProjectFileName) -pog Binaries -ag -template fragment -out
$(TargetName).wxs
```

最后，将 Initial Directory 值设置为$(ProjectDir)。这使得该实用程序能从项目的根部开始查找所需要的文件。确保选中了 Use Output Window。最后单击 OK 按钮，完成创建过程。

现在可以使用 Heat 命令了。首先，在 Solution Explorer 中，选择项目中标志为 harvested 的文件。然后，使用 Tools | Harvest Project 菜单项浏览当前项目。如果一切顺利的话，Output 窗口如图 35-4 所示。看起来什么都没有发生，但只要没有显示任何错误消息，扫描就是成功的。

图 35-4

通过这种方式生成项目的结果是一个.wxs 文件。更精确地说，是一个与项目同名的.wxs 文件。可以在项目文件所在的目录下找到它。在 Solution Explorer 中，使用 Show All Files 按钮在 Visual Studio 中查看该文件。双击它就可以打开该文件。结果如图 35-5 所示，是由一个名为 WpfSampleApp 的简单"Hello World"WPF 应用程序生成的。

这些 WiX 片段的内容完成了安装打包的过程。有两个片段是可见的。第一个包含了 DirectoryRef 元素。该元素的目的是将多个组件放置在目标计算机上的同一目录下。

DirectoryRef 目录下有两个 Component 元素。每个组件代表一个文件。第一个组件代表项目的可执行文件。第二个组件则代表配置文件。Source 特性指明了具体的组件。

第二个片段是 ComponentGroup，其在前面已讨论过。它们的区别是图 35-2 中的 ComponentGroup 不包含文件，而这个包含。特别是，该 ComponentGroup 中的文件(由 ComponentRef 元素表示)引用了 DirectoryRef 中的文件标识。其 ComponentRef 中的 Id 特性与 DirectoryRef 中的 Component 的 Id 相匹配。

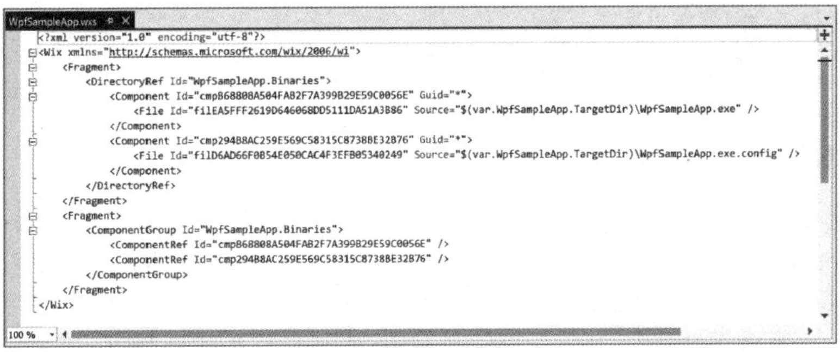

图 35-5

这种恒定的间接关系看起来很令人费解。在一定程度上确实是这样，但它带来很大的灵活性。通过在其内部定义目录引用以及包含相关文件，就可以用最小的花费将来自不同组件的文件放在同一物理目录下。

Heat 生成的片段要被纳入到安装项目中，这样才能包含在安装包中。复制这两个片段并把它们粘贴到安装项目的 Product.wxs 文件中就可以实现。在这个过程中，删除已存在的 ComponentGroup 片段。

现在需要在 Product.wxs 文件中引用这两个组件。这分为两步完成。第一步，在 Product 的 Feature 元素中，将 ComponentGroupRef Id 设置为 Heat 生成的片段的 ComponentGroup 的 Id。本例中设置为 WpfSampleApp.Binaries。这样就包含了组成要安装的功能的组件。

第二步，在 Heat 生成的片段的 DirectoryRef 元素中，将 Id 设置为 INSTALLFOLDER。当执行安装时，这会将组件(以及文件)链接到目标目录。之后，Product.wxs 文件如图 35-6 所示。

图 35-6

在构建安装项目之前，还要进行一步操作。注意，通过 Heat 生成的片段，两次引用了 $(var.WpfSampleApp. TargetDir)。这是一个预处理变量，安装项目在构建时将会解析它。然而由于其当前代表的值使得它不能被识别。为改变这种情况，需要将 WpfSampleApp 的引用添加到 WiX 的项目中。为此，可以右击 Solution Explorer 中的 WiX 项目，选择 Add Reference。在出现的 Add Reference 对话框中，选择 Project 选项卡，双击 WpfSampleApp。单击 OK 按钮完成该过程。

现在就可以构建该项目了。构建过程的输出(即.MSI 文件)可以在 bin\Debug 目录下找到。执行该文件(例如，在 Windows Explorer 中双击它)，就会看到一组标准的安装界面。其结果是在 Program Files 目录下放置了一个名为 WpfSampleApp.Setup 的文件。通过使用控制面板中的 Programs and Features 应用程序卸载该应用程序，就可以移除它。换句话说，你已经创建了一个完整的安装应用程序。

如你所料，可以实现大量的定制安装，无论是在功能上还是在外观上。如果对细节和功能比较感兴趣，可以访问 WiX 的主页 http://wixtoolset.org。在该页面上，不仅可以找到完整的文档说明，还可以找到教程链接以及完整的源代码。

35.1.3　服务安装程序

为 Windows Service 程序创建安装程序的方法与为 Windows 应用程序创建安装程序的方法一样。但是，Windows Service 安装程序除了需要把文件安装到正确位置外，还需要把它注册到服务列表中。

WiX Toolset 提供了一种机制来支持这样做。ServiceInstall 和 ServiceControl 元素描述了安装服务时要执行的操作。这些组件关联的 XML 如下所示：

```
<Component Id='ServiceExeComponent'
  Guid='YOURGUID-D752-4C4F-942A-657B02AE8325'
  SharedDllRefCount='no' KeyPath='no'
  NeverOverwrite='no' Permanent='no' Transitive='no'
  Win64='no' Location='either'>
  <File Id='ServiceExeFile' Name='ServiceExe.exe' Source='ServiceExe.exe'
    ReadOnly='no' Compressed='yes' KeyPath='yes' Vital='yes'
    Hidden='no' System='no'
    Checksum='no' PatchAdded='no' />
  <ServiceInstall Id='MyServiceInstall' DisplayName='My Test Service'
    Name='MyServiceExeName' ErrorControl='normal' Start='auto'
    Account='Local System' Type='ownProcess'
    Vital='yes' Interactive='no' />
  <ServiceControl Id='MyServiceControl' Name='MyServiceExeName'
    Start='install' Stop='uninstall' Remove='uninstall' />
</Component>
```

File 元素的功能类似于图 35-6 中 WiX 片段的功能。在本例中，它标识了实现要安装服务的文件。其中，最重要的元素是 KeyPath。在此处需要将它设置为 yes，而 Components 中的 KeyPath 要被设置成 no。

ServiceInstall 元素包含了有关服务的信息。这包括了显示在服务控制程序上的名称(DisplayName)以及服务真实的名称(即 Name 特性)。如果使用以前的 Visual Studio 版本创建了服务安装程序，就需要将 Account 特性关联到运行服务的账户下，同时需要关联 Interactive 特性来决定是否与桌面交互。

ServciceControl 元素包含了安装服务时要执行的操作。与 ServiceControl 有关的三个属性是 Start、Stop 和 Remove。这些特性的值决定了当服务安装或卸载时要执行的操作。前面代码中的这些值意味着：服务安装时启动服务，服务卸载时停止和移除服务。

35.2　ClickOnce 技术

使用 Windows 安装程序来安装应用程序是一个合理的选择。然而，把一个安装程序部署到几千个计算机上并对它们进行升级却非常困难。尽管管理程序可以减轻应用程序的部署负担，却经常用 Web 应用程序来替代 Windows 应用程序，因为它们可以动态更新，影响所有的用户。ClickOnce 允许用户构建可以自动升级的 Windows 应用程序。本节介绍如何在 Visual Studio 2017 中构建可以使用 ClickOnce 技术部署和升级的应用程序。

35.2.1 部署

为说明 ClickOnce 部署的功能，本节使用了构建 Windows 安装程序时的同一个应用程序，即 WpfSampleApp。该程序显示一个空白的窗体。要使用 ClickOnce 技术部署该程序，可以从项目的右击上下文菜单中选择 Publish 选项，这会打开 Publish Wizard，它将引导你完成项目的 ClickOnce 初步配置。

Publish Wizard 中的第一步是选择部署的位置。可以选择部署到本地网站、FTP 位置、文件共享甚至计算机的本地文件夹上。单击 Browse 按钮会打开 Open Web Site 对话框，以指定发布位置。

下一步要指定用户从哪里安装应用程序。默认选项是从 CD 或 DVD-ROM 盘上安装。更常见的是，从公司内联网的一个文件共享或 Internet 的一个网站上安装。注意，发布的位置和用户安装的位置可以不同。在测试新版本时，这是很有用的。

最后一步的内容根据所选的安装选项而异。如果应用程序从 CD 或 DVD-ROM 上安装，这一步就询问应用程序是否应自动检查更新。如果启用了这个选项，就必须提供一个检查应用程序的位置。在本例中，用户从文件共享或网站上安装，所以假定应用程序在最初安装的位置上更新。最后一个问题就是应用程序是否可以脱机使用。如果选择了脱机使用选项，就把一个应用程序快捷方式添加到 Start 菜单中，可以从操作系统的 Add/Remove Programs 对话框中移除应用程序。即使最初的安装位置不再可用，用户也可以运行应用程序。如果应用程序只能在线使用，就不创建快捷方式，用户每次要运行应用程序时，都必须访问安装位置。

向导的最后一个屏幕允许在发布应用程序之前验证配置。应用程序发布后，就可以运行 Setup.exe 引导文件，安装应用程序。如果从网站上安装，就会生成一个 default.htm 文件，如图 35-7 所示，该文件使用一些 JavaScript 检查几个依赖文件，并提供了一个启动 Setup.exe 的 Install 按钮。

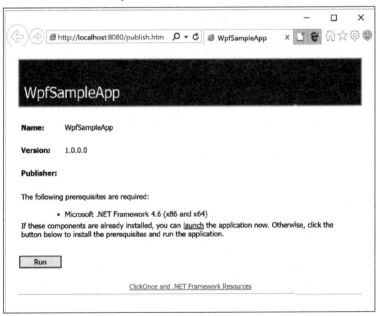

图 35-7

单击这个位置的 Run 按钮会显示一个对话框，提示运行或保存 Setup.exe。选择 Run 按钮(或者从另一个不同的安装中运行 Setup.exe)会启动如图 35-8 所示的 Launching Application 对话框，从安装位置检索应用程序的组件。

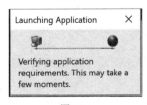

图 35-8

应用程序的信息下载完毕后会显示一个安全警告，如图 35-9 所示。在本例中，尽管部署清单已经签名，但是安装应用程序的计算机上却没有签名的证书，因此会显示安全警告。

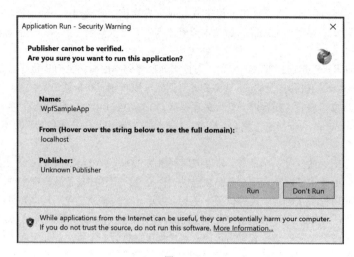

图 35-9

　　ClickOnce 应用程序的部署清单是一个 XML 文件，它描述了要部署的应用程序和对当前版本的引用。每个部署清单都可以由发布机构签名，给清单提供一个强名，这可以防止清单在部署后被篡改。

签名部署清单时有 3 个选项。默认情况下，Visual Studio 2017 创建了一个用于签名清单的测试证书，其格式为 application name_TemporaryKey.pfx，并在解决方案中自动添加(这发生在第一次使用 Publish Now 按钮发布应用程序时)。尽管该证书可以用在开发过程中，但不推荐将其用于部署过程。也可以从 VeriSign 等公司购买第三方证书，或者使用 Windows Server 中的证书服务器创建一个内部证书。

从知名证书机构获取证书的好处在于，所有计算机都可以自动对其进行验证。如果使用测试证书或者内部证书，那么必须在相应的证书存储中安装该证书。图 35-10 显示了 Project Properties 窗口中的 Signing 选项卡。可以看到，已经通过本地计算机上生成的证书对 ClickOnce 清单进行了签名。可以选择使用存储或文件中已经存在的证书。或者，可以创建另一个测试证书。

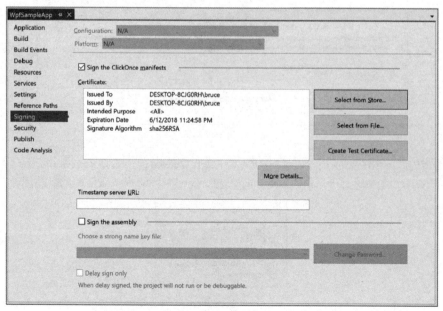

图 35-10

如果希望通过一个已知的发布机构安装应用程序，需要在安装该产品的计算机的根证书存储中添加测试证书。由于证书也会安装在部署计算机上，因此可以单击 More Details 按钮，打开一个描述证书细节(包括它无法被验证的事实)的对话框(如果使用 Visual Studio 2017 默认创建的证书，需要使用 Select from File 按钮重新选中生成的证书，然后使用 More Details 按钮。如果不这么做，细节窗口将无法显示 Install Certificate 按钮)。单击 Install Certificate 按钮，把证书安装到 Trusted Root Certification Authorities 存储中。这不是默认的证书存储，因此需要手动指定。这是一个测试证书，因此可以忽略这里的警告，但在正式发布时不应使用该证书。现在，发布应用程序并尝试安装，此时的对话框就包含了发布机构。但系统仍会警告，执行应用程序需要足够的安全权限。

ClickOnce 部署清单的安全性包含 4 个方面。刚才学习了如何指定一个已知的发布机构，这对于程序的安全安装是很重要的。默认情况下，ClickOnce 把程序发布为完全信任的应用程序，给予它们本地计算机上最大的权限。但这是很不寻常的，因为在大多数情况下 Microsoft 采用一种"安全－优先"的方法。要在完全信任中运行，应用程序需要更多的安全权限。Sample Application 程序可以在线或脱机运行，尽管这并不存在很大的安全风险，却会修改本地文件系统。最后，在判断应用程序的危险程度时，其安装位置与发布机构一样重要。在本例中，应用程序是在本地网络中发布的，因此不大可能存在安全威胁。

理想情况下，可以跳过 Application Install 对话框，让应用程序自动获得相应的权限。为此，在 Trusted Publisher 存储中添加证书。为能自动安装应用程序，即使是知名的证书机构也需要在该存储中添加证书。接下来，在下载应用程序时会显示进度对话框，而不是安全提示。

返回到安装 URL(见图 35-7)或者从新建的 Start 菜单文件夹中选择与程序同名的快捷方式，就可以启动已安装好的应用程序。

35.2.2　升级

在将来某个时候，可能会对应用程序进行修改——例如，可以为前面创建的简单窗体添加一个按钮。ClickOnce 提供了一个功能强大的升级过程，允许采取与第一次发布应用程序同样的方式来发布新版本的应用程序，所有现有的版本都会在下一次上线时自动更新为新的版本。只要使用选项的当前集合，更新过程就是发布过程。使用 Publish 向导更新已有的应用程序时，以前用于发布应用程序的所有值都会预配置好。

在 Project Properties 设计器的 Publish 选项卡上可以检查设置，如图 35-11 所示。该设计器中显示了发布位置、安装位置和应用程序的安装模式。还有一个用于 Publish Version 的设置。这个值未显示在 Publish Wizard 中，它默认从 1.0.0.0 开始，每次发布新应用程序时，会自动递增最右边的数字。

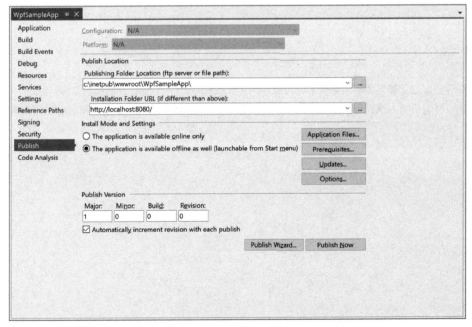

图 35-11

右边的许多按钮会打开更高级的选项，其中大多数不在向导中显示。Application Updates 对话框如图 35-12 所示，在该对话框中可以配置应用程序的更新方式。在图 35-12 中，应用程序在启动后，每 7 天更新一次。也可以指定必须安装的最低版本，禁止旧客户机执行应用程序，除非它们进行了升级。

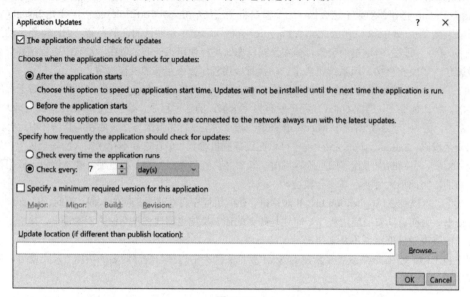

图 35-12

现在，当发布该应用程序的新版本时，ClickOnce 会提示用户将应用程序升级到最新版本。

ClickOnce 部署的优势之一在于它可以跟踪以前安装的应用程序版本。这就意味着，可以在任意阶段完全卸载它，或者重新回滚到以前的版本。要回滚或者卸载应用程序，可以使用控制面板中的 Programs and Features 列表。

　　注意，用户在接收新版本时，需要在应用程序检查新版本时链接最初的部署 URL(本例是启动应用程序时)。还可以在 Application Updates 对话框(见图 35-12)中指定必须安装的最低版本，强制所有的用户升级到某个版本上(即，不给出提示)。

35.3　小结

本章详细介绍了如何为不同类型的应用程序构建安装程序。一个高质量的安装程序可以使应用程序看起来更加专业。对于希望大规模部署自己应用程序的开发人员来说，ClickOnce 也是一种很重要的部署方法。

第**36**章

Web 应用程序的部署

本章内容

- 发布 website 项目和 Web 项目
- 用 Web Application 发布数据库脚本
- 使用 Web Deployment 工具创建用于部署的 Web Application 包
- 用 Web Platform Installer 更新计算机
- 扩展 Web Platform Installer，以包含自己的应用程序

本章源代码下载

通过在 www.wrox.com 网站搜索本书的 EISBN 号(978-1-119-40458-3)，可下载本章的源代码。相关源代码和支持文件都在本章对应的文件夹中。

第 35 章介绍了如何通过安装程序或 ClickOnce 部署 Windows 应用程序。那么，如何部署 Web 应用程序？本章介绍 website 项目和 Web 应用程序项目的部署，并讨论如何打包 Web 应用程序，以使用 Web Deployment 工具进行远程部署，并与 Web Platform Installer 相集成。

构建应用程序的一个重要方面应考虑如何打包，这样就可以部署它了。大多数 Web 应用程序都仅在内部发布，此时有一个简单的复制脚本就足够了。但如果允许其他人购买或使用 Web 应用程序，就需要使部署过程尽可能简单。

36.1 Web 部署

Web 应用程序项目完全不同于 website 项目，部署所用的工具也不同。Visual Studio 2017 允许用 Web Deployment Tool 来部署 Web 应用程序项目和 website 项目，该工具便于在命令行、IIS 管理控制台、PowerShell cmdlets 或直接从 Visual Studio 导入和导出 IIS 应用程序及其依赖文件——如 IIS 元数据和数据库。它还能够以明确的方式为不同的环境管理多个版本的配置数据，而不会出现重复。

如果正在部署 ASP.NET 5 应用程序，在部署中可以包括应用程序运行所需要的所有配置，甚至可以包含.NET Framework。

36.1.1 发布 Web 应用程序

部署 Web 项目的最快捷方式是直接在 Visual Studio 中发布它。在 Solution Explorer 窗口中右击，从上下文菜单中选择 Publish 选项，会打开 Publish Web 对话框。每次部署时，都在特定的配置文件上进行，该配置文件封装了目标环境的设置。Web Application 项目可以维护一个配置集合，以便把一个 Web 应用程序部署到许多目标环境中，并为每个环境保存各自的设置。

如果这是在项目中第一次运行 Publish Web 对话框，就需要指定发布目标(如图 36-1 所示)。

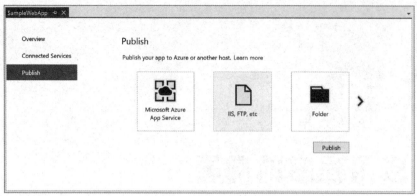

图 36-1

　　初始时，有 4 个选项可以使用。可以将 Web 应用程序发布到 Microsoft Azure Websites 或 Microsoft Azure Virtual Machine。可以导入前面创建的发布设置集(以.publishsettings 文件的形式)，或者发布到 IIS、FTP 站点或文件夹。

　　就本章的目标而言，选择 IIS、FTP 等目标，接着进入 Publish 对话框的 Connection 选项卡，如图 36-2 所示。

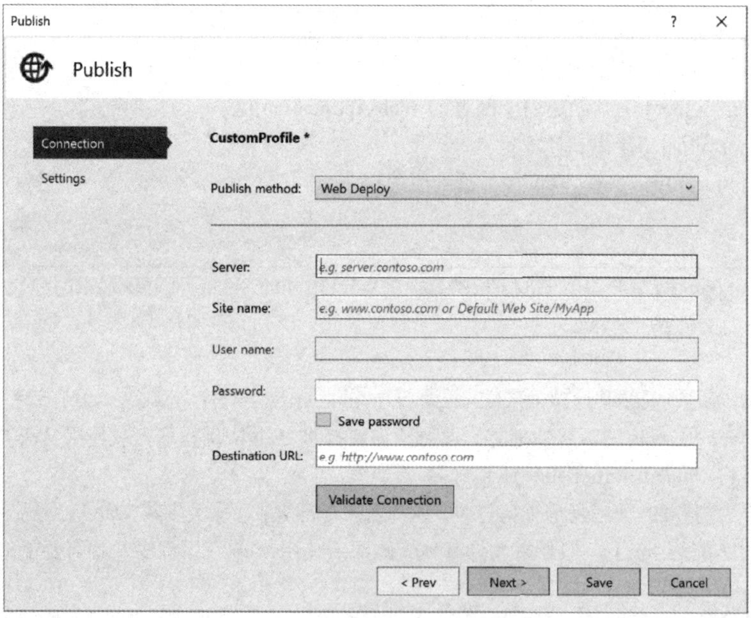

图 36-2

　　向导中的 Connection 选项卡可以定义到部署目标的连接。Publish Method 中的 Web Deploy、Web Deploy Package、FTP 和 File System 选项可以确定在对话框窗口的下半部分显示的内容。File System 选项允许为 Web 应用程序输入发布的目标位置(系统文件中的一个目录)。FTP 选项提供了相同的功能，同时还允许输入 FTP 凭据。Web Deploy 选项允许指定发布目标的服务 URL、目的 URL 以及 site/application 的组合。如有必要，还可以提供凭据。Web Deploy Package 选项采纳通常由 Web Deploy 部署的文件，并将它们打包成.Zip 文件。因此就不需要识别目标系统，只需要指定要创建的文件的路径即可。

　　Settings 选项卡允许用户对部署的其他设置进行配置。发布方法(publish methods) 将该步的内容分成了两种。两种都需要指定要部署的配置(默认的是 Debug 和 Release)。另外还有一复选框可以移除未部署目标上的所有文件，预编译应用程序并且排除 App_Data 文件夹中的任何文件。并非所有选项都可以用于所有的发布方法。Web Deploy 和 Web Deploy Package 还包括将数据库和 Web 应用程序一同部署的部分，如图 36-3 所示。

　　当部署数据库时，Publish Wizard 会检查开发环境，并会识别属于该应用程序的数据库。这就使得用户可以在下拉列表中选择要发布的数据库。同时，可以手工指定数据库连接。另外有一些复选框，通过它们，用户可以用新的连接信息更新 web.config 文件，并用部署的数据库更新已有数据库的模式。

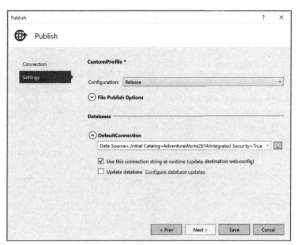

图 36-3

使用 Web Deploy Package 选项，它会把安装和配置应用程序需要的所有文件和所有元数据打包到一个 Zip 文件中。之后这个 Zip 文件就可以通过 IIS 7.0/8.0 管理界面、命令行、PowerShell、 cmdlets 或直接从 Visual Studio 安装。

这个过程的最后一步是单击 Save 按钮。这实际上执行了两个操作。首先，它保存项目中的发布配置文件。其次，它执行发布。根据发布的类型，可能需要使用管理员权限登录到 Visual Studio。这是执行 Web 部署时的情况。

36.1.2 发布到 Azure

Visual Studio 2017 有一些特性，可以使开发和 Microsoft Azure 的集成更容易。大量的官方手册步骤已被组合成一个无缝的过程，发布过程只是该过程中的一部分。

要将 Web 应用程序发布到 Azure，首先要将 Microsoft Azure Web Apps 作为发布目标。还需要指定是否要创建新 App Service 或部署到现有的 App Service。这是通过在图 36-4 中可见的单选按钮完成的。

图 36-4

无论是选择创建新服务还是使用现有服务，都需要指定 Azure 账户。在图 36-5 和 36-6 的右上角，有一个下拉列表，其中包含 Visual Studio 所知道的 Microsoft 账户。可以选择与要使用的 Azure 订阅相关联的账户，并提供凭据(由图 36-5 中的 Reenter your credentials 链接表示)。

要使用现有的 App Service，需要提供如图 36-5 所示的信息。

选择现有的应用程序服务所在的订阅。之前定义的应用服务列表出现在底部的框中。选择所需的 App Service 并单击 OK。

当创建新的 Web 应用程序时，需要提供一些额外信息。图 36-6 中演示了必须提供的信息类型。

作为创建过程的一部分，需要为网站选择一个唯一的名称。该名称输入 Web App Name 字段中，并立即检查是否有效。对话框中的其他选项包括创建 Web 应用程序的订阅(如果账户有多个关联订阅)，就创建 web 应用程序所在的域，以及 App Service Plan。App Service Plan 值用于指定要创建的 App Service 的大小。在本例中，"大小"标识了内核的数量、可用的 RAM 和一些额外的特性(如阶段区域的数量以及是否支持自动伸缩)。最好的选择取决于期望的流量、流量的模式(稳定或突发)以及需要的管理特性。单击 New 按钮将打开一个对话框(见图 36-7)，以指定大小。

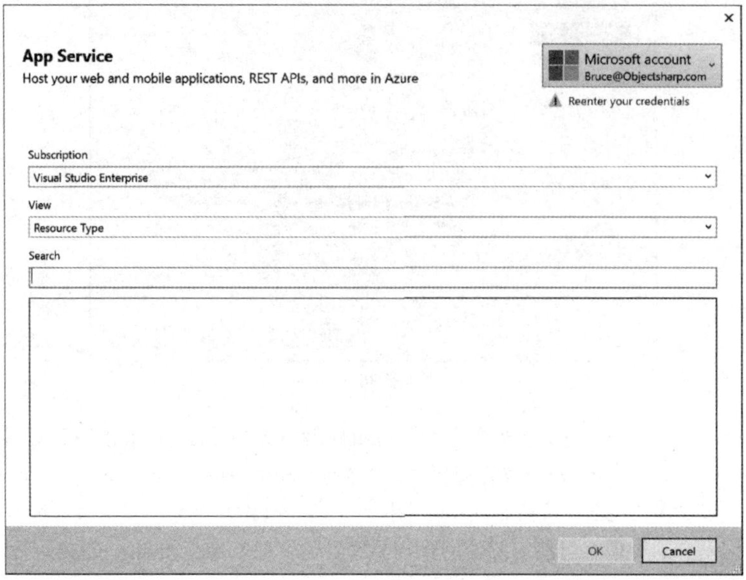

图 36-5

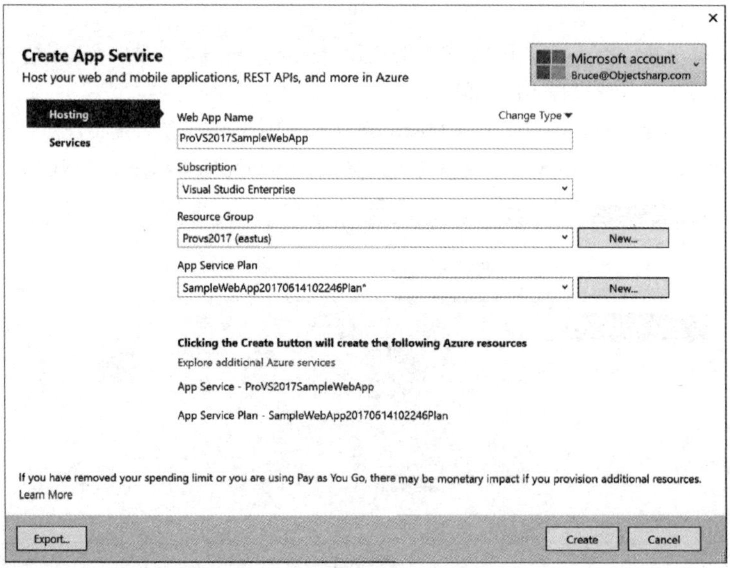

图 36-6

Create App Service 规划对话框包含一个 Services 选项卡，其中的内容如图 36-8 所示。

此选项卡用于定义应用程序和应用程序服务中的附加服务。最初，指定了如图 36-6 所示的 App Service Plan，位于图 36-8 的下部列表中。对于本例，这就是需要包含的所有内容。但是，如果应用程序需要它，就可以为部署添加更多 Azure 资源。图 36-8 顶部的列表显示了 SQL Database 选项。如果单击该条目右边的加号，就应输入 Azure 创建 SQL 数据库资源所需的信息。然后，该资源与部署就相关联了。

单击 Create 按钮，在 Azure 中创建 Web 应用程序。之后，返回本章"发布 Web 应用程序"一节中所描述的 Connection 选项卡。此处的区别在于，与新 Web 应用程序相关的所有细节信息都已填充，现在可以切换到 Settings 选项卡。有关发布细节的剩余信息提供完毕后，单击 Publish 按钮，就可以看到将 Web 应用程序项目发布到 Azure 的输出，现在 Web 应用程序已经准备好接受请求了。

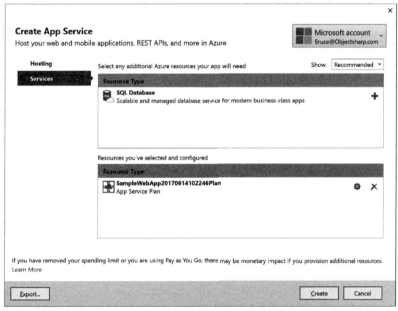

图 36-7

图 36-8

36.2　Web 项目安装程序

除了使用 Publish Wizard 工具外，还可以创建一个标准的 Windows Installer 包来管理 Web 应用程序或 Web 站点的部署。这可以使用第 35 章讲述的 Windows Installer Toolkit(WiX)组件实现。仅将文件移动到目标计算机上对于 Web 项目的安装来说是不够的，安装程序还需要创建一个虚拟目录。幸运的是，WiX 支持这项功能。考虑如下显示的.wxs 文件：

```
<?xml version="1.0" encoding="UTF-8"?>
<Wix xmlns="http://schemas.microsoft.com/wix/2006/wi"
    xmlns:iis="http://schemas.microsoft.com/wix/IIsExtension">
  <Product Id="381ED4A8-90AA-49F5-9F63-CD128B33895C" Name="Sample Web App"
    Language="1033" Version="1.0.0.0" Manufacturer="Professional Visual Studio 2017"
```

```
    UpgradeCode="A8E5F094-C6B0-46E5-91A1-CC5A8C63679D">
<Package InstallerVersion="200" Compressed="yes" />
<Media Id="1" Cabinet="SampleWebApp.cab" EmbedCab="yes" />
<Directory Id="TARGETDIR" Name="SourceDir">
  <Directory Id="ProgramFilesFolder">
    <Directory Id="WebApplicationFolder" Name="MyWebApp">
      <Component Id="ProductComponent" Guid="80b0ee2a-a102-46ec-a456-33a23eb0588e">
        <File Id="Default.aspx" Name="Default.aspx"
            Source="..\SampleWebApp\Default.aspx" DiskId="1" />
        <File Id="Default.aspx.cs" Name="Default.aspx.cs"
            Source="..\SampleApp\Default.aspx.cs" DiskId="1"/>
        <iis:WebVirtualDir Id="SampleWebApp" Alias="SampleWebApp"
            Directory="WebApplicationFolder" WebSite="DefaultWebSite">
          <iis:WebApplication Id="SampleWebApplication" Name="Sample" />
        </iis:WebVirtualDir>
      </Component>
    </Directory>
  </Directory>
</Directory>
<iis:WebSite Id='DefaultWebSite' Description='Default Web Site'
  Directory='WebApplicationFolder'>
  <iis:WebAddress Id="AllUnassigned" Port="80" />
</iis:WebSite>
<Feature Id="ProductFeature" Title="Sample Web Application" Level="1">
  <ComponentRef Id="ProductComponent" />
</Feature>
</Product>
</Wix>
```

可以看到，有很多元素都是 Web 安装程序特有的。首先注意，WiX 元素包含了一个以 iis 为前缀的名称空间。处理该名称空间包含的这些元素就会创建虚拟目录。还需要将自己的启动项目引用到 WiX Toolkit 目录中的 WixIIsExtension 程序集。

第二个区别是组件放置在目录的层次结构中。WebVirtualDir 元素用于创建虚拟目录，具体而言是创建 WebApplicationFolder，并将该目录添加到服务器的默认网站中。WebVirtualDir 元素中的 WebApplication 会引导安装程序将刚创建的虚拟目录作为 Web 应用程序。

最后注意 WebSite 元素。当访问 WebApplicationFolder 目录时，它会告诉安装程序利用(如有必要，就创建)默认的网站。WebAddress 元素则用于设置应用程序，使之侦听所有未分配端点上的 80 端口。

36.3   Web Platform Installer

Web 应用程序在开发和生产过程中都依赖大量技术和工具才能正常工作。即使环境为单个应用程序正确设置好了，也需要理解和管理应用程序之间的关系和依赖性。最后，Internet 上总是有一些新工具、库和应用程序，在创建自己的项目时可能需要它们。随着环境变得越来越复杂，使所有应用程序都正常工作且保持最新就是一个很大的挑战。

Microsoft Web Platform Installer(如图 36-9 所示)是一个简单工具，用于管理已安装在 Web 服务器和开发计算机上的软件。

从 http://www.microsoft.com/web 下载 Web Platform Installer 后，可以运行任意次。它可以检测已在计算机上安装的组件，通过单击按钮可以添加和删除它们。甚至可以处理组件之间的依赖性，安装需要的任何程序。

Web Platform Installer 能在 Web Platform 之外管理组件，在 http://www.microsoft.com/web/gallery 上还有 Microsoft Web Application Gallery 的一个应用程序集合，这些应用程序位于 Web Applications 选项卡的各种类别下。与 Web Platform 中的组件一样，这些应用程序可以有自己的预装软件，Web Platform Installer 会确保安装它们。

如果已经在 Publish 对话框中用 Web Deploy Package 选项打包了 Web 应用程序，以用于部署，就可以使用 Web Platform Installer 发布它们。填充 Microsoft Web portal 的一个简单窗体，就可以把应用程序添加到 Web Application Gallery 中。一旦应用程序获得批准，它就会在具有 Web Platform Installer 的计算机上显示准备安装。

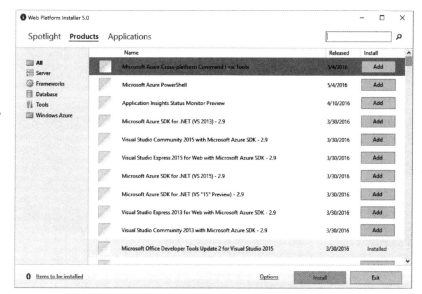

图 36-9

扩展 Web Platform Installer

如前所述，很容易把应用程序包含在 Web Application Gallery 中，使之可供更多的人使用。有时希望利用 Web Platform Installer，但不希望使应用程序公开发布，因为应用程序在公司内部使用(不对外公开)，或者应用程序还没有准备好发布，但希望测试一下部署过程。

Web Platform Installer 依赖 atom feed 确保它安装的组件和产品列表总是最新的。这些 feed 中的每一项对应 Web Platform Installer 的用户界面中的一个应用程序或组件。Web Platform 和 Web Application 选项卡上的不同 feed 来自 http://www.microsoft.com/web/webpi/5.0/WebProductList.xml 和 http://www.microsoft. com/web/webpi/5.0/WebApplicationList.xml。除了这两个 feed 外，Web Platform Installer 的每个安装都可以指定其他 feed，以引用更多组件。

下面是简单时间表 Web 应用程序的一个示例 feed。

```xml
<?xml version="1.0" encoding="utf-8"?>
<feed xmlns="http://www.w3.org/2005/Atom">
  <webpiFile version="4.2.0.0"/>
  <title>Adventure Works Product WebPI Feed</title>
  <link href="http://www.professionalvisualstudio.com/SampleProductFeed.xml" />
  <updated>2015-02-10T08:29:14Z</updated>
  <author>
    <name>Adventure Works</name>
    <uri>http://www.professionalvisualstudio.com</uri>
  </author>
<id>http://www.professionalvisualstudio.com/SampleProductFeed.xml</id>

<entry>
  <productId>TimeSheets</productId>
  <title resourceName="Entry_AppGallerySIR_Title">Adventure Works Timesheets</title>
  <summary resourceName="Entry_AppGallerySIR_Summary">
    The Adventure Works corporate Timesheeting system</summary>
  <longSummary resourceName="Entry_AppGallerySIR_LongSummary">
    The Adventure Works corporate Timesheeting system</longSummary>
  <productFamily resourceName="TestTools">Human Resources</productFamily>
  <version>1.0.0</version>
  <images>
    <icon>c:\AdventureWorksIcon.png</icon>
  </images>
  <author>
    <name>Adventure Works IT</name>
```

```xml
      <uri>http://www.professionalvisualstudio.com</uri>
  </author>
  <published>2015-02-10T18:26:31Z</published>

  <discoveryHint>
    <or>
      <discoveryHint>
        <registry>
          <keyPath>HKEY_LOCAL_MACHINE\SOFTWARE\AdventureWorks\Timesheets</keyPath>
          <valueName>Version</valueName>
          <valueValue>1.0.0</valueValue>
        </registry>
      </discoveryHint>
      <discoveryHint>
        <file>
          <filePath>%ProgramFiles%\AdventureWorks\Timesheets.exe</filePath>
        </file>
      </discoveryHint>
    </or>
  </discoveryHint>
  <dependency>
    <productId>IISManagementConsole</productId>
  </dependency>
  <installers>
    <installer>
      <id>1</id>
      <languageId>en</languageId>
      <architectures>
        <x86 />
        <x64 />
      </architectures>
      <osList>
        <os>
          <!-- the product is supported on Vista/Windows Server SP1 + -->
          <minimumVersion>
            <osMajorVersion>6</osMajorVersion>
            <osMinorVersion>0</osMinorVersion>
            <spMajorVersion>0</spMajorVersion>
          </minimumVersion>
          <osTypes>
            <Server />
            <HomePremium />
            <Ultimate />
            <Enterprise />
            <Business />
          </osTypes>
        </os>
      </osList>
      <eulaURL>http://www.professionalvisualstudio.com/eula.html</eulaURL>
      <installerFile>
        <!-- size in KBs -->
        <fileSize>1024</fileSize>
        <installerURL>http://www.professionalvisualstudio.com/Timesheets_x86.msi
        </installerURL>
        <sha1>111222FFF000BBB444555EEEAAA777888999DDDD</sha1>
      </installerFile>
      <installCommands>
        <msiInstall>
          <msi>%InstallerFile%</msi>
        </msiInstall>
      </installCommands>
    </installer>
  </installers>
</entry>
<tabs>
```

```
        <tab>
        <groupTab>
        <id>AdventureWorksHRTab</id>
        <name>Adventure Works Human Resources</name>
        <description>Adventure Works HR Apps</description>
        <groupingId>HRProductFamilyGrouping</groupingId>
        </groupTab>
        </tab>
    </tabs>
    <groupings>
        <grouping>
          <id>HRProductFamilyGrouping</id>
          <attribute>productFamily</attribute>
          <include>
            <item>Human Resources</item>
          </include>
        </grouping>
    </groupings>
 </feed>
```

第一部分指定 feed 的一些标准信息，包括上次的更新日期和作者信息。如果 feed 通过一个普通的 feed 读取器来使用，那么这些信息都是有用的。之后是一个 entry 节点，它包含应用程序的信息。Web Platform Installer 可以使用 productId 的值引用其他地方的应用程序，包括为其他组件列出的依赖性。

discoveryHint 节点用于确定这个应用程序是否已安装。查找特定的注册键值或者按名称查找特定的应用程序，就可以检测到示例应用程序。如果找到其中一项，Web Platform Installer 就会认为这个应用程序已安装。除了这两个提示外，还可以使用 msiProductCode 提示来检测通过 MSI 安装的应用程序。

示例时间表应用程序依赖 IIS Management Console。应用程序依赖的每个组件都可以通过其 productId 指定。如果组件没有安装在目标计算机上，Web Platform Installer 就会安装它。除了依赖性外，还可以为应用程序指定 incompatibilities，以防止一次安装两个应用程序。

应用程序的最后一个组件是 installer 元素。每个要使用的安装程序都应有一个 installer 元素，且它们应有不同的标识符。每个安装程序都可以面向特定范围的语言、操作系统和 CPU 体系结构。如果目标环境不包含在这个范围内，就不会显示安装程序。每个安装程序都应指定一个安装文件，该文件会下载到本地缓存中，之后对它执行指定的 installCommands。

　　安装文件只有指定大小和 SHA1 散列，Web Platform Installer 才能验证该文件是否已正确下载。Microsoft 公司提供了一个 File Checksum Integrity Verifier(fciv.exe) 工具，可用于生成散列。这个工具可从 http://download.microsoft.com 下载。

最后两个元素与 Web Platform Installer 用户界面中的显示内容相关。每个 tab 元素都会添加到左边的选项卡列表中。本例根据产品的分组添加了一个选项卡，其中产品根据 productFamily 特性在 groupings 元素中定义。

要把这个 feed 添加到 Web Platform Installer 实例中，可以单击 Options 链接，打开 Options 页面。把 atom feed 的 URL 输入到文本框中，单击 Add Feed 按钮。单击 OK 按钮时，Web Platform Installer 就会刷新所有 feed，重新加载所有应用程序，包括新的 Adventure Works Timesheets 应用程序。

36.4　小结

本章介绍如何使用 Visual Studio 2017 中的大量功能来打包 Web 应用程序进行部署。新的 Web Deployment 工具可以便捷地在许多环境下和计算机上部署。 Windows Installer Toolkit 提供了 Web 应用程序典型安装的机制，而 Web Platform Installer 提供了一种简单的方式，可以将 Web 项目发布给大量潜在的客户，或管理自己的企业应用程序套件。

第 **37** 章

持续交付

本章内容

- 理解持续交付的一些相关术语
- 如何为解决方案配置持续交付
- 利用 Continuous Delivery Tools for Visual Studio

本章源代码下载

通过在 www.wrox.com 网站搜索本书的 EISBN 号(978-1-119-40458-3)，可下载本章的源代码。相关源代码和支持文件都在本章对应的文件夹中。

第 36 章介绍了可以快速、轻松地部署 Web 应用程序的许多不同方式。当然，在过去几年里，自动化部署 Web 应用程序的技术已经取得了长足进步。实际上，它已经到了可以提供服务器、部署应用程序、运行测试，然后只用脚本将服务器退役的地步。

虽然这听起来很不错，但它实际上是软件开发领域中不断上升的实践中的一个重要组成部分：Continuous Delivery (CD，持续交付)。本章将通过 Visual Studio 2017 和 Team Foundation Services 来学习工具，以帮助支持这一工作。

37.1　定义术语

持续交付领域引入了一些条款，读者可能不熟悉它们，或可能只在不同的上下文中见过。因此，花几分钟时间来定义一些术语是值得的，只是为了确保在持续交付的环境中理解它们的含义。

37.1.1　持续交付

持续交付是一个过程，它允许以快速、安全、可持续的方式将所有类型的软件变更(包括 bug 修复、新特性和实验性开发)投入生产。

一个基本想法是，一个软件投入生产不应该需要很长时间。这意味着，不是花几周时间设计一套特性，花几个月时间开发它们，最后将它们发布到生产版本中，而是大大缩短从开始到结束的周期。甚至可能每天都有多个部署投入生产。从"嘿，我想这可能是个好主意"到把它交付给客户，可以用几个小时和几天来衡量，而不是几个星期或几个月。

如何完成取决于所涉及的环境。一个常见做法是设置一个发布管道。这是一系列成功的环境，它们支持更长、更严格的集成、负载和用户验收测试。

例如，假定有一个开发环境、QA 环境和生产环境。每个环境都应该是相同的(理想情况下)，或者至少是相似的，将应用程序从一个环境迁移到另一个环境是很轻松的。发布的起始点是由持续集成(Continuous Integration，参见下一节)触发的，并且将发布版本从一个环境自动迁移到另一个环境(取决于一系列测试的成功完成)。

发布管道并非是否执行持续交付的唯一衡量标准。根据需要，可能使用诸如特性标记、部署环和基础架构代码等技术。其中的每一个都旨在解决同样的问题：能安全快速地将代码移动到生产环境中。

37.1.2　持续集成

持续交付由持续集成触发。持续集成(CI)是每次团队成员对版本控制进行更改时，自动构建和测试源代码的过程。

CI 背后的想法是双重的。首先，开发是一个相对独立的职业，需要编写代码、修复 bug、调整设计。然后，需要将结果合并到主代码库中，以便其他人可以使用它或者部署它。然而，如果想要几天或几周的时间将更改集成到代码库中，工作量可能会非常大，更不必说可能会引入新的、尚未发现的 bug。

提交更改时，就会触发持续集成。首先是构建整个应用程序。然后，如果成功，它将通过一系列测试运行代码。这不仅确保自己的更改不会意外地与他人的更改发生冲突，还可以确保没有意外引入回归错误。

37.1.3　DevOps

术语 DevOps 已经在过去五年里有了很大的增长。它现在是开发界思想领袖的时代精神的一部分。但是对于 DevOps 的确切含义，很难达成任何重要的协议。造成这种困难局面的部分原因是 DevOps 并不是真正的"东西"，更多的是一个过程和用来支持这个过程的工具。这个过程是为了支持持续的交付。

考虑一下这个术语的起源。这是"开发"和"操作"的缩写。其想法是，将两个以前独立的群体加入到更大的团队中，达到最大程度的成功。坦率地说，开发人员经常不考虑部署和监控应用程序要做什么，而操作人员经常被视为对本来非常杰出的、改变世界的应用程序施加不现实的限制。将开发和操作结合在一起，有助于确保开发和操作人员更有效地合作。

DevOps 过程的一种常见方法是利用一些开发出来帮助战斗机飞行员的东西——OODA 循环。OODA 代表观察、定向、决定、行动(Observe, Orient, Decide, Act)。在软件界中，这意味着，作为开发和部署周期的一部分，要观察当前的需求、结果和要求，确定可以对它们做什么("定向"阶段)，决定最佳的行动路线，然后执行该决定。这个循环在每次交付时重复自己。

最后，DevOps 可以快速交付业务价值，确定交付的成功或失败，然后校正或继续沿这个方向前进。执行此循环的速度就是周期时间。目标是找到缩短这个周期的方法。为此，需要采取一些步骤，比如实现更小的特性、使用更多的自动化、确保发布管道生成的产品质量，以及改进应用程序的遥测技术。

其中两项(较小的特性和更多的自动化)是由企业文化和选择决定的。34.4.2 一节介绍了遥测技术的用法。本章将讨论 Visual Studio 中帮助发布管道的一些可用工具。

37.2　持续交付工具

为了尽量减少 Visual Studio 所用的内存量(因为不是每个项目都受益于持续交付)，持续交付工具可以通过一个单独的扩展来获得。为了安装持续交付工具，应打开 Extensions and Update 对话框(Tools｜Extensions and Updates)。然后在左边的树视图中选择 Online 节点，在右边的搜索文本框中输入"Continuous"(见图 37-1)。

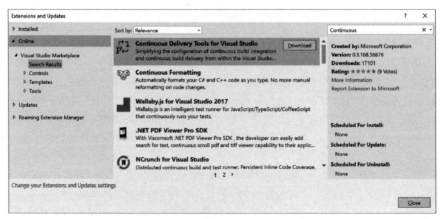

图 37-1

Continuous Delivery Tools for Visual Studio 位于搜索结果的顶部。单击 Download 按钮开始安装过程。除了需要接受许可条件外，还需要重新启动 Visual Studio，以完成安装。

37.2.1 设置持续交付

对每个想参与持续交付的存储库和分支都需要设置一个管道。对于本章的示例，我们将使用 ASP.NET Single Page Application 项目，它有一个单独的分支(master)，且已提交到 Team Services 的一个 Git 存储库中。但本节描述的步骤适用于任何 ASP.NET 应用程序，包括 ASP.NET Core。

首先从 Build 菜单中选择 Configure Continuous Delivery 选项。这将启动 Configure Continuous Delivery 对话框，如图 37-2 所示。

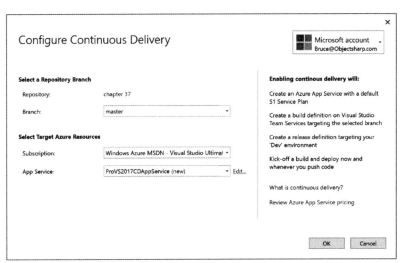

图 37-2

对话框的上半部分用于识别存储库和分支。存储库是根据当前解决方案的存储库自动提供的，不能更改。分支是在该存储库中定义的所有分支的下拉列表。对话框的下半部分允许定义用于管理管道的 Azure 资源。Subscription 下拉列表包含与对话框右上角的用户 ID 相关联的所有订阅。当然，如果更改了该用户 ID，订阅列表也可能随之发生变化。订阅下面是一个下拉列表，包含所有当前定义的持续交付服务。默认情况下，创建新服务时使用一些默认设置，但是可以单击 Edit 链接，来更改这些值，如图 37-3 所示。

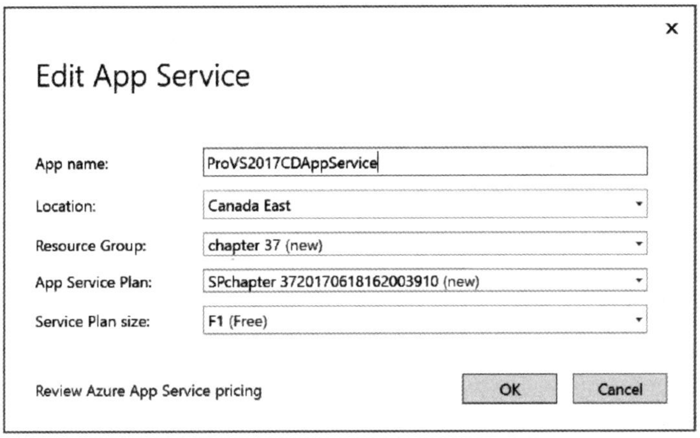

图 37-3

这里可以定义服务的名称(用于在通过 Azure 门户管理时，确定服务关联了什么功能)、要创建的服务的位置、放置服务的资源组、应用程序服务计划的名称和用于服务的定价层。不同的层提供不同的构建速度，具体取决于所构建项目的复杂性。

配置所有这些信息来满足需求后，点击 Configure Continuous Delivery 对话框中的 OK 按钮，开始创建管道。如果创建过程成功，就会显示如图 37-4 所示的输出。至少根据我的经验，失败最常见的原因是，如果存储库的名称包含任何空格，创建过程就可能失败。因此，命名存储库时，请考虑这一点。

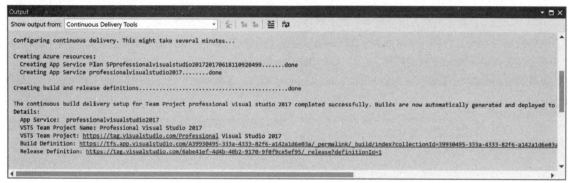

图 37-4

37.2.2 Heads Up Code Analysis

持续集成和持续交付的一个主要原则是，尽快为适当的人提供构建质量和发布管道的信息。第二个甚至更重要的原则是采取步骤，确保每次提交都维护了代码库的质量。Continuous Delivery Tools 提供的、帮助遵守这两个原则的工具之一是 Heads Up Code Analysis。

可以在 Team Explorer 的 Changes 选项卡中找到 Heads Up Code Analysis 数据(参见图 37-5)。

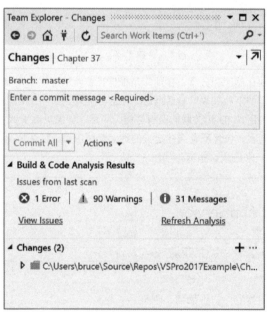

图 37-5

注意有一个 Build & Code Analysis Results 部分。在这里可以找到与最近的构建或代码分析运行相关的信息。如果存在构建错误或警告，就会在 Errors and Warnings 标签中看到信息。如果构建是完全干净的，且已经配置了自动运行代码分析，就会显示与分析相关的警告和信息。或者，可以单击 Refresh Analysis 链接，手动运行代码分析部分。如果点击 View Issues 链接，就会进入 Error List，其中可以找到有关条目的详细信息。

代码分析过程中使用的规则在这个页面中单独定义。通过 Analyze | Configure Code Analysis 菜单可以访问配置细节。在那里，可以为当前项目或整个解决方案设置代码分析属性。图 37-6 显示了用于整个解决方案的表单。

解决方案中的每个项目都出现在表单中。在每个项目的旁边，都可以识别在执行代码分析时使用的规则集。图 37-6

显示了可用的规则。也可以通过 Extensions and Updates 对话框安装额外的规则集，或者可以创建自定义规则集，以满足组织的需要。

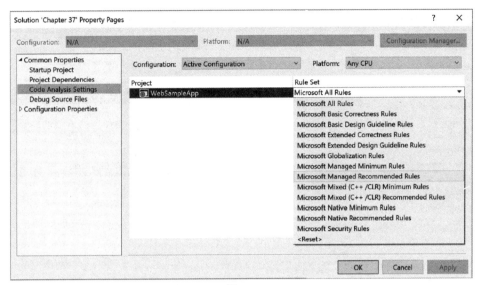

图 37-6

37.2.3 自动构建通知

配置 Continuous Delivery 时，会为项目定义一个默认的构建。该构建会编译解决方案中的所有项目，并在每次将代码提交给源代码控制时自动触发。该构建不仅编译解决方案，而且如果将项目与 Azure App Service 相关联，它会自动将编译、测试后的应用程序部署到 Azure。

构建完成时，再一次相信能快速获取信息是很重要的，因为 Visual Studio IDE 的底部会出现一条弹出消息(参见图 37-7)。

图 37-7

这个弹出框包含构建的名称、谁请求构建，以及构建的最终状态(即成功或失败)。还要注意底部状态栏中出现的图标。目前，有一个绿色的复选标志。这表明该解决方案的最后一个构建是成功的。如果最后一个构建失败，则出现一个红色的"X"。其目的是说明源代码控制中代码的当前状态。这很重要，因为开发人员的典型节奏是完成一个特性的编码，在本地运行单元测试，以确保通过所有的测试，从源代码控制获得解决方案的最新版本(执行需要的任何合并)，再次运行测试，然后提交它们的变更。如果构建的当前状态是红色的(也称为"失败")，就无法检索源代码的最新版本并成功地运行测试，代码也无法编译。

在同一个图标中有两种选择。可以配置连续交付(通常只在以前没有配置过的情况下才使用)，或者可以查看最后一个构建的详细信息。选择第二个选项会进入包含构建结果的 Web 页面，如图 37-8 所示。

如果希望查看或修改已执行的构建，就可以通过几条路径进入该构建，但最终都需要进入 Team Services 网站。在图 37-8 中，有一个可以使用的 Edit build definition 链接；或者如果在 Visual Studio 中，则访问 Team Explorer 窗口，并进入 Builds 选项卡(见图 37-9)。

在窗口的底部，有一个为存储库定义的构建列表。右击所需的构建，并选择 Edit Build Definition 选项。这将启动 Team Services 网站，并进入构建定义(见图 37-10)。

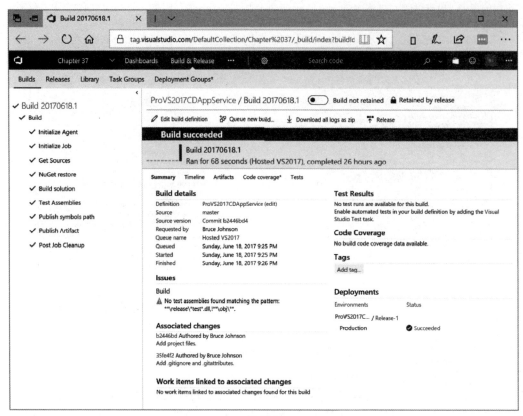

图 37-8

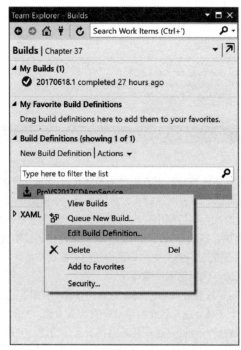

图 37-9

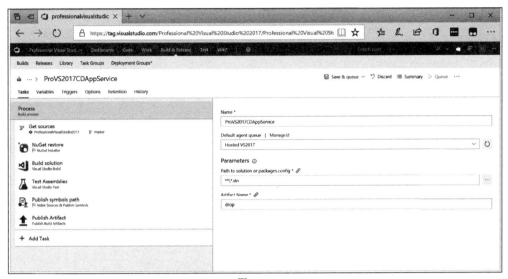

图 37-10

37.3 小结

本章定义了一些与持续集成和交付相关的常见术语。还展示了如何为项目配置持续交付，描述了可以使用的工具，以帮助你随时了解项目的状态以及构建和发布管道，而不必退出 Visual Studio 2017。

第XI部分

Visual Studio 版本

第38 Visual Studio Enterprise：代码质量

Visual Studio 2017 发布了三个独立的版本，开发人员已经很熟悉这些名字了。Visual Studio 2017 Community 和 Visual Studio 2017 Professional 在功能上几乎完全相同。唯一一显著的区别是 Professional 版支持 CodeLens 功能，而 Community 版不支持。这并不是说可以忽略 Professional 版，而只是使用"免费"的版本。虽然功能上很相似，但这两种产品的许可是非常不同的。不研究细节(因为坦率地讲，Microsoft 软许可非常复杂，以至于他们提供了对应的课程)，Community 版只能用于与学习环境中学术研究相关的开源项目，或者公司不考虑与具体数量的开发人员、大量的个人电脑或年度收入相关的交叉阈值。

第三个 Visual Studio 2017 版称为 Enterprise 版。在这个版本中，有许多功能都添加到 Visual Studio 中。一般来说，这些功能分为两类：衡量、管理代码和应用程序质量，以及改进单元测试和调试体验。在这两种情况下，添加的功能都针对更可能出现在"企业"(而不是较小的组织)的场景。接下来的两章将介绍这些不同的功能，本章从代码质量开始。

38.1 依赖验证

在软件术语中，模型(model)是某个过程或对象的抽象表示。创建模型可以更好地理解应用程序的不同部分是如何工作的，且便于与他人交流。在 Visual Studio 的早期版本中，可以在建模项目中包含像 UML 图这样的构件。然而，在 Visual Studio 2017 中，已经删除了对 UML 图的支持，至少部分原因是，和使它与 Visual Studio 的构造变化保持一致的努力相比，该功能的使用级别较低。

因此，在 Visual Studio 2017 中，建模项目仍然存在，但其内容和目的都有明显改变。现在它用来支持依赖性验证，包括新添加的 Live Dependency Verification 功能。要启动此过程，请使用 New Project 菜单选项启动 New Project 对话框(图 38-1)。

可以在 New Project 对话框中的对应节点上找到建模项目。一旦创建了一个项目，就可以看到如图 38-2 所示的 Solution Explorer，没有太多项目。

该项目创建的元素是层关系图，用于对整个解决方案执行依赖验证。如果双击构件，会显示一个设计器，如图 38-3 所示。

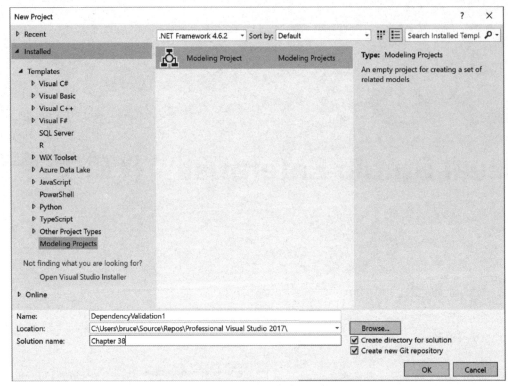

图 38-1

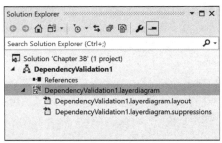

图 38-2

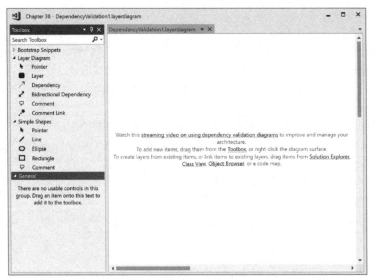

图 38-3

图 38-3 还包括设计器的工具箱。分层图的作用是允许指定软件解决方案的高级结构。它标识应用程序的不同区域或层，并定义它们之间的关系。

每一层都是类的一个逻辑分组，它们一般共同承担一项技术任务，例如，用于数据访问或显示。在设计器中，可将每一层拖放到设计界面上，给它配置一个名称。可以在各个层之间绘制单向或双向依赖链接。如果第一层的某组件直接引用了第二层的组件，第一层就依赖第二层。如果没有显式的依赖关系，就假定没有组件匹配这个描述。图 38-4 是一个简单的分层图。

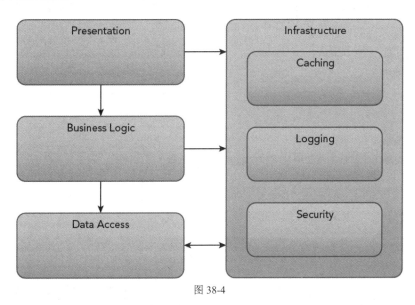

图 38-4

层可以相互嵌套。具体而言，图 38-4 中右侧的层都是以这种方式嵌套的。这样做的原因是更便于对图做修改。如果以后需要做修改，可能会来回移动层，这些关联依然会保留。

一旦创建分层图，就可使用它在已编译的应用程序中查找层之间的交流，验证这些链接是否符合设计。更具体地说，可将项目与不同的层关联起来。然后，作为构建的一部分，甚至作为代码的一部分，如果当前的操作没有在以前定义的层中进行，就会得到通知。

在执行此操作之前，需要将项目与每个层关联起来。需要向项目添加一个组件，使其能够参与实时依赖验证。在解决方案中添加项目时，Solution Explorer 中会显示一个警告(参见图 38-5)。

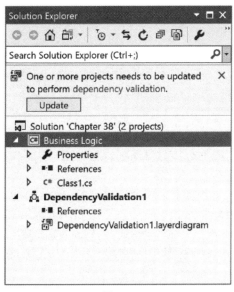

图 38-5

实时验证中的项目需要安装 NuGet 包 Microsoft.DependencyValidation.Analyzers。单击 Update 按钮会自动将该包添加到新项目中。一旦将包添加到解决方案中，所添加的其他项目将得到 NuGet 包。

要将项目与层关联起来，应将项目从 Solution Explorer 拖到层上。或者，可将项目直接拖到分层图界面上，以创建一个新层。或者可拖动一个文件夹，甚至一个类。不管拖动什么元素，该元素都会添加到 Layer Explorer 工具窗口中(见图 38-6)，并更新每个层中的一个数字，以反映与层关联的项数。

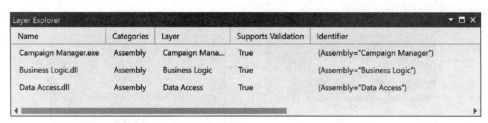

图 38-6

分层图关联了程序集后，就可以从设计界面的上下文菜单中选择 Generate Dependencies 命令，填充遗漏的依赖关系。这会分析关联的程序集，根据需要构建项目，填充遗漏的依赖关系。注意，该工具不会删除未使用的依赖关系。

分层图包含所有的层和希望的依赖关系后，就可以验证应用程序是否符合分层图指定的设计。为此，可从设计界面的上下文菜单中选择 Validate 命令。该工具会分析解决方案的结构，并把找到的违规之处显示为构建错误，如图 38-7 所示。双击其中一个错误会定位到该错误。

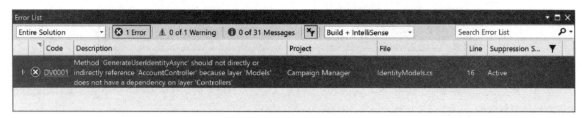

图 38-7

　　并不是所有可以链接到分层图的元素都支持验证功能。Layer Explorer 窗口有一个 Supports Validation 列，它有助于确定链接的元素是否支持验证功能。

除了将错误放置到 Error List 对话框之外，Live Dependency Validation 实际上还标记了代码中的错误，错误信息直接在源代码中显示，如图 38-8 所示。

图 38-8

为使依赖验证更加有用，可在层中的类上指定额外的约束。在设计界面上选择一个分层，然后打开属性窗口(参见图 38-9)。

注意与该层相关联的三个属性，这些属性允许配置在层中允许和不允许使用的名称空间。每个属性都是一个用分号分隔的名称空间列表。Allowed Namespace Names 和 Disallowed Namespace Names 的作用不言自明。如果一个类在其中一个列表中，它可以或者不能在该层的代码中使用。Unreferencable Namespaces 项包含一个名称空间列表，它不仅不能在该层中使用，而且不能被名称空间中使用的任何程序集引用。

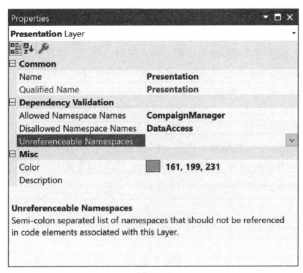

图 38-9

38.2　使用 Code Map 研究代码

Visual Studio 中的许多高级功能都有助于理解和浏览已有代码库的结构。Dependency Graphs 给出了项目中各种组件之间关系的高级视图，可在 Code Map 窗口中深入不同的区域，并指出浏览路径，帮助确定用户当前的位置。

浏览新代码库最困难的一个方面是确定自己在什么地方。Code Map 窗口(如图 38-10 所示)允许通过几次单击来浏览类的使用关系，该关系会显示为一个节点图，通过该图很容易确定自己在代码库中的位置。

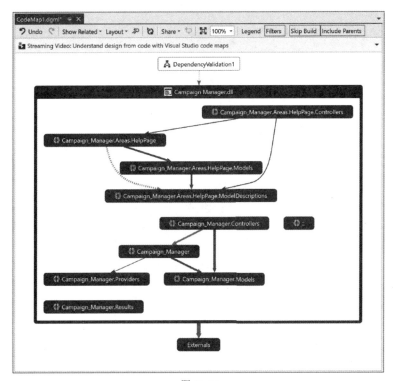

图 38-10

图 38-10 中的 Code Map 通过 Architecture | Generate Code Map For Solution 菜单项命令生成。一旦构建应用程序，Visual Studio 就会检查代码并用图来表示顶层程序集间的链接。

所生成的图实际上是一个依赖项关系图(Dependency Graph)。使用该图可将不同层级的元素间的依赖关系可视化。

根据方向箭头，有 5 种基本的选项可以指定依赖项关系图的排列方式：自上而下、从左到右、自下而上、从右到左以及 Quick Clusters 布局。其中第 5 个选项试图将元素紧挨着要链接的元素排列。可以使用依赖项关系图设计界面顶部的 Layout 下拉列表来改变这种布局。

单击其中一个节点时，会展开该节点，这样就可以看到该节点中所包含的元素。连续下拉分层图，可以查看所有元素，其中包括这些元素的可访问性。

编辑代码时，从 Visual Studio 中可以很容易地进入 Code Map。在文本编辑器中，右击某个方法名并选择 Show on Code Map 选项，将会打开 Code Map 图，展开相应的节点，就可以看到该方法的定义，以及调用者(该方法在何处被调用)以及被调用者(在该方法中被调用的另一个方法)。

38.3　代码克隆

代码克隆的目标是帮助找到类似的代码段，并着眼于重构。有两种方法来处理代码克隆。第一种是选择一个代码片段，然后使用 Code Clone 功能来搜索类似的片段。另一种方法是允许 Code Clone 功能自动搜索代码，查找类似的片段。

要处理代码片段，请在文本编辑器中选择代码块，然后从上下文菜单中选择 Find Matching Clones in Solution 选项。要搜索整个解决方案，使用 Analyze │ Analyze Solution for Code Clones 菜单项。不管选择哪个选项，结果都是如图 38-11 所示的窗口。

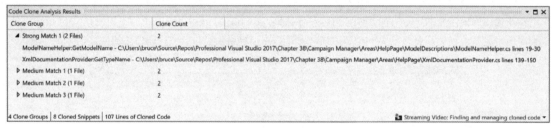

图 38-11

在图 38-11 中，可以看到匹配已经按强度分组。有一个高度匹配和三个中度匹配。可以展开匹配，以查看涉及的文件，也可以在该行上悬停，查看底层代码。双击一行，会进入文本编辑器中对应的一行。

38.4　小结

依赖验证提供了一种清晰、无歧义、高效地交流应用程序设计的好方法。验证应用程序，使其架构满足分层图的设计意图，可以确保项目质量达到高标准，一旦项目投入使用，架构决策就不会被废弃。通过实时依赖验证，可以更进一步确保在违反设计时不会构建解决方案。

快速熟悉已有的代码库是非常困难的。Dependency Graph 是识别应用程序中各部件之间关系的一种简单方式。可以在 Code Map 窗口中快速浏览系统组件之间的连接，找出需要的项。最后，从已有的方法中直接浏览 Code Map 可以快速掌握该方法与应用程序中其他方法和类的交互方式。

第 **39** 章

Visual Studio Enterprise：测试和调试

本章内容

- 为 Web 和 Windows 应用程序创建不同的测试
- 在.NET 应用程序中查看内存使用情况
- 为旧代码生成单元测试

可以用许多方式测试应用程序。第 10 章介绍了单元测试的概念，单元测试是一小段可执行代码，可验证一个方法或类的某个行为。本章的第一部分介绍 Visual Studio 中内置的、可用于其他测试任务的一些高级工具，包括测试 Web 应用程序。

　　Visual Studio 还包含一个产品，即 Test Manager，测试人员可以使用这个工具与 Team Foundation Servers 直接交互操作，管理测试规划、套件和用例。Test Manager 可用于 Visual Studio 的 Enterprise 版，是独立包 Test Elements 的一部分。如果你是一名测试人员，在开发项目的测试方面要花很多时间，那么 Test Manager 值得学习，不过这不在本书的讨论范围内。很多工具不仅可以使你的生活更加简单，而且能捕获异常情况并将其无缝地传送给开发团队。

39.1　自动测试

　　自动测试是验证应用程序的行为，且无须任何用户输入或控制的一段代码。一旦要求系统运行自动测试，可以完全不理睬它，直到它运行结束为止。

　　创建一个新的自动测试项目可以从一个测试项目开始。创建一个测试项目的技术在第 10 章中已讲述，对于接下来的示例来说，创建一个 Web Performance and Load Test 项目还是非常有帮助的。要在已有的项目中加入一个新的测试，可以在 Solution 的上下文菜单中使用 Add | New Item 选项。在 Add New Item 对话框中有一个 Test 节点，显示在其右侧的还有不同的测试模板。另外，上下文菜单中也包含添加 Unit Test、Load Test、Web Performance Test、Coded UI Test、Ordered Test 或 Generic Test 选项。如图 39-1 所示。

39.1.1　Web 性能测试

　　这类自动测试模拟了 Web 请求，允许查看响应，并计算不同的条件来确定是否通过了测试。当你创建一个新的 Web Performance Test 时，Internet Explorer 会打开，准备开始导航。如果这是第一次性能测试，可能需要启用 Web Test Recorder 插件。启用后，如图 39-2 所示，导航到站点，就像自己是普通用户一样。这包括输入任何需要的数据。每次执行 Web 测试时，可以编程方式修改所使用的实际值。完成后，只需要单击 Stop 按钮。这会打开 Web Test Designer，如图 39-3 所示。在该设计器中可以定制测试，添加有效性和提取规则、上下文参数、注释、数据源以及对其他 Web Performance Test 的调用，或插入事务。还可以指定对请求的响应时间目标。

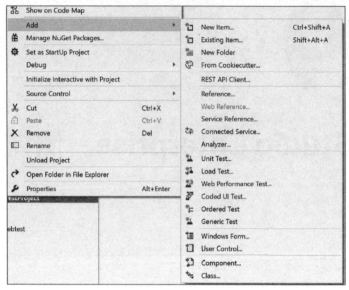

图 39-1

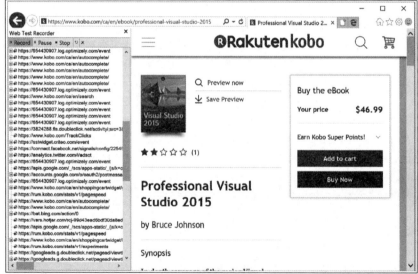

图 39-2

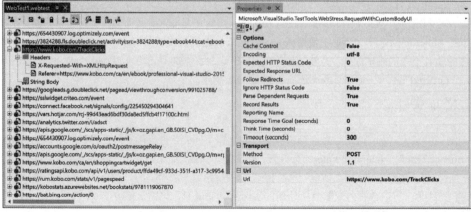

图 39-3

经常需要对不同的 Web 服务器运行相同的测试，为此，应把运行这些测试的服务器配置为上下文参数。在 Web Test Designer 中，可以右击主节点，并选择 Parameterize Web Servers 命令。Visual Studio 会查看每个请求中的 URL，确定它需要创建的上下文参数。

可以使用一个请求的输出作为另一个请求的输入，把这些请求链接起来；为此，可以给指定的请求添加提取规则。可以从字段、属性、HTTP 标题、隐藏字段和文本中提取，甚至可以使用正则表达式。提取的结果是设置一个上下文参数，在以后的请求中用作窗体或查询字符串参数。可以添加一个产品，之后在另一个请求中用 ID 搜索它。

可在请求的上下文菜单中添加窗体和查询字符串参数。从属性窗口中选择窗体或查询字符串参数，可将它的值设置为上下文参数或绑定到一个数据源上。

没有有效性验证，测试框架就是不完整的。在记录测试时，会添加一个 Response URL Validation Rule，判断响应 URL 是否与记录的响应 URL 相同。对于大多数情况，这是不够的。在 Web Performance Test 或单个请求的上下文菜单中，可添加有效性规则来检查窗体字段或特性是否有某个值或是否包含某个标记，查找某些文本，或者确定请求没有超过指定的时间。

可直接在 Web Test Designer 中运行 Web Performance Test。运行一个测试后，在 Test Results 窗口中双击它就可以查看其细节。要打开这个窗口，可以从 Test Windows 菜单中选择 Test Results 命令，查看每个请求的状态、总时间以及字节数。选择一个请求后，会看到所选择的请求和接收到的响应的具体细节、上下文参数的值、有效性以及提取规则，以及显示 Web 页面的类似于 Web 浏览器的视图。

如果需要更高的灵活性，可使用.NET 和 Web Testing Framework 编写 Web Performance Tests。学习使用该框架、开始编写测试的最佳方式是从已记录的 Web Performance Test 中生成代码。这个选项(生成代码)在 Web Test 上下文菜单中。

> 虽然 Visual Studio 提供了一些专用于 ASP.NET 的特性，但 Web Performance Test 也可以用于用其他技术构建的站点。

39.1.2　负载测试

Web 测试和负载测试都是测试功能上的需求，但 Load Test 会重复运行一组测试，以查看应用程序的运行情况。创建新的 Load Test 时，会打开一个向导，引导我们完成必要的步骤。

我们面临的第一个选择是用于驱动负载测试的基础设施。Visual Studio Team Services 提供了使用 Azure 在 Web 站点上运行负载测试的功能。或者，可能在自己的公司环境中拥有必要的服务器。请记住，为了有效地运行负载测试，需要一些可用的机器。这些机器将生成随后发送到 Web 站点的请求。对于单个机器可以有效复制的用户数量是有限制的，所以如果要运行模拟数千个用户的测试，就需要相当数量的机器。

一旦确定了测试要使用的基础设施，就需要创建一个场景。该场景包括测试将持续多长时间，希望运行测试多长时间来预热目标应用程序，以及是否希望使用思考时间。记录 Web Performance Tests 时，在每个请求之间所用的时间也会记录下来，并可以用作思考时间。在属性窗口中可以为每个 Web 请求编辑该时间。也可以根据记录的思考时间来改变负载测试。

> 负载测试的预热时间允许目标应用程序连接到数据源、检索缓存的信息，或者执行其他初始化步骤，这些步骤在应用程序启动时将影响性能，但应用程序运行一段时间后就不会出现这种情况。

在这个场景中还要定义负载模式。例如，负载为 100 个用户保持不变，或者用户数每 10 秒增加 10 个，直到达到 200 个用户为止。在接下来的步骤中，Test、Browser 以及 Network Mix 定义虚拟用户运行测试的方式，指定运行测试使用的浏览器，以及确定要模拟的网络类型。在 Test Mix 步骤中，可以添加 Generic Tests、Ordered Tests 和 Web Performance Tests。

在 Counter Sets 步骤中，添加要监控的计算机和感兴趣的性能计数器。例如，可以监控 Database Server 和 IIS。在最后一步 Run Settings 中，可指定测试间隔或测试次数、给性能计数器取样的频率、测试描述、记录有多少个不同的错误以及有效性级别。在 Web Performance Tests 中为每个有效性规则定义了一个有效性级别。因为计算这些规则的代价相对高些，所以在 Load Test 中只计算级别等于或低于指定有效性级别的规则。

单击 Finish 按钮，就会显示 Load Test Designer，如图 39-4 所示。可以在这个设计器中添加其他场景、计数器设置或新的运行设置。

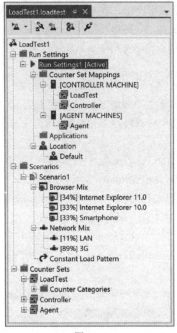

图 39-4

运行测试时，会打开 Load Test Monitor，它默认显示 Performance 视图。该视图显示了一个在测试完成后有关各种性能度量的图形(如图 39-5 所示)。视图的底部是一个度量列表，选中每个度量左边的复选框，可以在图形可视化中添加或删除它们。在视图的上方，单击 Details 链接，可以切换到显示有关性能度量细节的视图中。在 Details 链接的右边有一个 Download report 链接，该链接允许下载报表。

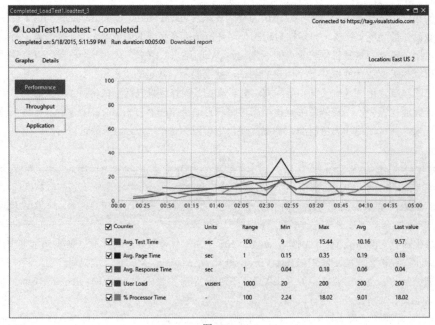

图 39-5

下载报表后，Download report 链接会变为 View Report 链接，单击该链接将显示图 39-6 所示的屏幕。使用该屏幕工具栏上的按钮可在 Summary 或 Table 视图之间来回切换，导出到 Excel 或 CSV 中，并添加分析记录。在底部的 Graphs 视图中，有一个图例窗格。在其中可以选择/取消选择要包含在图中的计数器。在 Tables 视图中，可看到 Requests、Errors、Pages、SQL Trace、Tests、Thresholds 和 Transactions。

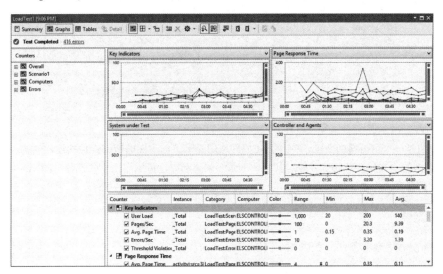

图 39-6

要注意的一点是，如果你使用团队服务基础设施来运行负载测试，那就是成本。每个用户每月的测试分钟数都是有限的。这个数字将涵盖一些简单的使用场景。然而，对于更复杂的场景或更长的测试，可以购买额外的测试分钟数。将成本与其他基于云计算的服务进行比较时，若不涉及购买服务器和在内部运行这些服务的成本，结果是相当合理的。

负载测试并不仅能在 HTTP 或 HTTPS 端点上运行，基于云的测试能够在任何可通过 Internet 访问的端点上运行。这意味着不能仅在内部的网站上运行负载测试。为处理这种情况，需要使用 Test Load Agent。

Test Load Agent

在公司网络的本地网站上执行负载测试时，可以安装一个或多个 Test Load Agent。这些代理可以把请求生成的工作分配和提交到不同的计算机上。每个代理可以给每个处理器模拟大约 1000 个用户。这个产品需要独立安装，还需要一个控制器和至少一个代理。要配置该环境，应选择 Load Test 设计器工具栏中的 Manage Test Controllers 按钮。在其中可以选择控制器和添加代理。

39.1.3　编码 UI 测试

有时测试应用程序的最佳方式是像用户那样从外部驱动它。创建新的 Coded UI Test 时，会启动 Coded UI Test Builder，如图 39-7 所示。一旦单击了 Start Recording 按钮，Coded UI Test Builder 就会跟踪用户用鼠标和键盘执行的所有动作。

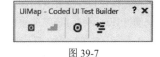

图 39-7

打开应用程序，进入要测试的状态，再单击 Generate Code 按钮。此时需要给所记录的方法命名，该方法会保存到测试项目中，作为 UI Map 的一部分。这个地图是对操作和断言的描述，可用于自动测试应用程序。

　每个测试项目都包含一个 UI Map，所有的 Coded UI Tests 都共享该地图。

应用程序进入期望的状态后，就可以给用户界面的不同部分创建断言。为此，把十字光标从 Coded UI Test Builder 移动到要创建断言的 UI 部分。释放鼠标按钮，就会显示 Add Assertions 对话框，如图 39-8 所示。

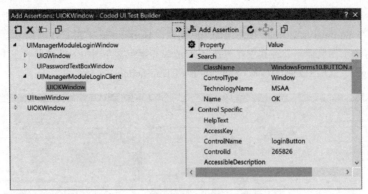

图 39-8

对话框的左边是一个可折叠的面板,其中的 UI 控件地图显示了已识别的所有控件的层次结构。右边是 Coded UI Test Builder 能识别的一列属性及其值。要对其中一个属性创建断言,可以右击它,选择 Add Assertion 命令。每个断言都有一个比较器和一个要测试的比较值。

39.1.4　一般测试

Team System 并没有包含所有类型的测试。因此 Microsoft 包含了 Generic Test,以便使用定制的测试,但仍可以使用其他功能,例如,Test Results、Assign Work Items 和 Publish Test Results。

要配置 Generic Test,需要指定一个已有程序,还可以指定其命令行参数、要部署的其他文件和环境变量。外部应用程序可以用两种方式把测试结果返回给 Team System。一种方式是使用 Error Level,错误级别的值为 0 表示成功,其他值都表示失败。另一种方式是返回一个 XML 文件,该文件遵循 Visual Studio 安装路径下的 SummaryResult.xsd 模式。在 MSDN 中,可以找到这个模式的相关信息以及使用 XML 报告详细错误的方式。

39.1.5　有序测试

需要组合测试并作为一个整体运行时,或者测试彼此依赖,需要以特定的顺序运行时,就应使用 Ordered Test。最好创建原子的 Unit Test,用可重复的结果单独运行。不推荐仅仅将 Ordered Test 用于处理 Unit Test 之间的依赖性。理由是创建 Ordered Test 可以为多个测试创建性能会话。

在 Ordered Test Editor 中,显示了可以添加到 Ordered Test 中的一组测试。同一个测试可以添加多次。还可以选择在失败后继续测试。当测试运行时,会按指定的顺序执行每个选中的测试。

39.2　IntelliTrace

一个令专业开发人员感到苦恼的问题是存在无法重现的 bug。这样的 bug 是测试人员在使用应用程序时发现的。当错误描述反馈给开发团队时,其不能再重现。结果,就导致了错误在两方往返,而且两方都无法区别两个系统之间的区别,而这可能是问题的根源。

使用 IntelliTrace,当应用程序出现 bug 时,测试人员可以精确捕捉到正在发生的事情的详细视图。将这些信息提供给开发者,他们就可以单步执行应用程序,查看相关变量的值,就像它们已附加到正在运行的进程。从一个多次处理这种情况的人员的角度看,毫无疑问,IntelliTrace 是添加到开发者工具箱的一个很有用的工具。

IntelliTrace 默认配置为在.NET 架构中收集具体的、预定义位置的信息。实际位置取决于应用程序或涉及的库的类型。对于 Windows Forms 应用程序来说,其侧重于用户界面事件,比如按键或者按钮单击事件。ASP.NET 应用程序与请求相关(注意,这不包括客户端事件)。ADO.NET 则收集命令执行的事件。使用 IntelliTrace Events 选项页面(Tools | Options 菜单项下的 IntelliTrace | IntelliTrace Events 页面),可以根据自己的喜好进行修改。

当关注的其中一个区域命中时,调试器就会停止并收集关于该事件需要的值。它也会收集其他有用的信息,比如调用堆栈和当前的活动线程。这些信息将保存到 IntelliTrace 日志文件中。

在 Visual Studio 2017 中,IntelliTrace 是 Diagnostic Tools 窗口的组成部分,可使用 Debug | Show Diagnostic Tools

菜单项访问它。图 39-9 演示的 Diagnostic Tools 窗口上的 Debugger 标签已被选中。

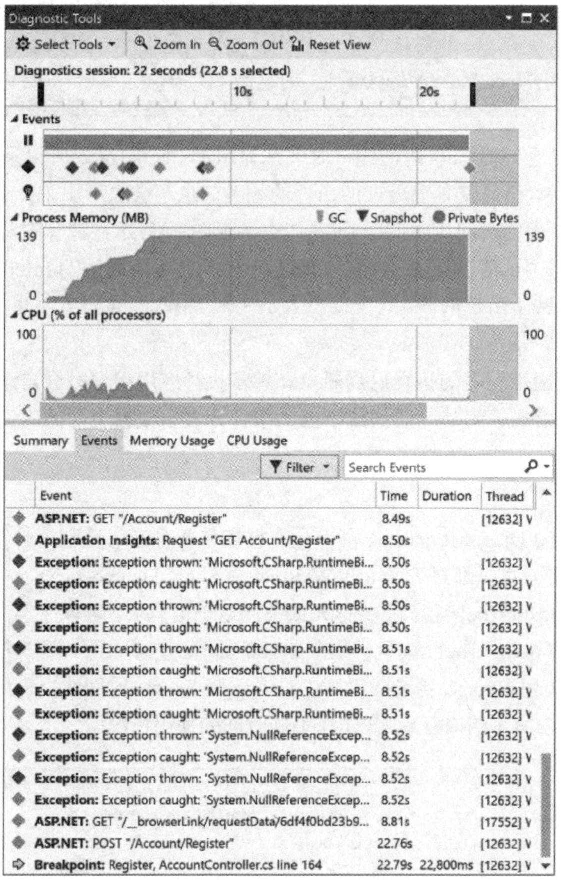

图 39-9

IntelliTrace 跟踪的每个事件都会在该窗口的底部显示为一行并且由窗口顶部的事件时间线(timeline)中的菱形表示。这样，开发者不仅可以了解有关事件的信息，还可以知道事件发生的时间。从图 39-9 中可以看到，Web 应用程序启动后，执行了一个单击事件，触发器向 Account/Register 页面发出了一个请求，之后执行遇到了一个断点。

单击事件可以看到有关该事件的详细信息。另外，某些情况下会看到 Activate Historical Debugging 链接。单击该链接可以看到引发该事件的源代码行。而在源代码中，就可以访问变量的值。

在 Visual Studio 2017 中能够捕获到没有安装 Visual Studio 的产品服务器上的日志文件。名为 IntelliTrace Collection.cab 的 CAB 文件包含了必要的程序集。在产品机器上解压缩该 CAB 文件，然后使用一些 PowerShell 命令，就可以启动 IetelliTrace collector。其收集的事件和调用会保存到.iTrace 类型的文件中。收集完毕后，该文件就会被发送到开发机器上。通过 Visual Studio 打开该文件，就会自动打开 Diagnostic Tools 窗口。

IntelliTrace 可以收集的数据的范围很广，表 39-1 列出可以收集的数据类型以及数据源。

表 39-1 IntelliTrace 数据收集类型

类 型	内 容	源
Performance	超出性能所配置的阈值的函数调用	ASP.NET、System Center 2016、Microsoft Monitoring Agent 的 Operations Manager
Exception Data	所引发的任何异常的完整调用堆栈	所有源
System Info	有关捕获日志的系统的说明和设置	所有源
Threads List	执行期间所用的线程	所有源
Test Data	所记录的测试步骤和结果	Test Manager
Modules	执行期间按顺序加载的模块	所有源

> **警告**：由 IntelliTrace 生成的文件可能会变得很大。因此，如果启用了 IntelliTrace 捕捉功能，每次运行一个调试会话时，就会创建相应的文件。这样，开发者机器上会积累数 GB 的跟踪信息。因此在不需要使用 IntelliTrace 时，最好关闭它。

在图 39-9 的顶部，可以看到 Events 时间线。时间线显示了 IntelliTrace 所记录的事件的相关历史信息，包括断点、单步执行调用和断点异常(已捕获且已处理的事件的相关信息不会显示出来)。时间线包含 3 行，上面一行(左边有暂停图标)显示调试过程所用的时间，中间一行(左边有菱形图标)显示在调试过程中通常出现在 Output 窗口中的事件(包括应用程序中的所有调试消息)，底行(左边有灯泡图标)显示所发生的 IntelliTrace 事件。

第二行菱形图的颜色表明了事件的源，其中红色表示碰到了断点，黄色表示单步执行完毕，蓝色表示 Break All，黑色表示其他情况。

时间线中时间的范围在应用程序的执行遇到断点和单步执行应用程序时会自动更新。这样就可以根据当前的操作将事件过滤，使其大小都合理。另外，时间线下面的事件列表会根据上面的时间线范围进行过滤。

Diagnostic Tools 窗口

Visual Studio 2017 包含的 Diagnostic Tools 窗口允许收集和查看应用程序使用内存和 CPU 的相关信息。可以通过 Debug｜Windows｜Show Diagnostic Tools 菜单选项来激活 Diagnostic Tools 窗口。要打开或关闭这个信息集，可以使用 Diagnostic Tools 窗口的 Select Tools 按钮，如图 39-10 所示。

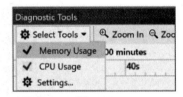

图 39-10

选中 Memory Usage 或 CPU Usage 复选框后，在 Debugger Events 时间线的下方就可以看到如图 39-11 所示的内存或 CPU 在不同时间的使用情况。

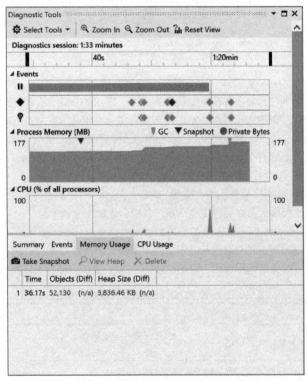

图 39-11

若在诊断窗口中改变时间线的范围，Memory Usage 和 CPU Usage 图形也会随之变化。这样就可以在不同时间点更详细地查看内存和 CPU 的使用情况。

可通过时间线下方的 Memory Usage 选项卡查看内存的使用细节。如果愿意，可以在任何时间使用该选项卡上的 Take Snapshot 图标对内存的使用情况进行截屏，每次的截屏信息都会放到该选项卡上的一行中，如图 39-12 所示。

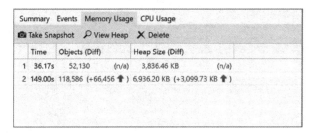

图 39-12

在图 39-12 中，两次截屏在 113 秒的时间内存增加了 64KB。对象的数量也增加了差不多 3100 个。想要获得有关所分配的内存或正在使用的内存的整体情况所发生的变化，可在字节数上进行单击。之后，会列出截屏之间所添加的类型，其中包括每种类型所分配的内存的字节数，如图 39-13 中的示例所示。

如果愿意，还可以对内存的使用情况做进一步分析。双击某种类型，将显示该类型的实例的映射。可以对实际创建特定实例的代码行进行深入分析。换言之，在 Visual Studio 中追踪内存问题的能力比以往任何时候都更强大。

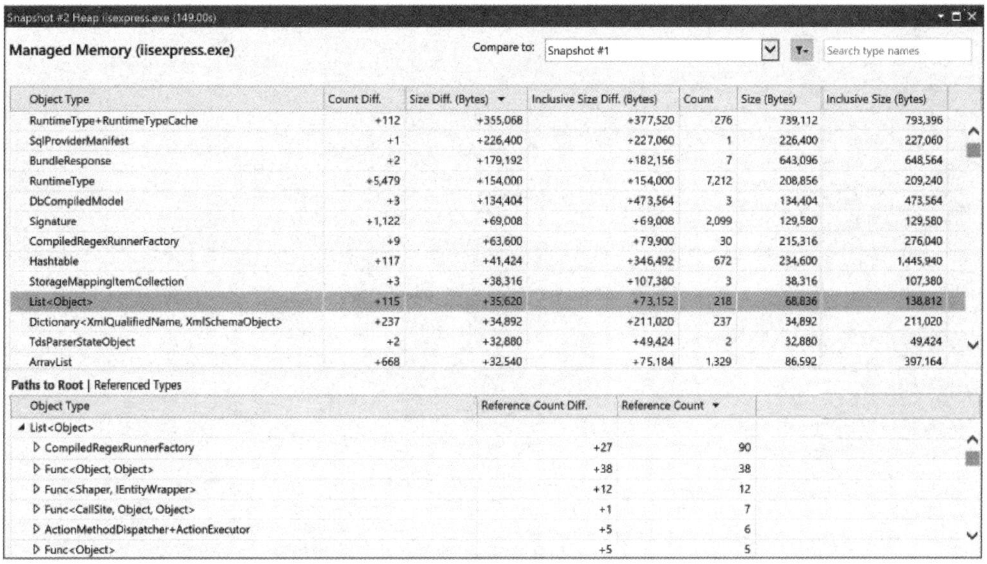

图 39-13

39.3 IntelliTest

虽然在编写代码时为代码创建单元测试是最有效的方法，但对于大多数开发人员来说，实际情况是，他们至少要花一部分时间来处理不是这样编写的代码。因此，在应用程序中可能有大量的代码没有进行测试。回过头来编写测试需要花费大量的精力，管理人员常认为没必要。为了解决这些问题，Visual Studio 2017 包含了一个名为 IntelliTest 的工具。

IntelliTest 会检查源代码，并使用它创建一组单元测试，基于代码结构来测试数据。目标是确保代码中的每个语句都至少执行过一个单元测试。

开始时，打开一个代码文件，找到要生成单元测试的方法，然后右击以显示上下文菜单，选择 IntelliTest│Run IntelliTest。稍后会显示如图 39-14 所示的窗口。

在图 39-14 中，可以看到通过 IntelliTest 检查的路径。对于每条路径，如果选择它，窗口的右侧包含将生成用于覆盖代码的单元测试。目前，这种探索方式还没有转化为一套实际的单元测试。为此，单击图 39-14 里工具栏中的 Save 按钮。保存单元测试的过程将创建一个单元测试项目(假设单元测试项目还不存在)。然后，将单元测试添加到一个类中，该类基于运行 IntelliTest 的类和方法来命名。

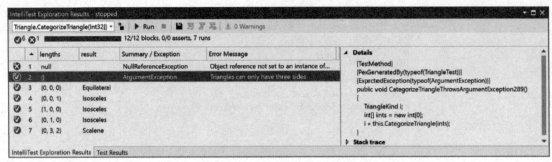

图 39-14

39.4 小结

本章介绍了 Visual Studio 2017 中支持应用程序的测试和调试的不同功能。首先讨论了 Web Performance Test，它可以复制一组请求。之后讨论了 Load Test，它模拟几个用户同时执行测试，以实现应用程序压力测试。接着论述了用 Coded UI Test 自动测试应用程序，该功能有助于测试用户与系统的交互方式。Generic Test 可用于封装使用其他机制的已有测试。Ordered Test 有助于按顺序运行一组测试用例。我们还学习了如何使用 IntelliTest 工具自动生成单元测试，以覆盖尚未测试的代码。

第40章

Visual Studio Team Service

本章内容

- 可视化源代码库的变化
- 管理项目任务
- 创建和执行构建(build)配置

本章源代码下载

通过在 www.wrox.com 网站搜索本书的 EISBN 号(978-1-119-40458-3)，可下载本章的源代码。相关源代码和支持文件都在本章对应的文件夹中。

软件项目是极其复杂的，在时间、预算和质量级别上都很难达到要求。随着软件项目越来越大，需要越来越大的团队，管理它们的过程也就越来越复杂，从项目经理、开发人员、测试人员到架构人员，甚至是客户都觉得困难。随着时间的推移，现在已经有了很多解决软件项目管理问题的方法，包括一些质量模型(如 CMMI)和方法论(如 RUP、Agile Practices、Scrum 或 Continuous Integration)。显然，一个能够确保软件项目更成功的必要工具是所有开发经理的愿望清单之一。

即使是最小型的单人项目，也必须完成最基本的工作：包含一个源控制库。较大的项目需要比较复杂的功能，如添加标签、设立框架、建立分支和合并。我们需要指定、优化、分配和跟踪项目活动，在一天结束之前(甚至将每个变化都提交到控制库前)，确保所有的构建工作都已完成，并且所有的测试都通过了。为顺利完成这个过程，改进团队的交流情况，需要给项目经理或同级的开发人员提供一种提交报告的方式。

Microsoft 提供的软件可以 Team Foundation Server (TFS)的形式完成这些工作。本章介绍版本控制的工作方式，它与工作项跟踪的集成方式，以及如何验证每一个变化以确保它在签入之前能够有效地工作。还将介绍项目经理如何查看报表以更好地理解项目的状态，如何使用 Excel 和 Project 管理工作项。团队可以使用 SharePoint 中的项目门户进行交互，不同的利益相关者可以通过报表服务器得到需要的信息，或者配置它，通过电子邮件直接获得报表。

TFS 有两种可用的形式。可将 TFS 2017 安装到一个或多个由客户端直接控制的服务器上。这是 TFS 的本地形式(on-premise form)。Microsoft 还发布了基于云的 TFS 版本，即 Visual Studio Team Service(VSTS，以前称为 Visual Studio Online，或 VSO)。该版本所提供的功能和特性与本地版本所提供的基本相同。两个版本的最大区别在于，VSTS 公开的扩展点数量与本地版本的不同。但是，VSTS 中的变化很快，许多情况下，TFS 最终包含的功能常常在数月之前就已在 VSTS 中实现。

因为大部分读者都可以访问 Visual Studio Team Service，本章中的所有示例使用的都是 VSTS。

40.1 Git 入门

最初，TFS 支持一个版本控制系统，称为 Team Foundation Version Control(TFVC)。这是一个集中式版本控制系统，每个开发人员都有每个文件的一个版本，服务器还会维护历史信息。对一个文件进行分支时，这个过程就发生在服务器上。尽管这个系统是有效的，但为了执行较常见的版本控制操作(比如检查历史)，需要连接到服务器。

另一方面，Git 是一个开源的分布式版本控制系统。每个开发人员在他们的机器上获取源代码的副本，并且可在不与服务器通信的情况下，提交更改或查看历史记录。Git 中的分支是更轻型的，而且，在不与服务器对话的情况下也可完成。某些时候，当开发人员准备就绪时，本地分支可以合并、发布到服务器上。

> Git 作为一个版本控制系统，在 Visual Studio 生态系统之外还有一个用途。它广泛应用于其他开发环境和语言。而且，即使在名称上有相似之处，Git 也不等同于 GitHub。Git 是版本控制系统，GitHub 则是一个托管 Git 存储库的服务。换句话说，GitHub 是一个服务，适用于使用 Git 的项目。

随着时间的推移，VSTS 极大地增加了对 Git 的支持，Git 存储库现在已经是新项目的默认版本控制系统。这并不是说 TFVC 不再可用。它仍然可用，但除非有选择 TFVC 的特殊需求，否则最好坚持使用 Git，因为如果以后项目需要 TFVC，也可以增加它。对于本章其余部分的示例，我们将使用 Git 作为版本控制系统，并使用 Single Page Web 应用程序。

在 Visual Studio 2017 中，使用 Git 的起始点位于两个位置。创建一个项目时，在 New Project 对话框中有一个选项(如图 40-1 所示)，可同时创建项目和 Git 库。

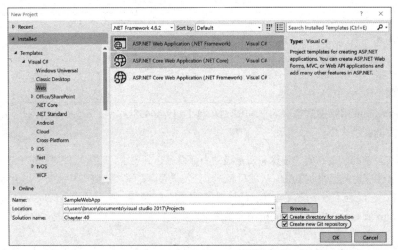

图 40-1

或者，可通过主 IDE 右下角(如图 40-2 所示)的控件，为源代码控制添加一个已存在的项目。

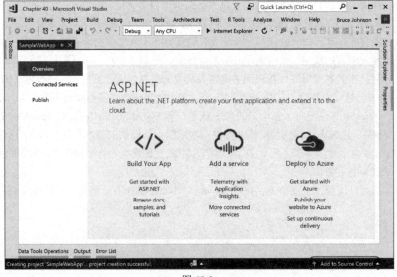

图 40-2

在后一种情况下，Team Explorer 可能会显示出来，提供一个选项，将项目推到 Team Services、GitHub 或远程存储库。除非愿意，否则现在没必要做出选择。在这个工作流中所做的假设是，已经为该项目工作了一段时间，并可能希望将其发布到远程存储库中，以便进行安全维护。

在 Visual Studio 2017 中，版本控制中心的 Team Explorer 窗口允许开发人员专注于与版本控制相关的最常见任务，还会深入到这些任务中，以快速获得所需的功能。图 40-3 展示了这个窗口的初始视图。

此时，只使用本地 Git 存储库。因此，能做的选择仅限于与本地开发工作相关的功能。但是，要利用 Team Services，需要连接到一个 Team Services 项目。为此，点击工具栏上的电源插头图标，这会使 Team Explorer 窗口如图 40-4 所示。

在这里可以看到本地 Git 存储库，以及以前创建的 Team Services 或 GitHub 账户中可用的项目。如果没有在列表中看到 Team Services 或 GitHub 账户，请单击 Manage Connections 链接。通过该选项，可以连接到 Team Services 或 GitHub。一旦建立了与远程存储库的连接，选项的数量就会改变。图 40-5 显示了连接到现有 Team Services 项目后的 Team Explorer 主页视图。

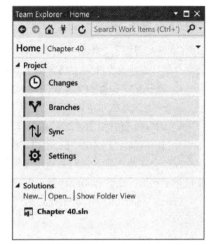

图 40-3

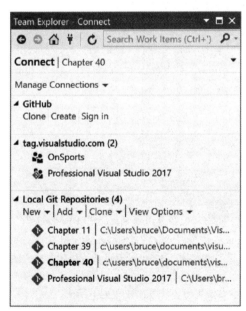

图 40-4

图 40-5

40.2　版本控制

与 Team Explorer 相关的版本控制功能包含一些非常常用的功能：提交、分支和同步。本节将讨论这些功能以及如何通过 Team Explorer 实现它们。

40.2.1　提交

　　Git 是轻量级的,不会在编辑项目时自动生成代码的快照。相反,需要手动通知 Git,将需要保存的具体更改提交到存储库中。提交实际上包含以下信息:

- **在提交中保存的文件快照。**Git 实际上在快照中包括存储库中的所有文件。这使得从一个分支转移到另一个分支的速度非常快。
- **对父提交的引用。**这是在当前提交之前立即执行的提交(或合并了的提交)。
- **评论(描述了提交中的变化)。**执行提交的人负责写评论。

　　在提交文件之前,它们必须先进行编排。这让 Git 知道你希望在下一次提交中包含哪些更新。虽然处理文件的过程是手动的,这看起来很奇怪,但好处是可以选择性地将一些文件添加到提交中,而不包括其他文件。

　　Visual Studio 2017 有助于使处理过程尽可能顺畅。如果单击 Home 视图中的 Changes 选项,就会显示如图 40-6 所示的屏幕。

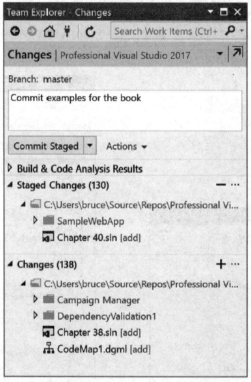

图 40-6

　　在图 40-6 的底部,可以看到,这些变化(由 Visual Studio 自动跟踪)已经分组到 Staged 和 Unstaged 集合中。所有的变化刚开始都未分段。右击文件(或选择许多文件)并选择 Stage 选项,可以将它们移入 Staged 状态。要给所有已更改的文件分段,请单击标题右侧的加号。同样,可使用上下文菜单中的 Unstaged 选项或标题右边的减号来取消文件的分段。

　　一旦所有的文件都进行了适当的分段或不分段,就将提交消息输入窗口顶部的文本框中,然后单击 Commit 按钮。最后一个操作将更改提交到本地存储库。

40.2.2　分支

　　从技术上讲,Git 分支只是一个引用,它可以跟踪一组提交的确切历史。如上一节所述,提交会给一块更改拍摄快照。该快照实际上在分支的上下文拍摄。有一个默认的分支(通常称为 master),但可以创建尽可能多的分支。执行提交时,实际上是将更改添加到当前分支中。

要在 Team Explorer 中创建一个分支，请访问 Branches 窗格(单击 Home 视图中的 Branches)。如图 40-7 所示，窗口底部有一个本地存储库的列表，以及当前分支的列表。

右击希望用作下一个分支的基础分支，选择 New Local Branch from...选项。这将显示一个文本框，可在其中指定分支的名称(如图 40-7 所示)。为新分支提供一个名称，并单击 Create Branch 按钮，创建新分支。

在分支之间切换是在两个不同分支之间移动的快捷方式。在 Git 中，切换分支是使用 Checkout 命令执行的。右击要移动到的分支，从上下文菜单中选择 Checkout。此后，项目将从新的分支中加载文件。

在 Branches 窗口的顶部可以看到其他许多选项。这包括合并和重新建立分支的功能。在深入了解这些函数的具体功能(它们是相对复杂的 Git 特性)时，请注意，如果需要它们，可从 Team Explorer 中找到选项。

40.2.3　同步

前面所做的所有工作都在本地 Git 存储库中完成。在某种程度上，可能希望将本地提交返回到中央存储库。这是通过 Team Explorer Home 视图的 Sync 选项完成的。

与远程存储库同步时，通常需要执行三个步骤。首先，获取任何传入的提交。这些是自上次同步之后对远程存储库所做的更改。作为获取过程的一部分，可能需要将更改合并到代码中。如果一些远程更改影响到修改过的相同文件，则会发生这种情况。Visual Studio 中的工具极大地促进了合并过程。一旦合并完成，就需要重新编译并重新测试应用程序，然后将这些新更新放在适当位置。最后，将更改推回到远程存储库。

在 Team Explorer 窗口中，所有这些操作都发生在 Sync 窗口中，如图 40-8 所示。

图 40-7

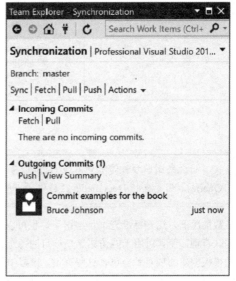

图 40-8

在窗口的顶部，可以看到传入的提交列表。Fetch 链接可将这些提交放到本地存储库中。然后需要将它们合并到分支中。Pull 链接执行一个 Pull，这相当于连续执行获取和合并操作。

一旦对已经合并到应用程序中的任何远程更改感到满意，就可以使用 Outgoing Commits 区域中的 Push 链接，将更改推回到远程存储库。

40.3　工作项跟踪

Team Service 可使用工作项来管理活动。如后面几节所述，可使用工作项查询来搜索工作项，使用 Visual Studio、

Excel 或 Project 来管理它们。不同类型的工作项由过程模板定义。过程模板定义了 Team Service 中跟踪工作项的构建块。

　　Team Service 支持层次化的工作项。所以可创建子任务和父任务。还可以在工作项之间创建前任和继任链接，以管理任务的依赖关系。这些工作项链接可与 Microsoft Excel 和 Microsoft Project 同步，为管理工作项提供更大的灵活性。

40.3.1　工作项查询

　　图 40-9 显示了查询的列表。在 Team Explorer 中使用工作项查询可以查找不同的工作项。Scrum 过程模板包含几个不同的团队查询，分组到不同的文件夹中。每个不同的过程模板额外可用的查询数是不同的。

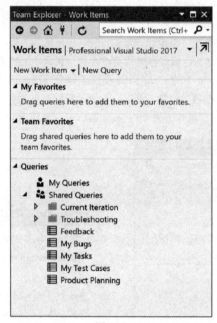

图 40-9

　　当新的团队项目添加到本地 TFS 服务器上时，在 SharePoint 入口有一个查询文件夹 Workbook Queries，用于支持 Documents 区域中的一些 Excel 工作簿报表。

　　大多数情况下，这些标准查询足够用了，也可以创建新查询。如果用户有足够的权限(如项目管理员)，可以添加新的团队查询，使其可用于能访问这个项目的每个人。如果有权修改过程模板，可以添加新的团队查询，这样用编辑过的模板创建的项目就会包含这些查询。模板中的改变不会应用于已创建的团队项目。如果没有发布公共可用的查询的权限，还可以创建个人查询，该查询仅对自己可见。

　　如果在多个项目中重复创建相同的查询，就应在过程模板中添加它们。随着时间的推移，创建定制查询的需求会慢慢减少。

　　要创建新的查询，单击 New Query 链接(参照图 40-9)，另外，也可右击 My Queries 节点，选择 New Query 命令。
　　现在可采用可视化方式设计查询。这种情况下(如图 40-10 所示)，只需要考虑选中项目的工作项、分配给当前用户的工作项以及在 Release 1 下的工作项。这可以使用@Me 和@Project 变量来指定。还可以通过查询结果区上方的 Column Options 链接来指定要在网格中显示的列和排序选项。设置所有标准和列之后，接着就可以运行新查询，查看工作项的一个子列表。

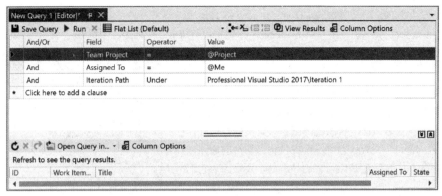

图 40-10

在 Team Services 中，查询可利用分层的工作项结构显示直接相关的工作项，以查看剪切一个特性(或完成某个特性所需的任务)有什么影响。还可在平面列表中显示查询结果、显示工作项列表及其直接的链接，或者显示工作项的树状图。在 Team Explorer 中，它们都用查询旁边的小图标表示。可通过下拉列表控件改变这种布局(参照图 40-10，其带有 Flat List 的默认值)。可为自己的工作项查询创建文件夹结构，可分别保护每个查询或文件夹的安全。

 尽管可以保护工作项查询的文件夹的安全，但依然无法阻止未授权的用户复制查询。

40.3.2　工作项类型

默认的团队项目模板中有 7 个工作项：bug、任务、用户内容、epic、特性、障碍和测试用例。每种工作项都根据其类型有不同的字段。例如，bug 有测试信息和系统信息 字段，任务包含估计的工作信息、剩余的小时数和已完成的小时数。其他项目模板都有不同但相似的工作项类型。所有这些字段都可在模板或者团队项目级别中定制。

40.3.3　添加工作项

添加工作项的基本方法是使用 Team | New Work Item 菜单项，选中要添加的工作项类型。另一个简便方法是使用 Team Explorer 中的 New Work Item 链接，如图 40-9 所示。不管采用何种方式创建工作项，都要进入 Work Item 门户屏幕(如图 40-11 所示)。可在该屏幕中输入或修改与此工作项相关的所有信息。除了基本的描述信息，每个工作项都

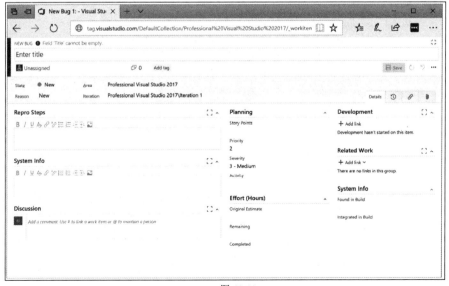

图 40-11

可通过相关链接与其他 TFS 项发生联系。Team Services 和 TFS 2017 理解几种不同类型的链接，包括 Parent、Child、Predecessor 和 Successor。要添加链接，单击 Links 选项卡(窗口右边从左数的第三个标签)，再单击 Add Link 按钮。

40.3.4 工作项状态

日常工作都是完成分配给自己的、通过工作项描述的任务。每个工作项都通过一个简单的状态机来描述，给任意给定的状态确定允许的下一个新状态。这个状态机是工作项定义的一部分，由过程模板决定。选择一个新状态后，可提供状态切换的原因。原因字段可以区分 bug 被激活是因为它们是新的，还是因为它们再次出现。

40.4 Build

Team Foundation Build 是 Team Services 和 TFS 中的一个工具，负责将 Source Control 中的最新版本放在本地工作区中，按照配置构建项目，运行测试用例，执行其他任务，最后报告结果，并将输出放在一个共享文件夹中。创建一个存储库时，也会创建一个默认的构建(Build)。可在 Build 窗口(见图 40-12)中看到这个构建和以前构建的结果，Build 窗口可从 Team Explorer 的 Home 视图中获得。

要创建新的生成定义，可单击 New Build Definition 链接，这将在 Team Services 中打开一个 Web 页面(见图 40-13)，通过该页面可以根据需要定义新的构建。

图 40-12

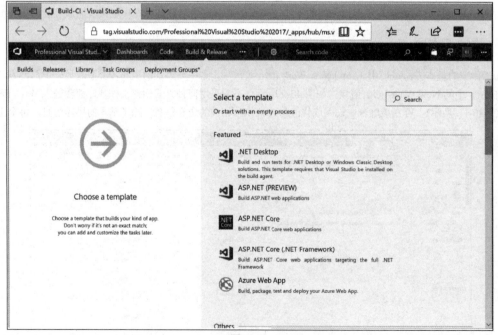

图 40-13

可定义一个构建，只要对远程存储库执行一个提交，它就会启动，还可手动启动一个构建。为此，右击所需的构建，然后在上下文菜单中选择 Queue New Build。将构建放入队列后，就可以在 My Build 列表中双击它，打开 Build Report (如图 40-14 所示)。

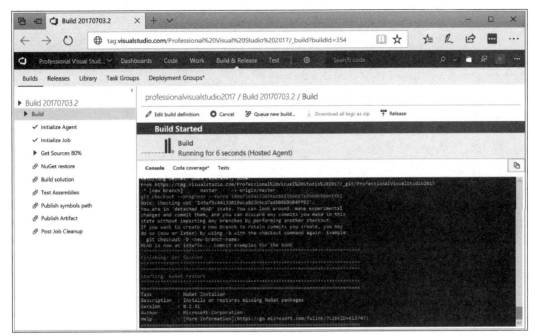

图 40-14

这个屏幕显示了当前活动的实时状态，以及之前的构建状态和持续时间信息。它还提供与此构建相关的许多其他领域和活动的链接。

40.5　门户网站

本文讨论的最后几个特性包括通过 Web 站点定义和运行流程。该 Web 站点是 Team Services，可通过 Web 门户为存储库提供特定功能。这个门户为项目的所有相关工件提供了一个中心位置。这包括源代码、工作项、构建定义、构建结果和测试信息。换句话说，它是一个很好的、方便的、一站式位置，包含开发应用程序需要的所有内容。

40.6　小结

本章介绍 Visual Studio 和 Visual Studio Team Services 如何通过使用 Git 集成版本控制、工作项跟踪和管理、构建定义和构建执行来帮助完成工作。所有这些特性都可通过 Visual Studio 2017 或 Team Services Web 站点来管理，从而实现项目管理功能的无缝融合。